中 国 国 家 标 准 汇 编

557

GB 29024～29057

（2012 年制定）

中国标准出版社　编

中国标准出版社

北　京

图书在版编目(CIP)数据

中国国家标准汇编:2012 年制定. 557:
GB 29024～29057/中国标准出版社编. —北京:
中国标准出版社,2013. 9
ISBN 978-7-5066-7287-0

Ⅰ. ①中… Ⅱ. ①中… Ⅲ. ①国家标准-
汇编-中国-2012 Ⅳ. ①T-652. 1

中国版本图书馆 CIP 数据核字(2013)第 183742 号

中 国 标 准 出 版 社 出 版 发 行
北京市朝阳区和平里西街甲 2 号(100013)
北京市西城区三里河北街 16 号(100045)

网址 www. spc. net. cn
总编室:(010)64275323 发行中心:(010)51780235
读者服务部:(010)68523946

中国标准出版社秦皇岛印刷厂印刷
各地新华书店经销

*

开本 880×1230 1/16 印张 36.25 字数 1 090 千字
2013 年 9 月第一版 2013 年 9 月第一次印刷

*

定价 220.00 元

出 版 说 明

1.《中国国家标准汇编》是一部大型综合性国家标准全集。自1983年起，按国家标准顺序号以精装本、平装本两种装帧形式陆续分册汇编出版。它在一定程度上反映了我国建国以来标准化事业发展的基本情况和主要成就，是各级标准化管理机构，工矿企事业单位，农林牧副渔系统，科研、设计、教学等部门必不可少的工具书。

2.《中国国家标准汇编》收入我国每年正式发布的全部国家标准，分为“制定”卷和“修订”卷两种编辑版本。

“制定”卷收入上一年度我国发布的、新制定的国家标准，顺延前年度标准编号分成若干分册，封面和书脊上注明“20××年制定”字样及分册号，分册号一直连续。各分册中的标准是按照标准编号顺序连续排列的，如有标准顺序号缺号的，除特殊情况注明外，暂为空号。

“修订”卷收入上一年度我国发布的、被修订的国家标准，视篇幅分设若干分册，但与“制定”卷分册号无关联，仅在封面和书脊上注明“20××年修订-1，-2，-3，……”字样。“修订”卷各分册中的标准，仍按标准编号顺序排列（但不连续）；如有遗漏的，均在当年最后一分册中补齐。需提请读者注意的是，个别非顺延前年度标准编号的新制定的国家标准没有收入在“制定”卷中，而是收入在“修订”卷中。

读者配套购买《中国国家标准汇编》“制定”卷和“修订”卷则可收齐由我社出版的上一年度我国制定和修订的全部国家标准。

3.由于读者需求的变化，自1996年起，《中国国家标准汇编》仅出版精装本。

4.2012年我国制修订国家标准共2 101项。本分册为“2012年制定”卷第557分册，收入国家标准GB 29024～29057的最新版本。

中国标准出版社

2013年8月

目　录

ICS 19.120
A 28

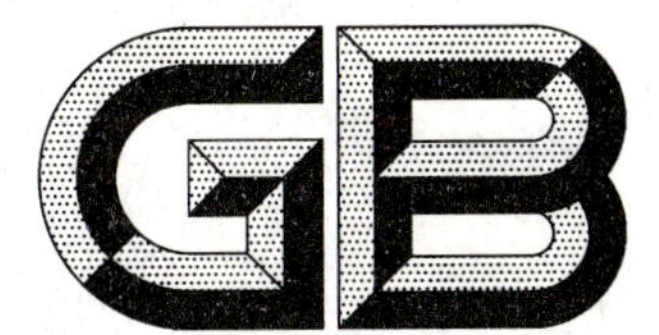

中华人民共和国国家标准

GB/T 29024.3—2012/ISO 21501-3:2007

粒度分析　单颗粒的光学测量方法
第3部分:液体颗粒计数器光阻法

Determination of particle size distribution—Single particle light interaction methods—Part 3: Light extinction liquid-borne particle counter

(ISO 21501-3:2007,IDT)

2012-12-31 发布　　2013-10-01 实施

中华人民共和国国家质量监督检验检疫总局
中国国家标准化管理委员会　发布

前　言

GB/T 29024《粒度分析　单颗粒的光学测量方法》分为以下4个部分：

——第1部分：光散射气溶胶谱仪；

——第2部分：液体颗粒计数器光散射法；

——第3部分：液体颗粒计数器光阻法；

——第4部分：洁净间光散射尘埃颗粒计数器。

本部分是GB/T 29024的第3部分。

本部分按照GB/T 1.1—2009给出的规则起草。

本部分使用翻译法等同采用ISO 21501-3:2007《粒度分析　单颗粒的光学测量方法　第3部分：液体颗粒计数器光阻法》(英文版)。

为便于使用，本部分作了如下编辑性修改：

——增加了资料性附录C"粒径校准及粒径设定值的验证方法"；

——增加了资料性附录D"粒径分辨力校准"。

本部分由全国颗粒表征与分检及筛网标准化技术委员会(SAC/TC 168)提出并归口。

本部分负责起草单位：北京市理化分析测试中心、中机生产力促进中心、中国计量科学研究院。

本部分参加起草单位：北京粉体技术协会、天津新技术产业园区天河医疗仪器有限公司、天津市天大天发科技有限公司、中航工业北京长城计量测试技术研究所、默克化工技术(上海)有限公司。

本部分起草人：周素红、王啟锋、刘俊杰、张文阁、余方、张涛、张灵飞、付艳、曲丹丹、刘彦军、官志坚、赵鹏。

引　言

许多领域都要求监测颗粒污染程度，如：电子工业、制药业、精密仪器制造业以及医疗领域。颗粒计数器是监测液体中颗粒污染物的有效设备。目前，光阻法液体颗粒计数器的粒径校准及粒径设定值的验证方法、粒径分辨力的校准通用的各有3种方法，除正文中的1种方法外，本部分在附录C、附录D中列出了另外2种方法。本部分旨在为颗粒计数器提供校准步骤和测试方法，减小同一台仪器的测量误差以及不同仪器测量结果的差异。

粒度分析　单颗粒的光学测量方法 第3部分:液体颗粒计数器光阻法

1　范围

GB/T 29024的本部分规定了光阻法液体颗粒计数器(LELPC)的校准和检定方法,该仪器用来测量悬浮在液体中的颗粒粒径和颗粒数量浓度。本部分描述的光阻法基于对单颗粒的测量,由该方法测定的典型粒径范围是1 μm~100 μm。

该仪器既可用于评价药品(如:注射剂、注射用水、静脉注射液)的洁净度,也可用于测量各种液体中的颗粒数量浓度及粒度分布。

本部分包括以下几方面:

——粒径校准;

——粒径设定值的验证;

——计数准确性;

——粒径分辨力;

——最大颗粒数量浓度;

——取样流量;

——取样时间;

——取样体积;

——校准周期;

——测试报告。

2　术语和定义

下列术语和定义适用于本文件。

2.1

标准颗粒　calibration particles

溯源到国际或国家级长度标准的平均粒径已知的单分散球形颗粒。平均粒径的标准不确定度应在±2.5%以内。

2.2

计数准确性　counting efficiency

测定同一样品时,光阻法液体颗粒计数器(LELPC)的测试值与标准物质的标准值的比值。

2.3

颗粒计数器　particle counter

采用光散射法或光阻法测量颗粒数量和大小的仪器。

2.4

脉冲高度分析器　pulse height analyser;PHA

分析脉冲高度分布的仪器。

2.5

粒径分辨力 size resolution

仪器区分不同粒径颗粒的能力。

3 要求

3.1 粒径校准

按照4.1推荐的粒径校准程序测试。

3.2 粒径设定值的验证

按照4.2提供的方法测试,其粒径设定允许误差应不大于±10%。

3.3 计数准确性

按照4.3提供的方法测试,计数准确性应在(100±20)%以内。

3.4 粒径分辨力

按照4.4提供的方法测试,粒径分辨力应不大于10%。

3.5 最大颗粒数量浓度

最大测量颗粒数量浓度应由仪器厂商提供。LELPC最大颗粒数量浓度允许误差应不大于10%。

注:当颗粒数量浓度高于仪器最大颗粒数量浓度时,由于传感器单元体积内多颗粒出现机率的提高(重叠效应)和/或仪器系统的饱和,未被计数的颗粒数量将会增加。

3.6 取样流量

厂商应说明取样流量的标准不确定度。测量前使用者应先检查取样流量确保其在厂商设定范围内。

注:如果LELPC没有配备流量控制系统,本条款不适用。但是厂商应给出LELPC允许的流量范围。

3.7 取样时间

取样的持续时间标准不确定度应不超过预设值的±1%。

注1:当LELPC没有取样系统时,本条款不适用。

注2:当LELPC配有体积测量的取样系统时,本条款不适用。

3.8 取样体积

取样体积的标准不确定度应不超过预设值的±5%。

注:当LELPC没有体积测量的取样系统时,本条款不适用。

3.9 校准周期

LELPC的校准至少一年1次。

3.10 测试报告

需要记录以下信息:

a) 校准日期;

b) 标准颗粒粒径；

c) 粒径设定值的验证；

d) 取样流量；

e) 粒径分辨力(在当前粒径下)；

f) 计数准确性；

g) 内置脉冲高度分析器的电压阈值或通道。

4 测试方法

在 LELPC 的校准中，粒径校准及粒径设定值的验证方法、粒径分辨力的校准通用的方法各有 3 种，除正文中的 1 种方法外，在附录 C、附录 D 中列出了另外 2 种方法。

4.1 粒径校准

用已知粒径的标准颗粒校准 LELPC 时，中位电压(或内置 PHA 通道)应和粒径相对应(见图 1)。中位电压(或内置 PHA 的通道)应由电压阈值(或内置 PHA 通道)可调的颗粒计数器测量得到。当电压阈值可调的颗粒计数器无法获得时，可用 PHA 替代。

注：中位电压(或内置 PHA 通道)就是等分脉冲计数的电压。

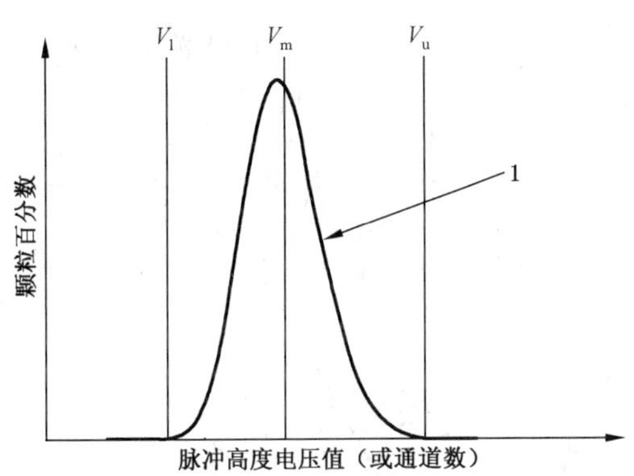

说明：

1——聚苯乙烯乳液(PSL)颗粒脉冲高度分布；

V_l——下限电压；

V_m——中位电压；

V_u——上限电压。

图 1 聚苯乙烯乳液(PSL)颗粒的脉冲高度分布图

当噪声信号出现时，类似于样品中有许多小颗粒，中位电压(或内置 PHA 通道)应弃除由“伪颗粒”引起的脉冲[见图 2a)]后，再确定中位电压(或内置 PHA 通道)。这种弃除只有当真颗粒在波峰处的颗粒数量百分数是在波谷处的 2 倍以上，才能把它从“伪颗粒”引起的脉冲中区分出来[见图 2b)]。在这种情况下，V_u 为与 V_l 颗粒百分数相等时的电压值，且 V_u 大于中位电压 V_m。中位电压可根据上下限电压 V_u 和 V_l 间的颗粒数量求得。

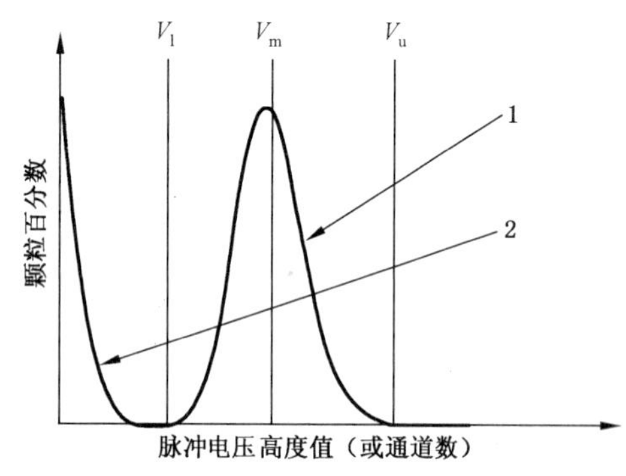

a)

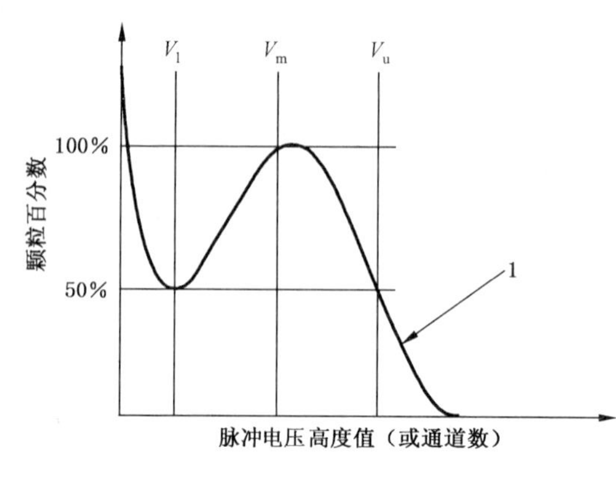

b)

说明：

1——PSL 颗粒脉冲高度分布；

2——噪声(伪颗粒、小颗粒和/或光学、电学噪声)；

V_l——下限电压；

V_m——中位电压；

V_u——上限电压。

图 2 有噪声信号的 PSL 颗粒脉冲高度分布图

与粒径相对应的通道电压应满足厂商提供的校准曲线(见图 3)。

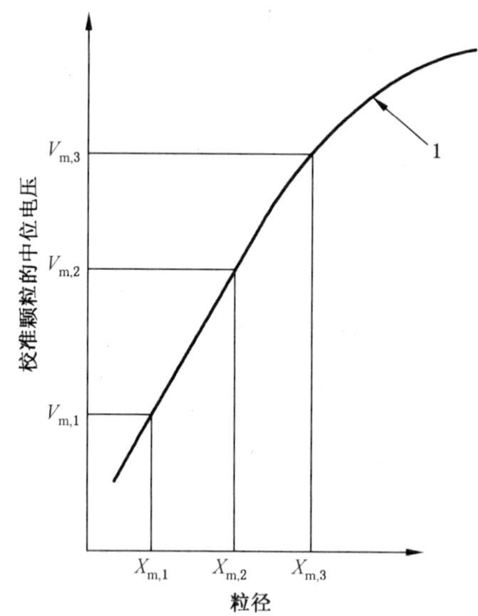

说明：

1——校准曲线；

$V_{m,1}$——粒径 $X_{m,1}$ 对应的中位电压；

$V_{m,2}$——粒径 $X_{m,2}$ 对应的中位电压；

$V_{m,3}$——粒径 $X_{m,3}$ 对应的中位电压。

图 3 校准曲线

注：当用外置 PHA 检测中位电压时，PHA 电压的不确定度和 LELPC 电压的不确定度要在 LELPC 的设置电压范围内(参见附录 A)。

4.2 粒径设定值的验证

采用有证标准物质悬浮液进行 LELPC 粒径设定值的验证。

设定 LELPC 为累积模式，记录大于或等于 $x/2$ 的颗粒计数值 C_c，并确定计数值为 $50\%C_c$ 时所对应的粒径，粒径设定值的测量误差计算如式(1)所示：

$$\varepsilon=\frac{x_s-x}{x}\times 100\% \qquad \cdots\cdots(1)$$

式中：

ε ——粒径设定值的测量误差；

x_s——计数值为 $50\%C_c$ 所对应的粒径，单位为微米(μm)；

x ——颗粒数量浓度有证标准物质的中位粒径，单位为微米(μm)。

注：颗粒数量浓度有证标准物质是悬浮于水中的单分散颗粒，如悬浮于纯水中的 PSL 颗粒，且其量值——颗粒数量浓度的不确定度已知。

4.3 计数准确性

采用有证标准物质悬浮液测试 LELPC 的计数准确性。

设定 LELPC 为累积模式，记录大于或等于 $x/2$ 的颗粒计数值。

根据下式(2)计算计数准确性：

$$C_a=\frac{C_L}{C_R}\times 100\% \qquad \cdots\cdots(2)$$

式中：

C_a ——计数准确性；

C_L ——LELPC 测量的颗粒数量浓度，单位为个每毫升(个/mL)；

C_R ——标准物质的颗粒数量浓度，单位为个每毫升(个/mL)。

4.4 粒径分辨力

采用有证标准物质测试粒径分辨力。标准物质的标准偏差 σ_P 已知，根据标准物质确定中位电压 V_m，如图 4 所示。

定义颗粒数量百分数为 61%时的下限电压 V_l 和上限电压 V_u，根据校准曲线确定 V_l 和 V_u 相对应的粒径，计算 PSL 颗粒粒径分别与 V_l 和 V_u 所对应粒径差值的绝对值，取绝对值大的数值记为标准偏差 σ，根据式(3)计算 LELPC 粒径分辨力的百分数 R(参见附录 B)。

$$R=\frac{\sqrt{\sigma^2-\sigma_P^2}}{x_P}\times 100\% \qquad \cdots\cdots(3)$$

式中：

R ——粒径分辨力；

σ ——LELPC 测得的标准偏差，单位为微米(μm)；

σ_P ——标准物质的标准偏差，单位为微米(μm)；

x_P ——标准物质的中位粒径，单位为微米(μm)。

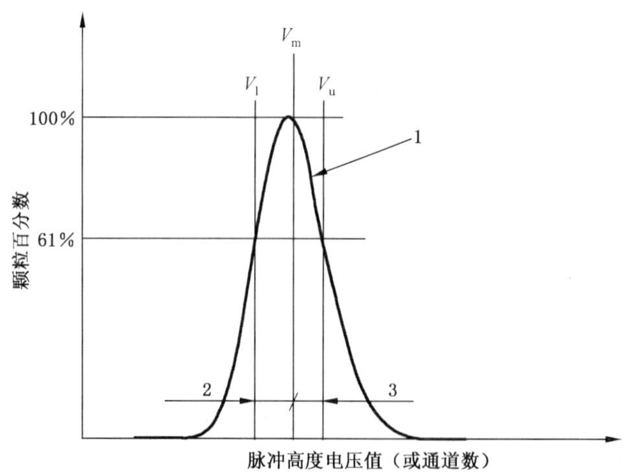

说明：

1——PSL 颗粒脉冲高度分布；

2——分辨力低端；

3——分辨力高端；

V_l——下限电压；

V_m——中位电压；

V_u——上限电压。

图 4 粒径分辨力

4.5 最大颗粒数量浓度

重合误差由流量、颗粒通过传感器敏感区产生电脉冲的时间决定，这些值都由 LELPC 设计决定。重合误差的计算见式(4)：

$$L=[1-\exp(-qtC_{max})]\times 100\% \qquad (4)$$

式中：

L ——重合误差；

q ——流量，单位为毫升每秒(mL/s)；

t ——颗粒通过传感区域产生电脉冲信号的时间，单位为秒(s)；

C_{max}——最大颗粒数量浓度，单位为个每毫升(个/mL)。

注：如果颗粒数量浓度太大，产生的重叠误差增加，则若干个小颗粒会被当成一个大颗粒计数。

4.6 取样流量

通过取样时间(见 4.7)和取样体积(见 4.8)计算样品流量，或用校准过的流量计测定流量。

注：LELPC 没有此功能，可免做此项。

4.7 取样时间

LELPC 测量一个样品的时间(从计数开始到计数终止)就是取样时间。

取样时间允许误差是 1 减去测量样品的时间(t)与设备规定的取样时间(t_0)的比值，表示为 $1-\frac{t}{t_0}$。

检查取样时间的允许误差是否满足 3.7 条给定的要求，取样时间的测定要使用校准过的设备进行。

4.8 取样体积

通过用天平称量纯水的质量，然后换算成体积的方法来测定取样体积，或者用校准过的量筒直接测出体积。

4.9 校准

在校准周期内（见 3.9）的校准至少要包括粒径校准、粒径分辨力校准、计数效率校准和取样体积不确定度校准。

注： LELPC 没有取样功能，则取样流量的标准不确定度免做。

附 录 A
（资料性附录）
粒径校准不确定度评估

A.1 使用内置和外置脉冲高度分析器(PHA)进行粒径校准

图 A.1 表示使用外置脉冲高度分析器(PHA)和电压表进行粒径校准，在这种情况下，有四种不确定来源：

——PSL 颗粒；

——PHA；

——电压表；

——粒径设置电路的偏移电压。

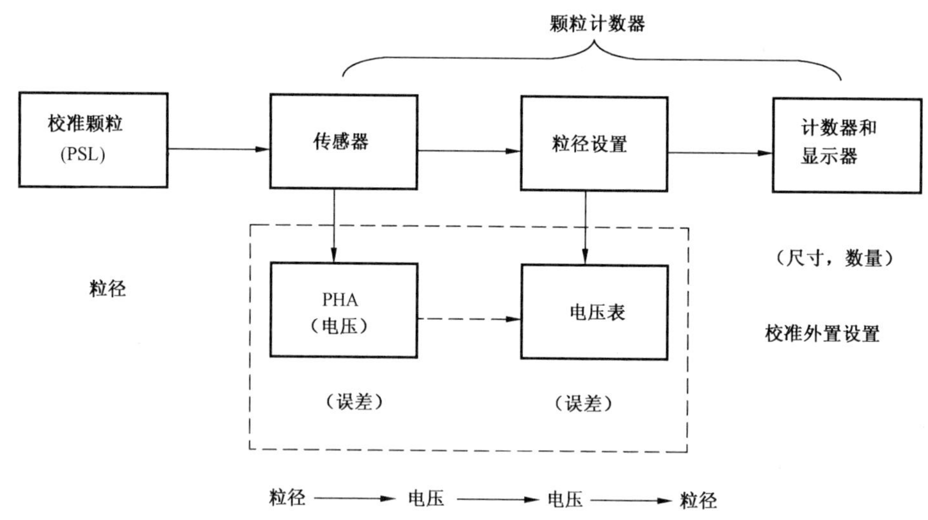

图 A.1 使用外置设备(PHA 和电压表)粒径校准

但是，在图 A.2 中粒径校准的不确定度仅与 PSL 颗粒粒径的不确定度有关。

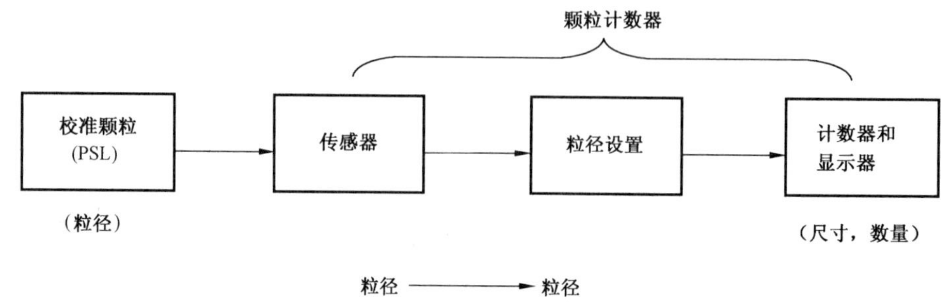

图 A.2 使用内置 PHA 粒径校准

A.2 粒径校准的不确定度

表A.1和A.2列出了一些粒径校准不确定度的实例。表A.1列出了使用外置PHA和电压表进行粒径校准的合成标准不确定度的一个实例。表A.2列出了使用内置PHA的粒径校准的合成标准不确定度的一个实例。使用内置PHA的合成标准不确定度小于使用外置PHA的合成标准不确定度。

表A.1 使用外置PHA粒径校准的相对标准不确定度

名称	标准不确定度/%
聚苯乙烯乳胶颗粒	2.5
脉冲高度分析器	2.5
电压表	0.1
偏移电压	0.5
校准曲线	1.5
合成标准不确定度	3.9
扩展不确定度($k=2$)	7.8
注：校准曲线的标准不确定度是粒径大小与电压界限或内置PHA通道关系的不确定度。	

表A.2 使用内置PHA粒径校准的相对标准不确定度

名称	标准不确定度/%
聚苯乙烯乳胶颗粒	2.5
校准曲线	1.5
合成校准不确定度	2.9
扩展不确定度	5.8
注：校准曲线的标准不确定度是粒径大小与电压界限或内置PHA通道关系的不确定度。	

附 录 B
（资料性附录）
粒径分辨力

粒径分辨力是指被测单分散颗粒的粒径分布的标准偏差，用单分散标准物质的中位粒径所占百分比表示。

假设标准物质的分布为高斯分布，见式(B.1)。

$$f(x)=\frac{1}{\sqrt{2\pi}\sigma}\exp\left\{-\frac{1}{2}\left(\frac{x-\mu}{\sigma}\right)^{2}\right\} \qquad \text{(B.1)}$$

式中：

$f(x)$——高斯函数；

x ——粒径大小；

μ ——平均值；

σ ——标准偏差。

当$(x-\mu)=\pm\sigma$时，密度和最大密度的比值$\exp\left(-\frac{1}{2}\right)\approx 0.61$，这是粒径分辨力使用61%的基础。

附　录　C
（资料性附录）
粒径校准及粒径设定值的验证方法

C.1　方法一

此方法不仅是国内外众多仪器厂家经常使用的一种粒径校准及检定方法，也是美国药典中所规定的一种仪器校准方法，又称为手动半计数法。具体方法及过程为：

将仪器设定为差分计数模式，测量前选择粒径适当的单分散粒度标准物质，并根据仪器阈值-粒径曲线设定粒径 2 的阈值 V_m，使之与标准物质中位粒径对应。之后设定粒径 1 和 3 的阈值 V_l 和 V_u，见式(C.1)和式(C.2)：

$$V_l = 0.64 \times V_m \qquad \cdots\cdots(C.1)$$

式中：

V_l——粒径 1 对应的阈值电压，单位为毫伏(mV)；

V_m——粒径 2 对应的阈值电压，单位为毫伏(mV)。

$$V_u = 1.44 \times V_m \qquad \cdots\cdots(C.2)$$

式中：

V_u——粒径 3 对应的阈值电压，单位为毫伏(mV)。

测量此粒度标准物质，根据粒径 1 和 2 的计数值 N_1 和 N_2 适当调节粒径 2 的阈值电压 V_m，之后再调节阈值电压 V_l 和 V_u，使之满足式(C.1)和(C.2)的要求。重复上述测量和调节步骤，直至 $N_1 = N_2$，记录此时的 V_m 值。

根据仪器的阈值-粒径曲线找到 V_m 所对应的粒径 D_m，根据式(C.3)确定仪器粒径设定值的相对误差 δ。

$$\delta = \frac{D_m - D_s}{D_s} \times 100\% \qquad \cdots\cdots(C.3)$$

式中：

D_m——中位电压 V_m 对应的粒径，单位为微米(μm)；

D_s——标准物质的中位粒径，单位为微米(μm)。

C.2　方法二

在我国 JJG 1061—2010《液体颗粒计数器》国家检定规程中也规定了一种粒径检定方法。其原理是以粒度标准物质的粒径分布为基础，由仪器测量得到的累积百分比 α 查表得到粒径挡所对应的粒径值 D_α，再将 D_α 与仪器待检粒径挡对应的粒径值 D_d 相比较，得到粒径设定相对误差。具体过程为：

a)　根据仪器粒径挡，在测量范围内选择相应粒径的标准物质，要求其数量 D_{50} 在仪器待检粒径 D_d 的(1±0.05)倍范围内。测量前需选用清洁液体对标准物质进行适当稀释。

b)　分别对标准物质重复测量 3 次，记录≥D_t 和≥D_d 的颗粒数量浓度测量值 N_{t_i} 和 N_{d_i}，分别取其平均值 $\overline{N}_t$ 和 $\overline{N}_d$ $\left(D_t 满足如下条件即可：\frac{D_d}{2} \leqslant D_t \leqslant \frac{2D_d}{3}\right)$。

c)　按式(C.4)计算得到 α，再从标准物质证书得到 α 对应的粒径值 D_α。按式(C.5)分别计算粒径挡设定的相对误差 δ_{D_1}，取绝对值最大的 δ_{D_1} 为仪器粒径挡设定相对误差的检定结果。

$$\alpha = \frac{\overline{N}_d}{\overline{N}_t} \times 100\% \quad \cdots\cdots (C.4)$$

$$\delta_{D_1} = \frac{D_d - D_\alpha}{D_\alpha} \times 100\% \quad \cdots\cdots (C.5)$$

式中：

α ——$\geqslant D_d$的颗粒数量百分比；

$\overline{N}_d$ ——$\geqslant D_d$的颗粒数量浓度测量值的平均值，单位为个每毫升(个/mL)；

$\overline{N}_t$ ——$\geqslant D_t$的颗粒数量浓度测量值的平均值，单位为个每毫升(个/mL)；

D_d ——仪器待检粒径挡对应的粒径值，单位为微米(μm)；

D_α ——标准物质证书中 α 所对应的粒径值，单位为微米(μm)；

δ_{D_1} ——仪器粒径挡设定的相对误差。

附 录 D
（资料性附录）
粒径分辨力校准

本部分正文中规定了采用电子手段（如 PHA）校准仪器粒径分辨力的方法。另外，还可以采用手动调节的方式校准/检定仪器分辨力。

D.1 方法一

此方法是美国药典规定、国内外众多仪器厂家常使用的一种方法，适用于电压阈值可调的液体颗粒计数器。方法过程为：

测量前设定 3 个粒径挡的阈值电压，其中粒径挡 2 的阈值电压应与 10 μm 标准物质数量中位粒径 x_P 相对应，粒径挡 1 和粒径挡 3 的初始阈值电压分别设为粒径挡 2 的 0.9 倍和 1.1 倍。测量标称值为 10 μm 的单分散粒度标准物质，并根据粒径挡 1、2、3 的颗粒计数值调节粒径挡 1、3 的阈值电压，最终使得粒径挡 1 和粒径挡 3 颗粒计数值分别为粒径挡 2 颗粒计数值的（1.68±0.10）和（0.32±0.10）倍。记录此时粒径挡 1、3 所对应的粒径值 x_L、x_R，根据式（D.1）可计算得到仪器粒径测量分辨力 R。

$$R=\frac{\sqrt{\sigma^2-{\sigma_P}^2}}{x_P}\times 100\% \qquad \text{(D.1)}$$

式中：

σ ——$|x_P-x_L|$ 和 $|x_R-x_P|$ 的最大值，单位为微米（μm）；

σ_P ——标准物质的粒径分布标准偏差，单位为微米（μm）；

x_P ——标准物质数量中位粒径，单位为微米（μm）。

D.2 方法二

在我国 JJG 1061—2010《液体颗粒计数器》国家检定规程中也规定了一种粒径分辨力校准及检定方法。该方法不仅适用于电压阈值可调的仪器，还适用于电压阈值不可调节的液体颗粒计数器分辨力的校准/检定。方法过程为：

选用 D_{50} 介于（9.5 μm，10.5 μm）范围，粒径分布相对标准偏差≤5%的标准物质。对标准物质重复测量 3 次，记录≥8 μm、≥10 μm、≥12 μm 的颗粒数量浓度测量值，分别取其平均值 $\overline{N}_{P_8}$、$\overline{N}_{P_{10}}$、$\overline{N}_{P_{12}}$，根据式（D.2）计算得到仪器粒径测量分辨力 R。

$$R=\frac{\Delta N}{\overline{N}_{P_{10}}}\times 100\% \qquad \text{(D.2)}$$

式中：

ΔN——（$\overline{N}_{P_8}-\overline{N}_{P_{10}}$）和（$\overline{N}_{P_{10}}-\overline{N}_{P_{12}}$）的最小值，单位为个每毫升（个/mL）。

参 考 文 献

[1] ISO 9276-1 Representation of results of particle size analysis—Part 1:Graphical representation

[2] ASTM F658-00a (2006) Standard Practice for Calibration of a Liquid-Borne Particle Counter Using an Optical System Based Upon Light Extinction

[3] JIS B 9925:1997 Light scattering automatic particle counter for liquid

[4] Japanese Pharmacopoeia,15th ed. ,General Tests,Processes and Apparatus,Insoluble Particulate Matter Test for Injections

[5] United States Pharmacopoeia Physical Test and Determination,<788> Particulate matter in injections

[6] BIPM,IEC,IFCC,ISO,IUPAC,IUPAP,OIML Guide to the expression of uncertainty in measurement (GUM),1993,corrected and reprinted in 1995

[7] JJG 1061—2010 国家计量检定规程液体颗粒计数器

ICS 19.120
A 28

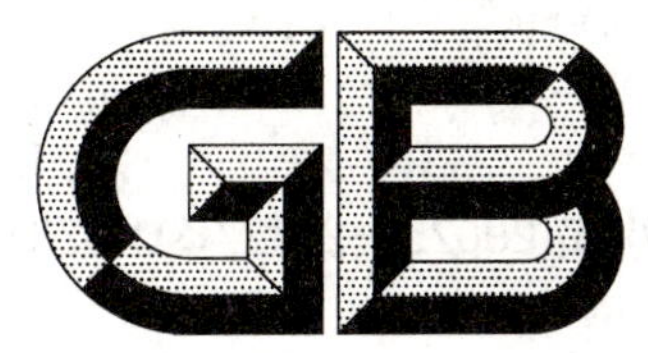

中华人民共和国国家标准

GB/T 29025—2012/ISO 13319:2007

粒度分析　电阻法

Determination of particle size distributions—Electrical sensing zone method

(ISO 13319:2007,IDT)

2012-12-31 发布　　2013-10-01 实施

中华人民共和国国家质量监督检验检疫总局
中国国家标准化管理委员会　发布

前　言

本标准按照 GB/T 1.1—2009 给出的规则起草。

本标准使用翻译法等同采用 ISO 13319:2007《粒度分析　电阻法》(英文版)。

与本标准中规范性引用的国际文件有一致性对应关系的我国文件如下:

GB/T 1713—2008　颜料密度的测定　比重瓶法(ISO 787-10:1993,IDT)。

本标准由全国颗粒表征与分检及筛网标准化技术委员会(SAC/TC 168)提出并归口。

本标准起草单位:上海市计量测试技术研究院、中机生产力促进中心。

本标准主要起草人:吴立敏、余方、何慈晖、董翊、徐建、朱丽娜、李德辉、陈永康。

粒度分析　电阻法

1　范围

本标准规定了电阻法测量分散于电解质溶液中颗粒粒度分布的方法。该方法适用于通过测量脉冲高度以及脉冲和颗粒体积或颗粒直径的相关性来得到粒度分布，测量范围约为 0.4 μm～1 200 μm。

尽管在本标准中没有提出特定材料的测量细节要求，但给出了如多孔材料和导电性材料金属粉末的粒度分析导则。

2　规范性引用文件

下列文件对于本文件的应用是必不可少的。凡是注日期的引用文件，仅注日期的版本适用于本文件。凡是不注日期的引用文件，其最新版本(包括所有的修改单)适用于本文件。

GB/T 15445.2—2006　粒度分析结果的表述　第 2 部分：由粒度分布计算平均粒径/直径和各次矩(ISO 9276-2:2001,IDT)

ISO 787-10　颜料和体质颜料通用试验方法　第 10 部分：密度的测定　比重瓶法(General methods of test for pigments and extenders—Part 10:Determination of density—Pyknometer method)

3　术语和定义

下列术语和定义适用于本文件。

3.1

死区时间　dead time

电子装置由于在处理前一个脉冲信号而无法检测到颗粒的时间间隔。

3.2

小孔　aperture

悬浮液被吸入经过的小直径的孔。

3.3

敏感区域　sensing zone

可以检测到颗粒的小孔内部及附近区域。

3.4

取样体积　sampling volume

被分析的悬浮液体积。

3.5

通道　channel

即粒径区间。

3.6

颗粒表观尺寸　envelope size

在显微镜下观察到的颗粒外观尺寸。

3.7

颗粒表观体积　envelope volume

与颗粒紧密接触的液体介质边界所构成的三维边界体积。

4　符号

下列符号适用于本文件。

A_p ——出现频度最高的脉冲振幅。

A_x ——任一颗粒产生的脉冲振幅。

d_p ——有证粒度标准物质的标称峰值粒径。

$\overline{d}$ ——一个粒径段或通道内的平均颗粒直径。

d_L ——一个粒径段或通道内的颗粒直径的下限。

d_U ——一个粒径段或通道内的颗粒直径的上限。

D ——小孔直径。

K_d ——粒径校准常数。

$\overline{K}_d$ ——平均粒径校准常数。

K_{da} ——样品颗粒的粒径校准常数。

m ——样品质量。

ΔN_i ——第 i 粒径段内的颗粒的个数。

V_T ——分散质量为 m 的样品的电解质溶液体积。

V_m ——被测体积。

$\overline{V}_i$ ——第 i 粒径段内的颗粒的算术平均体积。

V_i ——从某阈值或通道边界获得的颗粒体积。

x ——与颗粒体积等效的球直径。

x_{50}, x_{10}, x_{90} ——下累积分布为50％、10％、90％时所对应的粒径值。

ρ ——浸润密度，即单位体积下被颗粒所替代的电解质溶液的质量。

$\sigma_{\overline{K}_d}$ ——平均粒径校准常数的标准偏差。

5　测量原理

颗粒分散于电解质溶液中，通过搅拌形成一个均匀的悬浮液，此悬浮液被抽吸通过一个含有小孔的绝缘管(小孔管)。小孔管内外两边各有一个电极，在两电极间加载电流，当颗粒通过小孔管绝缘壁上的小孔时，会引起两电极间电阻值的变化，放大并计数此变化的脉冲值，并对其高度进行分析，应用粒径校准常数，可以得到与体积等效球直径的个数分布。这个分布通常可以转换为粒径-质量百分数分布，此时的颗粒粒径为与颗粒密度相同的等效球直径。见图1。

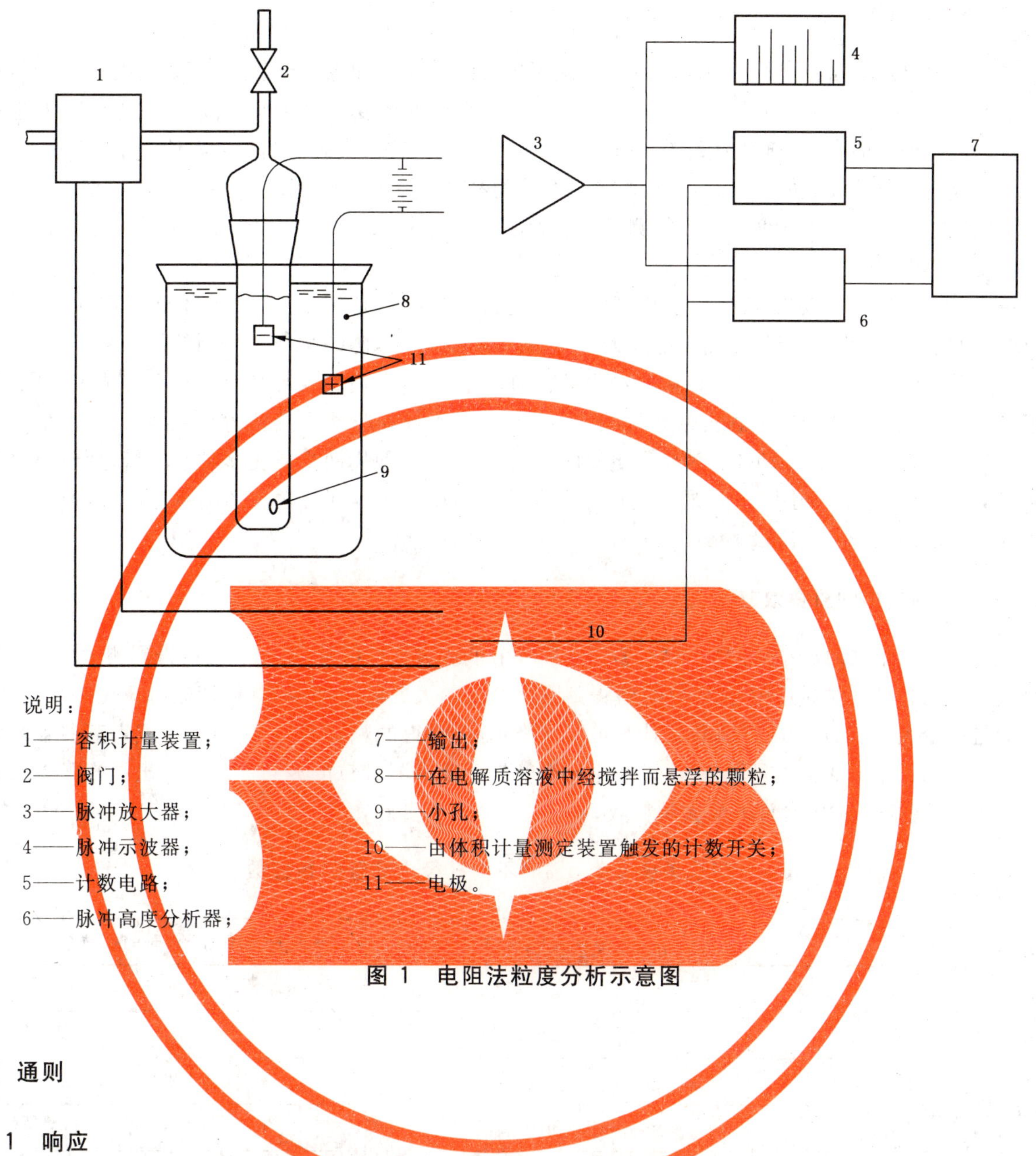

说明：

1——容积计量装置；	7——输出；
2——阀门；	8——在电解质溶液中经搅拌而悬浮的颗粒；
3——脉冲放大器；	9——小孔；
4——脉冲示波器；	10——由体积计量测定装置触发的计数开关；
5——计数电路；	11——电极。
6——脉冲高度分析器；	

图 1　电阻法粒度分析示意图

6　通则

6.1　响应

当颗粒是球形时，实验结果与理论计算都证实脉冲响应（即当颗粒通过小孔时产生的电脉冲信号）与颗粒体积[1~3]成正比。对于其他形状的颗粒，同样也可以得到准确的响应值，只是比例常数（即粒径校准常数）可能会有所不同[4]。通常，相对于电解质溶液，颗粒的电导率比较低，但是许多高电导率的颗粒也是可以测量的，例如金属[5]、碳[6]、硅等，这种测试还可用于细胞、有机体，如血细胞等[7,8]。对于多孔颗粒，脉冲响应的变化与孔隙率有关[9,10]。导电颗粒和多孔颗粒的测量可参照附录 A。

由于脉冲响应值正比于颗粒体积，脉冲幅度就成为表征颗粒体积的一个相对尺度，通过校正可以将其转换为颗粒的体积等效球直径，基于直径的校准常数可以由式(1)计算得到。

$$K_d = \frac{d_p}{\sqrt[3]{A_p}} \qquad \cdots\cdots (1)$$

颗粒的直径 x 由式(2)计算。

$$x = K_d \cdot \sqrt[3]{A_x} \qquad \cdots\cdots (2)$$

6.2 粒径测量范围

通常认为电阻法粒度分析的测量下限仅受限于仪器的热噪音和电子干扰，一般认为约 0.6 μm，在最佳情况下可以达到 0.4 μm。没有理论测量上限，只要颗粒的密度与电解质溶液相近(颗粒不发生沉降)，可以使用最大的小孔(通常为 2 000 μm)。受限于颗粒的密度，实际的测量上限约为 1 200 μm。为了增加形成均匀悬浮液的能力，可以增加电解质溶液的黏度和密度，例如添加甘油和蔗糖。悬浮液的均匀性可以通过在不同搅拌速度下的重复测量进行验证。比较这些结果就能找出维持最大颗粒悬浮状态的最低搅拌速度。

单个小孔管的粒径测量范围与小孔管的小孔直径 D 有关。研究证明，当粒径范围在 $0.015D$～$0.8D$(例如 100 μm 的小孔，粒径测量范围为 1.5 μm～80 μm)时，脉冲响应值与颗粒体积呈线性关系，此时线性关系的误差可控制在 5%以内。如果颗粒为非球形时，即使颗粒粒径小于小孔的测量上限，仍有可能造成小孔管小孔的堵塞。实际上，由于电子干扰、热噪音和非球形颗粒的影响，粒径测量范围一般限定为小孔直径的 2%～60%。为获得更宽的测量范围，可以使用两根或更多的小孔管进行测量(参见附录 B)。但在实际应用中，可以通过选择一个合适的小孔管来得到可接受的测量范围，以避免使用两根或更多的小孔管进行测量。

6.3 颗粒在通道内的重叠效应

如果颗粒逐个地通过小孔，每个颗粒都将产生一个单独的脉冲信号，处理后可以得到测量结果。当两个或更多的颗粒同时通过敏感区域时，将得到一个叠加的大的脉冲信号，颗粒计数将减少一个，并被误认为是一个大直径的颗粒；或者颗粒计数可以被修正，但测得的颗粒粒径将会增大；或者某些颗粒没有被计数。为最小化此类测量误差，可以采用低浓度悬浮液来测量粒度分布。表 1 列出了当颗粒重叠率为 5%时每毫升液体中允许的最大颗粒数。

表 1 颗粒重叠率为 5%时不同孔径小孔管的颗粒数

小孔直径 D/μm	被测体积 V_m^a/mL	颗粒重叠率为 5%时的颗粒数[b]/个
1 000	2	80
560	2	455
400	2	1 250
280	2	3 645
200	2	10 000
140	2	29 150
100	0.5	20 000
70	0.5	58 500
50	0.05	16 000
30	0.05	74 000
20	0.05	250 000

[a] 对其他取样体积，可按体积比例换算出颗粒数。

[b] 计算公式：$N=\frac{4\times10^{10}V_m}{D^3}$

每毫升液体中的颗粒数必须小于表中所列数值。由于样品粒度分布与浓度之间没有函数关系，颗粒重叠效应可以通过比较某一浓度时的粒度分布与稀释一倍后的粒度分布而得。在这样的试验中，重复上述稀释过程，记录最多颗粒数减少的这一通道中颗粒计数的变化，直到颗粒数的减少与稀释程度成正比。当测量非常窄的粒度分布时必须做这样的测试，因为此时测量结果最容易受到颗粒重合的影响。

6.4 死区时间

在那些使用数字脉冲处理程序来分析高频扫描得到的信号的仪器中，脉冲参数是被保存下来用于随后分析的，脉冲参数包括最高脉冲值、最大脉冲宽度、脉冲中位值、脉冲中位宽度和脉冲面积。在这种情况下，脉冲的模数转换和粒度分析数据的保存不是实时进行的，因此不存在因死区时间的存在而引起的测量数据的损失。

在那些对脉冲信号实时数据处理程序的仪器中，由于要花一定的时间去处理接收到的每一个脉冲信号，在部分时间内，部分颗粒可能没有被计数。由于死区时间与脉冲值无函数关系，因死区时间而造成的数据损失仅与每个通道内的颗粒计数成比例，而不会影响测得的粒度分布。

为使死区时间的影响降至最低，分析者可以通过设定低限阈值来排除电子和热噪音，参见图 2 中的标注 A。此外，必须保持颗粒的低浓度，使颗粒重叠率低于 5%。

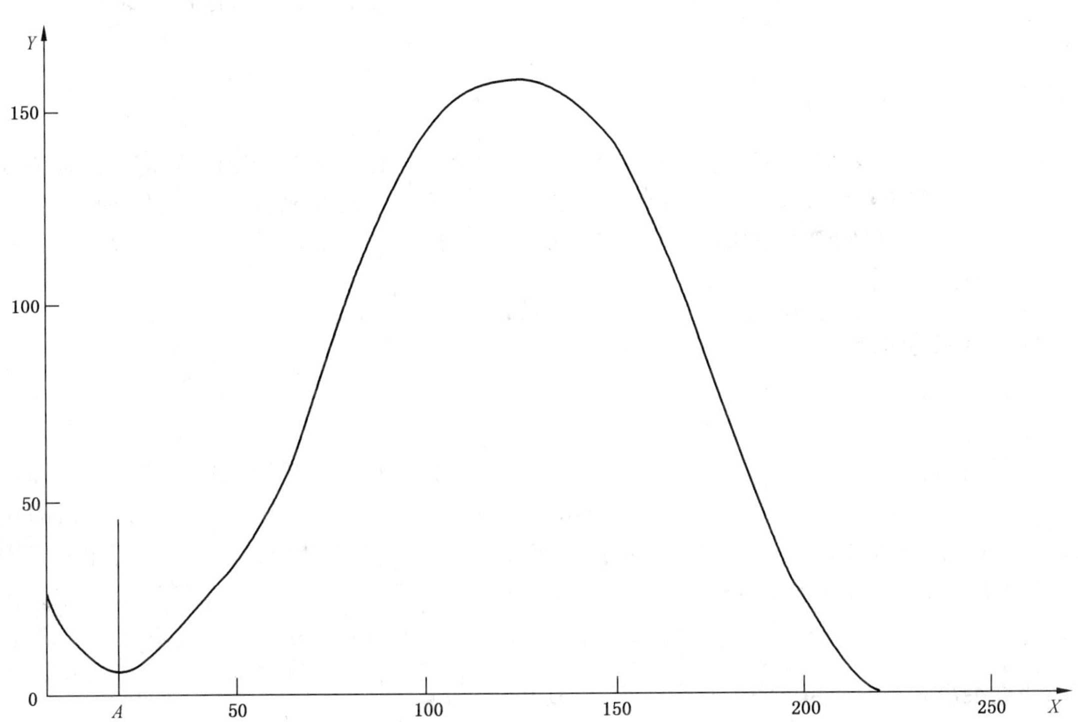

说明：

X ——通道；

Y ——颗粒计数。

注： A 以下的通道计数为噪音计数，A 以上的通道计数是真实的颗粒计数。

图 2　典型示例

7　颗粒计数的测量重复性

在一个正确的测量结果中，某一粒径段内的颗粒计数将是一个遵循泊松分布的随机数。在这里，方差等于预期值(平均值),即假设进行了 n 次计数,其平均值为 N,则标准偏差近似于 $\sqrt{N}$。方差与标准偏差都可以用在衡量仪器操作或样品制备正确性的统计试验中。χ^2 检验可用于判定测量结果是否符合泊松分布,因为在已知测量次数和概率的情况下,观测到的方差和理论计算出的方差是相关的。在附录C中给出了一个示例,该统计方法可应用于单一粒径段的颗粒数、一组粒径段中的颗粒数或总颗粒数的检验。

8 实验过程

8.1 仪器安置

仪器应置于清洁的环境中,避免强烈的电子干扰和机械震动。如果使用有机溶液,应考虑场地的通风性能。

8.2 小孔管/放大器的线性度检验

小孔管/放大器的线性检验可使用四种接近单分散、具有峰值粒径标准值的有证标准物质。在合适的电解质溶液中,用直径约为 0.3 D 的粒度标样校准仪器(参见 8.10.2),在悬浮液中再加入三种粒径值分别为 0.1 D、0.2 D、0.5 D 的粒度标样,峰值粒径的测量值与粒度标样标称值的测量误差应小于 5%。

8.3 计数系统的线性度检验

计数系统的线性度可以通过下述方法检验:在任一浓度下测量得到三组计数值,降低溶液浓度得到另外三次计数值,使用颗粒计数重叠率的修正功能,颗粒计数平均值的比值应与悬浮液的稀释倍数相同。如果一致性超过 5%,那么应该在两个更低的浓度下重复上述实验,直到得到最佳测量结果的稀释条件下进行后续的分析。

8.4 电解质溶液的选择

8.4.1 通则

必须选择有利于样品颗粒稳定分散的电解质溶液,样品颗粒在电解质溶液中不溶解、不团聚、互相不会发生化学反应,并能形成一个良好的分散体系,至少在测量时间(通常为 5 min)内悬浮液的状态不发生改变。水不溶性颗粒,可供选择的水性电解质溶液有很多种,水溶性颗粒通常会选择甲醇或异丙醇溶液。电解质溶液的选择可参见附录 D。当使用小孔径的小孔管(20 μm、30 μm 和 50 μm)或大孔径的小孔管(400 μm、560 μm、1 000 μm 和 2 000 μm)时,由于它们的特殊性质须特别注意。

8.4.2 小孔径小孔管的使用注意事项($D \leqslant 50$ μm)

尽可能使用浓度为 4%的氯化钠溶液或电导率相当的电解质溶液,电解质溶液须经 0.2 μm 滤膜过滤二次。

8.4.3 大孔径小孔管的使用注意事项($D \geqslant 400$ μm)

为防止小孔管内流速过快而引起噪音信号,可通过添加葡萄糖或甘油来增加电解质溶液的黏度,对于 400 μm 和 560 μm 的小孔管可使用浓度为 10%的甘油溶液,对于 1 000 μm 和 2 000 μm 的小孔管可使用浓度为 30%的甘油溶液。

8.5 电解质溶液的制备

电解质溶液必须经过滤膜过滤以除去杂质颗粒,滤膜的孔径必须小于所测量的最小颗粒直径,以得到尽可能低的空白计数，必须注意：滤膜孔径的标称值不是绝对的，通常给出的是孔径的平均值。孔径分布的宽度依赖于滤膜种类和制造商，这会影响到滤膜孔径的选择。所有使用的玻璃器具和设备必须先用已过滤的电解质溶液或合适的液体冲洗。空白计数应不超过表 2 中所列数值，或电解质溶液中杂质颗粒数总体积不超过被测量颗粒总体积的 0.1%。

表 2　不同直径小孔管的计数背景

小孔直径 $D/\mu m$	被测体积 V_m^a/mL	空白计数[b]
1 000	2	2
560	2	10
400	2	25
280	2	75
200	2	200
140	2	600
100	0.5	400
70	0.5	1 200
50	0.05	300
30	0.05	1 500
20	0.05	5 000

[a] 对于其他取样体积，按体积比例计算颗粒数。

[b] 最大空白计数。

8.6　推荐的取样、缩分、样品制备和分散方法

8.6.1　通则

样品的取样和缩分方法可参照 ISO 14488，分散剂的选择和悬浮液的制备可参照 ISO 14887 或附录 D 中推荐的方法，也可以使用实验室专家经过实验后针对不同样品提出的意见和建议。

8.6.2　方法 1：将样品调制成糊状物

样品应缩分至约 0.2 cm^3 的量。如果是粉末状的，可在添加数滴合适的分散剂后用刮刀轻轻地碾磨，以消除颗粒间的块状团聚，将 20 mg～50 mg 糊状物转移到圆底样品杯中，用少量分散剂稀释，并加入几滴电解质溶液。然后再将样品杯中加入电解质溶液，在合适的功率和频率下超声 1 min，可以适当地加以搅拌。推荐使用计时器，以便样品制备过程可再现。图 3 显示了体积为 400 mL 的圆底烧杯形状。如果样品颗粒不需完全分散，可以直接在搅拌中加入到电解液或分散剂中。

注：高能超声浴、超声探头、搅拌器或混合器的使用，也会引起颗粒的团聚或破裂。

8.6.3　方法 2：适用于小于 50 μm 低密度颗粒的另一种方法

将样品缩分至约 1 g，与分散剂混合，加入电解质溶液中，将装有该悬浮液的样品杯（见图 3）放入超声浴中超声 45 s；充分搅拌后，制得母液；用移液管吸取母液 5 mL，加至约 400 mL 的电解质溶液中；继续超声 15 s。当采用这种方法时，应至少从母液中取两份独立的样品进行粒度分析，以确保样品制备和粒度分析的可重复性。

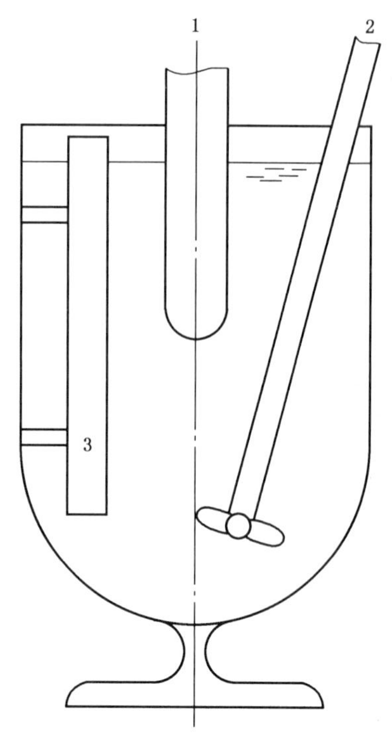

说明：

1——小孔管；

2——搅拌器；

3——扰流板。

图 3 含有扰流板和搅拌器的样品示例

8.6.4 乳化液及悬浮液

对于乳化液，不应将乳化液一次加入到较大容量的稀释液中，而应加入较少容量的稀释液逐步稀释，在逐步稀释过程中每步都应形成混合均匀的乳化液。为避免"破乳"情况的出现，水包油乳化液的初始稀释应使用蒸馏水或去离子水。

8.6.5 分散体系的确认

取少量制备好的悬浮液滴加在载玻片上，用显微镜观察，以确认样品颗粒是否分散良好，并初步估计颗粒的粒径范围。

8.7 小孔管和被测样品体积的选择

通过显微镜的观察(8.6.5)，可以估计最大颗粒直径，选择一个能测量到最大颗粒的小孔管，即最大颗粒直径应小于该小孔直径的60%，这样也可以避免颗粒堵塞小孔。如果颗粒是球形或近似球形，可以选择最大颗粒直径小于小孔直径80%的小孔管。如果有相对较多的颗粒直径低于小孔管测量下限(小孔直径的1.5%)，那么应该使用第二个或甚至第三个更小孔径的小孔管(参见附录B)。另一个方法是对没有参加计数的颗粒进行质量平衡评价(参见附录E)。

按表1中的参数选择一个合适的测量体积或选择一个合适的累积测量时间，这样可以保证测量的精度，例如测量50 000个颗粒可使测量结果的相对标准偏差低于0.4%。被测颗粒数的减少将会导致测量的精度降低，但当使用大孔径小孔管时不得不减少被测颗粒数(参见第7章和附录C)。

8.8 小孔管堵塞的清除

当使用孔径小于 100 μm 的小孔管时，一些外来的颗粒会引起小孔管的堵塞，尤其是没有进行仔细地清洗和过滤操作，以及没有彻底地清洗样品杯和相关器具。小孔管堵塞或部分堵塞可以通过仪器上的光学部件看见；也可以通过测量小孔内液体的流速或测量小孔管电阻值发现，堵塞会引起小孔内液体流速偏低和小孔管内电阻偏高；在某些仪器中，也可通过检查一连串的颗粒脉冲来发现堵塞，因为堵塞会引起明显的脉冲移位。一些仪器会自动监测并清除堵塞。也可以通过以下方法清除堵塞：

a) 反向冲洗：让液体反向流过小孔，这是清除堵塞的有效方法。
b) 液体沸腾法：可采用加大小孔管电流方法加热，因液体沸腾而除去堵塞物。
c) 刷洗：使用一个小的高质量的短毛软毛刷将颗粒从小孔中刷洗出来，注意不要损坏小孔管。
d) 压缩空气吹扫。
e) 超声清洗：将小孔管中加满电解质溶液，将小孔管下端放入一个低功率的超声浴中超声约 1 s，如果需要可重复进行。这个方法是非常有效的，但必须非常小心，因为它可能会损坏小孔管。

注：该方法不适用于孔径小于或等于 50 μm 的小孔管。

8.9 分散体系的稳定性

选择好一个合适孔径的小孔管、制备好悬浮液后，擦干样品杯的外壁并将它放入仪器中，调整搅拌速度以获得最好的效果而不产生涡流气泡。在测量时间内检查悬浮液的稳定性，尽可能快测量到颗粒粒径的完整分布。继续搅拌 5 min～10 min 后再次测量，记录颗粒粒径在小孔直径 30％和 5％时颗粒的累积计数(分别由 x_{max} 和 x_{min} 表示)，如果颗粒计数值的变化大于预期的统计学数值，表明悬浮液不稳定(见第 7 章和附录 C)。对于记录了原始脉冲数据的仪器，还可以进行额外的稳定性验证：如果在测量时间内出现一连串不均匀的脉冲值，表明悬浮液不够稳定。表 3 列出了一些可能因素。

表 3 悬浮液中可能出现的一些可疑现象

计数值的变化		可能的情况
x_{max}	x_{min}	
无变化	无变化	稳定的分散体系
增加	增加	结晶化、产生沉淀
减少	减少	溶解
减少	增加	粒径减小、絮凝现象的好转
增加	减少	絮凝、团聚
减少	无变化	大颗粒沉降

8.10 仪器校准

8.10.1 通则

电阻法粒度分析仪采用已知粒径的窄分布聚苯乙烯乳胶球进行校准。

另一种校准方法是质量累积法，将称重的质量与根据仪器测量得到的质量相比，它属于绝对法。这种校准方法具有直接可溯源性，无须考虑颗粒形状、多孔性、电导率等因素对测量结果的影响，质量累积法详见附录 E。

要注意多孔性颗粒的测量，这类颗粒可能具有互相连通的孔结构，在样品制备过程中，电解质溶液至少会部分地填充这些孔隙，当颗粒通过小孔管的感应区时，电解质溶液填充的颗粒孔隙部分将不会产生电阻值的变化，因此，多孔性颗粒产生的脉冲振幅将低于等效颗粒表观体积的固体颗粒。这样的测量误差是不可忽视的，对于有些多孔性颗粒，测量得到的粒径可能比颗粒表观粒径的一半还小。参见附录

A 对多孔颗粒的校准。

8.10.2 校准方法——微球校准

仪器校准可以使用各种方法定值的单峰窄分布微球。微球必须可溯源至国家级米制单位,或溯源至国家级标准物质。校准方法可参照标准物质证书或使用设备(仪器操作手册)所述。一种方法是测量后得到一张颗粒个数分布的柱状图(频度分布图),x 轴为等间隔的颗粒通道数(线性)、y 轴为颗粒个数。如果粒度分布是对称的,那么图中最多颗粒计数所对应的通道的中值为测量得到的峰值粒径,该值应接近标准物质的标称值。如果粒度分布不对称,那么根据图中最多颗粒计数所对应的通道相邻两边通道的颗粒计数权重来计算峰值粒径。粒径校准常数是标准物质峰值粒径的标称值和仪器测量得到的峰值粒径的比值。

应定期进行校准检查,以确认粒径校准常数的变化低于 1.0%,或当每次更换小孔管或电解质溶液时,也应该及时地进行校准检查。常用小孔管的校准方法参见附录 F。

9 粒度分析

对于大多数粉末来说,粒度分布范围较窄,一个小孔管的测量范围就能满足测量要求。如果粉末分布范围太宽,那么就将使用 2 个或更多的小孔管。如果落在最小粒径间段内颗粒的体积分布大于 1.5%,那么最好使用多个小孔管测量方法(参见附录 B)。对于个别样品可能还要进行质量平衡评价分析(参见附录 E)。

按前述过程制备好分散状态良好的样品后,开始粒度分析。选择被测体积、重复测量次数、累积测量时间,以得到一个满意的测量结果(见第 7 章和附录 C)。颗粒计数的减少会降低测量精度,但当使用大孔径的小孔管时则必须要减少颗粒计数。重复测量 3~5 次。为确保被缩分样品的代表性,必须对从母液或缩分后的干粉样品中取样开始的整个过程至少再重复一次或更多。记录所有的测试结果。

10 测量结果的计算

现代的仪器可直接测量得到不同粒径通道下的体积和颗粒数,所以无需进行数据转换。有些分析需要得到大于或在某一粒径段内的颗粒数,各种等效体积颗粒粒径,因而需要将数据转换成体积百分数,可使用辛普森规则[13]将个数分布转换为体积分布,即将每一粒径段所对应的算术平均体积值乘以该粒径段内的颗粒数,得到该粒径段内所有颗粒的总体积,这样就可以计算得到所有粒径通道内所有颗粒的总体积,由此可计算得到体积分数分布。为保证合理的计算的精度,粒径通道应很窄,即应该有较多数量的计数通道。更精确的方法和粒度分布各次矩的计算可参见 GB/T 15445.2—2006 中所述。现代的仪器都可自动计算。如果所有样品颗粒具有相同的比重,那么体积百分数分布也就是质量(或重量)百分数分布同样可以计算。

11 仪器验证

11.1 通则

仪器验证包括小孔管/放大系统的线性验证(见 8.2)、计数系统的线性验证(见 8.3)和粒径校准常数的验证(参见附录 F)。

11.2 验证报告

记录所有的验证过程和数据,并出具验证报告。

附　录　A
（资料性附录）
多孔性和导电性颗粒测量结果的校准

A.1　通则

只要小孔两端电压不抑制颗粒表面形成称之为亥姆霍兹层(Helmholtz layer)的结构层，用电阻法就能准确地测出导电性颗粒(如金属颗粒)的粒度分布，该电压值通常为10 V～15 V[4]。

对于多孔性颗粒，在样品制备过程中，其孔结构中将充满电解质溶液，当颗粒通过小孔中的感应区时，这些电解质溶液将占用颗粒的一部分空间，导致电阻值变化的损失。因此，一个多孔性颗粒产生的脉冲值比一个相当表观体积的实心固体颗粒产生的脉冲振幅小。如果仪器的校准是用实心固体颗粒，当测量多孔性颗粒时又没有进行修正，粒度分布的测量结果将变小(见图A.1)。可以用在室温下是固体的有机物或与憎水性溶剂来填充颗粒的孔隙[14,15]，但是不适用于自然聚合物，因为聚合物颗粒在有机溶剂中粒径将发生变化。多孔性颗粒的准确测量可以按照A.3中的方法，采用窄分布的同类颗粒进行仪器校准。

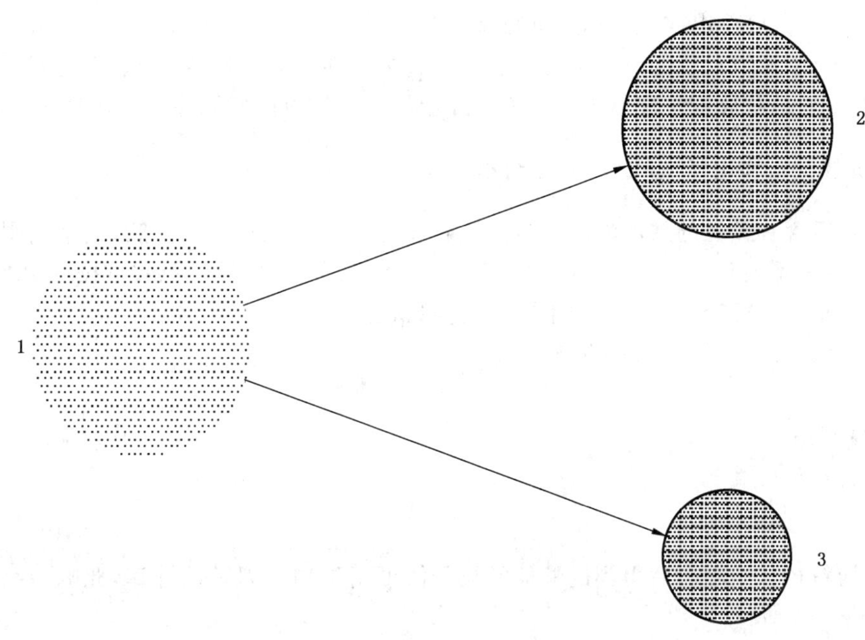

说明：
1——多孔性颗粒；
2——经修正后的粒径测量结果(表观粒径)；
3——未经修正后的粒径测量结果。

图A.1　多孔性颗粒效应对粒径的影响

A.2 导电性颗粒

对于导电性颗粒，如金属颗粒，为得到一个可以接受的粒度分布测量结果，可以先在正常条件下测量粒度分布，然后在一半电流和两倍增益的条件下再次测量，粒度分布的测量结果应该是相同的。如果不一致，使用更低的电流重复上述过程。一些金属颗粒会有较高的导电性(如铜、银和铂)，这些颗粒不容易形成表面层，但如果采用很低电压，并加入 0.5%溴棕三甲铵溶液以增加金属颗粒的阻挡层，就可以准确地测量粒度分布。

A.3 多孔性颗粒

A.3.1 通则

为了对颗粒的孔隙进行补偿，可以通过下面的方法对脉冲值进行修正。用筛网筛分或相似的分离方法得到一个窄分布的颗粒群，采用图像分析法用半自动显微镜或颗粒照片测量平均粒径。最后用电阻法(ESZ)进行粒度分析，得到的平均粒径可以用于仪器的校准[9,10]。

A.3.2 样品制备

在筛分过程中，应尽可能使用颗粒峰值粒径相近的筛网(如峰值粒径为 5 μm 和 10 μm 的筛网)以得到窄分布的颗粒群，使用电成型的筛网进行湿法筛分是一种比较好的选择。应尽可能根据实验室专家的建议选择适合于颗粒材质的液体进行湿法筛分。多孔性颗粒的粒径可能因悬浮液中离子强度而变化，因此应将得到的颗粒放置于液体中一个晚上或用超声浴使电解质溶液进入颗粒的孔隙中。

A.3.3 显微图像分析和电阻法(ESZ)粒度分析

将数滴过筛后含有颗粒的悬浮液滴于显微镜载玻片上，盖上盖玻片，拍照，或采用图像分析法直接得到粒度分布，注意不要让颗粒变干，至少测量 400 个颗粒[9]，测量的颗粒数可按照 ISO 13322-1 中所述确定。个数分布峰值粒径是首选的用于校准的参数，也可使用个数或体积中位径。最后，使用经微球校准过的电阻法(ESZ)粒度分析仪测量粒度分布。

A.4 显微镜校准法

A.4.1 通则

微球的平均粒径和经筛分后得到的颗粒的粒径值可用于响应因子的计算，此响应因子可用于以后的校准。

A.4.2 符号

d_m ——用于初级校准的有证的微球平均粒径。
d_{micr} ——显微镜测量经筛分后滤液中颗粒的平均粒径。
d_{ESZ} ——电阻法(ESZ)粒度分析测量经筛分后滤液中颗粒的平均粒径。
d_{ref} ——微球的参考直径。
f_{resp} ——响应因子。

A.4.3 计算

用平均粒径计算响应因子，见式(A.1)：

$$f_{resp}=\frac{d_{micr}}{d_{ESZ}} \qquad \cdots\cdots(A.1)$$

然后计算微球的参考直径,见式(A.2):

$$d_{ref}=f_{resp}\cdot d_{m} \qquad \cdots\cdots(A.2)$$

这个参考直径将用于以后的校准。

附 录 B
（资料性附录）
两个（或多个）小孔管测量技术

B.1 通则

为得到一个完整的粒度分析结果，有时必须使用一个以上小孔管测量，这时需要采用湿法筛分将悬浮液分成适合于单个小孔管粒径测量的两个或更多部分。

B.2 分离

先用大孔径的小孔管进行粒度分析，然后称量样品杯和悬浮液。再使用孔径为较小孔径的小孔管孔径一半的电成形筛网或单纤维丝筛网对悬浮液筛分，将滤液收集于一个已称量的干净样品杯中。第一个样品杯用新鲜的电解质溶液冲洗，同样经筛网筛分，筛网也经过这样的清洗，所有的滤液都收集于第二个样品杯中。根据最初和最终的悬浮液质量计算稀释因子。

B.3 校准

根据表 B.1 选择合适的小孔管，为确保重叠部分的匹配，较小的小孔管孔径应大于较大的小孔管孔径的 20%。

电解质溶液浓度的选择应保证较小小孔管孔径测量时必须具有的足够低的电阻值，例如对于大多数小孔管都适用的 10 g/L 的氯化钠溶液。按 8.5 制备电解质溶液。

两个小孔管必须用相同材质的微球进行校准（参见 8.10.2），以确保粒径范围重叠部分的测量一致性。

表 B.1 合适的小孔管组合

粒径范围/μm	小孔管组合/μm
0.6～84	30/140
1.0～120	50/200
1.4～168	70/280
2.8～240	140/400
0.6～240	30/140/400

B.4 粒度分析

每一部分悬浮液分别用相应的小孔管测量粒度分布，然后组合，可以使用不同的稀释度。仪器会根据操作参数的设置进行计算，基本的计算方法如下所述。

用较大孔径的小孔管测量原始悬浮液的粒度分布，进行重叠率修正，以等效颗粒直径 x 为 x 轴、单位体积中大于某一粒径的累积颗粒数 N 为 y 轴，在对数坐标图中得到作图，得到如图 B.1 中点 1～9 构成的曲线。采用相似方法，用较小孔径的小孔管测量经筛网筛分得到的滤液的粒度分布，经重叠率和稀释参数校准后，得到粒度分布结果，如图 B.1 中点 a～g 构成的曲线。

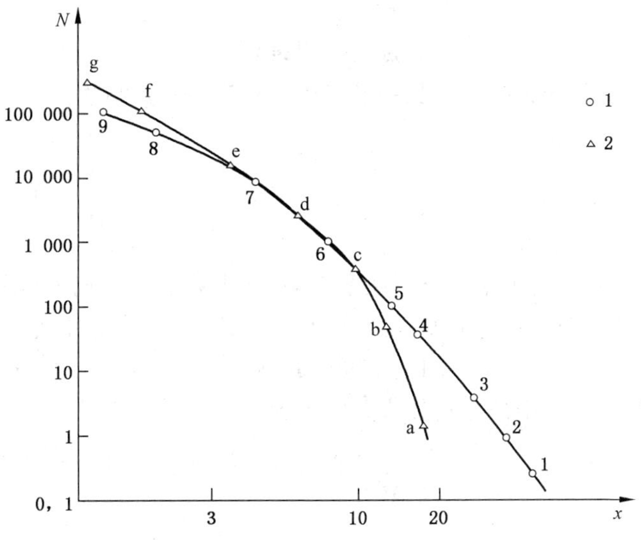

说明：

1——140 μm 小孔管粒度分布测量结果；

2——30 μm 小孔管粒度分布测量结果。

图 B.1　两个小孔管测量得到的粒度分布的重叠部分

如果不知道稀释因子，较小的小孔管的精确粒度分布数据应该是原数据乘以大、小小孔管重叠部分的中点数值的值。

完整的粒度分布为点 1、2、3、4、5、6、7、e、f、g 或 1、2、3、4、5、6、d、e、f、g 所表示的曲线，质量或体积累积分布可以采用常规方法计算。在重叠区域，两个小孔管所得到的颗粒数差异应小于 10%。

附 录 C
（资料性附录）
仪器操作及样品制备正确性检验——χ^2检验

C.1 通则

重复测得的颗粒数理论上符合泊松分布。在本实验中，方差等于预期值（平均值）。明显偏大的方差表明样品颗粒在分散介质中没有均匀分布；明显偏小的方差表明仪器在计数中还引入了别的东西，比如有规律出现的电干扰。χ^2检验适用于检测重复测得的颗粒数是否符合泊松分布。该检验可应用于单一粒径段段的颗粒数、一组粒径段中的颗粒数或总颗粒数。

C.2 符号

χ^2 ——χ^2统计分布。
n ——测量次数。
N_i ——第 i 次测量的颗粒数。
$\overline{N}$ ——$N_i(i=1,2,3,\cdots,n)$的平均值。
p ——统计试验的显著性水平。
df ——自由度。

C.3 原理

C.3.1 通则

n 次重复测试得 $N_1,N_2,\cdots,N_n$，泊松分布的假设可通过比较测量值与理论值来得到。测试统计值见式（C.1）：

$$\chi^2=\frac{\sum_{i=1}^{n}(N_i-\overline{N})^2}{\overline{N}} \qquad \cdots\cdots\cdots\cdots(\text{C.1})$$

式中：

$$\overline{N}=\frac{\sum_{i=1}^{n}N_i}{n} \qquad \cdots\cdots\cdots\cdots(\text{C.2})$$

该测试统计应近似于自由度等于 $n-1$ 时的 χ^2分布。当置信系数为 p%时，如果测试统计值大于置信系数为$(100-p)$%时的 χ^2分布值（见统计学参数表），则不符合泊松分布。

下面为 χ^2检验的两个实例。

$p=0.05$，df=5 情况下，χ^2分布的临界值为 11.07（见统计学参数表），测量值为 4.43（见表 C.1），小于临界值，因此测量结果符合泊松分布。

表 C.1 n 次实验颗粒数的 χ^2 检验($p=0.05$,df=5)

n	N_i	$\overline{N}$	$N_i-\overline{N}$	$\frac{(N_i-\overline{N})^2}{\overline{N}}$
1	936	982	−46	2.15
2	1 016	982	34	1.18
3	971	982	−11	0.12
4	1 004	982	22	0.49
5	999	982	17	0.29
6	968	982	−14	0.20
	$\overline{N}=982$			合计$=4.43=\chi^2$

$p=0.05$,df=6 情况下,χ^2 分布的临界值为 12.59(见统计学参数表),测量值为 18.38(见表 C.2),大于临界值。因此测量结果不符合泊松分布。

表 C.2 n 次实验颗粒数的 χ^2 检验($p=0.05$,df=6)

n	N_i	$\overline{N}$	$N_i-\overline{N}$	$\frac{(N_i-\overline{N})^2}{\overline{N}}$
1	936	964	−28	0.80
2	1 016	964	52	2.75
3	971	964	7	0.05
4	1 004	964	40	1.63
5	999	964	35	1.25
6	968	964	4	0.02
7	856	964	−108	11.88
	$\overline{N}=964$			合计$=18.38=\chi^2$
第 7 次测试中部分小孔发生堵塞。				

附　录　D
（资料性附录）
电解质溶液和材质

D.1　电解质溶液示例

无特别指出的，均为电解质水溶液。

用于非水性介质的盐及溶剂应保证不含有水分。

a　10 g/L 氯化钠溶液（通常可与 b 互换）

b　Isoton Ⅱ溶液（通常可与 a 互换）

c　4 g/L 氢氧化钠溶液

d　0.1 mol/L 盐酸溶液（+1 g/L 溴棕三甲铵）

e　20 g/L～50 g/L 十二水磷酸三钠溶液或 20 g/L～50 g/L 十水焦磷酸钠溶液

f　200 g/L 氯化钠溶液

g　10 g/L 硝酸钠溶液

h　40 g/L 氯化锌溶液

i　20 g/L～50 g/L 硫酸钠溶液

j　10 g/L 硅酸钾溶液

k　80 g/L 溶于二甲基甲酰胺的硫氰酸铵溶液

l　50 g/L 溶于甲醇的氯化锂溶液（通常可与 m 互换）

m　50 g/L 溶于异丙醇的硫氰酸铵或高氯酸镁溶液（通常可与 l 互换）

n　50 g/L 溶于丙酮的硫氰酸铵或氯化锂溶液

p　100 g/L～400 g/L 溶于异丁醇的碘化锂溶液

q　40 g/L～50 g/L 溶于异丁醇的硫氰酸铵溶液

r　40 g/L～50 g/L 溶于丙酮的碘化锂溶液

s　78.5 g/L 硅酸钠溶液

t　10 g/L 碳酸钠溶液

u　60 g/L 溶于二甲基甲酰胺的硫氰酸铵溶液

v　40 g/L 硫氰酸铵（溶于乙醇）+5%（体积分数）甲酰胺溶液

w　2.23 g/L 十水焦磷酸钠溶液

x　100 g/L 氯化钠溶于 85%（体积分数）异丙醇-氰化甲烷的溶液

y　8 g/L 氢氧化钠溶液

z　7 g/L 盐酸溶液

aa　80 g/L 溶于 33.3%（体积分数）甲醇-1,2 丙二醇的硫氰酸铵溶液

bb　60 g/L 溶于双（2-羟乙基）乙基酯的碘化锂溶液

cc　50 g/L 溶于 50%（体积分数）甲醇-环己烷的硫氰酸铵溶液

dd　3 g/L 氯化钠溶液

ee　40 g/L 溶于 70%（体积分数）异丙醇-二氯乙烷的硫氰酸铵溶液

ff　100 g/L 溶于异丙醇的浓缩盐酸溶液

gg　40 g/L 溶于丁酮的硫氰酸铵溶液

hh　40 g/L 溶于二甲基甲酰胺的硫氰酸铵溶液

ii 50 g/L 溶于 33.33%(体积分数)二甲基甲酰胺-四氢呋喃-三氯乙烯的硫氰酸铵溶液

jj 45 g/L 溶于 90%(体积分数)丙酮-甲醇的氯化锂溶液

kk 10 g/L 溶于 90%(体积分数)蚁酸水溶液的氯化钾溶液

ll 7.5 g/L 溶于 90%(体积分数)丁酮-三氯乙烯的硫氰酸铵溶液

mm 40 g/L 溶于 50%(体积分数)异丙醇+40%(体积分数)氯乙烷+10%(体积分数)样品的硫氰酸铵溶液

nn 38 g/L 溶于 50%(体积分数)异丙醇-苯的氯化锂溶液

oo 100 g/L 溶于 50%(体积分数)异丙醇-二氯甲烷的硫氰酸铵溶液

pp 10 g/L 溶于环己醇的盐酸溶液

qq 超过 250 g/L 溶于 50%(体积分数)异丙醇-三氯乙烷的碘化锂溶液

rr 50 g/L 溶于 33.33%(体积分数)异丙醇-三氯乙烷-氧杂环戊烷的硫氰酸铵溶液

ss 50 g/L 溶于 33.33%(体积分数)二甲基甲酰胺-三氯乙烷-氧杂环戊烷的硫氰酸铵溶液

tt 40 g/L 溶于 50%(体积分数)异丙醇-二氯乙烷的四丁基高氯酸铵溶液

uu 60 g/L 溶于双(2-甲氧基)乙基酯的硫氰酸铵溶液

vv 40 g/L 溶于 83%(体积分数)丁酮-石油醚的硫氰酸铵溶液加 40 g/L 硝酸钾溶液(ww)

ww 40 g/L 硝酸钾溶液

xx 40 g/L 溶于二甲基甲酰胺的四丁基高氯酸铵溶液

yy 65 g/L 溶于 66.7%(体积分数)酒精水溶液的醋酸钠溶液

yz 30 g/L 溶于 50%(体积分数)异丙醇-甲醇的氯化锂溶液

zz Karuhn's 介质

D.2 材质及推荐的电解质溶液

见表 D.1。

注 1:当给出超过一种电解质溶液时,根据列出的先后顺序选择电解质溶液。

注 2:G 表示添加甘油有助于大颗粒悬浮;S 表示添加蔗糖有助于大颗粒悬浮;satd. 表示样品应在电解质溶液中预饱和。

表 D.1 材质及推荐的电解质溶液

原料	电解质溶液(参见 D.1)	注释
乙酰水杨酸	a satd.,b satd.	磺化琥珀酸二辛酯钠分散剂
丙烯酸乳液或粉末	a,b,e	参见化学名称
螺旋内酯 A	a,b	(螺旋内酯固醇)/安体疏通
矾土	e	任何矾土
	a,b	仅限粗粉
铝	a	碱性电解质溶液下反应
氧化铝	—	参见矾土
硅酸铝(红柱石)	e	
高氯酸铵	q satd.,m	同离子效应会降低溶解度
磷酸铵	m	最多可用 80 g/L 硫氰酸铵用于增加同离子效应

表 D.1（续）

原料	电解质溶液(参见 D.1)	注释
两性霉素(B)	a satd.，b satd.	
阴离子沥青乳液	c	
锑	a	达哈用于分散剂
沥青乳液	—	参见阴离子或阳离子沥青乳液
阿塔普吉特镁质黏土/凹凸棒石	e	
艾维素(微晶纤维素)	a	
偶氮二甲酰胺	m	微溶于水
球状黏土	—	参见黏土
钡铁氧体	r	参见亚铁盐/铁酸盐
硫酸钡	i	共离子效应抑制溶解度
树皮	a	
重晶石	e	
铁矾土	a	
牛肉浸膏(干)	m	
斑脱土/膨润土	e	
苯甲酸	b	
苄基普鲁卡因青霉素	a satd.	
氧化铍	e，a，b	
沥青乳液	—	参见阴离子或阳离子沥青乳液
骨制品	e	
碳化硼	a，b	电解质溶液用硼酸预饱和
砖灰	l	
青铜	s，t	由于化学侵蚀，推荐电解质溶液浓度不可超标
硫化镉	e	
炉甘石	e	
煅烧氧化镁	—	参见氧化镁
方解石	—	参见碳酸钙
碳酸钙	l，m，a satd.	
铬酸钙	l satd.	
磷酸二氢钙	l	
氧化钙	l	
硬脂酸钙	l，a，b，e	不易润湿；酒精，或添加非离子分散剂后超声波分散，并用刮刀搅拌
三磷酸钙	l	

表 D.1（续）

原料	电解质溶液(参见 D.1)	注释
炭(和炭黑)	e,a	活性炭在通过小孔过程中会放气导致假象。用调刀将粉末分散在微热甘油中,加入一些电解质溶液煮沸几分钟。冷却,加入剩下的电解质溶液计数。可在真空下分散
羰基铁	a(+G),b(+G)	
羰基镍	a(+G),b(+G)	
碳化硅	—	参见矾土和金刚砂
干酪素	m	
纤维素	n,m	n 通常更为合适,但由于高速流过小孔或小孔内的蒸汽泡造成的高频噪声干扰,不可应用于超过 280 μm 的小孔,除非减低流速
水泥	l,m	
瓷粉	e	
氧化铈	e	
阳离子沥青乳液	d	
白垩	—	参见碳酸钙
瓷土(高岭土)	—	参见黏土
氯霉素	a satd.	
巧克力	m satd.	在 40 ℃～50 ℃水浴中融化于样品杯中,加入 50 g/L 溶于环己醇的醇溶性司班-80 溶液。冷却然后加入电解质溶液。对于牛奶巧克力,脱脂(从石油醚中)固体预饱和非常重要,蔗糖则用于黑巧克力分析
铬粉	e	
黏土	e	通常很细,多有 30 μm 或者 50 μm 的小孔。通常在分析前将制备成的悬浮液放置一或两天。使用质量累积法时,应在相近时间并悬浮于相同电解质溶液中进行密度测量,这样可以让水进入孔结构中
煤	e,a,b,m,w	
可可粉	l	
咖啡	l,m	仅限于咖啡豆磨出的粉末
焦炭	a,b,e	
铜	a,b	分析期间没有反应
二氯二苯三氯乙烷	a satd. ,e satd.	
硅藻土	—	参见黏土
高镁石灰	l	

表 D.1(续)

原料	电解质溶液(参见 D.1)	注释
灰尘(烟,炭等)	e,a,b	如果样品中可能有金属微粒,如气体中的尘埃,e 是较佳选择
电解质溶液(内有颗粒)	—	测量电解质溶液中的颗粒,如直接测量电镀液,或许由于小孔电阻太低导致的粒度范围减小了,则用滤过的蒸馏水稀释
金刚砂	a(+G),b(+G)	通常在很窄的粒度范围,如 75 μm~80 μm
乳剂(包括用于轧机的润滑油和冷却乳液)	a,b	水中的固体或油滴。可以采用两级稀释,例如,每级 1∶100 的稀释比例,这样有利于减少团聚。在分析期间可添加乳化剂保证分散体系的稳定。 **注**:测试油中水目前尚不可行
胶囊内颗粒	l,m	取决于密封材料
炸药:HMX,PETN,RDX	a satd.	参见高氯酸铵和高氯酸胍
长石	a,b	
亚铁盐/铁酸盐	e	添加 500 g/L 甘油用于减低再团聚 经热处理的亚铁盐带有磁性,并且不能被分散成原始粒子;凝聚尺寸相当稳定(1 μm~20 μm)且可被测量,在热处理之前进行测量较为合适
纤维制品(纸浆)	a	
纤维制品(羊毛条)	m,x	
纤维制品(在甘油中)	b	
过滤器	—	参见膜式过滤器
燧石	a,e	
面粉	m,l	通常范围在 10 μm~125 μm 内;用样品勺在无水电解质溶液中分散,然后使用超声波分散
飞灰	w	
漂白土	e	
石榴石	e	
玻璃粉	a,b	几乎所有电解质溶液都可用
金	a,b,e,g(+G)	
石墨	e	对于粗石墨也适用;在 1 μm 左右会非常缓慢絮凝
	y	适用于细石墨
油中石墨	—	参见油
灰黄霉素	a satd.	加入 0.1g/L 木质素磺酸钙,分散
石膏	m	

表 D.1（续）

原料	电解质溶液(参见 D.1)	注释
高氯酸胍	q	
除草剂	a,b	通常不能溶解
消炎痛	z satd.	
注入流体(注射流体中颗粒)	—	通常不需要加入电解质溶液。如没有电解质溶液可用,加入过滤过的氯化钠溶液。右旋糖酐铁由于复杂的络合物形成导致不稳定计数,所以从未被成功分析
墨水,圆珠笔	aa	
墨水,在甲苯中	cc	所有颗粒都非常细小;许多颗粒不可测。高着色悬浊液使得小孔观察困难
墨水,印刷	zz	
墨水,丝网印刷	m,bb	
离子交换树脂	a,f	分析前用电解质溶液 f 浸透样品,来去除树脂
铟	e(+S)	极致密度(22 g/cm^3):加入 500 g/L 的糖,分析可以达到 60 μm～80 μm
铁	dd(+G),e	
氧化铁	a(+G),b(+G)	
高岭石	—	参见黏土
煤油中的石蜡颗粒	ee	最高浓度为 20%(体积分数)
番茄酱(果酱)	a,b	有报告称电阻法可能无法得到番茄细胞的包膜体积
乳胶(橡胶)	a,b,e	
乳胶(合成胶)	a,b,e	
铅	a(+S),f(+S)	可用甲醇作为分散剂
二价氧化铅和三价氧化铅	a(+G)	最高浓度为 250 g/L 的甘油
铅,红	e	
褐煤灰	e	
石灰	a satd. ,l,m	
石松粉	a,b	
氧化镁	m,l	在水中充分溶解后测量
氧化镁,烧制	e(+G)	
镁	e(+S)	反应非常缓慢,在常规测量时间内不影响结果准确性
氢氧化镁	p,e satd.	
膜式过滤器		参见膜式过滤器捕获的颗粒
云母	e,a,b	

表 D.1（续）

原料	电解质溶液(参见 D.1)	注释
二硫化钼	y,e	
	m	更适合于油中 MoS2
泥	a,b,e	
新霉素	i satd.	
镍	a	参见兰民镍
含颗粒的尼龙	kk	添加分散剂润湿,再加入电解质溶液
海洋沉积物	—	参见沉积物
油,开凿	a,b	
油,液压油和润滑油 (油品规格适用于润滑油,非合成油,一家厂商的 DTD 585 可能无法溶于适合于另外一家厂商的 DTD 585 的电解质溶液)	ll	至多可加入 50%(体积分数)的油(DTD 585)
	mm	电解质溶液可用 33%～50%(体积分数)的特种液压工作油
	nn	
	oo	可用 50%(体积分数)的油(MIL 5606 B, MIL 7808 E 和 DTD 585)
	pp,qq,rr,ss	
	tt	用于 MIL 5606
	uu	用于润滑油
	vv,zz	
橙汁	a,b	
油漆(油基)	gg,zz	
纸浆	a,b	
膜式过滤器捕获的颗粒	ff	在加入等体积的电解质溶液前,将薄膜溶于 30%(体积分数)二甲基甲酰胺-丙酮溶液。电解质溶液和溶剂混合物应该过滤并分开保存。理想的油中颗粒:用薄膜过滤已知体积的油,然后用过滤过的汽油、四氯化碳、三氯乙烯等清洗,并在溶解前烘干过滤器。过量的二甲基甲酰胺会增加薄膜的溶解度
	gg,hh,ii,jj	
花生酱	m	
盘尼西林/青霉素	a satd.	
非那西汀	a satd.	
吩噻嗪	a satd.	
磷	a,b,e	粒径范围约在 1 μm～40 μm
照相乳剂	a,i	也可以用 40 g/L 的硝酸钾溶液
颜料	e,a,b	

表 D.1（续）

原料	电解质溶液(参见 D.1)	注释
煅石膏	i,k	电解质溶液需要无水
塑料	a,b,e	
电镀液	—	分析中无需加入电解质溶液或用蒸馏水稀释
花粉	a,b	
聚乙烯	a,b	
聚丙烯	a,b	
聚苯乙烯	a,b	
聚苯乙烯-二乙烯基苯	a,b,e	常用于在有机电解质溶液状态下的小孔管校准
聚四氟乙烯	a	几乎所有电解质溶液都合适。对于更细小粉末，用酒精或酮保证彻底润湿
聚乙酸乙烯酯	a	
聚氯乙烯	a,b	
聚丙乙烯酮	a	
聚甲基苯乙烯	a,b	
瓷	e	
氯化钾	l	
硫酸钾	l	
马铃薯淀粉	a	
奶粉	m	针对部分不溶于酒精
	a	针对部分不溶于水。分散在几滴 200 g/L 的氢氧化钠溶液
石英	e	
二甲苯中的兰民镍	l,m	与 m 缓慢反应
河流泥沙	—	参见沉积物
河水	a,b	
	e	不含钙盐
铁丹/胭脂	a	
汽油中的锈	e	过滤后并悬浮在电解质溶液中
金红石	e	
沙	a,b,e	
沉积物	a,b,e	
页岩	e	
二氧化硅	e	
硅胶	l	

表 D.1(续)

原料	电解质溶液(参见 D.1)	注释
硅酸盐	e	
碳化硅	a,b,e	
氮化硅	m	
卤化银	ww	
	a	适用于溴化银
氧化银	a,g	
矿渣(基体)	a,e	
钠(金属)	—	通常分散在油或脂中,硫氰酸铵和酒精或酮制成的电解质溶液较为合适(见油),可以使用1,1,2-三氯乙烷的偶联剂
氯化钠	m satd.	
碳酸氢钠	m	
氢氧化钠	xx satd.	仍有可能不完全稳定;使用多通道模型
黄豆粉	m,b	
螺旋内酯	a,b	
淀粉	a,e,l,m	水性电解质溶液仅限于水性淀粉
硬脂酸盐	a,l	难以润湿。与酒精调匀,并使用超声波
钢	a(+G),f(+G)	
糖	m satd.	
磺胺二甲嘧啶	a satd.	
硫	a,e	在用电解质溶液稀释前,与酒精混匀润湿
过磷酸盐(过磷酸钙)	m	
滑石粉	e	
钽	a (+G),e(+G),f(+G)	
锡	a(+G),f(+G)	
氧化锡	e	分散于 50 g/L 六偏磷酸钠溶液中
二氧化钛	e	
番茄汁	a	
色粉,静电印刷术用	a	
钨	a,e(+G/S),f(+G)	
碳化钨	e(+G),a(+G)	可冷熔研磨数小时使颗粒形成持久的团聚
铀	e(+G),f(+G)	
氧化铀	e,c	可冷熔(参见碳化钨)
纤维胶	c	或用蒸馏水稀释

表 D.1（续）

原料	电解质溶液(参见 D.1)	注释
水污染物	a	按要求稀释于电解质溶液中
白垩粉	l,m,a satd.	参见碳酸钙
羊毛纤维	m	
发酵粉	a	
钇铁石榴石	e(+G)	带有磁性,需要用超声波不断地再分散
沸石	—	参见黏土
锌	yy	10 g/L 磺化琥珀酸二辛酯钠 分散剂
硫化锌镉	e	通常粒径范围为 1 μm～15 μm
氧化锌	l,a,e satd.	微溶于水
硬脂酸锌	l	参见硬脂酸钙
	a,b,e	润湿
	h,j	
硫化锌	l	不很适用于会慢慢氧化成硫酸盐的硫化物
氧化锆	a	用 40 g/L 焦磷酸钠溶液润湿

附 录 E
（资料性附录）
质量累积法

E.1 通则

质量累积法通常被认为是接近于绝对法的测量方法，此时将颗粒单位体积质量及浸润密度算得的真体积浓度与仪器测得的悬浮液的体积浓度进行比较。该方法具有溯源性，而且不必考虑颗粒的形状、多孔性以及导电性。该方法既可用于校准，也可用于质量平衡数计算。通过质量平衡数可判定最小颗粒是否被测量到，或是否超出了小孔管的测量下限。有的仪器在脉冲电路中有死区时间，会明显引起相当于被分析颗粒质量损失的计数损失。该损失会影响质量平衡数或质量校准过程，因此将其保持在低值很重要。该损失与被计数颗粒数有关，因此，应该选取较低的颗粒浓度进行测量（如重叠率低于5%）。为得到最高的测量精度，应使用重叠率修正后的颗粒计数值。

E.2 校准过程

E.2.1 被测体积 V_m

在一些仪器中，被测体积 V_m 的标称值的准确度都可确保优于 0.5%，而在另一些仪器中，制造商仅对确保其中某一体积的标称体积，对于后一类仪器，不能确保所有体积的标称值就是真实的被测体积。可以采用下述方法进行确认：使用一个颗粒悬浮液，选一统计有效的计数范围（参见第 7 章），在确保的标称体积下测量经重叠率修正的总颗粒数五次，选择另一被测体积，测量经重叠率修正的总颗粒数五次，这两个总颗粒数的比值就是那确保标称体积与第二次选样体积的比值。记录所有颗粒数，颗粒数应符合 χ^2 分布，参见附录 C。

E.2.2 颗粒浸润密度

使用精确到 0.1 mg 的天平、相对密度瓶和移液管，采用常规的颗粒分散方法，对材料在电解质溶液中的浸润密度 ρ 进行分析（见 ISO 787-10）。

E.2.3 样品制备

可使用筛网或类似的分离方法制备一个较窄粒径分布的材料，至少 99% 的颗粒质量应落在粒径比不超过 10∶1 的范围内，这样就可以用一种小孔管进行测试。

将粉末颗粒分散于含有分散剂的电解质溶液中，形成悬浮液，电解质溶液体积 V_T，粉末质量 m。

E.2.4 粒径校准常数的测定

要非常仔细的进行粒度分析来计算仪器的校准常数 K_d。使用一个精确已知被测体积 V_m 和绝对干净的小孔管，在不同被测体积下进行颗粒计数，或足够长的测量时间以记录足够多的颗粒数（例如测量 50 000 个颗粒时粒度分布相对标准偏差为 0.4%）。可以减少被测颗粒数，但同时也会降低测量精度。颗粒浓度应保证重叠率小于 5%。记录校准后的颗粒计数值，并用该值进行计算。

K_d 由下式进行计算。

$$K_d = K_{da}\left(\frac{V_m m}{V_T \rho \sum_{i=1}^{n} \Delta N_i \overline{V_i}}\right)^{1/3} \quad \cdots\cdots\cdots\cdots (E.1)$$

式中：

$$\overline{V_i} = \frac{\frac{\pi}{6}(d_L^3 + d_U^3)}{2} \quad \cdots\cdots\cdots\cdots (E.2)$$

E.2.5 二级校准

没有必要在每次分析或使用每个小孔管时都进行完整的质量累积校准程序。建议在测试中采用二级标样(如微球悬浮液)作为中间标准来校准，只要在小孔管的线性范围内就可校准其他小孔管(见8.10.2)，然后定期检查校准的稳定性。使用二级标样的分析报告有等同性。

E.2.6 质量累积法示例

质量累积法示例见表E.1。

表 E.1 质量累积法示例

孔径/μm	$\overline{V_i}$/μm³	N_i	ΔN_i	$\Delta N_i\overline{V_i}$/μm³	$\Sigma\Delta N_i\overline{V_i}$/μm³
15～17	$2.169\ 79\times10^{3}$	487	487	$1.056\ 69\times10^{6}$	$1.056\ 69\times10^{6}$
17～19	$3.081\ 90\times10^{3}$	898	411	$1.266\ 66\times10^{6}$	$2.323\ 35\times10^{6}$
19～21	$4.220\ 21\times10^{3}$	1 301	403	$1.700\ 74\times10^{6}$	$4.024\ 09\times10^{6}$
21～23	$5.609\ 84\times10^{3}$	1 691	390	$2.187\ 84\times10^{6}$	$6.211\ 93\times10^{6}$
23～25	$7.275\ 93\times10^{3}$	2 190	499	$3.630\ 69\times10^{6}$	$9.842\ 62\times10^{6}$
25～27	$9.243\ 61\times10^{3}$	2 921	731	$6.757\ 08\times10^{6}$	$1.659\ 97\times10^{7}$
27～29	$1.153\ 80\times10^{4}$	4 175	1 254	$1.446\ 87\times10^{7}$	$3.106\ 84\times10^{7}$
29～31	$1.418\ 43\times10^{4}$	6 678	2 503	$3.550\ 33\times10^{7}$	$6.657\ 17\times10^{7}$
31～33	$1.720\ 76\times10^{4}$	11 602	4 924	$8.473\ 00\times10^{7}$	$1.056\ 69\times10^{8}$
33～35	$2.063\ 29\times10^{4}$	20 384	8 782	$1.811\ 98\times10^{8}$	$3.325\ 00\times10^{8}$
35～37	$2.448\ 56\times10^{4}$	31 583	11 199	$2.742\ 14\times10^{8}$	$6.067\ 14\times10^{8}$
37～39	$2.879\ 06\times10^{4}$	42 342	10 759	$3.097\ 58\times10^{8}$	$9.164\ 72\times10^{8}$
39～41	$3.357\ 32\times10^{4}$	50 083	7 741	$2.598\ 90\times10^{8}$	$1.176\ 36\times10^{9}$
41～43	$3.885\ 84\times10^{4}$	54 548	4 465	$1.735\ 03\times10^{8}$	$1.349\ 86\times10^{9}$
43～45	$4.467\ 14\times10^{4}$	56 803	2 255	$1.007\ 34\times10^{8}$	$1.450\ 59\times10^{9}$
45～47	$5.103\ 73\times10^{4}$	57 840	1 037	$5.292\ 57\times10^{7}$	$1.503\ 52\times10^{9}$
47～49	$5.798\ 12\times10^{4}$	58 369	529	$3.067\ 21\times10^{7}$	$1.534\ 19\times10^{9}$
49～51	$6.552\ 84\times10^{4}$	58 659	290	$1.900\ 32\times10^{7}$	$1.553\ 19\times10^{9}$
51～53	$7.370\ 39\times10^{4}$	58 804	145	$1.068\ 71\times10^{7}$	$1.563\ 88\times10^{9}$
53～55	$8.253\ 28\times10^{4}$	58 894	90	$7.427\ 95\times10^{6}$	$1.571\ 37\times10^{9}$
55～57	$9.204\ 03\times10^{4}$	58 936	42	$3.865\ 69\times10^{6}$	$1.575\ 24\times10^{9}$
57～59	$1.022\ 52\times10^{5}$	58 963	27	$2.760\ 80\times10^{6}$	$1.578\ 00\times10^{9}$

表 E.1（续）

孔径/μm	$\overline{V_i}$/μm³	N_i	ΔN_i	$\Delta N_i\overline{V_i}$/μm³	$\sum\Delta N_i\overline{V_i}$/μm³
59～61	$1.131\ 92\times10^5$	58 976	13	$1.471\ 50\times10^6$	$1.579\ 47\times10^9$
61～63	$1.248\ 86\times10^5$	58 987	11	$1.373\ 75\times10^6$	$1.580\ 84\times10^9$
63～65	$1.373\ 59\times10^5$	58 993	6	$8.241\ 54\times10^5$	$1.581\ 66\times10^9$
65～67	$1.506\ 36\times10^5$	58 993	0	$0.000\ 00\times10^5$	$1.581\ 66\times10^9$

$$K_{da}=294.1$$

$$V_m=100.000\ \text{mL}$$

$$m=25.2\ \text{mg}=25.2\times10^{-3}\,\text{g}$$

$$V_T=333.695\ 0\ \text{mL}$$

$$\rho=2.23\ \text{g/mL}$$

$$\sum\Delta N_i\overline{V_i}=1.581\ 66\times10^9(\mu\text{m})^3=1.581\ 66\times10^9\times10^{-12}\,\text{mL}$$

$$K_d=294.1\sqrt[3]{\frac{100.00\times25.2\times10^{-3}}{333.695\ 0\times2.23\times1.581\ 66\times10^9\times10^{-12}}}$$

$$K_d=379.1$$

某一粒径段内的平均颗粒体积 $\Delta N_i\overline{V_i}$和总颗粒体积 $\sum_{i=1}^{n}\Delta N_i\overline{V_i}$ 可以通过仪器提供的计算机软件计算。具体软件的详细信息，可参阅仪器厂商或仪器操作手册。

E.3 质量平衡

E.3.1 通则

仪器测得的颗粒体积与通过颗粒浓度计算而得的颗粒体积的比值为质量平衡数，其中颗粒浓度是通过将已称量粉末样品分散到已测得体积的电解质溶液中测量得到的。质量平衡数给出了测量中有效计数粉末的分数，用来评价最小颗粒是否被有效地计数。见 E.1。

E.3.2 符号

M_m——仪器测量的颗粒质量。

M_b——仪器有效计数的颗粒质量。

E.3.3 校准

校准最好是通过质量校准程序按照 E.2.4～E.2.6 中陈述的过程进行。被测体积 V_m按照 E.2.1 测量，颗粒的浸润密度按照 E.2.2 测量，仪器也可用微球法来校准。

E.3.4 样品制备

将质量为 m 的粉末颗粒分散于体积为 V_T的含有分散剂的电解质溶液中，形成悬浮液，样品和电解质溶液的称量应尽可能采用最高精度。

E.3.5 测量过程

当颗粒良好分散后，开始测量。在线性范围内仔细测量粒径分布并确保所有小孔绝对干净。为使计算精确，尺寸间隔应该很窄（即通道数量应尽可能的大）。记录经重叠率校准后的颗粒计数值，并用该值进行计算。

E.3.6 计算

按式(E.3)计算仪器测得的颗粒质量。

$$M_m = \frac{\sum \Delta N_i \overline{V_i}(\rho \cdot V_T)}{V_m} \qquad \cdots\cdots (E.3)$$

按式(E.4)计算颗粒有效计数的百分数。

$$M_b = \frac{M_m}{m} \times 100\% \qquad \cdots\cdots (E.4)$$

E.3.7 结果

仪器测得的颗粒体积和从颗粒浓度计算得到的颗粒体积的比值偏差不能超过3%，其中颗粒浓度是通过将已称量的粉末样品分散到已知体积的电解质溶液得到的。如果这两个值的差别超过3%，说明一个小孔管不能测量所有的颗粒，应当使用双小孔管（或多小孔管）测量技术（见附录B）来提高测量精度。

E.3.8 报告

质量累积法过程中的所有数据应尽可能详尽地列在报告中。

E.3.9 质量平衡法示例

质量平衡法示例见表E.2。

表E.2 质量平衡法示例

粒径/μm	$\overline{V_i}$/μm³	N_i	ΔN_i	$\Delta N_i \overline{V_i}$/μm³	$\sum \Delta N_i \overline{V_i}$/μm³
19.33～21.91	$4.644\ 45\times10^3$	487	487	$2.264\ 85\times10^6$	$2.261\ 85\times10^6$
21.91～24.49	$6.598\ 91\times10^3$	898	411	$2.712\ 15\times10^6$	$4.974\ 00\times10^6$
24.49～27.07	$9.038\ 52\times10^3$	1 301	403	$3.642\ 52\times10^6$	$8.616\ 52\times10^6$
27.07～29.65	$1.201\ 72\times10^4$	1 691	390	$4.686\ 72\times10^6$	$1.330\ 32\times10^7$
29.65～32.23	$1.558\ 90\times10^4$	2 190	499	$7.778\ 92\times10^6$	$2.108\ 22\times10^7$
32.23～34.80	$1.979\ 83\times10^4$	2 921	731	$1.447\ 25\times10^7$	$3.555\ 47\times10^7$
34.80～37.38	$2.470\ 70\times10^4$	4 175	1254	$3.098\ 26\times10^7$	$6.653\ 73\times10^7$
37.38～39.96	$3.037\ 87\times10^4$	6 678	2 503	$7.603\ 78\times10^7$	$1.425\ 75\times10^8$
39.96～42.54	$3.685\ 89\times10^4$	11 602	4 924	$1.814\ 93\times10^8$	$3.240\ 68\times10^8$
42.54～45.12	$4.420\ 18\times10^4$	20 384	8 782	$3.881\ 80\times10^8$	$7.122\ 48\times10^8$
45.12～47.69	$5.244\ 34\times10^4$	31 583	11 199	$5.873\ 14\times10^8$	$1.299\ 56\times10^9$
47.69～50.27	$6.165\ 35\times10^4$	42 342	10 759	$6.633\ 30\times10^8$	$1.962\ 89\times10^9$
50.27～52.85	$7.190\ 39\times10^4$	50 083	7 741	$5.566\ 08\times10^8$	$2.519\ 50\times10^9$
52.85～55.43	$8.323\ 24\times10^4$	54 548	4 465	$3.716\ 33\times10^8$	$2.891\ 13\times10^9$
55.43～58.01	$9.569\ 31\times10^4$	56 803	2 255	$2.157\ 88\times10^8$	$3.106\ 92\times10^9$

表 E.2（续）

粒径/μm	$\overline{V_i}$/μm³	N_i	ΔN_i	$\Delta N_i\overline{V_i}$/μm³	$\sum\Delta N_i\overline{V_i}$/μm³
58.01～60.58	$1.093\ 11\times10^5$	57 840	1 037	$1.133\ 56\times10^8$	$3.220\ 28\times10^9$
60.58～63.16	$1.241\ 67\times10^5$	58 369	529	$6.568\ 42\times10^7$	$3.285\ 96\times10^9$
63.16～65.74	$1.403\ 42\times10^5$	58 659	290	$4.069\ 93\times10^7$	$3.326\ 61\times10^9$
65.74～68.32	$1.578\ 66\times10^5$	58 804	145	$2.289\ 06\times10^7$	$3.349\ 55\times10^9$
68.32～70.90	$1.767\ 91\times10^5$	58 894	90	$1.591\ 12\times10^7$	$3.365\ 46\times10^9$
70.90～73.47	$1.971\ 30\times10^5$	58 936	42	$8.279\ 45\times10^6$	$3.373\ 74\times10^9$
73.47～76.05	$2.189\ 75\times10^5$	58 963	27	$5.912\ 32\times10^6$	$3.379\ 65\times10^9$
76.05～78.63	$2.424\ 23\times10^5$	58 976	13	$3.151\ 50\times10^6$	3.382 81
78.63～81.21	$2.674\ 88\times10^5$	58 987	11	$2.942\ 37\times10^6$	3.386 08
81.21～83.79	$2.942\ 25\times10^5$	58 993	6	$1.765\ 35\times10^6$	3.387 84
83.79～86.37	$3.226\ 87\times10^5$	58 993	0	0.000 00	3.387 84

$$V_m = 100.00\ \text{mL}$$

$$m = 25.2\ \text{mg} = 25.2\times10^{-3}\ \text{g}$$

$$V_T = 333.695\ 0\ \text{mL}$$

$$\rho = 2.23\ \text{g/mL}$$

$$\sum\Delta N_i\overline{V_i} = 3.387\ 84\times10^9\ (\mu\text{m})^3 = 3.387\ 84\times10^9\times10^{-12}\ \text{mL}$$

代入等式(E.3)和式(E.4)：

$$M_m = \frac{3.387\ 84\times10^9\times10^{-12}\times2.23\times333.695\ 0}{100.00}\ \text{g} = 0.025\ 21\ \text{g}$$

$$M_b = \frac{0.025\ 21}{25.2\times10^{-3}}\times100 = 100.0$$

颗粒计数的有效率为 100%。

附 录 F
（资料性附录）
频繁使用的小孔管的校准和质量控制

该过程适用于连续使用或非常频繁使用的小孔管。用标准微球（见 8.10.2）在短期内（一天或一周内）连续进行二十次校准，计算平均粒径校准常数 $\overline{K}_d$ 和标准偏差 σ_{K_d}。在休哈特图上标出数据，并标明预警界限 $\overline{K}_d \pm 2\sigma_K$ 和处置界限 $\overline{K}_d \pm 3\sigma_K$。在分析中使用平均粒径校准常数 $\overline{K}_d$，可减少测量中的随机误差。当粒径校准常数在 $\pm 2\sigma_K$ 到 $\pm 3\sigma_K$ 出现时，立刻重复校准操作。如果两个连续结果都超出平均值的 $\pm 2\sigma_K$，或者一个结果超出平均值的 $\pm 3\sigma_K$，必须清洗或修理小孔管。

参 考 文 献

[1] COULTER,W. H. US Patent No. 2,656,508. Appl. 27 August 1949. Publ. 20 October 1953

[2] SCARLETT,B. Theoretical derivation of the response of a Coulter counter. 2nd Eur. Symp. on Particle Characterization,Partec Nuremberg,1979,pp. 681-693

[3] HARFIELD,J. G. ,WHARTON,R. T. and LINES,R. W. Response of the Coulter counter® model ZM to spheres. Part. Charact. ,1,1984,pp. 32-36

[4] LINES,R. W. The Electrical Sensing Zone Method (The Coulter Principle). Particle Size Analysis,Royal Society of Chemistry,Cambridge,1992,pp. 350-373

[5] ULLRICH, W. J. Rapid particle size analysis of metal powders with an electronic device. Modern Developments in Powder Metallurgy,Plenum Press,1966,Vol. 1,pp. 125-143

[6] BATCH,B. A. J. Inst. Fuel,October 1964,pp. 455-461

[7] COULTER, W. H. Proceedings of the Society of the National Electronics Conference, 12, 1956,pp. 1034-1042

[8] THOM,R. ,HAMPE,A. and SAUERBREY,G. Die elektronische Volumenbestimmung von Blutkörperchen und ihre Fehlerquellen. Z. ges. exp. Med. ,151,1969,pp. 331-349.

[9] GÖRANSSON, B. and DAGÈRUS, E. Image analysis as a tool for calibration of electrical sensing zone instruments in the measurement of porous spherical particles. In: Particle Size Analysis (Lloyd,P. J. ,ed.),John Wiley and Sons Ltd. ,1988,pp. 159-166

[10] ASTM E 1772-95:2001 Standard test method for particle size distribution of chromatography media by electric sensing zone technique

[11] FIGUEIREDO,M. M. ,GRACA,M. ,SANTOS,C. and MONTEIRO,M. Mass calibration of the Coulter counter model ZM. Part. Part. Syst. Charact. ,8,1991,pp. 294-296

[12] BONFERONI,M. C. ,CIOCCA C. ,MERKUS,H. G. and CARAMELLA,C. Proposal of a procedure for mass recovery of standard materials. Comparison between two electrical sensing zone instruments. Part. Part. Syst. Charact. ,15,1988,pp. 174-179

[13] HAJEK,M. Simpson's Rule,An Ingenious Method for Approximating Integrals,MacTech Magazine. J. Macintosh Technol. ,9,Issue 10. (http://www. mactech. com/articles/mactech/Vol. 09/09. 10/SimpsonsRule/index. html)

[14] HORAK,D. ,PESKA,F. ,SVEC,F. and STAMBERG,J. Powder Technology,31,1982, p. 263

[15] VAN der PLAATS,G. and HERPS,H. Powder Technology,38,1984,p. 73

[16] ISO 13322-1 Particle size analysis—Image analysis methods—Part 1: Static image analysis methods

[17] ISO 14488 Particulate materials—Sampling and sample splitting for the determination of particulate properties

[18] ISO 14887 Sample preparation—Dispersing procedures for powders in liquids

ICS 13.240
J 16

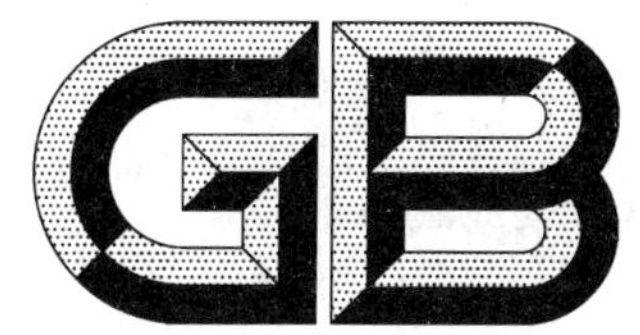

中华人民共和国国家标准

GB/T 29026—2012

低温介质用弹簧直接载荷式安全阀

Spring loaded safety valve for cryogenic service

(BS EN 13648-1:2008,Cryogenic vessels—
Safety devices for protection against excessive pressure—
Part 1:Safety valves for cryogenic service,NEQ)

2012-12-31 发布 2013-10-01 实施

中华人民共和国国家质量监督检验检疫总局
中国国家标准化管理委员会 发布

前　言

本标准按照 GB/T 1.1—2009 给出的规则起草。

本标准使用重新起草法参考 BS EN 13648-1:2008《低温容器　超压保护用安全装置　第 1 部分:低温介质用安全阀》编制,与 BS EN 13648-1:2008 的一致性程度为非等效。

本标准由中国机械工业联合会提出。

本标准由全国安全泄压装置标准化技术委员会(SAC/TC 503)归口。

本标准负责起草单位:北京航天石化技术装备工程公司。

本标准参加起草单位:宇明阀门有限公司、杭州杭氧工装泵阀有限公司、国家特种泵阀工程技术研究中心、永一阀门集团有限公司、吴江市东吴机械有限公司、河南省锅炉压力容器安全检测研究院。

本标准主要起草人:章裕昆、杨英、张建东、胡赟、干爱根、连晓峰、党林贵。

低温介质用弹簧直接载荷式安全阀

1 范围

本标准规定了低温介质用弹簧直接载荷式安全阀(以下简称“安全阀”)的术语和定义、结构形式和结构长度、技术要求、检验方法、检验规则、标志、防护、包装、运输及贮存。

本标准适用于公称压力 PN16～PN100、公称尺寸 DN15～DN200、温度不低于－196 ℃、最低整定压力为 0.1 MPa 的低温气体介质用安全阀。

2 规范性引用文件

下列文件对于本文件的应用是必不可少的。凡是注日期的引用文件,仅注日期的版本适用于本文件。凡是不注日期的引用文件,其最新版本(包括所有的修改单)适用于本文件。

GB/T 228.1 金属材料 拉伸试验 第1部分:室温试验方法(GB/T 228.1—2010,ISO 6892-1:2009,MOD)

GB/T 229 金属材料 夏比摆锤冲击试验方法(GB/T 229—2007,ISO 148-1:2006,MOD)

GB/T 12225 通用阀门 铜合金铸件技术条件

GB/T 12230 通用阀门 不锈钢铸件技术条件

GB/T 12241 安全阀 一般要求(GB/T 12241—2005,ISO 4126-1:1991,MOD)

GB/T 12242 压力释放装置 性能试验规范(GB/T 12242—2005,ASME PTC 25:1994,MOD)

GB/T 12243 弹簧直接载荷式安全阀(GB/T 12243—2005,JIS B 8210:1994,MOD)

JB/T 2203 弹簧式安全阀 结构长度

JB/T 6438 阀门密封面等离子弧堆焊技术要求

JB/T 7248 阀门用低温钢铸件 技术条件

JB/T 7927 阀门铸钢件 外观质量要求

3 术语和定义

GB/T 12241 界定的术语和定义适用于本文件。

4 结构形式和结构长度

4.1 结构形式

安全阀典型结构形式如图1所示。

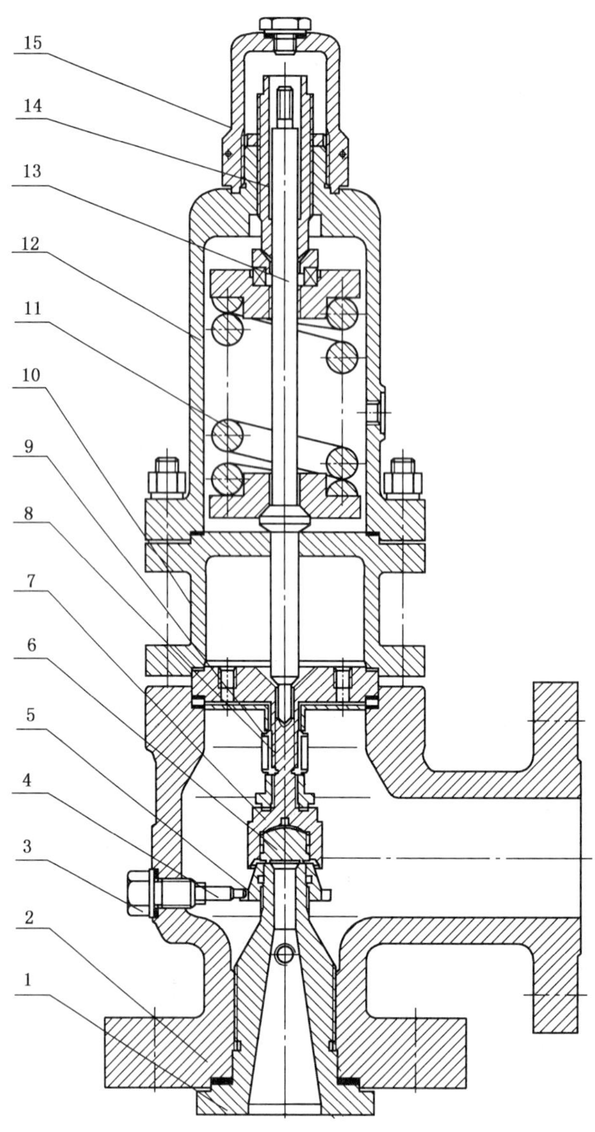

说明：

1——阀座；	6——阀瓣；	11——弹簧；
2——阀体；	7——反冲盘；	12——阀盖；
3——定位螺钉；	8——导套；	13——阀杆；
4——定位杆；	9——波纹管；	14——调整螺钉；
5——调节圈；	10——隔离腔；	15——阀帽。

图 1 低温安全阀典型结构形式

4.2 结构长度

安全阀的结构长度按 JB/T 2203 的规定。

5 技术要求

5.1 一般要求

安全阀除符合本标准规定外，还应符合 GB/T 12241、GB/T 12243 的规定。如这些标准与本标准要求不同时,以本标准为准。

5.2 结构与设计

5.2.1 设计温度

在要求的最低工作温度和+65 ℃之间安全阀应能正常工作。

5.2.2 排泄口

不论出口连接方式如何,安全阀的设计或安装都应当避免阀门内积聚液体。

5.2.3 导向装置

导向装置设计应避免在阀门正常工作中,由于大气中潮湿气体在阀门内的沉积和凝结而造成故障。阀门的导向装置应可靠,不会因为正常的搬运而受到影响。

5.2.4 阀体

安全阀设计时应当避免在阀体内或者出口出现积聚的固体物质而导致阀门故障。

阀体在长期受介质压力和温度交变产生的应力及管道安装引起的附加应力的总载荷下,应能保持足够的强度。

5.2.5 阀瓣和阀座

安全阀的阀瓣和阀座,应当设计成金属对金属或金属对非金属的密封面。如采用非金属的密封面,则应将非金属镶嵌在金属骨架中,以避免非金属产生变形。

在阀瓣和阀座密封面上需要堆焊硬质合金时,应符合 JB/T 6438 的规定。使用温度低于-101 ℃时,阀瓣和阀座堆焊后应进行深冷处理。

深冷处理工艺宜采用:在研磨前浸在-196 ℃的液氮中保冷 2 h~6 h 后取出自然恢复到常温,然后研磨装配。

5.3 材料

5.3.1 总则

安全阀所使用的材料应当按照工作温度及材料性能进行选择,并应符合下列要求:

a) 在工作温度下,材料不应产生低温脆性破坏,同时还应考虑耐介质的腐蚀性等要求。在低温状态下出现低温脆性的材料,不应影响安全阀的使用性能,并应进行相应温度级的低温冲击试验。
b) 在工作温度下,材料的组织结构应稳定。用于-101 ℃以下的安全阀,若其材料组织会发生相变时,为防止材料相变而引起体积变化,则阀瓣、阀座等零件在精加工前应进行深冷处理。
c) 采用焊接结构时,必须考虑到材料焊接性能及低温下焊缝的可靠性。

5.3.2 金属材料

5.3.2.1 低温钢铸件按 JB/T 7248 的规定;铜合金铸件按 GB/T 12225 的规定;奥氏体不锈钢铸件按 GB/T 12230 的规定。钢铸件的外观质量按 JB/T 7927 的规定。

5.3.2.2 低温冲击值应符合 JB/T 7248 的要求。

5.3.2.3 当工作介质为氧或者具有氧化性能时,安全阀材料应当具有与氧的相容能力。

5.3.2.4 如果混合介质中含有乙炔,金属材料中铜的含量不得超过 70%。

5.3.3 非金属材料

5.3.3.1 非金属材料应满足最低使用温度要求，能通过常温和低温试验，并具有与氧的相容能力。

5.3.3.2 非金属材料一般应用在阀瓣或阀座处，以使阀门关闭时增强密封性。

5.4 无损检测

无损检测应按 JB/T 7248 的规定并符合相应要求。

5.5 脱脂处理

装配前所有零件应进行清洗，必要时进行脱脂处理。

5.6 性能

5.6.1 阀体强度

安全阀应当保证工作条件下的正常工作，在阀体强度试验及工作条件下不发生任何有害变形。

5.6.2 动作性能

安全阀的整定压力偏差、排放压力、开启高度、启闭压差应符合 GB/T 12243 的规定。

5.6.3 密封性能

安全阀的密封性能应符合 GB/T 12243 的规定。

5.6.4 机械特性

安全阀的机械特性应当符合 GB/T 12243 的规定。

5.6.5 排量

安全阀的排量计算按 GB/T 12241 的规定。

5.6.6 低温密封性

安全阀低温泄漏率应不大于表 1 的规定。

表 1 低温介质用弹簧直接载荷式安全阀低温密封试验的泄漏率

低温下的整定压力/MPa	最大允许泄漏率/(cm^3/min)	
	流道直径≤16 mm	流道直径＞16 mm
≤6.9	24	12
＞6.9～10.0	36	18

6 检验方法

6.1 常温试验

常温试验项目按表 2 的规定，常温试验方法应符合 GB/T 12241、GB/T 12242 和 GB/T 12243 的规定。

6.2 材料

承压件材料的化学成分分析按相关标准的规定，力学性能试验按 GB/T 228.1 的规定，低温冲击试验按 GB/T 229 的规定。

6.3 低温试验

6.3.1 试验条件

安全阀的低温试验在常温试验合格后进行。

试验前应清除安全阀内的油脂和水分。试验过程中监测阀体、阀盖的温度。低温试验冷却和试验介质为液氮或其他有低温蒸发特性的介质。

6.3.2 试验设备

安全阀的试验设备应当符合以下要求：

a) 安全阀试验装置由试验台、管路及配有一定容积的低温介质储存容器和试验容器等组成，试验装置系统见图 2。储气罐的容积应与试验安全阀的用气量相适应。

b) 试验台上必须装有两个规格相同的压力表，其中有一个表的精度等级不应低于 0.5 级，压力表的量程为安全阀试验压力的 1.5～3.0 倍，压力表必须在检定合格有效期内。

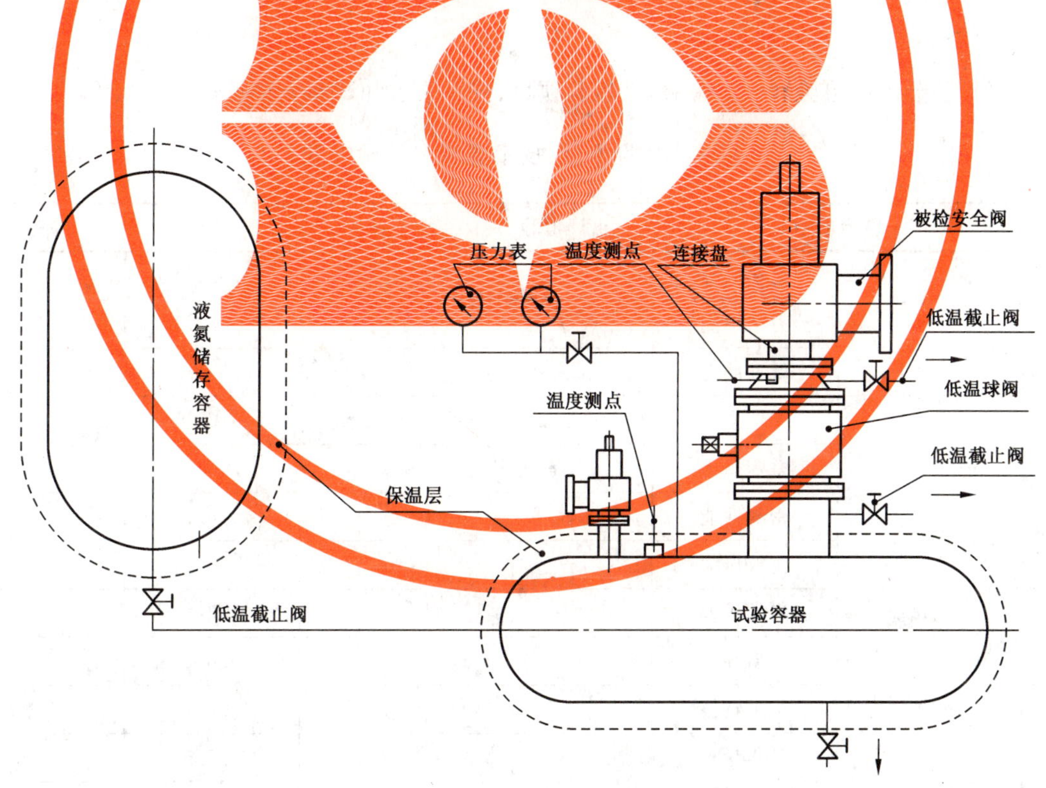

图 2 低温安全阀试验系统

6.3.3 试验项目

安全阀低温试验项目为整定压力和密封性能。

6.3.4 整定压力试验程序

将安全阀安装在试验容器的连接盘上，在系统内连续通过液氮或其他有低温蒸发特性的介质，当系统内的低温介质自然气化，压力达到并超过阀门的整定压力时，安全阀经过数次的开启、关闭后，得到充分冷却，之后观察安全阀整定压力及开启后能否回座。试验时阀门入口处的流体温度，与试验容器内的流体温度相差不大于 30 ℃。

安全阀的整定压力试验不得少于 3 次，其试验结果均应符合规定的整定压力并符合 5.6.2 的规定。

6.3.5 密封试验程序

安全阀起跳后，开启试验容器连接盘上的截止阀，泄压到安全阀整定压力的 70%时，关闭该截止阀，让系统内的低温介质自然气化压力升高，通过该截止阀使试验容器内的压力维持在整定压力的 90%，观察安全阀出口的泄漏情况。试验结果应符合 5.6.6 的规定。

6.4 标志、防护

目视检查安全阀的标志、防护，应符合 8.1 和 8.2 的规定。

7 检验规则

7.1 检验分类

安全阀检验分出厂检验和型式检验，其检验项目、技术要求和试验方法见表 2。

表 2 检验项目、技术要求和检验方法

序号	检验项目		出厂检验	型式试验	技术要求	检验方法
1	承压部件材料[a]	化学成分	√	√	5.3.2.1	6.2
2		力学性能	√	√	5.3.2.1	6.2
3		低温冲击	√	√	5.3.2.2	6.2
4	常温试验	阀体强度	√	√	5.6.1	6.1
5		整定压力	√	√	5.6.2	6.1
6		密封性能	√	√	5.6.3	6.1
7		排放压力	—	√	5.6.2	6.1
8		启闭压差	—	√	5.6.2	6.1
9		开启高度	—	√	5.6.2	6.1
10		机械特性	—	√	5.6.4	6.1
11		排量	—	√	5.6.5	6.1
12		无损检测	—	√	5.4	5.4
13	低温试验	整定压力	—	√	5.6.2	6.3
14		密封性	—	√	5.6.6	6.3
15	标志、防护		√	—	8.1、8.2	6.4

[a] 安全阀承压部件所使用的材料应在入厂时进行检验。

7.2 出厂检验

每台安全阀必须进行出厂检验,全部项目检验合格后方可出厂。

7.3 型式检验

7.3.1 有下列情况之一时,应对样机进行型式试验,试验合格后方可成批生产:

a) 新产品投产前或者停止生产1年以上又重新生产;

b) 产品的结构、材料、工艺等方面有重大改变影响产品性能时。

7.3.2 有下列情况之一时,应抽样进行型式试验:

a) 正常生产时,定期或积累一定产量后,应进行周期性检验;

b) 国家质量监督机构提出进行型式检验的要求时。

7.3.3 型式检验的全部项目均应符合要求。

7.4 抽样方法

型式检验抽样:从生产厂检查合格的库存阀门中随机抽取,或从已供给用户但未使用过的阀门中随机抽取。每一规格阀门供抽样的最少台数为10台,抽样台数2台。到用户抽样时,供抽样的台数不受限制,抽样台数仍为2台。

8 标志、防护、包装、运输及贮存

8.1 标志

8.1.1 应在安全阀的明显位置固定永久性铭牌,铭牌应用耐腐蚀材料制造,铭牌或安全阀外表面应有以下内容:

a) 安全阀制造许可证编号及标志;

b) 制造单位名称;

c) 安全阀型号;

d) 制造日期及其产品编号;

e) 公称压力;

f) 公称尺寸;

g) 流道直径或流道面积;

h) 整定压力;

i) 阀体材料;

j) 最低使用温度;

k) 额定排量系数或者对某一流体保证的额定排量。

8.1.2 产品编号应当为阀体上的永久标志。

8.2 防护

检验合格的安全阀在进出口装保护堵盖并进行铅封。

8.3 包装

8.3.1 包装箱应坚固耐用,用可靠固定方式保证安全阀在箱内垂直并不晃动。

8.3.2 包装箱上注明下列标志:产品名称、规格、数量、收货单位、发货单位等内容。包装箱上还应有防雨、不许倒置等标识。

8.4 运输

在运输过程中，应使产品直立放置，避免剧烈撞击、倒置等，应注意防雨、防潮。

8.5 贮存

安全阀应存放在洁净干燥的室内环境中，有条件时应装箱存放。

ICS 21.100.20
J 19

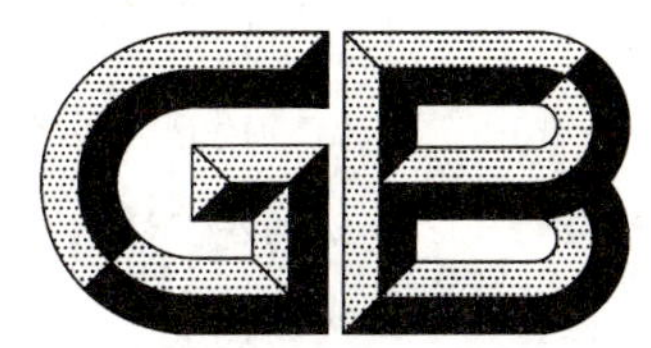

中华人民共和国国家标准

GB/T 29027—2012

大型鼓形齿式联轴器

Large curved tooth coupling

2012-12-31 发布　　　　2013-10-01 实施

中华人民共和国国家质量监督检验检疫总局
中国国家标准化管理委员会　发布

前　言

本标准按照 GB/T 1.1—2009 给出的规则起草。

本标准由全国机器轴与附件标准化技术委员会(SAC/TC 109)提出并归口。

本标准主要起草单位:中国第二重型机械集团、中机生产力促进中心、德阳立达基础件有限公司、武汉正通传动技术有限公司。

本标准主要起草人:谭仁万、明翠新、刘学光、石梅、张金刚、余晓锁、邓高见。

大型鼓形齿式联轴器

1 范围

本标准规定了大型鼓形齿式联轴器(以下简称联轴器)的型式、基本参数和主要尺寸,并给出了技术要求、检验规则、标志、包装与贮存等。

本标准适用于联结两同轴水平传动轴系,并具有补偿两轴相对位移,传递公称转矩为265 kN·m～11 200 kN·m的鼓形齿式联轴器,轴线折角 10°。

2 规范性引用文件

下列文件对于本文件的应用是必不可少的。凡是注日期的引用文件,仅注日期的版本适用于本文件。凡是不注日期的引用文件,其最新版本(包括所有的修改单)适用于本文件。

GB/T 191 包装储运图示标志

GB/T 1184 形状和位置公差 未注公差值

GB/T 3098.1 紧固件机械性能 螺栓、螺钉和螺柱

GB/T 3141 工业液体润滑剂 ISO 粘度分类

GB/T 3852 联轴器轴孔和联结型式与尺寸

GB/T 4879 防锈包装

GB/T 6388 运输包装收发货标志

GB/T 7324 通用锂基润滑脂

GB/T 10095.1 圆柱齿轮 精度制 第1部分:轮齿同侧齿面偏差的定义和允许值

GB/T 10095.2 圆柱齿轮 精度制 第2部分:径向综合偏差与径向跳动的定义和允许值

GB/T 13384 机电产品包装通用技术条件

JB/T 5000.15 重型机械通用技术条件 第15部分:锻钢件无损探伤

JB/T 6396 大型合金结构钢锻件 技术条件

3 型式、基本参数和主要尺寸

3.1 GCL 大型鼓形齿式联轴器的型式、基本参数和主要尺寸应符合图1及表1的规定。

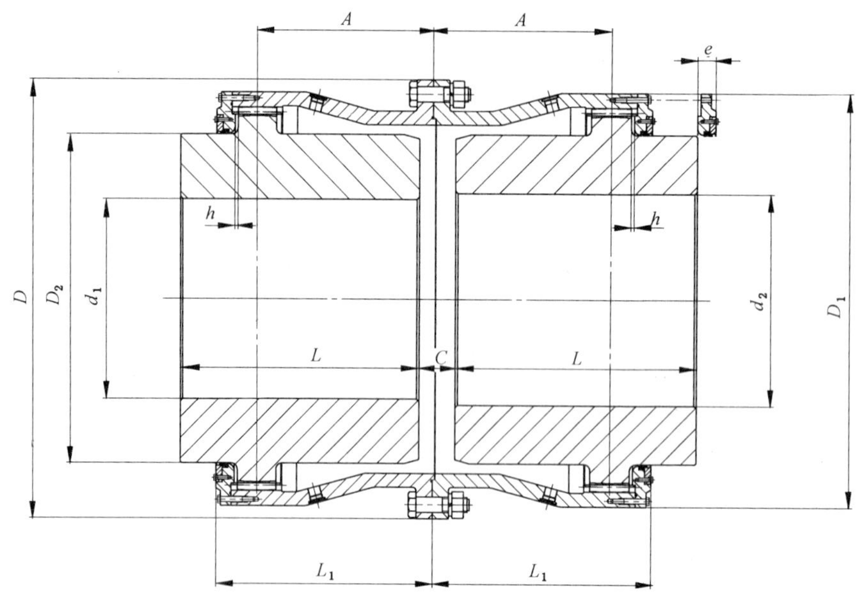

图 1 GCL 大型鼓形齿联轴器

3.2 GCLT 带中间套筒的大型鼓形齿式联轴器的型式、基本参数和主要尺寸应符合图 2 及表 2 的规定。

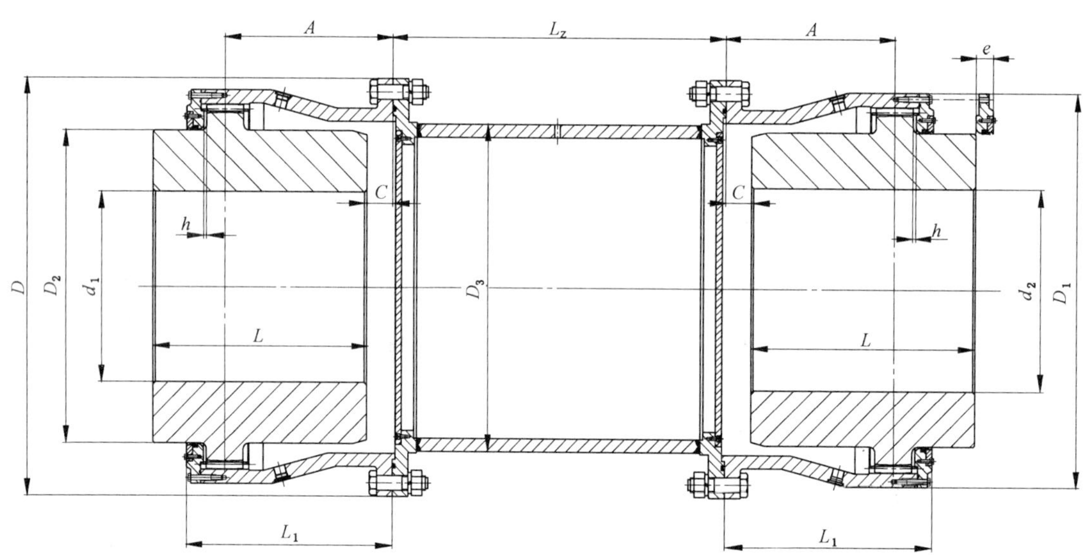

图 2 GCLT 带中间套筒的大型鼓形齿联轴器

表 1 GCL 大型鼓齿式联轴器基本参数和主要尺寸

型号	公称转矩 T_n kN·m	最大许用转速 n_c r/min	轴孔直径 d_1,d_2 mm	轴孔长度 L mm		尺寸 mm								转动惯量 I kg·m²	质量 kg	润滑脂质量 kg
				长系列	短系列	D	D_1	D_2	L_1	A	C	h	e			
GCL58	265	1 930	180	302	242	580	493	400	225	142	12	9	50	29.75	783	5
			190、200、220	352	282											
			240、250、260	410	330											
			280	470	380											
GCL63	335	1 750	200、220	352	282	630	543	450	250	163	12	9	50	46.44	1 041	6
			240、250、260	410	330											
			280、300、320	470	380											
GCL70	450	1 570	240、250、260	410	330	700	587	490	275	176	12	9	60	69.35	1 283	8
			280、300、320	470	380											
			340、360	550	450											
GCL76	600	1 400	280、300、320	470	380	760	647	550	300	195	12	9	60	107.64	1 725	10
			340、360、380	550	450											
			400	650	540											
GCL83	750	1 250	300、320	470	380	825	712	610	320	216	12	9	60	160.21	2 170	12
			340、360、380	550	450											
			400、420、440	650	540											

表 1（续）

型号	公称转矩 T_n kN·m	最大许用转速 n_c r/min	轴孔直径 d_1、d_2 mm	轴孔长度 L mm		尺寸 mm								转动惯量 I kg·m²	质量 kg	润滑脂质量 kg
				长系列	短系列	D	D_1	D_2	L_1	A	C	h	e			
GCL89	950	1 150	340、360、380	550	450	885	753	650	345	230	20	15	75	225.57	2 703	18
			400、420、440 450、460	650	540											
GCL93	1 120	1 080	360、380	550	450	935	803	680	350	233	20	15	75	281.75	3 027	21
			400、420、440 450、460、480	650	540											
GCL100	1 320	980	380	550	450	1 010	878	750	365	244	20	15	75	406.65	3 715	25
			400、420、440 450、460、480 500	650	540											
			530	800	680											
GCL110	1 700	900	420、440、450 460、480、500	650	540	1 085	928	790	395	269	30	22	85	582.61	4 657	38
			530、560	800	680											
GCL120	2 240	810	450、460、480 500	650	540	1 185	1 028	870	420	290	30	22	85	891.23	5 933	48
			530、560、600 630	800	680											

表 1（续）

型号	公称转矩 T_n kN·m	最大许用转速 n_c r/min	轴孔直径 d_1，d_2 mm	轴孔长度 L mm		尺寸 mm								转动惯量 I kg·m²	质量 kg	润滑脂质量[a] kg
				长系列	短系列	D	D_1	D_2	L_1	A	C	h	e			
GCL130	3 150	710	500	650	540	1 340	1 163	1 000	460	320	30	22	90	1 545.8	8 001	60
			530、560、600、630	800	680											
			670、710	—	780											
GCL140	4 000	640	560、600、630	800	680	1 440	1 263	1 100	510	358	40	30	100	2 476.8	11 258	85
			670、710、750	—	780											
			800	—	880											
GCL160	5 300	570	600、630	800	680	1 575	1 398	1 220	570	407	40	30	110	3 780.8	14 263	105
			670、710、750	—	780											
			800、850	—	880											
			900	—	980											
GCL170	6 700	520	630	800	680	1 705	1 498	1 310	605	438	40	30	110	5 069.5	16 157	120
			670、710、750	—	780											
			800、850	—	880											
			900、950	—	980											
GCL180	8 000	480	670、710、750	—	780	1 805	1 598	1 400	640	470	40	30	110	6 359.9	18 112	135
			800、850	—	880											

表 1（续）

型号	公称转矩 T_n kN·m	最大许用转速 n_c r/min	轴孔直径 d_1,d_2 mm	轴孔长度 L mm		尺寸 mm								转动惯量 I kg·m²	质量 kg	润滑脂质量 kg
				长系列	短系列	D	D_1	D_2	L_1	A	C	h	e			
GCL180	8 000	480	900、950	—	980	1 805	1 598	1 400	640	470	40	30	110	6 359.9	18 112	135
			1 000	—	1 100											
GCL190	9 500	440	710、750	—	780	1 935	1 728	1 520	680	490	40	30	125	8 710.7	21 507	160
			800、850	—	880											
			900、950	—	980											
			1 000、1 060	—	1 100											
GCL200	11 200	400	750	—	780	2 090	1 880	1 620	700	500	50	35	125	12 110.0	25 459	190
			800、850	—	880											
			900、950	—	980											
			1 000、1 060	—	1 100											
			1 120、1 180	—	1 200											

注：1. 联轴器的质量和转动惯量是按各型号中最小轴孔直径和长系列长度计算的近似值。

2. 推荐选用短系列的轴孔长度。

表 2 GCLT 带中间套筒大型鼓齿式联轴器基本参数和主要尺寸

型号	公称转矩 T_n kN·m	最大许用转速 [n] r/min	轴孔直径 d_1,d_2 mm	轴孔长度 L mm		尺寸 mm										转动惯量 I kg·m²		质量 kg		润滑脂质量 kg
				长系列	短系列	D	D_1	D_2	D_3	L_1	L_{zmin}	A	C	h	e	L_{zmin}	每增长 100 mm	L_{zmin}	每增长 100 mm	
GCLT58	265	1 930	180	302	242	580	493	400	460	225	320	142	6	9	50	34.47	0.62	907	27.8	5
			190、200、220	352	282															
			240、250、260	410	330															
			280	470	380															
GCL63	335	1 750	200、220	352	282	630	543	450	510	250	340	163	6	9	50	52.82	0.85	1 184	31.0	6
			240、250、260	410	330															
			280、300、320	470	390															
GCLT70	450	1 570	240、250、260	410	330	700	587	490	550	275	360	176	6	9	60	81.29	1.25	1 504	40.9	8
			280、300、320	470	380															
			340、360	550	450															
GCLT76	600	1 400	280、300、320	470	380	760	647	550	610	300	390	198	6	9	60	124.36	1.77	1 993	48.3	10
			340、360、380	550	450															
			400	650	540															
GCLT83	750	1 250	300、320	470	380	825	712	610	675	320	420	216	6	9	60	183.32	2.45	2 483	53.7	12
			340、360、380	550	450															
			400、420、440	650	540															

表 2（续）

型号	公称转矩 T_n kN·m	最大许用转速 [n] r/min	轴孔直径 d_1、d_2 mm	轴孔长度 L mm		尺寸 mm										转动惯量 I kg·m^2		质量 kg		润滑脂质量 kg
				长系列	短系列	D	D_1	D_2	D_3	L_1	L_{zmin}	A	C	h	e	L_{zmin}	每增长 100 mm	L_{zmin}	每增长 100 mm	
GCLT89	950	1 150	340、360、380	550	450	885	753	650	710	345	450	230	10	15	75	260.79	3.21	3 125	66.1	18
			400、420、440 450、460	650	540															
GCLT93	1 120	1 080	360、380	550	450	935	803	680	760	350	480	233	10	15	75	325.77	3.98	3 500	71.0	21
			400、420、440 450、460、480	6 500	540															
GCLT100	1 320	980	380	550	450	1 010	878	750	835	365	510	244	10	15	75	465.98	5.42	4 257	78.4	25
			400、420、440 450、460、480、500	650	540															
			530	800	680															
GCLT110	1 700	900	420、440、450 460、480、500	650	540	1 085	928	790	880	395	540	269	15	22	85	671.80	7.07	5 370	94.6	38
			530、560	800	680															
GCLT120	2 240	810	450、460、480 500	650	540	1 185	1 028	870	980	420	570	290	15	22	85	1 018.76	10.45	6 782	110.3	48
			530、560、600 630	800	680															

表 2（续）

型号	公称转矩 T_n kN·m	最大许用转速 [n] r/min	轴孔直径 d_1,d_2 mm	轴孔长度 L mm		尺寸 mm										转动惯量 I kg·m^2		质量 kg		润滑脂质量 kg
				长系列	短系列	D	D_1	D_2	D_3	L_1	L_{zmin}	A	C	h	e	L_{zmin}	每增长 100 mm	L_{zmin}	每增长 100 mm	
GCLT130	3 150	710	500	650	540	1 340	1 163	1 000	1 110	460	620	320	15	22	90	1 763.9	17.6	9 130	143.1	60
			530、560、600 630	800	680															
			670、710	—	780															
GCLT140	4 000	640	560、600、630	800	680	1 440	1 263	1 100	1 210	510	680	358	20	30	100	2 791.6	22.5	12 689	156.7	85
			670、710、750	—	780															
			800	—	880															
GCLT160	5 300	570	600、630	800	680	1 575	1 398	1 220	1 345	570	750	407	20	30	110	4 265.1	34.4	16 090	190.1	105
			670、710、750	—	780															
			800、850	—	880															
			900	—	980															
GCLT170	6 700	520	630	800	680	1 705	1 498	1 310	1 440	605	820	438	40	30	110	5 808.1	46.2	18 511	220.4	120
			670、710、750	—	780															
			800、850	—	880															
			900、950	—	980															
GCLT180	8 000	480	670、710、750	—	780	1 805	1 598	1 400	1 540	640	890	470	40	30	110	7 355.3	61.0	20 947	253.8	135
			800、850	—	880															
			900、950	—	980															
			1 000	—	1 100															

表 2（续）

型号	公称转矩 T_n kN·m	最大许用转速 [n] r/min	轴孔直径 d_1,d_2 mm	轴孔长度 L mm		尺寸 mm										转动惯量 I kg·m²		质量 kg		润滑脂质量 kg
				长系列	短系列	D	D_1	D_2	D_3	L_1	L_{zmin}	A	C	h	e	L_{zmin}	每增长 100 mm	L_{zmin}	每增长 100 mm	
GCLT190	9 500	440	710、750	—	780	1 935	1 728	1 520	1 670	680	960	490	20	30	125	10 034.7	78.9	24 776	276.2	160
			800、850	—	880															
			900、950	—	980															
			1 000、1 060	—	1 100															
GCLT210	11 200	400	750	—	780	2 090	1 880	1 620	1 825	700	1 040	500	25	35	125	13 983.2	104.8	29 395	303.0	190
			800、850	—	880															
			900、950	—	980															
			1 000、1 060	—	1 100															
			1 120、1 180	—	1 200															

注：1. 联轴器的质量和转动惯量是按各型号中最小轴孔直径和长系列长度计算的近似值。

2. 推荐选用短系列的轴孔长度。

3.3 联轴器的标记方法及联结型式与尺寸应按 GB/T 3852 的规定。

3.4 当两轴线无径向位移时，外齿轴套轴线与内齿圈轴线的许用角补偿量 $\Delta\alpha$ 为 1°。

3.5 当两轴线无角向位移时，GCL 型联轴器的许用径向补偿量 Δy 见表 3。GCLT 型联轴器许用径向补偿量按式(1)计算。

$$\Delta y = (L_Z + 2A)\tan\Delta\alpha \qquad \cdots\cdots (1)$$

式中：

L_Z ——中间套两法兰之间的距离，单位为毫米(mm)；

A ——外齿轴套轮齿宽中部至法兰端面的距离，见尺寸表，单位为毫米(mm)；

$\Delta\alpha$ ——许用角向补偿量，单位为度(°)。

表 3 GCL 型联轴器许用补偿量

联轴器型号	GCL58	GCL63	GCL70	GCL76	GCL83	GCL89
径向补偿量 Δy	4.6	5.2	5.6	6.2	7.0	7.4
联轴器型号	GCL93	GCL100	GCL110	GCL120	GCL130	GCL140
径向补偿量 Δy	7.5	7.8	8.9	9.2	10.2	11.5
联轴器型号	GCL160	GCL170	GCL180	GCL190	GCL210	
径向补偿量 Δy	13.0	14.0	15.0	15.6	16.0	

4 技术要求

4.1 联轴器应符合本标准的规定，并按规定程序批准的图样和技术文件进行制造。

4.2 联轴器主要零件的材料应符合表 4 的规定。

表 4 联轴器主要零件的材料

序号	名称	材料	热 处 理	备 注
1	外齿轴套	42 CrMo	286 HBS～321 HBS	JB/T 6396
2	内齿圈	42 CrMo	269 HBS～302 HBS	JB/T 6396

4.3 联轴器法兰连接铰孔螺栓强度等级按 GB/T 3098.1 规定的 8.8 级。

4.4 外齿轴套及内齿圈应进行无损探伤，并按 JB/T 5000.15 中规定的Ⅲ级验收。

4.5 外齿轴套孔的加工精度为 H7，其表面粗糙度 Ra 不得大于 1.6 μm 。

4.6 内齿、外齿精度等级按 GB/T 10095.1 和 GB/T 10095.2 规定的 8 级，其齿啮合面的表面粗糙度 Ra 不得大于 3.2 μm 。

4.7 外齿轴套孔的圆柱度按 GB/T 1184 规定的 7 级。

4.8 外齿轴套及内齿圈齿顶和分度圆的径向跳动按 GB/T 1184 规定的 7 级。

4.9 外齿轴套齿宽中心截面的对称度 $\Delta = 1$ mm。

4.10 联轴器用润滑油可采用 GB/T 3141 中规定的 N320、N460 或 GB/T 7324 中规定的 ZL-4 润滑脂。

4.11 联轴器在正常工作条件下，每 6 个月换一次润滑油，每半个月检查一次油耗情况，并及时补充。

4.12 联轴器的选用及计算参见附录 A。

5 检验规则

5.1 出厂检验

5.1.1 每套联轴器出厂前应按第4章和图样的要求进行检验。

5.1.2 每套联轴器均应经制造厂质量检验部门检验合格，并附有产品质量合格证，方可出厂。

5.2 型式检验

5 2.1 总则

系列首制产品或当产品结构、材料、工艺等有较大改变及合同规定时，应进行型式检验。

5 2.2 检验项目

联轴器的检验项目按5.1.1的规定。

5.2.3 抽样与组批规则

联轴器首批产量小于10台时抽检1台，10台～50台时抽检2台，50台以上抽检3台。首次抽检不合格时需加倍，再不合格时需全数检验。

6 标志、包装与贮存

6.1 标志

6.1.1 联轴器的两个外齿轴套应按图示部位打上型号标志。

6.1.2 每套联轴器的合格证中应包括：

a） 联轴器名称、型号和标准号；

b） 制造厂名称；

c） 出厂日期；

d） 检验合格标记。

6.2 包装

6.2.1 联轴器清洗干净后，按GB/T 4879的规定进行防锈包装。

6.2.2 包装要求按GB/T 13384的规定。

6.2.3 联轴器外包装箱上的标志应符合GB/T 191和GB/T 6388的规定。

6.3 贮存

6.3.1 联轴器应存放在清洁、干燥、通风、避免日晒、雨淋的环境中，存放期内应避免与酸、碱、有机溶剂等物质接触。

6.3.2 在遵守6.3.1的情况下，制造厂应保证产品从出厂日起，在一年的贮存期内其性能仍应符合本标准的规定。

附　录　A
（资料性附录）
联轴器的选用及计算

A.1　联轴器的选用

A.1.1　联轴器应根据使用要求和工作条件选用。

A.1.2　联轴器的两外齿轴套的任一端均可作主、从动端 。

A.1.3　联轴器允许正、反转。

A.2　联轴器的转矩计算

A.2.1　联轴器根据工况条件、驱动功率、工作转速、轴伸直径等综合因素进行选择。

A.2.2　计算转矩由式(A.1)求出，并满足：

$$T_C = 9.55 \times \frac{P_W}{n} \times \frac{K}{f_T} < T_n \qquad (A.1)$$

式中：

T_C ——计算转矩，单位为千牛米(kN·m)；

T_n ——公称转矩，单位为千牛米(kN·m)；见表1和表2；

P_W ——驱动功率，单位为千瓦(kW)；

n ——工作转速，单位为转每分钟(r/min)；

K ——工况系数，见表A.1；

f_T ——轴线倾角对转矩的修正系数，见表A.2。

表 A.1　联轴器的工况系数

工作机类型	工况系数 K	
	电动机	柴油机
均匀	1.25	1.50
轻的	1.50	2.00
中等的	2.00	2.50
重 的	2.50	3.00
特别重的	3.00	—

表 A.2　修正系数 f_T

转角倾角 $\Delta\alpha$	15′	20′	25′	30′	35′	40′	45′	50′	55′	60′
修正系数 f_T	1.000	0.959	0.911	0.858	0.803	0.746	0.691	0.637	0.588	0.539

A.3 联轴器转速的修正

表1和表2中的许用转速是当轴线倾角 $\Delta\alpha \leqslant 5'$ 的情况下确定的。当轴线倾角 $\Delta\alpha > 5'$ 时，则应按式(A.2)对表中的许用转速进行修正。

$$[n] \geqslant \frac{n}{f_n} \quad \cdots\cdots (A.2)$$

式中：

$[n]$——许用转速，见表1和表2，单位为转每分钟(r/min)；

n ——实际使用转速；单位为每分钟转数(r/min)；

f_n ——轴线倾角对转数的修正系数，见表A.3。

表 A.3 轴线倾角对转数的修正系数

转线倾角 $\Delta\alpha$	5′	10′	15′	20′	25′	30′	35′	40′	45′	50′	55′	60′
修正系数 f_n	1.000	0.546	0.370	0.285	0.229	0.193	0.165	0.145	0.128	0.116	0.108	0.096

A.4 选用GCLT型联轴器验算临界转数时，按式(A.3)

$$n_c = 1.195 \times 10^8 \times \frac{\sqrt{D_3^2 + D_0^2}}{L_A^2} \quad \cdots\cdots (A.3)$$

式中：

n_c ——临界转数，单位为转每分钟(r/min)；

D_3 ——中间套筒外径，单位为毫米(mm)；

D_0 ——中间套筒内径，单位为毫米(mm)；

L_A ——两外齿轴套轮齿宽中间之间的距离，单位为毫米(mm)。

实际工作转数：低于临界转数的容许值为：$n \leqslant 0.75\ n_c$；

高于临界转数的容许值为：$n \geqslant 1.35\ n_c$；

n ——实际工作转数，单位为转每分钟(r/min)。

ICS 21.120.01
J 19

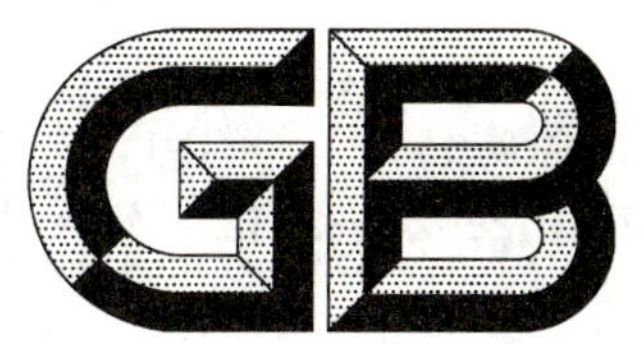

中华人民共和国国家标准

GB/T 29028—2012

SWZ型大型整体轴承座十字轴式万向联轴器

SWZ large universal coupling with bearing box

2012-12-31 发布　　2013-10-01 实施

中华人民共和国国家质量监督检验检疫总局
中国国家标准化管理委员会　发布

前　言

本标准按照 GB/T 1.1—2009 给出的规则起草。

本标准由全国机器轴与附件标准化技术委员会(SAC/TC 109)提出并归口。

本标准起草单位:中国第二重型机械集团公司、中机生产力促进中心、德阳立达基础件有限公司。

本标准主要起草人:谭仁万、明翠新、刘学光、蒋阳春、刁永健、邓高见。

SWZ 型大型整体轴承座十字轴式万向联轴器

1 范围

本标准规定了 SWZ 型大型整体轴承座十字轴式万向联轴器(以下简称万向联轴器)的型式、基本参数与尺寸,技术要求,检验规则,标志、包装和贮存。

本标准适用于联接两个不同轴线的传动轴系的万向联轴器。其回转直径为 600 mm~1 200 mm,传递公称转矩为 1 080 kN·m~9 000 kN·m,轴线折角为 10°。

2 规范性引用文件

下列文件对于本文件的应用是必不可少的。凡是注日期的引用文件,仅注日期的版本适用于本文件。凡是不注日期的引用文件,其最新版本(包括所有的修改单)适用于本文件。

GB/T 191 包装储运图示标志

GB/T 197 普通螺纹 公差

GB/T 1801 产品几何技术规范(GPS) 极限与配合 公差带和配合的选择

GB/T 1184 形状和位置公差 未注公差值

GB/T 3098.1 紧固件机械性能 螺栓、螺钉和螺柱

GB/T 4879 防锈包装

GB/T 6388 运输包装收发货标志

GB/T 7284 框架木箱

GB/T 11345 钢焊缝手工超声波探伤方法和探伤结果分级

GB/T 13384 机电产品包装通用技术条件

JB/T 5000.1 重型机械通用技术条件 第1部分:产品检验

JB/T 5000.15 重型机械通用技术条件 第15部分:锻钢件无损探伤

3 型式、基本参数与尺寸

3.1 型式

万向联轴器型式分为3种,见表1。

表1 大型十字轴式万向联轴器型式

型式代号	名 称	图 示
BF	标准伸缩法兰式	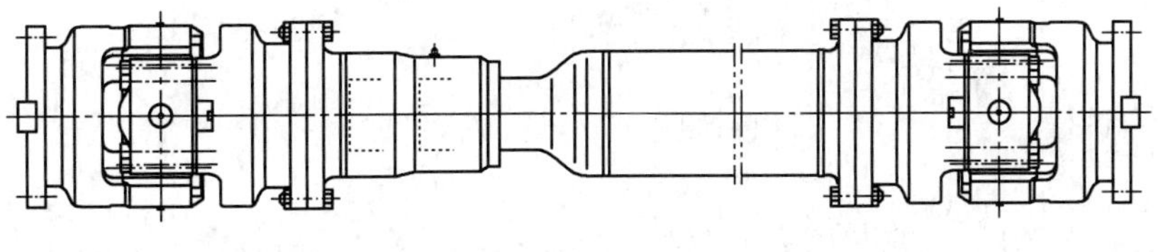

表 1（续）

型式代号	名　称	图　　示
WF	无伸缩法兰式	
WD	无伸缩短式	

3.2 型号

万向联轴器的型号按以下规定：

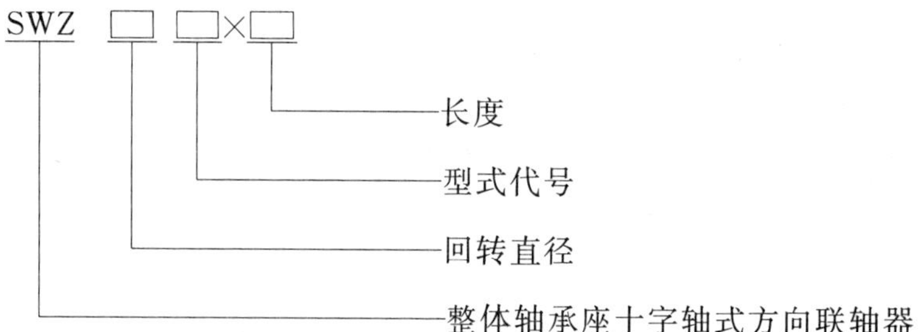

3.3 标记示例

示例 1：回转直径 D=750 mm，长度 L=8 000 mm，BF 型标准伸缩法兰式万向联轴器：

SWZ750 BF×8 000　联轴器　GB/T 29028—2012

示例 2：回转直径 D=600 mm，WD 型无伸缩短式万向联轴器：

SWZ600 WD　联轴器　GB/T 29028—2012

3.4 基本参数和主要尺寸

3.4.1 BF 型——标准伸缩法兰式万向联轴器基本参数和主要尺寸应符合图 1 和表 2 的规定。

3.4.2 WF 型——无伸缩法兰式万向联轴器基本参数和主要尺寸应符合图 2 和表 3 的规定。

3.4.3 WD 型——无伸缩短式万向联轴器基本参数和主要尺寸应符合图 3 和表 4 的规定。

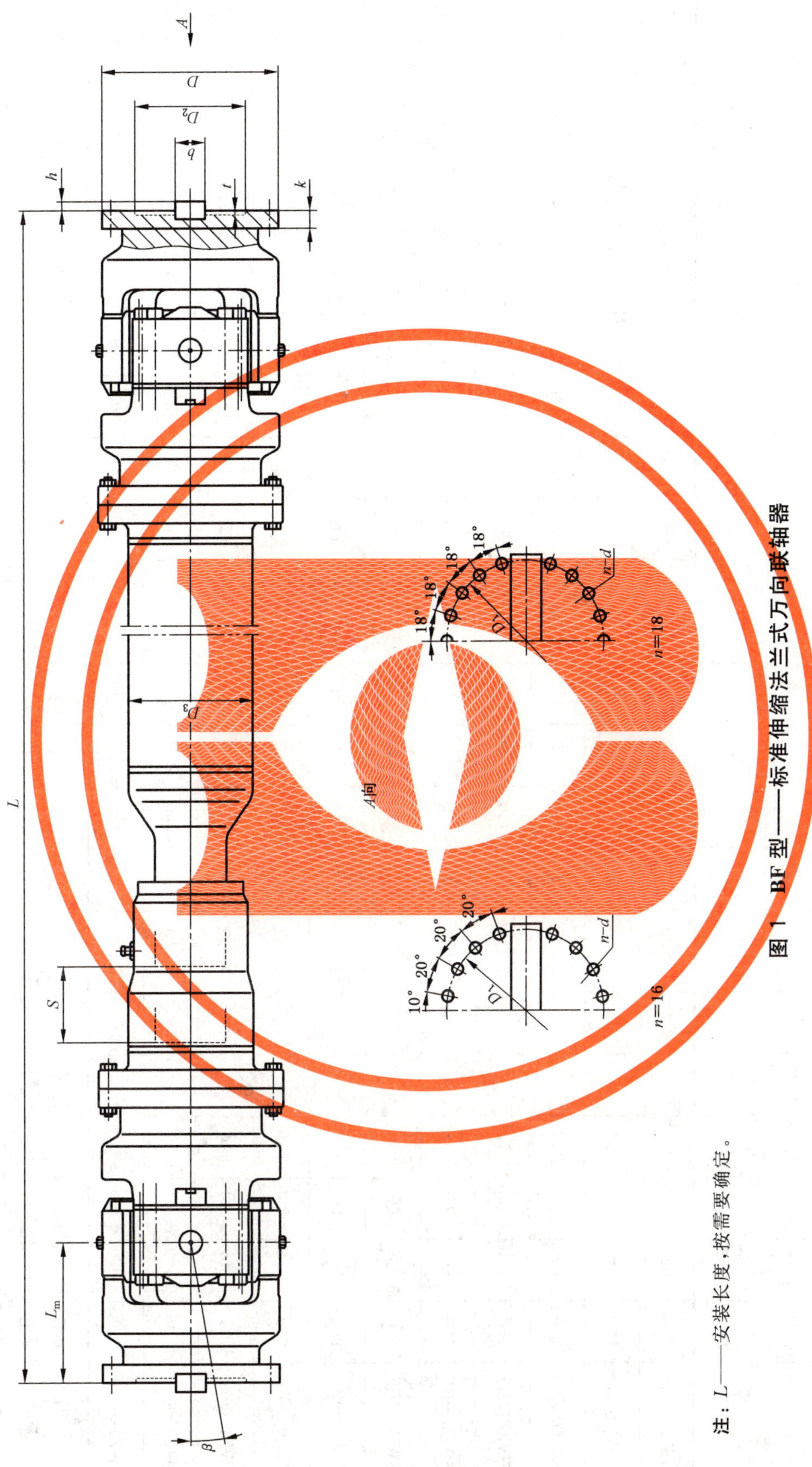

注：L——安装长度，按需要确定。

图1 BF型——标准伸缩法兰式万向联轴器

表 2 **BF 型——标准伸缩法兰式万向联轴器基本参数和主要尺寸**

型号	回转直径 D mm	公称转矩 T_n kN·m	疲劳转矩 T_f[a] kN·m	额定寿命转矩 T_s[b] kN·m	轴线折角 β (°)	伸缩量 S mm	尺寸 mm										转动惯量 kg·m²		质量 kg	
							L_{min}[c]	D_1	D_2 (H7)	D_3	L_m	$n \times d$	k	t	b (h9)	h	L_{min}	加长 100 mm	L_{min}	加长 100 mm
SWZ600BF	600	1 080	540	198	≤10	220	2 980	536	360	450	390	16×37	70	15	90	22.5	148.533	1.777	4 368	42.66
SWZ650BF	650	1 400	700	250		235	3 140	586	390	500	415	16×37	70	15	100	25	242.500	2.509	5 523	47.44
SWZ700BF	700	1 800	900	300		255	3 280	636	420	560	440	18×37	90	15	100	30	359.435	3.488	6 926	51.30
SWZ750BF	750	2 200	1 100	376		265	3 710	675	450	560	500	18×43	95	15	125	32.5	495.220	4.129	8 506	62.89
SWZ800BF	800	2 600	1 300	452		290	3 950	712	480	600	525	16×50	95	18	135	35.5	681.890	5.617	10 320	75.13
SWZ850BF	850	3 200	1 600	550		295	4 140	762	510	630	550	18×50	110	18	135	35.5	889.307	6.592	12 097	79.28
SWZ900BF	900	3 800	1 900	650		320	4 400	800	540	690	600	16×58	110	18	150	40	1 254.017	8.868	14 768	87.56
SWZ950BF	950	4 500	2 250	751		320	4 520	850	570	730	615	18×58	120	20	150	40	1 608.967	11.215	17 034	99.14
SWZ1000BF	1 000	5 200	2 600	910		330	4 560	890	600	765	630	16×66	125	20	165	45	1 957.082	13.550	18 889	109.10
SWZ1100BF	1 100	6 800	3 400	1 185		350	5 010	980	660	840	670	16×74	135	22	180	47.5	3 161.838	19.866	25 130	132.93
SWZ1200BF	1 200	9 000	4 500	1 570		365	5 370	1 080	720	920	715	18×74	150	25	200	52.5	4 813.688	28.954	32 142	161.97

[a] T_f——交变负荷下的疲劳转矩。

[b] T_s——额定寿命转矩。

[c] L_{min}——缩短后的最小长度。

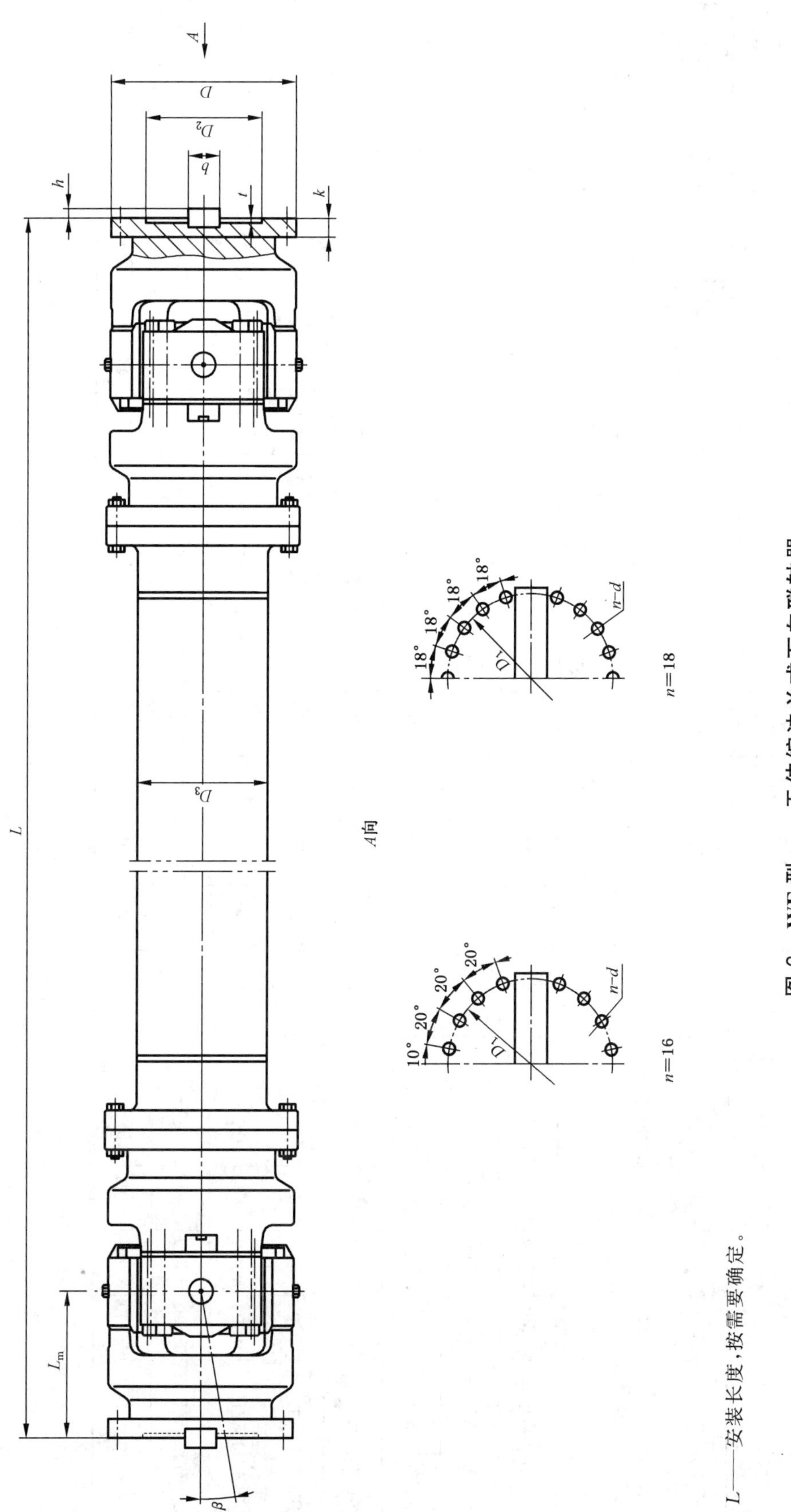

图 2 WF型——无伸缩法兰式万向联轴器

L——安装长度，按需要确定。

表 3 WF 型——无伸缩法兰式万向联轴器基本参数和主要尺寸

型号	回转直径 D mm	公称转矩 T_n kN·m	疲劳转矩 T_f[a] kN·m	额定寿命转矩 T_s[b] kN·m	轴线折角 β (°)	尺寸 mm										转动惯量 kg·m²		质量 kg	
						L_{min}[c]	D_1	D_2 (H7)	D_3	L_m	$n\times d$	k	t	b (h9)	h	L_{min}	加长 100 mm	L_{min}	加长 100 mm
SWZ600WF	600	1 080	540	198	≤10	2 130	536	360	450	390	16×37	70	15	90	22.5	134.817	1.777	3 307	42.66
SWZ650WF	650	1 400	700	250		2 260	586	390	500	415	16×37	70	15	100	25	200.093	2.509	4 166	47.44
SWZ700WF	700	1 800	900	300		2 400	636	420	560	440	18×37	90	15	100	30	292.755	3.488	5 225	51.30
SWZ750WF	750	2 200	1 100	376		2 710	675	450	560	500	18×43	95	15	125	32.5	419.407	4.129	6 572	62.89
SWZ800WF	800	2 600	1 300	452		2 860	712	480	600	525	16×50	95	18	135	35.5	572.990	5.617	7 900	75.13
SWZ850WF	850	3 200	1 600	550		2 970	762	510	630	550	18×50	110	18	135	35.5	757.267	6.592	9 234	79.28
SWZ900WF	900	3 800	1 900	650		3 240	800	540	690	600	16×58	110	18	150	40	1 056.733	8.868	11 453	87.56
SWZ950WF	950	4 500	2 250	751		3 300	850	570	730	615	18×58	120	20	150	40	1 341.984	11.215	13 026	99.14
SWZ1000WF	1 000	5 200	2 600	910		3 280	890	600	765	630	16×66	125	20	165	45	1 619.261	13.550	14 271	109.10
SWZ1100WF	1 100	6 800	3 400	1 185		3 630	980	660	840	670	16×74	135	22	180	47.5	2 632.285	19.866	19 126	132.93
SWZ1200WF	1 200	9 000	4 500	1 570		3 840	1 080	720	920	715	18×74	150	25	200	52.5	3 968.981	28.954	24 158	161.97

[a] T_f——交变负荷下的疲劳转矩。

[b] T_s——额定寿命转矩。

[c] L_{min}——缩短后的最小长度。

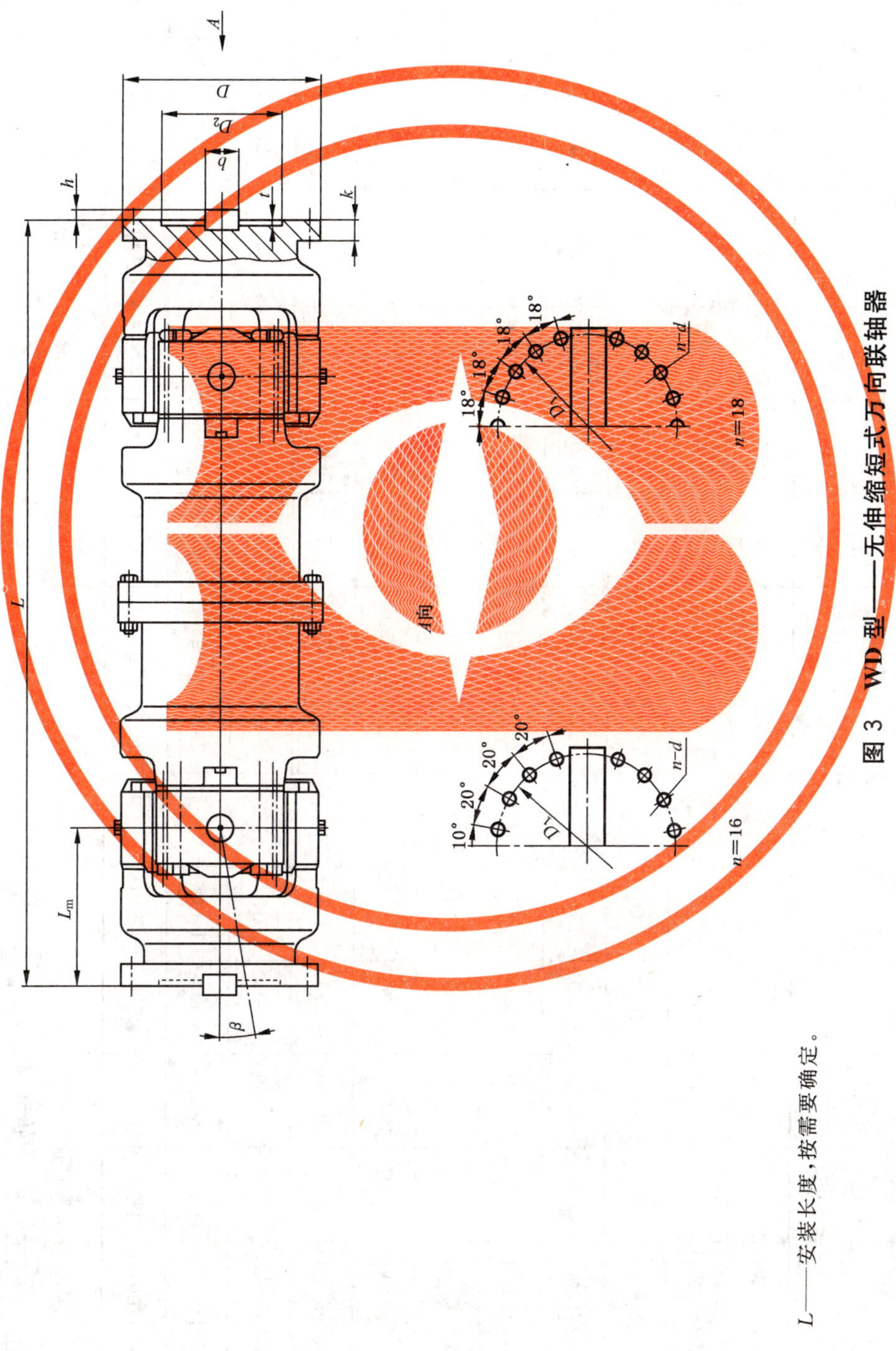

图 3　**WD 型——无伸缩短式万向联轴器**

L——安装长度，按需要确定。

表 4 WD 型——无伸缩短式万向联轴器基本参数和主要尺寸

型 号	回转直径 D mm	公称转矩 T_n kN·m	疲劳转矩 T_f[a] kN·m	额定寿命转矩 T_s[b] kN·m	轴线折角 β (°)	尺寸 mm L	D_1	D_2 (H7)	L_m	$n \times d$	k	t	b (h9)	h	转动惯量 kg·m²	质量 kg
SWZ600WD	600	1 080	540	198	≤10	1 560	536	360	390	16×37	70	15	90	22.5	116.820	2 576
SWZ650WD	650	1 400	700	250		1 660	586	390	415	16×37	70	15	100	25	171.218	3 242
SWZ700WD	700	1 800	900	300		1 760	636	420	440	18×37	90	15	100	30	244.265	3 988
SWZ750WD	750	2 200	1 100	376		2 000	675	450	500	18×43	95	15	125	32.5	365.625	5 200
SWZ800WD	800	2 600	1 300	452		2 100	712	480	525	16×50	95	18	135	35.5	497.120	6 214
SWZ850WD	850	3 200	1 600	550		2 200	762	510	550	18×50	110	18	135	35.5	663.797	7 350
SWZ900WD	900	3 800	1 900	650		2 400	800	540	600	16×58	110	18	150	40	910.035	8 988
SWZ950WD	950	4 500	2 250	751		2 460	850	570	615	18×58	120	20	150	40	1 158.533	10 266
SWZ1000WD	1 000	5 200	2 600	910		2 400	890	600	630	16×66	125	20	165	45	1 387.000	11 096
SWZ1100WD	1 100	6 800	3 400	1 185		2 680	980	660	670	16×74	135	22	180	47.5	2 267.843	14 994
SWZ1200WD	1 200	9 000	4 500	1 570		2 860	1 080	720	715	18×74	150	25	200	52.5	3 427.920	19 044

[a] T_f——交变负荷下的疲劳转矩。

[b] T_s——额定寿命转矩。

3.5 万向联轴器与相配件的联接

3.5.1 法兰端面键联接

万向联轴器是通过高强度螺栓与螺母把两端法兰联接在其他相配件上。其相配件的联接尺寸及螺栓预紧力矩按图4和表5的规定。联接螺栓只能由联轴器相配件的法兰侧装入，螺母由联轴器的法兰侧预紧。其螺栓的力学性能应符合GB/T 3098.1中10.9级的规定，其螺母的力学性能应符合GB/T 3098.2中10级的规定。

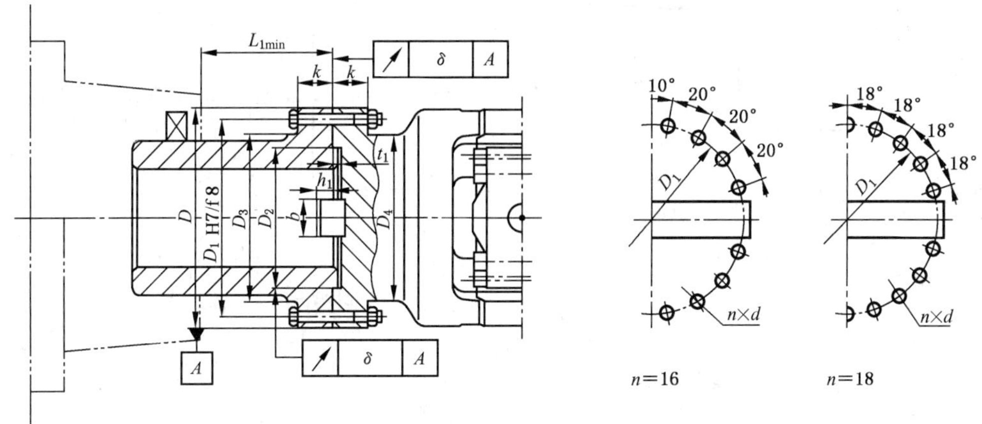

图4 万向联轴器与相配件的联接尺寸

表5 万向联轴器与相配件联接尺寸及螺栓预紧力矩

型号	回转直径 D mm	螺栓数 n	螺栓规格 $d\times l$ mm	预紧力矩 T_a N·m	尺寸 mm									
					D_1	D_2 (f8)	D_3	D_4 ($^{0}_{-0.3}$)	k	b (Js8)	h_1	t_1 ($^{+0.5}_{0}$)	δ	L_{1min}
SWZ600	600	16	M36×150	3 500	536	360	468	478	70	90	23	14	0.08	175
SWZ650	650	16	M36×150	3 500	586	390	518	528	70	100	25.5	14	0.08	175
SWZ700	700	18	M36×160	3 500	636	420	568	578	90	100	30.5	14	0.08	185
SWZ750	750	18	M42×180	5 600	675	450	595	608	95	125	33	14	0.08	210
SWZ800	800	16	M48×200	9 000	712	480	620	635	95	135	35.5	17	0.08	235
SWZ850	850	18	M48×200	9 000	762	510	672	685	110	135	35.5	17	0.1	235
SWZ900	900	16	M56×220	14 000	800	540	698	712	110	150	40.5	17	0.1	260
SWZ950	950	18	M56×220	14 000	850	570	746	762	120	150	40.5	19	0.1	260
SWZ1000	1 000	16	M64×240	20 000	890	600	776	792	125	165	45.5	19	0.1	285
SWZ1100	1 100	16	M72×260	30 000	980	660	854	872	135	180	48	21	0.1	310
SWZ1200	1 200	18	M72×280	30 000	1080	720	954	972	150	200	53	24	0.1	330

3.5.2 法兰端面齿联接

法兰端面齿联接是通过端面齿、高强度螺栓及螺母把两端法兰联接在其他相配件上。其相配件的端面齿齿形尺寸及螺栓预紧力矩按图5和表7的规定。

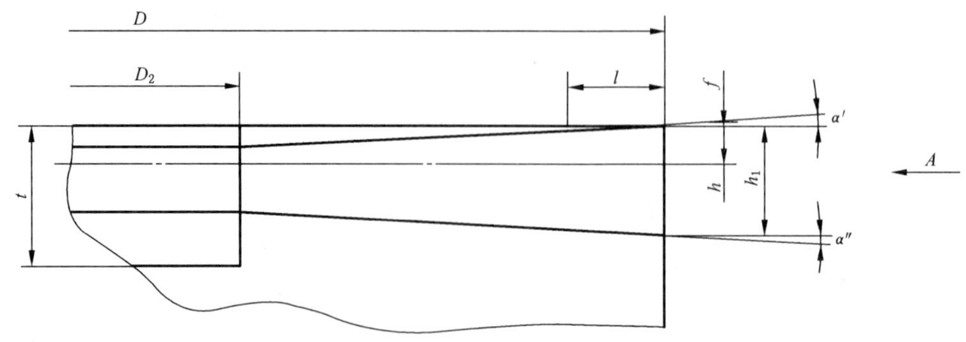

A向

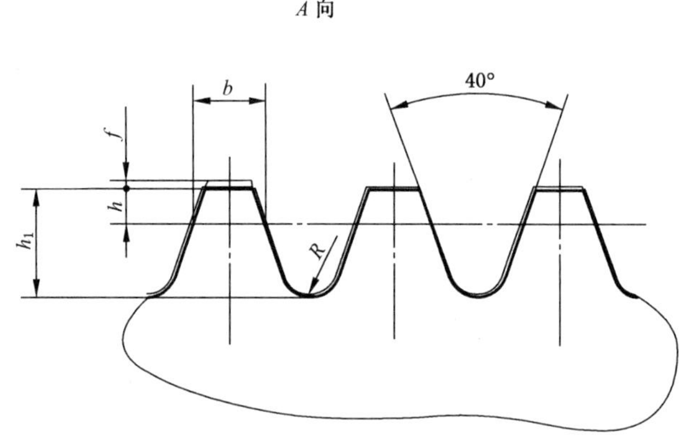

图5 法兰端面齿齿形

表 6　万向联轴器相配件的端面齿齿形尺寸及螺栓预紧力矩

型号	回转直径 D mm	螺孔 $n \times d$	螺栓直径	预紧力矩 T_a N·m	齿数 Z	尺寸 mm									
						b	h	h_1	l	f	R	α'	α''	D_2	t
SWZ600	600	20×26	M24	900	120	7.725	3.111	8.981	10	0.36	2.5	2°4′	2°3′40″	480	15
SWZ650	650	20×26	M24	900	120	8.429	4.010	10.779	10	0.36	2.5	2°4′	2°3′40″	520	15
SWZ700	700	24×26	M24	900	120	9.083	4.909	12.577	10	0.36	2.5	2°4′	2°3′40″	570	15
SWZ750	750	24×33	M30	1 800	144	8.072	3.519	9.797	12	0.36	2.5	1°43′30″	1°43′	610	20
SWZ800	800	24×33	M30	1 800	144	8.167	4.268	11.296	12	0.36	2.5	1°43′30″	1°43′	650	15
SWZ850	850	24×39	M36×3	3 150	144	9.162	5.017	12.974	12	0.36	2.5	1°43′30″	1°43′	680	20
SWZ900	900	24×39	M36×3	3 150	144	9.708	5.766	14.292	12	0.36	2.5	1°43′30″	1°43′	710	20
SWZ950	950	24×39	M36×3	3 150	144	10.253	6.515	16.791	12	0.36	2.5	1°43′30″	1°43′	760	25
SWZ1000	1 000	20×45	M42×3	5 400	180	8.595	3.878	10.876	15	0.72	2.5	2°44′43″	—	800	20
SWZ1100	1 100	20×45	M42×3	5 400	180	9.468	5.077	13.274	15	0.72	2.5	2°44′43″	—	880	25
SWZ1200	1 200	20×51	M48×3	8 200	180	10.341	6.276	15.671	15	0.72	2.5	2°44′43″	—	960	25

4 技术要求

4.1 一般要求

4.1.1 万向联轴器应符合本标准的要求，并按经规定程序批准的图样和技术文件制造。

4.1.2 通用技术要求应符合JB/T 5000.1的有关规定。

4.2 主要零件

4.2.1 十字轴

4.2.1.1 材料采用低碳合金结构钢，其力学性能：

a) $\sigma_b \geq 1\ 200$ MPa；

b) $\sigma_s \geq 900$ MPa；

c) $A_{KU} \geq 100$ J。

4.2.1.2 轴颈表面渗碳处理，渗碳层深为1.8 mm～2.5 mm，表面硬度为58 HRC～62 HRC。

4.2.1.3 形位公差应符合GB/T 1184的规定：

a) 同轴度按6级；

b) 圆柱度按6级；

c) 垂直度按7级；

d) 对称度按7级。

4.2.1.4 轴颈的表面粗糙度 Ra 最大允许值为0.32 μm。

4.2.1.5 十字轴应进行超声波探伤和磁粉检测，其质量等级应符合JB/T 5000.15中的规定，其中轴径部分按Ⅰ级验收，其余按Ⅱ级验收，

4.2.2 轴承座底盘

4.2.2.1 材料采用合金结构钢，其力学性能：

a) $\sigma_b \geq 900$ MPa；

b) $\sigma_{0.2} \geq 750$ MPa；

c) $A_{KU} \geq 48$ J。

4.2.2.2 形位公差应符合GB/T 1184的规定：

a) 键槽宽对定心圆中心线的对称度按7级；

b) 键槽两侧面对端面的垂直度按7级；

c) 端面对定心圆轴心线的垂直度按7级。

4.2.2.3 底盘根部和键槽根部的圆弧表面粗糙度 Ra 最大允许值为0.8 μm，并进行轴向抛光。

4.2.2.4 底盘与花键轴，钢管焊接的焊缝力学性能不得低于母材的机械性能。而焊缝超声波探伤检测质量等级应符合GB/T 11345中规定的B级。

4.2.3 轴承座

4.2.3.1 材料采用低碳合金结构钢，其力学性能：

a) $\sigma_b \geq 1\ 200$ MPa；

b) $\sigma_s \geq 900$ MPa；

c) $A_{KU} \geq 100$ J。

4.2.3.2 轴承孔表面及端面渗碳处理，渗碳层深1.8 mm～2.5 mm，表面硬度为56 HRC～62 HRC。

4.2.3.3 内孔表面粗糙度 Ra 最大允许值为0.32 μm。

4.2.3.4 形位公差应符合 GB/T 1184 的规定：

a) 轴承孔的圆柱度按 6 级；

b) 轴承孔端面对孔中心线的垂直度按 6 级；

c) 底键宽对轴承孔中心线的对称度按 7 级；

d) 键两侧面对底面的垂直度按 7 级。

4.2.3.5 轴承座底键与槽的配合采用 GB/T 1801 中的 H7/n6。

4.2.4 轴承座联接螺栓

轴承座联接螺栓的机械性能按 GB/T 3098.1 中规定的 12.9 级，螺纹公差按 GB/T 197 中规定的 6 g 级，螺栓光杆部分进行抛光，其表面粗糙度 Ra 最大允许值 0.4 μm。

4.3 装配

4.3.1 按实测尺寸选配铜垫，保证十字轴的轴向间隙单边为 0.08 mm～0.12 mm。

4.3.2 花键与花键套两端底盘上键槽的轴心线应在同一平面上，其偏差不得超过 1°。

4.3.3 万向联轴器组装后，花键应伸缩灵活，无卡滞现象，并在花键轴与花键套外，用粗箭头标出定位标记。

4.3.4 万向联轴器在包装前应清理干净，结合面涂防锈剂，非结合面涂油漆，油漆颜色由制造厂确定。如用户要求与主机颜色一致时，由用户与制造厂协商确定。

4.3.5 当万向联轴器的转速 $n \geqslant 300$ r/min 时应进行动平衡，其平衡精度等级为 G16。

4.3.6 轴承和花键采用 2 号工业锂基润滑脂润滑。组装完后，从油嘴注入润滑脂充满为止。

4.3.7 万向联轴器的选用参见附录 A。

5 检验规则

5.1 每套万向联轴器出厂前，均应检验两端法兰端面键和法兰端面齿的位置、轴线折角和伸缩量，并应符合本标准的有关规定。

5.2 每套万向联轴器均应经制造厂产品质量检验部门检验合格，并附有产品质量合格证方可出厂。

5.3 除 5.1 外，用户另有要求时，可与制造厂协商增加其他检验项目。

6 标志、包装、贮存

6.1 万向联轴器应在明显部位打印型号标志。

6.2 每套万向联轴器的合格证中应包括：

a) 万向联轴器型号、标准号；

b) 制造厂的名称；

c) 检验合格标记；

d) 出厂日期。

6.3 包装

6.3.1 万向联轴器清洗后按 GB/T 4879 的规定进行防锈包装。

6.3.2 防锈包装后的万向联轴器应装入按 GB/T 7284 规定的框架木箱内。

6.3.3 包装要求应符合 GB/T 13384 的规定。

6.3.4 万向联轴器的外包装箱上的标志，应按 GB/T 191 和 GB/T 6388 的规定。

6.4 贮存

万向联轴器应存放在干燥、避免日晒、雨淋的场所。在存放期内应避免与酸、碱、有机溶剂等物质接触。

附 录 A
（资料性附录）
万向联轴器选用说明

A.1 本标准规定的万向联轴器是由两个万向节和一根中间轴所构成，如图 A.1。为使主、从动轴的角速度相等，即 $\omega_1=\omega_2$，须满足下列三个条件：

a） 中间轴与主、从动轴间的轴线折角相等，即 $\beta_1=\beta_2$；

b） 中间轴两端的叉头必须位于同一相位；

c） 主、从动轴与中间轴的中心线在同一平面内。

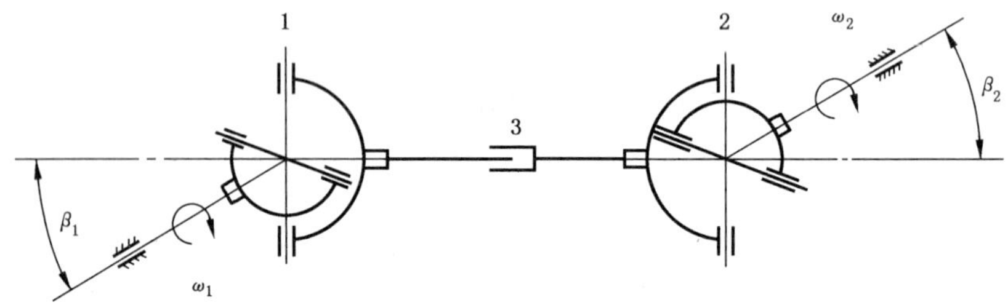

说明：

1、2——万向节；

3 ——中间轴。

图 A.1

A.2 万向联轴器的安装型式按其轴线相互位置一般为 Z 型和 W 型，如图 A.2。

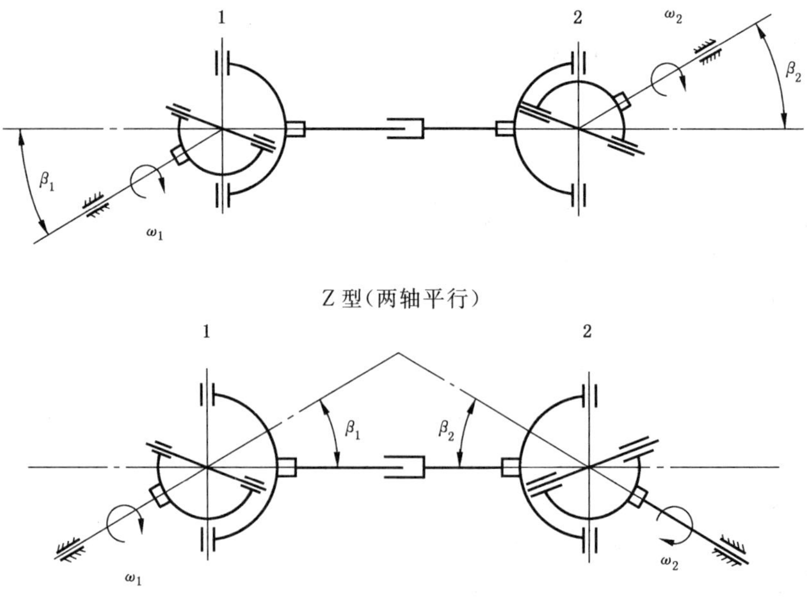

W 型（两轴相交）

图 A.2

A.3 万向联轴器应根据载荷特性、计算转矩、轴承寿命及工作转速选用。

A.4 计算转矩由式(A.1)和式(A.2)求出：

$$T_c = 9.55 \times \frac{N}{n} k \qquad \cdots\cdots(A.1)$$

式中：

T_c——计算的最大转矩，单位为千牛米(kN·m)；

N——电机功率，单位为千瓦(kW)；

n——转速，单位为转每分钟(r/min)；

k——过载系数(见表A.1)。

表A.1 轧机的过载系数及电机功率利用系数

轧机名称	k	轧机名称	k
板坯初轧机	2.5～6.0	冷带钢轧机(4辊)	1.25～2.0
初轧机	2.0～5.0	破鳞机	1.5～3.5
大型型钢轧机	1.5～3.0	平整轧机	1.25～2.0
中厚板轧机	2.0～5.0	精光轧机	1.25～2.0
中小型轧机	1.25～2.0	张力辊	1.25～3.0
立辊轧机	1.5～3.5	送料辊	2～10
热带钢轧机(4辊)	1.25～2.0	辊道	2～10

A.5 万向联轴器的选择方法

A.5.1 按强度选择时应满足下列要求：

$$T_c \leqslant T_n \text{ 或 } T_c \leqslant T_f \text{ 或 } T_c \leqslant T_p \qquad \cdots\cdots(A.2)$$

式中：

T_c——计算转矩，单位为千牛米(kN·m)；

T_n——公称转矩，见参数表，单位为千牛米(kN·m)；

T_f——交变负荷下的按疲劳转矩，所允许的转矩，见参数表，单位为千牛米(kN·m)；

T_p——脉动负荷下的按疲劳转矩，$T_p = 1.45T_f$，单位为千牛米(kN·m)。

A.5.2 按式(A.3)进行寿命计算。

$$L_h = 3\,000K_m\left(\frac{T_s K_n K_\beta}{T_m}\right)^{2.907} \qquad \cdots\cdots(A.3)$$

式中：

L_h——万向联轴器的寿命，单位为小时(h)；

K_m——材料系数，$K_m = 1 \sim 3$；

T_s——额定寿命转矩，见参数表，单位为千牛米(kN·m)；

K_n——转速系数，$K_n = 10.2/n^{0.336}$；

n——平均转速，单位为转每分钟(r/min)；

K_β——折角系数，$K_\beta = 1.46/\beta^{0.344}$；

T_m——使用平均转矩，单位为千牛米(kN·m)；

β——平均合成轴线折角，单位为度(°)。

A.5.3 按各阶段的使用转矩、转速、时间计算平均转矩及平均转速。

使用阶段 1、2、3…Z；

转矩 T_1、T_2、T_3…T_Z，单位为千牛米(kN·m)；

转速 n_1、n_2、n_3…n_Z，单位为转每分钟(r/min)；

时间比(%)t_1、t_2、t_3…t_Z；

则平均转矩及平均转速为：

$$T_m = 3\sqrt{\frac{(T_1^3 n_1 t_1 + T_1^3 n_2 t_2 + \cdots + T_Z^3 n_Z t_Z)}{(n_1 t_1 + n_2 t_2 + \cdots + n_Z t_Z)}} \quad \cdots\cdots(A.4)$$

$$n = \frac{(n_1 t_1 + n_2 t_2 + \cdots + n_Z t_Z)}{(t_1 + t_2 + \cdots + t_Z)} \quad \cdots\cdots(A.5)$$

A.5.4 在水平、垂直面间同时有轴线折角的情况下，其合成轴线折角由式(A.6)求得：

$$\tan\beta = \sqrt{\tan^2\beta_1 + \tan^2\beta_2} \quad \cdots\cdots(A.6)$$

式中：

β——合成轴线折角；

β_1——水平面的轴线折角；

β_2——垂直面的轴线折角。

A.6 选用长的万向联轴器时，其工作转速必须低于临界转速。

临界转速按式(A.7)计算：

$$n_c = 1.195 \times 10^8 \sqrt{\frac{D_1^2 + D_2^2}{L^2}} \quad \cdots\cdots(A.7)$$

式中：

n_c——临界转速，单位为转每分钟(r/min)；

L——两十字万向节的节距，单位为毫米(mm)；

D_1——中间轴的钢管外径，单位为毫米(mm)；

D_2——中间轴的钢管内径，单位为毫米(mm)。

在低速、小轴线折角的使用条件下，其工作转速：$n=0.85n_c$。

在高速、大轴线折角的使用条件下，其工作转速：$n<0.65n_c$。

ICS 27.200
J 73

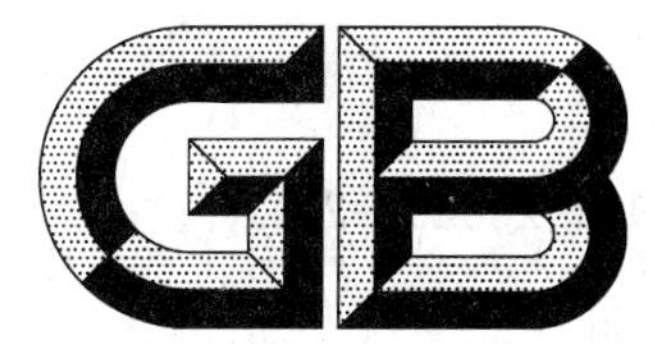

中华人民共和国国家标准

GB/T 29029—2012

大型盐水制冰机组

Large-scale saline ice making installation

2012-12-31 发布　　2013-10-01 实施

中华人民共和国国家质量监督检验检疫总局
中国国家标准化管理委员会　发布

前　　言

本标准按照 GB/T 1.1—2009 给出的规则起草。

本标准由中国机械工业联合会提出。

本标准由全国冷冻空调设备标准化技术委员会(SAC/TC 238)归口。

本标准主要起草单位:合肥通用机械研究院、福建雪人股份有限公司、烟台冰轮股份有限公司、重庆市计量质量检测研究院、合肥通用机电产品检测院、浙江中广电器有限公司、福建省制冷学会。

本标准主要起草人:张明圣、林汝捷、于志强、潘莉、凌拥军、李林、石竹青。

大型盐水制冰机组

1 范围

本标准规定了大型盐水制冰机组(以下简称“机组”)的术语和定义、型式与基本参数、要求、试验方法、检验规则、标志、包装、运输和贮存。

本标准适用于以 R717 或氟代烃类物质为制冷剂，以盐水间接冷却形式制取非食用块状白冰、日产量不小于 10 t 的制冰机组。

日产量小于 10 t 的小型盐水制冰机组和透明冰盐水制冰机组可参照执行。

2 规范性引用文件

下列文件对于本文件的应用是必不可少的。凡是注日期的引用文件，仅注日期的版本适用于本文件。凡是不注日期的引用文件，其最新版本(包括所有的修改单)适用于本文件。

GB/T 191 包装储运图示标志

GB/T 5657 离心泵技术条件(Ⅲ类)

GB 5749 生活饮用水卫生标准

GB 6067.1 起重机械安全规程 第 1 部分:总则

GB/T 6388 运输包装收发货标志

GB/T 7190.1 玻璃纤维增强塑料冷却塔 第 1 部分:中小型玻璃纤维增强塑料冷却塔

GB/T 7190.2 玻璃纤维增强塑料冷却塔 第 2 部分:大型玻璃纤维增强塑料冷却塔

GB/T 9969 工业产品使用说明书 总则

GB/T 10079 活塞式单级制冷压缩机

GB/T 13306 标牌

GB/T 14405 通用桥式起重机

GB/T 19410 螺杆式制冷压缩机

GB 50052 供配电系统设计规范

GB 50072 冷库设计规范

GB 50235 工业金属管道工程施工规范

GB 50316 工业金属管道设计规范

NB/T 47012 制冷装置用压力容器

JB/T 7658.2 氨制冷装置用辅助装置 第 2 部分:油分离器

JB/T 7658.3 氨制冷装置用辅助装置 第 3 部分:立式蒸发器

JB/T 7658.4 氨制冷装置用辅助装置 第 4 部分:卧式蒸发器

JB/T 7658.5 氨制冷装置用辅助装置 第 5 部分:蒸发式冷凝器

JB/T 7658.7 氨制冷装置用辅助装置 第 7 部分:搅拌机

JB/T 7658.8 氨制冷装置用辅助装置 第 8 部分:贮液器

JB/T 7658.12 氨制冷装置用辅助装置 第 12 部分:紧急泄氨器

3 术语和定义

下列术语和定义适用于本文件。

3.1

大型盐水制冰机 large-scale saline ice making installation

以盐水做载冷剂的间接冷却形式制取非食用白冰、日产量不小于10 t的制冰机组。

3.2

制冰能力 ice making mass

制冰机1天(24 h)生产的冰的质量(重量),单位:t/24 h。

3.3

名义制冰能力 nominal ice making mass

名义工况下,制冰机1天(24 h)生产冰的质量(重量),单位:t/24 h。

4 型式与基本参数

4.1 型式

以R717和氟代烃类物质为制冷剂,盐水为载冷剂的间接制冰方式,半连续作业,冰桶成组行车吊装式。

4.2 结构

机组由以下部分组成:

——制冷系统

——电控系统

——制冰设备,主要包括:

1) 搅拌机;
2) 制冰桶;
3) 冰桶加水器;
4) 制冰池;
5) 融冰槽;
6) 冰桶架;
7) 倒冰器;
8) 吊冰用起重机;
9) 冰池盖板。

4.3 型号

机组型号表示方法参见附录A。

4.4 基本参数

4.4.1 制冰桶的基本参数

4.4.1.1 每套机组的块冰质量由制造厂规定或由用户与制造厂协议规定。一般情况下,制冰桶按块冰的质量划分为25 kg、50 kg、100 kg、125 kg和135 kg五种规格。

4.4.1.2 制冰桶的形状及基本尺寸参见附录B。

4.4.2 工况

机组的名义工况及试验工况按表1的规定。

表1 名义工况及试验工况

单位为摄氏度

试验条件		名义工况	高温运行工况	低温运行工况	变工况	凝露工况
环境空气状态	干球温度	32	43	5	5～43	32
	湿球温度[a]	24	—	—	—	27
制冰进水温度		20	30	5	5～30	16
冷凝器进水温度[b]		30	36	20	20～36	—
冷凝器出水温度[c]		35	—			
制冰进水压力(表压)/kPa		150～500				
出冰温度		≤－3				

[a] 只针对蒸发冷冷凝型机组。

[b] 只针对水冷冷凝机组型和蒸发冷冷凝型机组。

[c] 只针对水冷冷凝型机组。

4.4.3 使用条件

4.4.3.1 工作环境温度:不高于43 ℃,不低于0 ℃。

4.4.3.2 电源:380 V三相交流电,额定频率为50 Hz。

4.4.3.3 制冰用水温度:不高于30 ℃。

4.4.3.4 制冰间环境温度:不高于30 ℃。

5 要求

5.1 一般要求

5.1.1 机组应按规定程序批准的图样和技术文件或根据用户和制造厂的协议制造。

5.1.2 制冰用水应符合GB 5749的规定。

5.2 名义制冰能力

机组的名义制冰能力应不低于制造厂明示值的95%或按用户和制造厂协议的规定值。机组的耗电量应不大于明示值的105%。

5.3 块冰

5.3.1 块冰外型应完整、致密、无明显杂质。

5.3.2 块冰质量(重量)允许偏差范围应为:±3%。

5.4 制冷系统

5.4.1 机组用制冷压缩机组应符合GB/T 10079或GB/T 19410的规定。

5.4.2 制冷系统附属设备应符合 JB/T 7658.2、JB/T 7658.3、JB/T 7658.4、JB/T 7658.5、JB/T 7658.8 及 JB/T 7658.12 的规定。

5.4.3 制冷系统内压力容器应符合 NB/T 47012 的规定。

5.4.4 制冷系统管路的设计与安装应符合 GB 50072、GB 50235 及 GB 50316 的规定。

5.4.5 制冷系统中压力表、阀门及安全附件等应完好无损，管路连接应简单整齐，安装安全可靠；低温设备和管路保温良好，应无结露现象，符合 GB 50072 的规定。

5.4.6 冷却塔及水泵应与水冷冷凝器配套选用，冷却塔应符合 GB/T 7190.1、GB/T 7190.2 的规定，水泵应符合 GB/T 5657 的规定。

5.5 电控系统

5.5.1 电控系统的设计与安装应符合 GB 50052 和 GB 50072 的规定。

5.5.2 控制柜中电线、电缆的布置简单整齐。

5.5.3 电控系统元件应满足制造厂与用户协议的规定。

5.6 制冰设备

5.6.1 搅拌机

搅拌机应根据制冰能力与制冰池、蒸发器配套选用，使盐水达到所需流速，并应符合 JB/T 7658.7 的规定。

5.6.2 制冰桶

制冰桶内表面应平整光滑，无划痕、毛刺和锈斑等，并应做防锈处理。

5.6.3 冰桶加水器

5.6.3.1 冰桶加水器以钢板焊接而成，组焊时应控制变形和焊接质量，制成后应做盛水试验，保证无渗漏。

5.6.3.2 冰桶加水器所配带的附件如浮球阀，落水阀，橡胶管等均应可靠，保证使用。

5.6.3.3 冰桶加水器的安装应平直，无歪斜，以确保配水均匀。

5.6.3.4 冰桶加水器的焊接件组焊后，其表面应清理干净并涂防锈漆。

5.6.3.5 冰桶加水器应能保证注入每个制冰桶的水量一致，且达到块冰名义质量及偏差的要求。

5.6.4 制冰池

制冰池以钢板焊接而成，现场组焊。组焊时应控制变形和焊接质量，制成后应做盛水试验或煤油渗透试验，应无渗漏。

5.6.5 融冰槽

5.6.5.1 融冰槽采用钢板焊接或采用土建方式制成。

5.6.5.2 当融冰槽采用钢板焊接时，焊缝不应渗漏，制成后应做盛水试验。融冰槽应经防锈处理，组焊后应将表面清理干净并涂防锈漆。

5.6.6 冰桶架

5.6.6.1 冰桶架应平直，无明显变形，并应控制冰桶上口边框尺寸，使制冰桶顺利放入且不脱落。

5.6.6.2 冰桶架组焊后应将表面清理干净并涂防锈漆。

5.6.7 倒冰器

5.6.7.1 倒冰器应安装牢固,翻转灵活。

5.6.7.2 倒冰器与制冰桶接触的部位应敷设木板、橡皮等材料,以避免硬性碰撞。

5.6.7.3 倒冰器金属表面应做防锈处理。

5.6.8 起重机

吊冰用起重机可选用吊冰专用双钩起重机,并应符合 GB/T 14405 的规定。

5.6.9 冰池盖板

冰池盖板宜采用防潮材料制作,采用其他材料时应做防潮处理。

5.7 安全

5.7.1 机组的制冷系统应符合 GB 50072 的安全规定。

5.7.2 与机组配套的电控系统应符合 GB 50052 的安全规定。

5.7.3 吊冰用起重机应符合 GB/T 6067.1 的安全规定。

6 试验方法

6.1 外观检验

在自然光情况下,用目测法对机组各部分进行外观质量检验。

6.2 煤油渗透试验

试验时,将试验处的焊缝外部涂上白粉,在内部涂上足量煤油,经 30 min 后在涂白粉的表面不出现黑色油斑时,认为该焊缝无缺陷;反之则须将缺陷处铲除重焊,再行试验。

6.3 盛水试验

6.3.1 试验时,将试验件充满水或一定高度的水,30 min 后,若在焊缝上发现渗漏,须将缺陷处铲除重焊,再行试验,直至不漏。

6.3.2 试验过程中,不准修补焊缝,也不准敲击焊缝。

6.3.3 试验完毕后,应将水全部放掉。

6.4 名义制冰能力试验

名义制冰能力的试验方法按附录 C 的规定。

6.5 耗电量试验

耗电量的检验方法按附录 C 的规定。

6.6 块冰质量检验

6.6.1 块冰的色泽、形状和杂质等外观质量以目测方法感官检验。

6.6.2 冰块的质量偏差用称重法检验。

6.7 安全检验

6.7.1 机组的制冷系统的安全按 GB 50072 的规定检验。

6.7.2 机组配套的电控系统的安全按 GB 50052 的规定检验。

6.7.3 吊冰用起重机的安全按 GB/T 6067.1 的规定检验。

7 检验规则

7.1 检验类别

检验分为出厂检验和型式检验，检验项目、要求和试验方法应符合表 2 的规定。

7.2 出厂检验

每套机组均应做出厂检验。

7.3 型式检验

凡有下列情况之一者，机组应进行型式检验：

a) 试制定型时；

b) 正式投产后，如结构、材料、工艺有较大改变，可影响产品性能时；

c) 出厂检验与上次型式检验有较大差异时。

表 2 检验项目

<table>
<tr><th>项目</th><th>出厂检验</th><th>型式检验</th><th>要求</th><th>试验方法</th></tr>
<tr><td>外观</td><td rowspan="3">√</td><td rowspan="9">√</td><td>5.4.5、5.5.2、5.6.2、5.6.3、5.6.4
5.6.5、5.6.6、5.6.7、5.6.9</td><td>6.1</td></tr>
<tr><td>煤油渗透</td><td>5.6.4</td><td>6.2</td></tr>
<tr><td>盛水试验</td><td>5.6.4、5.6.5.2</td><td>6.3</td></tr>
<tr><td>名义制冰能力</td><td rowspan="3">—</td><td rowspan="2">5.2</td><td>6.4</td></tr>
<tr><td>耗电量</td><td>6.5</td></tr>
<tr><td>块冰质量</td><td>5.3</td><td>6.6</td></tr>
<tr><td>制冷系统安全</td><td rowspan="3">√</td><td>5.7.1</td><td>6.7.1</td></tr>
<tr><td>电控系统安全</td><td>5.7.2</td><td>6.7.2</td></tr>
<tr><td>吊冰用起重机安全</td><td>5.7.3</td><td>6.7.3</td></tr>
<tr><td colspan="5">注："√"表示应做；"—"表示不做。</td></tr>
</table>

7.4 判定规则

7.4.1 检验项目中若所有项均符合本标准规定，则判定本机组为合格。

7.4.2 检验项目中任一项不符合本标准规定，允许对不合格部件检修一次，检修后若仍不合格，则更换该部件。之后，再进行一次复验，以复验结果作为判定依据。

8 标志、包装、运输和贮存

8.1 标志

8.1.1 每台机组应在明显而平整的部位上固定永久性铭牌。铭牌应符合 GB/T 13306 的规定。铭牌上应标出以下内容：

a) 机组的型号、名称；

b) 机组的名义制冰能力；

c) 制冰桶的规格；

d) 制造厂名称；

e) 机组的出厂编号和出厂日期。

8.1.2 包装标志应符合 GB/T 191 和 GB/T 6388 的有关规定，包装箱上应标示下列内容：

a) 发货站和制造厂名称；

b) 到货站和收货单位名称；

c) 箱内物品的型号和名称；

d) 净重，毛重；

e) 外形尺寸。

8.1.3 应在相应的位置(如产品说明书、铭牌等)标注产品执行标准的编号。

8.2 包装

8.2.1 机组分部件包装，各部件的包装应牢固和防潮。

8.2.2 制冷系统附属设备及制冷管道的包装可采用裸装。

8.2.3 包装箱内应附随机文件，主要包括：

——制冷压缩机组、制冷系统附属设备的合格证。

——使用说明书。使用说明书应符合 GB/T 9969 规定的要求，应包括下列内容：

a) 应用范围；

b) 主要技术参数；

c) 结构及工作原理；

d) 安装图样与调试；

e) 主要设备的操作管理；

f) 操作、运转及使用；

g) 故障原因及处理方法；

h) 注意事项及安全技术说明。

——装箱单。

8.3 运输和贮存

8.3.1 机组各部件在运输过程中应防雨淋、防磕碰。

8.3.2 机组各部件安装前应贮存在干燥通风并有遮盖的场所。

附 录 A
（资料性附录）
机组型号表示方法

A.1 型号表示方法

机组型号由大写汉语拼音字母和阿拉伯数字组成，表示方法如下：

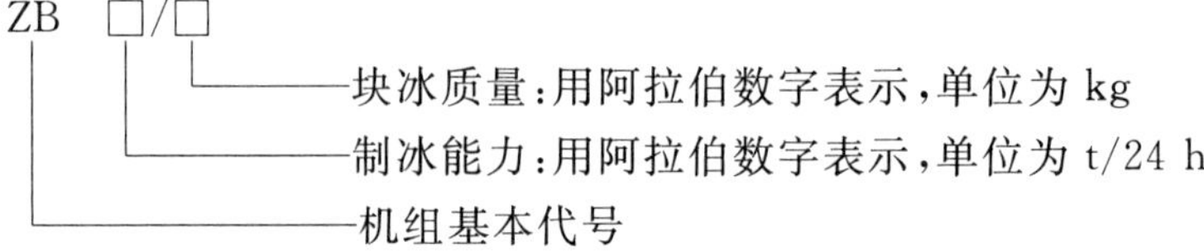

A.2 示例

ZB30/50 表示该机组是单块冰质量为 50 kg，24 h 可制取冰 30 t 块状白冰的机组。

附 录 B
（资料性附录）
制冰桶的外形及基本尺寸

B.1 外形

制冰桶的外形见图 B.1。

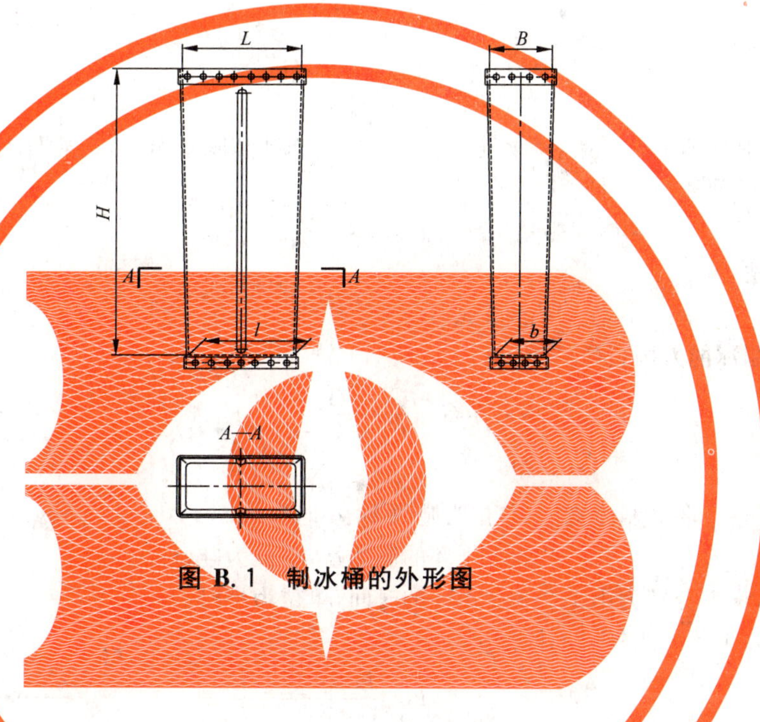

图 B.1 制冰桶的外形图

B.2 制冰桶的尺寸

制冰桶的尺寸见表 B.1

表 B.1 制冰桶的尺寸

单位为毫米

冰桶规格 kg	L	B	l	b	H
25	270	150	240	125	1 000
50	400	200	375	175	985
100	500	250	475	225	1 180
125	550	275	525	250	1 190
135	570	290	530		1 115

附 录 C
（规范性附录）
名义制冰能力和耗电量的试验

C.1 试验条件

按表1规定的名义工况下进行试验。

C.2 试验方法

试验从向制冰桶加水开始，持续进行三个完整的冻结和脱水循环，到第四次加水前结束。每一循环记录一次循环时间和制冰量。

C.3 计算方法

C.3.1 名义制冰能力按式(C.1)计算：

$$G=\frac{G_1+G_2+G_3}{C_1+C_2+C_3}\times 24 \qquad \cdots\cdots\text{(C.1)}$$

式中：

G ——名义制冰能力，单位为吨每24小时(t/24 h)；

G_1、G_2、G_3——分别为第1、2、3个循环的制冰量，单位为吨(t)；

C_1、C_2、C_3——分别为第1、2、3个循环的时间，单位为小时(h)。

C.3.2 制冰耗电量按式(C.2)计算：

$$E=\frac{E_1+E_2+E_3}{G_1+G_2+G_3} \qquad \cdots\cdots\text{(C.2)}$$

式中：

E ——每制取1 t冰机组的耗电量，单位为千瓦小时每吨(kW·h/t)；

E_1、E_2、E_3——分别为第1、2、3个循环的耗电量，单位为千瓦小时(kW·h)。

ICS 27.200
J 73

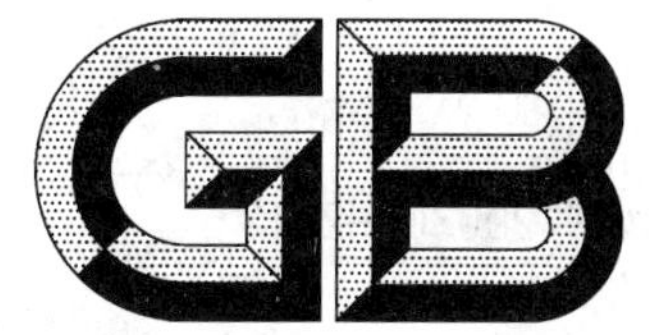

中华人民共和国国家标准

GB/T 29030—2012

容积式 CO_2 制冷压缩机(组)

Positive displacement CO_2 refrigerant compressor(unit)

2012-12-31 发布　　2013-10-01 实施

中华人民共和国国家质量监督检验检疫总局
中国国家标准化管理委员会　发布

前　言

本标准按照 GB/T 1.1—2009 给出的规则起草。

本标准由中国机械工业联合会提出。

本标准由全国冷冻空调设备标准化技术委员会(SAC/TC 238)归口。

本标准负责起草单位:合肥通用机械研究院、合肥通用环境控制技术有限责任公司、合肥天鹅制冷科技有限公司、烟台冰轮股份有限公司、江苏白雪电器有限公司、浙江中广电器有限公司、广东美芝制冷设备有限公司。

本标准参加起草单位:珠海格力电器股份有限公司、上海汉钟精机股份有限公司、大金空调(上海)有限公司、江森自控楼宇设备科技(无锡)有限公司、上海三菱电机·上菱空调机电有限公司、比泽尔制冷技术(中国)有限公司、上海开利空调设备有限公司、浙江春晖空调压缩机有限公司、苏州英华特制冷设备技术有限公司、苏州苏净安发空调有限公司、温州会源节能科技有限公司。

本标准主要起草人:张秀平、张明圣、钟瑜、王汝金、金从卓、于志强、漆鹏程、陶玉鹏、陈振华、徐嘉、邓壮、史剑春、胡祥华、童杏生、刘海峰、汤成忠、王洪明、陈毅敏、尤军、邵和勇。

容积式 CO_2 制冷压缩机(组)

1 范围

本标准规定了容积式 CO_2 制冷压缩机(组)的名义工况、性能允差、试验规定和及试验方法,本标准还规定了输入功率、制冷系数、容积效率、等熵效率的计算等。所叙述的名义工况和试验方法,用于测量压缩机的制冷量、功率、容积效率、等熵效率和制冷系数。

本标准适用于容积式 CO_2 制冷压缩机(以下简称"压缩机")及容积式 CO_2 制冷压缩机组(以下简称"机组")。

2 规范性引用文件

下列文件对于本文件的应用是必不可少的。凡是注日期的引用文件,仅注日期的版本适用于本文件。凡是不注日期的引用文件,其最新版本(包括所有的修改单)适用于本文件。

GB/T 2624.1 用安装在圆形截面管道中的差压装置测量满管流体流量 第1部分:一般原理和要求

GB/T 2624.2 用安装在圆形截面管道中的差压装置测量满管流体流量 第2部分:孔板

GB/T 2624.3 用安装在圆形截面管道中的差压装置测量满管流体流量 第3部分:喷嘴和文丘里喷嘴

GB/T 2624.4 用安装在圆形截面管道中的差压装置测量满管流体流量 第4部分:文丘里管

GB/T 5773—2004 容积式制冷压缩机性能试验方法

JB/T 7249 制冷设备 术语

3 术语和定义

JB/T 7249 和 GB/T 5773 界定的以及下列术语和定义适用于本文件。

3.1

容积式 CO_2 制冷压缩机 positive displacement CO_2 refrigerant compressor

通过压缩 CO_2 制冷剂以实现制冷制热功能的容积式压缩机。

3.2

容积式 CO_2 制冷压缩机组 positive displacement CO_2 refrigerant compressor unit

由容积式 CO_2 制冷压缩机、原动机或其他附件(如油泵、油冷却器、油分离器等)组装在一起,用于压缩 CO_2 制冷剂的机组。

3.3

制冷量 refrigerating capacity

由试验测得的流经压缩机的制冷剂质量流量乘以压缩机吸气口的制冷剂气体比焓与排气口压力相对应饱和温度下液体比焓(亚临界循环)或膨胀前的制冷剂比焓(跨临界循环)之差。

4 名义工况

压缩机(组)的名义工况应按表1的规定。

表 1 压缩机(组)名义工况

压缩循环		低温侧		高温侧——亚临界		高温侧——跨临界	
应用 (蒸发温度类型)	循环类型	吸气温度	蒸发温度	冷凝温度	冷凝器出口过冷度[a]	排气压力	膨胀前温度
		℃	℃	℃	℃	MPa	℃
高蒸发温度	跨临界	20	10	—	—	10	20
中蒸发温度	亚临界 1	5	−5	15	0	—	—
	亚临界 2	0	−10				
中蒸发温度	跨临界 1	5	−5	—	—	9	35[b]
	跨临界 2	0	−10				
	跨临界 3[c]	9	−1			10	
低蒸发温度	亚临界 1	5	−35	−5/5	0	—	—
	亚临界 2	−25					
	亚临界 3	10	−50				
	亚临界 4			−20			
	跨临界 1	5	−35	—	—	9	35[b]
	跨临界 2	−25					
	跨临界 3[d]	32	−25				

[a] 该数据用于计算压缩机(组)的名义制冷量,实际试验时,为确保试验的准确性,该参数的数据可以选取3 ℃~5 ℃;

[b] 该数据用于计算压缩机(组)的名义制冷量,实际试验时,为确保试验的准确性,该参数的数据可以远离 CO_2 制冷剂的临界点,如可以选取 20 ℃;

[c] 该工况为汽车空调压缩机运行名义工况,转速 1 800 r/min;

[d] 该工况为电冰箱用全封闭型电动机-压缩机运行名义工况。

5 性能允差

压缩机制冷量或质量流量、输入功率和制冷系数的实测值与明示值的比值应满足表 2 的规定(测试工况与明示值对应工况相同)。

表 2 性能允差

项 目	压缩机应用(蒸发温度类型)		
	高蒸发温度	中蒸发温度	低蒸发温度[a]
制冷量或质量流量	≥95%	≥92.5%	≥90%
非名义工况运行条件下的功率	≤105%	≤107.5%	≤110%
名义工况运行条件下的功率	≤105%	≤105%	≤105%
制冷系数	≥90%	≥90%	≥90%

[a] 对应表 1 中低蒸发温度跨临界工况 3,制冷量或质量流量允差≥95%、功率允差≤105%(若制冷量或功率的实测值<100 W,则这两项允差应控制在 5 W 范围内)。

6 试验规定

6.1 一般规定

6.1.1 排除试验系统内的非 CO_2 气体。确认没有制冷剂的泄漏。

6.1.2 系统内的制冷剂和润滑油应保证正常运转使用的量。

6.1.3 排气管道上应设置有效的油分离器，使循环的制冷剂液体内含油量不超过 1.5%（以质量计）。含油量测定按 GB/T 5773—2004 附录 A 执行。

6.1.4 压缩机吸、排气口的压力和温度应在同一测点测量，该测点应在吸、排气截止阀外 0.3 m 的直管段处。不带阀的封闭式压缩机应在距机壳 0.15 m 的直管段处。

6.1.5 被测试压缩机的周围不应有异常的空气流动。

6.1.6 被测试压缩机环境温度为（30±5）℃。

6.2 试验规定

6.2.1 压缩机性能试验包括两种试验方法，即 X 法和 Y 法。两种方法应同时进行测量。

6.2.2 X 法和 Y 法试验结果之间的偏差应在±4%以内，并以 X 法和 Y 法测量计算结果的平均值为准。

6.2.3 压缩机试验时，系统应建立热平衡状态。试验时间一般不少于 1 h。测量数据的记录应在试验工况稳定半小时后，每隔 15 min 测量一次，直至四次的测量数据符合规定为止。若试验数据采用计算机自动采集，采集时间不少于 30 min。在试验数据记录周期内允许对压力、温度、流量和液面作微小的调节。

6.2.4 试验方法种类

6.2.4.1 亚临界循环压缩机试验方法

试验方法按 GB/T 5773 执行。

6.2.4.2 跨临界循环压缩机试验方法

试验方法有如下七种，在每个试验周期内应测量试验报告中所规定的数据，以及每种试验方法所要求的附加数据。

方法 A：第二制冷剂量热器法（见 7.2.1）；

方法 B：满液式制冷剂量热器法（见 7.2.2）；

方法 C：干式制冷剂量热器法（见 7.2.3）；

方法 D1：吸气管制冷剂气体流量计法（见 7.2.4）；

方法 D2：排气管制冷剂气体流量计法（见 7.2.5）；

方法 J：制冷剂气体冷却法（见 7.2.6）；

方法 K：压缩机排气管道量热器法（见 7.2.7）。

6.2.5 试验方法 X 法和 Y 法的选择

6.2.5.1 亚临界循环压缩机试验方法按 GB/T 5773 执行。

6.2.5.2 跨临界循环压缩机试验方法 A、B、C、D1、D2 和 K 中任何一种均可作为 X 法使用。除以下几点外，任何一种试验方法也可作为 Y 法使用。

a) 被作为 X 法的试验方法；

b) 测量的量与X法相同的任何一种方法,例如:假设X法测量的是压缩机排气管的气体流量,则其他测量压缩机排气管气体流量的试验方法就不再被选作Y法(如D2不能与K法组合);

c) 测量方法与X法的原理相同的任一种方法,例如:假设X法采用D1制冷剂气体流量计法,则D2制冷剂气体流量计法就不再被选作Y法。

6.2.6 试验方法X法和Y法的组合

6.2.6.1 亚临界循环压缩机试验方法组合按GB/T 5773执行。

6.2.6.2 跨临界循环压缩机试验方法组合按表3执行。

表3 X法和Y法的组合

X法	Y法	
	允 许	推 荐
A	D1、D2、K	K
B		
C		
D1	A、B、C、J、K	J、K
D2	A、B、C、J	J
K	A、B、C、D1、J	D1、J

6.3 试验参数规定

试验时允许试验参数偏差的范围按表4规定。

表4 试验参数允许偏差

试验参数	测量值与规定值间的最大允许偏差	测量值的任一个读数相对于平均值的最大允许偏差
吸气压力	±1.0%	±0.5%
排气压力		
吸气温度	±3.0℃	±1.0℃
轴转速	±3.0%	±1.0%
电压		
频率	±2.0%	

6.4 测量仪表和准确度的规定

6.4.1 一般规定

6.4.1.1 试验用的仪表类型,可采用一种或数种进行测量。

6.4.1.2 试验用仪表应经校验合格,并在有效使用期内。

6.4.2 温度测量

6.4.2.1 测量温度的仪表有:玻璃水银温度计、热电偶、电阻温度计、半导体温度计和温差计。

6.4.2.2 测量准确度如下：

a) 冷却介质和制冷剂的进、出口温度：准确度 ±0.1 ℃；

b) 冷凝器中冷却水温度：准确度 ±0.1 ℃；

c) 压缩机吸气温度、流量节流装置前温度：准确度 ±0.1 ℃；

d) 其他温度：准确度 ±0.2 ℃。

6.4.2.3 温度测量的规定如下：

a) 温度计的套管采用薄壁钢管或不锈钢薄壁管，垂直插入流体(温度计套管的尺寸不使气流受到明显影响)。管径较小时可斜插逆流或用测温管，插入深度为 1/2 管道直径。套管内注导热介质，读数时不应拔出温度计；

b) 可能时，在用于测量冷却介质和制冷剂进、出口温差时，应在每次读数之后，交换进、出口温度计进行测量，以提高测量准确度。

6.4.3 压力测量

6.4.3.1 测量压力的仪表有：弹簧管式压力表、压力传感器和水银柱大气压力计等。

6.4.3.2 所有压力测量仪表，其绝对压力读数或压差读数的准确度均为 ±1% 以内。

6.4.3.3 用水银大气压力计测量大气压力时，读数应作温度修正。

6.4.4 流量测量

6.4.4.1 流量测量仪表有：液体计量容器、流量节流装置和质量或体积流量计等。

6.4.4.2 测量准确度如下：

a) 冷却介质、制冷剂液体的质量或体积流量：准确度为测量流量的±1%以内；

b) 制冷剂气体流量：准确度为测量流量的±2%以内。

6.4.4.3 流量测量规定如下：

a) 流量节流装置的设计、制造、安装与计算应按 GB/T 2624.1～2624.4 的规定；

b) 流量节流装置的压差读数应不小于 250 mm 液柱高度。

6.4.5 电工测量

6.4.5.1 电工测量仪表有：功率表(包括指示式和积算式)、电流表、电压表、功率因素表、频率表和互感器。

6.4.5.2 测量准确度等级如下：

a) 功率表：指示式不低于 0.5 级精度、积算式不低于 1 级精度；
数字功率计：±0.2%量程；

b) 电流表、电压表、功率因素表和频率表：不低于 0.5 级精度；

c) 互感器：不低于 0.2 级精度。

6.4.5.3 电工测量规定如下：

功率表测量值应在满量程的 1/3 以上(采用"两功率表"法测量时，其中一个功率表的测量值可以小于满量程的 1/3)。用"两功率表"法或"三功率表"法测量三相交流电动机功率时，指示的电流和电压值应不低于功率表额定电流和电压值的 60%；

对于数字功率计：如果使用电流互感器，电流的实际显示值应不低于互感器量程的 20%。

6.4.6 压缩机功率测量

6.4.6.1 功率测量仪表有：转矩转速仪、测功计、标准电动机或其他测功仪表等。

6.4.6.2 准确度为测定轴功率的 ±1.5%以内。

6.4.6.3 功率测量规定如下：

a) 测量三相交流电动机输入功率采用“两功率表”法或“三功率表”法；

b) 有皮带或外部齿轮传动时，其传动效率如下：

直联传动：1.0；

精密齿轮传动(每级)：0.985；

三角皮带传动：0.965。

6.4.7 转速测量

6.4.7.1 转速测量仪表有：转速计数法、转速表和闪光测速仪等。

6.4.7.2 测量准确度为测量转速的±1%以内。

6.4.8 时间测量

采用秒表测量。测量准确度为测定经过时间的±0.1%。

6.4.9 重量(质量)测量

采用各类台秤、天平和磅秤。测量准确度为测定重量(质量)的±0.2%。

6.5 试验数据整理和试验报告

6.5.1 试验数据整理

6.5.1.1 计算用制冷剂物理性质参数值，应采用最新出版的有关制冷工质热物理性质表和图。

6.5.1.2 压缩机吸气压力及其他有关压力，应按试验时当地大气压力值修正。

6.5.1.3 所有测量值应按试验周期内连续四次测得的平均值为计算依据。

6.5.1.4 开启式压缩机的制冷量、轴功率采用轴转速修正；封闭式压缩机的制冷量、输入功率采用频率修正。

6.5.2 试验报告

6.5.2.1 一般数据，主要包括：

a) 试验日期、启动时间、结束时间和测量时间；

b) 压缩机类别、型号和出厂编号；

c) 压缩机额定电源；

d) 压缩机主要结构参数；

e) 压缩机排气量；

f) 压缩机名义转速或名义频率；

g) 制冷剂和润滑油。

6.5.2.2 试验工况如下：

a) 压缩机吸气压力(相应蒸发温度)、吸气温度；

b) (亚临界循环)压缩机排气压力(相应冷凝温度)、过冷温度；(跨临界循环)压缩机排气压力、膨胀前温度。

6.5.2.3 试验方法如下：

a) X法；

b) Y法。

6.5.2.4 试验测量值的平均值，包括：

a) 环境温度、大气压力；
b) 压缩机吸气压力、温度；
c) 压缩机排气压力、温度；
d) 压缩机转速或频率；
e) 压缩机润滑油压力、温度；
f) 电源电压、频率、电动机输入功率；
g) 冷却水进、出口温度和流量；
h) 其他数据(根据所用的试验方法,可能需要一些不同的附加数据)。

6.5.2.5 试验结果数据,主要包括：

a) 漏热系数；
b) 制冷剂流量；
c) 有关制冷剂比焓和比焓差；
d) 压缩机制冷量；
e) 容积效率；
f) 开启式压缩机的轴功率和封闭式压缩机的输入功率；
g) 制冷系数；
h) X 法和 Y 法试验的偏差。

7 试验方法

7.1 亚临界循环压缩机试验方法

亚临界循环压缩机性能试验方法按 GB/T 5773 执行。

7.2 跨临界循环压缩机试验方法

7.2.1 第二制冷剂量热器法

第二制冷剂量热器法按 GB/T 5773 执行(膨胀前温度低于或高于临界温度 10 ℃)。

7.2.2 满液式制冷剂量热器法

满液式制冷剂量热器法按 GB/T 5773 执行(膨胀前温度低于或高于临界温度 10 ℃)。

7.2.3 干式制冷剂量热器法

干式制冷剂量热器法按 GB/T 5773 执行(膨胀前温度低于或高于临界温度 10 ℃)。

7.2.4 吸气管制冷剂气体流量计法

吸气管制冷剂气体流量计法按 GB/T 5773 执行。

7.2.5 排气管制冷剂气体流量计法

排气管制冷剂气体流量计法按 GB/T 5773 执行

7.2.6 制冷剂气体冷却法

7.2.6.1 方法选择

采用制冷剂气体冷却法进行试验时可选择方法一或方法二。

7.2.6.2 方法一

制冷剂气体冷却法按 GB/T 5773 执行(由于膨胀前制冷剂是气体,需测试膨胀前制冷剂气体压力、温度)。

7.2.6.3 方法二

7.2.6.3.1 试验流程

试验流程如图 1。高压侧制冷剂气体经节流后一部分进入冷凝支路冷却成液体,并测量其流量,然后使其在一个气体混合冷却器中于低压侧压力下再蒸发,用以冷却经另一支路降压后进入气体混合冷却器的剩余循环蒸气,从气体混合冷却器出来的制冷剂混合蒸气应不含制冷剂液滴,之后制冷剂蒸气进入压缩机吸气口,形成一个闭式循环系统。

在对气体混合冷却器进行漏热量修正后,已冷凝的制冷剂质量和未冷凝的制冷剂质量之比等于进入气体混合冷却器的两股制冷剂蒸气比焓变化之比的倒数,据此计算出循环系统的制冷剂总流量。

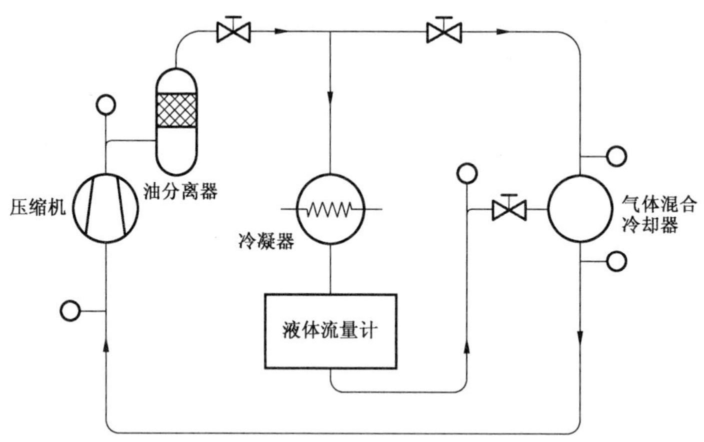

图 1 流程图

气体混合冷却器通过一个手动或由排气压力自动控制的流量调节阀与压缩机排气管相连。冷凝器出口应有液体流量计,流量计出口通过一个手动或自动调节的膨胀阀与气体混合冷却器相连,膨胀阀用以调节吸气压力达规定值。

气体混合冷却器由一容器构成。冷凝支路中被冷却的制冷剂喷入其中,直接与来自压缩机排气管道的未冷凝制冷剂蒸气混合后再蒸发,从气体混合冷却器出来的制冷剂蒸气应不含制冷剂液滴。

气体混合冷却器应隔热,使其漏热量不大于其换热量的 5%。

7.2.6.3.2 漏热量标定

漏热量标定按 GB/T 5773—2004 中 5.8.2 规定的标定方法执行。

热平衡建立后,每隔 1 h 测量气体混合冷却器表面温度一次,直至连续四次温度值波动不超过 ±0.5 ℃。

漏热系数按式(1)计算:

$$F_1 = \frac{\Phi_i}{t_r - t_a} \quad \cdots\cdots (1)$$

7.2.6.3.3 试验程序

经冷凝支路进入气体混合冷却器的制冷剂流量由该支路上气体混合冷却器入口的控制阀调节,使在气体混合冷却器中的制冷剂液体蒸发速度等于冷凝器中制冷剂的冷凝速度。节流后冷凝器压力可以通过排气管和冷凝器之间的压力控制阀调节，也可通过改变冷却水量、换热面积或冷却水温度进行调节。压缩机吸气压力及其过热度由压缩机排气管路上的气体混合冷却器入口流量控制阀和通过从贮液器中抽出或返回制冷剂液体来改变制冷剂质量流量的方法进行调节。在达到试验工况所规定的吸、排气压力和吸气温度后，开始记录数据。

试验中，由制冷剂液体的流量波动所引起的制冷量计算值的变化应小于1%。

7.2.6.3.4 附加数据

附加数据主要包括：

a) 气体混合冷却器出口制冷剂气体压力、温度；
b) 膨胀前制冷剂液体压力、温度；
c) 气体混合冷却器入口制冷剂气体压力、温度；
d) 气体混合冷却器的表面温度；
e) 气体混合冷却器的环境温度；
f) 被冷凝的制冷剂液体质量流量、温度。

7.2.6.3.5 制冷量计算

通过试验测得的制冷剂流量按式(2)计算。

$$q_{mt} = q_{ml}\left[1 + \frac{(h_{g3} - h_{f2}) - F_1(t_a - t_r)/q_{ml}}{h_{g2} - h_{g3}}\right] \qquad \cdots\cdots(2)$$

规定工况实测制冷量按式(3)计算：

$$\Phi_{0a} = q_{mt}\frac{v_{ga}}{v_{g1}}(h_{g1} - h_{f1}) \qquad \cdots\cdots(3)$$

7.2.7 压缩机排气管道量热器法

压缩机排气管道量热器法按GB/T 5773执行。

8 输入功率计算

8.1 电动机输入功率

8.1.1 电动机输入功率应在电动机入线端处测量。

8.1.2 电动机输入功率按式(4)计算。

$$P_a = \sum P_i \qquad \cdots\cdots(4)$$

8.2 压缩机轴功率计算

8.2.1 转矩转速仪

直接测定压缩机轴的输入扭矩和转速，按式(5)计算压缩机轴功率。

$$P_Z = 6.28N \cdot n_a \qquad \cdots\cdots(5)$$

8.2.2 天平式测功计

用天平式测功计法，按式(6)计算压缩机轴功率

$$P_Z = \frac{G \cdot l \cdot n_a}{974} \qquad \cdots\cdots(6)$$

8.2.3 标准电动机

根据测得的输入电流、电压、输入功率查电动机实测效率曲线，求得压缩机轴功率。

8.2.4 有齿轮或皮带传动

若有齿轮或皮带传动时，压缩机轴功则由按8.2.1或8.2.2或8.2.3测得的轴功率乘以6.4.6.3中相应的传动效率得到。

8.3 输入功率

输入功率应是上述电动机输入功率或压缩机轴功率经过修正后再加上为维持压缩机运转所需的辅助功率。

上述功率应按式(7)对开启式或封闭式压缩机分别进行修正，得出输入功率。

$$P = P_Z \frac{n}{n_a} \frac{v_{ga}}{v_{g1}} \text{ 或 } P = P_a \frac{f}{f_a} \frac{v_{ga}}{v_{g1}} \qquad \cdots\cdots(7)$$

若平均吸气温度与规定值偏差小于±1.0 ℃，平均轴转速或平均频率与规定值间偏差小于±1%时，则该项可不进行修正(包括下述 Φ_0、η_v、η_i 等)。

9 制冷系数计算

9.1 制冷量

根据实测制冷量再经转速修正或频率修正后的制冷量按式(8)计算：

$$\Phi_0 = \Phi_{0a} \frac{n}{n_a} \quad \text{或} \quad \Phi_0 = \Phi_{0a} \frac{f}{f_a} \qquad \cdots\cdots(8)$$

9.2 制冷系数

压缩机(组)的制冷系数按式(9)计算：

$$\varepsilon = \frac{\Phi_0}{P} \qquad \cdots\cdots(9)$$

10 容积效率的计算

压缩机(组)的容积效率按式(10)计算：

$$\eta_V = (q_{mf} \cdot v_{ga}/V_{SW}) \frac{f}{f_a} \left(\text{或 } \eta_V = (q_{mf} \cdot v_{ga}/V_{SW}) \frac{n}{n_a}\right) \qquad \cdots\cdots(10)$$

11 等熵效率的计算

压缩机(组)的等熵效率按式(11)计算：

$$\eta_i = [q_{mf} \cdot (h_{gt} - h_{ga})/P] \frac{f}{f_a} \left(\text{或 } \eta_i = [q_{mf} \cdot (h_{gt} - h_{ga})/P] \frac{n}{n_a}\right) \qquad \cdots\cdots(11)$$

12 X法和Y法试验之间的偏差

X法与Y法试验之间的偏差按式(12)计算:

$$\Delta=\frac{2\times(\Phi_{0X}-\Phi_{0Y})}{\Phi_{0X}+\Phi_{0Y}}\times 100\%=\frac{2\times(q_{mX}-q_{mY})}{q_{mX}+q_{mY}}\times 100\% \quad\cdots\cdots(12)$$

13 符号及定义

公式1～公式12中的符号及定义见附录A。

附 录 A
（资料性附录）
公式中使用的符号及定义

公式1～公式12中使用符号及定义如表A.1所示。

表A.1 符号及定义

符号	定 义	单位(SI)
f f_a	名义频率 实测频率	Hz
F_1	漏热系数	W/K
G	放在测功电动机定子外壳固定横杆上，用以平衡压缩机制动力矩的砝码质量	kg
h_{f1} h_{f2} h_{ga} h_{gt} h_{g1} h_{g2} h_{g3}	与基本试验工况所规定的压缩机排气压力相对应的饱和温度下的制冷剂液体比焓（亚临界循环）或膨胀前的制冷剂比焓（跨临界循环） 进入冷凝支路膨胀阀的制冷剂比焓 基本试验工况所规定的进入压缩机的制冷剂理论比焓 基本试验工况所规定的进入压缩机的制冷剂，经等熵压缩后，在压缩机排气压力下的理论比焓 在规定的基本试验工况下，进入压缩机的制冷剂蒸汽比焓 进入气体混合冷却器的制冷剂蒸汽比焓 离开气体混合冷却器被冷却的制冷剂蒸汽比焓	J/kg
l	砝码至测功电动机中心距离	m
N	压缩机轴扭矩	N·m
n n_a	压缩机的名义转速 压缩机的实测转速	r/s
P P_a P_i P_z	输入功率 实测输入功率 功率表分别测得的功率 实测轴功率	W
q_{mf} q_{ml} q_{mt} q_{mX} q_{mY}	由试验所测得的制冷剂质量流量 液体质量流量 制冷剂总质量流量 X法试验测得的制冷剂质量流量 Y法试验测得的制冷剂质量流量	kg/s
t_a t_r	平均环境温度 制冷剂的平均饱和温度	K(℃)
v_{ga} v_{g1}	进入压缩机的制冷剂蒸汽的实际比容 与规定基本试验工况相对应的吸入工况时制冷剂蒸汽的比容	m^3/kg
V_{SW}	压缩机理论输气量	m^3/s
Δ	X法和Y法试验之间的偏差	—
ε	制冷系数	

表 A.1（续）

符号	定　　义	单位(SI)
Φ_i Φ_0 Φ_{0a}	输入气体混合冷却器的热量 压缩机的制冷量 压缩机实测制冷量	W
Φ_{0X} Φ_{0Y}	X 法试验测得的压缩机制冷量 Y 法试验测得的压缩机制冷量	W
η_i	等熵效率	—
η_v	容积效率	

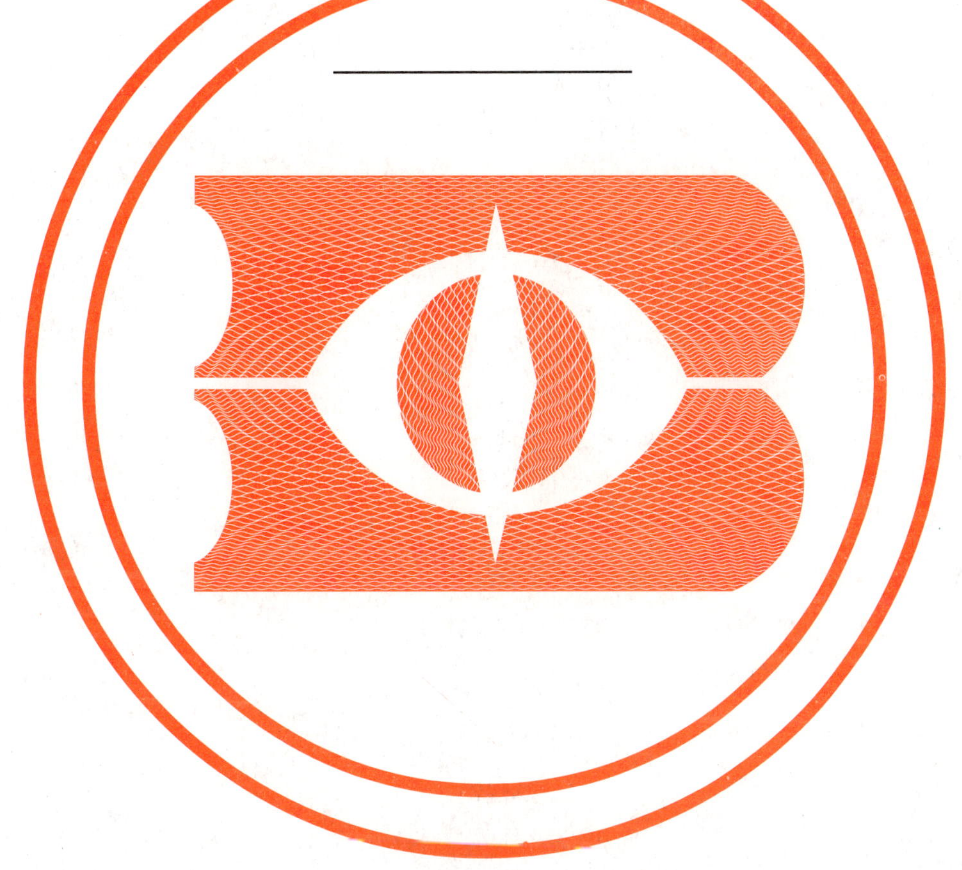

ICS 27.200
J 73

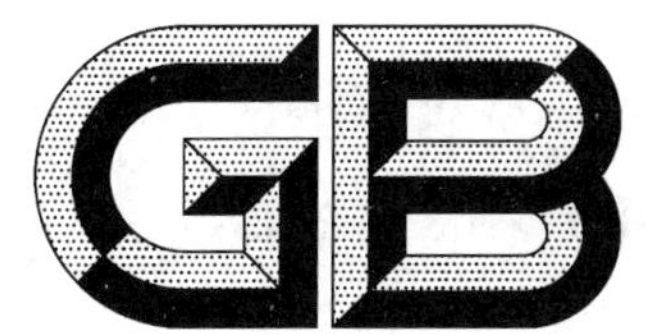

中华人民共和国国家标准

GB/T 29031—2012

空气源单元式空调(热泵)热水机组

Air-source based air-conditioning (heat pump) water heater unit

2012-12-31 发布　　2013-10-01 实施

中华人民共和国国家质量监督检验检疫总局
中国国家标准化管理委员会　发布

前　言

本标准按照 GB/T 1.1—2009 给出的规则起草。

本标准由中国机械工业联合会提出。

本标准由全国冷冻空调设备标准化技术委员会(SAC/TC 238)归口。

本标准负责起草单位:广东美的暖通设备有限公司、合肥通用机械研究院、广州中宇冷气科技发展有限公司、特灵空调系统(中国)有限公司、博浪热能科技有限公司、合肥天鹅制冷科技有限公司、广东欧科空调制冷有限公司、广东吉荣空调有限公司、珠海格力电器股份有限公司、江苏天舒电器有限公司、浙江中广电器有限公司、浙江正理生能科技有限公司、广东同益电器有限公司。

本标准参加起草单位:大金空调(上海)有限公司、青岛海尔空调电子有限公司、浙江春晖智能控制股份有限公司、浙江纳特智能网络工程有限公司、广东长菱空调冷气机制造有限公司、苏州苏净安发空调有限公司、青岛海之新能源有限公司、苏州英华特制冷设备技术有限公司。

本标准主要起草人:骆名文、曹明修、史敏、覃志成、张维加、汪吉平、俞乔力、陈军、赵薰、夏光辉、王玉军、朱建军、黄道德、唐壁奎、史剑春、毛守博、郑志良、冯炜、陈骏骥、尤军、刘朋、陈毅敏。

空气源单元式空调(热泵)热水机组

1 范围

本标准规定了空气源单元式空调(热泵)热水机组(以下简称“机组”)的术语和定义、分类与命名、要求、试验方法、检验规则、标志、包装、运输和贮存。

本标准适用于以电动机-压缩机驱动,采用蒸气压缩制冷循环,以空气为热源,可以同时或兼有提供生活热水和室内空气调节功能的(热泵)热水机组。

2 规范性引用文件

下列文件对于本文件的应用是必不可少的。凡是注日期的引用文件,仅注日期的版本适用于本文件。凡是不注日期的引用文件,其最新版本(包括所有的修改单)适用于本文件。

GB/T 191 包装储运图示标志

GB/T 4798.1 电工电子产品应用环境条件 贮存

GB 5296.2 消费品使用说明 家用和类似用途电器的使用说明

GB/T 10870—2001 容积式和离心式冷水(热泵)空调器 性能试验方法

GB/T 17758—2010 单元式空气调节机

GB/T 18836—2002 风管送风式空调(热泵)机组

GB/T 21362—2008 商业或工业用及类似用途的热泵热水机

GB 25130 单元式空气调节机 安全要求

3 术语和定义

GB/T 17758 和 GB/T 21362 界定的以及下列术语和定义适用于本文件。

3.1

空气源单元式空调(热泵)热水机组(ACWHU) air-source based air-conditioning(heat pump)water heater unit

以空气为热源,具备制取生活热水功能的热泵型单元式空气调节机。

3.2

冷风热水联供能力(Q_{cr}) capacity of combined cooling and hot water heating

在规定的制冷与制取热水试验条件下,机组的制冷量与热水制热量之和,单位:W。

3.3

冷风热水联供消耗功率(W_{cw}) power consumption of combined cooling and hot water heating

在规定的制冷与制取热水试验条件下,机组所消耗的总功率,单位:W。

3.4

冷风热水联供性能系数(COP_{cw}) coefficient of performance of combined cooling and hot water heating

在规定的制冷与制取热水试验条件下,机组的冷风热水联供能力与冷风热水联供消耗功率之比,单位:W/W。

3.5

静态加热式空调热水机组　static air-source base air-conditioning (heat pump) water heater unit

通过换热器与水直接或间接接触，被加热水侧以自然对流形式使水温逐渐达到设定温度的空调热水机组。

4　分类与命名

4.1　型式

4.1.1　机组按使用电源形式分为：

——单相电源式(220 V,50 Hz)；

——三相电源式(380 V,50 Hz)。

4.1.2　机组按热水制热方式分为：

——一次加热式；

——循环加热式；

——静态加热式。

4.1.3　机组按功能模式进行分类：

——单冷型（具有空调制冷、制热水、冷风热水三种功能）；

——冷暖型（具有空调制冷、空调制热、制热水、冷风热水四种功能）；

——暖热联供冷暖热水型（具有空调制冷、空调制热、制热水、冷风热水、热风热水五种功能）。

4.1.4　按压缩机与水箱部分的位置分为：

——整体式空调热水机组；

——分体式空调热水机组。

4.2　基本参数

机组的电源为额定电压 220 V 单相或 380 V 三相交流电，额定频率 50 Hz，工作温度范围见表 1：

表 1　工作温度范围

单位为摄氏度

环境温度	初始水温度
−7～43	9～29

5　要求

5.1　一般要求

5.1.1　机组应按经规定程序批准的图样和技术文件制造。

5.1.2　保温材料应无毒、无异味，并有良好的保温性能，机组表面不应凝露。

5.1.3　承压式水箱进出水管直接安装于公共供水系统时，进出水管应符合有关水管接头标准的要求。

5.1.4　黑色金属制件表面应进行防锈蚀处理。

5.1.5 各零部件的安装应牢固可靠，管路与零部件之间不应有相互摩擦和碰撞；压缩机应具有防振动措施，机组运转时应无异常声音，电磁换向阀等零件动作应灵敏、可靠。

5.1.6 结构设计应方便维修，压缩机、水泵、风机电机等关键部件应易于更换。

5.1.7 铭牌和装饰板应经久耐用，经型式试验后不应变形、脱落，其图案和字迹仍应清楚。

5.1.8 主要的电气控制应包括对压缩机、风机电机、四通换向阀等电气元器件的控制，一般情况下应具有压缩机高温保护、逆缺相保护、短路、断路、漏电保护、高/低压力保护、冷凝器高温保护、蒸发器低温保护等功能。

5.1.9 在进水水质符合国家要求的前提下，所有热源水侧的管路、换热设备应具有抗腐蚀的能力，使用过程中热泵热水器不应污染所使用的水源。

5.1.10 与水接触部件应根据需要采取防冻措施。

5.2 性能要求

5.2.1 通用要求

机组在各种模式下的要求：

a) 在空调模式时的性能要求和试验方法应符合 GB/T 17758 的规定(名义制冷量低于 7.0 kW 的参照执行)；
b) 在热水模式时的性能要求、其他要求和试验方法应符合 GB/T 21362 的规定，其中水箱强度要求按 5.2.3 执行，静态加热式机组的热水制热量的测试方法按附录 A 执行；
c) 冷风热水联供模式的性能要求和试验方法应符合本标准的规定。

5.2.2 密封性能

5.2.2.1 制冷系统密封性能

机组制冷系统密封性能应符合 GB/T 17758—2010 中 5.3.1 的要求。

5.2.2.2 液压要求

机组的液压要求应符合 GB/T 21362—2008 中 5.3.2 的要求。

5.2.3 水箱强度

经强度试验后，水箱应无明显的变形，焊接、接口密封处无渗漏现象。

5.2.4 冷风热水联供能力

在冷风热水联供名义工况下，机组实测的冷风热水联供能力应不小于明示值的 92%。

5.2.5 冷风热水联供消耗功率

在冷风热水联供名义工况下，机组实测的冷风热水联供消耗功率应不大于明示值的 110%。

5.2.6 冷风热水联供最大负荷工况

在冷风热水联供最大负荷工况下运行时，机组各部件不应损坏，并能正常运行。

机组在任何 1 h 连续运行期间，过载保护器不应跳开。

机组停机 3 min 后，再启动连续运行 1 h，但在启动运行的最初 5 min 内允许过载保护器跳开；在运行的最初 5 min 内过载保护器不复位时，在停机不超过 30 min 内复位的，应连续运行 1 h。

对于手动复位的过载保护器，在最初 5 min 内跳开的，应在跳开 10 min 后使其强行复位，应能够再连续运行 1 h。

5.2.7 冷风热水联供最小负荷工况

在冷风热水联供最小负荷工况下，机组在 10 min 的起动期间后 4 h 运行中安全装置不应跳开(允许出现电控保护现象)，蒸发器室内侧的迎风表面凝结的冰霜面积不应大于蒸发器迎风面积的 50%。机组具有室内机蒸发器低温保护功能的，蒸发器表面不应有冰霜出现。

注：上述试验中，为防止室内热交换器过热而使电机开、停的自动复位的过载保护装置周期性动作，可视为空调热水机组连续运行。

5.2.8 噪声

机组室外机噪声应符合 GB/T 21362 的要求，室内机噪声应符合 GB/T 17758 的要求。内、外机均不应有明显的异常声音。

5.2.9 热水贮存性能

带水箱的机组的热水贮存性能应符合 GB/T 21362 的要求。

5.2.10 冷风热水联供性能系数

机组的冷风热水联供性能系数不应低于表 2 中的规定值，并不应低于标称值的 92%。

表 2 冷风热水联供性能系数

单位为瓦每瓦

一次加热式	循环加热式	静态加热式	
		盘管在水箱内	盘管在水箱外
5.40	5.40	5.0	4.70

对于接风管的机组，按 GB/T 18836—2002 中 5.2.22 规定的最小机外静压下的静压值考核冷风热水联供性能系数，其最低限定值应为表 2 中限定值减去 0.2 W/W。

5.3 安全要求

机组的安全性能应符合 GB 25130 的要求。

5.4 结构件耐气候性

机组结构件耐气候性应符合 GB/T 21362 的要求。

6 试验方法

6.1 试验条件

6.1.1 试验工况

机组的试验工况见表 3。

表3 空调热水机组的试验工况

单位为摄氏度

项目		使用侧				热源侧	
		干球温度	湿球温度	初始水温度	终止水温度	干球温度	湿球温度
冷风热水联供运行	名义工况	27	19	15	45	35	24
	最大负荷工况	32	23	29		43	26
	最小负荷工况	21	15	9		21	15
空调工况	同 GB/T 17758						
热水工况	同 GB/T 21362						

6.1.2 读数允差

进行名义工况、最大负荷工况和最小负荷工况试验时,试验工况各参数的读数允差应符合表4的要求。

表4 试验工况的读数允差

读数		读数的平均值对名义工况的偏差	各读数对名义工况、最大负荷工况及最小负荷工况的最大偏差
室内侧空气温度/℃	干球	±0.3	±1.0
	湿球	±0.2	±0.5
室外侧空气温度/℃	干球	±0.3	±1.0
	湿球	±0.2	±0.5
初始、终止水温度/℃		±0.3	±0.5
电压、频率		±1.0%	±2.0%
空气体积流量		±2%	±5%

6.1.3 仪器仪表

试验用仪器仪表的型式及准确度应符合GB/T 17758—2010表4的要求。

6.2 一般要求检查

检测以目测配合手感及在运行情况下进行。

6.3 性能试验

6.3.1 储水箱强度试验

承压式储水箱强度试验应在未进行其他试验前进行,在额定压力下检查,储水箱不应泄漏。

以常规的方法或类似支撑容器组件,将上述储水箱连接到脉冲压力试验仪器上,并调节施压仪器的试验参数:

脉动压力:容器内注入环境温度的水(硅青铜容器除外);排空容器内的空气,按额定压力值的15%到(100±5)%之间的数值交替加压;

频率：每分钟 25 次～45 次；

循环次数：1×10^5 次。

注：每加压 10 000 次结束时，将压力至少维持在 1.05 倍的额定压力 10 min，目测容器无明显变形，再进行下面的循环试验。

6.3.2 冷风热水联供能力试验

在表 3 规定的冷风热水联供名义工况下，按 GB/T 10870—2001 中 5.1、GB/T 17758—2010 附录 A 规定的方法测试机组的空调制冷量 Q_c，按 GB/T 21362—2008 中附录 B 规定的方法测试热水制热量 Q_w。以实测的空调制冷量和热水制热量按式(1)计算冷风热水联供能力(Q_{cr})。由于在该测试方法下空调制冷量 Q_c 会随着水温的升高而降低，所以空调制冷量(Q_c)按式(2)进行计算：

$$Q_{cr}=Q_c+Q_w \qquad (1)$$

$$Q_c=\sum_{0}^{n-1}Q_{ci}/n \qquad (2)$$

式中：

Q_{cr}——名义冷风热水联供能力；

Q_c——空调制冷量，单位为瓦(W)；

Q_w——热水制热量，单位为瓦(W)；

Q_{ci}——冷风热水联供名义工况下第 i 次采样的瞬时制冷量，单位为瓦(W)；

n——采样次数。

对于一次加热式机组，当运行稳定后，以不超过 10 s 的时间间隔开始采集瞬时制冷量，采集时间至少为 1 h；对于循环加热式和静态加热式机组，开机运行至达到室内侧实验室工况条件后，初始水温度从 15 ℃开始，以不超过 10 s 的时间间隔采集瞬时制冷量直至终止水温度达到 45 ℃。

注：静态加热式机组热水制热量测验方法按附录 A 执行。

6.3.3 名义冷风热水联供消耗功率试验

按 6.3.2 方法测定名义冷风热水联供能力的同时，测定机组的输入功率。如机组需要水泵运行的，应计入水泵的消耗功率。

其中，由于名义冷风热水联供消耗功率(W_{cw})会随着水温的升高而降低，名义冷风热水联供消耗功率(W_{cw})的按式(3)计算：

$$W_{cw}=\sum_{0}^{n-1}W_{cwi}/n \qquad (3)$$

式中：

W_{cw}——名义冷风热水联供消耗功率；

W_{cwi}——名义冷风热水联供工况下第 i 次采样的瞬时冷风热水联供消耗功率；

n——采样次数。

对于一次加热式机组，当运行稳定后，以不超过 10 s 的时间间隔开始采集瞬时功率，采集时间至少为 1 h；对于循环加热式和静态加热式机组，开机运行至达到室内侧实验室工况条件后，初始水温度从 15 ℃开始以不超过 10 s 的时间间隔采集瞬时功率直至终止水温度达到 45 ℃。

6.3.4 冷风热水联供最大负荷工况试验

在表 3 规定的最大负荷工况下，将机组室内、室外空气进行交换的通风门和排风门(如果有)完全关闭，其设定温度、风扇速度、导风格栅等调到最大制冷状态，试验电压分别为额定电压的90%和110%，开启制冷制热水运行模式。对一次加热式机组应按规定的工况运行稳定后再运行1 h，然后停机3 min（此间电压上升不超过3%），再启动运行1 h；对循环加热式或静态加热式机组应按规定的工况运行一个完整的加热周期后再运行1 h，然后停机3 min（此间电压上升不超过3%），放水至机组再次运行冷风热水模式再启动运行至退出。

6.3.5 冷风热水联供最小负荷工况试验

在表3规定的最小负荷工况下，开启冷风热水运行模式。将机组室内、室外空气进行交换的通风门和排风门（如果有）完全关闭，其设定温度、风扇速度、新风门和导向格栅等调到最易结冰霜状态，对于一次加热式机组应运行至工况稳定后再运行4 h。对循环加热式或静态加热式机组应按规定的工况运行一个完整的加热周期。

6.3.6 噪声试验

按GB/T 17758和GB/T 21362的规定分别进行联供、空调、热水等模式下的噪声测试，取最大值。

7 检验规则

7.1 分类

机组的检验分为出厂检验、抽样检验和型式检验。检验项目、要求及试验方法见表5。

7.2 出厂检验

每台机组均应进行出厂检验，经制造厂质量部门检验合格后方能出厂。

7.3 抽样检验

批量生产的机组应进行抽样检验。检验批量、抽检方案、判定及合格水平等由制造厂质量检验部门自行确定。

7.4 型式检验

7.4.1 有下列情况之一时，应进行型式检验：

a) 新产品试制定型鉴定时；

b) 正式生产后，如结构、材料、工艺有了较大的改变，可能影响产品性能时；

c) 间隔生产时间超过一年以上时；

d) 出厂检验结果与上次型式检验有较大差异时。

7.4.2 型式检验的样品应从出厂检验合格的产品中抽取，每次抽取数量为2台。

7.4.3 在型式检验中，若出现致命缺陷和A类不合格项，则判该次型式检验不合格；若出现B、C类不合格项，则允许加倍抽样进行检验。若加倍抽样检验中仍出现不合格项，则判该次型式检验不合格。

表 5　检验项目及其不合格分类

<table>
<tr><th colspan="2" rowspan="2">项　　目</th><th rowspan="2">出厂检验</th><th rowspan="2">抽样检验</th><th rowspan="2">型式试验</th><th colspan="3">不合格分类</th><th rowspan="2">致命缺陷</th><th rowspan="2">技术要求</th><th rowspan="2">试验方法</th></tr>
<tr><th>A</th><th>B</th><th>C</th></tr>
<tr><td colspan="2">一般及结构、外观要求</td><td rowspan="6">√</td><td rowspan="6">√</td><td rowspan="6">√</td><td rowspan="3">—</td><td rowspan="15">—</td><td rowspan="3">√</td><td rowspan="29">—</td><td>5.1</td><td>6.2</td></tr>
<tr><td colspan="2">标志</td><td>8.1</td><td>目测</td></tr>
<tr><td colspan="2">包装</td><td>8.2</td><td>目测</td></tr>
<tr><td colspan="2">密封性能(制冷系统)</td><td rowspan="12">√</td><td rowspan="23">—</td><td>5.2.2.1</td><td>GB/T 17758</td></tr>
<tr><td colspan="2">密封性能(水路系统)</td><td>5.2.2.2</td><td>GB/T 21362</td></tr>
<tr><td colspan="2">水箱强度</td><td>5.2.3</td><td>6.3.1</td></tr>
<tr><td colspan="2">名义冷风热水联供能力</td><td rowspan="24">—</td><td rowspan="8">√</td><td rowspan="30">√</td><td>5.2.4</td><td>6.3.2</td></tr>
<tr><td colspan="2">名义冷风热水联供消耗功率</td><td>5.2.5</td><td>6.3.3</td></tr>
<tr><td colspan="2">名义空调制冷量</td><td rowspan="7">5.2.1</td><td rowspan="4">GB/T 17758</td></tr>
<tr><td colspan="2">名义空调制冷消耗功率</td></tr>
<tr><td colspan="2">名义空调制热量</td></tr>
<tr><td colspan="2">名义空调制热消耗功率</td></tr>
<tr><td colspan="2">名义热水制热量</td><td rowspan="3">GB/T 21362</td></tr>
<tr><td colspan="2">名义热水制热消耗功率</td></tr>
<tr><td colspan="2">电加热器消耗功率</td><td rowspan="13">—</td></tr>
<tr><td colspan="2">冷风热水联供最大负荷工况</td><td rowspan="12">—</td><td rowspan="11">√</td><td>5.2.6</td><td>6.3.4</td></tr>
<tr><td colspan="2">冷风热水联供最小负荷工况</td><td>5.2.7</td><td>6.3.5</td></tr>
<tr><td colspan="2">空调最大负荷制冷运行</td><td rowspan="10">5.2.1</td><td rowspan="6">GB/T 17758</td></tr>
<tr><td colspan="2">空调最小负荷制冷运行</td></tr>
<tr><td colspan="2">空调凝露</td></tr>
<tr><td colspan="2">空调凝结水排除能力</td></tr>
<tr><td colspan="2">空调最大负荷制热运行</td></tr>
<tr><td colspan="2">空调自动融霜</td></tr>
<tr><td colspan="2">热水最大负荷运行</td><td rowspan="4">GB/T 21362</td></tr>
<tr><td colspan="2">热水低温制热运行</td></tr>
<tr><td colspan="2">热水自动融霜</td></tr>
<tr><td colspan="2">热水变工况运行</td><td rowspan="2">—</td><td>√</td></tr>
<tr><td colspan="2">噪声</td><td rowspan="3">√</td><td>√</td><td rowspan="9">—</td><td>5.2.8</td><td>6.3.6</td></tr>
<tr><td colspan="2">热水贮存性能</td><td rowspan="8">—</td><td>√</td><td>5.2.9</td><td>GB/T 21362</td></tr>
<tr><td colspan="2">冷风热水联供性能系数</td><td rowspan="6">—</td><td rowspan="6">√</td><td>5.2.10</td><td>6.3.2;6.3.3</td></tr>
<tr><td rowspan="4">安全性能</td><td>绝缘电阻</td><td rowspan="4">√</td><td rowspan="4">√</td><td rowspan="5">5.3</td><td rowspan="5">GB 25130</td></tr>
<tr><td>电气强度</td></tr>
<tr><td>泄漏电流</td></tr>
<tr><td>接地电阻</td></tr>
<tr><td colspan="2">电磁兼容性</td><td colspan="2" rowspan="2">—</td></tr>
<tr><td colspan="2">电镀件耐盐雾性</td><td>√</td><td>—</td><td>5.4</td><td>GB/T 21362</td></tr>
<tr><td colspan="11">注："√"为需检项目,"—"为不检项目。</td></tr>
</table>

8 标志、包装、运输和贮存

8.1 标志

8.1.1 每台机组上应在明显部位设置耐久性铭牌。铭牌上内容至少应包括：

a) 产品名称和型号；

b) 制造厂名称、地址及已注册的商标；

c) 室外机：名义冷风热水联供能力、名义冷风热水联供消耗功率、名义空调制冷量、名义空调制冷消耗功率、名义空调制热量、名义空调制热消耗功率、名义热水制热量、名义热水制热消耗功率、制冷剂代号及其充注量、电源(电压、相数、频率)、噪声、最大输入功率、最大输入电流、质量、制冷系统允许压力、热交换器最大工作压力、水侧的设计压力、防触电保护类型、防水等级等；

d) 室内机：名义空调制冷量、名义空调制热量、电辅热消耗功率、制冷剂代号、电源(电压、相数、频率)、噪声、最大输入功率、最大输入电流、质量、制冷系统允许压力、热交换器最大工作压力、防触电保护类型、防水等级等；

e) 水箱：储水箱容量、质量、水侧的设计压力等，如水箱部分有电器元件则还需增加：电源(电压、相数、频率)、噪声、最大输入功率、最大输入电流、防触电保护类型、防水等级等；

f) 冷风热水联供性能系数、制冷季节能效比、全年性能系数、热水性能系数、室内机循环风量在产品说明书内标出即可；

g) 产品获得的相关认证、认可情况；

h) 产品出厂编号；

i) 制造日期。

8.1.2 机组上应设有标明工作情况的标志，如控制开关/旋钮等旋动方向、进/出水口、排污口和制冷剂气阀/液阀等标志和安全标识(如接地装置、警告标识等)；在适当位置附上电气原理图。

如果需要，可以在机组安装后易于看到并不会被拆下的部位粘贴“注意事项”的类似标识，并附有下列内容或类似的说明：

a) 谨防触电，对机组进行清洁维护前应断开电源；

b) 在拆下过滤网等清洁时需要拆卸的部件时不得开启机组电源；

c) 手及棍棒等异物不能伸入风机罩内。

8.1.3 包装箱上应用不褪色的颜料清晰标示以下内容：

a) 产品名称、规格型号和商标；

b) 质量(毛质量、净质量)；

c) 外形尺寸；

d) 制造厂名称；

e) 本标准号；

f) 符合 GB/T 191 要求的“易碎物品”、“向上”、“怕雨”和“堆码层数极限”等包装储运图示标志。

8.2 包装

8.2.1 机组包装前应进行清洁和干燥处理。

8.2.2 包装箱内应附有装箱清单、装箱要求的附件。

8.2.3 包装箱内应附有使用说明书、合格证等随机文件，随机文件应防潮密封，并放置在箱内适当位置处。

8.2.3.1 **使用说明书**

使用说明书应符合 GB 5296.2 的要求,并至少应包括:

a) 产品名称、型号(规格);

b) 产品概述(用途、特点、使用环境及主要使用性能指标和额定参数等);

c) 接地说明;

d) 安装和使用要求,维护和保养注意事项;

e) 产品附件名称、数量、规格;

f) 常见故障及处理办法一览表,售后服务事项和生产者责任;

g) 制造厂名称和地址;

h) 产品执行标准号。

8.2.3.2 **合格证**

产品合格证内容应包括:

a) 产品名称和型号;

b) 产品出厂编号;

c) 检查结论;

d) 检验印章;

e) 检验日期。

8.2.4 经拆装后仍需继续贮存时应重新包装。

8.3 运输和贮存

8.3.1 在运输过程中,机组不应碰撞、倾斜、雨雪淋袭。

8.3.2 机组应贮存在干燥、通风良好且周围应无腐蚀性及有害气体的仓库中。贮存环境应符合 GB/T 4798.1的要求。

附　录　A
（规范性附录）
静态加热式空调热水机组性能热水制热量测试方法

A.1　测试要求

A.1.1　热源侧

按 GB/T 10870—2001 中 5.1.1 规定提供水侧条件；空气侧采用 GB/T 17758 规定的空气焓差法中的室内空调装置使其达到热源侧环境温度条件。

A.1.2　使用侧

按说明书要求连接好空调热水机组，在水箱内注满 15 ℃±0.5 ℃的水，将水加热至指定温度，记录初始水温度 T_1(℃)、终止水温度 T_2(℃)、被加热水体积质量 G(kg)、加热时间 H(h)、机组加热一个周期的总耗功 N_0(kWh)。

静态加热式空调热水机组需按图 A.1 的规定进行循环后方能获得指定温度的水温，由于空调热水机组水箱所带的温度表显示的水箱水温度与水箱水循环后获得的平均温度值是有差距的，因此，在进行正式试验前应取得修正值，修正值根据具体产品须通过预试验才能确定。

循环试验连接见图 A.1，在试验时应满足如下要求：

a）对于终止水的温度取值，要求平均水温达到指定温度。

b）在水泵进水口测量温度，在水温波动≤0.5 ℃前提下，取显示的最大温度为搅拌后的平均终止水温度 T_2。

c）循环水泵的流量按每分钟标称流量不小于 1/2 水箱有效容量，循环水泵进水口放于水箱底部，循环时间不大于 3 min。循环水泵应采用非金属壳体结构；

d）取热水配管使用单程长为 1.5 m～2 m 的耐热性合成树脂管或者橡胶管。

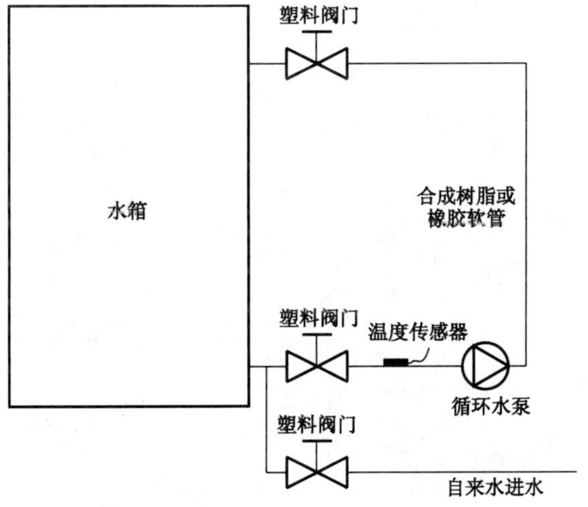

图 A.1　循环试验示意图

A.2 空调热水机组热水制热量

空调热水机组热水制热量按 GB/T 21362—2008 附录 B 中的 B.3.5 进行计算。

ICS 27.200
J 73

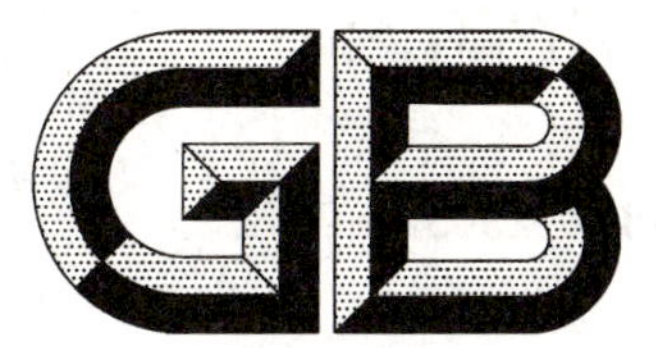

中华人民共和国国家标准

GB/T 29032—2012

片冰制冰机

Flake ice machines

2012-12-31 发布 2013-10-01 实施

中华人民共和国国家质量监督检验检疫总局
中国国家标准化管理委员会 发布

前　言

本标准按 GB/T 1.1—2009 给出的规则起草。

本标准由中国机械工业联合会提出。

本标准由全国冷冻空调设备标准化技术委员会(SAC/TC 238)归口。

本标准负责起草单位:福建雪人股份有限公司、合肥通用机械研究院、合肥天鹅制冷科技有限公司、浙江中广电器有限公司。

本标准参加起草单位:烟台冰轮股份有限公司、福州大学。

本标准主要起草人:林汝捷、范明升、潘莉、金从卓、朱建军、于志强、李学来、魏德强。

片冰制冰机

1 范围

本标准规定了片冰制冰机(以下简称"片冰机")的术语和定义、型式与基本参数、要求、试验方法、检验规则、标志、包装、运输和贮存。

本标准适用于采用电动机驱动的蒸气压缩制冷循环方式,将淡水连续制成片状冰的工业或商业及类似用途的片冰机。

2 规范性引用文件

下列文件对于本文件的应用是必不可少的。凡是注日期的引用文件,仅注日期的版本适用于本文件。凡是不注日期的引用文件,其最新版本(包括所有的修改单)适用于本文件。

GB/T 191 包装储运图示标志

GB 5226.1 机械电气安全 机械电气设备 第1部分:通用技术条件

GB/T 6388 运输包装收发货标志

GB/T 9969 工业产品使用说明书 总则

GB/T 13306 标牌

GB/T 13384 机电产品包装通用技术条件

GB/T 14436 工业产品保证文件 总则

GB/T 25131 蒸气压缩循环冷水(热泵)机组安全要求

GB 50050 工业循环水冷却水处理设计规范

JB/T 4330 制冷和空调设备噪声的测定

JB/T 7249 制冷设备术语

NB/T 47012 制冷装置用压力容器

3 术语和定义

JB/T 7249 中界定的以及下列术语和定义适用于本文件。

3.1

片冰制冰机 flake ice machines

一种通过电动机驱动蒸气压缩制冷循环的方式,将淡水连续地制成片状冰的设备。

3.2

制冰量 ice making mass

片冰机1天(24 h)生产冰的质量(重量),单位:吨/天(t/d)。

3.3

名义制冰量 nominal ice making mass

名义工况下,片冰机1天(24 h)生产冰的质量(重量),单位:吨/天(t/d)。

4 型式与基本参数

4.1 型式

4.1.1 按配套的压缩冷凝机组和冷却方式分为:

——无冷凝机组型

——风冷冷凝机组型
——水冷冷凝机组型
——蒸发冷冷凝机组型

4.1.2 按制冷剂的类型分为：
——氨型
——卤代烃型

4.2 型号

片冰机的型号编制方法参见附录A。

4.3 基本参数

4.3.1 片冰机的电源的额定电压为单相交流220 V或三相交流380 V,额定频率为50 Hz。
4.3.2 片冰机的正常工作范围按表1的规定。

表1 片冰机正常工作范围

项目	正常工作范围
环境温度/℃	5～43
制冰进水温度/℃	5～30
制冰进水压力(表压)/kPa	150～500
额定电压偏差	±10%
额定频率偏差/Hz	±1

4.3.3 试验工况

片冰机的试验工况按表2的规定。

表2 试验工况 单位为摄氏度

<table>
<tr><td colspan="2">试验条件</td><td>名义工况</td><td>高温运行工况</td><td>低温运行工况</td><td>变工况</td><td>凝露工况</td></tr>
<tr><td rowspan="2">环境空气状态[a]</td><td>干球温度</td><td>32</td><td>43</td><td>5</td><td>5～43</td><td>32</td></tr>
<tr><td>湿球温度[b]</td><td>24</td><td>—</td><td>—</td><td>—</td><td>27</td></tr>
<tr><td colspan="2">制冰进水温度</td><td>20</td><td>30</td><td>5</td><td>5～30</td><td>16</td></tr>
<tr><td colspan="2">冷凝器进水温度[c]</td><td>30</td><td>36</td><td>20</td><td>20～36</td><td>—</td></tr>
<tr><td colspan="2">冷凝器出水温度[d]</td><td>35</td><td colspan="4">—[e]</td></tr>
<tr><td colspan="2">制冷剂蒸发温度[f]</td><td>−23</td><td colspan="4">—</td></tr>
<tr><td colspan="2">制冰进水压力(表压)/kPa</td><td colspan="5">150～500</td></tr>
<tr><td colspan="2">出冰温度</td><td colspan="5">≤−3</td></tr>
<tr><td colspan="7">[a] 只适用于风冷冷凝机组型和蒸发冷冷凝机组型片冰机,其他机组型式的按一般的室内空气状态。
[b] 只适用于蒸发冷冷凝机组型片冰机。
[c] 只适用于水冷冷凝机组型和蒸发冷冷凝机组型片冰机。
[d] 只适用于水冷冷凝机组型片冰机。
[e] 冷却水的流量按名义工况流量。
[f] 只适用于无压缩冷凝机组型。</td></tr>
</table>

5 要求

5.1 一般要求

片冰机应按规定程序批准的图样和技术文件制造，或根据供需双方的补充协议要求制造。

5.2 外观

5.2.1 片冰机的黑色金属制件表面应进行防锈蚀处理。不锈钢制件表面应呈金属本色，外壳应无明显擦伤和划痕。

5.2.2 片冰机的金属电镀件表面应光滑、色泽均匀，不应有剥落、露底、针孔，不应有明显的花斑和划伤等缺陷。

5.2.3 涂装件涂层表面应平整、涂层均匀、色泽一致，不应有明显的气泡、流痕、漏涂等缺陷。

5.2.4 塑料件表面应平整、色泽均匀，不应有裂痕、气泡和明显缩孔等缺陷。

5.3 保温层

5.3.1 片冰机的保温层应有良好的隔热性能，且无毒、无异味和难燃。

5.3.2 片冰机的保温层不应有明显的收缩和变形。

5.4 零部件

5.4.1 制冷压缩冷凝机组及制冷系统零、部件应符合相应标准的规定。

5.4.2 各零部件的连接应牢固可靠，管路与零部件不应有相互摩擦和碰撞。

5.4.3 水泵的流量和扬程应保证片冰机的正常工作。

5.4.4 压力容器应按 NB/T 47012 进行设计、制造、检验与验收。

5.5 水质要求

水源水质指标不应低于 GB 50050 的规定。

5.6 性能要求

5.6.1 片冰质量

片冰应为无色或乳白色、半透明或不透明、无碎末、坚硬，形状为不规则的鳞片形，应无明显杂质；片冰尺寸宜为：厚度为 1.2 mm～2 mm；长度、宽度均为 10 mm～50 mm。

5.6.2 制冷系统密封性能

片冰机制冷系统应密封，每个泄漏点制冷剂泄漏量应不大于 14 g/a。

5.6.3 水系统密封性能

制冰用水的流通回路各部分应无渗水现象。进水浮球阀应启闭灵活可靠，关闭时不应泄漏。

5.6.4 运转

片冰机应能正常运行，其出冰口应无连续滴水现象。

5.6.5 制冰量

在名义工况下，片冰机制冰量应不小于制造厂明示值的 95%。

5.6.6 耗电量

在名义工况下，片冰机耗电量应不大于制造厂明示值的 110%且应不大于表 3 中规定的值。

表 3　各型式片冰机名义耗电量

单位为千瓦小时每吨

单套名义产冰量 t/d	无冷凝机组型	风冷冷凝机组型	水冷冷凝机组型	蒸发式冷凝机组型
≥0.5～1.6	7	99	—	—
>1.6～3	4	92		
>3～10	2	89	72	
>10～30		87	73	80
>30～60	1	—	78	82

5.6.7　噪声

在名义工况下，片冰机的噪声值应不大于制造厂的明示值。

5.6.8　高温运行制冰

在高温运行制冰时，应满足：

a)　整个过程正常运行；

b)　连续运行时，电机过载保护装置和其他保护装置工作正常。

5.6.9　低温运行制冰

片冰机在低温运行制冰时应能正常运行。

5.6.10　变工况性能

在变工况条件下，片冰机应能正常运行，应绘制变工况性能曲线图或表。

5.6.11　凝露

在正常运行中片冰机壳体外表不应出现流水级凝露。

5.7　安全要求

5.7.1　片冰机的安全要求应符合按 GB/T 25131 的规定。

5.7.2　片冰机应在明显的部位设置永久性安全标识(如接地标识、警告标识等)。

5.7.3　片冰机的电器元件的选择以及电器安装、布线应符合 GB 5226.1 的要求。

5.8　涂漆件的漆膜附着力

片冰机涂漆件漆膜脱落的格数比应不大于 15%。

6　试验方法

6.1　试验条件

6.1.1　试验工况

片冰机试验工况按表 2 的规定。

6.1.2　试验室的要求

试验室的要求如下：

a) 试验室应能建立试验所需的工况,其工况参数的允差应符合表5的规定;

b) 试验过程中片冰机周围的空气流动且流速应不大于0.5 m/s。

6.1.3 仪器仪表

试验用仪器、仪表的型式及准确度应符合表4的规定。

表4 仪器、仪表的型式及精度

类别	型式	准确度
温度测量仪表	水银玻璃温度计,电阻温度计,热电偶	环境温度±0.5 ℃ 水温±0.3 ℃
电量测量仪表	指示式	0.5级精度
	积算式	1.0级精度
质量测量仪表	—	测定质量的±1.0%
时间测量仪表	秒表	测定经过时间的±0.2%
噪声	—	Ⅱ级

6.1.4 读数允许差

6.1.4.1 片冰机进行名义制冰量试验时,试验工况各参数的读数允许差应符合表5的规定。

表5 制冰量试验的读数允差

项目	读数的平均值对额定工况的偏差	各读数对额定工况的最大偏差
环境温度	±0.6 ℃	±1.0 ℃
水温	±0.3 ℃	±0.5 ℃
电压	±1.0%	±2.0%
频率	±1.0%	±2.0%

6.1.4.2 片冰机进行除制冰量外的其他性能试验时,试验工况各参数读数允差应符合表6的规定。

表6 性能试验读数允差

试验工况	测量值	读数与额定值的最大允许偏差
名义工况	环境温度	±2.0 ℃
	水温	±1.0 ℃
高温运行工况	环境温度	±2.0 ℃
	水温	±1.0 ℃
低温运行工况	环境温度	±2.0 ℃
	水温	±1.0 ℃
其他运行工况	环境温度	±2.0 ℃
	水温	±1.0 ℃

6.2 试验的一般要求

6.2.1 片冰机所有的试验，均应按铭牌上的额定电压和额定频率进行。

6.2.2 片冰机连接应按各试验具体要求进行，连接应与制造厂要求相符。

6.3 试验方法

6.3.1 制冷系统密封性

机组在组装完毕以后，可采用如下试验方法之一进行试验：

a) 制冷系统注入干燥空气或氮气进行气密性试验；试验压力应在设计工作压力的1.1～1.15倍下，采用发泡水检漏，应无气泡。

b) 制冷系统在正常的制冷剂充灌量下，使用电子卤素检漏仪进行检漏。

6.3.2 水系统密封性

接通水源，水压取两倍于最大进口压力或1 200 kPa中的较大者，持续通水5 min，检查片冰机水流通回路（包括进水管路）各部分的密封性及进水浮球阀的关闭密封性。

6.3.3 运转

片冰机在表2规定的工况条件范围内的某一工况连续运行4 h以上，各部件应能正常工作。检查安全保护装置的灵敏度和可靠性，相应温度、冰满、缺水等功能的保护装置动作是否正常。

6.3.4 制冰量

片冰机在表2规定的某一工况下连续运行达到稳定状态后（开机正常制冰1 h后），在测量时间内（测量时间应不少于15 min），用水密容器盛取所制出的片冰，并测量出冰的质量。按式(1)计算出制冰量：

$$G=\frac{M\times 3\ 600\times 24}{1\ 000\times T} \qquad \cdots\cdots(1)$$

式中：

G ——制冰量，单位为吨每天(t/d)；

M ——测量时间内制出的冰质量，单位为千克(kg)；

T ——测量时间，单位为秒(s)。

注：按表2规定的名义工况进行上述试验所测得的制冰量即为名义制冰量。

6.3.5 耗电量

在6.3.4制冰量试验的同时，测出测量时间内片冰机的耗电量。按式(2)计算出片冰机每制取1吨冰的耗电量：

$$E=1\ 000\times\frac{P}{M} \qquad \cdots\cdots(2)$$

式中：

E ——某一工况下片冰机每制取1吨冰的耗电量，单位为千瓦小时每吨(kW·h/t)；

P ——测量时间内片冰机上所有耗电设备的耗电量之和（水冷冷凝机组型片冰机的耗电量不包含冷却水系统的耗电量），单位为千瓦小时(kW·h)；

M——测量时间内制出的冰质量，单位为千克(kg)。

注：按表2规定的名义工况进行上述试验所测得的耗电量即为名义耗电量。

6.3.6 噪声

片冰机在名义工况下运行，按JB/T 4330中规定的方法进行测试。

6.3.7 高温运行制冰

片冰机按表2规定的高温运行工况连续运行1 h，然后停机3 min或按电机的启动要求，再启动运行1 h。

6.3.8 低温运行制冰

片冰机按表2规定的低温运行工况连续运行1 h，然后停机3 min或按电机的启动要求，再启动运行1 h。

6.3.9 变工况性能

片冰机按表2规定的变工况运行中某一条件改变时，即改变环境空气干球温度或制冰进水温度，按6.3.4和6.3.5进行试验，分别测得片冰机的制冰量和耗电量。该试验应包含相应的名义工况、高温及低温运行工况点。将试验结果绘制成曲线图或表格，性能曲线或表格中应不少于四个测量点的值。

6.3.10 凝露

片冰机按表2规定的凝露工况运行，运行稳定后再连续运行4 h。

6.4 安全检验

片冰机的安全按GB/T 25131规定进行检验。

6.5 涂漆件的漆膜附着力

在涂漆件的外表面任取长50 mm，宽50 mm的面积，用划格器纵横各划11条间隙1 mm、深达底材的平行切痕。用氧化锌胶布贴牢，然后沿垂直方向快速撕下。按划痕范围内漆膜脱落的格数对100的比值进行评定，每小格漆膜保留不足70%的视为脱落。试验后，检查漆膜脱落情况。

7 检验规则

7.1 一般要求

每台片冰机应经制造厂的质检部门按本标准和相关技术文件检验合格，并附产品合格证后方能出厂。

7.2 检验分类

检验分为出厂检验、抽样检验和型式检验。检验项目、要求和试验方法按表7的规定。

表 7　检验项目

<table>
<tr><th>序号</th><th>项目</th><th>出厂检验</th><th>抽样检验</th><th>型式检验</th><th>要求</th><th>试验方法</th></tr>
<tr><td>1</td><td>一般要求</td><td rowspan="6">√</td><td rowspan="9">√</td><td rowspan="14">√</td><td>5.1</td><td rowspan="2">视检</td></tr>
<tr><td>2</td><td>外观</td><td>5.2、5.3.2、5.4.2</td></tr>
<tr><td>4</td><td>制冷系统密封</td><td>5.6.2</td><td>6.3.1</td></tr>
<tr><td>5</td><td>水系统密封</td><td>5.6.3</td><td>6.3.2</td></tr>
<tr><td>6</td><td>运转</td><td>5.6.4</td><td>6.3.3</td></tr>
<tr><td>7</td><td>安全要求</td><td>5.7</td><td>6.4</td></tr>
<tr><td>8</td><td>名义制冰量</td><td rowspan="8">—</td><td>5.6.5</td><td>6.3.4</td></tr>
<tr><td>9</td><td>名义耗电量</td><td>5.6.6</td><td>6.3.5</td></tr>
<tr><td>10</td><td>噪声</td><td>5.6.7</td><td>6.3.6</td></tr>
<tr><td>11</td><td>高温运行制冰</td><td rowspan="5">—</td><td>5.6.8</td><td>6.3.7</td></tr>
<tr><td>12</td><td>低温运行制冰</td><td>5.6.9</td><td>6.3.8</td></tr>
<tr><td>13</td><td>变工况性能</td><td>5.6.10</td><td>6.3.9</td></tr>
<tr><td>14</td><td>凝露</td><td>5.6.11</td><td>6.3.10</td></tr>
<tr><td>15</td><td>涂漆件漆膜附着力试验</td><td>5.8</td><td>6.5</td></tr>
<tr><td colspan="7">注 1：“√”为需检项目；“—”为不检项目。
注 2：对于名义制冰量，若无法在试验室进行试验的，可根据供需双方的协议在用户现场进行试验。</td></tr>
</table>

7.3　出厂检验

每台片冰机均应做出厂检验。

7.4　抽样检验

批量生产的片冰机应进行抽样检验。组批规则、抽样方案、判定及复检规则等由制造厂质量检验部门自行确定。

7.5　型式检验

7.5 1　新产品或定型产品做重大改进对性能有影响时，第一台产品应做型式试验。

7 5.2　型式检验时允许中途停车，以检查机组运行情况，运行时如有故障，在故障排除后应重新进行试验，前面进行的试验无效。

7.5.3　检验判定按如下规则：

——检验项目中若所有项均符合本标准规定，则判定本机组为合格。

——检验项目中任一项不符合本标准规定，允许对不合格部件检修一次，检修后若仍不合格，则更换该部件。之后，再进行一次复验，以复验结果作为判定依据。

8　标志、包装、运输、贮存

8.1　标志

8.1.1　每台片冰机应在明显而平整的部位上固定永久性铭牌，铭牌应符合 GB/T 13306 的规定。铭牌上应标出以下内容：

a) 制造厂名称；

b) 产品型号、名称和商标；

c) 主要性能参数，如名义制冰量、制冷剂、额定电压、额定电流、频率和相数、额定功率等；

d) 产品出厂编号；

e) 制造年月。

8.1.2 片冰机上应有标明运行状态的标志（如碎冰和出冰装置旋向、指示仪表和控制按钮的标志等）和安全标志（如接地标志、零线标志、警告标志等）。

8.1.3 应在说明书、铭牌、包装等明显位置标注产品执行标准的编号。

8.1.4 片冰机包装箱上的标志应符合 GB/T 6388 和 GB/T 191 的规定。

8.2 包装

8.2.1 片冰机各部件包装前应进行清洁、干燥处理，易锈部件应涂防锈剂，并应充入规定的制冷剂或充入 20 kPa～30 kPa（表压）的干燥氮气。

8.2.2 包装应符合 GB/T 13384 的规定。

8.2.3 片冰机应外套塑料袋或防潮纸并固定在箱中以保证在正常的贮存、运输中不致损坏和受潮。

8.2.4 包装箱内应附随机文件，主要包括：

a) 产品合格证。合格证应符合 GB/T 14436 规定的要求；

b) 使用说明书。使用说明书应符合 GB/T 9969 规定的要求；

c) 装箱单。

随机文件应放在包装箱内合适的位置，并应防潮密封。

8.3 运输和贮存

8.3.1 片冰机在运输和贮存过程中不能倒置且应防磕碰、防雨淋。

8.3.2 产品宜贮存在干燥、通风良好的仓库中。

附 录 A
（资料性附录）
片冰机型号编制方法

A.1 型号表示方法

片冰机型号表示方法按下列规定：

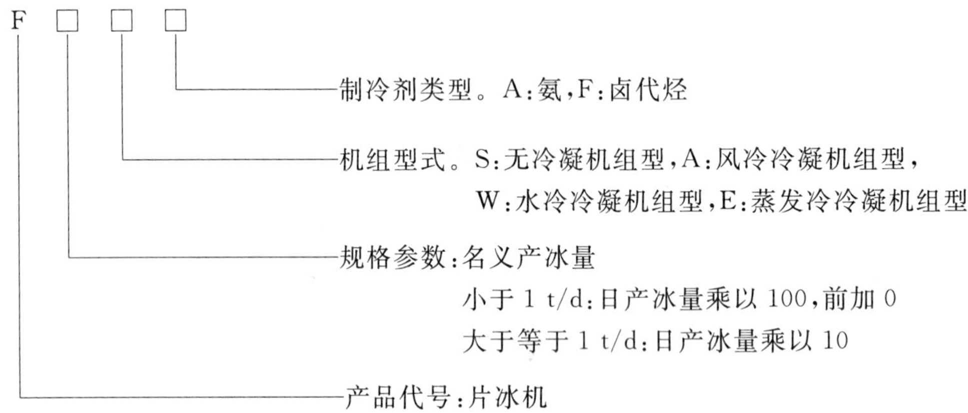

A.2 型号标记示例

F050SF：表示名义制冰量为0.5 t/d，无压缩冷凝机组型，系统使用制冷剂为卤代烃的片冰机；
F300WA：表示名义制冰量为30 t/d，水冷冷凝机组型，系统使用制冷剂为氨的片冰机。

ICS 27.200
J 73

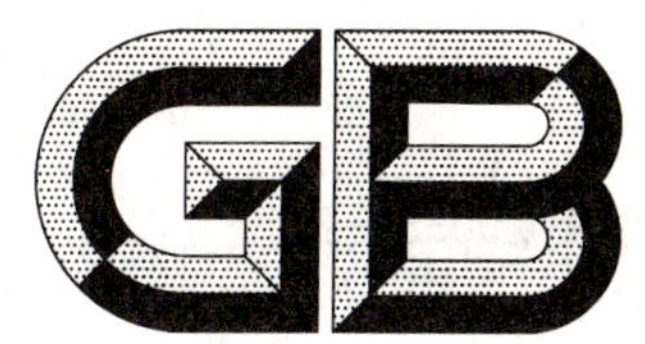

中华人民共和国国家标准

GB/T 29033—2012

水-水热泵机组热力学完善度的计算方法

Calculation method of water-water heat pump units on the basis of thermodynamic perfectibility

2012-12-31 发布　　　　2013-10-01 实施

中华人民共和国国家质量监督检验检疫总局
中国国家标准化管理委员会　发布

前　言

本标准按照 GB/T 1.1—2009 给出的规则起草。

本标准由中国机械工业联合会提出。

本标准由全国冷冻空调设备标准化技术委员会(SAC/TC 238)归口。

本标准主要起草单位:合肥通用机械研究院、天津大学、合肥天鹅制冷科技有限公司、广东欧科空调制冷有限公司、青岛海尔空调电子有限公司、深圳麦克维尔空调有限公司、合肥通用机电产品检测院、浙江中广电器有限公司。

本标准主要起草人:马一太、张明圣、金从卓、田华、陈军、国德防、潘李奎、潘莉、凌拥军。

水-水热泵机组热力学完善度的计算方法

1 范围

本标准规定了水-水热泵机组热力学完善度计算方法中的术语和定义、计算参数、计算参数的获取和计算方法。

本标准适用于蒸汽压缩循环式冷热水型水源热泵机组和水冷式冷(热)水机组(以下简称"机组")的热力学完善度的计算。

2 规范性引用文件

下列文件对于本文件的应用是必不可少的。凡是注日期的引用文件,仅注日期的版本适用于本文件。凡是不注日期的引用文件,其最新版本(包括所有的修改单)适用于本文件。

GB/T 10870—2001 容积式和离心式冷水(热泵)机组性能试验方法

GB 19577—2004 冷水机组能效限定值及能源效率等级

JB/T 7249 制冷设备术语

3 术语和定义

JB/T 7249 界定的以及下列术语和定义适用于本文件。

3.1

热力学完善度 thermodynamic perfectibility

设备在某工况下运行的系统效率(COP 或 EER)与此工况下的逆卡诺循环效率的比值。

3.2

制冷工况热力学完善度 thermodynamic perfectibility on refrigeration condition

设备在制冷工况运行下的 EER 与此工况下的逆卡诺循环效率的比值。

3.3

制热工况热力学完善度 thermodynamic perfectibility on heating condition

设备在制热工况运行下的 COP 与此工况下的逆卡诺循环效率的比值。

3.4

劳伦兹循环 Lorenz cycle

它是由两个等熵过程及两个多变过程组成的可逆制冷循环,其结果是消耗外功将热从低温冷源移向高温热源。

3.5

逆卡诺循环 Reverse Carnot cycle

它是由两个等熵过程及两个等温过程组成的可逆制冷循环,其结果是消耗外功将热从低温冷源移向高温热源。

4 计算参数

计算方法中涉及参数的定义、符号及单位见表 1。

表1 参数的定义、符号及单位

定义	符号	单位	定义	符号	单位
逆卡诺循环低温热源温度	T_{low}	K	逆卡诺循环高温热源温度	T_{high}	K
劳伦兹循环低温热源进口温度	T_{low_in}		劳伦兹循环低温热源出口温度	T_{low_out}	
劳伦兹循环高温热源进口温度	T_{high_in}		劳伦兹循环高温热源出口温度	T_{high_out}	
逆卡诺循环制冷工况能效比	EER_c	kW/kW	实测蒸汽压缩循环制冷工况下能效比	EER_r	kW/kW
逆卡诺循环制热工况性能系数	COP_c		实测蒸汽压缩循环制热工况下性能系数	COP_r	
制冷工况热力学完善度	η_{re}	—	制热工况热力学完善度	η_{he}	—

5 计算参数值的获取

5.1 劳伦兹循环值

机组的劳伦兹循环高低温热源的进出口温度（T_{low_in}，T_{low_out}，T_{high_in}，T_{high_out}）按GB/T 10870—2001第5章的方法测试所得。其中的冷却水和冷冻水的进出口温度即为劳伦兹循环高低温热源的进出口温度。

5.2 逆卡诺循环值

逆卡诺循环高低温热源温度取劳伦兹循环两热源进出口温度的平均值，逆卡诺循环高低温热源温度分别按式(1)和式(2)计算：

$$T_{low} = (T_{low\_in} + T_{low\_out})/2 \qquad \cdots\cdots(1)$$

$$T_{high} = (T_{high\_in} + T_{high\_out})/2 \qquad \cdots\cdots(2)$$

5.3 实测能效值

机组的制冷量和制热量按GB/T 10870—2001中第5、6章的方法进行测试和校核。主要试验采用液体载冷剂法进行试验测定和计算，校验试验采用机组热平衡法。

机组的输入功率按GB/T 10870—2001中附录B的方法进行测试，包括机组压缩机油泵风机和淋水装置水泵电动机等输入功率的测量和计算。

机组的实测制冷能效值（EER_r）和制热能效值（COP_r）分别为制冷量和制热量与输入功率的比值。

5.4 逆卡诺循环能效值

5.4.1 逆卡诺循环制冷工况能效比（EER_c）按式(3)计算：

$$EER_c = \frac{T_{low}}{T_{high} - T_{low}} \qquad \cdots\cdots(3)$$

5.4.2 逆卡诺循环制热工况性能系数（COP_c）按式(4)计算：

$$COP_c = \frac{T_{high}}{T_{high} - T_{low}} \qquad \cdots\cdots(4)$$

6 热力学完善度计算方法

6.1 制冷工况热力学完善度

机组制冷工况热力学完善度按式(5)计算：

$$\eta_{re} = \frac{EER_r}{EER_c} \qquad \cdots\cdots(5)$$

6.2 制热工况热力学完善度

机组制热工况热力学完善度按式(6)计算：

$$\eta_{he} = \frac{COP_r}{COP_c} \qquad \cdots\cdots(6)$$

6.3 取值要求

热力学完善度计算数值保留小数点后2位。

6.4 示例

机组热力学完善度计算方法示例参见附录A。

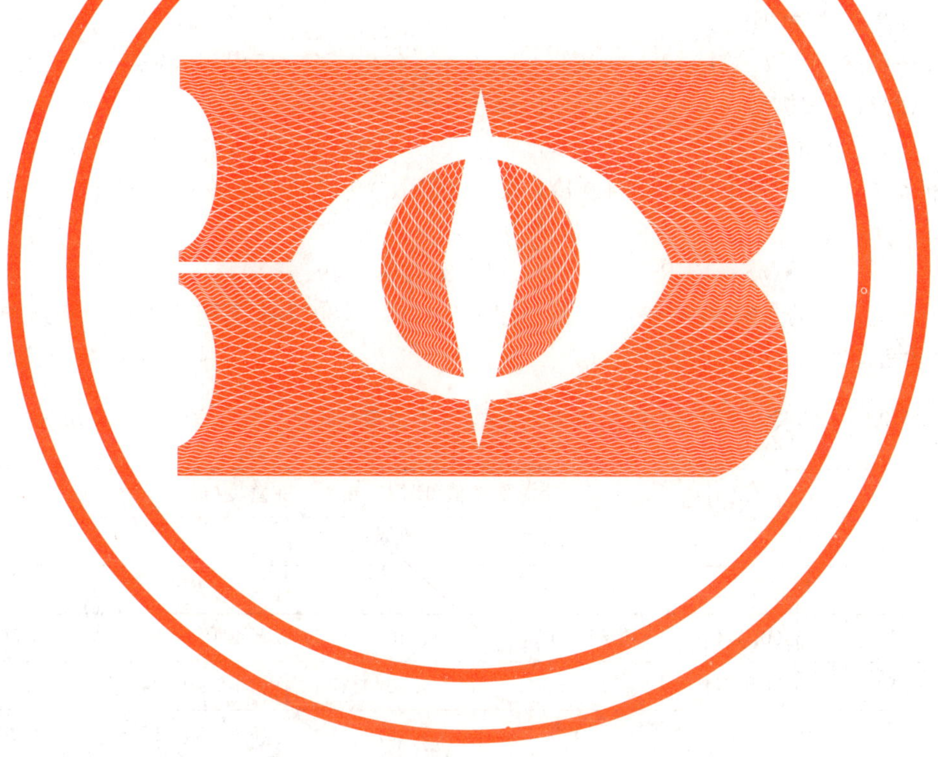

附 录 A
（资料性附录）
热力学完善度计算方法示例

一机组在标准工况下，即冷却水进水温度 30 ℃、出水温度为 34 ℃，冷冻水进水温度为 12 ℃、出水温度为 7 ℃。因而得出该机组：

劳伦兹循环低温热源进出口温度分别是：$T_{low\_in}=(12+273.15)K$

$T_{low\_out}=(7+273.15)K$；

劳伦兹循环高温热源进出口温度分别是：$T_{high\_in}=(30+273.15)K$

$T_{high\_out}=(34+273.15)K$；

则根据式(1)、式(2)分别得出：

逆卡诺循环低温热源温度为

$$T_{low}=(T_{low\_in}-T_{low\_out})/2=[(12+273.15)+(7+273.15)]/2=(9.5+273.15)$$

逆卡诺循环高温热源温度为

$$T_{high}=(T_{high\_in}-T_{high\_out})/2=[(30+273.15)+(34+273.15)]/2=(32+273.15)$$

则根据式(3)得出该机组逆卡诺循环制冷工况能效比(EER_c)为：

$$EER_c=T_{low}/(T_{high}-T_{low})=(9.5+273.15)/[(32+273.15)-(9.5+273.15)]=12.56$$

如果该机组在标准制冷工况下实测制冷能效比(EER_r)为 6.14，则该机组制冷工况热力学完善度为：

$$\eta_{re}=EER_r/EER_c=6.14/12.56=0.49(或 49\%)$$

利用热力学完善度的计算方法，表 A.1 给出了 GB 19577—2004 中不同等级下的机组能源效率值(EER)/热力学完善度(η_{re})。

表 A.1 水冷式冷水机组不同等级下的能源效率(EER)/热力学完善度(η_{re})

额定制冷量(CC) kW	能源效率值(EER)/热力学完善度(η_{re})				
	能效等级				
	1	2	3	4	5
≤528	5.00/0.40	4.70/0.37	4.40/0.35	4.10/0.33	3.80/0.30
528～1 163	5.50/0.44	5.10/0.41	4.70/0.37	4.30/0.34	4.00/0.32
＞1 163	6.10/0.49	5.60/0.45	5.10/0.41	4.60/0.37	4.20/0.33

通过对表 A.1 分析可见，冷水机组的能源效率中，循环完善度随着等效等级的升高而增大，并且根据容量大小和等级，当前冷水机组能效标准中循环的完善度在 0.30～0.49 之间，这是符合当前实际的。

ICS 19.100
J 04

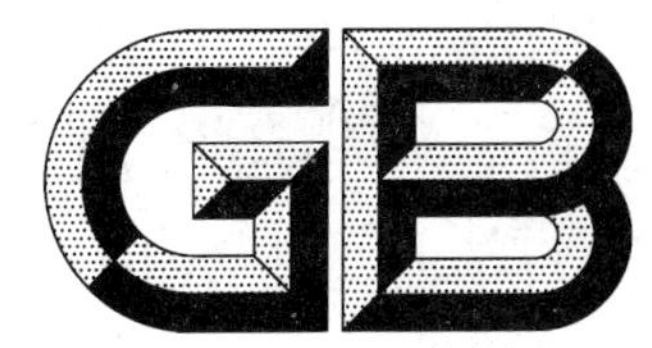

中华人民共和国国家标准

GB/T 29034—2012

无损检测 工业计算机层析成像(CT)指南

Non-destructive testing—Guide for industrial computed tomography(CT) imaging

2012-12-31 发布 2013-10-01 实施

中华人民共和国国家质量监督检验检疫总局
中国国家标准化管理委员会 发布

前　言

本标准按照 GB/T 1.1—2009 给出的规则起草。

本标准由全国无损检测标准化技术委员会(SAC/TC 56)提出并归口。

本标准起草单位:重庆大学 ICT 研究中心、中国兵器科学研究院宁波分院、上海泰司检测科技有限公司、重庆真测科技股份有限公司、南昌航空大学、中国人民解放军重庆通信学院、北京航空综合技术研究所。

本标准主要起草人:程森林、王珏、倪培君、邬冠华、曾理、刘荣、张祥春、段晓礁、沈宽、安康。

引　言

工业计算机层析成像(CT)作为一种先进的无损检测技术,已广泛地应用于航天、航空、军工、铁路、铸造、机械、船舶、石油、化工、核工业等领域。本标准对工业CT系统的基本组成和性能参数评价方法的建立,具有指导意义。

无损检测　工业计算机层析成像(CT)指南

1　范围

本标准给出了与工业计算机层析成像(CT)检测相关的物理基础、数学基础和扫描方式,讨论了工业CT系统的基本组成部分,规定了CT的基本性能参数,阐述了表述和预测系统性能的方法。

本标准是关于工业CT成像理论和应用的入门指南。

本标准适用于工业CT技术与系统的研究、开发、设计、生产和使用。

2　规范性引用文件

下列文件对于本文件的应用是必不可少的。凡是注日期的引用文件,仅注日期的版本适用于本文件。凡是不注日期的引用文件,其最新版本(包括所有的修改单)适用于本文件。

GB/T 12604.11　无损检测　术语　工业计算机层析成像(CT)检测

3　术语和定义

GB/T 12604.11界定的术语和定义适用于本文件。

4　概述

4.1　目的

本标准介绍了工业CT成像的基本原理和CT系统性能参数的定义以及系统性能参数与系统性能指标之间的关系。用户在判断CT系统的适用性、预测系统性能或开发新的扫描方法时可以参考本标准。

由于CT技术在不断发展,应用范围在不断扩大,应用情况十分复杂,因此,本标准不讨论具体的检测技术,如扫描参数的选择,扫描过程的实现和数据分析方法等。

4.2　CT原理

CT是一种射线检测方法,所得到的图像是物体的线性衰减系数的分布图。线性衰减系数描述了射线衰减的瞬时变化率。射线衰减是由于射线与被测物体的相互作用造成的。射线峰值能量低于1.02 MeV的CT系统中,主要的相互作用是光电效应和康普顿散射。光电效应主要依赖于吸收介质的原子序数和密度,在低能时起主要作用,康普顿散射主要依赖于材料的电子密度,在高能时起主要作用。

线性衰减系数与材料密度的比例关系是CT图像能反映物体密度分布的物理基础。但是线性衰减系数还与射线能量有关,这种特性有时会掩盖CT图像中的密度差异,但有时也会增强具有相似密度的不同材料的对比度。

图1显示了CT图像与传统的射线照相的区别。从图1可以看出,传统的射线照相检测对象特性时存在影像叠加,无法确定被测物体的空间位置。CT图像从不同的角度对物体进行检测,可以得到更精确的位置信息。传统的射线照相中,切片平面“P”上的信息投影成一条直线“A－A′”,而CT图像可

以获得切片平面的空间信息。CT信息来源于从不同视角得到的大量的测量值,然后在计算机中对图像进行重建。CT图像是由一系列离散的像素构成的,典型的CT图像为1 024×1 024或2 048×2 048的矩阵。CT成像相当于切开被测物体检查它的内部特性,通过连续CT切片能得到物体内部的三维图像。

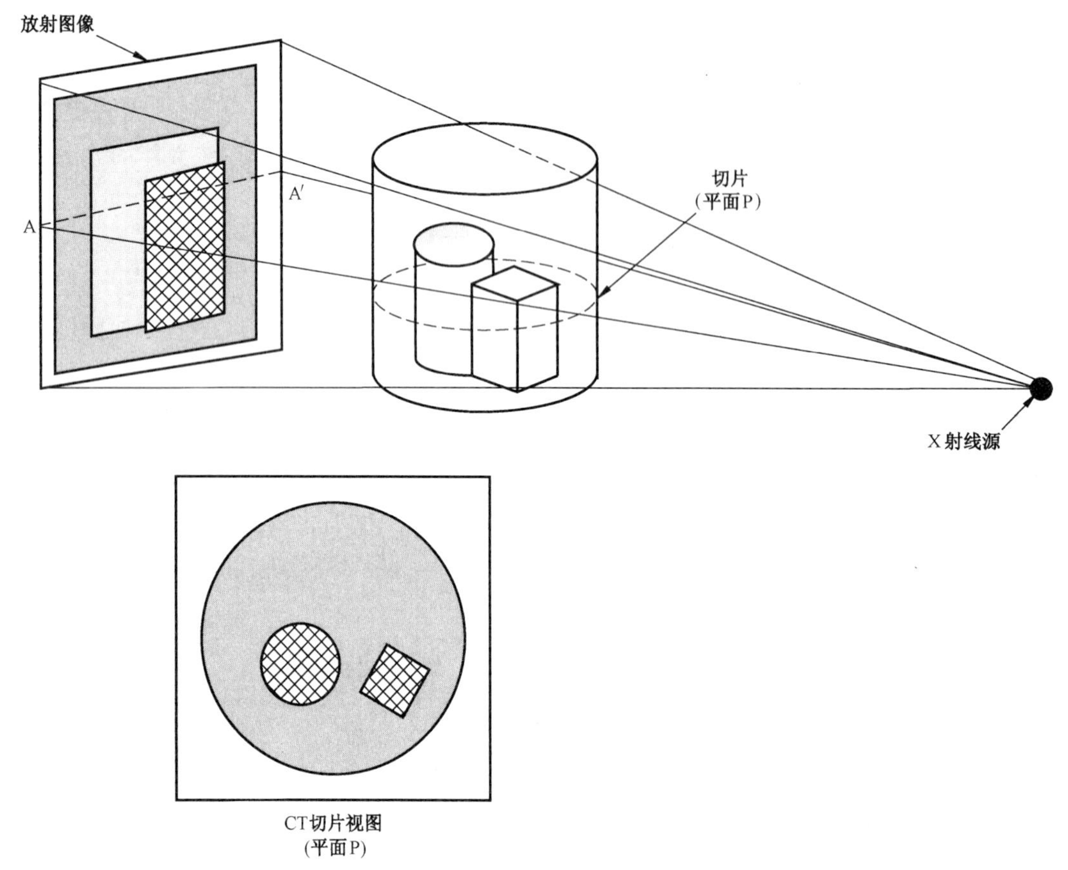

图1　CT图像与传统射线照相的比较

图2描述了CT的工作原理图。图2 a)中函数$f_{\Phi_1}(x')$表示在某个角度下测量得到的一组投影数据,其中x'表示每次测量的投影位置。图2 b)表示从其他角度测量得到的$f_{\Phi_i}(x')$。将投影数据数字化后储存在计算机中,并在计算机中进行处理。图像处理的下一步是对投影数据进行反投影。反投影是在投影路径的每个像素上迭加该路径下的投影值的过程。当采集到足够的投影数据时,就能对被测物体进行可靠的重建。在图2的例子中只使用四个方向的投影数据就能通过反投影初步显示出被测物体的相对尺寸和位置。

4.3　CT的优势

CT的最大优势是能无损伤地得到物体切片的密度分布图像。CT图像比一般的投影射线照相法产生的图像更接近于人脑中三维结构的概念,因此CT图像很容易理解。由于CT图像是数字图像,可以对它进行增强、分析、压缩、存档处理,也可以作为数据输入进行计算,与其他无损检测方法得到的数据进行比较,还可以传输到其他地方进行远距离观测。

通过采用适当的校准方法,CT能准确地测量被测物体的几何尺寸和密度。双能CT扫描能帮助识别材料成分,可以提供精确的电子密度和原子序数图像。

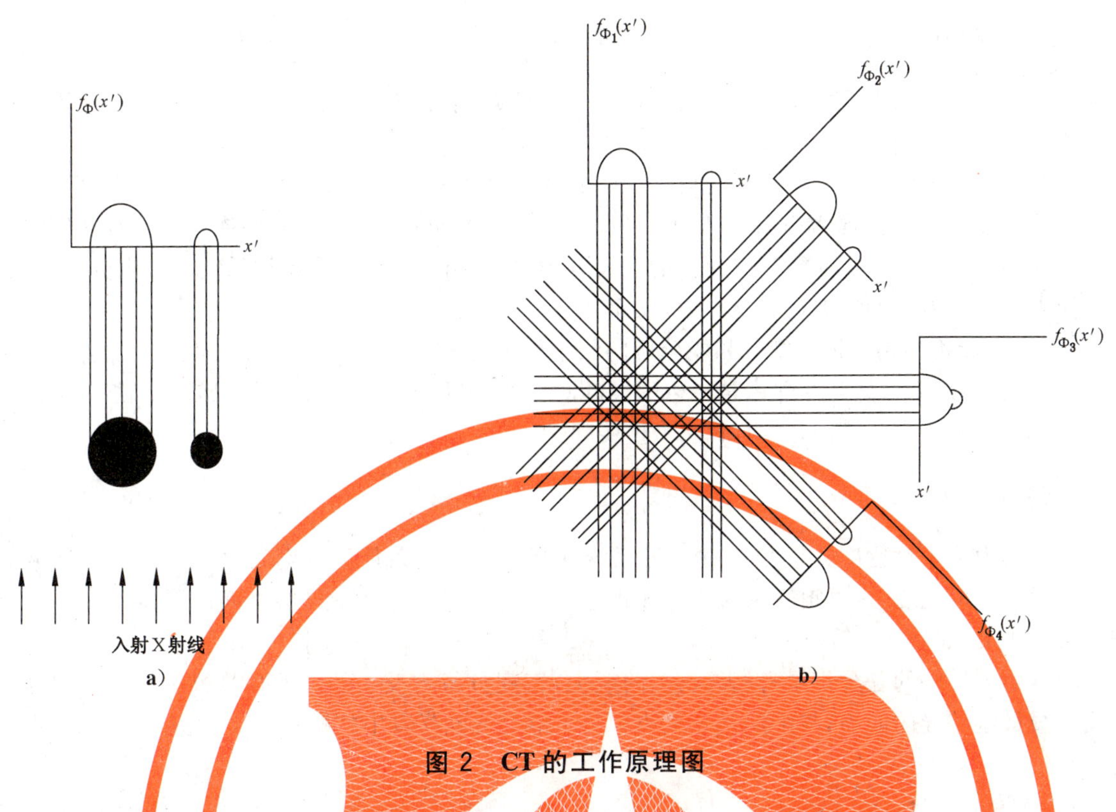

图 2 CT 的工作原理图

4.4 CT 的局限性

CT 也有它的局限性。首先被测物体需要满足 CT 系统的工装条件，并且能被射线穿透。其次，CT 图像的重建算法要求扫描系统至少采集 180 度的数据，但在工程实践中由于射线源和探测器尺寸、射线束形状等因素的影响，使得穿过物体的某一路径在正、反方向获得的投影数据存在差异，因此需要采集 360 度的数据才能获得高质量图像。在有些情况下被测物的尺寸和透射率限制了数据的采集，虽然数据不完整时可以采用一些补偿手段，但是会降低图像质量。根据动态范围、被测物体最大等效钢厚度和射线能量可以估计检测被测物体的可行性。

CT 图像的另一个缺点是可能会出现伪影。伪影是 CT 图像上出现的与试件的结构及物理特性无关的图像特征。由于伪影是不真实的，因此它不利于用户从图像中定量地提取密度、尺寸或其他数据。因此，需要用户学会识别并能凭经验消除常见伪影对图像的影响。一些伪影可以通过一定的工程措施通过改进 CT 系统性能来减弱或消除，例如散射和电子噪声引起的伪影；一些伪影从理论上是不可避免的，但是可以通过工程手段减弱，例如边界条纹和部分容积伪影；还有一些伪影具有以上两种特点，例如杯状伪影，它主要是由于射线的多色性和射线散射造成的。

用线阵 CT 进行完整的三维扫描是很耗时的，以 1 024×1 024 的图像为例，单幅图像的典型扫描时间一般需要几分钟，部分高速 CT 系统的扫描时间可缩短到 1 min 内。因此并不是所有的 CT 检测都需要进行三维扫描，可以通过数字射线成像(DR)检测进行补充。也可以通过加大切片厚度来减少扫描时间，但是会降低轴向分辨力，还可能产生部分容积伪影。原则上，这个缺点可以通过全三维扫描如锥束扫描来消除。

4.5 系统性能

4.5.1 概述

CT 系统性能主要包括空间分辨力、密度分辨力、统计噪声和伪影等。

4.5.2 空间分辨力

空间分辨力定量地表示为能分辨的两个点的最小间距，表征 CT 系统在足够信噪比条件下辨别物体空间几何细节特征的能力。

空间分辨力的极限值取决于系统的设计、结构、数据量和采样方法。机械扫描系统的精度决定了投影路径的精确性，X 射线光学决定了可分辨的最小细节，投影数量和每个投影中探测器的数目决定了重建矩阵的大小。减小像素尺寸能改进图像的空间分辨力，但当空间分辨力超过系统的极限分辨力时，继续减小像素尺寸不但不能增加空间分辨力，反而会产生伪影。

CT 图像上能检测到的最小细节和能分辨的最小细节是不同的。小于一个像素的细节会影响到与它相关的像素，使这个像素与相邻像素产生明显的对比度，这种现象称为部分容积效应。细节特征的可分辨能力和可探测能力的不同是 CT 的一个重要问题。

4.5.3 密度分辨力

密度分辨力又称对比度灵敏度，表征 CT 系统在足够信噪比条件下辨别物体中指定大小区域与周边区域密度差异的能力，定量地表示为给定面积上能分辨的细节与背景材料之间的最小对比度。密度分辨力取决于 CT 图像噪声水平。

空间分辨力反映的是分辨紧密相邻物体的能力，密度分辨力反映的是 CT 图像上能检测到的物质对射线衰减最小差异的能力，与给定面积大小有关。能否发现材料中的缺陷取决于密度分辨力，发现以后是否看得清楚取决于空间分辨力。

4.5.4 统计噪声

统计噪声限制了 CT 图像的对比度分辨力。CT 图像上的统计噪声表现为加在 CT 图像上的随机变量，主要来源于两个方面：

a) 光子的固有统计涨落；

b) 使用的特殊设备和工序。

通过增加有用信号可以降低统计噪声，如增加扫描时间、射线源强度或射线源焦点和探测器的尺寸。但是增加射线源焦点和探测器的尺寸会降低空间分辨力，这就需要在统计噪声和空间分辨力之间权衡。

4.5.5 伪影

所有的成像系统都存在伪影。CT 伪影有不同的表现形式。射束硬化会在图像上形成杯状伪影，表现为均匀材质物体的 CT 图像中 CT 密度从中心向边缘逐渐增大。不同密度材料的分界面上产生的伪影很难确定，在密度曲线上通常表现为尖峰或者低谷。用户在检测前需要理解伪影的分类并确定其影响因素。某些伪影是 CT 的物理特性和数学特性所固有的，不能被消除，其他的来源于硬件或软件的设计缺陷，在工程上是可以消除的。

在其他参数相同的条件下，伪影的种类和严重性是比较不同 CT 系统性能指标的两个重要因素。用户需要理解各种伪影的差异和对测量的影响，例如未校正的杯状伪影会对绝对密度的测量产生严重影响，条状伪影会对尺寸测量精度产生严重影响。

5 CT 技术基础

5.1 概述

CT 技术基础包括物理基础、数学基础、扫描方式和成像原理。

5.2 物理基础

5.2.1 X射线和伽马射线是根据它们的来源来分类的，X射线是由于带电粒子的加速或减速产生的，伽马射线是由于原子核的跃迁产生并由原子核发射出来。光子与物质之间的相互作用与它们的产生方式无关而只与它们的能量有关。指南中的射线指的是能量范围在 keV 到 MeV 的光子。

5.2.2 射线与物质的相互作用有四种方式：与原子中的电子发生作用、与核子发生作用、与原子中的电子或原子核产生的电场发生作用、与原子核周围的介子场发生作用。射线与物质发生相互作用后可能有以下三种结果：完全吸收、发生弹性散射或发生非弹性散射。因此，原则上射线与物质之间的相互作用有十二种不同的现象，见图3。其中一些还没有从物理上观测到。

	原子中的电子	核子	原子中的电场	原子核的介子场
完全吸收	光电效应	光致分裂	电子对效应	介子的产生
弹性散射	瑞利散射	汤姆生散射	德尔布鲁克散射	无现象
非弹性散射	康普顿散射	核共振散射	无现象	无现象

图3　射线与物质的相互作用

5.2.3 射线照相技术中最重要的相互作用是光电效应、康普顿散射和电子对效应。它们的作用范围与光子能量和材料原子序数的关系如图4所示。当射线能量低于1 MeV时，不可能产生电子对，与原子中的电子的相互作用是射线与物质的主要作用。其他可能的作用中，瑞利散射很小但不能忽略。当射线能量高于1 MeV时，电子对效应和康普顿散射进行竞争。当射线能量高于8 MeV时会产生一定量的中子，能量高于10 MeV时应考虑中子防护。

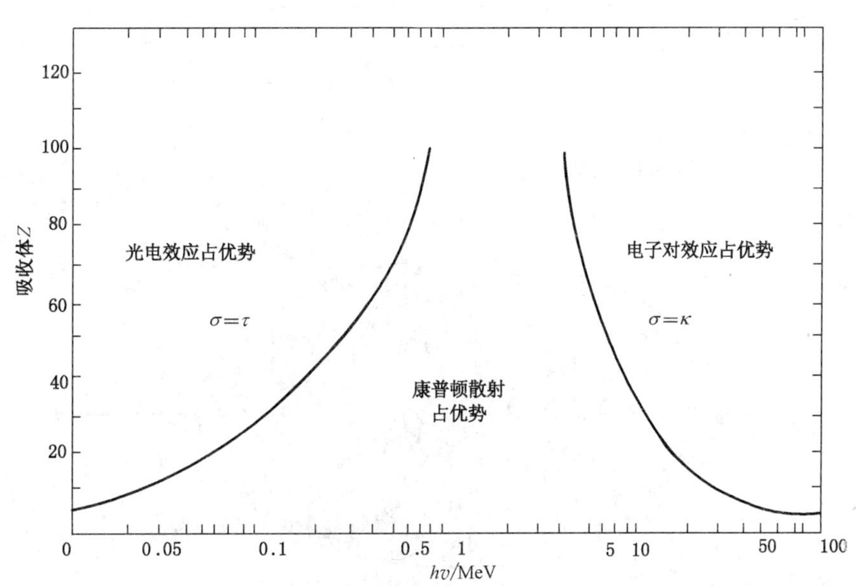

图4　射线与物质的三种相互作用的比较

5.2.4　图 5 给出了三种主要的相互作用的示意图。发生光电效应时，原子作为整体与入射射线发生作用，入射射线被完全吸收。由于能量和动量守恒，原子被反冲并发射出一个电子，随后的衰减过程会导致特征 X 射线和次级电子的产生。从图 4 可以看出，光电效应在低能部分起主要作用。

5.2.5　发生康普顿散射时，入射射线与电子相互作用，发生非弹性散射，这个过程中射线损失了能量，这种散射也称为非相干散射。由于能量和动量守恒，电子发生反冲并且射线以更低的能量被散射到不同的方向。虽然射线没有被吸收，但是已经偏离了初始方向。在射线照相设备中大部分散射线都来源于康普顿散射。从图 4 可以看出，康普顿散射在中能部分起主要作用。

5.2.6　发生电子对效应时，入射射线与原子核周围的电场发生相互作用并被完全吸收，在这个过程中产生正负电子对。电子对的产生保证了能量和动量守恒。正电子最终与电子相互作用产生湮没辐射。从图 4 可以看出，电子对效应在高能部分起主要作用。

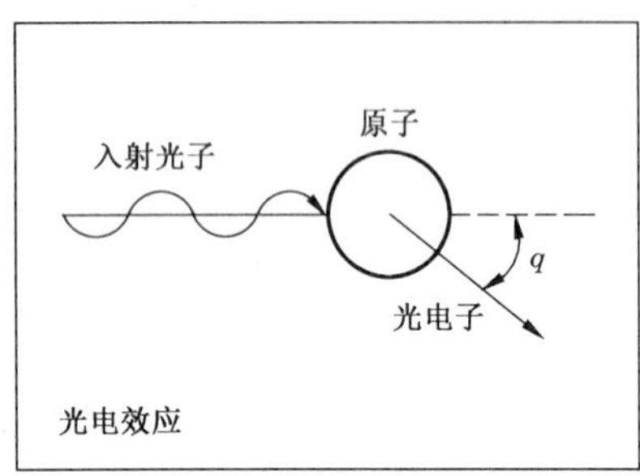

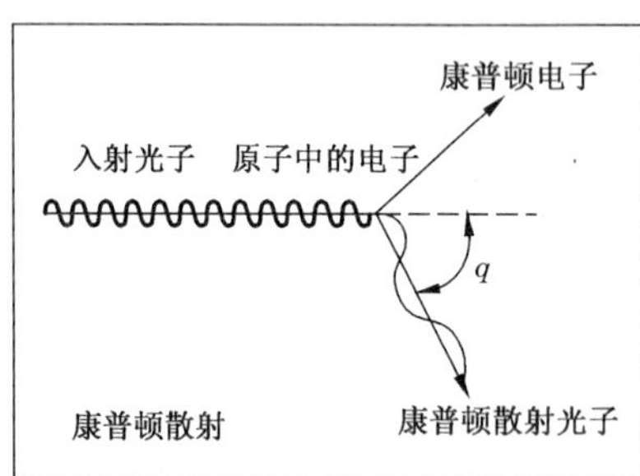

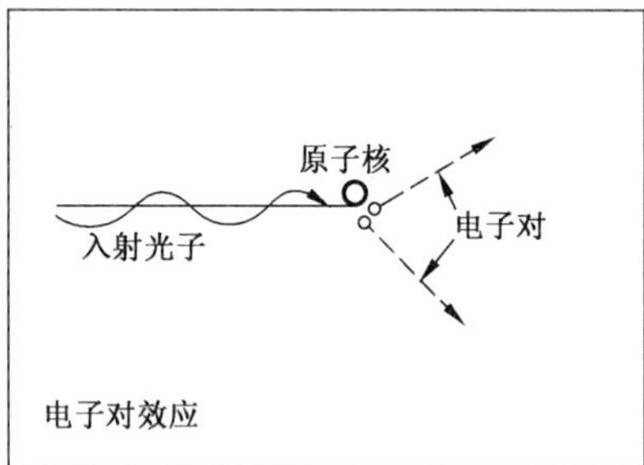

图 5　射线与物质的三种相互作用的示意图

5.2.7　射线穿过物体时受到射线路径上物体的吸收或散射而导致强度衰减，衰减规律由 Lambert 定律确定，见式(1)。即射线穿过物体所受到的衰减是沿该射线路径线性衰减系数的线积分值的卷积函数，见图 6。

$$I = I_0 \exp[-\int_l \mu(x,y)\mathrm{d}l] \qquad \cdots\cdots(1)$$

式中：

I_0 ——入射射线强度；

I ——透射射线强度；

$\mu(x,y)$——路径 l 的线性衰减系数分布。

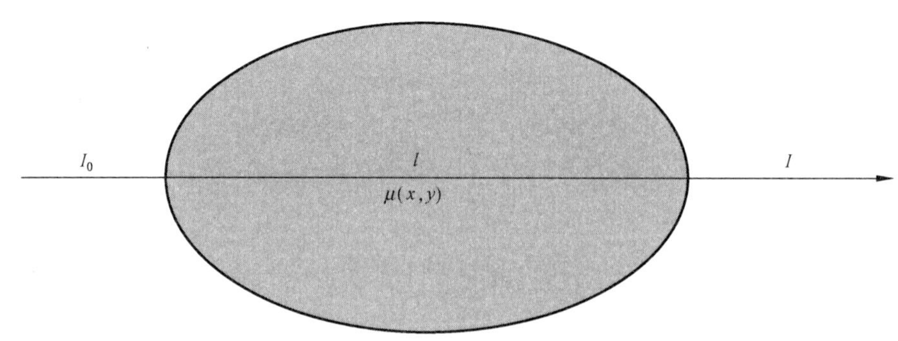

图 6　Lambert 定律示意图

在 CT 检测中,I_0 是空气测量时探测器的测量值,I 是射线经被测物体衰减后探测器的测量值。由式(1)可得:

$$\rho(l)=\int_l \mu(x,y)\mathrm{d}l=-\ln(I/I_0) \quad \cdots\cdots(2)$$

线性衰减系数的线积分值 $\rho(l)$ 称为投影数据。当射线从不同方向和位置穿过该物体时,对应路径上的投影数据 $\rho(l)$ 均可照此求出,从而得到一个投影数据集合。由于物体的线性衰减系数与射线穿过的物体密度直接相关,密度大的物体对射线的衰减大,探测器所能接收的射线就少,反之则多,故线性衰减系数的二维分布也可视为密度的二维分布,所以切片图像能反映物体切片的结构关系和物质组成。由式(2)可以看出 CT 的图像重建问题归结为由投影数据 $\rho(l)$ 的集合来计算 $\mu(x,y)$ 的反演问题。

5.3 数学基础

5.3.1 CT 图像

一般而言,CT 图像包含了扫描工件的描述信息,它近似于工件线性衰减系数的分布。二维 CT 图像通常具有以下几个性质:

a) 图像区域是一个正方形。

b) 设函数 $f(x,y)$ 表示 CT 图像,其中心为坐标原点,则其值在重建区域外为 0,见式(3):

$$\begin{cases} f(x,y)\geqslant 0,\text{当}\sqrt{x^2+y^2}\leqslant R \\ f(x,y)=0,\text{当}\sqrt{x^2+y^2}>R \end{cases} \quad \cdots\cdots(3)$$

式中:

R——重建区域半径。

c) 任意点 (x,y) 处的函数值 $f(x,y)$ 正比于物体在该点的线性衰减系数。

CT 图像就是图像 $f(x,y)$ 在二维空间坐标和亮度上都已离散化了的图像,因此可以把一幅数字图像等价为一个矩阵,其行和列标出了图像各个点在二维空间的位置,而矩阵元素的值标出这些点的灰度等级,这样的数字阵列的元素叫做图像元素或像素。图像一般包含 $N\times N$ 个像素,CT 中常见的像素规模有 128×128,256×256,512×512,1 024×1 024,2 048×2 048 等。

5.3.2 雷当变换

雷当变换是由 J. Randon 在 1917 年建立的数学变换。如果一个函数在某个特定区域内的值是有限的而在其他区域内值为零,并且已知该函数在通过这个区域的所有路径上的积分,那么这个函数在这个区域的值就能被唯一确定。一个函数和与它相关的线积分组成一个变换对,线积分的集合称为该函数的雷当变换。由函数的雷当变换推导函数的过程称为雷当反变换。雷当反变换的存在为 CT 图像重建提供了重要的存在定理。

5.3.3 求解方程组重建图像

由投影数据 $\rho(l)$ 集合计算线性衰减系数分布 $\mu(x,y)$ 最直接的做法是求解方程组。如图 7,假定有一个 3×3 单元构成的切片,各单元的线性衰减系数分别为 μ_{ij},三条平行射线由三个视角穿过该切片,测得沿各条射线路径上的线性衰减系数和分别为 P_{ij},由此可以建立一个由 9 个独立方程构成的方程组,见式(4)。解方程组求得线性衰减系数 μ_{ij},把求得的线性衰减系数分布用计算机图像的形式显示出来,就得到该切片的重建图像。

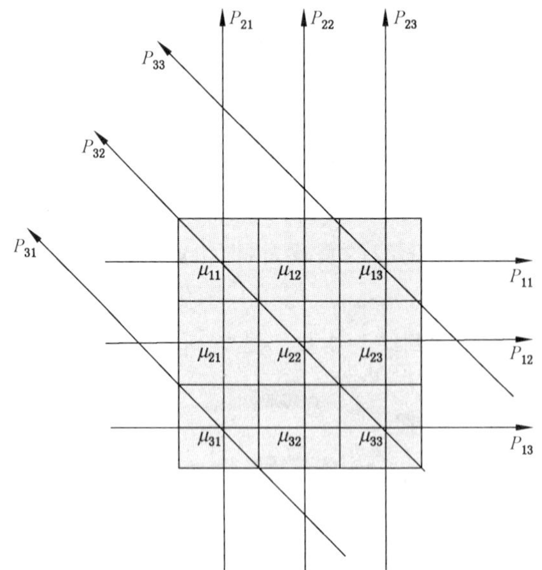

图 7　射线扫描示意图

$$\begin{cases} \mu_{11}+\mu_{12}+\mu_{13}=P_{11} \\ \mu_{21}+\mu_{22}+\mu_{23}=P_{12} \\ \mu_{31}+\mu_{32}+\mu_{33}=P_{13} \\ \mu_{11}+\mu_{21}+\mu_{31}=P_{21} \\ \mu_{12}+\mu_{22}+\mu_{32}=P_{22} \\ \mu_{13}+\mu_{23}+\mu_{33}=P_{23} \\ \mu_{31}=P_{31} \\ \mu_{11}+\mu_{22}+\mu_{33}=P_{32} \\ \mu_{13}=P_{33} \end{cases} \quad \cdots\cdots (4)$$

为了获得一个由 $N\times N$ 个像素构成的图像，可以通过构建一个由 $N\times N$ 个方程组成的方程组，解此联立方程组即可求得 $N\times N$ 个线性衰减系数的二维分布。实际应用中 N 值较大，直接求解方程组很困难，所以这种算法不实用，需采用其他方法来解决这个问题。

5.3.4　迭代重建算法

迭代重建算法是利用投影值，通过迭代逼近被测物体线性衰减系数分布图像的算法。与解析重建算法相比，迭代重建算法的优点是抗噪性好、伪影抑制能力强、易于处理投影数据截断、可引入物体先验信息，缺点是重建速度慢。随着计算机运算能力的快速发展，迭代重建算法越来越受到关注。目前，常用的迭代重建算法有两类：代数迭代(ART)和期望最大化(EM)迭代。

代数迭代重建算法一般包括以下过程：模拟投影、投影误差校正、反投影更新图像数据。根据迭代过程中更新一次图像数据所涉及的射线路径数，可以将代数迭代算法分为以下三类：

a)　顺序迭代，每次迭代只使用一条射线路径；

b)　有序子集，先将所有的射线路径按照一定的规则划分成几个有序子集，每次迭代只使用其中的一个子集；

c)　同时迭代，一次迭代包含所有的射线路径。

为了与“一次迭代”相区分，当所有的射线路径都被使用一次时，可称为完成了“一轮迭代”。对于有序子集或者同时迭代算法，一次迭代涉及多条射线甚至多个视角，而沿不同的射线的投影或反投影是可以同时计算的，因此可以使用并行计算技术对其进行加速。

5.3.5 解析重建算法

解析重建算法是利用投影值，通过数学变换计算被测物体线性衰减系数分布图像的算法。最常用的是滤波反投影重建算法(FBP)，它采用核函数对投影数据进行卷积滤波，再对卷积后的投影数据进行反投影计算得到图像上每个像素值。由于该算法在反投影前需要对投影数据进行卷积滤波，所以也称为卷积反投影重建算法。

滤波反投影重建算法采用的核函数为斜坡滤波器或其改进形式，具有加强高频抑制低频的作用，可有效抑制CT投影的低频扩散效应，加强投影数据中高频细节信号。而反投影是在投影路径的每个像素上迭加该路径下的投影值的过程，通过对各个视角下的投影数据进行反投影，可重建出物体的断面图像。二维滤波反投影重建算法又分为平行束滤波反投影重建算法和扇束滤波反投影重建算法。

利用平行束或扇束投影数据可重建出物体的断面图像，再利用序列CT断面图像可重构三维体数据，也可利用锥束投影数据直接重建三维体数据。锥束CT重建算法分为近似重建算法和精确重建算法两类。FDK算法及其改进形式是最常用的近似重建算法，主要用于圆周扫描轨迹的锥束CT重建，也被推广到螺旋扫描轨迹的锥束CT重建。精确重建算法仍在发展之中，代表性的算法有Grangeat算法、Katsevich算法、BPF(先反投影再滤波)重建算法等，主要用于螺旋扫描轨迹的锥束CT重建。

和迭代重建法相比，解析重建算法重建速度快，但重建图像的质量依赖于投影数据的质量和完整性。

5.4 扫描方式

5.4.1 概述

CT扫描是沿着多个视角依次对物体特定区域的射线透射率进行测量的过程，射线源和探测器与被测物体间做相对运动，该过程由精确控制的机械扫描系统实现。按照扫描方式，可以分为一代扫描、二代扫描、三代扫描、四代扫描、锥束扫描和螺旋扫描。工业CT目前最常用的是二代扫描和三代扫描。

5.4.2 一代扫描

一代扫描也称平行束扫描，见图8。扫描方式是：在每个视角上，笔束射线经过相对于物体的平移形成平行射线组，从而获得该视角下的投影值。采集完一个视角的数据后，物体与射线源和探测器相对旋转一个小角度，如图8中旋转1°，进行该视角的扫描。完成全部数据采集至少要旋转180°。一代扫描的特点是设计简单，扫描参数选择灵活，能容纳的被测物体的尺寸范围大，但是扫描时间很长。

5.4.3 二代扫描

二代扫描也称旋转平移扫描，见图9。扫描方式类似于一代扫描，区别在于使用扇束射线并且使用多个探测器，每次平移能得到多个方向的平行投影数据，相应地缩短了扫描时间。和一代扫描一样，二代扫描容纳的被测物体的尺寸范围也大，但是无用扫描数据多，扫描速度慢。

5.4.4 三代扫描

三代扫描也称只旋转扫描，见图10。扫描方式是：在一个视角下射线束能包容整个被测物体断面范围，在有足够密的探测器的情况下，一次采样就能得到该视角下的完整投影。采样完成后经过物体与射线源和探测器的相对旋转，得到其他视角下的投影。三代扫描比二代扫描速度快，但是是以增加探测器数量为代价的，同时由于三代扫描时探测器阵列的所有探测器对每组投影数据都起作用，因此对探测器的性能提出了更高的要求。

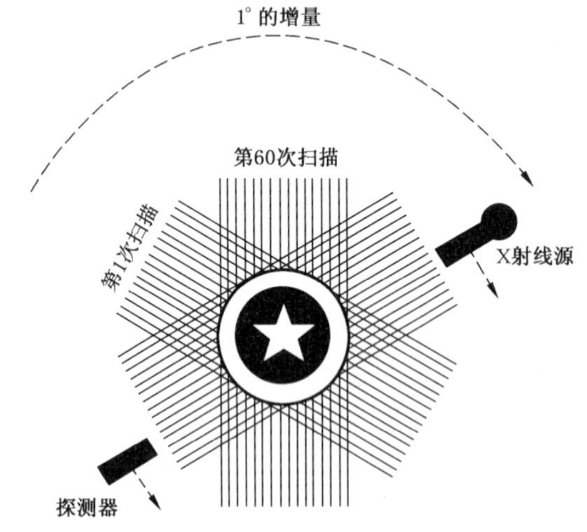

图 8　一代扫描

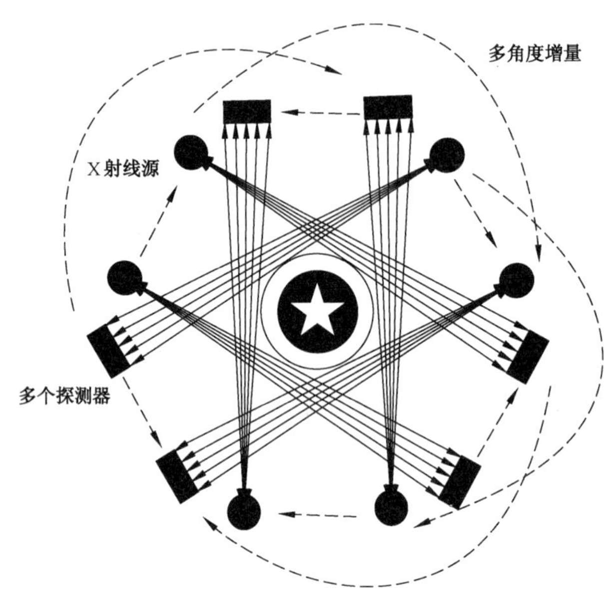

图 9　二代扫描

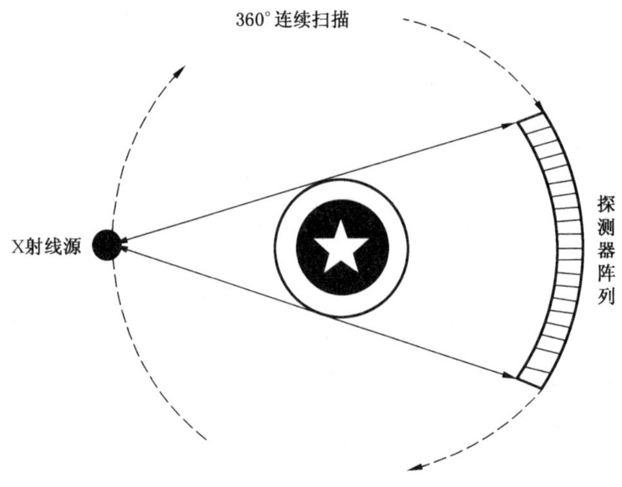

图 10　三代扫描

5.4.5 四代扫描

四代扫描也只使用旋转扫描，见图 11。与三代扫描的区别在于探测器排列成环形阵列且静止不动，只移动射线源。四代扫描具有二代扫描抗伪影的特点和三代扫描速度快的特点，但是它结构更复杂，成本更高，并且更容易受到散射的影响。

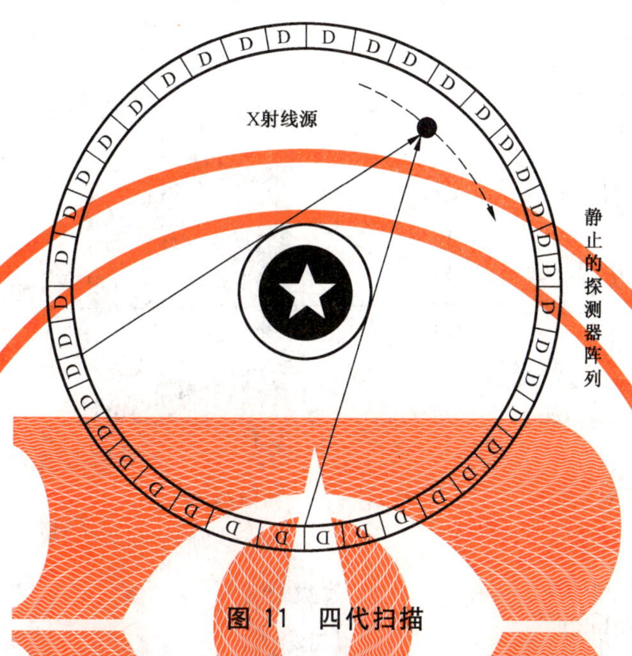

图 11 四代扫描

5.4.6 锥束扫描

锥束扫描多用于全三维扫描，见图 12。扫描方式类似于三代扫描，区别在于使用锥束射线并且使用面阵探测器。锥束扫描的扫描范围与射线源到被测物体旋转轴的距离，射线源与探测器的距离和探测器的尺寸等扫描参数有关。与基于线阵探测器的扇束扫描相比，基于面阵探测器的锥束扫描可以提高射线的利用效率，同时可以显著提高重建图像的轴向分辨力。锥束扫描速度快，但是射线散射影响较大。

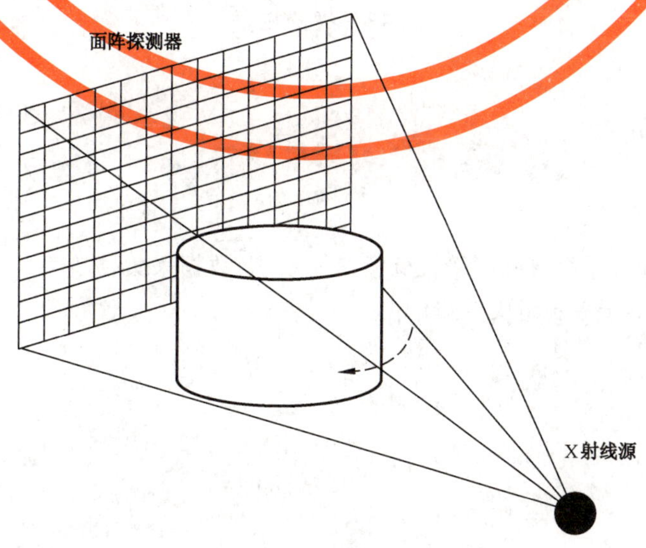

图 12 锥束扫描

5.4.7 螺旋扫描

螺旋扫描多用于全三维扫描，见图 13。扫描方式是：物体相对于射线源和探测器同时进行旋转和平移运动，扫描轨迹呈螺旋线。目前的扫描分为单层螺旋扫描、多层螺旋扫描和螺旋锥束扫描。

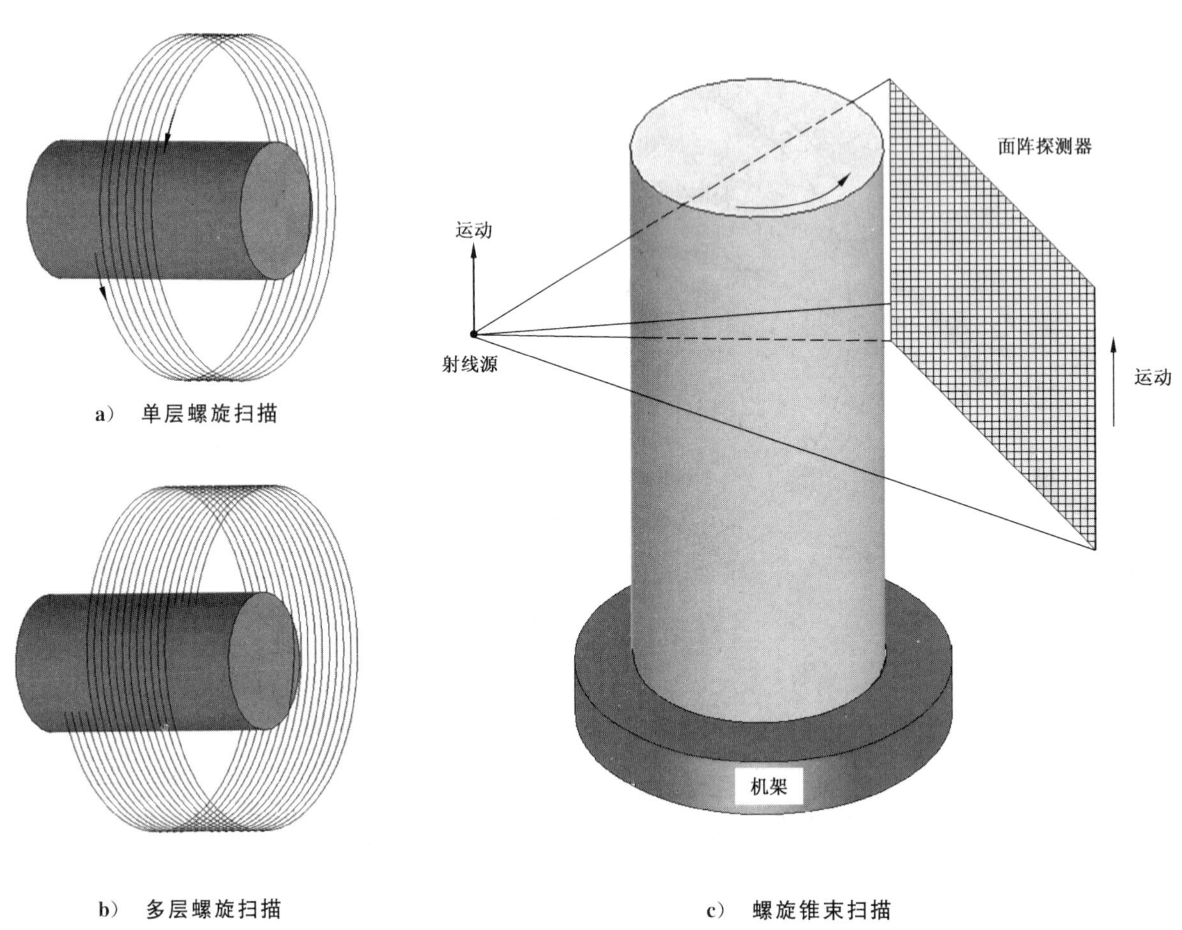

a） 单层螺旋扫描

b） 多层螺旋扫描

c） 螺旋锥束扫描

图 13 螺旋扫描

6 系统基本组成

6.1 概述

CT 系统通常由射线源系统、探测系统、机械扫描系统、数据采集传输系统、控制系统、图像处理系统和辐射安全防护系统等子系统组成，见图 14。

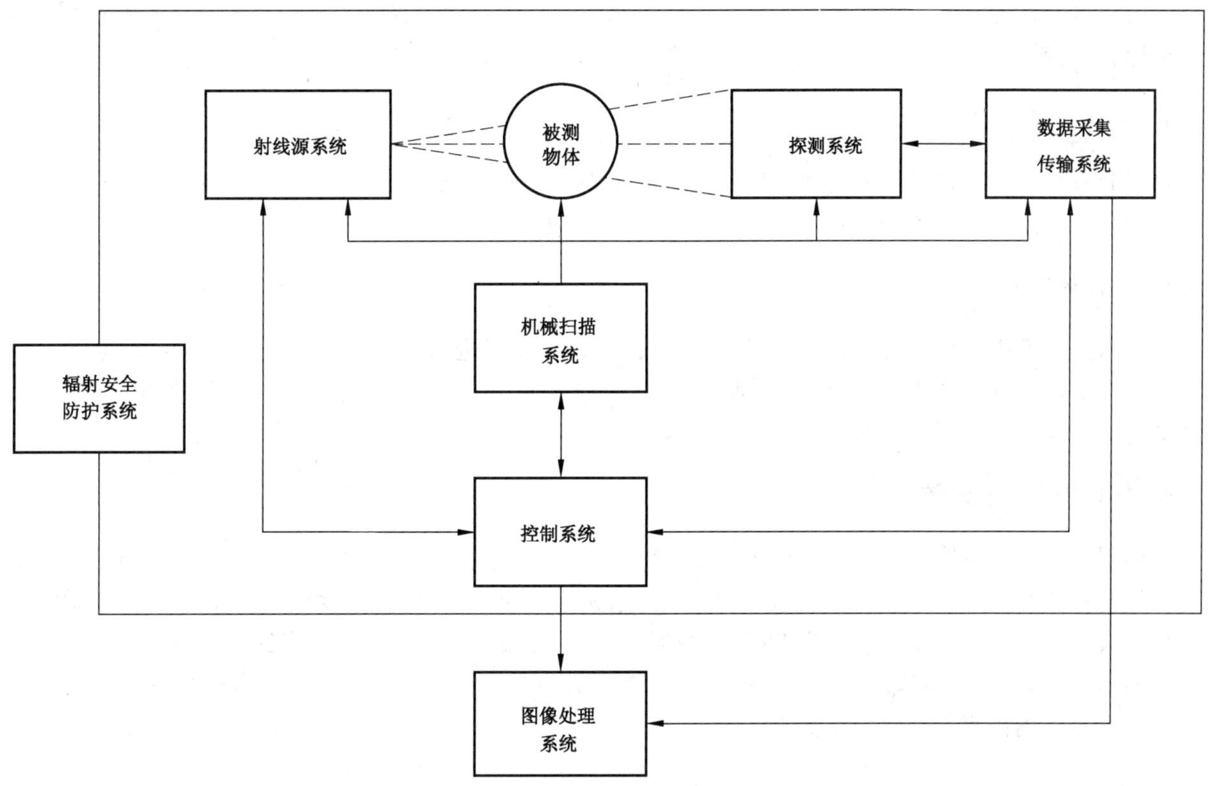

图 14 工业 CT 系统组成示意图

6.2 射线源系统

射线源系统提供照射被测物体的射线束,经准直后可形成需要的各种形状,如笔束、扇束、锥束等。工业 CT 最常用的射线源是 X 射线机和电子直线加速器,有时也使用放射性同位素源和同步辐射源。射线源系统的主要性能指标有:射线能量、焦点尺寸、最大剂量率、剂量率稳定性等。

6.3 探测系统

探测系统用于测量到达探测器的射线强度,将入射射线强度转换为电信号。工业 CT 所用的探测器按照物理结构形态可以分为线阵探测器和面阵探测器。线阵探测器是线状排列的探测器阵列,常用的探测单元有气体和闪烁体两大类。面阵探测器主要有三种类型:高分辨力半导体芯片、图像增强器和平板探测器。

6.4 机械扫描系统

机械扫描系统是 CT 的基础结构,提供射线源系统、探测系统及被测物体的安装载体,并为 CT 系统提供所需扫描检测的多自由度高精度的运动功能。根据机械结构的布局,常见的工业 CT 系统分为立式和卧式布局。

6.5 数据采集传输系统

数据采集传输系统用于获取和收集信号,它将探测器获得的信号转换、收集、处理和存贮后,供图像重建用。数据采集传输系统主要包括信号调理与转换单元、数据采集控制单元和数据传输控制单元。信号调理与转换单元对探测器输出的信号进行放大、滤波、A/D 转换等处理,获得大动态范围、高信噪比的数字信号;数据采集控制单元负责控制信号调理与转换单元进行数据采集,并进行数据缓存;数据传输控制单元将各通道数据信号收集处理后传送到图像重建处理计算机。数据采集传输系统的主要性能指标有：信噪比、稳定性、动态范围、采集速度及一致性等。

6.6 控制系统

控制系统实现对扫描检测过程中机械运动的精确定位控制、系统的逻辑控制、时序控制及检测工作流程的顺序控制和系统各部分协调，并负责系统的安全防护控制。

6.7 图像处理系统

图像处理系统主要实现由投影数据重建生成图像，对图像进行处理、分析和测量，并可根据实际应用开发专业的后处理软件，例如缺陷自动识别软件、逆向 CAD 软件等。系统通常由图像处理工作站、图像处理软件、图像显示设备、图像输出设备以及其他相关部件构成。

6.8 辐射安全防护系统

辐射安全防护系统包括辐射防护与报警系统、现场监视系统，也可根据情况选配语音通讯装置。辐射防护与报警系统是指门联锁装置、急停按钮、专用钥匙及声光报警等，必要时可以配备红外和微波双鉴探测装置。现场监视系统包括摄像机、监视器，应尽量保证检测室内无监控盲区。语音通讯装置是指对讲通讯设备，实现检测室操作人员与控制室操作人员的双向语音通讯。辐射安全防护系统的指标要求可参考相应的国家标准和法律法规。

7 性能指标

7.1 概述

工业 CT 系统性能指标主要包括对比度、分辨力、噪声、对比度—细节—定量曲线(CDD 曲线)等。

7.2 对比度

7.2.1 对比度的定义

CT 中对比度定义为细节与背景材料线性衰减系数之差占背景材料线性衰减系数的百分比，见式(5)：

$$\text{对比度}=\frac{|\mu_f-\mu_b|}{\mu_b}\times 100\% \qquad \cdots\cdots(5)$$

式中：

μ_f——细节的线性衰减系数；

μ_b——背景材料的线性衰减系数。

式(5)关于对比度的定义假定细节厚度大于 CT 切片厚度，如果细节厚度 h 小于切片厚度 t，则对比度需要乘以比例因子 h/t。

7.2.2 对比度差

细节在背景材料上的理想 CT 扫描结果见图 15。线性衰减系数为 μ_f 的细节在线性衰减系数为 μ_b 的背景材料上的 CT 图像见图 15 a)，图 15 a)中的 CT 值轮廓曲线见图 15 b)，识别细节和背景材料的概率分布函数见图 15 c)。对比度差 $\Delta\mu$ 定义为式(6)：

$$\Delta\mu=|\mu_f-\mu_b| \qquad \cdots\cdots(6)$$

分辨力和噪声会对图 15 b)中的轮廓曲线和图 15 c)中的概率分布函数产生影响。

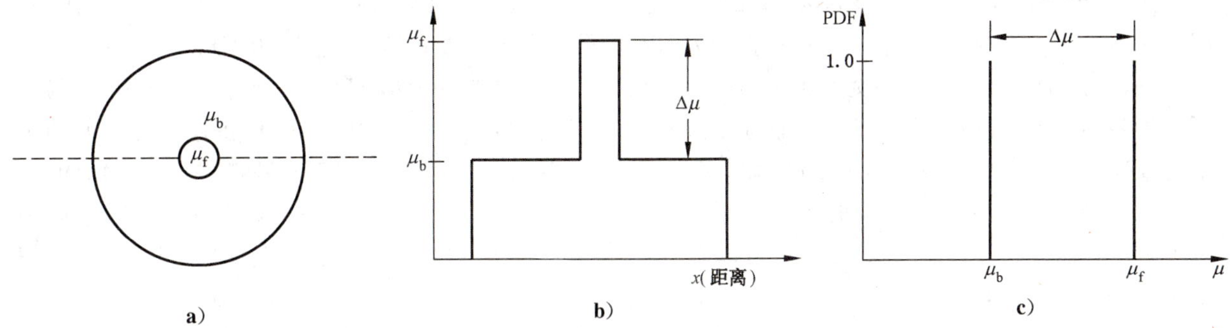

图 15 细节在背景材料上的理想 CT 扫描结果

7.3 分辨力

7.3.1 概述

CT 图像等价于物体函数与点扩展函数(PSF)的卷积,PSF 是系统对理想点模型的响应函数。由于点扩展函数的影响,小细节对应的图像尺寸可能变大,使得边界模糊不清,同时会降低实际图像的对比度,使得细节的辨别变得困难。

7.3.2 PSF 的简单近似

PSF 可以近似为直径为 BW 的圆柱,BW 称为等效射束宽度,见式(7):

$$BW \approx \frac{\sqrt{d^2 + [a(M-1)]^2}}{M} \quad \cdots\cdots(7)$$

式中:

$M=L/q$

d ——探测器宽度;

a ——射线源焦点尺寸;

q ——射线源到物体旋转中心的距离;

L ——射线源到探测器的距离;

其几何关系见图 16。

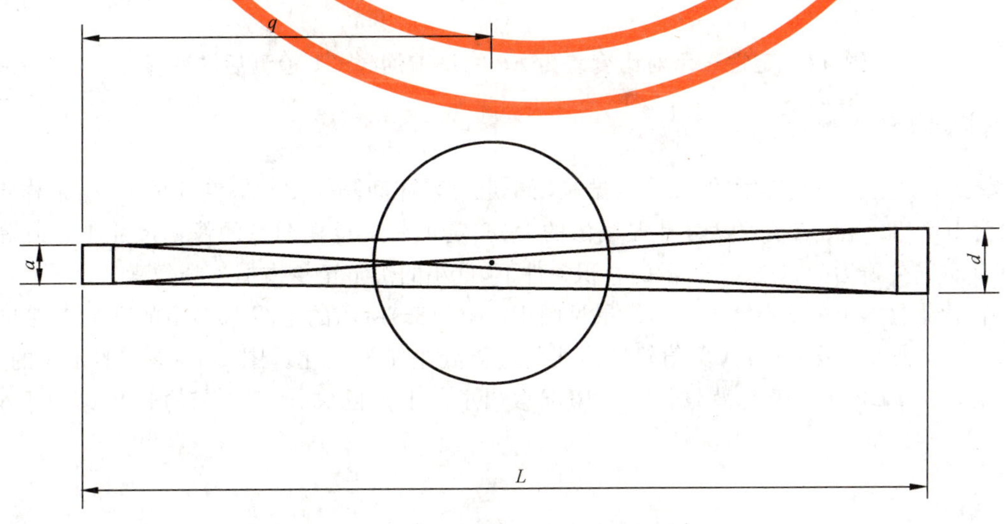

图 16 CT 系统射线束几何描述

图 17 定性地表示了对比度差为 $\Delta\mu$ 的细节通过点扩展函数为 PSF 的 CT 系统后得到的 CT 图像。图 17a)显示的是直径为 BW 的 PSF 和直径为 SW 的较小细节的卷积结果($SW<BW$)。细节的成像是一个下底为($BW+SW$),上底为($BW-SW$)的圆台,对比度差降为 $\Delta\mu(SW/BW)^2$。系统 PSF 不仅降低了细节的对比度,而且增加了细节的宽度。图 17b)显示的是直径为 BW 的 PSF 和直径为 BW 的细节的卷积结果。细节的成像是一个底为 $2BW$,对比度差为 $\Delta\mu$ 的圆锥。图 17c)显示的是直径为 BW 的 PSF 和直径为 LW 的较大细节的卷积结果($LW>BW$)。细节的成像是下底为($LW+BW$),上底为($LW-BW$),对比度差为 $\Delta\mu$ 的圆台。可以看出,点扩展函数 PSF 对直径大于 PSF 的细节影响不大,细节中心的对比度没有变化。

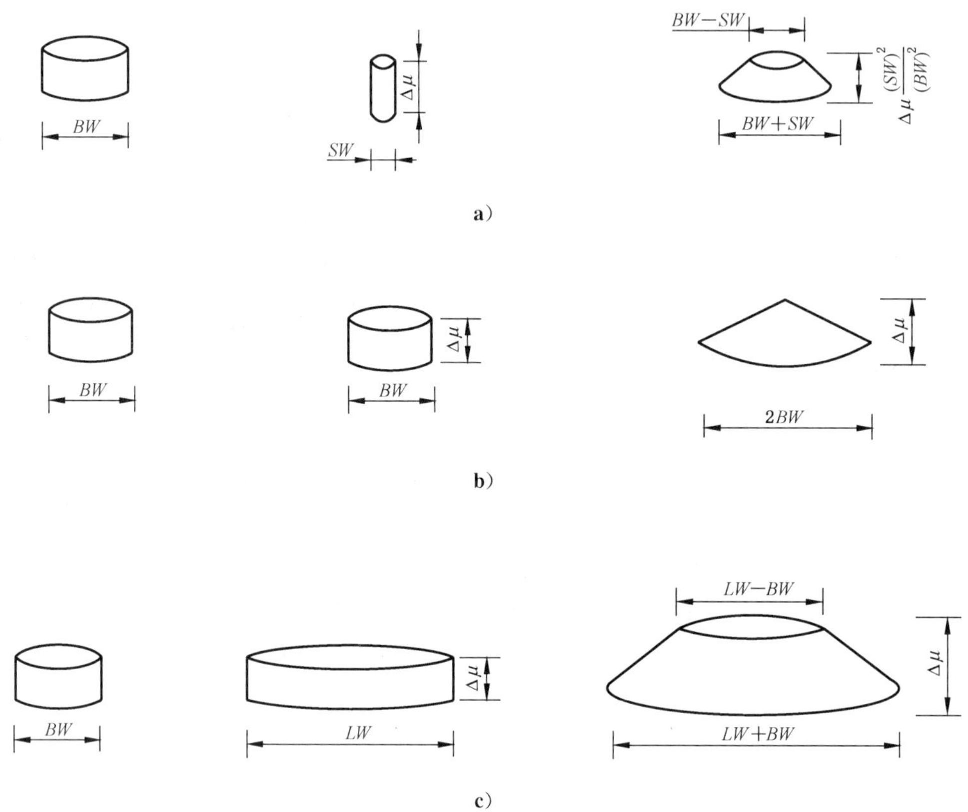

图 17 定性表示对比度差为 $\Delta\mu$ 的细节通过 CT 检测后的图像

7.3.3 采样对 PSF 的影响

CT 数据采集过程不是连续的,投影数据是以一定的采样间隔 s 在离散空间的采样,采样定理决定了 s 最大为 $BW/2$。重建图像的表示也是离散的,采样定理要求重建图像的像素尺寸小于或等于 s,这样才能保证空间分辨力。在图 17 所示的卷积条件下,最小的细节至少占据 4 个像素。

细节在背景材料上的实际 CT 扫描结果见图 18。图 18a)所示的是图 15a)中的理想工件与 PSF 卷积并进行离散采样的结果,细节 CT 值轮廓曲线的边界处呈阶梯变化。图 18b)所示的是新的 PDF,细节和背景材料的 PDF 都小于 1,背景材料的 PDF 多出了大于 μ_b 的成分,而细节的 PDF 多出了小于 μ_f 的成分。

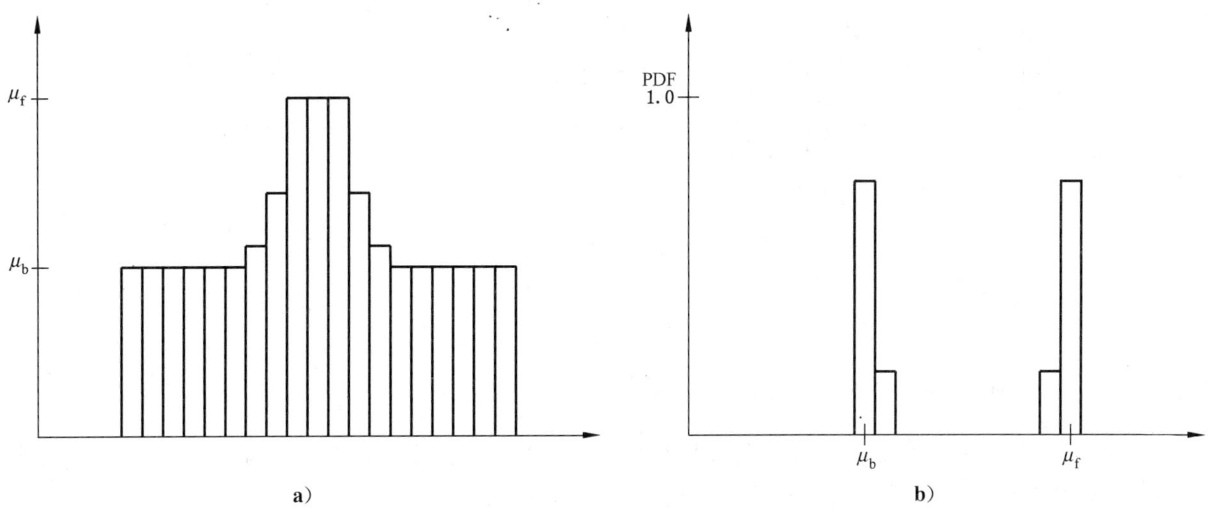

a)　　　　b)

图 18　细节在背景材料上的实际 CT 扫描结果

7.3.4　MTF 曲线

有效对比度和实际对比度的比值称为调制度，将调制度和空间频率的关系画成曲线称为系统的调制传递函数(MTF)曲线，曲线反映了系统对周期性细节响应的能力，也就是系统的空间分辨力。

图 19 所示的是宽度为 BW 的 PSF 与宽度为 D、间距为 $2D$ 的周期性细节的卷积结果。当 $D \geqslant BW$ 时，有效对比度等于实际对比度，当 $D < BW$ 时，有效对比度会降低，当 $D = BW/2$ 时，有效对比度基本为零，与此对应的空间分辨力($1/BW$)称为截断频率，它代表系统的极限分辨力。

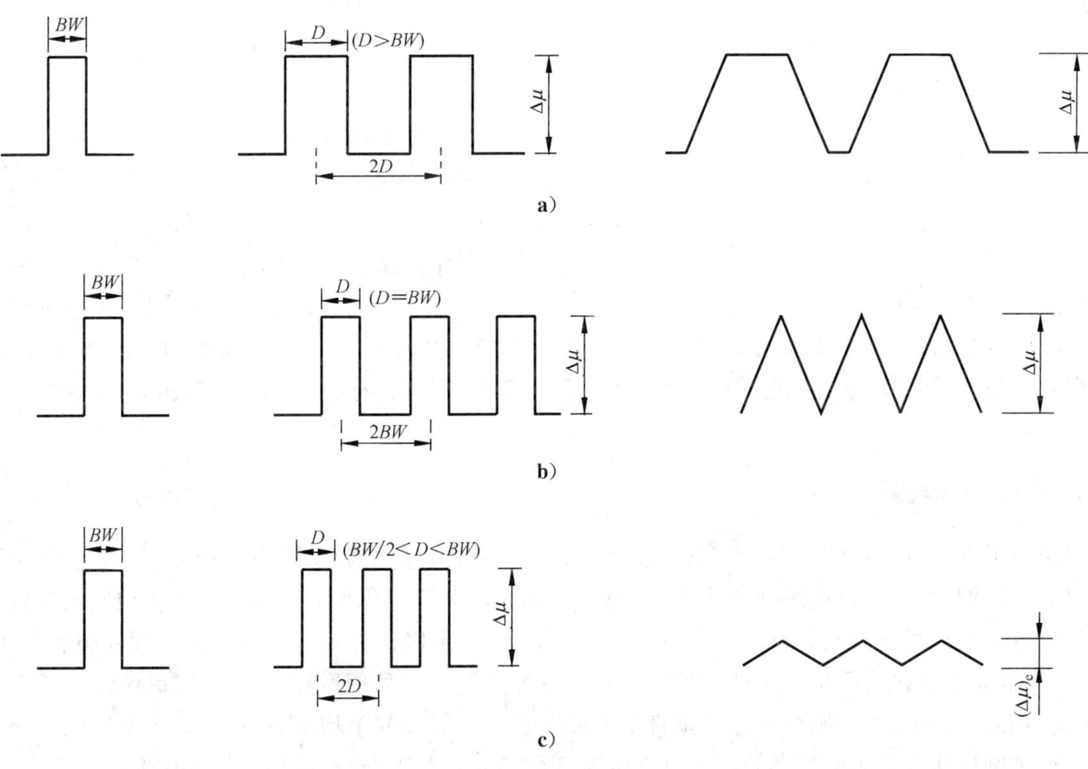

图 19　宽度为 BW 的 PSF 与宽度为 D、间距为 $2D$ 的周期性细节的卷积结果

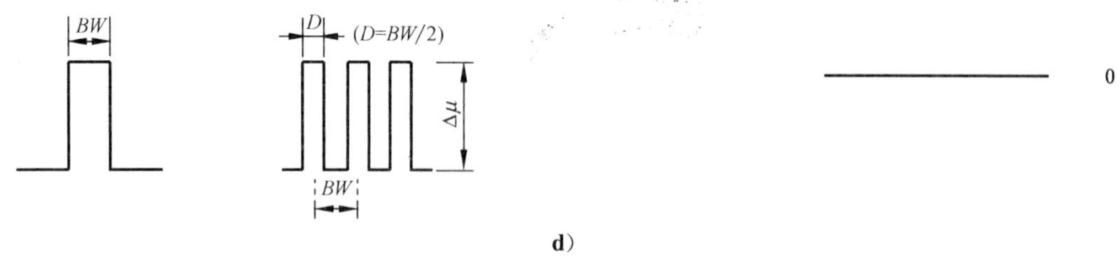

d)

图 19(续)

7.3.5 CT 系统 MTF 的理论描述

系统的 MTF 可以表示成各组成部分 MTF 的乘积。MTF 近似等于圆形对称 PSF 的一维傅立叶变换(FT),对于平行束的 CT 系统,MTF 可近似表示为式(8):

$$\mathrm{MTF}(f)=\frac{F_{\mathrm{CON}}(f)}{f}F_{\mathrm{BW}}(f)F_{\mathrm{MOV}}(f)F_{\mathrm{INT}}(f)F_{\mathrm{PIX}}(f) \qquad \cdots\cdots\cdots\cdots\cdots\cdots(8)$$

式中:

$$\frac{F_{\mathrm{CON}}(f)}{f}=\begin{cases}1 & (\text{Ramachandran 滤波函数})\\ \dfrac{\sin(\pi f s)}{\pi f s} & (\text{Shepp\&Logan 滤波函数})\end{cases}$$

$$F_{\mathrm{BW}}(f)=\frac{\sin(\pi f d/M)}{\pi f d/M}\frac{\sin[\pi f a(M-1)/M]}{\pi f a(M-1)/M}$$

$$F_{\mathrm{MOV}}(f)=\frac{\sin(\pi f s)}{\pi f s}$$

$$F_{\mathrm{INT}}(f)=\frac{\sin^2(\pi f s)}{(\pi f s)^2}$$

$$F_{\mathrm{PIX}}(f)=\frac{\sin(\pi f\Delta p)}{\pi f\Delta p}$$

其中,f 表示空间频率变量,$F_{\mathrm{CON}}(f)$表示卷积函数的傅立叶变换,假定采用卷积反投影的平行束重建,则参数 $F_{\mathrm{CON}}(f)/f$ 为卷积滤波器的系数,当侧重空间分辨力,对比度高,噪声小时,采用 Ramachandran 滤波函数;当侧重密度分辨力,对比度低,噪声大时,采用 Shepp & Logan 滤波函数。$F_{\mathrm{BW}}(f)$表示等效射束宽度的傅立叶变换。如果射线源是移动的,那么采集离散信号就相当于与一个宽度为采样间隔 s 的方波函数的卷积,其傅立叶变换为 $F_{\mathrm{MOV}}(f)$。因为数据值是以离散的形式计算的,并且重建过程需要中间位置的值,所以需要采用插值,$F_{\mathrm{INT}}(f)$表示图像重建过程中的线性内插函数的傅立叶变换。插值得到的数据以宽度为 Δp 的网格显示,这实际上等同于一个卷积,$F_{\mathrm{PIX}}(f)$表示显示函数的傅立叶变换。

7.3.6 MTF 曲线绘制

理想情况下可以用式(8)描述的 PSF 与 MTF 的关系来测量系统的 MTF。然而,实际应用中不存在理想的点状物,因此一般使用圆柱体图像来测量系统的 MTF。其基本原理是对边缘响应函数(ERF)求一阶导数来获得线扩展函数(LSF),用 LSF 来近似 PSF,对 LSF 进行傅立叶变换得到系统的 MTF。

图 20 描述了由一个简单的圆柱体图像获取 MTF 的过程。采用圆柱体是因为一旦确定了它的质心,通过质心的轮廓线就与圆柱体边缘垂直。可以对多条轮廓线取平均来减少 ERF 的系统噪声和量子噪声。通过圆柱体图像中心的不同直线的轮廓线见图 20 a),对多条轮廓线的边缘响应取平均得出 ERF,见图 20 b),对 ERF 求导得出 LSF,见图 20 c),计算 LSF 的离散傅立叶变换获得 MTF,见图 20 d)。

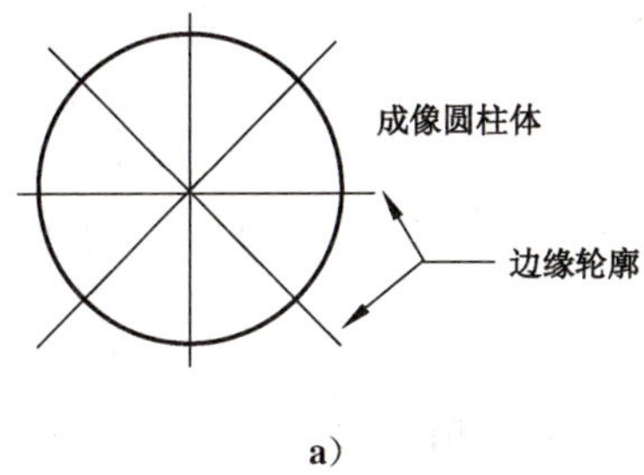

a)

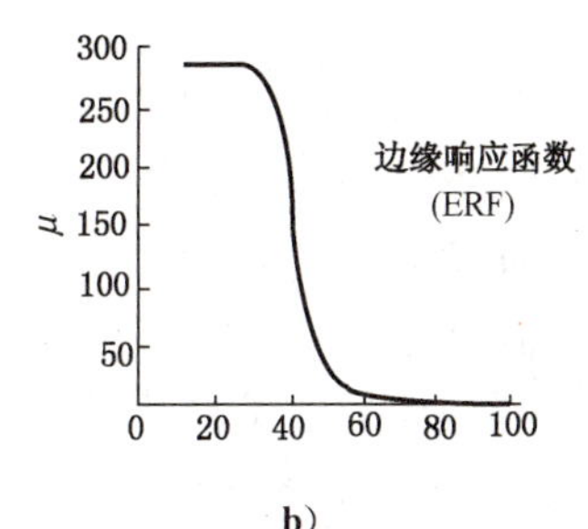

b)

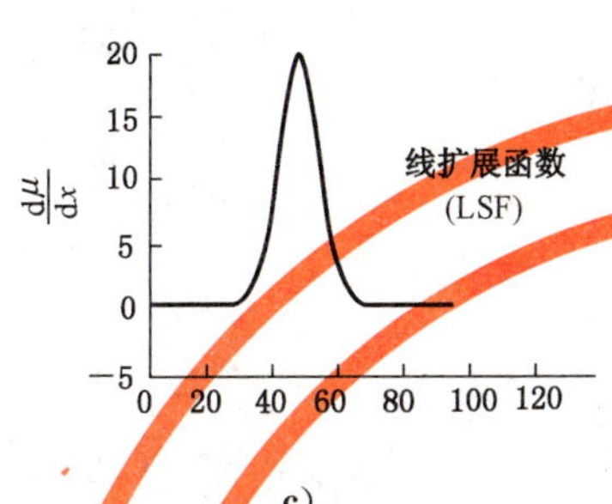

c)

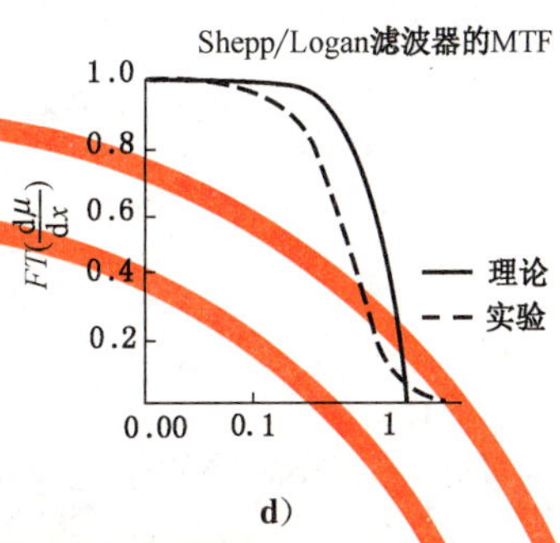

d)

图 20 由圆柱体 CT 图像获得 MTF 的过程

7.4 噪声

7.4.1 概述

CT 系统的噪声是不可避免的，即使电子噪声和散射噪声能降低到最小，X 射线本身的量子统计噪声也是无法避免的。量子统计噪声服从泊松分布，使得测量到的光子数是一个随机数。假定光子的平均值为 n，给定采样周期内测量到光子数在 $n \pm \sqrt{n}$ 范围内的概率大约为 68.3%。

7.4.2 噪声对重建的影响

经历图像重建的过程后，噪声对 CT 图像的影响更加复杂。对于平行束扫描，经平均能量为 $\overline{E}$ 的射束照射后，半径为 R_0 的圆柱体 CT 图像中心的噪声可分别用式(9)和式(10)表示：

$$\sigma_R \approx \frac{0.91}{s\sqrt{V}}\sigma_d [\text{Ramachandaran 滤波函数}] \quad \cdots\cdots (9)$$

$$\sigma_{S\&L} \approx \frac{0.71}{s\sqrt{V}}\sigma_d [\text{Shepp \& Logan 滤波函数}] \quad \cdots\cdots (10)$$

式中：

V ——投影视角数量；

s ——投影数据的采样间隔；

σ_d ——CT 图像数据噪声的标准差。

7.4.3 噪声的估计

实际上，计算图像数据噪声的 σ_d 是很复杂的，因为 CT 数据是未衰减的射线强度与检测到的信号比值的自然对数。同样，探测器电子仪器和散射的射线也会带来额外的噪声。当 X 射线的统计噪声占统治地位时，σ_d 可以近似用式(11)表示：

$$\sigma_{\mathrm{d}} \approx \left[\frac{1}{n \exp[-2\mu_0(\overline{E})R_0]} + \frac{1}{n}\right]^{1/2} \quad \cdots\cdots\cdots\cdots\cdots\cdots\cdots\cdots\cdots\cdots (11)$$

式中：

n ——光子数；

$\mu_0(\overline{E})$ ——圆柱体在平均能量为$\overline{E}$的射束照射下的线性衰减系数；

R_0 ——圆柱体的半径。

可以看出，噪声随着 n 的增大而降低，随着 R_0 或者 μ_0 的增大而增加。

实际测量时，首先选定图像中一定大小的均匀区域，测量上面的 m 个像素对应的线性衰减系数 μ_i，先计算出平均值，见式(12)：

$$\overline{\mu} = \frac{1}{m}\sum_{i=1}^{m}\mu_i \quad \cdots\cdots\cdots\cdots\cdots\cdots\cdots\cdots\cdots\cdots (12)$$

然后计算 σ，见式(13)：

$$\sigma = \left[\frac{\sum_{i=1}^{m}(\mu_i - \overline{\mu})^2}{m-1}\right]^{1/2} \quad \cdots\cdots\cdots\cdots\cdots\cdots\cdots\cdots\cdots\cdots (13)$$

重建图像的噪声与所选区域的位置有关，越靠近物体的边界，噪声变化越大，因此，不建议选用太大的区域。

7.4.4 噪声对对比度的影响

采样过程中，光子噪声服从泊松分布，但多次独立采样的组合更接近正态分布，见式(14)：

$$\mathrm{PDF}(\mu) = \frac{1}{\sqrt{2\pi}\sigma}\exp\left[-\frac{(\mu-\overline{\mu})^2}{2\sigma^2}\right] \quad \cdots\cdots\cdots\cdots\cdots\cdots\cdots\cdots\cdots\cdots (14)$$

式中：

$\overline{\mu}$——分布的均值；

σ——标准差。

图 21 显示了含噪声情况下，细节在背景材料上的实际 CT 扫描结果。在噪声影响的情况下，受到非理想 PSF 的影响，细节图像将由图 18a)进一步变化为图 21a)；图 21b)显示了图 21a)的 PDF，可以看出细节和背景材料的线性衰减系数进一步向两边扩散且相互重叠；图 21c)以光滑曲线重绘 PDF，图中分别给出了细节和背景的像素平均值、标准偏差以及它们之间的对比度，该图显示出由于噪声影响，实际对比度将会下降。在细节和背景材料线性衰减系数分布的重叠区域，细节和背景材料很难区分。

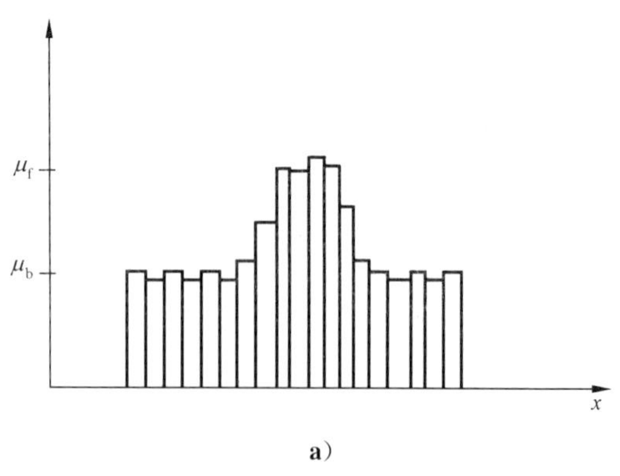

a)

图 21 含噪声情况下细节在背景材料上的实际 CT 扫描结果

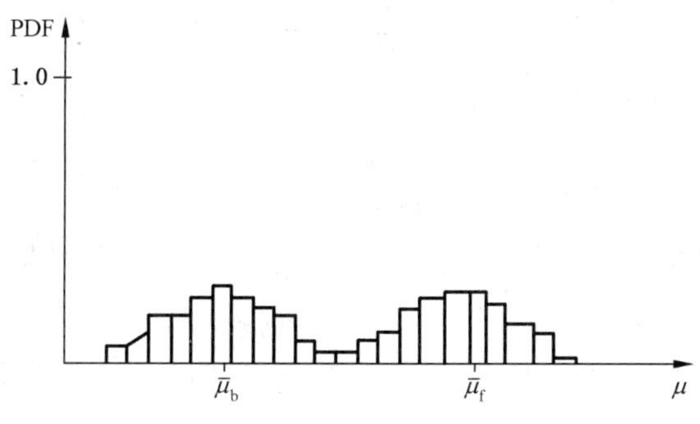

b)

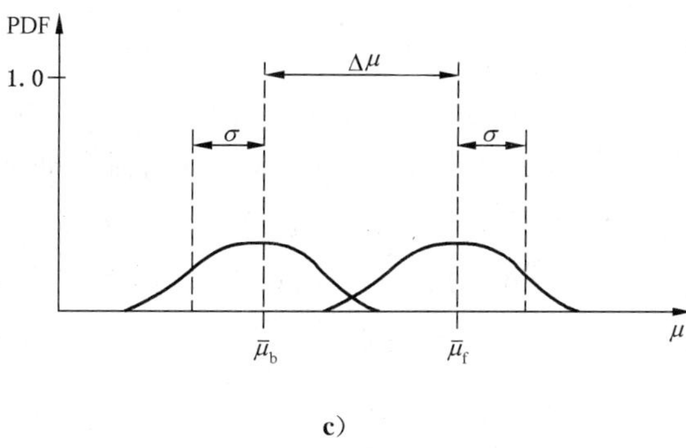

c)

图 21（续）

7.5 CDD 曲线

细节能否被识别，最终取决于肉眼的观察。在 50％的检测概率下，有效对比度$(\Delta\mu)_e$可以用式(15)表示：

$$(\Delta\mu)_e \approx \frac{c\sigma\Delta p}{D} \qquad (15)$$

式中：

c ——$2 \leqslant c \leqslant 5$ 之间的一个常数；

σ ——图像噪声；

Δp——像素尺寸；

D ——细节的直径。

从图 17 可以看出，当细节大于等效射束宽度 BW 时，有效对比度不受卷积的影响。因此，对于大尺寸细节，其有效对比度用式(16)表示：

$$(\Delta\mu)_e = \Delta\mu \approx \frac{c\sigma\Delta p}{D}[D \gg BW] \qquad (16)$$

式(16)除以 μ_b 并乘以 100％，得到百分比对比度，见式(17)：

$$\frac{|\mu_f - \mu_b|}{\mu_b} \times 100\% \approx \frac{c\sigma\Delta p}{D\mu_b} \times 100\% \qquad [D \gg BW] \qquad (17)$$

细节小于 BW 时，有效直径为 BW，对比度减小了 $D^2/(BW)^2$，见式(18)：

$$(\Delta\mu)_e = \frac{\Delta\mu D^2}{(BW)^2} \approx \frac{c\sigma\Delta p}{BW} \times 100\% \qquad [D \ll BW] \qquad \cdots\cdots(18)$$

根据式(18)可计算百分比对比度,见式(19):

$$\frac{|\mu_f - \mu_b|}{\mu_b} \times 100\% \approx \frac{c\sigma BW\Delta p}{D^2\mu_b} \times 100\% \qquad [D \ll BW] \qquad \cdots\cdots(19)$$

CT 检测中,不仅需要看到单个细节的特征,还需要把相邻的两个细节分开。式(15)可以用来估计一对宽度为 D,间距为 $2D$ 的细节的可辨识度。在 50%的检测概率下,有效对比度与细节宽度之间的关系曲线称为对比度-细节-定量曲线(CDD 曲线)。从图 19 可知,$(\Delta\mu)_e$是真实对比度与系统 MTF 的积,可用式(20)表示:

$$(\Delta\mu_{CDD})_e = \Delta\mu_{CDD} \times \mathrm{MTF}\left(\frac{1}{2D}\right) = \frac{c\sigma\Delta p}{D} \qquad \cdots\cdots(20)$$

从式(20)可以得出 $\Delta\mu_{CDD}$,除以 μ_b,可求出百分比对比度,见式(21):

$$\frac{|\mu_f - \mu_b|}{\mu_b} \times 100\% = \frac{c\sigma\Delta p \times 100\%}{\mathrm{MTF}\left(\frac{1}{2D}\right) D\mu_b} \qquad \cdots\cdots(21)$$

比较式(19)和式(21)可以发现,区分宽度为 D、间距为 $2D$ 的两个相邻细节所需的对比度要大于检测出宽度为 D 的单一细节所需的对比度。细节越临近,空间频率越高,MTF 值也越小,两者之间的差距就越大。从式(21)还可以看出空间分辨力和材料间的线性衰减系数差异的关系,材料间的线性衰减系数差异越小,空间分辨力越低。

7.6 性能预测与检验

7.6.1 系统探测能力

式(17)和式(19)可以用来预测任意 CT 系统的探测能力。对比度是 μ_b的函数,而 μ_b取决于射线的平均能量$\overline{E}$、像素尺寸 Δp、细节相对于等效射束宽度 BW 的大小以及噪声 σ 等。对于平行束 CT 系统,σ 由公式(9)和公式(10)根据采样间隔 s、投影数 V、圆柱体半径 R_0 以及光子数 n 确定。根据这些参数可以作出系统探测能力曲线,预测 CT 系统的性能。

7.6.2 性能预测

图 22 是系统探测能力和 CDD 曲线的实例,数据是根据 0.8 MeV 的射线源照射半径为 2.54 cm 的铁圆柱获得的。图 22 采用对数坐标,纵坐标为对比度,横坐标为检测对象的直径,其中实线表示直径 $D \gg BW$的物体的探测能力曲线,短划线表示直径 $D \ll BW$ 的物体的探测能力曲线。该图可以用来预测一个直径为 D、线性衰减系数为 μ_f(0.8 MeV)的细节能否在铁圆柱的中心被探测到。如果坐标点位于曲线右侧,检出概率大于 50%,如果位于曲线左侧,则无法被检出。当细节厚度 h 小于 CT 切片厚度 t 时,百分比对比度应乘以比例 h/t。

图 22 中同时用点线绘制了理论 CDD 曲线,根据坐标点相对于 CDD 曲线的位置可以确定宽度为 D、间距为 $2D$ 的两个细节的识别概率,如果它位于曲线右侧,则相邻的细节至少能以 50%的概率被检出。

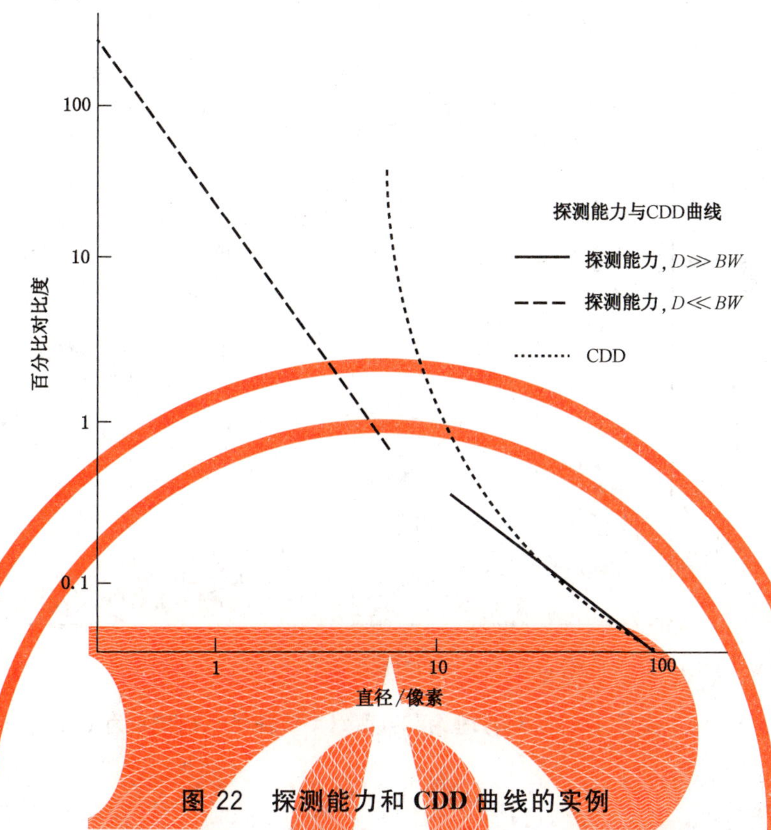

图 22 探测能力和 CDD 曲线的实例

7.6.3 性能检验

对于一个指定材料和尺寸的圆柱体，同样可以根据式(17)、式(19)和式(21)画出探测能力曲线和 CDD 曲线。通过式(12)和式(13)可以计算出圆柱体中心位置处噪声与信号的比值 σ/μ_b。使用如图 20 所示的小圆柱体，可以用实验方式计算出系统的 MTF(1/2D)。图 23 显示了一个半径为 2.54 cm 的铁圆柱，平均能量为 0.8 MeV 的 CT 系统的 CDD 曲线的理论值和实验值。理论和实测的 MTF 曲线如图 20 d)所示，图中理论值与实验值是比较吻合的。因为圆柱体相对较小，散射引起的噪声影响不大。对于较大的圆柱体，散射引起的噪声增大，曲线将上移。

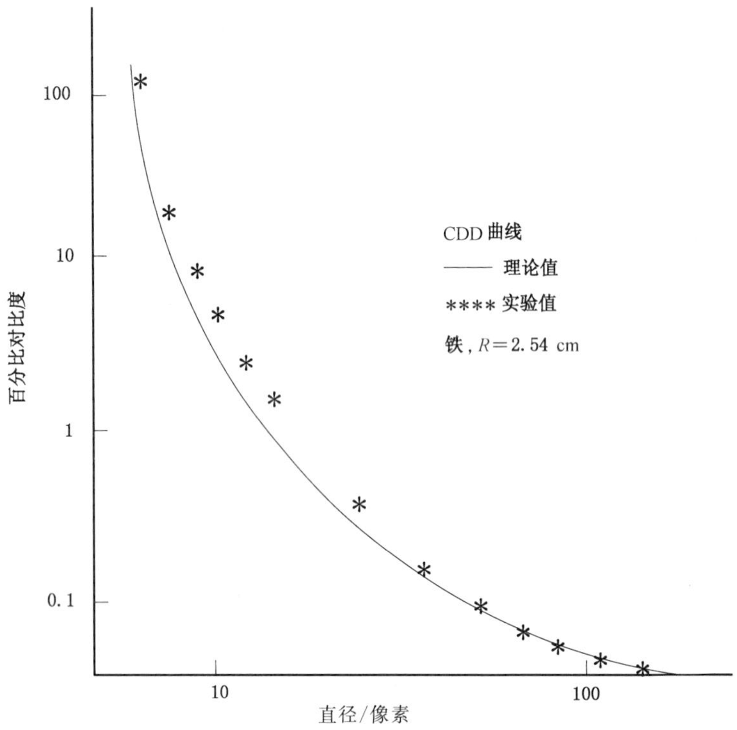

图 23 实际 CT 系统的理论和实验 CDD 曲线(常数 c 为 8.5)

8 精度和偏差

8.1 CT 图像可用于定量测量。可以从 CT 图像得到工件细节尺寸和形状、细节对比度、壁厚、涂层厚度、材料的绝对密度以及平均原子序数等。

8.2 CT 的使用需要了解相关的精度。偏差的性质和大小主要取决于扫描设备、扫描参数、工件及感兴趣区域的细节。

8.3 在实际中，通过对同一细节进行重复扫描，可以确保影响结果的所有因素都被考虑到，例如：光子的统计涨落、探测器的漂移、线状伪影、点扩展函数的区域差异、物体摆放的位置等，从而获得最佳的测量精度。

8.4 不同图像之间的测量值存在差异的原因之一是存在未校准的系统响应，例如在不同的图像间的增益变化和位置偏移。这类差异可以通过在图像中引入校准材料来去除，即将校准材料对应的测量值作为标准值。通常将与被测物体材质类似的校准材料放置于物体旁，与被测物体同时扫描成像。

8.5 除了随机误差外，任何细节的测量都可能产生固定的偏差。这可能是由于图像中的伪影，或是测量算法中使用了错误的假定导致的。当已知被测物体的实际参数后，就可以在运算中消除偏差。

8.6 确定 CT 测量精度和偏差的最佳方法就是对具有已知细节的对象进行重复扫描并进行测量，然后对测量结果的分布进行分析，这和其他无损检测方法是类似的。一旦限定了检测系统、检测对象和扫描条件，只要图像中没有引入特殊伪影，就可以估计被测物体的尺寸、组成和结构的精度和偏差。

ICS 21.140
J 22

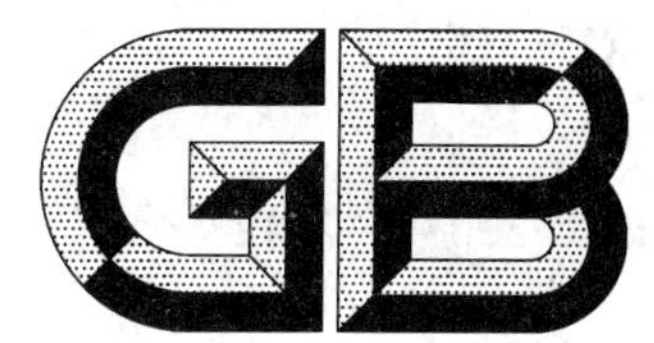

中华人民共和国国家标准

GB/T 29035—2012

柔性石墨填料环试验方法

Test method for physical-mechanical performance of flexible graphite ring

2012-12-31 发布　　2013-10-01 实施

中华人民共和国国家质量监督检验检疫总局
中国国家标准化管理委员会　发布

前　　言

本标准按照 GB/T 1.1—2009 给出的规则起草。

本标准由中国机械工业联合会提出。

本标准由全国填料与静密封标准化技术委员会(SAC/TC 350)归口。

本标准起草单位:合肥通用机械研究院、合肥通用机电产品检测院。

本标准主要起草人:王培洲、熊微、王春燕、李志亮、彭大卫。

柔性石墨填料环试验方法

1 范围

本标准规定了测试柔性石墨填料环密度、摩擦系数、压缩率、回弹率及热失重的试验设备、试样要求、试验步骤和试验结果的计算。

本标准适用于柔性石墨填料环的物理、机械性能的测试。

2 密度的测试

2.1 仪器

2.1.1 天平:感量 0.001 g。

2.1.2 游标卡尺:精度为 0.02 mm。

2.2 试样

每组试样不少于 5 个,试样截面为矩形。

2.3 试验环境

环境温度为(23±5)℃。

2.4 试验步骤

2.4.1 用游标卡尺测量试样的内、外径(等弧测量三点,取算术平均值),精确至 0.1 mm。

2.4.2 用游标卡尺测量试样的高度(等距测量三点,取算术平均值),精确至 0.1 mm。

2.4.3 称取试样的质量,精确至 0.01 g。

2.5 试验结果及计算

2.5.1 单个试样的密度按式(1)计算:

$$\rho=\frac{4m}{\pi(D^2-d^2)h}\times 1\,000 \qquad \cdots\cdots(1)$$

式中:

ρ ——试样的密度,单位为克每立方厘米(g/cm^3);

m ——试样的质量,单位为克(g);

D ——试样的外径,单位为毫米(mm);

d ——试样的内径,单位为毫米(mm);

h ——试样的高度,单位为毫米(mm)。

2.5.2 试验结果以一组试样测试值的算术平均值表示,取两位有效数字。

3 摩擦系数的测试

3.1 试验设备

3.1.1 传动系统,能带动对磨环以给定的速度(精确到 5%以内)旋转,并要求对磨环安装部位轴的径向跳动小于 0.01 mm。

3.1.2 加载系统,能对试样和对磨环施加法向力,精确到 5%以内。

3.1.3 测试系统,能测试和记录摩擦力矩,精确到 5%以内。

3.1.4 对磨环的尺寸见图 1,材质为 45 号钢(热处理 40 HRC~45 HRC)或马氏体不锈钢。对磨环可以重复使用,每次试验后需要重新磨削,但外径削减量不大于 0.5 mm。

单位为毫米,表面粗糙度单位为微米

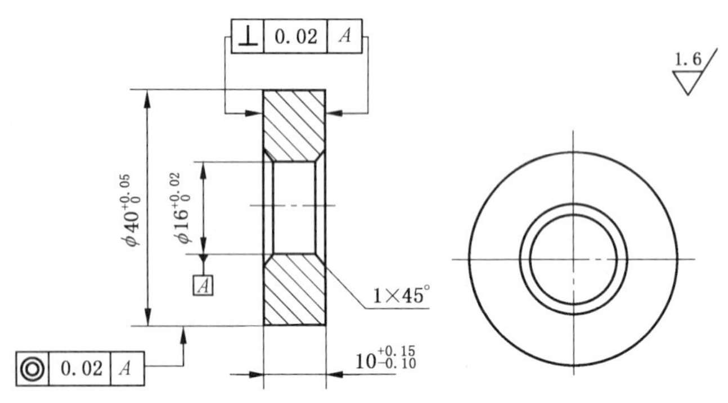

图 1 对磨环外形尺寸

3.1.5 试样夹具应保证试样安装后无轴向窜动和径向跳动。本标准推荐采用 MM-200 型磨损试验机及如图 2 所示的试样夹具。

单位为毫米,表面粗糙度单位为微米

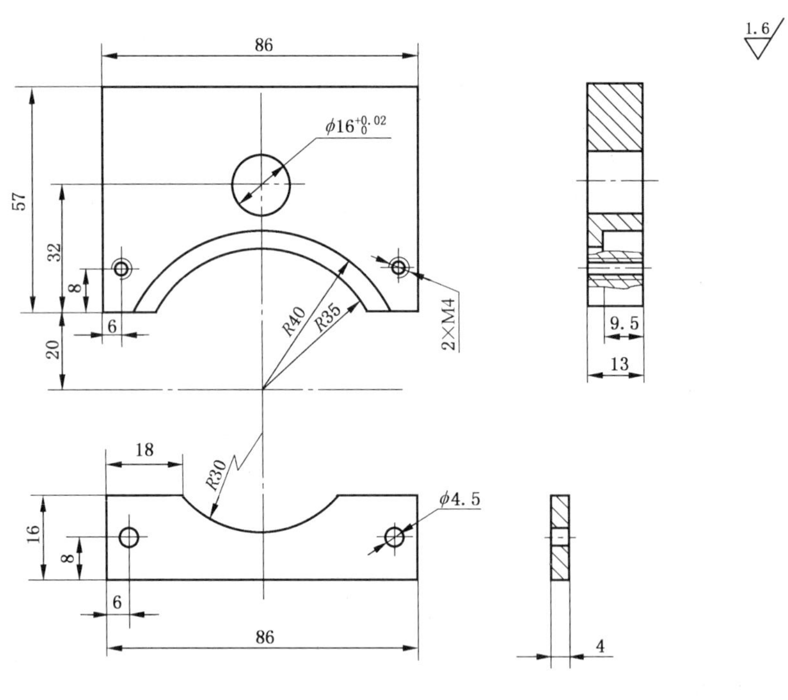

图 2 夹具尺寸

3.2 试样

试样规格为 φ80 mm×φ60 mm×10 mm,试样表面应平整,无油污及明显杂质等缺陷。每组试样不少于 3 个。

3.3 试验条件

试验中,试样保持静止,对磨环以 200 r/min 转速运行 1 h。负荷 200 N。

3.4 试验步骤

3.4.1 先将试样牢固地固定于专用夹具上,安装于试验机上轴,并使试样摩擦面与对磨环的交线处于试样正中。

3.4.2 对磨环与试样摩擦面应用丙酮轻轻擦去油污。

3.4.3 调节摩擦力矩范围(0～10)N·m,装好摩擦力矩记录纸,开机校好零点。

3.4.4 平稳地施加负荷至规定值,记录时间及摩擦力矩,然后每隔 15 min 记录一次摩擦力矩。1 h 后停机,以各次记录值的算术平均值为摩擦力矩值。

3.5 试验结果和计算

3.5.1 单个试样摩擦系数按式(2)计算:

$$\mu = \frac{M}{rF} \qquad \cdots\cdots(2)$$

式中:

μ ——摩擦系数;

M——摩擦力矩,单位为牛米(N·m);

r ——对磨环半径,单位为米(m);

F ——试验负荷,单位为牛(N)。

3.5.2 试验结果以一组试样测试值的算术平均值表示,取两位有效数字。

4 压缩率、回弹率的测试

4.1 试验设备和装置

4.1.1 试验设备

能够匀速施加载荷,负荷测量精度为±1%的材料试验机;

百分表:精度为 0.01 mm;

游标卡尺:精度为 0.02 mm。

4.1.2 测试装置如图 3 所示。

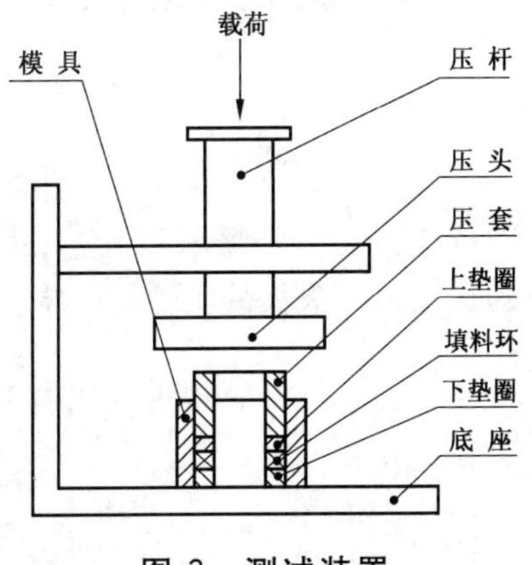

图 3 测试装置

4.1.2.1 装置底座为 210 mm×200 mm×20 mm 的长方体，其表面淬火硬度 40 HRC～50 HRC，表面粗糙度 $Ra3.2$ μm。

4.1.2.2 压头直径为 $\phi 80$ mm，端面淬火硬度 40 HRC～50 HRC，表面粗糙度 $Ra3.2$ μm，压头上端面和压头下端面与压杆轴线垂直度不低于 0.025 mm，与底座上端面平行度不低于 0.025 mm。

4.1.2.3 模具与试样之间的基本偏差为 H8、f8，模具壁厚不低于 10 mm。

4.1.2.4 模具的上、下垫圈两端面平行度不低于 0.025 mm，压套上、下两端面平行度不低于 0.025 mm。

4.2 试样

每组试样不少于 3 个。

4.3 试验步骤

4.3.1 将测试装置平稳放在材料试验机中。

4.3.2 用游标卡尺测量试样的高度(等距测量三点，取算术平均值)作为初始高度，精确至 0.1 mm。

4.3.3 把装有试样的模具放入压头和底座之间，使负荷通过压头轴线匀速施加初载至 0.35 MPa，维持 15 s 后记录变形量，然后在 10 s 内匀速加载至 35 MPa，维持 60 s 后记录终载下变形量，随即卸载至初载，维持 60 s 后记录变形量。

4.4 试验结果和计算

4.4.1 压缩率、回弹率分别按式(3)和式(4)计算：

$$C=\frac{t_2-t_1}{t_0-t_1}\times 100 \qquad \cdots\cdots(3)$$

$$R=\frac{t_2-t_3}{t_2-t_1}\times 100 \qquad \cdots\cdots(4)$$

式中：

C——压缩率，%；

R——回弹率，%；

t_0——试样初始高度，单位为毫米(mm)；

t_1——初载下变形量，单位为毫米(mm)；

t_2——终载下变形量，单位为毫米(mm)；

t_3——卸至初载后的变形量，单位为毫米(mm)。

4.4.2 试验结果取一组试样测试值的算术平均值，取两位有效数字。

5 热失重的测试

5.1 方法提要

将干燥后的试样在规定温度下灼烧 1 h，以失去的质量与试样原质量的比率作为试样的热失重。

5.2 试验设备

5.2.1 电热恒温干燥箱。

5.2.2 马福炉。

5.2.3 天平：感量 0.001 g。

5.2.4 干燥器。

5.3 试样及其制备

5.3.1 将试样在(100±2)℃的电热恒温干燥箱中加热 1 h,放入干燥器内冷却至室温。

5.3.2 每组试样不少于 3 个。

5.4 试验步骤

5.4.1 250 ℃热失重试验步骤

5.4.1.1 将坩埚在(800±10)℃的马福炉中恒重,放入干燥器内冷却至室温称量。

5.4.1.2 把试样放入已恒重的坩埚内准确称量(精确至 0.001 g)后,连同坩埚一起放入(250±10)℃的马福炉中,关闭炉门灼烧 1 h 后取出,冷却(1～2)min,移入干燥器中冷却至室温称量(精确至 0.001 g)。

5.4.2 450 ℃热失重试验步骤

除试验温度改为(450±10)℃外,试验步骤和 5.4.1 相同。

5.4.3 600 ℃热失重试验步骤

除试验温度改为(600±10)℃外,试验步骤和 5.4.1 相同。

5.5 试验结果及计算

5.5.1 热失重按式(5)计算:

$$W_1 = \frac{G_0 - G_1}{G_0} \qquad \cdots\cdots (5)$$

式中:

W_1——热失重,%;

G_0——灼烧前试样质量,单位为克(g);

G_1——灼烧后试样质量,单位为克(g)。

5.5.2 试验结果取一组试样测试值的算术平均值,在一组试样的测试数据中,如有一个数据高于或低于其他两个相近数据平均值的 20%时,则该数据作废,以相近两个数据的平均值作为试验结果,保留三位有效数字。

5.5.3 如果 3 个试样的测试值的相对误差均大于 20%,则该次试验作废。

6 试验报告

试验报告应包括下列内容:

a) 注明按照本标准测试;
b) 试样的规格、牌号、生产厂;
c) 试样个数、编号;
d) 试验条件;
e) 试验机型号;
f) 试验结果;
g) 试验日期、人员。

ICS 25.220.40
A 29

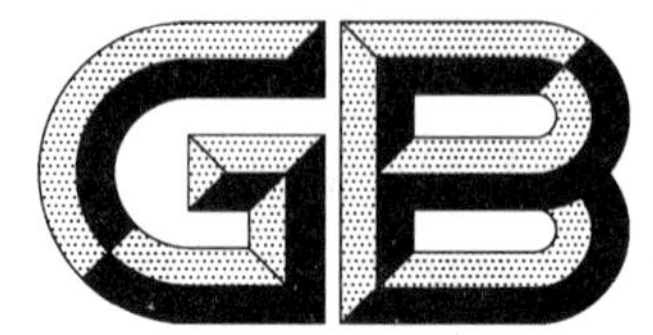

中华人民共和国国家标准

GB/T 29036—2012

不锈钢表面氧化着色技术规范和试验方法

Coloring of stainless steel by Oxidation—Specification and test methods

2012-12-31 发布 2013-10-01 实施

中华人民共和国国家质量监督检验检疫总局
中国国家标准化管理委员会 发布

前　　言

本标准按照 GB/T 1.1—2009 给出的规则起草。

本标准由中国机械工业联合会提出。

本标准由全国金属与非金属覆盖层标准化技术委员会(SAC/TC 57)归口。

本标准负责起草单位:广东达志环保科技股份有限公司、武汉材料保护研究所、太原钢城企业公司。

本标准主要起草人:张德忠、蔡志华、贾建新、范圣红、王喜洪、李志清、钟立畅。

引　　言

不锈钢表面通过化学或电化学的方法在特定溶液中形成氧化膜，不同厚度的氧化膜因其可见光干涉行为可以获得不同的色彩。通过这种氧化着色处理，不锈钢可以获得各种色彩。着色不锈钢色彩鲜艳，外观高贵典雅，常用于建筑装潢、五金饰品及太阳能吸收器等行业。

化学法通常是指将不锈钢浸泡于含特定化学物质的水溶液中进行的着色方法，以INCO工艺为代表。化学法不受工件形状的影响，且着色颜色均匀，是目前工业最常用的不锈钢着色法。化学法着色的质量还取决于不锈钢的牌号、工件的表面状态和着色液工艺条件的稳定性。色彩的重现性可以通过着色电位来控制。

电化学法的优点是颜色的可控性和重现性很好，受不锈钢表面状况的影响小，而且处理温度低。因此，其工业应用逐渐受到关注。

奥氏体不锈钢适合进行化学着色，着色后能得到满意的彩色外观和较好的防腐性能；由于铁素体不锈钢在着色溶液中有腐蚀倾向，得到的色彩不如奥氏体不锈钢鲜艳；低铬高碳马氏体不锈钢的耐腐蚀性能较差，则只能得到灰暗的色彩，或者得到黑色的表面。

不锈钢表面氧化着色技术规范和试验方法

警示:本标准要求使用的一些物质和/或工艺,如果不采取合适的措施,会对健康产生危害。本标准没有讨论标准使用过程中涉及的任何健康危害、安全或环境的事项和法规。生产者、需方和/或标准使用者有责任建立合适的健康、安全和环境条例,并采取适当措施使其符合国家、地方和/或国际条例和法规的规定。遵从本标准不意味着免除法律义务。

1 范围

本标准规定了不锈钢表面氧化着色的技术要求、试验方法及检验规则。

本标准适用于通过化学或电化学法对不锈钢的板材、型材和工件的氧化着色,高温氧化法不锈钢着色也可参照使用。

本标准不适用于采用其他方式进行的不锈钢着色,如离子沉积法、气相沉积法、有机物涂覆等。

2 规范性引用文件

下列文件对于本文件的应用是必不可少的。凡是注日期的引用文件,仅注日期的版本适用于本文件。凡是不注日期的引用文件,其最新版本(包括所有的修改单)适用于本文件。

GB/T 3138 金属镀覆和化学处理与有关过程术语

GB/T 4156 金属材料 薄板和薄带 埃里克森杯突试验

GB/T 10125 人造气氛腐蚀试验 盐雾试验

GB/T 12334 金属和其他非有机覆盖层 关于厚度测量的定义和一般规则

GB/T 12609 电沉积金属覆盖层和有关精饰 计数检验抽样程序

GB/T 12967.2 铝及铝合金阳极氧化膜检测方法 第2部分:用轮式磨损试验仪测定阳极氧化膜的耐磨性和耐磨系数

GB/T 12967.4 铝及铝合金阳极氧化 着色阳极氧化膜耐紫外光性能的测定

GB/T 20878 不锈钢和耐热钢 牌号及化学成分

ISO 16348 金属和其他无机覆盖层 外观的定义和习惯用语(Metallic and other inorganic coatings—Definitions and conventions concerning appearance)

3 术语和定义

GB/T 3138、GB/T 12334 和 ISO 16348 界定的以及下列术语和定义适用于本文件。

3.1

化学着色 chemical coloring

将不锈钢浸泡于含特定化学物质的水溶液中,使不锈钢表面发生氧化反应形成氧化膜的着色方法。

3.2

电化学着色 electrochemical coloring

将不锈钢浸泡于含特定化学物质的水溶液中,通过外加电流使不锈钢表面发生氧化反应形成氧化膜的着色方法。

3.3

电解固化　electrolysis curing

通过电解的方法使着色处理后的不锈钢氧化膜结构致密、孔隙减少，以提高着色膜的耐蚀性和耐磨性。

3.4

封闭　seal

通过采用水蒸气、水玻璃或重铬酸钾等对着色膜的少量孔隙进行填充处理，其目的是提高着色膜的抗污能力和耐蚀性能。

4　需方提供给供方的信息

应在合同或订购合约中，或在工程图纸上书面提供以下信息：

a)　本标准号，即 GB/T 29036；

b)　不锈钢基材的合金牌号；

c)　外观要求。提供按要求处理的样品或需方依据 ISO 16348 认可的样品；

d)　工件上可接受的电触点位置；

e)　如需要，可在文件中标明尺寸公差要求(见注)；

f)　电化学试验及其他特殊试验的所有要求；

g)　必要时，在着色之前可提出基体所需的最后表面特征。

注：通常，电化学着色可去掉工件的部分表层厚度。在电流密度大的地方，如拐角和边缘处将会去掉更多。使用屏蔽或辅助阴极可减小这一趋势。

5　基体状态

不锈钢基体材料宜使用耐腐蚀性良好的奥氏体不锈钢系列(见 GB/T 20878)板材、型材及相应的工件等。

不锈钢表面加工状态直接影响不锈钢工件表面着色质量。不锈钢基体经过机械处理，不应出现形变、损伤等缺陷，表面形貌应均匀一致。

注：当不锈钢经过冷加工变形后(例如弯曲、拉拔、深冲、冷轧)，表面晶粒的完整性受到破坏，形成的着色膜色泽易紊乱、不均匀。冷加工后，耐蚀性也下降，形成的着色膜失去原有的光泽，这些都可以通过退火处理恢复原来的显微组织，得到良好的彩色膜。

6　着色

6.1　着色前处理

着色前应进行表面前处理去除不锈钢工件表面油脂、氧化层等；应根据着色要求对着色表面进行电化学表面整平和抛光处理。抛光要求表面光洁度一致，避免造成色差，最好达到镜面光亮，以便获得鲜艳均匀的色彩。抛光后的工件应尽快进行着色处理。

6.2　着色处理

将不锈钢工件浸泡于工作槽液中，通过控制氧化电位获得不同厚度的氧化膜。不同厚度膜的可见光干涉行为可以获得不同的色彩。氧化膜的厚度与色泽的关系见表 1。

表 1 氧化膜厚度与色泽的关系

膜厚/nm	色泽
≈50	褐色
≈60	黑紫色
≈80	蓝色
≈120	黄色
≈180	红色
≈220	绿色

6.3 着色后处理

为提高着色膜的耐蚀性能和耐磨性能，着色产品应通过电解固化进行固膜和孔隙封闭处理。

注：着色后表面由于沾污或操作不当引起色泽不均匀等次品，可以退除着色膜后重新着色(典型退除工艺参见附录A)。

7 要求

7.1 外观

用正常或矫正后的视力目视检查时，着色膜层应连续，可为多种颜色，色泽应均匀一致。除焊缝处外，不允许局部无氧化膜。

着色膜允许出现轻微水迹以及由于不同的热处理、焊接及加工方式造成的颜色局部不均匀。

7.2 耐蚀性

按 GB/T 10125 的规定进行试验。不锈钢着色试样经 800 h 中性盐雾试验，不应出现锈蚀、膜层脱落等任何腐蚀现象。

7.3 耐紫外光性能

按 GB/T 12967.4 的规定进行试验。不锈钢着色试样经 360 h 紫外线辐射试验，着色膜层颜色不应发生肉眼可见的褪色或变色。

7.4 耐热性

将不锈钢着色试样置于合适的恒温箱或马弗炉中，300 ℃温度下烘烤 1 h，着色膜层不应出现脱落和肉眼可见的色泽变化。

7.5 耐磨性

按 GB/T 12967.2 规定的耐磨试验方法试验。不锈钢着色试样在 500 g 负荷下，经受软橡皮轮往复摩擦 ≥15 000 次，不应露出不锈钢基体。

7.6 耐开裂性

按 GB/T 4156 的规定进行试验。不锈钢着色试样规格为(长×宽×厚)100 mm×50 mm×1 mm。经杯突试验，杯突高度 ≥6 mm，着色膜层不应有肉眼可见的开裂。

8 抽样

试样的形状、规格应根据检验所需的要求或按照有关检验标准的规定执行。取样方法应按GB/T 12609 的规定选择,或由供需双方商定方案。

一般情况下,用于检验的试样只能从产品中抽取。当产品不适合试验时,可专门制备替代试样。替代试样的基体材料、表面状态、着色工艺条件应与产品的实际生产相同。

9 试验报告

试验报告应包含以下信息:

a) 本标准的编号;

b) 所使用的试验方法(见第 7 章);

c) 每个试片试验的位置;

d) 使用的样品数量;

e) 操作人员姓名和实验室名称;

f) 试验进行的日期;

g) 任何可能影响结果或准确度的环境条件;

h) 与指定试验方法有偏差之处。

附　录　A
（资料性附录）
不锈钢着色膜典型退除工艺

不锈钢着色膜可按表 A.1 所列工艺退除。

表 A.1　不锈钢着色膜典型退除工艺

磷酸 H_3PO_4（质量分数）/%	10～20
光亮剂	少量
阴极材料	铅板
阴极电流密度/（A/dm^2）	2～3
温度/℃	室温
电压/V	12
时间/min	5～15
注：退除着色膜时，应避免基体发生腐蚀。	

ICS 25.220.20
A 29

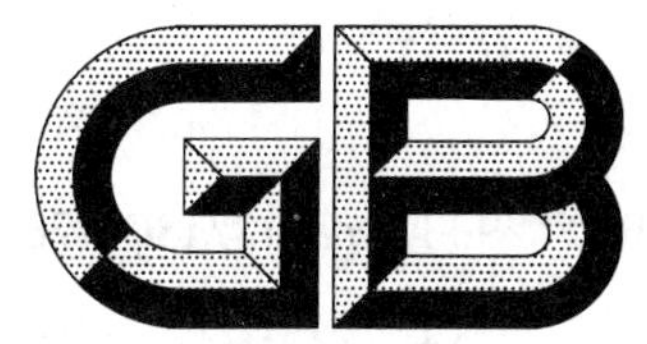

中华人民共和国国家标准

GB/T 29037—2012/ISO 17834:2003

热喷涂　抗高温腐蚀和氧化的保护涂层

Thermal spraying—Coatings for protection against corrosion and oxidation at elevated temperatures

(ISO 17834:2003,IDT)

2012-12-31 发布　　2013-10-01 实施

中华人民共和国国家质量监督检验检疫总局
中国国家标准化管理委员会　发布

前　　言

本标准按照 GB/T 1.1—2009 给出的规则起草。

本标准使用翻译法等同采用 ISO 17834 :2003《热喷涂　抗高温腐蚀和氧化的保护涂层》。

与本标准中规范性引用的国际文件有一致性对应关系的我国文件见附录 NA。

本标准做了下列编辑性修改:

——取消了国际标准的前言,增加了我国国家标准前言;

——增加了资料性附录 NA,与本标准中规范性引用的国际文件有一致性对应关系的我国文件。

本标准由中国机械工业联合会提出。

本标准由全国金属与非金属覆盖层标准化技术委员会(SAC/TC 57)归口。

本标准起草单位:武汉材料保护研究所、江西恒大高新技术股份有限公司、北京焊博焊接材料有限公司。

本标准主要起草人:伍建华、李建敏、蒋建敏、李昆、陈惠国、汪洪生。

热喷涂　抗高温腐蚀和氧化的保护涂层

1　范围

本标准适用于温度 1 000 ℃(1 273 K)以下作为抗腐蚀保护的金属热喷涂涂层。

保护钢铁耐大气腐蚀的热喷涂铝或锌涂层参照 GB/T 9793。

本标准不包括喷涂工艺制备的非金属材料涂层。

2　规范性引用文件

下列文件对于本标准的应用是必不可少的。凡是注日期的引用文件,仅注日期的版本适用于本标准。凡是不注日期的引用文件,其最新版本(包括所有的修改单)适用于本标准。

ISO 2063　金属和其他无机覆盖层　热喷涂　锌、铝及其合金(Thermal spraying—Metallic and other inorganic coatings—Zinc,aluminum and their alloys)

ISO 14232　热喷涂　粉末　成分及供货技术条件(Thermal spraying—Powders—Composition—Technical supply conditions)

ISO 14919　热喷涂　火焰和电弧喷涂用线材、棒材和芯材　分类　供货技术条件(Thermal spraying—Wires, rods and cords for flame and arc spraying—Classification—Technical supply conditions)

EN 13507　热喷涂　热喷涂金属零部件的表面预处理(Thermal spraying—Pre-treament of surfaces of metallic parts and components for thermal spraying)

3　涂层材料和工艺

选择涂层材料和工艺时,应当考虑到不同的工作温度和工作环境。

例如,在任一温度范围内,涂层可能要承受下列作用:

——氧化;

——其他化学侵蚀;

——氧化和其他化学侵蚀的共同作用。

典型的涂层材料包括:

——镍铬合金;

——铁铬铝合金;

——M 铬铝钇合金。

注:M 可以是镍、钴、铁或它们的合金。

这些合金与其他惰性耐磨材料,如碳化铬混合可以获得综合的性能。

选择涂层材料时,应考虑下列成分以及它们单独的或共同的影响:

——氧;

——硫;

——氯;

——钒;

——钾;

——钠。

针对上述每一种，应当考虑以下几点：

a) 氧能显著改变腐蚀特性。纯粹氧化的环境下可以单独使用铝。

b) 在高硫含量(质量分数>0.5%)的环境，宜使用铁基合金，或铬质量分数>30%的镍基合金。

c) 在高氯含量(质量分数>0.5%)的环境，宜使用镍基合金，或铬质量分数>30%的铁基合金。

d) 在熔盐如钒酸钠或钒酸钾环境，应使用铬质量分数>25%、铝质量分数>0.5%的铁基材料。

e) 通常铝的涂层厚度为0.2 mm，其他材料厚度为0.4 mm。

铬轴承合金的抗氧化性能与喷涂过程中形成氧化物而损耗的铬的数量和孔隙率成反比。因此，选择喷涂工艺时，氧化物和孔隙率较低的喷涂工艺效果更好。不过这应当使涂层的用途与经济性相适应。

4 涂层的应用

涂层应喷涂在根据EN 13507预处理后的清洁而干燥的表面上。

喷涂涂层应在表面预处理后、表面出现可见劣化前尽快进行。如果与相似材质材料刚预处理表面比较，已经出现可见的劣化，则应重新进行表面预处理。除非经制造方和订货方一致同意，并采取了特殊措施能确保一个合适控制的存放气氛，在表面预处理与喷涂之间不应超过4 h。

注：可先喷涂一层薄的金属涂层以保护预处理后的表面，见第6章的规定。

喷涂涂层的表面应为无结块、粗糙区域和松散结合颗粒的均匀结构。

在涂层涂敷的任何阶段都应避免喷涂涂层的污染或腐蚀，涂层应保持干燥、清洁的状态，直到根据第5章的要求进行后续处理。

5 要求的特性

5.1 涂层厚度

表1根据涂层种类给出了适合的额定涂层厚度。当用ISO 2063规定的方法判定时，涂层最小局部厚度应不小于额定涂层厚度的75%，而最大局部厚度应不大于额定涂层厚度0.1 mm。

涂层厚度测量应在每种金属涂层喷涂后、后处理工艺应用之前进行。

5.2 工作温度、环境及后处理

表1给出了对工作温度，环境及后处理工艺的要求。

表1 按工作条件分类的涂层的要求和处理方法

种类	工作温度[a]及环境	喷涂涂层		后处理
		涂层材料(见附录B)	额定涂层厚度/mm	中间/最终处理
A[b]	350～550 ℃，氧化	1,2	>0.2	可用硅酮封闭剂封闭
B[b]	350～900℃，氧化	2	>0.2	可用硅酮封闭剂封闭
C	最高至1 000 ℃ (不含硫气体或氯或熔盐)	3,4,5	>0.4	—
D	最高至1 000 ℃ (含硫气体但不含氯)	4,5	>0.4	—
E	最高至1 000 ℃ (含硫气体和氯)	5	>0.4	—

表 1（续）

种类	工作温度[a] 及环境	喷涂涂层		后处理
		涂层材料(见附录 B)	额定涂层厚度/mm	中间/最终处理
F	苛刻的腐蚀环境	6	>0.1	能在惰性气氛中作热扩散处理

[a] 如涂层工作温度高于表中所列温度时，将影响其工作寿命。工作寿命的减少程度将取决于在此高温下的持续时间。

[b] 在温度低于 350 ℃的纯粹氧化环境下，涂层材料的选择不是关键。

6 有缺陷区域的重新处理

在后处理前发现的任何有缺陷区域都应立刻重新喷涂，重新喷涂前应喷砂清理除却所有喷涂的金属涂层，如果仅是涂层太薄，而表面保持干燥，并且无可见污染，可直接喷涂增加相同材质的金属。

附　录　A
（资料性附录）
金属喷涂工件的设计建议

金属喷涂的组件和结构应在设计开始时就考虑到热喷涂。不合理的设计不仅肯定会增加应用的难度和成本，也会减少整个工作寿命。

应遵循下列三个重要的指导方针：

a）设计应确保所有表面在表面预处理时都可实现，并允许完整、均匀地涂敷喷涂涂层；

b）结构的设计应使腐蚀和氧化最难在任一薄弱点产生并由此扩散。这就要求设计简洁，并且容易除去沉积或滞留的外来物质；

c）设计应使零件和结构便于检查、易于清理和维护。

附 录 B
（规范性附录）
涂 层 材 料

表 B.1 涂层材料

涂层材料代号(见表 1)	材料类型	标准
1	火焰喷涂铝	ISO 14919
2	电弧喷涂铝	ISO 14919
3	含 15%铬的镍基合金	ISO 14919，ISO 14232
4	含 25%铬的铁基合金	ISO 14919，ISO 14232
5	含 30%铬的镍基合金	ISO 14919,ISO 14232
6	M[a] 铬铝钇合金	ISO 14232
[a] M 可以是镍、钴、铁或它们的合金。		

附　录　NA
（资料性附录）
与本标准中规范性引用的国际文件有一致性对应关系的我国文件

GB/T 9793—2011　金属和其他无机覆盖层　热喷涂　锌、铝及其合金（ISO 2063:2005,IDT）

GB/T 12608—2003　热喷涂　火焰和电弧喷涂用线材、棒材及芯材　分类　供货技术条件（ISO 14919:2001,MOD）

GB/T 19356—2003　热喷涂　粉末　成分及供货技术条件（ISO 14232:2000,MOD）

ICS 23.040.60
J 15

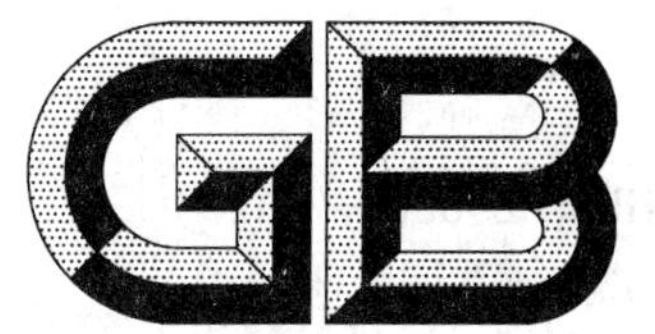

中华人民共和国国家标准

GB/T 29038—2012

薄壁不锈钢管道技术规范

Engineering technical code for light gauge stainless steel pipes

2012-12-31 发布　　2013-10-01 实施

中华人民共和国国家质量监督检验检疫总局
中国国家标准化管理委员会　发布

前　言

本标准按 GB/T 1.1—2009 给出的规则起草

本标准由中国机械工业联合会提出。

本标准由全国管路附件标准化技术委员会(SAC/TC 237)归口。

本标准起草单位:中国建筑设计研究院、中机生产力促进中心、无锡金羊管件有限公司、深圳雅昌管业有限公司、浙江正康实业有限公司、成都共同管业有限公司、广州美亚股份有限公司、宁波福兰特管业有限公司、四川民生管业有限公司、沧州市三庆工贸有限公司、浙江格锐管业有限公司、宁波市华涛不锈钢管材有限公司、江苏道成不锈钢管业有限公司、澳华(沈阳)不锈钢有限公司。

本标准主要起草人:赵锂、李俊英、傅文华、钱江锋、袁雪峰、陈卫东、高胜华、黄建聪、廖仲力、文长宏、牟海峰、缪德伟、郭艾、贾福庆、陈燕群、巫伟、冯峰、王睿。

薄壁不锈钢管道技术规范

1 范围

本标准规定了薄壁不锈钢管子与管件的材料、设计、施工与验收等。

本标准适用于工业与民用建筑中公称压力不大于 PN16、温度不大于 80 ℃的给水(冷水、热水、饮用净水)薄壁不锈钢管管道工程的设计、施工及验收。

2 规范性引用文件

下列文件对于本文件的应用是必不可少的。凡是注日期的引用文件,仅注日期的版本适用于本文件。凡是不注日期的引用文件,其最新版本(包括所有的修改单)适用于本文件。

GB 5749 生活饮用水卫生标准

GB/T 12771 流体输送用不锈钢焊接钢管

GB/T 19228.1 不锈钢卡压式管件组件 第1部分:卡压式管件

GB/T 19228.2 不锈钢卡压式管件组件 第2部分:连接用薄壁不锈钢管

GB/T 19228.3 不锈钢卡压式管件用橡胶O形密封圈

GB/T 21359 食品和供水工业用不锈钢螺纹接头

GB/T 21472 食品工业用不锈钢弯头和三通

GB 50015 建筑给水排水设计规范

3 术语和定义

下列术语和定义适用于本文件。

3.1

薄壁不锈钢管 light gauge stainless steel pipes

壁厚与外径之比不大于6%,壁厚为0.6 mm~4.0 mm的不锈钢管。

3.2

覆塑薄壁不锈钢水管 light gauge stainless steel water pipes wrapped in plastic

外壁有塑料包覆层的薄壁不锈钢水管。

3.3

卡压式连接 press jointing

以带有特种密封圈的承口管件连接管道,用专用工具钳压承口部位后断面呈六角型或多边型压缩紧固密封的一种连接方式。根据端部卡压连接方式分为D型承口连接和S型承口连接。

3.4

D型承口连接 single-press extrusion jointing

管件承口端部无延伸直段的卡压连接。

3.5

S型承口连接 double-press extrusion jointing

管件承口端部有延伸直段的卡压连接。

3.6

环压式连接　ring(annular) compressing jointing

在承插口处设置宽带密封圈，采用专用环压工具钳压承口部位后呈环状压缩紧固密封的挤压式连接方式。

3.7

可曲挠螺纹式连接　threaded coupling jointing

在管材端部用专用工具扩成90°翻遍平面，两个翻遍平面压接在带限位结构的密封圈上并拧紧的连接方式。

3.8

压缩式连接　compression jointing

用螺母紧固，使管口部分的套管通过密封圈压缩起密封作用的一种连接方式。

3.9

卡套式连接　clip cover jointing

通过拧紧螺帽，使管件内的鼓形不锈钢圈变形紧固而封堵不锈钢管连接处缝隙的挤压连接方式。

3.10

对接氩弧焊连接　balanced TIG welding jointing (butt TIG welding jointing)

由钢管与管件对接或钢管与钢管对接，用钨极氩弧焊(TIG)熔焊焊接而成一体的连接方式。

3.11

承插氩弧焊连接　plug-in TIG welding jointing

将钢管插入管件承口，用钨极氩弧焊(TIG)熔焊焊接而成一体的连接方式。

3.12

扩环式连接方式　expanding ring jointing type

在管材端部用专用工具扩成凸环形，将管材插入管件，再充填密封材料，并用紧固件纵向锁紧固定的一类连接方式。包括凸环式连接、卡凸式连接、锁扩式连接。

3.13

沟槽式连接　grooved coupling jointing (trench type jointing)

在管材、管件平口端的接头部位加工(滚压加工或切削加工)成环形沟槽后，并由合式卡箍件、C型橡胶密封圈和紧固件组成的快速拼装接头的连接方式。

3.14

法兰连接　flanged jointing (flange joint)

用紧固件紧固相邻管端上的法兰使其连接牢固的连接方式。

4　管子与管件

4.1　建筑给水薄壁不锈钢管管道所选用的管子和管件，应具有国家认可的产品检测机构的产品检测报告和产品出厂质量保证书；生活饮用水用的管子和管件，还应具有卫生部门的认可文件。

4.2　建筑给水薄壁不锈钢管子与管件应符合GB/T 12771、GB/T 19228.1、GB/T 19228.2、GB/T 19228.3、GB/T 21359、GB/T 21472的要求。

4.3　管子、管件的选材可根据其用途按表1的规定执行。

表 1　管子和管件的材料及用途

统一数字代号	旧牌号	新牌号	适用条件
S30408	0Cr18Ni9	06Cr19Ni10	生活给水、生活热水、饮用净水等管道用
S30403	00Cr19Ni10	022Cr19Ni10	生活给水、生活热水、饮用净水等管道用
S31608	0Cr17Ni12Mo2	06Cr17Ni12Mo2	耐腐蚀性比 06Cr19Ni10 要求高的场合
S31603	00Cr17Ni14Mo2	022Cr17Ni12Mo2	海水、高氯介质或耐腐蚀性比 06Cr17Ni12Mo2 要求高的场合
S11972	00Cr18Mo2	019Cr19Mo2NbTi	高氯介质、消防给水等

4.4　薄壁不锈钢管子与管件应根据输送水中允许氯化物含量选材，可按表 2 的规定选用。

表 2　薄壁不锈钢管子、管件输送水中允许氯化物含量

统一数字代号	旧牌号	新牌号	输送水中允许的氯化物含量/(mg/L)	
			冷水(温度≤40 ℃)	热水(温度>40 ℃)
S30408	0Cr18Ni9	06Cr19Ni10	≤200	≤50
S30403	00Cr19Ni10	022Cr19Ni10	≤200	≤50
S31608	0Cr17Ni12Mo2	06Cr17Ni12Mo2	≤1000	≤250
S31603	00Cr17Ni14Mo2	022Cr17Ni12Mo2	≤1000	≤250
S11972	00Cr18Mo2	019Cr19Mo2NbTi	≤1000	≤250

4.5　不同连接方式的薄壁不锈钢管道接口应采用与之相配套的不锈钢管件。不同系列牌号不锈钢管子宜采用与之相同牌号的管件。

4.6　采用不同连接方式的管件与管子，其尺寸与公差应分别符合现行国家标准或行业标准的规定。

4.7　本标准采用的薄壁不锈钢管管子和管件的牌号、化学成分和力学性能应符合附录 A 的要求。

4.8　管件的结构型式有卡压式、环压式、焊接式、卡套式、压缩式、螺纹式、沟槽式和法兰连接等，其承口结构及规格尺寸应符合国家或行业相应产品标准的要求。

4.9　不锈钢管件在成型焊接工艺后，应经保护气体(全氢或 AX 混合气体)保护的光亮固溶处理，固溶处理的温度应为 1 000 ℃～1 100 ℃。

4.10　不同连接方式的薄壁不锈钢管道接口应采用与之相配套的密封型式。

4.11　卡压式连接的密封圈应符合 GB/T 19228.3 的规定。其他连接方式的密封圈，其结构型式、外形尺寸、材质应符合国家或行业相关标准的要求。

4.12　密封圈的材质宜采用橡胶，选用时应根据连接方式、介质温度、密封要求、使用寿命等因素确定。

5　设计

5.1　管道布置和敷设

5.1.1　建筑给水薄壁不锈钢管道系统应全部采用薄壁不锈钢制管子、管件和附件。当与其他材料的管子、管件和附件相连接时，应采取防止电化学腐蚀的措施。

5.1.2　对埋地敷设的薄壁不锈钢管，其管材牌号宜采用 022Cr17Ni12Mo2(S31603)，并应对管道外壁

采取防腐蚀措施，外壁防腐材料不宜含有氯离子成分。

5.1.3 引入管不宜穿越建筑物的基础。当穿越外墙时，应留孔洞，敷设套管，并考虑建筑物沉降等不利因素。

5.1.4 管道不得浇注在钢筋混凝土结构层内。

5.1.5 管道不宜穿越建筑物的沉降缝、伸缩缝和变形缝。当必须穿越时，应设置补偿管道伸缩和剪切变形的装置。

5.1.6 管道不得敷设在配电间、强弱电管道井、烟道、风道和排水沟内。

5.1.7 嵌墙敷设的管道宜采用覆塑薄壁不锈钢管。管道不得采用卡套式等螺纹连接方式，管径不宜大于 20 mm。管线应水平或垂直布置在预留或开凿的凹槽内，槽内薄壁不锈钢管应采用管卡固定。

5.1.8 需要泄空的管道，其水平管宜设有坡度比为 0.002～0.003 的坡向泄水装置。

5.1.9 在引入管、折角进户管件、支管接出和仪表接口处，应采用螺纹转换接头或法兰连接。

5.1.10 与卫生器具给水配件或与给水机组、给水设备连接处，应采用螺纹连接或法兰连接。

5.1.11 薄壁不锈钢管可采用卡压式、环压式、焊接、螺纹式、卡套式、卡凸式、压缩式、沟槽式、法兰式、转换接头等连接方式。对不同的连接方式，应分别符合相应标准的要求。允许偏差不同的管子与管件使用，但不得互换使用。

5.1.12 卡压式、环压式、卡套式、卡凸式、压缩式、螺纹式、焊接连接方式可适用于 DN100 及以下小口径薄壁不锈钢管，沟槽式、法兰、焊接连接可适用于 DN100 以上大口径薄壁不锈钢管。

5.2 管道补偿、保温

5.2.1 当热水薄壁不锈钢管的直线段长度超过 15 m 时，应采取补偿管道的措施。当公称尺寸不小于 40 mm 时，宜设置不锈钢波形膨胀节或线性温度补偿器，其补偿量按 1.21 mm/m 计算(供水温度不大于 60 ℃时)。

5.2.2 当热水水平干管与水平支管连接、水平干管与立管连接、立管与每层热水支管连接时，应采取在管道伸缩时相互不受影响的措施。

5.2.3 建筑给水薄壁不锈钢管明敷时，应采取防止结露的措施。保温材料应采用不腐蚀不锈钢管的材料。当嵌墙敷设时或埋设在找平层内时，管材宜采用覆塑薄壁不锈钢管。保温层厚度应经计算确定。对防结露管和供水温度不大于 60 ℃的热水管，保温层厚度可按表 3 确定。

表 3 防结露和 60 ℃热水管的保温层厚度

单位为毫米

保温性质	公称尺寸 DN												
	10	15	20	25	32	40	50	65	80	100	125	150	200
防结露≥	5	5	5	5	10	10	10	10	10	10	10	10	10
保温管≥	20	20	20	20	20	25	25	25	25	25	25	30	30
注：本表适用于采用发泡聚四氟乙烯、酚醛泡沫等保温材料时。													

5.3 水力计算

5.3.1 给水管道设计流量的计算，应按 GB 50015 的规定执行。

5.3.2 在给水管道中，水流速度不宜大于 1.8 m/s。当公称尺寸不小于 DN25 时，水流速度宜采用 1.0 m/s～1.5 m/s；当公称尺寸小于 DN 25 时，水流速度宜采用 0.8 m/s～1.0 m/s。

5.3.3 给水管道系统的沿程水头损失可按式(1)计算：

$$i = 105C^{-1.85} \times d_j^{-4.87} \times q_g^{1.85} \quad \cdots\cdots(1)$$

式中：

i ——给水管道单位长度水头损失，单位为千帕每米(kPa/m)；

C ——海曾-威廉公式的流速系数，不锈钢管 $C=130$；

d_j ——管道的计算内径，单位为米(m)；

q_g ——给水设计流量，单位为立方米每秒(m^3/s)。

管道沿程水头损失也可采用表 J.1 中规定的数值。

5.3.4 给水管道系统的局部水头损失宜按沿程水头损失的 25%～30%计算。

5.3.5 当水温高于 10 ℃时，给水管道系统的沿程水头损失应按表 4 的规定值乘以温度修正系数。

表 4 水头损失的温度修正系数

水温/℃	10	20	30	40	50	60	70	80	90	95
修正系数	1.0	0.94	0.90	0.86	0.82	0.79	0.77	0.75	0.73	0.72

6 施工

6.1 施工准备

6.1.1 管道安装工程施工应具备下列条件：

a) 施工设计图纸和其他技术文件齐全，并经会审或审查；

b) 施工方案或施工组织设计已进行技术交底；

c) 材料、施工人员、施工机具等能保证正常施工；

d) 施工现场的用水、用电和材料贮放场地条件能满足需要；

e) 提供的管子和管件符合国家现行有关产品标准的规定，其实物与资料一致，并附有产品说明书和质量合格证书。

6.1.2 施工前应了解建筑物的结构，并根据设计图纸和施工方案制订与土建工程及其他工程的配合措施。安装人员应经专业培训，熟悉薄壁不锈钢管和管件的性能，掌握操作要点。

6.1.3 对管子和管件的外观和接头应进行认真检查，管子、管件上的污物和杂质应及时消除。

6.2 通用规定

6.2.1 薄壁不锈钢管、管件不宜与水泥浆、水泥、砂浆、拌合混凝土直接接触。

6.2.2 管道安装间歇或完成后，管子敞口处应及时封堵。

6.2.3 当管道穿墙壁、楼板及嵌墙暗敷时，应配合土建工程预留孔、槽。留孔或开槽的尺寸宜符合下列规定：

a) 预留孔洞的尺寸宜比管外径大 50 mm～100 mm；

b) 嵌墙暗管的墙槽深度宜为管道外径加 20 mm，宽度宜为管道外径加 40 mm～50 mm；

c) 架空管道管顶上部的净空不宜小于 100 mm。

6.2.4 管道穿过地下室或地下构筑物外墙时，应采取可靠的防水措施。

6.2.5 薄壁不锈钢管与阀门、水表、水嘴等的连接应采用转换接头，不得在薄壁不锈钢水管上套丝。

6.2.6 安装完毕的干管，不得有明显的起伏、弯曲等现象，管外壁应无损伤。

6.2.7 管道系统的坐标、标高的允许偏差应符合表 5 的规定。

表 5　管道的坐标和标高的允许偏差

项目			允许偏差/mm
坐标	室外	埋地	50
		架空或地沟	20
	室内	埋地	15
		架空或地沟	10
标高	室外	埋地	±15
		架空或地沟	±10
	室内	埋地	±10
		架空或地沟	±5

6.2.8　水平管道纵横方向的弯曲，立管的垂直度，平行管道和成排阀门的位置允许偏差应符合表 6 的规定。

表 6　管道和阀门位置的允许偏差

序号	项目		允许偏差/mm
1	水平管道纵横方向弯曲	每 1 m	≤5
		每 10 m	≤10
		室外架空、地沟、埋地每 10 m	≤15
2	立管垂直度	每 1 m	≤3
		高度超过 5 m	≤10
		高度超过 10 m，每 10 m	≤10
3	平行管道和成排阀门位置	在同一直线上，间距	≤3

6.2.9　饮用水管道在试压合格后应采用 0.03%高锰酸钾消毒液灌满管道进行消毒。消毒液在管道中应静置 24 h，排空后，再用饮用水冲洗。饮用水的水质应符合 GB 5749 的要求。

6.2.10　管子、管件在装卸、搬运时应小心轻放，且避免油污，不得抛、摔、滚、拖。

6.2.11　管道不得攀踏、系安全绳、搁搭手架、用作支撑等。

6.3　管道敷设

6.3.1　管道明敷时，应在土建工程粉饰完毕后进行安装。安装前，应首先复核预留孔洞的位置是否正确。

6.3.2　薄壁不锈钢管固定支架间距不宜大于 15 m，热水管固定支架间距的确定应根据管线热胀量、膨胀节允许补偿量等确定。固定支架宜设置在变径、分支、接口及穿越承重墙、楼板的两侧等处。

6.3.3　薄壁不锈钢管活动支架的间距可按表 7 确定。

表 7　活动支架的最大间距

单位为毫米

公称尺寸 DN	10～15	20～25	32～40	50～65	80～125	150～200
水平管	1 000	1 500	2 000	2 500	3 000	3 500
立管	1 500	2 000	2 500	3 000	3 500	4 000

6.3.4 公称尺寸不大于25 mm的管道安装时,可采用塑料管卡。采用金属管卡或吊管时,金属管卡或吊架与管道之间应采用塑料带或橡胶等软物隔垫。

6.3.5 在给水栓和配水点处应采用金属管卡或吊架固定;管卡或吊架宜设置在距配件40 mm～80 mm处。

6.3.6 对明装管道,其外壁距装饰墙面的距离:公称尺寸10 mm～25 mm时,应为40 mm;公称尺寸32 mm～65 mm时,应为50 mm。

6.3.7 管道穿越承重墙或楼板时,应设套管,采取严格的防水措施,并符合下列规定:

a) 卫生间及厨房内的套管,其顶部应高出装饰地面50 mm;

b) 其他楼板内的套管,其顶部应高出装饰地面20 mm;

c) 套管的底部应与楼板底面相平;

d) 墙壁内的套管,其两端应与饰面相平;

e) 安装在楼板内的套管与管道之间的缝隙应使用密实的阻燃材料和防水油膏填实,且端面应触摸光滑。

6.3.8 管道暗敷时,应在管外壁采取防腐措施。

6.3.9 暗敷的管道,应在封蔽前做好试压和隐蔽工程的验收记录。在试压合格后,可采用M7.5水泥砂浆填补。

6.3.10 管道敷设时,不得有轴向弯曲和扭曲,穿过墙或楼板时不得强制校正。当与其他管道平行时,应按设计要求预留保护距离,当设计无规定时,其净距不宜小于100 mm。当管道平行时,管沟内薄壁不锈钢管宜设在镀锌钢管的内侧。

6.4 管道连接

6.4.1 管道系统的配管与连接应按下列步骤进行:

a) 按设计图纸规定的坐标和标高线绘制实测施工图;

b) 按实测施工图进行配管;

c) 制定薄壁不锈钢管和管件的安装顺序,进行预装配。

6.4.2 配管应符合下列规定:

a) 截管工具宜采用专用的电动切管机或手动切管器;

b) 截管的端面应平整,并垂直于管轴线;

c) 截管后,管端的内外毛刺宜采用专用工具去除干净。

6.4.3 薄壁不锈钢管管道的连接,当采用不锈钢卡压式管件时,其安装应符合附录B、附录C的要求。

6.4.4 薄壁不锈钢管管道的连接,当采用不锈钢环压式管件时,其安装应符合附录D的要求。

6.4.5 薄壁不锈钢管管道的连接,当采用不锈钢可曲挠螺纹连接时,其安装应符合附录E的要求。

6.4.6 薄壁不锈钢管管道的连接,当采用不锈钢压缩式管件时,其安装应符合附录F的要求。

6.4.7 薄壁不锈钢管管道的连接,当采用不锈钢卡凸式管件时,其安装应符合附录G的要求。

6.4.8 薄壁不锈钢管管道的连接,当采用不锈钢对接氩弧焊时,其安装应符合附录H的要求。

6.4.9 薄壁不锈钢管管道的连接,当采用不锈钢承插氩弧焊时,其安装应符合附录I的要求。

7 验收

7.1 管道系统应根据工程性质和特点进行中间验收和竣工验收。中间验收由施工单位会同工程监理单位进行;竣工验收由建设单位全面负责或委托工程监理单位进行。必要时,设计单位可参与联合验收。中间验收、竣工验收前施工单位应先进行自检。

7.2 暗装、嵌装管道隐蔽前的验收,应着重检查管道支撑、套管、管道伸缩补偿措施,并进行通水能力检

验和水压试验，水压试验水质应符合 GB 5749 的要求。

7.3 管道系统的水压试验应符合下列规定：

a) 在暗装和嵌装管道的安装符合安装规定后，方可进行水压试验；

b) 水压试验压力为管道系统工作压力的 1.5 倍，且不得小于 0.6 MPa；

c) 水压试验前，应检验试压管道是否已采取安全有效的固定和保护措施，供试验的接头部位应明露；

d) 水压试验合格后方可进行后续土建施工，水压试验时，工程监理人员应到场观察、做好记录，并出具验收书面报告；

e) 水压试验应按下列步骤进行：

——将试压管段末端封堵，缓慢注水，将管内气体排出；

——管道系统注满水后，进行水密性检查；

——对管道系统加压宜采用手动泵缓慢进行，升压时间不应小于 10 min；

——升至规定的试验压力后停止加压，观察 10 min，压力降不得超过 0.02 MPa；然后将试验压力降至工作压力，对管道作外观检验，以不漏为合格；

——管道系统加压后发现有渗漏水或压力下降超过规定值时，应检查管道，在排除渗漏水原因后，再按以上规定重新试压，直至符合要求；

——在温度低于 5 ℃的环境下进行水压试验和通水能力检验时，应采取可靠的防冻措施，试验结束后，应将存水放尽。

7.4 生活饮用水管道在试压合格后，应按 6.2.9 的规定进行消毒并冲洗管道。冲洗前，应对系统内的仪表加以保护，并将有碍冲洗工作的节流阀、止回阀等管道附件拆除，妥善保管，待冲洗后复位。

7.5 管道竣工验收应具备下列文件资料：

a) 施工图、竣工图和设计变更文件；

b) 管子、管件和主要管道附件的产品质量保证书；

c) 隐蔽工程验收和中间试验记录；

d) 通水能力和水压试验检验记录；

e) 管道清洗和消毒记录；

f) 工程质量事故处理记录；

g) 工程质量检验评定记录。

7.6 工程竣工质量应符合设计要求和本标准的规定。竣工验收应重点检查和检验下列项目：

a) 管位、管径、标高、坡度和垂直度等的正确性；

b) 连接点或接口的整洁、牢固和密闭性；

c) 温度补偿设施、管道支承件和管卡的安装位置和牢固性；

d) 给水系统的通水能力检验，检查按设计要求同时开启的最大数量配水点是否全部达到额定流量，对特殊建筑物，可根据管道布置，分层、分段进行通水能力检验；

e) 管道系统阀门的启闭灵活性和仪表指示的灵敏性。

附 录 A
（规范性附录）
薄壁不锈钢管的化学成分和力学性能

A.1 本附录适用于焊制的薄壁不锈钢管。

A.2 管子、管件的牌号和化学成分应符合表 A.1 的规定。

A.3 管子、管件的牌号和力学性能应符合表 A.2 的规定。

表 A.1 管子和管件的牌号和化学成分

统一数字代号	新牌号	旧牌号	化学成分(质量百分数)/%									
			C	Si	Mn	P	S	Ni	Cr	Mo	N	其他元素
S30408	06Cr19Ni10	0Cr18Ni9	≤0.08	≤0.75	≤2.00	≤0.040	≤0.030	8.00～11.00	18.00～20.00	—	—	—
S30403	022Cr19Ni10	00Cr19Ni10	≤0.030					8.00～12.00	18.00～20.00	—	—	—
S31608	06Cr17Ni12Mo2	0Cr17Ni12Mo2	≤0.08					10.00～14.00	16.00～18.00	2.00～3.00	—	—
S31603	022Cr17Ni12Mo2	00Cr17Ni14Mo2	≤0.030					10.00～14.00	16.00～18.00	2.00～3.00	—	—
S11972	019Cr19Mo2NbTi	00Cr18Mo2	≤0.025		≤1.00			1.00	17.50～19.50	1.75～2.50	≤0.035	(Ti+Nb)[0.20+4(C+N)]～0.80

表 A.2 管子、管件的牌号和力学性能

新牌号	旧牌号	规定非比例延伸强度/MPa	抗拉强度/MPa	断后伸长率/%	
				热处理状态	非热处理状态
		不小于			
06Cr19Ni10	0Cr18Ni9	210	520	35	25
022Cr19Ni10	00Cr19Ni10	180	480		
06Cr17Ni12Mo2	0Cr17Ni12Mo2	210	520		
022Cr17Ni12Mo2	00Cr17Ni14Mo2	180	480		
019Cr19Mo2NbTi	00Cr18Mo2	240	410	20	—

附 录 B
（规范性附录）
不锈钢卡压式D型承口连接

B.1 本附录适用于不锈钢卡压式管件D型承口连接。不锈钢卡压式管件D型承口端口部分有环状U形槽，且内装O型密封圈。安装时，用专用卡压工具使U形槽凸部缩径，且薄壁不锈钢水管、管件承插部位卡成六角形(DN15～DN60)或多边形(DN65～DN100)，见图B.1。

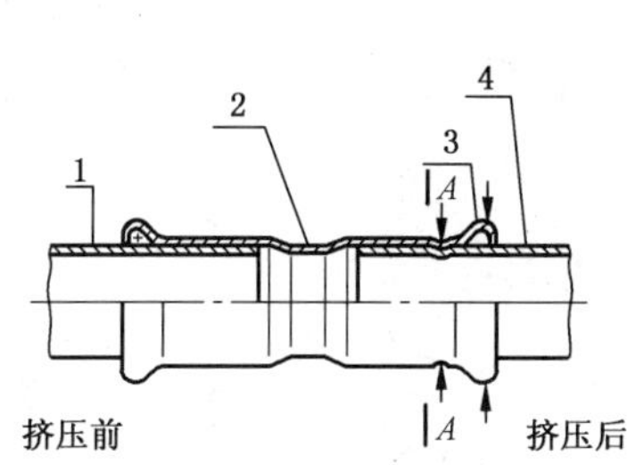

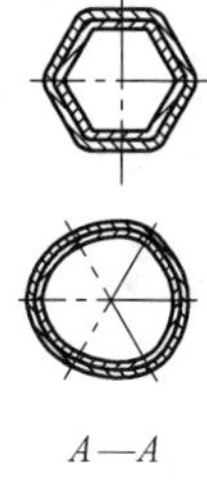

a） 管材与管件连接

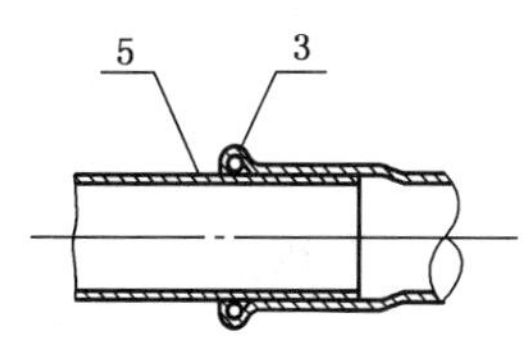

b） 管件承口

说明：
1——不锈钢管；
2——双承短管直通；
3——密封圈；
4——不锈钢圈；
5——管材。

图B.1 不锈钢卡压式D型承口连接示意

B.2 安装前应按下列要求进行准备工作：

a) 用专用划线器在管材端部画标记线一周，以确认管材的插入长度。插入长度应不小于表B.1的规定；

表B.1 管材插入长度基准值

单位为毫米

公称尺寸DN	10	15	20	25	32	40	50	65	80	100
管材插入长度基准值	21	21	24	24	39	47	52	53	60	75

b) 卡压式管件D型承口端口部分应加工成环状U形槽，槽内应装入O型密封圈，并应确认密封圈已安装在正确的位置。

B.3 D型承口卡压式连接应按下列步骤进行：

a) 将管材垂直插入卡压式管件中，不得歪斜、不得使O型密封圈割伤或脱落；

b) 插入后，应确认管材上所画标记线距端部的距离：公称尺寸DN10～DN25时，应为3 mm；公称尺寸DN32～DN65时，应为5 mm；

c) 用专用卡压工具进行卡压连接，卡压时应将卡压工具钳口的凹槽与管件凸部靠紧，并口夹紧管件，工具的钳口还应与管子轴心线垂直；

d) 用专用卡压工具使U形槽凸部缩径，直到产生轻微振动才可结束卡压连接过程；

e) 卡压连接完成后，管子、管件承压部位应卡成六角形或多边形，并应采用量规检查卡压连接是否完好；

f） 卡压时严禁使用润滑油；

g） 当与转换螺纹接头连接时，应在锁紧螺纹后再进行卡压。

B.4 卡压式不锈钢管路系统安装前，应仔细阅读卡压式不锈钢管道使用说明书；然后按使用说明书中安装操作顺序及安装方法进行安装。

B.5 卡压连接后，应进行卡压检查，卡压检查应按下列步骤进行：

a） 利用专用的量规进行卡压尺寸的确认，如发现插入不到位的，应将管件部分切除，重新施工；

b） 在量规确认后，如没有达到正确的量规尺寸时，应先检查卡压工具是否完好，如工具有损，则应将工具送检修。在卡压连接不当处，可用正常卡压工具再次进行卡压连接，并应再次用量规进行检查确认。

附 录 C
（规范性附录）
不锈钢卡压式S型承口连接

C.1 本附录适用于不锈钢卡压式管件S型承口连接，见图C.1。

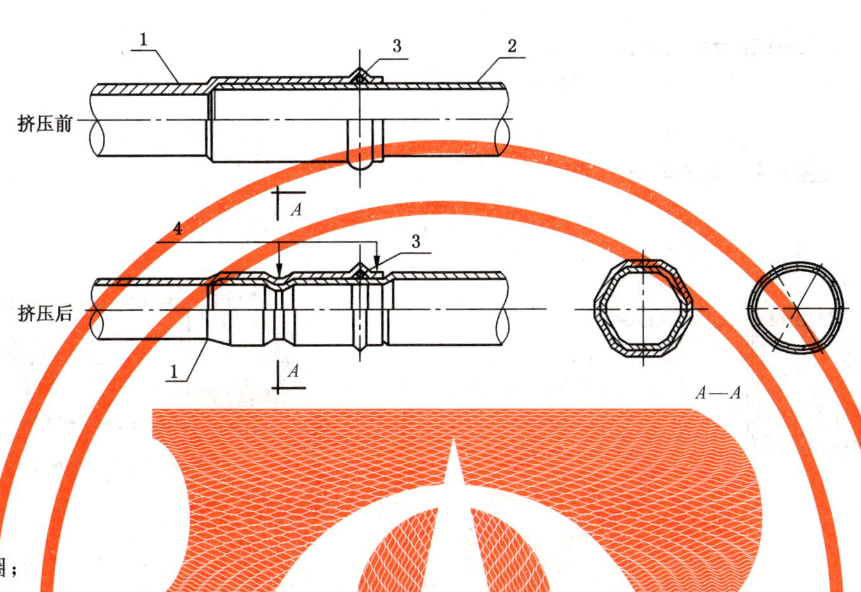

说明：

1——管件；

2——管材；

3——密封圈；

4——挤压部位。

图C.1 不锈钢卡压式S型承口连接示意

C.2 卡压式管件S型承口连接应按下列步骤进行：

a） 用画线标志器在管端作插入深度标记画线；

b） 检查管件中密封圈；

c） 将管材插入管件承口深度与画线标志应相吻合，调节量不应大于3 mm；应保证管材插入长度，不得损伤管件内部密封圈；

d） 应用专用工具在O型密封环左、右两侧各挤压出一道锁固凹槽；

e） 应采用专用量具确认锁固形位。

C.3 S型承口连接应注意以下事项：

a） 采用钢锯锯切管口，应清除毛刺。管口应光滑，管内壁应清洁；

b） 管子插入管件承口，可用清水作润滑剂；

c） 工作前，应检查工具是否完好，确保工具正常工作；

d） 安装操作应按照操作规程顺序进行。

附　录　D
（规范性附录）
不锈钢环压式连接

D.1　本附录适用于不锈钢环压式管件连接，见图 D.1。

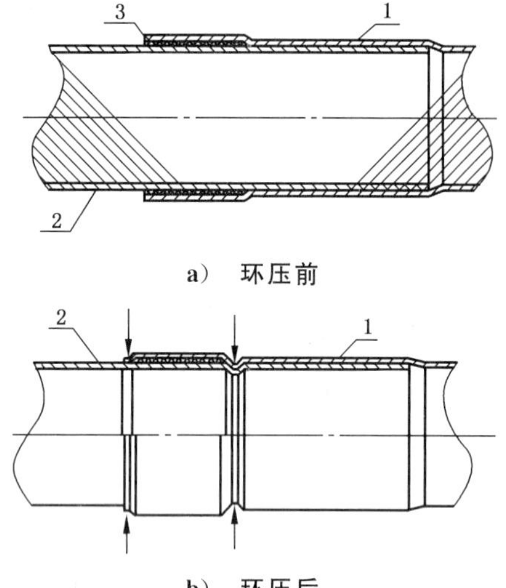

a）　环压前

b）　环压后

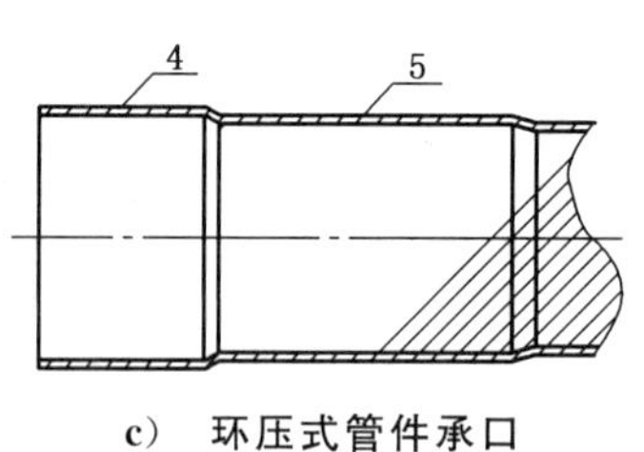

c）　环压式管件承口

说明：
1——管件；
2——管材；
3——密封圈；
4——密封段；
5——稳定段。

图 D.1　不锈钢环压式连接示意

D.2　环压式连接（包括手动工具和电动工具）应按下列步骤进行：

a）　选择与管件对应的液压专用工具；在环压接前应检查环压组件上的滑动块，动作是否灵活，同时应注意保持环压组件的清洁；

b）　将管材插入管件承口并到底端，并用划线笔沿管件边缘在管材上划线；

c）　将密封圈套在管材上，插入承口底端，使管材深度标记与管件边缘对齐，再把密封圈推入管件与管子之间的间隙内；

d）　管件的压接部位应使管材与钳头色标方向一致，置于钳头的上下压块之间；管件和管子必须与钳头垂直，即可环压操作。在施压时，每次油泵运动应是最大行程。加压直至上、下压块无间隙稳压 3 s 后卸压，环压操作完成。

D.3　环压连接时，严禁模块不成组使用和不成组更换；严禁模块色标与滑块的色标方向不一致；严禁色标与管材方向不一致进行环压。

D.4　环压连接后，应进行环压检查，环压检查应按下列步骤进行：

a）　压接部位 360°压痕应凹凸均匀；

b）　管件端面与管材结合应紧密无间隙；

c）　管件端面与管材压合缝挤出的密封圈的多余部分能自然断掉或简便轻松去除；

d) 如环压不到位，应成对更换压块或将工具送修。在环压不当处可用正常环压工具再做一次环压，并应再次检查压接部位质量；

e) 当与转换螺纹接头连接时，应在旋紧螺纹后再进行环压一次；

f) 公称尺寸为 DN80～DN100 的管子与管件的压接，除按上述操作外，还应做二次压接。二次压接时，将压块靠近管件密封带的一根部，加压至上、下压块无间隙。

附 录 E
（规范性附录）
不锈钢可曲挠螺纹连接

E.1 本附录适用于不锈钢可曲挠螺纹管件连接。安装时，在管材端部用专用工具扩成 90°翻边平面，两个翻边平面压接在带限位结构密封圈上并拧紧，见图 E.1。

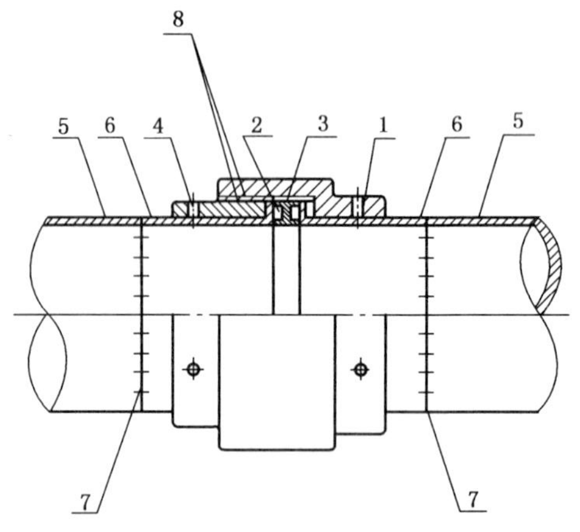

说明：

1——活接内螺纹管件；

2——O 型密封圈；

3——不锈钢密封圈；

4——活接外螺纹管件；

5——翻边不锈钢管材；

6——成品翻边短节管件；

7——TIG 焊；

8——柱螺纹 G。

图 E.1 不锈钢可曲挠螺纹连接示意

E.2 安装前应按下列要求进行准备工作：

a) 用专用划线器在管材画标记线一周，以确认管材的翻边宽度，翻边宽度应按表 E.1 的规定；

表 E.1 管子翻边宽度位置基准值

单位为毫米

公称直径 DN	15	20	25	32	40	50	60	65	80	100
翻边宽度	4.0	4.0	5.2	6.4	6.6	7.1	8.6	9.3	10.6	12.0

b) 可曲挠螺纹管件端口部分应套入加工成 90°翻边形状，槽内应装入带限位结构密封圈，并应确认密封圈已安装在正确的位置。

E.3 可曲挠螺纹式连接应按下列步骤进行：

a) 断管：用砂轮切割机将配管切断，切口应垂直，且把切口内外毛刺修净；

b) 将管件端口部分螺母拧开，并把螺母套入配管上；

c) 用专用工具（液压翻边机）将配管端口进行 90°翻边工艺处理；

d) 将带限位结构密封圈放入管件端口内；

e） 用扳手拧紧，完成配管与管件一个部分的连接。

E.4 可曲挠螺纹式不锈钢管路系统安装前，应仔细阅读可曲挠螺纹式不锈钢管道使用说明书；然后按使用说明书中安装操作顺序及安装方法进行安装。

E.5 可曲挠螺纹式连接后，应进行翻边检查，翻边检查应按下列步骤进行：

a） 利用专用的游标卡尺进行翻边宽度的确认，如发现翻边不到位的，应将管件部分切除，重新施工；

b） 在测量确认后，如没有达到正确的尺寸时，应先检查液压翻边模具是否完好，如模具有损，则应将模具送检修。在螺纹连接不当处，可用液压翻边机再次进行翻边连接，并应再次用游标卡尺进行检查确认。

E.6 用可曲挠螺纹管件连接时，应符合下列规定：

a） 配管翻边前，先将需连接的管件端口部分螺母拧开，并把它套在配管上；

b） 液压翻边机按不同管径附有模具，公称直径 15 mm～100 mm；

c） 配管翻边过程凭借液压翻边机专用模具调整定位；

d） 带限位结构密封圈应平放在管件端口内，严禁使用润滑油；

e） 把翻边后的配管压接在螺纹管件内时，切忌损坏密封圈或改变其平整状态；

f） 与阀门、水嘴等管路附件连接时，在常规管件丝口处应缠生料带或用金属密封胶。

附 录 F
（规范性附录）
不锈钢压缩式管件连接

F.1 本附录适用于不锈钢压缩式管件连接。不锈钢压缩式管件端口部分拧有螺母，且内装有橡胶密封圈。安装时，应用专用工具把配管与管件的连接端内胀成山形台凸缘或外加一档圈，依次将密封圈放入管件端口内，把配管插入管件内和拧紧螺母，见图 F.1。

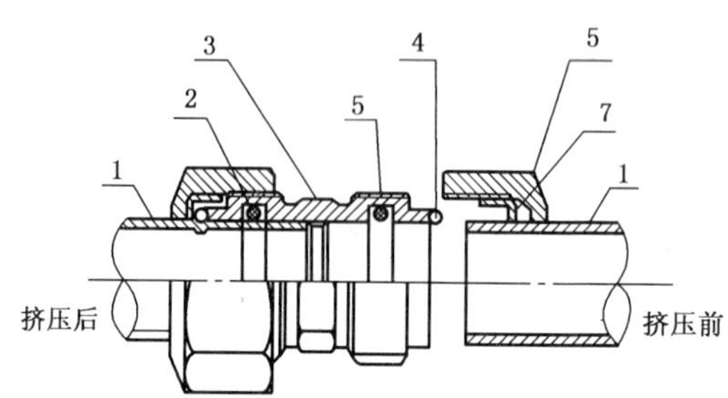

说明：

1——管材；
2——硅橡胶密封圈；
3——等径直通；
4——开口不锈钢卡环；
5——外螺纹；
6——锁紧螺母；
7——不锈钢内套。

图 F.1 不锈钢压缩式连接示意

F.2 应按下列顺序进行安装前准备：

a) 断管：用砂轮切割机将配管切断，切口应垂直，且把切口内外毛刺修净；
b) 将管件端口部分螺母拧开，并把螺母套入配管上；
c) 用专用工具（胀形器）将配管内胀成山形台凸缘或外加一档圈；
d) 将硅胶密封圈放入管件端口内；
e) 将事先套入螺母的配管插入管件内；
f) 手拧螺母，并用扳手拧紧，完成配管与管件一个部分的连接。

F.3 用压缩式管件连接时，应符合下列规定：

a) 配管胀形前，先将需连接的管件端口部分螺母拧开，并把它套在配管上；
b) 胀形器按不同管径附有模具，公称尺寸 15 mm～50 mm 用胀箍式（内胀成一个山形台），装、卸合模时可借助木锤轻击；
c) 配管胀形过程凭借胀形器专用模具自动定位，上下拉动摇杆至手感力约为 30 kg～50 kg，配管卡箍或胀箍位置应满足表 F.1 的规定；

表 F.1 管子胀形位置基准值

单位为毫米

公称尺寸 DN	15	20	25	32	40	50
胀形位置外径	16.85	22.85	28.85	37.70	42.80	53.80

d) 硅胶密封圈应平放在管件端口内，严禁使用润滑油；
e) 把胀形后的配管插入管件时，切忌损坏密封圈或改变其平整状态；
f) 与阀门、水嘴等管路附件连接时，在常规管件丝口处应缠麻丝或生料带。

附 录 G
（规范性附录）
不锈钢卡凸式管件连接

G.1 本附录适用于不锈钢卡凸式管件连接，见图 G.1。

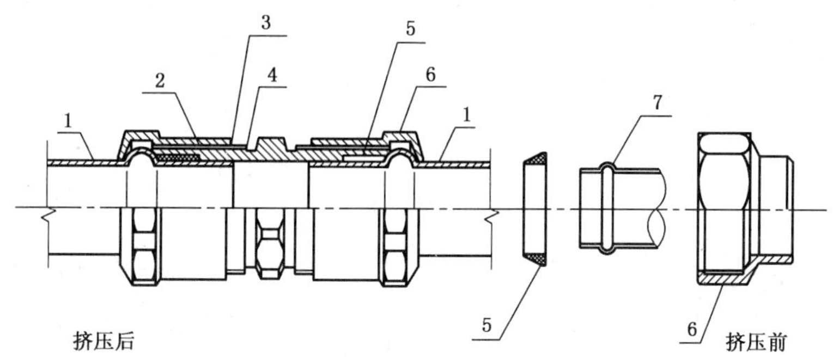

a） 锁紧螺帽连接

说明：
1——管材；
2——普通外螺纹；
3——普通内螺纹；
4——外螺纹直通；
5——锥形密封圈；
6——锁紧螺母；
7——管材凸缘环。

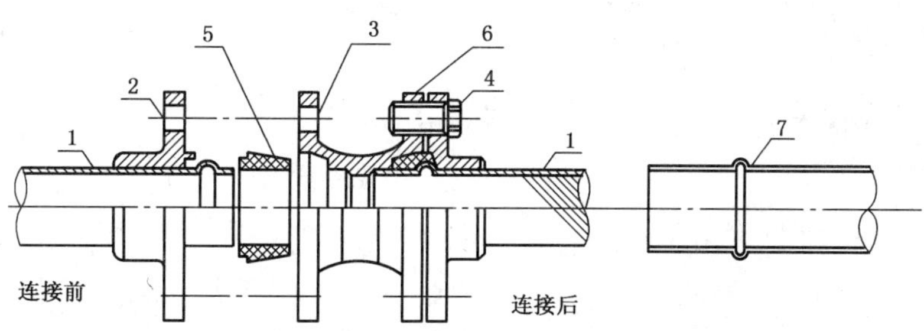

b） 锁紧法兰连接

说明：
1——管材；
2——锁紧法兰；
3——螺纹孔；
4——螺栓；
5——锥形密封圈；
6——法兰管件；
7——凸缘环。

图 G.1 不锈钢卡凸式连接示意

G.2 薄壁不锈钢卡凸式连接前应对管口进行扩圆环,并应符合下列规定:

a) 应采用专用工具在管口处扩出圆环;

b) 扩圆环时应将推压螺母或活套法兰预先套在法兰上;

c) 辊压圆环时速度不应过快,圆环的圆度应均匀;

d) 圆环凸起曲面高度应符合规定,且不应辊压过度。

G.3 卡凸式连接不宜使用断面为三角形的橡胶密封圈,且不得使用润滑油。

G.4 管材插入管件应到位,然后应使用扳手将推压螺帽或活套法兰紧固螺栓与管件锁紧,锁紧后密封圈与圆环应完全密闭。

G.5 连接完成后应检查连接处,不得产生裂纹、裂口等现象。

附 录 H
(规范性附录)
不锈钢对接氩弧焊连接

H.1 本附录适用于不锈钢对接氩弧焊式连接，见图 H.1。

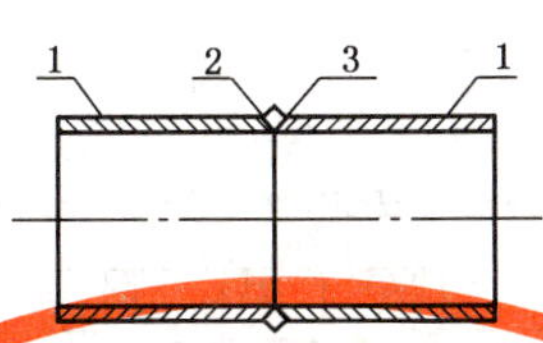

说明：
1——管材；
2——焊缝；
3——TIG 焊。

图 H.1 不锈钢对接氩弧焊连接示意

H.2 对接氩弧焊式连接应按下列步骤进行：

a) 用钨极氩弧焊(TIG 焊)，将坡口部作环状一圈的焊缝。如需作多道施焊时，也应 TIG 焊打底，其余各层允许采用焊条电弧焊；

b) 宜用惰性气体作内壁焊缝保护或选用对内壁焊缝有保护作用的焊丝，以确保内壁焊缝平整、无缝隙；

c) 焊缝应进行抛光处理。

H.3 钢管或管件坡口时，坡口有关参数推荐值可按表 H.1 和图 H.2 规定，当钢管与管件壁厚小于 3 mm 时，允许以直角或轻微倒角替代坡口。

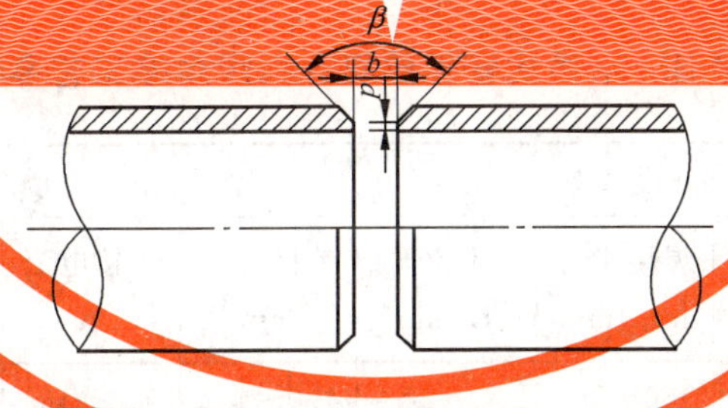

图 H.2 坡口图

表 H.1 坡口参数

坡口角度 β	60°～70°
间隙 b	0～2 mm
钝边 p	0～1 mm

H.4 应根据薄壁不锈钢管子、管件的材质和钨极惰性气体保护焊焊接方法，选用相应的焊丝牌号，并满足下列规定：

a) 06Cr19Ni10(S30408)不锈钢，可选用奥氏体型 H0Cr21Ni10 焊丝；

b) 06Cr17Ni12Mo2(S31608)不锈钢，可选用奥氏体型 H0Cr19Ni12Mo2 焊丝；

c) 022Cr17Ni12Mo2(S31603)不锈钢，可选用奥氏体型 H00Cr19Ni12Mo2 焊丝。

附　录　I
（规范性附录）
不锈钢承插氩弧焊连接

I.1　本附录适用于不锈钢承插氩弧焊式管件连接，见图 I.1。

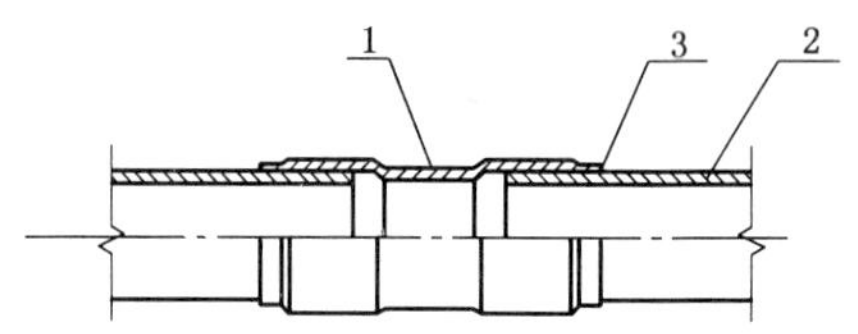

说明：
1——双承直通；
2——不锈钢管；
3——TIG 焊。

图 I.1　承插氩弧焊连接示意

I.2　承插氩弧焊式连接应按下列步骤进行：
a）将不锈钢管材插入管件承口，抵住承口内轴肩后，外拉 0.5 mm～2 mm；
b）用钨极氩弧焊（TIG 焊），将承口端部作环状一圈的焊缝；
c）焊缝应进行抛光处理。

I.3　当管件端口无延展边，焊接时可添加焊丝；当管件端口有延伸边，焊接连接时可不添加焊丝，以延展边替代。

I.4　钨极氩弧焊要求小电流、快速度，其焊接工艺参数可参考表 I.1。

表 I.1　承插式管件钨极氩弧焊焊接工艺参数

管壁厚 mm	无脉冲焊接工艺参数				有脉冲焊接工艺参数				
	钨极直径 mm	焊接电流 A	焊接速度 mm/min	气体流量 L/min	钨极直径 mm	焊接电流 A	脉冲频率 Hz	焊接速度 mm/min	气体流量 L/min
0.6	1.0	8～12	50～85	4～5	1.0～1.5	10～16	8～10	60～130	5～6
0.8	1.0～1.5	12～18	60～180	4～5	1.5～2.0	18～25	8～10	100～140	5～6
1.0	1.0～1.5	25～38	150～300	5～6	1.5～2.0	25～42	8～10	130～260	6～8
1.2	1.0～1.5	35～48	260～450	6～8	1.5～2.0	38～50	10～12	220～400	8～10
1.5	1.0～2.0	45～60	400～550	8～10	2.0～2.5	45～60	10～12	360～500	10～12

I.5　氩弧焊宜选用手提式逆变氩弧焊/电弧焊两用机。

I.6　氩弧焊焊接时，不锈钢管内外壁均应采取惰性气体保护。

附 录 J
（资料性附录）
建筑给水薄壁不锈钢管管道的沿程水头损失计算

J.1 管道沿程水头损失可采用表 J.1 中规定的数值。

J.2 表 J.1 中各符号及单位如下：

Q ——给水流量，单位为立方米每小时（m^3/h）或升每秒（L/s）；

d_j ——管道的计算内径，单位为米（m）；

i ——给水管道单位长度水头损失，单位为千帕每米（kPa/m）；

v ——水流速度，单位为米每秒（m/s）；

DN ——管道公称尺寸。

表 J.1 建筑给水薄壁不锈钢管管道的沿程水头损失计算

Q		DN10				DN15			
		Ⅰ系列				Ⅰ系列			
		d_j0.011 10		d_j0.011 50		d_j0.014 00		d_j0.014 40	
m^3/h	L/s	v	i	v	i	v	i	v	i
0.234	0.065	0.672	0.765	0.626	0.644	0.422	0.247	0.399	0.215
0.252	0.070	0.724	0.877	0.674	0.738	0.455	0.283	0.430	0.247
0.272	0.076	0.781	1.010	0.728	0.850	0.491	0.326	0.464	0.284
0.288	0.080	0.827	1.123	0.771	0.945	0.520	0.363	0.491	0.316
0.306	0.085	0.879	1.256	0.819	1.057	0.552	0.406	0.522	0.354
0.324	0.090	0.931	1.396	0.867	1.175	0.585	0.451	0.553	0.393
0.342	0.095	0.982	1.543	0.915	1.299	0.617	0.498	0.584	0.434
0.360	0.100	1.034	1.697	0.963	1.428	0.650	0.548	0.614	0.478
0.396	0.110	1.137	2.024	1.060	1.704	0.715	0.654	0.676	0.570
0.432	0.120	1.241	2.378	1.156	2.001	0.780	0.768	0.737	0.669
0.468	0.130	1.344	2.757	1.252	2.321	0.845	0.890	0.799	0.776
0.504	0.140	1.447	3.162	1.349	2.662	0.910	1.021	0.860	0.890
0.540	0.150	1.551	3.593	1.445	3.024	0.975	1.160	0.922	1.011
0.576	0.160	1.654	4.048	1.541	3.407	1.040	1.307	0.983	1.140
0.612	0.170	1.758	4.529	1.638	3.812	1.105	1.462	1.044	1.275
0.648	0.180	1.861	5.034	1.734	4.237	1.170	1.626	1.106	1.417
0.684	0.190	1.964	5.564	1.830	4.683	1.235	1.797	1.167	1.566
0.720	0.200	2.068	6.118	1.926	5.149	1.300	1.975	1.229	1.722
0.900	0.250	—	—	2.408	7.780	1.625	2.985	1.536	2.602
1.080	0.300	—	—	—	—	1.950	4.182	1.843	3.646
1.260	0.350	—	—	—	—	2.275	5.563	2.150	4.849
1.440	0.400	—	—	—	—	—	—	—	—
1.620	0.450	—	—	—	—	—	—	—	—
1.800	0.500	—	—	—	—	—	—	—	—
1.980	0.550	—	—	—	—	—	—	—	—
2.160	0.600	—	—	—	—	—	—	—	—
2.340	0.650	—	—	—	—	—	—	—	—
2.520	0.700	—	—	—	—	—	—	—	—
2.700	0.750	—	—	—	—	—	—	—	—
2.880	0.800	—	—	—	—	—	—	—	—
3.060	0.850	—	—	—	—	—	—	—	—
3.240	0.900	—	—	—	—	—	—	—	—
3.420	0.950	—	—	—	—	—	—	—	—
3.600	1.000	—	—	—	—	—	—	—	—
3.780	1.050	—	—	—	—	—	—	—	—
3.960	1.100	—	—	—	—	—	—	—	—

表 J.1(续)

Q		DN15							
		Ⅰ系列							
		d_j0.015 84		d_j0.016 00		d_j0.016 4		d_j0.017 84	
m^3/h	L/s	v	i	v	i	v	i	v	i
0.234	0.065	0.330	0.135	0.323	0.129	0.308	0.114	0.260	0.076
0.252	0.070	0.355	0.155	0.348	0.148	0.332	0.131	0.280	0.087
0.272	0.076	0.384	0.179	0.376	0.170	0.358	0.151	0.302	0.100
0.288	0.080	0.406	0.199	0.398	0.189	0.379	0.168	0.320	0.111
0.306	0.085	0.432	0.222	0.423	0.212	0.403	0.188	0.340	0.125
0.324	0.090	0.457	0.247	0.448	0.235	0.426	0.209	0.360	0.139
0.342	0.095	0.482	0.273	0.473	0.260	0.450	0.231	0.380	0.153
0.360	0.100	0.508	0.300	0.498	0.286	0.474	0.254	0.400	0.168
0.396	0.110	0.558	0.358	0.547	0.341	0.521	0.302	0.440	0.201
0.432	0.120	0.609	0.421	0.597	0.401	0.568	0.355	0.480	0.236
0.468	0.130	0.660	0.488	0.647	0.465	0.616	0.412	0.520	0.273
0.504	0.140	0.711	0.560	0.697	0.533	0.663	0.473	0.560	0.314
0.540	0.150	0.762	0.636	0.746	0.605	0.710	0.537	0.600	0.356
0.576	0.160	0.812	0.716	0.796	0.682	0.758	0.605	0.640	0.402
0.612	0.170	0.863	0.802	0.846	0.763	0.805	0.677	0.680	0.449
0.648	0.180	0.914	0.891	0.896	0.848	0.853	0.752	0.720	0.499
0.684	0.190	0.965	0.985	0.945	0.938	0.900	0.831	0.760	0.552
0.720	0.200	1.015	1.083	0.995	1.031	0.947	0.914	0.801	0.607
0.900	0.250	1.269	1.636	1.244	1.558	1.184	1.381	1.001	0.917
1.080	0.300	1.523	2.292	1.493	2.183	1.421	1.935	1.201	1.285
1.260	0.350	1.777	3.049	1.742	2.903	1.658	2.574	1.401	1.709
1.440	0.400	2.031	3.903	1.990	3.717	1.895	3.295	1.601	2.187
1.620	0.450	—	—	2.239	4.621	2.131	4.098	1.801	2.720
1.800	0.500	—	—	—	—	—	—	2.001	3.305
1.980	0.550	—	—	—	—	—	—	—	—
2.160	0.600	—	—	—	—	—	—	—	—
2.340	0.650	—	—	—	—	—	—	—	—
2.520	0.700	—	—	—	—	—	—	—	—
2.700	0.750	—	—	—	—	—	—	—	—
2.880	0.800	—	—	—	—	—	—	—	—
3.060	0.850	—	—	—	—	—	—	—	—
3.240	0.900	—	—	—	—	—	—	—	—
3.420	0.950	—	—	—	—	—	—	—	—
3.600	1.000	—	—	—	—	—	—	—	—
3.780	1.050	—	—	—	—	—	—	—	—
3.960	1.100	—	—	—	—	—	—	—	—

表 J.1(续)

Q		DN15						DN20	
		Ⅱ系列						Ⅰ系列	
		d_j0.013 90		d_j0.014 30		d_j0.015 74		d_j0.017 60	
m³/h	L/s	v	i	v	i	v	i	v	i
0.234	0.065	0.429	0.256	0.405	0.223	0.334	0.140	—	—
0.252	0.070	0.462	0.293	0.436	0.255	0.360	0.160	—	—
0.272	0.076	0.498	0.338	0.471	0.294	0.388	0.184	—	—
0.288	0.080	0.527	0.376	0.498	0.327	0.411	0.205	—	—
0.306	0.085	0.560	0.420	0.530	0.366	0.437	0.229	—	—
0.324	0.090	0.593	0.467	0.561	0.407	0.463	0.255	—	—
0.342	0.095	0.626	0.516	0.592	0.449	0.488	0.282	—	—
0.360	0.100	0.659	0.567	0.623	0.494	0.514	0.310	—	—
0.396	0.110	0.725	0.677	0.685	0.590	0.566	0.369	—	—
0.432	0.120	0.791	0.795	0.748	0.692	0.617	0.434	—	—
0.468	0.130	0.857	0.922	0.810	0.803	0.668	0.503	—	—
0.504	0.140	0.923	1.057	0.872	0.921	0.720	0.577	—	—
0.540	0.150	0.989	1.201	0.934	1.046	0.771	0.656	—	—
0.576	0.160	1.055	1.354	0.997	1.179	0.823	0.739	0.658	0.429
0.612	0.170	1.121	1.514	1.059	1.319	0.874	0.827	0.699	0.480
0.648	0.180	1.187	1.683	1.121	1.466	0.926	0.919	0.740	0.533
0.684	0.190	1.253	1.860	1.184	1.620	0.977	1.015	0.781	0.589
0.720	0.200	1.319	2.046	1.246	1.782	1.028	1.117	0.822	0.648
0.900	0.250	1.648	3.091	1.557	2.692	1.285	1.687	1.028	0.979
1.080	0.300	1.978	4.331	1.869	3.772	1.543	2.364	1.234	1.372
1.260	0.350	2.308	5.760	2.180	5.017	1.800	3.144	1.439	1.825
1.440	0.400	—	—	—	—	2.057	4.025	1.645	2.336
1.620	0.450	—	—	—	—	—	—	1.851	2.905
1.800	0.500	—	—	—	—	—	—	2.056	3.531
1.980	0.550	—	—	—	—	—	—	—	—
2.160	0.600	—	—	—	—	—	—	—	—
2.340	0.650	—	—	—	—	—	—	—	—
2.520	0.700	—	—	—	—	—	—	—	—
2.700	0.750	—	—	—	—	—	—	—	—
2.880	0.800	—	—	—	—	—	—	—	—
3.060	0.850	—	—	—	—	—	—	—	—
3.240	0.900	—	—	—	—	—	—	—	—
3.420	0.950	—	—	—	—	—	—	—	—
3.600	1.000	—	—	—	—	—	—	—	—
3.780	1.050	—	—	—	—	—	—	—	—
3.960	1.100	—	—	—	—	—	—	—	—

表 J.1(续)

Q		DN20							
		Ⅰ系列							
		d_j0.017 60		d_j0.018 00		d_j0.019 60		d_j0.020 00	
m³/h	L/s	v	i	v	i	v	i	v	i
0.576	0.160	0.658	0.429	0.629	0.384	0.531	0.254	0.510	0.230
0.612	0.170	0.699	0.480	0.668	0.430	0.564	0.284	0.541	0.257
0.648	0.180	0.740	0.533	0.708	0.478	0.597	0.316	0.573	0.286
0.684	0.190	0.781	0.589	0.747	0.528	0.630	0.349	0.605	0.316
0.720	0.200	0.822	0.648	0.786	0.581	0.663	0.384	0.637	0.348
0.900	0.250	1.028	0.979	0.983	0.878	0.829	0.580	0.796	0.525
1.080	0.300	1.234	1.372	1.180	1.230	0.995	0.812	0.955	0.736
1.260	0.350	1.439	1.825	1.376	1.636	1.161	1.081	1.115	0.979
1.440	0.400	1.645	2.336	1.573	2.094	1.326	1.383	1.274	1.254
1.620	0.450	1.851	2.905	1.769	2.604	1.492	1.720	1.433	1.559
1.800	0.500	2.056	3.531	1.966	3.165	1.658	2.090	1.592	1.894
1.980	0.550	—	—	2.162	3.775	1.824	2.493	1.752	2.260
2.160	0.600	—	—	—	—	1.990	2.929	1.911	2.654
2.340	0.650	—	—	—	—	2.155	3.396	2.070	3.078
2.520	0.700	—	—	—	—	—	—	—	—
2.700	0.750	—	—	—	—	—	—	—	—
2.880	0.800	—	—	—	—	—	—	—	—
3.060	0.850	—	—	—	—	—	—	—	—
3.240	0.900	—	—	—	—	—	—	—	—
3.420	0.950	—	—	—	—	—	—	—	—
3.600	1.000	—	—	—	—	—	—	—	—
3.780	1.050	—	—	—	—	—	—	—	—
3.960	1.100	—	—	—	—	—	—	—	—
4.140	1.150	—	—	—	—	—	—	—	—
4.320	1.200	—	—	—	—	—	—	—	—
4.500	1.250	—	—	—	—	—	—	—	—
4.680	1.300	—	—	—	—	—	—	—	—
4.860	1.350	—	—	—	—	—	—	—	—
5.040	1.400	—	—	—	—	—	—	—	—
5.220	1.450	—	—	—	—	—	—	—	—
5.400	1.500	—	—	—	—	—	—	—	—
5.580	1.550	—	—	—	—	—	—	—	—
5.760	1.600	—	—	—	—	—	—	—	—
5.940	1.650	—	—	—	—	—	—	—	—
6.120	1.700	—	—	—	—	—	—	—	—
6.300	1.750	—	—	—	—	—	—	—	—
6.480	1.800	—	—	—	—	—	—	—	—
6.660	1.850	—	—	—	—	—	—	—	—
6.840	1.900	—	—	—	—	—	—	—	—
7.020	1.950	—	—	—	—	—	—	—	—
7.560	2.100	—	—	—	—	—	—	—	—

表 J.1(续)

Q		DN20						DN25			
		Ⅱ系列						Ⅰ系列			
		d_j0.019 80		d_j0.020 20		d_j0.020 60		d_j0.023 00		d_j0.023 40	
m^3/h	L/s	v	i	v	i	v	i	v	i	v	i
0.576	0.160	0.520	0.242	0.500	0.219	0.480	0.199	—	—	—	—
0.612	0.170	0.552	0.270	0.531	0.245	0.510	0.223	—	—	—	—
0.648	0.180	0.585	0.301	0.562	0.273	0.540	0.248	—	—	—	—
0.684	0.190	0.617	0.332	0.593	0.301	0.570	0.274	—	—	—	—
0.720	0.200	0.650	0.365	0.624	0.331	0.600	0.301	—	—	—	—
0.900	0.250	0.812	0.552	0.780	0.501	0.750	0.455	0.602	0.266	0.582	0.245
1.080	0.300	0.975	0.773	0.937	0.701	0.901	0.638	0.722	0.373	0.698	0.343
1.260	0.350	1.137	1.028	1.093	0.933	1.051	0.848	0.843	0.496	0.814	0.456
1.440	0.400	1.300	1.317	1.249	1.194	1.201	1.086	0.963	0.635	0.931	0.584
1.620	0.450	1.462	1.637	1.405	1.485	1.351	1.350	1.084	0.789	1.047	0.726
1.800	0.500	1.625	1.989	1.561	1.805	1.501	1.640	1.204	0.959	1.163	0.882
1.980	0.550	1.787	2.373	1.717	2.153	1.651	1.957	1.324	1.144	1.280	1.052
2.160	0.600	1.950	2.787	1.873	2.529	1.801	2.298	1.445	1.344	1.396	1.236
2.340	0.650	2.112	3.232	2.029	2.932	1.951	2.665	1.565	1.558	1.512	1.433
2.520	0.700	—	—	—	—	2.101	3.057	1.686	1.787	1.629	1.643
2.700	0.750	—	—	—	—	—	—	1.806	2.031	1.745	1.867
2.880	0.800	—	—	—	—	—	—	1.926	2.288	1.861	2.104
3.060	0.850	—	—	—	—	—	—	2.047	2.560	1.978	2.354
3.240	0.900	—	—	—	—	—	—	—	—	2.094	2.616
3.420	0.950	—	—	—	—	—	—	—	—	—	—
3.600	1.000	—	—	—	—	—	—	—	—	—	—
3.780	1.050	—	—	—	—	—	—	—	—	—	—
3.960	1.100	—	—	—	—	—	—	—	—	—	—
4.140	1.150	—	—	—	—	—	—	—	—	—	—
4.320	1.200	—	—	—	—	—	—	—	—	—	—
4.500	1.250	—	—	—	—	—	—	—	—	—	—
4.680	1.300	—	—	—	—	—	—	—	—	—	—
4.860	1.350	—	—	—	—	—	—	—	—	—	—
5.040	1.400	—	—	—	—	—	—	—	—	—	—
5.220	1.450	—	—	—	—	—	—	—	—	—	—
5.400	1.500	—	—	—	—	—	—	—	—	—	—
5.580	1.550	—	—	—	—	—	—	—	—	—	—
5.760	1.600	—	—	—	—	—	—	—	—	—	—
5.940	1.650	—	—	—	—	—	—	—	—	—	—
6.120	1.700	—	—	—	—	—	—	—	—	—	—
6.300	1.750	—	—	—	—	—	—	—	—	—	—
6.480	1.800	—	—	—	—	—	—	—	—	—	—
6.660	1.850	—	—	—	—	—	—	—	—	—	—
6.840	1.900	—	—	—	—	—	—	—	—	—	—
7.020	1.950	—	—	—	—	—	—	—	—	—	—
7.560	2.100	—	—	—	—	—	—	—	—	—	—

表 J.1(续)

Q		DN25							
		Ⅰ系列				Ⅱ系列			
		d_j0.025 6		d_j0.026 00		d_j0.026 20		d_j0.026 60	
m³/h	L/s	v	i	v	i	v	i	v	i
0.900	0.250	0.486	0.158	0.471	0.146	0.464	0.141	0.450	0.131
1.080	0.300	0.583	0.221	0.565	0.205	0.557	0.198	0.540	0.184
1.260	0.350	0.680	0.294	0.660	0.273	0.650	0.263	0.630	0.244
1.440	0.400	0.778	0.377	0.754	0.349	0.742	0.337	0.720	0.313
1.620	0.450	0.875	0.468	0.848	0.434	0.835	0.419	0.810	0.389
1.800	0.500	0.972	0.569	0.942	0.528	0.928	0.509	0.900	0.472
1.980	0.550	1.069	0.679	1.036	0.630	1.021	0.607	0.990	0.563
2.160	0.600	1.166	0.798	1.131	0.740	1.113	0.713	1.080	0.662
2.340	0.650	1.263	0.925	1.225	0.858	1.206	0.826	1.170	0.768
2.520	0.700	1.361	1.061	1.319	0.984	1.299	0.948	1.260	0.880
2.700	0.750	1.458	1.205	1.413	1.118	1.392	1.077	1.350	1.000
2.880	0.800	1.555	1.358	1.508	1.259	1.485	1.213	1.440	1.127
3.060	0.850	1.652	1.519	1.602	1.409	1.577	1.357	1.530	1.261
3.240	0.900	1.749	1.689	1.696	1.566	1.670	1.509	1.620	1.401
3.420	0.950	1.847	1.867	1.790	1.731	1.763	1.667	1.710	1.549
3.600	1.000	1.944	2.052	1.884	1.903	1.856	1.833	1.800	1.703
3.780	1.050	2.041	2.246	1.979	2.083	1.949	2.007	1.890	1.864
3.960	1.100	—	—	2.073	2.270	2.041	2.187	1.980	2.031
4.140	1.150	—	—	—	—	—	—	2.070	2.206
4.320	1.200	—	—	—	—	—	—	—	—
4.500	1.250	—	—	—	—	—	—	—	—
4.680	1.300	—	—	—	—	—	—	—	—
4.860	1.350	—	—	—	—	—	—	—	—
5.040	1.400	—	—	—	—	—	—	—	—
5.220	1.450	—	—	—	—	—	—	—	—
5.400	1.500	—	—	—	—	—	—	—	—
5.580	1.550	—	—	—	—	—	—	—	—
5.760	1.600	—	—	—	—	—	—	—	—
5.940	1.650	—	—	—	—	—	—	—	—
6.120	1.700	—	—	—	—	—	—	—	—
6.300	1.750	—	—	—	—	—	—	—	—
6.480	1.800	—	—	—	—	—	—	—	—
6.660	1.850	—	—	—	—	—	—	—	—
6.840	1.900	—	—	—	—	—	—	—	—
7.020	1.950	—	—	—	—	—	—	—	—
7.560	2.100	—	—	—	—	—	—	—	—
7.920	2.200	—	—	—	—	—	—	—	—
8.280	2.300	—	—	—	—	—	—	—	—
8.640	2.400	—	—	—	—	—	—	—	—

表 J.1(续)

Q		DN32							
		Ⅰ系列							
		d_j0.029 00		d_j0.029 60		d_j0.032 00		d_j0.032 60	
m³/h	L/s	v	i	v	i	v	i	v	i
1.080	0.300	0.454	0.121	0.436	0.109	0.373	0.075	0.360	0.068
1.260	0.350	0.530	0.160	0.509	0.145	0.435	0.099	0.420	0.091
1.440	0.400	0.606	0.205	0.582	0.186	0.498	0.127	0.479	0.116
1.620	0.450	0.682	0.255	0.654	0.231	0.560	0.158	0.539	0.144
1.800	0.500	0.757	0.310	0.727	0.281	0.622	0.192	0.599	0.175
1.980	0.550	0.833	0.370	0.800	0.335	0.684	0.229	0.659	0.209
2.160	0.600	0.909	0.435	0.872	0.393	0.746	0.269	0.719	0.246
2.340	0.650	0.985	0.504	0.945	0.456	0.809	0.312	0.779	0.285
2.520	0.700	1.060	0.578	1.018	0.523	0.871	0.358	0.839	0.327
2.700	0.750	1.136	0.657	1.090	0.594	0.933	0.407	0.899	0.371
2.880	0.800	1.212	0.740	1.163	0.670	0.995	0.458	0.959	0.419
3.060	0.850	1.288	0.828	1.236	0.749	1.057	0.513	1.019	0.468
3.240	0.900	1.363	0.920	1.309	0.833	1.120	0.570	1.079	0.520
3.420	0.950	1.439	1.017	1.381	0.920	1.182	0.630	1.139	0.575
3.600	1.000	1.515	1.118	1.454	1.012	1.244	0.692	1.199	0.632
3.780	1.050	1.590	1.224	1.527	1.108	1.306	0.758	1.259	0.692
3.960	1.100	1.666	1.334	1.599	1.207	1.368	0.826	1.319	0.754
4.140	1.150	1.742	1.448	1.672	1.311	1.431	0.897	1.378	0.819
4.320	1.200	1.818	1.567	1.745	1.418	1.493	0.970	1.438	0.886
4.500	1.250	1.893	1.690	1.817	1.529	1.555	1.046	1.498	0.956
4.680	1.300	1.969	1.817	1.890	1.644	1.617	1.125	1.558	1.028
4.860	1.350	2.045	1.948	1.963	1.763	1.679	1.206	1.618	1.102
5.040	1.400	—	—	2.036	1.886	1.742	1.290	1.678	1.179
5.220	1.450	—	—	—	—	1.804	1.377	1.738	1.258
5.400	1.500	—	—	—	—	1.866	1.466	1.798	1.339
5.580	1.550	—	—	—	—	1.928	1.557	1.858	1.423
5.760	1.600	—	—	—	—	1.990	1.652	1.918	1.509
5.940	1.650	—	—	—	—	2.053	1.748	1.978	1.597
6.120	1.700	—	—	—	—	—	—	2.038	1.688
6.300	1.750	—	—	—	—	—	—	—	—
6.480	1.800	—	—	—	—	—	—	—	—
6.660	1.850	—	—	—	—	—	—	—	—
6.840	1.900	—	—	—	—	—	—	—	—
7.020	1.950	—	—	—	—	—	—	—	—
7.560	2.100	—	—	—	—	—	—	—	—
7.920	2.200	—	—	—	—	—	—	—	—
8.280	2.300	—	—	—	—	—	—	—	—
8.640	2.400	—	—	—	—	—	—	—	—
9.000	2.500	—	—	—	—	—	—	—	—
9.360	2.600	—	—	—	—	—	—	—	—
9.720	2.700	—	—	—	—	—	—	—	—

表 J.1(续)

Q		DN32				DN40			
		Ⅱ系列				Ⅰ系列			
		d_j0.031 00		d_j0.031 60		d_j0.037 00		d_j0.037 60	
m^3/h	L/s	v	i	v	i	v	i	v	i
1.080	0.300	0.398	0.087	0.383	0.079	—	—	—	—
1.260	0.350	0.464	0.116	0.447	0.106	—	—	—	—
1.440	0.400	0.530	0.148	0.510	0.135	—	—	—	—
1.620	0.450	0.597	0.184	0.574	0.168	—	—	—	—
1.800	0.500	0.663	0.224	0.638	0.204	—	—	—	—
1.980	0.550	0.729	0.267	0.702	0.244	0.512	0.113	0.496	0.104
2.160	0.600	0.795	0.314	0.765	0.286	0.558	0.133	0.541	0.123
2.340	0.650	0.862	0.364	0.829	0.332	0.605	0.154	0.586	0.142
2.520	0.700	0.928	0.418	0.893	0.380	0.651	0.176	0.631	0.163
2.700	0.750	0.994	0.475	0.957	0.432	0.698	0.201	0.676	0.185
2.880	0.800	1.060	0.535	1.021	0.487	0.744	0.226	0.721	0.209
3.060	0.850	1.127	0.598	1.084	0.545	0.791	0.253	0.766	0.234
3.240	0.900	1.193	0.665	1.148	0.606	0.837	0.281	0.811	0.260
3.420	0.950	1.259	0.735	1.212	0.669	0.884	0.310	0.856	0.287
3.600	1.000	1.326	0.808	1.276	0.736	0.931	0.341	0.901	0.316
3.780	1.050	1.392	0.884	1.340	0.806	0.977	0.374	0.946	0.345
3.960	1.100	1.458	0.964	1.403	0.878	1.024	0.407	0.991	0.377
4.140	1.150	1.524	1.047	1.467	0.953	1.070	0.442	1.036	0.409
4.320	1.200	1.591	1.132	1.531	1.031	1.117	0.478	1.081	0.442
4.500	1.250	1.657	1.221	1.595	1.112	1.163	0.516	1.126	0.477
4.680	1.300	1.723	1.313	1.658	1.196	1.210	0.555	1.171	0.513
4.860	1.350	1.790	1.408	1.722	1.282	1.256	0.595	1.216	0.550
5.040	1.400	1.856	1.506	1.786	1.372	1.303	0.636	1.261	0.588
5.220	1.450	1.922	1.607	1.850	1.464	1.349	0.679	1.307	0.628
5.400	1.500	1.988	1.711	1.914	1.558	1.396	0.723	1.352	0.668
5.580	1.550	2.055	1.818	1.977	1.656	1.442	0.768	1.397	0.710
5.760	1.600	—	—	2.041	1.756	1.489	0.814	1.442	0.753
5.940	1.650	—	—	—	—	1.535	0.862	1.487	0.797
6.120	1.700	—	—	—	—	1.582	0.911	1.532	0.842
6.300	1.750	—	—	—	—	1.628	0.961	1.577	0.889
6.480	1.800	—	—	—	—	1.675	1.013	1.622	0.936
6.660	1.850	—	—	—	—	1.721	1.065	1.667	0.985
6.840	1.900	—	—	—	—	1.768	1.119	1.712	1.035
7.020	1.950	—	—	—	—	1.815	1.174	1.757	1.086
7.560	2.100	—	—	—	—	1.954	1.347	1.892	1.245
7.920	2.200	—	—	—	—	2.047	1.468	1.982	1.357
8.280	2.300	—	—	—	—	—	—	2.072	1.474
8.640	2.400	—	—	—	—	—	—	—	—
9.000	2.500	—	—	—	—	—	—	—	—
9.360	2.600	—	—	—	—	—	—	—	—
9.720	2.700	—	—	—	—	—	—	—	—

表 J.1(续)

Q		DN40				DN40			
		Ⅰ系列				Ⅱ系列			
		d_j0.039 00		d_j0.039 60		d_j0.039 700		d_j0.040 30	
m³/h	L/s	v	i	v	i	v	i	v	i
1.980	0.550	0.461	0.087	0.447	0.081	0.445	0.080	0.431	0.075
2.160	0.600	0.503	0.103	0.487	0.095	0.485	0.094	0.471	0.088
2.340	0.650	0.544	0.119	0.528	0.111	0.525	0.109	0.510	0.101
2.520	0.700	0.586	0.137	0.569	0.127	0.566	0.125	0.549	0.116
2.700	0.750	0.628	0.155	0.609	0.144	0.606	0.142	0.588	0.132
2.880	0.800	0.670	0.175	0.650	0.162	0.647	0.160	0.627	0.149
3.060	0.850	0.712	0.196	0.690	0.182	0.687	0.179	0.667	0.167
3.240	0.900	0.754	0.217	0.731	0.202	0.727	0.199	0.706	0.185
3.420	0.950	0.796	0.240	0.772	0.223	0.768	0.220	0.745	0.205
3.600	1.000	0.838	0.264	0.812	0.245	0.808	0.242	0.784	0.225
3.780	1.050	0.879	0.289	0.853	0.268	0.849	0.265	0.824	0.246
3.960	1.100	0.921	0.315	0.894	0.293	0.889	0.289	0.863	0.269
4.140	1.150	0.963	0.342	0.934	0.318	0.929	0.314	0.902	0.292
4.320	1.200	1.005	0.370	0.975	0.344	0.970	0.339	0.941	0.316
4.500	1.250	1.047	0.399	1.015	0.371	1.010	0.366	0.980	0.340
4.680	1.300	1.089	0.429	1.056	0.398	1.051	0.394	1.020	0.366
4.860	1.350	1.131	0.460	1.097	0.427	1.091	0.422	1.059	0.392
5.040	1.400	1.173	0.492	1.137	0.457	1.132	0.451	1.098	0.420
5.220	1.450	1.214	0.525	1.178	0.488	1.172	0.482	1.137	0.448
5.400	1.500	1.256	0.559	1.219	0.519	1.212	0.513	1.177	0.477
5.580	1.550	1.298	0.594	1.259	0.552	1.253	0.545	1.216	0.507
5.760	1.600	1.340	0.630	1.300	0.585	1.293	0.578	1.255	0.537
5.940	1.650	1.382	0.667	1.340	0.619	1.334	0.612	1.294	0.569
6.120	1.700	1.424	0.705	1.381	0.655	1.374	0.647	1.333	0.601
6.300	1.750	1.466	0.744	1.422	0.691	1.414	0.682	1.373	0.634
6.480	1.800	1.508	0.784	1.462	0.728	1.455	0.719	1.412	0.668
6.660	1.850	1.549	0.824	1.503	0.765	1.495	0.756	1.451	0.703
6.840	1.900	1.591	0.866	1.543	0.804	1.536	0.794	1.490	0.738
7.020	1.950	1.633	0.909	1.584	0.844	1.576	0.833	1.530	0.775
7.560	2.100	1.759	1.042	1.706	0.968	1.697	0.956	1.647	0.889
7.920	2.200	1.843	1.136	1.787	1.055	1.778	1.042	1.726	0.968
8.280	2.300	1.926	1.233	1.868	1.145	1.859	1.131	1.804	1.051
8.640	2.400	2.010	1.334	1.950	1.239	1.940	1.224	1.882	1.137
9.000	2.500	—	—	2.031	1.336	2.021	1.320	1.961	1.227
9.360	2.600	—	—	—	—	—	—	2.039	1.319
9.720	2.700	—	—	—	—	—	—	—	—
10.080	2.800	—	—	—	—	—	—	—	—
11.160	3.100	—	—	—	—	—	—	—	—
11.520	3.200	—	—	—	—	—	—	—	—
11.880	3.300	—	—	—	—	—	—	—	—
12.240	3.400	—	—	—	—	—	—	—	—

表 J.1(续)

Q		DN50							
		Ⅰ系列							
		d_j0.047 80		d_j0.048 40		d_j0.051 00		d_j0.051 60	
m³/h	L/s	v	i	v	i	v	i	v	i
2.880	0.800	0.446	0.065	0.435	0.061	0.392	0.047	0.383	0.045
3.060	0.850	0.474	0.073	0.462	0.068	0.416	0.053	0.407	0.050
3.240	0.900	0.502	0.081	0.489	0.076	0.441	0.059	0.431	0.056
3.420	0.950	0.530	0.089	0.517	0.084	0.465	0.065	0.455	0.061
3.600	1.000	0.558	0.098	0.544	0.092	0.490	0.072	0.478	0.068
3.780	1.050	0.585	0.107	0.571	0.101	0.514	0.078	0.502	0.074
3.960	1.100	0.613	0.117	0.598	0.110	0.539	0.085	0.526	0.081
4.140	1.150	0.641	0.127	0.625	0.120	0.563	0.093	0.550	0.088
4.320	1.200	0.669	0.137	0.653	0.129	0.588	0.100	0.574	0.095
4.500	1.250	0.697	0.148	0.680	0.139	0.612	0.108	0.598	0.102
4.680	1.300	0.725	0.159	0.707	0.150	0.637	0.116	0.622	0.110
4.860	1.350	0.753	0.171	0.734	0.161	0.661	0.125	0.646	0.118
5.040	1.400	0.781	0.183	0.761	0.172	0.686	0.133	0.670	0.126
5.220	1.450	0.808	0.195	0.789	0.184	0.710	0.142	0.694	0.134
5.400	1.500	0.836	0.208	0.816	0.195	0.735	0.151	0.718	0.143
5.580	1.550	0.864	0.221	0.843	0.208	0.759	0.161	0.742	0.152
5.760	1.600	0.892	0.234	0.870	0.220	0.784	0.171	0.766	0.161
5.940	1.650	0.920	0.248	0.897	0.233	0.808	0.181	0.789	0.171
6.120	1.700	0.948	0.262	0.924	0.246	0.833	0.191	0.813	0.180
6.300	1.750	0.976	0.276	0.952	0.260	0.857	0.201	0.837	0.190
6.480	1.800	1.004	0.291	0.979	0.274	0.882	0.212	0.861	0.200
6.660	1.850	1.031	0.306	1.006	0.288	0.906	0.223	0.885	0.211
6.840	1.900	1.059	0.322	1.033	0.303	0.931	0.235	0.909	0.222
7.020	1.950	1.087	0.337	1.060	0.318	0.955	0.246	0.933	0.232
7.560	2.100	1.171	0.387	1.142	0.364	1.029	0.282	1.005	0.267
7.920	2.200	1.227	0.422	1.196	0.397	1.077	0.308	1.053	0.291
8.280	2.300	1.282	0.458	1.251	0.431	1.126	0.334	1.100	0.315
8.640	2.400	1.338	0.495	1.305	0.466	1.175	0.361	1.148	0.341
9.000	2.500	1.394	0.534	1.360	0.503	1.224	0.390	1.196	0.368
9.360	2.600	1.450	0.574	1.414	0.541	1.273	0.419	1.244	0.396
9.720	2.700	1.505	0.616	1.468	0.580	1.322	0.449	1.292	0.424
10.080	2.800	1.561	0.659	1.523	0.620	1.371	0.481	1.340	0.454
11.160	3.100	1.728	0.795	1.686	0.749	1.518	0.580	1.483	0.548
11.520	3.200	1.784	0.844	1.740	0.794	1.567	0.615	1.531	0.581
11.880	3.300	1.840	0.893	1.795	0.840	1.616	0.651	1.579	0.615
12.240	3.400	1.896	0.944	1.849	0.888	1.665	0.688	1.627	0.650
12.600	3.500	1.951	0.996	1.903	0.937	1.714	0.726	1.675	0.686
12.960	3.600	2.007	1.049	1.958	0.987	1.763	0.765	1.722	0.723
13.320	3.700	—	—	2.012	1.038	1.812	0.805	1.770	0.760
13.680	3.800	—	—	—	—	1.861	0.846	1.818	0.799
14.040	3.900	—	—	—	—	1.910	0.887	1.866	0.838
14.760	4.100	—	—	—	—	2.008	0.973	1.962	0.919
15.120	4.200	—	—	—	—	2.057	1.018	2.009	0.961

表 J.1(续)

Q		DN50				DN65					
		Ⅱ系列				Ⅰ系列				Ⅱ系列	
		d_j0.045 60		d_j0.046 20		d_j0.060 30		d_j0.060 50		d_j0.057 30	
m^3/h	L/s	v	i	v	i	v	i	v	i	v	i
2.880	0.800	0.490	0.082	0.477	0.077	—	—	—	—	—	—
3.060	0.850	0.521	0.091	0.507	0.086	—	—	—	—	—	—
3.240	0.900	0.551	0.102	0.537	0.095	—	—	—	—	—	—
3.420	0.950	0.582	0.112	0.567	0.105	—	—	—	—	—	—
3.600	1.000	0.613	0.123	0.597	0.116	—	—	—	—	—	—
3.780	1.050	0.643	0.135	0.627	0.127	—	—	—	—	—	—
3.960	1.100	0.674	0.147	0.657	0.138	0.385	0.038	0.383	0.037	0.427	0.048
4.140	1.150	0.705	0.160	0.686	0.150	0.403	0.041	0.400	0.040	0.446	0.053
4.320	1.200	0.735	0.173	0.716	0.162	0.420	0.044	0.418	0.044	0.466	0.057
4.500	1.250	0.766	0.186	0.746	0.175	0.438	0.048	0.435	0.047	0.485	0.061
4.680	1.300	0.796	0.200	0.776	0.188	0.455	0.051	0.452	0.051	0.504	0.066
4.860	1.350	0.827	0.215	0.806	0.202	0.473	0.055	0.470	0.054	0.524	0.071
5.040	1.400	0.858	0.230	0.836	0.216	0.490	0.059	0.487	0.058	0.543	0.076
5.220	1.450	0.888	0.245	0.865	0.230	0.508	0.063	0.505	0.062	0.563	0.081
5.400	1.500	0.919	0.261	0.895	0.245	0.526	0.067	0.522	0.066	0.582	0.086
5.580	1.550	0.950	0.278	0.925	0.260	0.543	0.071	0.539	0.070	0.601	0.091
5.760	1.600	0.980	0.294	0.955	0.276	0.561	0.075	0.557	0.074	0.621	0.097
5.940	1.650	1.011	0.312	0.985	0.292	0.578	0.080	0.574	0.079	0.640	0.102
6.120	1.700	1.041	0.329	1.015	0.309	0.596	0.084	0.592	0.083	0.660	0.108
6.300	1.750	1.072	0.347	1.044	0.326	0.613	0.089	0.609	0.088	0.679	0.114
6.480	1.800	1.103	0.366	1.074	0.343	0.631	0.094	0.626	0.092	0.698	0.120
6.660	1.850	1.133	0.385	1.104	0.361	0.648	0.099	0.644	0.097	0.718	0.127
6.840	1.900	1.164	0.405	1.134	0.380	0.666	0.104	0.661	0.102	0.737	0.133
7.020	1.950	1.195	0.424	1.164	0.398	0.683	0.109	0.679	0.107	0.757	0.140
7.560	2.100	1.287	0.487	1.253	0.457	0.736	0.125	0.731	0.123	0.815	0.160
7.920	2.200	1.348	0.531	1.313	0.498	0.771	0.136	0.766	0.134	0.854	0.174
8.280	2.300	1.409	0.576	1.373	0.540	0.806	0.148	0.800	0.145	0.892	0.189
8.640	2.400	1.470	0.623	1.432	0.585	0.841	0.160	0.835	0.157	0.931	0.205
9.000	2.500	1.532	0.672	1.492	0.631	0.876	0.172	0.870	0.170	0.970	0.221
9.360	2.600	1.593	0.723	1.552	0.678	0.911	0.185	0.905	0.182	1.009	0.238
9.720	2.700	1.654	0.775	1.611	0.727	0.946	0.199	0.940	0.196	1.048	0.255
10.080	2.800	1.715	0.829	1.671	0.778	0.981	0.213	0.974	0.209	1.086	0.273
11.160	3.100	1.899	1.001	1.850	0.939	1.086	0.257	1.079	0.253	1.203	0.329
11.520	3.200	1.960	1.061	1.910	0.996	1.121	0.272	1.114	0.268	1.242	0.349
11.880	3.300	2.022	1.123	1.970	1.054	1.156	0.288	1.149	0.283	1.280	0.369
12.240	3.400	—	—	2.029	1.114	1.191	0.304	1.183	0.300	1.319	0.390

表 J.1(续)

Q		DN50				DN65					
		Ⅱ系列				Ⅰ系列				Ⅱ系列	
		d_j0.045 60		d_j0.046 20		d_j0.060 30		d_j0.060 50		d_j0.057 30	
m³/h	L/s	v	i	v	i	v	i	v	i	v	i
12.600	3.500	—	—	—	—	1.226	0.321	1.218	0.316	1.358	0.412
12.960	3.600	—	—	—	—	1.261	0.338	1.253	0.333	1.397	0.434
13.320	3.700	—	—	—	—	1.296	0.356	1.288	0.350	1.436	0.456
13.680	3.800	—	—	—	—	1.331	0.374	1.323	0.368	1.474	0.479
14.040	3.900	—	—	—	—	1.366	0.392	1.357	0.386	1.513	0.503
14.760	4.100	—	—	—	—	1.436	0.430	1.427	0.424	1.591	0.552
15.120	4.200	—	—	—	—	1.471	0.450	1.462	0.443	1.630	0.577
15.480	4.300	—	—	—	—	1.506	0.470	1.497	0.463	1.668	0.603
15.840	4.400	—	—	—	—	1.542	0.490	1.531	0.483	1.707	0.629
16.200	4.500	—	—	—	—	1.577	0.511	1.566	0.503	1.746	0.656
16.560	4.600	—	—	—	—	1.612	0.533	1.601	0.524	1.785	0.683
16.920	4.700	—	—	—	—	1.647	0.554	1.636	0.545	1.824	0.710
17.280	4.800	—	—	—	—	1.682	0.576	1.671	0.567	1.862	0.739
17.640	4.900	—	—	—	—	1.717	0.599	1.705	0.589	1.901	0.767
18.000	5.000	—	—	—	—	1.752	0.621	1.740	0.611	1.940	0.797
18.360	5.100	—	—	—	—	1.787	0.645	1.775	0.634	1.979	0.826
18.720	5.200	—	—	—	—	1.822	0.668	1.810	0.657	2.018	0.857
19.080	5.300	—	—	—	—	1.857	0.692	1.845	0.681	—	—
19.440	5.400	—	—	—	—	1.892	0.716	1.879	0.705	—	—
19.800	5.500	—	—	—	—	1.927	0.741	1.914	0.729	—	—
20.160	5.600	—	—	—	—	1.962	0.766	1.949	0.754	—	—
20.520	5.700	—	—	—	—	1.997	0.792	1.984	0.779	—	—
20.880	5.800	—	—	—	—	2.032	0.818	2.019	0.805	—	—

Q		DN80						DN100			
		Ⅰ系列						Ⅰ系列			
		d_j0.084 90		d_j0.072 10		d_j0.073 10		d_j0.097 60		d_j0.104 00	
m³/h	L/s	v	i	v	i	v	i	v	i	v	i
3.960	1.100	0.371	0.024	0.515	0.052	0.501	0.049	—	—	—	—
4.140	1.150	0.389	0.026	0.539	0.057	0.524	0.053	—	—	—	—
4.320	1.200	0.406	0.028	0.564	0.062	0.548	0.058	—	—	—	—
4.500	1.250	0.424	0.030	0.588	0.067	0.572	0.063	—	—	—	—
4.680	1.300	0.442	0.033	0.613	0.072	0.596	0.068	—	—	—	—
4.860	1.350	0.460	0.035	0.637	0.078	0.620	0.073	—	—	—	—
5.040	1.400	0.477	0.038	0.662	0.083	0.644	0.078	—	—	—	—
5.220	1.450	0.495	0.040	0.686	0.089	0.668	0.083	—	—	—	—

表 J.1(续)

Q		DN80						DN100			
		Ⅰ系列						Ⅰ系列			
		d_j0.084 90		d_j0.072 10		d_j0.073 10		d_j0.097 60		d_j0.104 00	
m³/h	L/s	v	i	v	i	v	i	v	i	v	i
5.400	1.500	0.548	0.048	0.760	0.107	0.739	0.100	—	—	—	—
5.580	1.550	0.566	0.051	0.784	0.114	0.763	0.107	—	—	—	—
5.760	1.600	0.583	0.054	0.809	0.121	0.787	0.113	—	—	—	—
5.940	1.650	0.601	0.058	0.833	0.127	0.811	0.119	—	—	—	—
6.120	1.700	0.619	0.061	0.858	0.135	0.834	0.126	—	—	—	—
6.300	1.750	0.636	0.064	0.882	0.142	0.858	0.133	—	—	—	—
6.480	1.800	0.654	0.067	0.907	0.149	0.882	0.139	—	—	—	—
6.660	1.850	0.672	0.071	0.931	0.157	0.906	0.146	—	—	—	—
6.840	1.900	0.689	0.074	0.956	0.164	0.930	0.154	—	—	—	—
7.020	1.950	0.725	0.081	1.005	0.180	0.977	0.169	—	—	—	—
7.560	2.100	0.742	0.085	1.029	0.188	1.001	0.176	—	—	—	—
7.920	2.200	0.760	0.089	1.054	0.197	1.025	0.184	—	—	—	—
8.280	2.300	0.778	0.093	1.078	0.205	1.049	0.192	—	—	—	—
8.640	2.400	0.795	0.097	1.103	0.214	1.073	0.200	—	—	—	—
9.000	2.500	0.813	0.101	1.127	0.223	1.097	0.209	—	—	—	—
9.360	2.600	0.831	0.105	1.152	0.232	1.120	0.217	—	—	—	—
9.720	2.700	0.848	0.109	1.176	0.241	1.144	0.226	—	—	—	—
10.080	2.800	0.866	0.251	1.201	0.251	1.168	0.234	—	—	—	—
11.160	3.100	0.884	0.260	1.225	0.260	1.192	0.243	—	—	—	—
11.520	3.200	0.000	0.000	0.000	0.000	0.000	0.000	—	—	—	—
11.880	3.300	0.000	0.000	0.000	0.000	0.000	0.000	—	—	—	—
12.240	3.400	0.000	0.000	0.000	0.000	0.000	0.000	—	—	—	—
12.600	3.500	0.000	0.000	0.000	0.000	0.000	0.000	—	—	—	—
12.960	3.600	0.000	0.000	0.000	0.000	0.000	0.000	—	—	—	—
13.320	3.700	0.000	0.000	0.000	0.000	0.000	0.000	—	—	—	—
13.680	3.800	0.000	0.000	0.000	0.000	0.000	0.000	—	—	—	—
14.040	3.900	0.000	0.000	0.000	0.000	0.000	0.000	—	—	—	—
14.760	4.100	0.000	0.000	0.000	0.000	0.000	0.000	—	—	—	—
15.120	4.200	0.000	0.000	0.000	0.000	0.000	0.000	—	—	—	—
15.480	4.300	0.000	0.000	0.000	0.000	0.000	0.000	—	—	—	—
15.840	4.400	0.000	0.000	0.000	0.000	0.000	0.000	—	—	—	—
16.200	4.500	0.000	0.000	0.000	0.000	0.000	0.000	—	—	—	—
16.560	4.600	0.000	0.000	0.000	0.000	0.000	0.000	—	—	—	—
16.920	4.700	0.000	0.000	0.000	0.000	0.000	0.000	—	—	—	—

表 J.1(续)

Q		DN80						DN100			
		Ⅰ系列						Ⅰ系列			
		d_j0.084 90		d_j0.072 10		d_j0.073 10		d_j0.097 60		d_j0.104 00	
m^3/h	L/s	v	i	v	i	v	i	v	i	v	i
17.280	4.800	0.000	0.000	0.000	0.000	0.000	0.000	—	—	—	—
17.640	4.900	0.000	0.000	0.000	0.000	0.000	0.000	—	—	—	—
18.000	5.000	0.000	0.000	0.000	0.000	0.000	0.000	—	—	—	—
18.360	5.100	1.219	0.472	1.691	0.472	1.645	0.442	—	—	—	—
18.720	5.200	1.237	0.485	1.715	0.485	1.669	0.453	—	—	—	—
19.080	5.300	1.255	0.498	1.740	0.498	1.693	0.466	—	—	—	—
19.440	5.400	1.272	0.511	1.764	0.511	1.716	0.478	—	—	—	—
19.800	5.500	1.290	0.524	1.789	0.524	1.740	0.490	—	—	—	—
20.160	5.600	1.308	0.537	1.813	0.537	1.764	0.503	—	—	—	—
20.520	5.700	1.325	0.551	1.838	0.551	1.788	0.515	—	—	—	—
20.880	5.800	1.343	0.565	1.862	0.565	1.812	0.528	—	—	—	—
21.240	5.900	1.361	0.578	1.887	0.578	1.836	0.541	—	—	—	—
21.600	6.000	1.379	0.592	1.911	0.592	1.859	0.554	0.802	0.083	0.707	0.061
21.960	6.100	1.432	0.635	1.985	0.635	1.931	0.594	0.816	0.086	0.718	0.063
22.320	6.200	1.449	0.650	2.009	0.650	1.955	0.608	0.829	0.089	0.730	0.065
22.680	6.300	1.467	0.665	—	—	1.979	0.621	0.843	0.091	0.742	0.067
23.040	6.400	1.485	0.679	—	—	2.003	0.635	0.856	0.094	0.754	0.069
23.400	6.500	1.502	0.695	—	—	—	—	0.869	0.097	0.766	0.071
23.760	6.600	1.520	0.710	—	—	—	—	0.883	0.100	0.777	0.073
24.120	6.700	1.538	0.725	—	—	—	—	0.896	0.102	0.789	0.075
24.480	6.800	1.555	0.741	—	—	—	—	0.909	0.105	0.801	0.077
24.840	6.900	1.573	0.756	—	—	—	—	0.923	0.108	0.813	0.079
25.200	7.000	1.591	0.772	—	—	—	—	0.936	0.111	0.824	0.081
25.560	7.100	—	—	—	—	—	—	0.949	0.114	0.836	0.084
25.920	7.200	—	—	—	—	—	—	0.963	0.117	0.848	0.086
26.280	7.300	—	—	—	—	—	—	0.976	0.120	0.860	0.088
26.640	7.400	—	—	—	—	—	—	0.990	0.123	0.872	0.090
27.000	7.500	—	—	—	—	—	—	1.003	0.126	0.883	0.093
27.360	7.600	—	—	—	—	—	—	1.016	0.129	0.895	0.095
27.720	7.700	—	—	—	—	—	—	1.030	0.132	0.907	0.097
28.080	7.800	—	—	—	—	—	—	1.043	0.136	0.919	0.099
29.160	8.100	—	—	—	—	—	—	1.083	0.145	0.954	0.107
29.520	8.200	—	—	—	—	—	—	1.097	0.149	0.966	0.109
29.880	8.300	—	—	—	—	—	—	1.110	0.152	0.978	0.112
30.240	8.400	—	—	—	—	—	—	1.123	0.155	0.989	0.114
30.600	8.500	—	—	—	—	—	—	1.137	0.159	1.001	0.117
30.960	8.600	—	—	—	—	—	—	1.150	0.162	1.013	0.119
31.320	8.700	—	—	—	—	—	—	1.163	0.166	1.025	0.122
31.680	8.800	—	—	—	—	—	—	1.177	0.169	1.036	0.124

表 J.1(续)

Q		DN100				DN125		DN150			
		Ⅰ系列				Ⅰ系列		Ⅰ系列			
		d_j0.097 60		d_j0.104 00		d_j0.129		d_j0.153		d_j0.156	
m^3/h	L/s	v	i	v	i	v	i	v	i	v	i
32.040	8.900	1.190	0.173	1.048	0.127						
32.400	9.000	1.204	0.177	1.060	0.130						
32.760	9.100	1.217	0.180	1.072	0.132	0.697	0.046	0.495	0.020	0.476	0.018
33.120	9.200	1.230	0.184	1.084	0.135	0.704	0.047	0.501	0.021	0.482	0.019
33.480	9.300	1.244	0.188	1.095	0.138	0.712	0.048	0.506	0.021	0.487	0.019
33.840	9.400	1.257	0.191	1.107	0.141	0.720	0.049	0.512	0.021	0.492	0.020
34.200	9.500	1.270	0.195	1.119	0.143	0.727	0.050	0.517	0.022	0.497	0.020
34.560	9.600	1.284	0.199	1.131	0.146	0.735	0.051	0.522	0.022	0.503	0.020
34.920	9.700	1.297	0.203	1.142	0.149	0.743	0.052	0.528	0.023	0.508	0.021
35.280	9.800	1.311	0.207	1.154	0.152	0.750	0.053	0.533	0.023	0.513	0.021
35.640	9.900	1.324	0.211	1.166	0.155	0.758	0.054	0.539	0.024	0.518	0.021
36.000	10.000	1.337	0.215	1.178	0.158	0.766	0.055	0.544	0.024	0.523	0.022
36.900	10.250	1.371	0.225	1.207	0.165	0.785	0.058	0.558	0.025	0.537	0.023
37.800	10.500	1.404	0.235	1.237	0.172	0.804	0.060	0.571	0.026	0.550	0.024
39.600	11.000	1.471	0.256	1.296	0.188	0.842	0.066	0.599	0.029	0.576	0.026
40.500	11.250	1.504	0.267	1.325	0.196	0.861	0.069	0.612	0.030	0.589	0.027
41.400	11.500	1.538	0.278	1.354	0.204	0.880	0.071	0.626	0.031	0.602	0.028
42.300	11.750	1.571	0.289	1.384	0.212	0.899	0.074	0.639	0.032	0.615	0.029
43.200	12.000	1.605	0.301	1.413	0.221	0.919	0.077	0.653	0.034	0.628	0.031
44.100	12.250	1.638	0.312	1.443	0.229	0.938	0.080	0.667	0.035	0.641	0.032
45.000	12.500	1.672	0.324	1.472	0.238	0.957	0.083	0.680	0.036	0.654	0.033
45.900	12.750	1.705	0.336	1.502	0.247	0.976	0.086	0.694	0.038	0.667	0.034
46.800	13.000	1.738	0.349	1.531	0.256	0.995	0.090	0.707	0.039	0.680	0.036
47.700	13.250	1.772	0.361	1.561	0.265	1.014	0.093	0.721	0.040	0.694	0.037
48.600	13.500	1.805	0.374	1.590	0.275	1.033	0.096	0.735	0.042	0.707	0.038
49.500	13.750	1.839	0.387	1.619	0.284	1.053	0.099	0.748	0.043	0.720	0.039
50.400	14.000	1.872	0.400	1.649	0.294	1.072	0.103	0.762	0.045	0.733	0.041
51.300	14.250	1.906	0.413	1.678	0.303	1.091	0.106	0.775	0.046	0.746	0.042
52.200	14.500	1.939	0.427	1.708	0.313	1.110	0.110	0.789	0.048	0.759	0.043
53.100	14.750	1.973	0.441	1.737	0.323	1.129	0.113	0.803	0.049	0.772	0.045
54.000	15.000	2.006	0.455	1.767	0.334	1.148	0.117	0.816	0.051	0.785	0.046
55.800	15.500	—	—	1.826	0.354	1.187	0.124	0.843	0.054	0.811	0.049
57.600	16.000	—	—	1.884	0.376	1.225	0.132	0.871	0.057	0.838	0.052
59.400	16.500	—	—	1.943	0.398	1.263	0.139	0.898	0.061	0.864	0.055
61.200	17.000	—	—	2.002	0.421	1.301	0.147	0.925	0.064	0.890	0.058

表 J.1(续)

Q		DN125		DN150			
		Ⅰ系列		Ⅰ系列			
		d_j0.129		d_j0.153		d_j0.156	
m³/h	L/s	v	i	v	i	v	i
63.000	17.500	1.340	0.155	0.952	0.068	0.916	0.062
64.800	18.000	1.378	0.164	0.980	0.071	0.942	0.065
66.600	18.500	1.416	0.172	1.007	0.075	0.968	0.068
68.400	19.000	1.454	0.181	1.034	0.079	0.995	0.072
70.200	19.500	1.493	0.190	1.061	0.083	1.021	0.075
72.000	20.000	1.531	0.199	1.088	0.087	1.047	0.079
73.800	20.500	1.569	0.208	1.116	0.091	1.073	0.083
75.600	21.000	1.608	0.218	1.143	0.095	1.099	0.086
77.400	21.500	1.646	0.227	1.170	0.099	1.125	0.090
79.200	22.000	1.684	0.237	1.197	0.103	1.152	0.094
81.000	22.500	1.722	0.247	1.224	0.108	1.178	0.098
82.800	23.000	1.761	0.258	1.252	0.112	1.204	0.102
84.600	23.500	1.799	0.268	1.279	0.117	1.230	0.106
88.200	24.500	1.875	0.290	1.333	0.126	1.282	0.115
90.000	25.000	1.914	0.301	1.360	0.131	1.309	0.119
91.800	25.500	1.952	0.312	1.388	0.136	1.335	0.124
93.600	26.000	1.990	0.323	1.415	0.141	1.361	0.128
95.400	26.500	2.029	0.335	1.442	0.146	1.387	0.133
97.200	27.000	—	—	1.469	0.151	1.413	0.137
99.000	27.500	—	—	1.497	0.156	1.440	0.142
100.800	28.000	—	—	1.524	0.162	1.466	0.147
109.800	30.500	—	—	1.660	0.189	1.597	0.172
111.600	31.000	—	—	1.687	0.195	1.623	0.177
113.400	31.500	—	—	1.714	0.201	1.649	0.183
115.200	32.000	—	—	1.741	0.207	1.675	0.188
117.000	32.500	—	—	1.769	0.213	1.701	0.194
118.800	33.000	—	—	1.796	0.219	1.727	0.199
120.600	33.500	—	—	1.823	0.225	1.754	0.205
122.400	34.000	—	—	1.850	0.231	1.780	0.210
124.200	34.500	—	—	1.877	0.238	1.806	0.216
126.000	35.000	—	—	1.905	0.244	1.832	0.222
127.800	35.500	—	—	1.932	0.251	1.858	0.228
129.600	36.000	—	—	1.959	0.257	1.884	0.234
131.400	36.500	—	—	1.986	0.264	1.911	0.240
133.200	37.000	—	—	2.013	0.270	1.937	0.246
135.000	37.500	—	—	—	—	1.963	0.252
136.800	38.000	—	—	—	—	1.989	0.259
138.600	38.500	—	—	—	—	2.015	0.265

ICS 91.140.10
Q 83

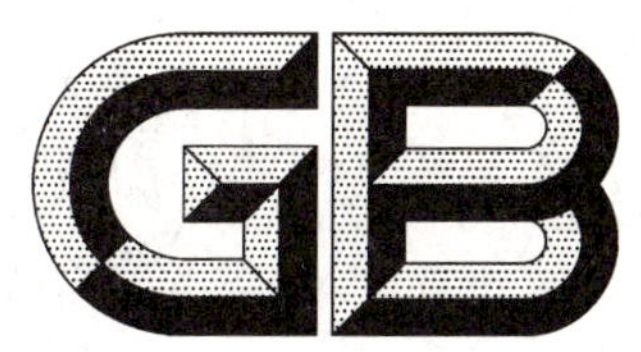

中华人民共和国国家标准

GB 29039—2012

钢制采暖散热器

Steel heating radiator

2012-12-31 发布　　2013-11-01 实施

中华人民共和国国家质量监督检验检疫总局
中国国家标准化管理委员会　发布

前　言

本标准第5.1条和第5.2条为强制性的，其余为推荐性的。

本标准按照GB/T 1.1—2009给出的规则起草。

本标准由中华人民共和国住房和城乡建设部提出。

本标准由全国暖通空调及净化设备标准化技术委员会(SAC/TC 143)归口。

本标准负责起草单位：中国建筑科学研究院。

本标准参加起草单位：中国建筑金属结构协会采暖散热器委员会、国家空调设备质量监督检验中心、哈尔滨工业大学、国家建筑材料工业建筑五金水暖产品质量监督检验测试中心、北京佛罗伦萨散热器有限公司、努奥罗(中国)有限公司、兰州陇星沃尔凯采暖设备制造有限公司、瑞特格(中国)有限公司、唐山大通金属制品有限公司、艾府杰(上海)管理有限公司、天津市锐新散热器有限公司、天津马丁康华不锈钢制品有限公司、北京三叶散热器厂、北新集团建材股份有限公司、山东邦泰散热器有限公司、北京万联恒通科技有限公司、圣春冀暖散热器有限公司、河南乾丰散热器有限公司、青岛适佳楼宇设备有限公司、青岛华泰散热器有限公司、森德(中国)暖通设备有限公司、沈阳市吉水暖气片厂、天津市华琛散热器有限公司、郑州市瓦萨齐散热器有限公司。

本标准主要起草人：路宾、李忠、宋为民、董重成、冯爱荣、史红卫、杨德元、陈国华、吴继祖、张尧舜、于克跃、武晓斌、王惠暎、杨宗玉、王楠楠、文会通、夏纪运、史玉军、崔可忠、管仲海、杨宏、金红、郭占庚、王毅、宋树岩、袁泉、聂晶晶。

钢制采暖散热器

1 范围

本标准规定了钢制采暖散热器的分类与型号,要求,试验方法,检验规则,标志、使用说明书和合格证,包装、运输和贮存。

本标准适用于工业与民用建筑中,以不高于 95 ℃的热水或不高于 0.3 MPa 的饱和蒸汽为热媒的钢制采暖散热器(以下简称散热器)。

2 规范性引用文件

下列文件对于本文件的应用是必不可少的。凡是注日期的引用文件,仅注日期的版本适用于本文件。凡是不注日期的引用文件,其最新版本(包括所有的修改单)适用于本文件。

GB/T 191 包装储运图示标志

GB/T 699 优质碳素结构钢

GB/T 700 碳素结构钢

GB/T 985.1 气焊、焊条电弧焊、气体保护焊和高能束焊的推荐坡口

GB/T 1732 漆膜耐冲击测定法

GB/T 1733 漆膜耐水性测定法

GB/T 7307 55°非密封管螺纹

GB/T 9286—1998 色漆和清漆 漆膜的划格试验

GB/T 9969 工业产品使用说明书 总则

GB/T 12467.3 金属材料熔焊质量要求 第 3 部分:一般质量要求

GB/T 13237 优质碳素结构钢冷轧薄钢板和钢带

GB/T 13754 采暖散热器散热量测定方法

GB/T 19866 焊接工艺规程及评定的一般原则

HG/T 2006 热固性粉末涂料

JB/T 9062—1999 采暖通风与空气调节设备涂装技术条件

3 术语和定义

下列术语和定义适用于本文件。

3.1

标准散热量 standard thermal output

在 GB/T 13754 规定的标准测试工况下得到的散热器散热量。

3.2

金属热强度 heat emission per weight per excess temperature of radiator

散热器在标准测试工况下单位过余温度单位质量金属的散热量。

3.3

同侧进出水口中心距 distance between inlet and outlet

散热器同侧进水口和出水口之间的距离。

3.4

薄壁流道钢制散热器　steel radiator with thin wall of flow vessel

散热器成品流道最小壁厚小于 1.8 mm 的钢制散热器。

3.5

厚壁流道钢制散热器　steel radiator with thick wall of flow vessel

散热器成品流道最小壁厚大于或等于 1.8 mm 的钢制散热器。

4　分类与型号

4.1　分类

4.1.1　按结构形式划分

分为钢制板型散热器、钢制柱型散热器、钢管散热器、钢管对流散热器和钢制卫浴型散热器等，符号分别用 B、Z、G、C、W 等表示。

4.1.2　按同侧进出水口中心距划分

以同侧进出水口中心距为系列主参数，符号用同侧进出水口中心距表示。

4.1.3　按散热器流道壁厚划分

分为薄壁流道钢制散热器和厚壁流道钢制散热器，符号用散热器成品流道最小壁厚表示。

4.2　型号

注： 制造厂可在上述标记内容的基础上增加其他必要的信息，如外形尺寸、组合片数、散热量、接口管径等，在结构形式中可加入表示该散热器特征的参数，如板型 B22 表示双板双对流片，Z3、G3 表示三柱，C2/20 表示两根 DN20 管等。

型号示例：

同侧进出口中心距为 500 mm，散热器成品流道最小壁厚 1.5 mm，工作压力为 0.8 MPa 的钢制三柱型散热器，其标记为：GZ3-500-1.5/0.8。

5　要求

5.1　性能要求

5.1.1　工作压力

散热器最小工作压力应大于或等于 0.4 MPa，且应满足采暖系统的工作压力要求。

5.1.2 标准散热量

散热器的标准散热量应大于或等于制造厂明示标准散热量的95%。

5.1.3 最小金属热强度

散热器的最小金属热强度应符合表1的要求。

表1 最小金属热强度

单位为W/(kg·K)

散热器类别	薄壁流道钢制柱型和钢管散热器	厚壁流道钢制柱型和钢管散热器	薄壁流道钢管对流散热器	厚壁流道钢管对流散热器	钢制板型散热器	钢制卫浴型散热器
最小金属热强度	0.75	0.50	0.95	0.70	0.95	0.80

5.2 材质

5.2.1 钢管

材质为钢管时,厚壁流道散热器材质应符合GB/T 699或GB/T 700的要求,散热器成品流道壁厚不应小于1.8 mm;薄壁流道散热器材质应符合GB/T 699中镇静钢的要求,散热器成品流道壁厚不应小于1.0 mm。

5.2.2 钢板

材质为钢板时,材质应符合GB/T 13237中镇静钢的要求,散热器流道材料壁厚应大于1.2 mm,散热器成品流道壁厚不应小于1.0 mm。

5.3 焊接质量

5.3.1 散热器的焊接质量应符合GB 985.1、GB/T 12467.3和GB/T 19866的要求。

5.3.2 散热器焊接应牢固,各焊接部位应平整光滑,不得有裂纹、气孔及未焊透和烧穿等缺陷。

5.3.3 焊接后散热器的整体应平整,外观光滑、均匀、整齐、美观,无明显变形、扭曲。

5.3.4 焊接后散热器内不应有游离焊渣残留,水流通道最小当量直径不应小于8 mm。

5.3.5 带对流片的散热器,其对流片与钢管之间应采用高频焊或其他确保紧固的方法。

5.4 螺纹质量

5.4.1 散热器接口采用螺纹连接,螺纹应保证至少3.5扣完整,不得有缺陷。散热器螺纹制作应符合GB/T 7307的要求。

5.4.2 散热器的连接螺纹应为$G\frac{1}{2}$、$G\frac{3}{4}$、$G1$、$G1\frac{1}{4}$管螺纹。

5.5 涂层质量

5.5.1 散热器涂层材料宜采用符合HG/T 2006要求的热固性粉末涂料,涂层附着力等级不应低于GB/T 9286—1998规定的二级要求。

5.5.2 散热器涂层耐冲击性能应符合GB/T 1732的要求。

5.5.3 卫浴型散热器涂层耐水性能应符合GB/T 1733的要求。

5.5.4 采用静电喷塑或电镀工艺进行表面处理前应对散热器外表面进行良好的预处理;散热器表面涂

层应满足 JB/T 9062—1999 中 5.6 的要求。

5.6 外形尺寸与极限偏差

散热器外形尺寸与极限偏差应符合表 2 的要求。

表 2 外形尺寸与极限偏差

单位为毫米

高度(H)		宽度(W)		同侧进出口中心距(h)	
基本尺寸	极限偏差	基本尺寸	极限偏差	基本尺寸	极限偏差
$H\leqslant600$	±3	$W\leqslant100$	±3	$50\leqslant h<400$	±2.0
$600<H<1\,200$	±4	$W>100$	±4	$400\leqslant h<800$	±3.0
$H\geqslant1\,200$	±5	—	—	$h\geqslant800$	±4.0

5.7 形位公差

除有特殊要求的卫浴型散热器外，散热器形位公差应符合表 3 的要求。

表 3 形位公差

单位为毫米

项　目	水平面平面度		垂直立面平面度	
	$L\leqslant1\,000$	$L>1\,000$	$L\leqslant1\,000$	$L>1\,000$
形位公差	4	6	4	6

5.8 其他

5.8.1 散热器应预留放气阀安装条件。

5.8.2 散热器工作环境技术条件应符合附录 A 的要求。

6 试验方法

6.1 性能试验

6.1.1 压力试验

散热器压力试验应按以下要求，逐组进行液压或气压试验：

a) 散热器试验压力为工作压力的 1.5 倍，钢制板型散热器有特殊要求时试验压力可为工作压力的 1.3 倍。在稳压时间内，散热器不渗漏或不冒气泡为合格。压力计精度不低于 1.5 级，量程为 2.0 MPa。

b) 液压试验时稳压时间为 2 min。

c) 气压试验时将散热器整体浸入试验水槽中，稳压时间为 1 min。

6.1.2 标准散热量试验

散热器的标准散热量试验应符合 GB/T 13754 的要求。

6.1.3 金属热强度试验

散热器的金属热强度试验应符合 GB/T 13754 的要求。

6.2 材质检验

散热器流道壁厚用游标卡尺或测厚仪检验,材质品种及技术性能以材料生产厂提供的技术文件为准。

6.3 焊接质量检验

散热器焊接质量应按 5.3 的要求,目测后采用精度为 0.02 mm 的通用量具检验。

6.4 螺纹质量检验

散热器进出水口管螺纹应目测后采用专用螺纹规检验。

6.5 涂层质量检验

6.5.1 涂层附着力检验应按 GB/T 9286—1998 的要求进行。

6.5.2 涂层耐冲击性能检验应按 GB/T 1732 的要求进行,重锤高度应为 50 cm。

6.5.3 卫浴型散热器涂层耐水性能检验应按 GB/T 1733 的要求进行,采用乙法,浸沸水试验。

6.5.4 涂层表面质量应采用目测方法检验。

6.6 外形尺寸与极限偏差检验

散热器外形尺寸与极限偏差应采用精度为 0.02 mm 的通用量具和专用量具检验。

6.7 形位公差检验

散热器形位公差应采用塞尺和不低于三级的平台配合检验。

6.8 其他检验

散热器预留放气阀安装条件应采用目测方法检验。

7 检验规则

7.1 检验分类

散热器的检验分为出厂检验和型式检验。

7.2 出厂检验

7.2.1 每台散热器须经制造厂质量检验部门检验合格后,方可出厂。

7.2.2 出厂检验应按表 4 规定的项目逐组进行检验。

表 4 检验项目表

<table>
<tr><th rowspan="2">序号</th><th rowspan="2" colspan="2">检验项目</th><th rowspan="2">技术要求</th><th rowspan="2">试验方法</th><th colspan="2">检验类别</th><th rowspan="2">备注</th></tr>
<tr><th>型式检验</th><th>出厂检验</th></tr>
<tr><td>1</td><td colspan="2">压力</td><td>5.1.1</td><td>6.1.1</td><td>○</td><td>○</td><td></td></tr>
<tr><td>2</td><td colspan="2">标准散热量</td><td>5.1.2</td><td>6.1.2</td><td>○</td><td></td><td></td></tr>
<tr><td>3</td><td colspan="2">金属热强度</td><td>5.1.3</td><td>6.1.3</td><td>○</td><td></td><td></td></tr>
<tr><td>4</td><td colspan="2">材质</td><td>5.2</td><td>6.2</td><td>○</td><td>○</td><td>出厂检验不含壁厚</td></tr>
<tr><td>5</td><td colspan="2">焊接质量</td><td>5.3</td><td>6.3</td><td>○</td><td>○</td><td>出厂检验不含水流通道当量直径</td></tr>
<tr><td>6</td><td colspan="2">螺纹质量</td><td>5.4</td><td>6.4</td><td>○</td><td>○</td><td></td></tr>
<tr><td rowspan="4">7</td><td rowspan="4">涂层质量</td><td>附着力</td><td>5.5.1</td><td>6.5.1</td><td>○</td><td></td><td></td></tr>
<tr><td>耐冲击性能</td><td>5.5.2</td><td>6.5.2</td><td>○</td><td></td><td></td></tr>
<tr><td>耐水性能</td><td>5.5.3</td><td>6.5.3</td><td>○</td><td></td><td>仅适用于卫浴型散热器</td></tr>
<tr><td>涂层表面质量</td><td>5.5.4</td><td>6.5.4</td><td>○</td><td>○</td><td></td></tr>
<tr><td>8</td><td colspan="2">外形尺寸与极限偏差</td><td>5.6</td><td>6.6</td><td>○</td><td>○</td><td></td></tr>
<tr><td>9</td><td colspan="2">形位公差</td><td>5.7</td><td>6.7</td><td>○</td><td>○</td><td></td></tr>
<tr><td>10</td><td colspan="2">放气阀安装条件</td><td>5.8.1</td><td>6.8</td><td>○</td><td>○</td><td></td></tr>
</table>

7.3 型式检验

7.3.1 有下列情况之一者，应进行型式检验。

a) 新产品或转产生产试制产品时；

b) 散热器在设计、工艺或使用的材料有重大改变时；

c) 停产一年以上再恢复生产时；

d) 连续生产时每四年进行一次；

e) 出厂检验结果与上次有较大差异时；

f) 国家质量监督机构提出进行型式检验要求时。

7.3.2 型式检验应按表 4 规定的项目进行检验。

7.3.3 抽样方法：

a) 散热器批量小于 100 组时，同一型号散热器抽样数量不少于 1 组；

b) 散热器批量大于或等于 100 组时，同一型号散热器抽样数量不小于 2 组且不小于该型号总量的 1%。同一型号抽样数量不超过 5 组；

c) 散热器标准散热量和金属热强度从所抽样品中任选一组进行检验。

7.3.4 判定原则：

当压力、标准散热量、金属热强度和材质四个检验项目全部合格，且其他项目中不合格项不超过两项时，判定该批产品合格；否则判定该批产品不合格。

7.4 检验报告

散热器产品应具有通过国家认可的检测机构出具的检验报告。

8 标志、使用说明书和合格证

8.1 标志

每组散热器应在其明显位置设有清晰、不易消除的标志，内容至少应包括：

a) 制造厂的商标；

b) 产品型号。

8.2 使用说明书

每批产品应按需要配带产品样本及使用说明书，使用说明书应符合 GB/T 9969 的要求，内容至少应包括：

a) 散热器流道壁厚；

b) 散热量标准特征公式；

c) 散热器重量及金属热强度；

d) 散热器水容量；

e) 安装操作要点；

f) 散热器工作环境适用水质和使用要求。

8.3 合格证

每组散热器出厂时应附有产品合格证，内容至少应包括：

a) 制造厂名称；

b) 产品名称及规格；

c) 型号、外形尺寸、工作压力、标准散热量；

d) 所执行标准编号；

e) 产品检验时间、检验人员标记和生产日期。

9 包装、运输和贮存

9.1 包装

9.1.1 散热器宜采用可回收的材料进行包装，并符合 GB/T 191 的要求。

9.1.2 散热器应采用能够保证产品在搬运装卸时不变形、不损伤产品质量的包装措施。

9.1.3 散热器接口螺纹应带保护措施。

9.2 运输

9.2.1 散热器运输时应采取防雨措施。

9.2.2 在运输和搬运过程中应避免磕碰及其他重物挤压，并避免与会对涂层产生影响的化学物质混装。

9.3 贮存

散热器应置于空气干燥、通风的库房内，严禁与腐蚀性介质接触。堆放高度不超过 2 m，底部应稳妥垫高 100 mm～200 mm。

附 录 A
（规范性附录）
钢制采暖散热器工作环境技术条件

A.1 热媒为水时

A.1.1 薄壁流道钢制散热器工作采暖系统应为闭式系统，非采暖季应满水保养。散热器工作时热媒中溶解氧不大于 0.1 mg/L。工作环境条件不能满足上述要求时应对系统的补水或循环水进行适当的处理。
A.1.2 厚壁流道钢制散热器工作环境水质宜参照薄壁流道钢制散热器要求执行。

A.2 热媒为蒸汽时

不应采用薄壁流道钢制散热器。

ICS 83.160.10
G 41

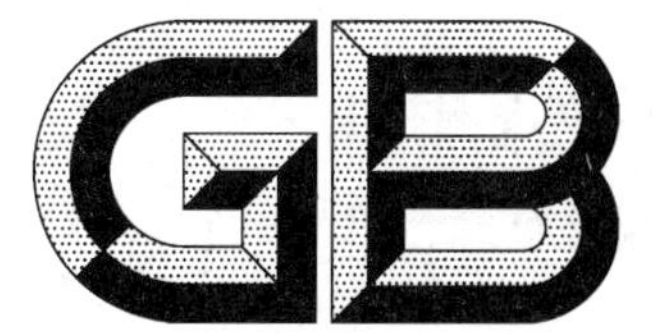

中华人民共和国国家标准

GB/T 29040—2012

汽车轮胎滚动阻力试验方法 单点试验和测量结果的相关性

Test methods of rolling resistance for motor vehicle tyres—Single point test and correlation of measurement results

(ISO 28580:2009 Passenger car, truck and bus tyres—Methods of measuring rolling resistance—Single point test and correlation of measurement results, MOD)

2012-12-31 发布 2013-09-01 实施

中华人民共和国国家质量监督检验检疫总局
中国国家标准化管理委员会 发布

前　言

本标准按照 GB/T 1.1—2009 给出的规则起草。

本标准使用重新起草法修改采用 ISO 28580:2009《乘用车、卡车和客车轮胎　测量滚动阻力的方法　单点试验和测量结果相关性》。

本标准与 ISO 28580:2009 相比在结构上有调整，附录 A 中列出了本标准与 ISO 28580:2009 的章条编号对照一览表。

本标准与 ISO 28580:2009 相比存在技术性差异，这些差异涉及的条款已通过在其外侧页边空白位置的垂直单线(|)进行了标示，附录 B 中给出了相应技术差异及其原因的一览表。

为了便于使用，本标准还做了下列编辑性修改：

——改变了标准名称；

——删除了参考文献。

本标准由中国石油和化学工业联合会提出。

本标准由全国轮胎轮辋标准化技术委员会(SAC/TC 19)归口。

本标准主要起草单位：北京橡胶工业研究设计院、米其林(中国)投资有限公司、双钱集团股份有限公司、山东玲珑轮胎股份有限公司、山东检验检疫局工业品检测中心、三角轮胎股份有限公司、赛轮股份有限公司、杭州中策橡胶有限公司、普利司通(中国)投资有限公司、青岛高校测控技术有限公司、四川海大橡胶集团有限公司。

本标准主要起草人：李红伟、徐丽红、陆奕、李博慰、陈少梅、盛梦龙、乔玲玲、刘爱芹、张建军、傅广平、秦军存、杨齐、郑光亮。

引　言

本标准包括计算测量结果相关性的方法，以便实验室之间进行对比。测量当轮胎在转鼓外表面的垂直位置，以稳态状况做直行自由滚动时的滚动阻力，用这种方法得到的测量结果就能做新胎滚动阻力之间的比较。

在测量滚动阻力过程中，必然是在存在大得多的力的情况下测量很小的力，所以要使用具有适当精度的设备和仪器。

汽车轮胎滚动阻力试验方法 单点试验和测量结果的相关性

1 范围

本标准规定了用于在可控制的实验室条件下测量原设计用于轿车、载重汽车新的充气轮胎滚动阻力的方法。

本标准适用于除仅供临时替换使用轮胎以外的新的轿车充气轮胎、载重汽车充气轮胎和摩托车充气轮胎。

2 规范性引用文件

下列文件对于本文件是必不可少的。凡是注日期的引用文件，仅注日期的版本适用于本文件。凡是不注日期的引用文件，其最新版本(包括所有的修改单)适用于本文件。

GB/T 2977 载重汽车轮胎规格、尺寸、气压与负荷

GB/T 2978 轿车轮胎规格、尺寸、气压与负荷

GB/T 6326 轮胎术语及其定义(GB/T 6326—2005,ISO 4223-1:2002,Definitions of some terms used in tyre industry—Part 1:Pneumatic tyres,NEQ)

ISO/IEC 17025 检测和校准实验室能力的通用要求(General requirements for the competence of testing and calibration laboratories)

ISO/TS 16949 质量管理体系 汽车行业生产件与相关服务件的组织实施 ISO 9001:2008 的特殊要求(Quality management systems—Particular requirements for the application of ISO 9001:2008 for automotive production and relevant service part organizations)

3 术语和定义

GB/T 6326 界定的及下列术语和定义适用于本文件。

3.1

滚动阻力 rolling resistance

F_r

单位行驶里程的能量损失或能耗。

注：国际单位制(SI)习惯于用 N·m/m 表示滚动阻力，那相当于用 N 表示的阻力。

3.2

滚动阻力系数 rolling resistance coefficient

C_r

滚动阻力与轮胎试验负荷的比值。

注：滚动阻力的单位为 N，轮胎试验负荷的单位为 kN。滚动阻力系数无量纲。

3.3

封闭式充气 capped inflation

给轮胎充气并允许轮胎的气压在运行升温过程中增加的充气方法。

3.4

附加损失　parasitic loss

除轮胎自身的损失外的单位距离的能量损失(或能量消耗)，是由测试设备的转动部件的空气阻力、轴承摩擦力以及其他与测量方法有关的系统损失。

注：本标准指出了需要从测量结果中扣除的能量损失。

3.5

分离法　skim test reading

一种测量附加损失的方法，在轮胎保持滚动，且没有滑移的情况下，减小轮胎的负荷到一定值，并认为在该值处轮胎自身的能量损失为零的测量方法。

3.6

惯量　inertia

转动惯量　moment of inertia

施加到一个旋转体上的力矩与该旋转体的角加速度的比值。

注1：例如旋转体可以是轮胎轮辋组合体或转鼓等。

注2：参见附录D。

3.7

新的试验轮胎　new test tyre

此前未曾用于能使轮胎的温度超出滚动阻力试验所产生温度的滚动试验，以及未曾放置在温度超过40 ℃环境下的轮胎。

注1：除了本标准描述的试验外，滚动阻力试验在ISO 18164，SAE J1269和SAE J2452中也有描述。

注2：重复一个公认的试验程序是允许的。

3.8

测量结果相关关系　measurement result correlation

不同实验室在固定的周期，通过测量一组滚动阻力值，建立不同实验室试验结果的相关性，从而可以使不同的实验室之间测量结果直接比较。

注：这些测量结果用来确定校正的系数，并计算校正的滚动阻力测量结果(见第10章)。

3.9

比对实验室　compare laboratory

为了执行校正程序、参与建立基准实验室的实验室。

3.10

基准实验室　reference laboratory

根据比对实验室测试数据确认建立的虚拟实验室。使用规定数量和要求的校正轮胎在通过相关部门认可的多家比对实验室，按照相关要求进行滚动阻力测试，试验结果的平均值作为这个虚拟实验室的试验结果。

3.11

参比实验室　candidate laboratory

参加校正程序的非比对实验室。

3.12

校正轮胎　alignment tyre

用来执行校正程序的一条试验轮胎。

3.13

校正轮胎组　alignment tyres set

一组 5 条或更多校正轮胎。

3.14

实验室控制轮胎　laboratory control tyre

实验室用于监测设备性能的轮胎。

注：例如设备性能漂移。

3.15

测量结果的可重复性　measurement reproducibility

$\boldsymbol{\sigma}_{\mathrm{m}}$

设备测量滚动阻力的能力。

注：σ_{m} 能通过一组校正轮胎按照第 7 章描述的整个过程进行 $n(n\geqslant3)$ 次测量得到，对于一组 $p(p\geqslant5)$ 条轮胎，此处假定这 p 条校正轮胎的方差是齐次的，如下所示：

$$\sigma_{\mathrm{m}}=\sqrt{\frac{1}{p}\cdot\sum_{i=1}^{p}\sigma_{\mathrm{m},i}^{2}}$$

$$\sigma_{\mathrm{m},i}=\sqrt{\frac{1}{n-1}\cdot\sum_{j=1}^{n}\left(C_{\mathrm{r}_{ij}}-\frac{1}{n}\cdot\sum_{j=1}^{n}C_{\mathrm{r}_{ij}}\right)}$$

式中：

i——1 至 p 的正整数，相对应每条校正轮胎；

j——计数从 1 到对于一条给定轮胎每次测量的重复次数 n；

n——轮胎测量的重复次数；

p——校正轮胎的数量。

3.16

校正轮胎偏差　deviation of alignment tyre

校正轮胎按照一定次数重复测量结果的平均值随着时间变化而产生的差异。

注：参见 10.2。

3.17

校正值　assigned value

一条轮胎的滚动阻力测量值按照校正程序得出的基准实验室的理论值。

4　测量方法

本标准提供了以下四种测量滚动阻力的方法，试验者可以选择采用任何一种测试方法。无论选择哪种方法，测量结果都应转化成轮胎/转鼓接触面之间的滚动阻力值，这四种测量方法如下：

a)　测力法：测量或转换成轮胎轴上的反作用力；

注 1：在测力法中测量值也包含了轮胎轮辋组合体的轴承损失和空气动力学损失，这在进一步的数据处理时加以考虑。

b)　扭矩法：测量转鼓的输入扭矩；

c)　减速度法：测量转鼓和轮胎轮辋组合体的减速度；

d)　功率法：测量输入转鼓的能量。

注 2：在扭矩法、减速度法和功率法中测量值也包含了轮胎轮辋组合体、转鼓的轴承损失和空气动力学损失。

5 测试设备

5.1 转鼓技术要求

5.1.1 转鼓直径

试验机转鼓直径应不小于 1.7 m。滚动阻力和滚动阻力系数的值应表示为 2 m 转鼓的值。如果测试转鼓的直径不是 2 m，则应根据 9.3 的方法进行修正。

5.1.2 转鼓表面品质

转鼓表面应为平滑钢质鼓面。有时为了改善分离测量的精确度，也可以采用有纹理鼓面，转鼓表面应保持清洁。

测得的 F_r 和 C_r 应表示为平滑鼓面的值。如果采用有纹理鼓面，应符合附录 C.7 的规定。

5.1.3 转鼓宽度

转鼓表面宽度应大于轮胎行驶面宽度。

5.2 测量轮辋

轮胎应装配于钢质或轻合金的轮辋上，要求如下：

——对于轿车轮胎，轮辋应为 GB/T 2978 中规定的测量轮辋；

——对于载重汽车轮胎，轮辋应为 GB/T 2977 规定的测量轮辋。

不应使用其他的轮辋。

5.3 负荷、定位、控制及仪表精度

这些参数的测量应足够精确，以提供准确的试验数据。各具体数值应符合附录 C 的规定。

5.4 温度环境

5.4.1 基准条件

基准环境温度应为 25 ℃，测量位置在距离轮胎胎侧 0.15 m～1 m 范围内。

5.4.2 替换条件

如果不能达到基准温度，则应按照 9.2 将结果修正到基准温度条件下的值。

5.4.3 鼓面温度

试验开始时鼓面温度应与环境温度相同。

6 试验条件

6.1 总则

充气后的轮胎进行滚动阻力试验，并允许该气压升高，即“闭气试验”。

6.2 试验速度

转鼓的速度应符合表 1 的规定。

表 1 试验速度

项　目	轮胎类型			
	轿车轮胎	载重汽车轮胎		
负荷指数	全部	≤121	>121	>121
速度符号	全部	全部	J[a] 及以下和没有标识速度符号的轮胎	K[b] 及以上
试验速度/(km/h)	80	80	60	80

[a] 100 km/h。
[b] 110 km/h。

6.3 试验负荷

标准试验负荷应按照表 2 所示的值进行计算，且应使其保持在附录 C 规定的公差范围内。

6.4 试验气压

充气压力应符合表 2 的规定。充气压力应是封闭式的，具有 C.4 规定的精度。

表 2 试验负荷和充气压力

项目	轮胎类型		
	轿车轮胎		载重汽车轮胎
	标准型	增强型	
负荷最大负荷能力的百分比/%	80[a]	80[a]	85[b]
充气压力/kPa	210	250	最大单胎负荷能力的对应气压[c]

[a] GB/T 2978 规定的最大负荷的 80%。
[b] GB/T 2977 规定的单胎最大负荷能力的 85%。
[c] GB/T 2977 规定的单胎最大负荷的气压。

6.5 减速度法的试验时间和速度

当选用减速度法时，应符合下列要求：

a) 时间的增量(Δt)应不大于 0.5 s；

b) 在一个时间增量段内转鼓速度的变化应不大于 1 km/h。

7 试验步骤

7.1 总则

试验程序各阶段应按照下面给出的顺序进行。

7.2 热平衡

将充气轮胎置于实验室的温度环境中停放至少：

——轿车轮胎：3 h；

——载重汽车轮胎：6 h。

7.3 气压调整

在热平衡之后，充气压力应调整到试验气压，并在调整后 10 min 进行核实。

7.4 升温

升温时间规定见表 3。

表 3 升温时间

项目	轮胎类型			
	轿车轮胎	载重汽车轮胎		
负荷指数 LI	全部	≤121	>121	>121
轮辋名义直径代号	全部	全部	<22.5	≥22.5
升温时间/min	30	50	150	180

7.5 测量和记录

在试验中应测量和记录的数据如下（见图 1）：

a) 试验速度，U_n；

b) 垂直于鼓面的轮胎负荷，L_m；

c) 初始试验气压；

d) 测得的滚动阻力系数 C_r，及其在 25 ℃和 2 m 转鼓条件下的修正值 $C_{r,corrected}$；

e) 在稳态条件下，轮胎轴中心线至转鼓外表面的距离 r_L，用 m 表示；

f) 环境温度 t_{amb}；

g) 转鼓半径 R；

h) 所选的试验方法；

i) 试验轮辋（型号和材质）；

j) 轮胎规格、速度符号、负荷指数、类型、制造商、产地、生产编号。

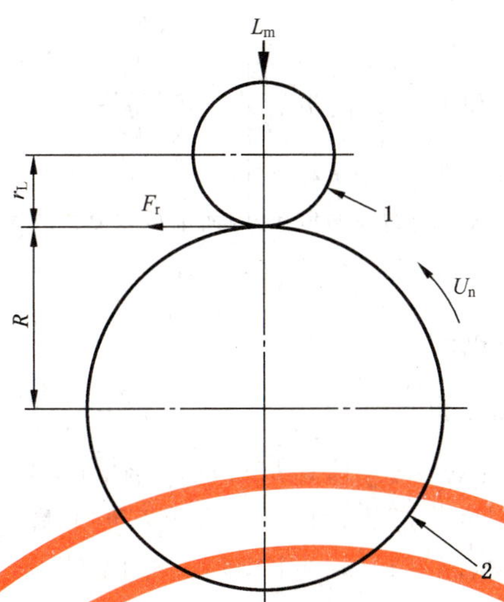

说明：

1——轮胎；

2——转鼓；

F_r——滚动阻力；

L_m——垂直于鼓面的轮胎负荷；

R——试验转鼓半径；

r_L——稳态条件下，轮胎轴中心线到转鼓外表面的距离；

U_n——试验速度。

图 1　测量定位

7.6　附加损失测量

7.6.1　总则

按 7.6.2 或 7.6.3 规定的步骤之一确定附加损失。

7.6.2　分离法

分离法按照下列程序进行：

a)　将轮胎负荷减少到使轮胎能按试验速度行驶而不滑动。负荷如下：
- ——轿车轮胎：推荐值 100 N，但是不超过 200 N；
- ——轻型载重汽车轮胎(负荷指数≤121)：推荐值 150 N，但是对于专门设计用于轿车轮胎或轻型载重汽车轮胎的设备，不超过 200 N，或对于专门设计用于载重汽车轮胎的设备，不超过 500 N；
- ——轻型载重汽车轮胎(负荷指数>121)和载重汽车轮胎：推荐值 400 N，但是不超过 500 N；
- ——对于标准试验和校正试验(见第 10 章)分离试验负荷值应相同；

b)　记录轮轴力 F_t、输入扭矩 T_t 或输入功率中的适用数据；

c)　记录垂直于鼓面的轮胎负荷 L_m。

注 1：除了测力法以外，测量值包含轮胎轮辋组合体、转鼓的轴承损失和空气动力学损失。

注 2：轮胎轴和转鼓的轴承摩擦力取决于施加的负荷；因而轴承摩擦力的值在测量加载时的轮轴力时与分离法测量附加损失时是不同的。然而在实际情况下，其差异可以忽略不计。

7.6.3　减速度法

减速度法按照下列程序进行。

a） 将轮胎移开鼓面；

b） 记录转鼓的减速度$\frac{\Delta\omega_{DO}}{\Delta t}$和无负荷轮胎的减速度$\frac{\Delta\omega_{TO}}{\Delta t}$。

注 1：测量值包含轮胎轮辋组合体和转鼓的轴承和空气动力学损失，这也需要考虑。

注 2：轮胎轴和转鼓的轴承摩擦力取决于施加的负荷，因而轴承摩擦力的值在测量加载时的减速度时与分离法测量时是不同的。然而在实际情况下，其差异可以忽略不计。

7.7 试验机超出 σ_m，指标的补偿处理

如果依照 10.6.3 得到的测量标准差如下，在 7.4～7.6 中描述的步骤只需执行一次：

——对于轿车和轻型载重汽车轮胎（负荷指数≤121），不超过 0.075 N/kN；

——对于轻型载重汽车轮胎（负荷指数＞121）和载重汽车轮胎，不超过 0.060 N/kN。

如果测量标准差超出这个指标，测量过程应按照 10.6.4 的描述重复 n 次。报告中的滚动阻力值应是 n 次测量结果的平均值。

8 数据处理

8.1 附加损失的计算

8.1.1 总则

为了在试验条件（负荷，速度，温度）下精确测量轮胎轴的摩擦力，轮胎轮辋组合体的空气动力学损失，转鼓（和配备的电动机和/或离合器）轴承摩擦力，以及转鼓的空气动力学损失，需要根据所选择的滚动阻力测量方法来确定附加损失的测量方法，当采用测力法，扭矩法或功率法时，按照 7.6.2 的方法测量附加损失，当采用减速度法时，按照 7.6.3 的方法测量附加损失。

轮胎/转鼓界面的附加损失 F_{pl}，应根据力 F_t、扭矩、功率或减速度按下述 8.1.2～8.1.5 公式计算，用牛顿（N）表示。

8.1.2 轮胎轴测力法

附加损失 F_{pl}，用牛顿（N）表示，按照式（1）计算：

$$F_{pl} = F_t(1 + r_L/R) \quad \cdots\cdots(1)$$

式中：

F_t ——轮轴力（见 7.6.2），单位为牛（N）；

r_L ——在稳定状态下轮胎轴中心线至转鼓外表面的距离，单位为米（m）；

R ——转鼓半径，单位为米（m）。

8.1.3 转鼓轴扭矩法

附加损失 F_{pl}，单位为 N，按照式（2）计算：

$$F_{pl} = T_t/R \quad \cdots\cdots(2)$$

式中：

T_t ——输入扭矩（见 7.6.2），单位为牛米（N·m）；

R ——转鼓半径，单位为米（m）。

8.1.4 功率法

附加损失 F_{pl}，单位为 N，按照式（3）计算：

$$F_{pl} = \frac{3.6\ V \times A}{U_n} \qquad \cdots\cdots (3)$$

式中：

V ——试验机驱动电机的电压，单位为伏特(V)；

A ——试验机驱动电机的电流，单位为安培(A)；

U_n——转鼓速度，单位为千米每小时(km/h)。

8.1.5 减速度法

附加损失 F_{pl}，单位为 N，按照式(4)计算：

$$F_{pl} = \frac{I_D}{R}\left[\frac{\Delta\omega_{DO}}{\Delta t_0}\right] + \frac{I_T}{R_r}\left[\frac{\Delta\omega_{TO}}{\Delta t_0}\right] \qquad \cdots\cdots (4)$$

式中：

I_D ——转鼓转动惯量，单位为千克平方米(kg·m²)；

R ——转鼓半径，单位为米(m)；

ω_{DO}——无轮胎时转鼓角速度，单位为弧度每秒(rad/s)；

Δt_0——测量无轮胎的附加损失时所选取的时间增量，单位为秒(s)；

I_T ——轮轴、轮胎轮辋组合体的转动惯量，单位为千克平方米(kg·m²)；

R_r ——轮胎滚动半径，单位为米(m)；

ω_{TO}——无负荷轮胎的角速度，单位为弧度每秒(rad/s)。

8.2 滚动阻力计算

8.2.1 总则

用按本标准规定的条件测得的试验轮胎的滚动阻力值减去按照 8.1 求得的相应附加损失 F_{pl} 计算出滚动阻力 F_r，单位为 N。

8.2.2 轮胎轴测力法

滚动阻力 F_r 通过式(5)计算，单位为 N：

$$F_r = F_t[1 + (r_L/R)] - F_{pl} \qquad \cdots\cdots (5)$$

式中：

F_t ——轮轴力，单位为牛(N)；

F_{pl}——按 8.1.2 计算的附加损失，单位为牛(N)；

r_L ——在稳态状况下，轮胎轴中心线至转鼓外表面的距离，单位为米(m)；

R ——转鼓半径，单位为米(m)。

8.2.3 转鼓轴扭矩法

滚动阻力 F_r 通过式(6)计算，单位为 N：

$$F_r = \frac{T_t}{R} - F_{pl} \qquad \cdots\cdots (6)$$

式中：

T_t ——输入扭矩，单位为牛米(N·m)；

F_{pl}——按 8.1.3 计算的附加损失，单位为牛(N)；

R ——转鼓半径，单位为米(m)。

8.2.4 功率法

滚动阻力 F_r 通过式(7)计算，单位为 N：

$$F_r = \frac{3.6V \times A}{U_n} - F_{pl} \qquad \cdots\cdots (7)$$

式中：

V ——试验机驱动电机的电压，单位为伏特(V)；

A ——试验机驱动电机的电流，单位为安培(A)；

U_n ——转鼓速度，单位为千米每小时(km/h)；

F_{pl} ——按 8.1.4 计算的附加损失，单位为牛(N)。

8.2.5 减速度法

滚动阻力 F_r 通过式(8)计算，单位为 N：

$$F_r = \frac{I_D}{R}\left[\frac{\Delta\omega_v}{\Delta t_v}\right] + \frac{RI_T}{R_r^2}\left[\frac{\Delta\omega_v}{\Delta t_v}\right] - F_{pl} \qquad \cdots\cdots (8)$$

式中：

I_D ——转鼓转动惯量，单位为千克平方米(kg·m²)；

R ——转鼓半径，单位为米(m)；

F_{pl} ——按 8.1.5 计算的附加损失，单位为牛(N)；

Δt_v ——测量时所选取的时间增量，单位为秒(s)；

$\Delta\omega_v$ ——有负荷轮胎时试验转鼓角速度增量，单位为弧度每秒(rad/s)；

I_T ——轮轴、轮胎轮辋组合体的转动惯量，单位为千克平方米(kg·m²)；

R_r ——轮胎滚动半径，单位为米(m)；

F_r ——滚动阻力，单位为牛(N)。

注：测量减速度法用惯性矩的指南和实例参见附录 D。

9 数据分析

9.1 滚动阻力系数

滚动阻力系数 C_r，用式(9)由滚动阻力除以轮胎试验负荷计算出来：

$$C_r = \frac{F_r}{L_m} \qquad \cdots\cdots (9)$$

式中：

F_r ——滚动阻力，单位为牛(N)；

L_m ——试验负荷，单位为千牛(kN)。

9.2 温度修正

试验温度范围为 20 ℃～30 ℃，如果在非 25 ℃的温度下进行测量，则用式(10)作温度修正，式中 F_{r25} 是处于 25 ℃的滚动阻力，单位为 N：

$$F_{r25} = F_r[1 + K_t(t_{amb} - 25)] \qquad \cdots\cdots (10)$$

式中：

F_r ——滚动阻力，单位为牛(N)；

t_{amb} ——环境温度，单位为摄氏度(℃)；

K_t ——系数，有下列值：

——轿车轮胎：0.008；

——负荷指数为121及以下的轻型载重汽车轮胎：0.010；

——负荷指数为122及以上的轻型载重汽车轮胎和载重汽车轮胎：0.006。

9.3 转鼓直径修正

由不同直径转鼓得到的试验结果，可用如下式(11)和式(12)进行修正。

$$F_{r02} \approx K_r F_{r01} \tag{11}$$

$$K_r = \sqrt{\frac{(R_1/R_2)(R_2 + r_T)}{(R_1 + r_T)}} \tag{12}$$

式中：

R_1 ——转鼓1的半径，单位为米(m)；

R_2 ——转鼓2的半径，单位为米(m)；

r_T ——轮胎名义设计外直径的二分之一，单位为米(m)；

F_{r01}——在转鼓1上测量的滚动阻力值，单位为牛(N)；

F_{r02}——在转鼓2上测量的滚动阻力值，单位为牛(N)。

9.4 测量结果

如果按照10.6的要求作$n(n>1)$次测量时，测量结果应是做了9.2和9.3所述的修正之后的n次测量得到的C_r值的平均值。

10 实验室测量滚动阻力校正程序

10.1 总则

在比对实验室测量的滚动阻力系数(RRC_m)应校正为基准实验室的校正值。

在参比实验室测量的滚动阻力系数(RRC_m)应通过自己选择的比对实验室进行校正。

10.2 校正轮胎的要求

10.2.1 校正轮胎为一组不少于5条不同规格的轮胎。

10.2.2 预先确定数值的用于校正的轮胎，其负荷指数(LI)、C_r值和F_r值应满足下面的要求：

a) C_r最大值和最小值的差值

轿车轮胎和轻型载重汽车轮胎(LI≤121)：≥3 N/kN；

轻型载重汽车轮胎(LI>121)和载重汽车轮胎：≥2 N/kN。

b) C_r数值应均匀分布，间隔范围如下：

轿车轮胎和轻型载重汽车轮胎(LI≤121)为(1.0±0.5)N/kN；

轻型载重汽车轮胎(LI>121)和载重汽车轮胎为(1.0±0.5)N/kN。

c) 校正轮胎的断面宽度

轿车轮胎和轻型载重汽车轮胎(LI≤121)：≤245 mm；

轻型载重汽车轮胎(LI>121)和载重汽车轮胎：≤385 mm。

d) 校正轮胎的外直径

轿车轮胎和轻型载重汽车轮胎(LI≤121)为510 mm～800 mm之间；

轻型载重汽车轮胎(LI>121)和载重汽车轮胎为771 mm～1 143 mm之间。

e) 负荷指数应能充分覆盖被测试轮胎的范围，确保F_r数值也能覆盖被测试轮胎的范围。

10.2.3 校正轮胎在使用前应检查,如出现下列情况应予更换：

a) 明显可以看出该校正轮胎已无法继续正常使用；

b) 在修正了设备漂移后,该校正轮胎的 C_r 测试数值与前一次测试数值相比,其偏差大于1.5%。

10.3 测量方法

10.3.1 每次测量一条校正轮胎时,轮胎轮辋组合体应从设备上卸下并再次进行第7章的完整试验程序。这要求适用于比对实验室和参比实验室。

10.3.2 比对实验室应采用第6章的条件和第7章的试验程序测量每一条校正轮胎3次,并提供每条校正轮胎3次测量的平均值和标准差。

10.3.3 参比实验室应采用第6章的条件和第7章的试验程序测量每一条校正轮胎3次,每条校正轮胎的标准差的 σ_m 值应：

——$\sigma_m \leqslant 0.075$ N/kN,对于轿车和轻型载重汽车轮胎(LI≤121)；

——$\sigma_m \leqslant 0.060$ N/kN ,对于轻型载重汽车轮胎(LI>121)和载重汽车轮胎。

如果三次测量的 σ_m 不能满足上述要求,则应使用式(13)确定测量的最少次数 n(修约到紧邻的较大的正整数)。

$$n=\left(\frac{\sigma_m}{\gamma}\right)^2 \quad \cdots\cdots(13)$$

式中：

$\gamma=0.043$ N/kN ,对于轿车和轻型载重汽车轮胎 (LI≤121)；

$\gamma=0.035$ N/kN ,对于轻型载重汽车轮胎(LI>121)和载重汽车轮胎。

给出每条校正轮胎3次或 n 次测量的平均值和标准差。

10.4 数据修约

测得的滚动阻力值经过温度修正和转鼓直径修正后应修约到小数点后2位。然后除了最后的校正方程不应进行任何修约。所有标准差的数值应保留3位小数。所有滚动阻力系数值将保留2位小数。所有校正系数($A1_l$,$B1_l$,$A2_c$ 和 $B2_c$)应保留4位小数。

10.5 比对实验室和确定校正值的要求

10.5.1 比对实验室应满足ISO/IEC 17025或ISO/TS 16949的要求。

10.5.2 比对实验室应使用控制轮胎,每个月对设备进行监测。在一个月时间内应最少进行3次测量,通过比较每个月获得的3个测量数据的平均值来评价设备的漂移。

10.5.3 比对实验室应确保基于最少3次测量的 $\sigma_m \leqslant 0.050$ N/kN。

10.5.4 每条校正轮胎的校正值是所有比对实验室给出的该条轮胎测量值的平均值。每两年评估校正值的稳定性和有效性。校正轮胎组应由每个比对实验室测量。

10.5.5 每个比对实验室应使用线性回归方法把测量值校正到校正轮胎组的校正值,如下式：

$$\mathrm{RRC}=A1_l \times \mathrm{RRC}_{m,l}+B1_l \quad \cdots\cdots(14)$$

式中：

RRC ——滚动阻力系数校正值；

RRC_m——比对实验室(l)测得的经过温度修正和转鼓直径修正的滚动阻力系数值。

10.6 参比实验室的条件

10.6.1 参比实验室应满足ISO/IEC 17025或ISO/TS 16949的要求。

10.6.2 参比实验室应每两年至少重复一次校正程序,并且在任何重大设备变化或控制轮胎监测数据发生任何漂移时重新进行校正程序。

10.6.3 参比试验室应使用控制轮胎，每个月对设备进行监测。在一个月时间内应最少进行3次测量，通过比较每个月获得的3个测量数据的平均值来评价设备的漂移。

10.6.4 参比实验室应确保基于最少3次测量的 σ_m 值：

——$\sigma_m \leqslant 0.075$ N/kN，对于轿车和轻型载重汽车轮胎(LI≤121)；

——$\sigma_m \leqslant 0.060$ N/kN，对于轻型载重汽车轮胎(LI>121)和载重汽车轮胎。

如果 σ_m 不能满足上述要求，参比实验室为了满足本标准，应使用式(15)确定测量最少次数 n(修约到紧邻的较大的整数值)。

$$n=\left(\frac{\sigma_m}{x}\right)^2 \qquad (15)$$

式中：

$x=0.075$，对于轿车和轻型载重汽车轮胎(LI≤121)；

$x=0.060$，对于轻型载重汽车轮胎(LI>121)和载重汽车轮胎。

如果一条轮胎需要测量几次，在连续测量之间轮胎轮辋组合体应从设备上卸下。

如果拆卸/安装操作时间少于10 min，在7.4中指定的升温时间可以缩减为：

a) 轿车轮胎：10 min；

b) 轻型载重汽车轮胎(LI≤121)：20 min；

c) 轻型载重汽车轮胎(LI>121)和载重汽车轮胎：30 min。

10.7 参比实验室校正程序

比对实验室(l)应计算参比实验室(c)的线性回归方程，$A2_c$ 和 $B2_c$，如式(16)所示：

$$\mathrm{RRC}_{m,l}=A2_c\times \mathrm{RRC}_{m,c}+B2_c \qquad (16)$$

式中：

$\mathrm{RRC}_{m,l}$——比对实验室(l)测得的经过温度修正和转鼓直径修正的滚动阻力系数值；

$\mathrm{RRC}_{m,c}$——参比实验室(c)测得的经过温度修正和转鼓直径修正的滚动阻力系数值。

被参比实验室测试轮胎的校正值RRC计算如下：

$$\mathrm{RRC}=(A1_l\times A2_c)\times \mathrm{RRC}_{m,c}+(A1_l\times B2_c+B1_l) \qquad (17)$$

附 录 A
（资料性附录）
本标准与 ISO 28580:2009 章条编号对照

表 A.1 给出了本标准与 ISO 28580:2009(英文版)章条编号对照一览表。

表 A.1 本标准与 ISO 28580:2009 章条编号对照

本标准章条编号	对应的 ISO 28580:2009 章条编号
1	1
2	2
3	3
3.1～3.8	3.1～3.8
3.9～3.11	—
3.12	3.10
3.13	—
3.14～3.16	3.11～3.13
3.17	—
4	4
5	5
5.1～5.4	5.1～5.4
6	6
6.1～6.5	6.1～6.5
7	7
7.1～7.7	7.1～7.7
8	8
8.1～8.2	8.1～8.2
9	9
9.1～9.4	9.1～9.4
10	10
10.1	10.1
10.2	10.4
10.3,10.7	10.5
10.4	—
10.5	10.2
10.6	10.3
附录 A	—
附录 B	—
附录 C	附录 A
附录 D	附录 B
—	附录 C

附 录 B
（资料性附录）
本标准与 ISO 28580:2009 的技术性差异及其原因

表 B.1 给出了本标准与 ISO 28580:2009(英文版)技术性差异及其原因的一览表。

表 B.1 本标准与 ISO 28580:2009 技术性差异及其原因

本标准章条编号	技术性差异	原因
2	关于规范性引用文件，本标准做了具有技术性差异的调整，调整的情况集中反映在第 2 章“规范性引用文件”、5.2 及表 2 注中，具体调整如下： 1. GB/T 2978 代替了 ISO 4000-1； 2. GB/T 2977 代替了 ISO 4209-1	1. GB/T 2978 与 ISO 4000-1 均对轮胎规格轮辋进行了规定，且技术内容一致，但 GB/T 2978 规定的更具体，便于使用； 2. GB/T 2977 与 ISO 4209-1 均对轮胎规格轮辋进行了规定，且技术内容一致，但 GB/T 2977 规定的更具体，便于使用
2,3	“ISO 4223-1”代替“GB/T 6326 轮胎术语及其定义”	根据标准编写的有关规定，引用了与国际标准相对应的国家标准
3.9	本标准定义为基准实验室，ISO 28580 称为“基准试验设备”	因为按本标准测得的滚动阻力系数最后校正为基准实验室校正值，按 ISO 28580 测得的滚动阻力系数最后校正为基准试验设备的校正值
3.10	增加“比对实验室”的定义	由于本标准是试验结果采用 5 条校正胎在多家比对实验室进行试验得出的平均值作为基准试验室校正值的方法。有必要明确比对实验室的定义
3.11,3.12,3.13,3.15,3.17	本标准采用校正轮胎的数量至少 5 条，而 ISO 标准采用的是校正轮胎为 2 条的试验结果校正方法，所以有关术语均作了相应的修改	通过 5 个点比通过 2 个点建立的线性回归方程更精确
5.2,6.4	GB/T 2978 代替了 ISO 4000-1； GB/T 2977 代替了 ISO 4209-1	1. GB/T 2978 与 ISO 4000-1 均对轮胎规格轮辋及负荷能力进行了规定，且技术内容一致，但 GB/T 2978 规定的更具体，便于使用； 2. GB/T 2977 与 ISO 4209-1 均对轮胎规格轮辋负荷能力进行了规定，且技术内容一致，但 GB/T 2977 规定的更具体，便于使用
10.1,10.2,10.5,10.7	本标准按照校正轮胎至少 5 条，基准试验室校正值为虚拟的多个比对实验室测试平均值进行测量方法及校正程序的描述	更科学、精确
10.4	本标准明确了修约规则	更有利于试验结果的比较
C.2.1	试验轮辋的宽度改为按相应的国家标准	便于使用
—	删除了国际标准的附录 C 测量轮辋宽度	GB/T 2978、GB/T 2977 这两个标准中有对轮辋的具体要求，删除附录 C 对标准其他技术内容没有影响

附 录 C
（规范性附录）
试验设备公差

C.1 概述

为了获得重现性较好的试验结果，并且使各实验室间的试验结果相互关联，有必要在本附录中规定试验设备公差。这些公差并不意味着要代表试验设备的一整套技术要求，而是应把它们当作获得可靠试验结果的指南。

C.2 试验轮辋

C.2.1 宽度

对于轿车轮胎轮辋，试验轮辋应与 GB/T 2978 中定义的测量轮辋一致；

对于载重汽车轮胎轮辋，试验轮辋应与 GB/T 2977 中定义的测量轮辋一致。

C.2.2 跳动量

试验轮辋的跳动量应符合下列要求：

最大径向跳动量：0.5 mm；

最大侧向跳动量：0.5 mm。

C.3 定位

C.3.1 总则

角度偏差对试验结果是关键性的。

C.3.2 负荷加载

轮胎加负荷的方向应与试验鼓面保持垂直，且应通过转鼓中心，允许偏差为：

测力法和减速度法为 1 mrad；

扭矩法和功率法为 5 mrad。

C.3.3 轮胎定位

C.3.3.1 外倾角

轮辋平面应垂直于试验鼓面，对于各个试验方法的允许偏差都为 2 mrad。

C.3.3.2 侧偏角

轮胎平面应平行于试验鼓面的运动方向，对于各个试验方法的允许偏差都为 1 mrad。

C.4 控制精度

除由于轮胎和轮辋的不均匀性引起的扰动外，测试条件应保持在规定值内，这样使滚动阻力测量值的整体波动性减到最小。为了满足这个要求，在滚动阻力数据收集期间测得结果的平均值应达到如下精度：

——轮胎负荷：

——(对于负荷指数≤121)±20 N或±0.5%，取较大者；

——(对于负荷指数>121)±45 N或±0.5%，取较大者；

——充气压力±3 kPa；

——鼓面速度：

——对于功率法、扭矩法和减速度法为±0.2 km/h；

——对于测力法为±0.5 km/h。

——时间：±0.02 s。

C.5 仪表精度

用于读取和记录测试数据的仪器，其精度范围如表C.1。

表C.1 仪表精度

参数	负荷指数	
	LI≤121	LI>122
轮胎负荷	±10 N或±0.5%[a]	±30 N或±0.5%[a]
充气压力	±1 kPa	±1.5 kPa
轮轴力	±0.5 N或±0.5%[a]	±1.0 N或±0.5%[a]
输入扭矩	±0.5 N·m或±0.5%[a]	±1.0 N·m或±0.5%[a]
行程	±1 mm	±1 mm
电功率	±10 W	±20 W
温度	±0.2 ℃	±0.2 ℃
鼓面速度	±0.1 km/h	±0.1 km/h
时间	±0.01 s	±0.01 s
角速度	±0.1%	±0.1%

[a] 取较大者。

C.6 对于负荷与轮轴力交扰和负荷不对中的补偿(仅对于测力法)

负荷与轮轴力相互作用(“交扰”)和负荷不对中的补偿，不管是通过记录轮胎正转和反转时的轮轴力还是通过试验机动标定都可以达到。如果记录了正转和反转的轮轴力(在各个试验条件下)，则用正转值减去反转值，再把结果除以2的方法达到补偿。如果采用试验机动标定的方法，则这些补偿项可以容易地加到数据处理系统中。

如果在轮胎正转完成之后立刻进行轮胎反转，反转轮胎的升温时间对于轿车轮胎至少10 min，对于其他类型的轮胎至少30 min。

C.7 试验鼓面粗糙度

沿横向测量的钢制光滑鼓面的粗糙度，其中心线平均高度最大值为 6.3 μm。

注：在用有纹理鼓面代替光滑的钢面的情况下，应试验报告中注明上述事实。鼓面纹理深度为 180 μm(80 粒度)，并且实验室有责任保持表面粗糙度特性。对于使用有纹理鼓面的情况不建议特定的修正因子，因为第 10 章中应用的相关性将考虑这种试验条件差异。另外，表面粗糙度随时间变化，针对特定表面粗糙度的修正因子将仅仅在它被建立的点是精确的。

附　录　D
（资料性附录）
转鼓惯性矩和轮胎组合体惯性矩的测量方法
减速度法

D.1　限定范围

本附录介绍的方法宜认为仅是由减速度法来测量惯性矩的方法指南或应用实例，以便获得可靠的试验结果。

D.2　转鼓惯量

D.2.1　测量方法

D.2.1.1　需用设备

在图 D.1 中所示的装置，除转鼓及其角度编码器外，还需要以下部件：

——一个安装在低摩擦轴承上的轻质滑轮；

——一个具有 50 kg 至 100 kg 范围的已知质量的砝码；

——适当的钢丝绳及连接件。

图 D.1 展示了试验装置。

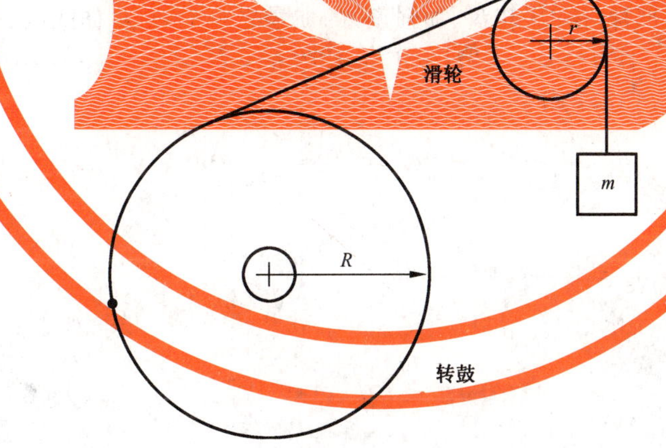

图中：

1 ——滑轮；

2 ——转鼓；

m——质量块；

r ——滑轮半径；

R——转鼓半径。

图 D.1　实验装置

D.2.1.2　原理

将力学定律应用于图 D.1 中所示的系统，得出式(D.1)：

$$I_D = \frac{mgR - C}{(\Delta\omega_D/\Delta t)} - mR^2 - I_p \frac{R^2}{r^2} \quad \text{……………………………(D.1)}$$

式中：

m ——质量，单位为千克(kg)；

I_p ——滑轮惯量，单位为千克平方米(kg · m^2)；

r ——滑轮半径，单位为米(m)；

R ——转鼓半径，单位为米(m)；

I_D ——转鼓惯量，单位为千克平方米(kg · m^2)；

C ——转鼓轴承的摩擦力矩，单位为牛米(N · m)；

g ——重力加速度，其值等于 9.81 m/s^2；

$\Delta\omega_D/\Delta t$ ——角加速度或角减速度，单位为弧度每秒(rad/s)。

注：滑轮轴承的摩擦力矩 C 可以忽略不计。

D.2.1.3 方法

当质量(m)被脱开时，通过安装在转鼓轴上的角度编码器就测量角加速度(反之用于测量转鼓的角减速度)。转鼓轴承的摩擦力矩(C)也能进行测量，只要质量(m)一旦给予了转鼓足够的动量，钢丝绳便会与转鼓脱离，于是转鼓角减速度便与 C 成正比，如式(D.2)：

$$C = I_D \left[\frac{\Delta\omega_D}{\Delta t}\right] \quad \text{……………………………(D.2)}$$

式中各值按 D.2.1.2 的定义。

D.2.2 确定方法

转鼓惯量通过计算进行估计。

转鼓惯量 I_D 由各转鼓部件(法兰、转盘、加强筋)的惯量之和来确定，如式(D.3)：

$$I_D = I_f + I_d + I_r \quad \text{……………………………(D.3)}$$

式中：

I_f ——法兰惯量；

I_d ——鼓盘惯量；

I_r ——加强筋惯量。

式中各值都用 kg · m^2 表示。

D.3 轮胎组合体惯量

D.3.1 弹簧法

D.3.1.1 需用设备

扭摆惯量(I_0)和弹簧常数(k)(见图 D.2)

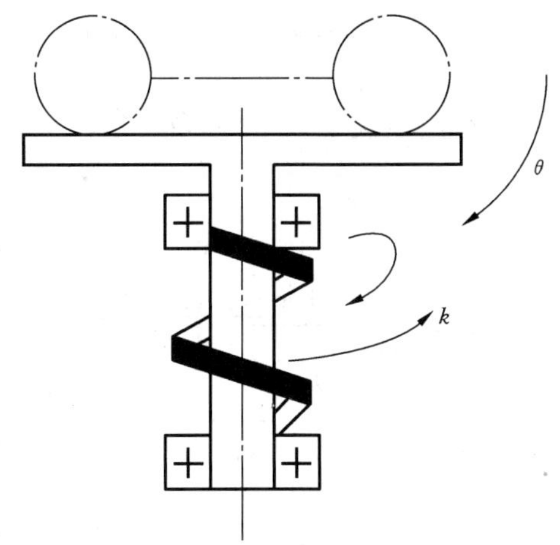

图例：

k——弹簧常数。

图 D.2 弹簧法

D.3.1.2 原理

设 θ 为离开平衡位置的角度，则摆的自由运动方程见(D.4)：

$$I_0 \frac{d^2\theta}{dt^2} + k\theta = 0 \qquad \text{(D.4)}$$

固有摆动周期 T_0 通过式(D.5)计算：

$$T_0 = 2\pi\sqrt{\frac{I_0}{k}} \qquad \text{(D.5)}$$

式中：

θ ——摆动角度，单位为弧度(rad)；

t ——时间周期，单位为秒(s)；

I_0——扭摆惯量，单位为千克平方米(kg·m²)；

k ——弹簧常数。

D.3.1.3 方法

可以用测量有轮胎组合体及无轮胎组合体的摆动周期(T_1 和 T_0)的方法，按式(D.6)求出轮胎组合体惯量(I_t)。

$$I_t = \frac{k}{4\pi^2}(T_1^2 - T_0^2) \qquad \text{(D.6)}$$

D.3.2 双线(钢索)摆法

D.3.2.1 需用设备

将轮胎挂在长度完全相同的两根钢索上，通过测量该轮胎的扭转摆动的时间周期就能求得轮胎惯量，见图 D.3。

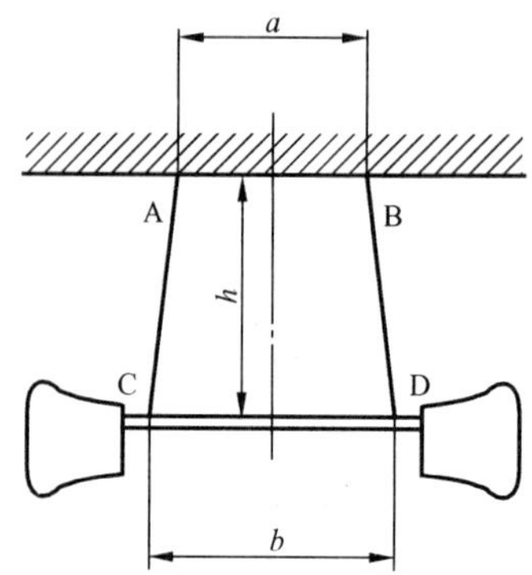

图例：

A,B,C,D 测量点；

a——A 点和 B 点之间的距离；

b——C 点和 D 点之间的距离；

h——AB 线和 CD 线之间的垂直距离。

图 D.3 双线(钢索)摆法

D.3.2.2 原理

轮胎惯量 I_τ，单位为(kg·m²)，由式(D.7)确定。

$$I_\tau = \tau^2 \times \frac{wab}{4\pi^2 h} \qquad \cdots\cdots(D.7)$$

式中：

τ——摆动周期，单位为秒(s)；

w——轮胎与轮辋重量，单位为牛(N)；

a——A 点与 B 点间距，单位为米(m)；

b——C 点与 D 点间距，单位为米(m)；

h——AB 线与 CD 线间垂直距离，单位为米(m)。

D.3.2.3 方法

测量轮胎扭转摆动的时间周期(τ)，再根据式(D.7)就能计算出轮胎惯量。

参 考 文 献

[1] ISO 18164, Passenger car, truck, bus and motorcycle tyres—Methods of measuring rolling resistance

[2] SAE J1269, Rolling resistance measurement procedure for passenger car, light truck, and highway truck and bus tires

[3] SAE J2452, Stepwise coastdown methodology for measuring tire rolling resistance

ICS 83.160.10
G 41

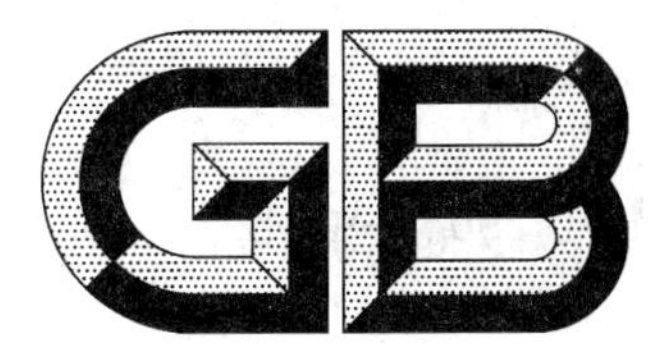

中华人民共和国国家标准

GB/T 29041—2012

汽车轮胎道路磨耗试验方法

Road wear testing methods for motor vehicle tyres

2012-12-31 发布 2013-09-01 实施

中华人民共和国国家质量监督检验检疫总局
中国国家标准化管理委员会 发布

前　言

本标准按照 GB/T 1.1—2009 给出的规则起草。

本标准由中国石油和化学工业联合会提出。

本标准由全国轮胎轮辋标准化技术委员会(SAC/TC 19)归口。

本标准主要起草单位:贵州轮胎股份有限公司、朝阳浪马轮胎有限公司、赛轮股份有限公司、杭州中策橡胶有限公司、广州市华南橡胶轮胎有限公司、山东玲珑轮胎股份有限公司、三角轮胎股份有限公司、风神轮胎股份有限公司、北京首创轮胎有限责任公司、双钱集团股份有限公司、北京橡胶工业研究设计院、普利司通(中国)投资有限公司、米其林(中国)投资有限公司、云南大理交通运输集团总公司。

本标准主要起草人:常俊、竭继凡、伊怀保、张惠康、罗吉良、陈少梅、乔玲玲、应世洲、林浩、曹峰、王克先、傅广平、陆奕、李铭、郑光亮、于海莉、徐丽红、李宁。

汽车轮胎道路磨耗试验方法

1 范围

本标准规定了汽车轮胎道路磨耗性能试验用术语和定义及试验方法。

本标准适用于轿车充气轮胎、轻型载重汽车充气轮胎、载重汽车充气轮胎及其翻新轮胎的磨耗对比。

2 规范性引用文件

下列文件对于本文件的应用是必不可少的。凡是注日期的引用文件，仅注日期的版本适用于本文件。凡是不注日期的引用文件，其最新版本(包括所有的修改单)适用于本文件。

GB/T 2977 载重汽车轮胎规格、尺寸、气压与负荷

GB/T 2978 轿车轮胎规格、尺寸、气压与负荷

GB/T 3730.1 汽车和挂车类型的术语和定义

GB/T 3730.3 汽车和挂车的术语及其定义 车辆尺寸

GB/T 6326 轮胎术语及定义

GB 7037 载重汽车翻新轮胎

GB 9743 轿车轮胎

GB 9744 载重汽车轮胎

GB 14646 轿车翻新轮胎

GB/T 21286 充气轮胎修补

3 术语和定义

GB/T 6326、GB/T 3730.1、GB/T 3730.3 界定的及以下术语和定义适用于本文件。

3.1

定位 alignment

调整车辆悬挂系统至出厂状态。

3.2

平衡 balancing

对轮胎和车轮总成的超重或过轻部位进行校正的过程。

3.3

候选轮胎 candidate tyre

用于试验的送检轮胎。

3.4

车队 caravan

以试验轮胎为目的的两辆或两辆以上的、在同一时间段、同一试验车道上、在类似但互相独立的条件下，行驶试验的车辆(对各轮胎组合车辆来说，一个车队对于按独立换位日程的每辆车可以有不同的对比组。车队是独立的，而车队队列是相对关联的)。

3.5

对比轮胎　reference tyre

在试验中，自始至终以相同方式使用的基准轮胎。

3.6

车队队列　convoy

在轮胎试验中，在同一时间段、同一试验道上、在同样且相互关联的条件下，进行试验行驶的两辆或两辆以上的车辆。

3.7

管理员　administrator

试验中指定专门负责试验轮胎的保存、入库和出库造册登记及试验安排的人员。

4　试验方法

4.1　轿车轮胎试验方法

4.1.1　试验轮胎的选择和准备

4.1.1.1　试验用新轮胎应符合 GB 9743 所规定的要求。

4.1.1.2　试验用翻新轮胎应符合 GB 14646 中规定的要求。

4.1.2　试验道路的选择

轮胎试验用道路应为水泥或沥青铺设的路面。

4.1.3　车辆选择和准备

4.1.3.1　试验用车辆的制造厂商、车型和车型年份应相同，并且应具有同样的驱动系统(发动机排气量和马力，传动系统)，同样的制动器及悬挂部件等。

4.1.3.2　试验用每条轮胎承载的负荷应为 GB/T 2978 规定的轿车轮胎负荷能力的 85%～90%。

4.1.3.3　车辆按规定装载之后，应停放 24 h。如果在此段时间内，悬挂系统出现异常，则该车不能用来进行试验。

4.1.3.4　试验车辆的各座位区应均衡配重，在驾驶员座位区域应保持与车队中体重最大的驾驶员等重。

4.1.3.5　开始试验前，应对试验车辆进行二级维护，如果发现任何异常，要予以记录和纠正。

4.1.3.6　每一个试验阶段前，应对试验车辆进行日常维护，如果发现任何异常，要予以记录和纠正。

4.1.3.7　试验车辆的同一轴上应安装同一商标、同一规格和结构的试验轮胎。每一组轮胎应单胎安装在试验车辆上，即一个轮位安装一条轮胎。每一组轮胎应按照管理员的规定，在一个车队或一个车队队列中的试验车上。

4.1.3.8　车辆、试验方法、承载负荷的任何变动应予以记录。

4.1.4　轮胎的安装

4.1.4.1　将轮胎安装在 GB/T 2978 规定的轮辋上并充气，标准型轮胎充气压力为 250 kPa，增强型轮胎充气压力为 290 kPa。

4.1.4.2　充气用空气应经过过滤，去除油、水和杂质。清除、修剪轮胎胎面上残留的胶料(排气孔胶柱，飞边)等。

4.1.4.3　轮胎和车轮总成应做动平衡试验，测量值应由管理员详细记录。轮辋径向和侧向跳动不得超过 0.9 mm，否则，该轮辋应废弃。

4.1.5 试验方法

4.1.5.1 轮胎耐久、磨耗测量

轮胎首先进行 1 300 km 的磨合。到达磨合期后，立刻进行磨耗试验，每 5 200 km 测量一次剩余花纹深度。测量值不得在胎面磨耗标志上测取。

4.1.5.2 对比轮胎的选择

新胎和翻新胎应分别进行试验。新胎试验应装用新轿车轮胎作对比胎，而翻新胎应装用翻新轿车轮胎作对比胎。

4.1.5.3 轮胎换位方法

每行驶(1 300±15)km 为一个换位期。每条试验胎在规定的换位期满时，应换到不同的轮位上；换位形式应是后交叉形式，即试验车前轴上的轮胎要换到该车后轴另一侧的轮位上；后轴上的轮胎要换到车队队列中的下一辆车的同一侧的前轴上；在车队队列最后一辆试验车后轴上的轮胎，要换到车队队列的第一辆试验车的同一侧最前轴上。如只有一辆试验车时，则轮胎换位在整个试验期间只在该车上进行。试验车在整个试验过程中的队列应保持相同的次序。

4.1.5.4 试验里程、车速

轿车轮胎试验总里程为(32 500±30)km。第一个 1 300 km 为磨合期。80%的路程应以 90 km/h～110 km/h 的速度行驶。试验其余路程部分应在 0 km/h～110 km/h 速度范围内进行。试验车辆应尽可能以同样线路和同样的速度行驶。

4.2 轻型载重汽车轮胎试验方法

4.2.1 试验轮胎的选择和准备

4.2.1.1 所有试验轮胎都应符合 GB 9744 所规定的要求。

4.2.1.2 试验的翻新轮胎应符合 GB 7037 规定的要求。

4.2.2 试验道路的选择

轮胎胎面磨耗性能试验道路应为水泥或沥青铺设的路面。

4.2.3 车辆选择和准备

4.2.3.1 试验用车辆的制造厂商，车型和车型年份应相同，并且应具有同样的驱动系统(发动机排气量和马力，传动系统)、同样的制动器及悬挂部件等。

4.2.3.2 试验用每条轮胎的负荷应为 GB/T 2977 规定的轻型载重汽车轮胎单胎最大负荷的 85%～90%。当试验车辆装备双胎时，则试验胎应不装在内侧胎位上。

4.2.3.3 车辆按规定装载之后，应停放 24 h。如果在此段时间内，悬挂系统达到低点，则该车不能用来进行试验。

4.2.3.4 试验车辆的各座位区应均衡配重，在驾驶员座位区域应保持与车队中体重最大的驾驶员等重。

4.2.3.5 开始试验前，应对试验车辆进行二级维护，如果发现任何异常，要予以记录和纠正。

4.2.3.6 每一个试验阶段前，应对试验车辆进行日常维护，如果发现任何异常，要予以记录和纠正。

4.2.3.7 试验车辆的同一轴上应安装同一商标、同一规格和结构的试验胎。每一组轮胎应单胎安装在试验车辆上，即一个轮位安装一条轮胎。每一组轮胎应按照管理员的规定，在一个车队或一个车队队列中的试验车上。

4.2.3.8 车辆、试验方法、承载负荷的任何变动应予以记录。

4.2.4 轮胎的安装

4.2.4.1 将轮胎安装在 GB/T 2977 规定的轮辋上并充气，并按其单胎最大负荷对应的充气压力充气。

4.2.4.2 充气用空气应经过过滤，去除油、水和杂质。清除、修剪轮胎胎面上残留的胶料(排气孔胶柱，飞边)等。

4.2.4.3 轮胎和车轮总成应做动平衡试验，测量值应由管理员详细记录。轮辋的动平衡试验，其径向和侧向跳动不得超过 1.4 mm。否则，该轮辋应废弃。

4.2.5 试验方法

4.2.5.1 轮胎耐久、磨耗测量

轮胎首先进行 1 300 km 的磨合。到达磨合期后，测量剩余花纹深度，立刻进行磨耗试验，每 5 200 km 测量一次剩余花纹深度。试验后的轮胎在冷却到环境温度后测量，测量值不得在胎面磨耗标志上测取。

4.2.5.2 对比轮胎的选择

新胎和翻新胎应分别进行试验。新胎试验应装用新轻型载重汽车轮胎作对比胎，而翻新胎应装用翻新轻型载重汽车轮胎作对比胎。

4.2.5.3 轮胎换位方法

每行驶(1 300±15)km 为一个换位期。每条试验胎在规定的换位期满时，应换到不同的轮位上；换位形式应是后交叉形式，即试验车前轴上的轮胎要换到该车后轴另一侧的轮位上；后轴上的轮胎要换到车队队列中的下一辆车的同一侧的前轴上；在车队队列最后一辆试验车后轴上的轮胎，要换到车队队列的第一辆试验车的同一侧最前轴上。如只有一辆试验车时，则轮胎换位在整个试验期间只在该车上进行。试验车在整个试验过程中的队列，应保持相同的次序。

4.2.5.4 试验里程、车速

轻型载重汽车轮胎的试验总里程为(32 500±30)km。第一个 1 300 km 为磨合期。80%的路程应以 80 km/h～100 km/h 的速度行驶。试验其余路程部分应在 0 km/h～100 km/h 速度范围内进行。试验车辆应尽可能，以同样线路和同样的速度行驶。

4.3 载重汽车轮胎试验方法

4.3.1 试验轮胎的选择和准备

4.3.1.1 试验新轮胎都应符合 GB 9744 中规定的要求。

4.3.1.2 试验的翻新轮胎应 GB 7037 中规定的要求。

4.3.2 试验道路的选择

轮胎胎面磨耗性能试验用道路应为水泥或沥青铺设路面。

4.3.3 车辆选择和准备

4.3.3.1 试验用车辆的制造厂商、车型和车型年份应相同,并且具有同样的驱动系统(发动机排气量和马力，传动系统)，同样的制动器和悬挂部件等。

4.3.3.2 试验所用的车辆应为后轮驱动。应使用普通货车或半挂牵引车和半挂车作为试验车辆。若试验用半挂牵引车,则试验用车应具有同样或类似的轮轴距、悬挂和传动系统。所有的载重车轮胎试验用半挂车都必需相同。试验轮胎不得装用在半挂牵引车转向轴上,或者,当试验车辆装备双胎,则试验胎不得装在内侧胎位上。每一个车轮上的负荷应为GB/T 2977 规定的轮胎单胎最大负荷的90%~95%。

4.3.3.3 车辆按规定装载之后,应停放24 h。如果在此段时间内,悬挂系统达到低点,则该车不能用来进行这项试验。

4.3.3.4 试验车辆的各座位区应均衡配重,在驾驶员座位区域应保持与车队中体重最大的驾驶员等重。

4.3.3.5 开始试验前,应对试验车辆进行二级维护,如果发现任何异常,要予以记录和纠正。

4.3.3.6 每一个试验阶段前,应对试验车辆进行日常维护,如果发现任何异常,要予以记录和纠正。

4.3.3.7 试验车辆的同一轴上应安装同一商标、同一规格和结构的试验胎。每一组轮胎应单胎安装在试验车辆上,也即一个轮位安装一条轮胎。每一组轮胎应按照管理员的规定,在一个车队或一个车队队列中的试验车上进行试验。

4.3.3.8 车辆、试验方法、承载负荷的任何变动应予以记录。

4.3.4 轮胎的安装

4.3.4.1 将轮胎安装在GB/T 2977 规定的轮辋上,并按其单胎最大负荷对应的充气压力充气。

4.3.4.2 充气用空气应经过过滤,去除油、水和杂质。清除、修剪轮胎胎面上残留的胶料(排气孔胶柱和飞边)等。

4.3.4.3 无内胎轮胎和车轮总成应进行动平衡或静平衡试验,测量值应由管理员详细记录。无内胎轮胎和车轮总成径向和侧向跳动不得超过1.7 mm。否则,该轮辋应废弃。

4.3.5 试验方法

4.3.5.1 胎面耐久和磨耗测量

轮胎首先进行1 300 km的磨合。到达磨合期后,立刻进行磨耗试验,每5 200 km测量剩余花纹深度。测量值不得在胎面磨耗标志上测取。

4.3.5.2 对比轮胎的选择

新胎和翻新胎应分别进行试验。新胎试验应装用新载重汽车轮胎作对比胎，而翻新胎应装用翻新载重汽车轮胎作对比胎。

4.3.5.3 轮胎换位方法

每一个轮胎换位期以每试验(1 300±15)km 增量为一期(25个换位期)。驱动轴上的试验胎只能在驱动轴间换位,从动轴上的试验胎也只能在从动轴间换位。每一条试验胎应在试验的每一轮胎换位期,换到相同功能轴上的不同的轮位上;每一试验胎在规定的每一换位期满时,应换到相同功能轴上的不同的轮位上;换位形式应是后交叉换位形式,即试验车前轴上的轮胎要换到该车后轴另一侧的轮位上;后轴上的轮胎要换到车队队列中的下一辆车的同一侧的相同功能轴的前轴上;在车队队列最后一辆试验车后轴上的轮胎，要换到车队队列的第一辆试验车的同一侧相同功能轴的最前轴上。如只有一辆试验车时，则轮胎换位在整个试验期间只在那一辆车上进行。整个试验过程中的队列应保持相同的次序。

4.3.5.4 试验里程

载重车轮胎试验总里程为(32 500±30)km。第一个 1 300 km 为磨合期。90%的路程载重车应以 55 km/h～80 km/h 的速度行驶。其余 10%的路程试验车应在 0 km/h～80 km/h 的速度下进行。

5 试验记录和换位示意图

5.1 轿车轮胎的试验记录表和换位示意图见附录 A。

5.2 轻型载重汽车轮胎的试验记录表和换位示意图见附录 B。

5.3 载重汽车轮胎的试验记录表和换位示意图见附录 C。

附　录　A
（规范性附录）
轿车轮胎道路磨耗试验记录表和车辆换位图

A.1　轿车轮胎道路磨耗试验记录表

轿车轮胎道路磨耗试验记录表及试验用车辆参数记录表分别见表 A.1 和表 A.2。

表 A.1　轿车轮胎道路磨耗试验记录表

轮胎厂牌		规格		胎号		花纹类型		轮胎的初始位	
轮胎轮辋组合体	径向跳动								
	侧向跳动								
充气气压	kPa	外直径	mm	断面宽	mm	花纹深	mm	轮胎总重	kg
序号	换位里程	外直径/mm	断面宽	花纹深度	总质量/kg	轮胎的位置	磨耗	动平衡	备　注
1	1 300 （磨合期）								测量 换位
2	2 600								换位
3	3 900								换位
4	5 200								换位
5	6 500								测量 换位
6	7 800								换位
7	9 100								换位
8	10 400								换位
9	11 700								测量 换位
10	13 000								换位
11	14 300								换位
12	15 600								换位
13	16 900								测量 换位
14	18 200								换位
15	19 500								换位
16	20 800								换位
17	22 100								测量 换位
18	23 400								换位
19	24 700								换位
20	26 000								换位
21	27 300								测量 换位
22	28 600								换位
23	29 900								换位
24	31 200								换位
25	32 500								测量 试验完成
备注									

表 A.2　轿车轮胎道路磨耗试验用车辆参数记录表

<table>
<tr><td colspan="10">轿车轮胎道路磨耗试验表格(汽车)</td></tr>
<tr><td>汽车厂牌</td><td></td><td>型号</td><td></td><td>驱动位置</td><td></td><td>左轴距</td><td>m</td><td>右轴距</td><td>m</td></tr>
<tr><td>发动机排气量、功率</td><td></td><td>悬架形式</td><td></td><td>车辆自重</td><td>kg</td><td>原始里程</td><td>km</td><td>生产年份</td><td></td></tr>
<tr><td>轮辋厂牌</td><td></td><td>轮辋规格</td><td></td><td>螺孔数量</td><td></td><td>中心孔直径</td><td>mm</td><td>偏心距</td><td></td></tr>
<tr><td>序号</td><td>换位里程/km</td><td>轮胎的位置</td><td>前束/mm</td><td>左轴距/mm</td><td>右轴距/mm</td><td>动平衡/(g/cm)</td><td colspan="3">备　注</td></tr>
<tr><td>1</td><td>1 300
磨合期</td><td></td><td></td><td></td><td></td><td></td><td colspan="3">测量花纹深度</td></tr>
<tr><td>5</td><td>6 500</td><td></td><td></td><td></td><td></td><td></td><td colspan="3">测量花纹深度</td></tr>
<tr><td>9</td><td>11 700</td><td></td><td></td><td></td><td></td><td></td><td colspan="3">测量花纹深度</td></tr>
<tr><td>13</td><td>16 900</td><td></td><td></td><td></td><td></td><td></td><td colspan="3">测量花纹深度</td></tr>
<tr><td>17</td><td>22 100</td><td></td><td></td><td></td><td></td><td></td><td colspan="3">测量花纹深度</td></tr>
<tr><td>21</td><td>27 300</td><td></td><td></td><td></td><td></td><td></td><td colspan="3">测量花纹深度</td></tr>
<tr><td>25</td><td>32 500</td><td></td><td></td><td></td><td></td><td></td><td colspan="3">测量花纹深度</td></tr>
<tr><td>注意事项</td><td colspan="9"></td></tr>
</table>

A.2　轿车轮胎道路磨耗试验车辆换位图

轿车轮胎试验换位图见图 A.1 和图 A.2。

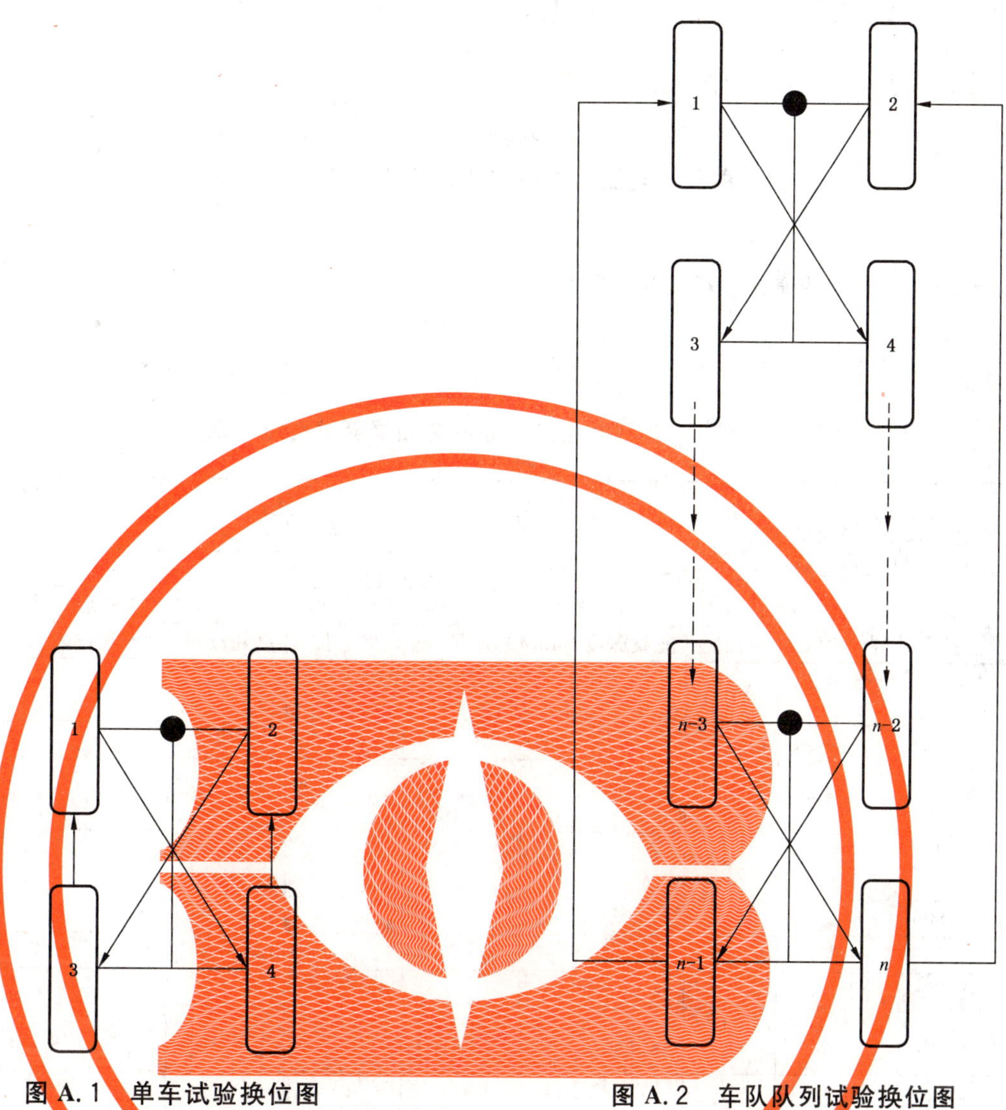

图 A.1　单车试验换位图

图 A.2　车队队列试验换位图

附　录　B
（规范性附录）
轻型载重车轮胎道路磨耗试验记录表和车辆换位图

B.1　轻型载重汽车轮胎道路磨耗试验记录表

轻型载重汽车轮胎道路磨耗试验记录表及试验用车辆参数表分别见表 B.1 和表 B.2。

表 B.1　轻型载重汽车轮胎道路磨耗试验记录表

<table>
<tr><td>轮胎厂牌</td><td></td><td>规格</td><td></td><td>胎号</td><td></td><td>花纹类型</td><td></td><td>轮胎的初始位置</td><td></td></tr>
<tr><td colspan="2" rowspan="2">轮胎轮辋组合体动平衡</td><td>径向跳动</td><td colspan="7"></td></tr>
<tr><td>侧向跳动</td><td colspan="7"></td></tr>
<tr><td>充气气压</td><td>kPa</td><td>外直径</td><td>m</td><td>断面宽度</td><td>mm</td><td>花纹深度</td><td>mm</td><td>轮胎总质量</td><td>kg</td></tr>
<tr><td>序号</td><td>换位里程/km</td><td>外直径</td><td>断面宽</td><td>花纹深度/mm</td><td>总质量/kg</td><td>轮胎的位置</td><td>磨耗/mm</td><td>动平衡/(g/cm)</td><td>备注</td></tr>
<tr><td>1</td><td>1 300
(磨合期)</td><td></td><td></td><td></td><td></td><td></td><td></td><td></td><td>测量
换位</td></tr>
<tr><td>2</td><td>2 600</td><td></td><td></td><td></td><td></td><td></td><td></td><td></td><td>换位</td></tr>
<tr><td>3</td><td>3 900</td><td></td><td></td><td></td><td></td><td></td><td></td><td></td><td>换位</td></tr>
<tr><td>4</td><td>5 200</td><td></td><td></td><td></td><td></td><td></td><td></td><td></td><td>换位</td></tr>
<tr><td>5</td><td>6 500</td><td></td><td></td><td></td><td></td><td></td><td></td><td></td><td>测量
换位</td></tr>
<tr><td>6</td><td>7 800</td><td></td><td></td><td></td><td></td><td></td><td></td><td></td><td>换位</td></tr>
<tr><td>7</td><td>9 100</td><td></td><td></td><td></td><td></td><td></td><td></td><td></td><td>换位</td></tr>
<tr><td>8</td><td>10 400</td><td></td><td></td><td></td><td></td><td></td><td></td><td></td><td>换位</td></tr>
<tr><td>9</td><td>11 700</td><td></td><td></td><td></td><td></td><td></td><td></td><td></td><td>测量
换位</td></tr>
<tr><td>10</td><td>13 000</td><td></td><td></td><td></td><td></td><td></td><td></td><td></td><td>换位</td></tr>
<tr><td>11</td><td>14 300</td><td></td><td></td><td></td><td></td><td></td><td></td><td></td><td>换位</td></tr>
<tr><td>12</td><td>15 600</td><td></td><td></td><td></td><td></td><td></td><td></td><td></td><td>换位</td></tr>
<tr><td>13</td><td>16 900</td><td></td><td></td><td></td><td></td><td></td><td></td><td></td><td>测量
换位</td></tr>
<tr><td>14</td><td>18 200</td><td></td><td></td><td></td><td></td><td></td><td></td><td></td><td>换位</td></tr>
<tr><td>15</td><td>19 500</td><td></td><td></td><td></td><td></td><td></td><td></td><td></td><td>换位</td></tr>
<tr><td>16</td><td>20 800</td><td></td><td></td><td></td><td></td><td></td><td></td><td></td><td>换位</td></tr>
<tr><td>17</td><td>22 100</td><td></td><td></td><td></td><td></td><td></td><td></td><td></td><td>测量
换位</td></tr>
<tr><td>18</td><td>23 400</td><td></td><td></td><td></td><td></td><td></td><td></td><td></td><td>换位</td></tr>
<tr><td>19</td><td>24 700</td><td></td><td></td><td></td><td></td><td></td><td></td><td></td><td>换位</td></tr>
<tr><td>20</td><td>26 000</td><td></td><td></td><td></td><td></td><td></td><td></td><td></td><td>换位</td></tr>
<tr><td>21</td><td>27 300</td><td></td><td></td><td></td><td></td><td></td><td></td><td></td><td>测量
换位</td></tr>
<tr><td>22</td><td>28 600</td><td></td><td></td><td></td><td></td><td></td><td></td><td></td><td>换位</td></tr>
<tr><td>23</td><td>29 900</td><td></td><td></td><td></td><td></td><td></td><td></td><td></td><td>换位</td></tr>
<tr><td>24</td><td>31 200</td><td></td><td></td><td></td><td></td><td></td><td></td><td></td><td>换位</td></tr>
<tr><td>25</td><td>32 500</td><td></td><td></td><td></td><td></td><td></td><td></td><td></td><td>测量
试验完成</td></tr>
<tr><td colspan="2">备注</td><td colspan="8"></td></tr>
</table>

表 B.2 轻型载重汽车轮胎道路磨耗试验用车辆参数记录表

<table>
<tr><td>汽车厂牌</td><td></td><td>型号</td><td></td><td>驱动位置</td><td></td><td>左轴距</td><td>m</td><td>右轴距</td><td>m</td></tr>
<tr><td>发动机排气量、功率</td><td></td><td>悬架形式</td><td></td><td>车辆自重</td><td>kg</td><td>原始里程</td><td>km</td><td>生产年份</td><td></td></tr>
<tr><td>轮辋厂牌</td><td></td><td>轮辋规格</td><td></td><td>螺孔数量</td><td></td><td>中心孔直径</td><td>mm</td><td>偏心距</td><td></td></tr>
<tr><td>序号</td><td>换位里程/km</td><td>轮胎的位置</td><td>前束/mm</td><td>左轴距/mm</td><td>右轴距/mm</td><td>动平衡/(g/cm)</td><td colspan="3">备 注</td></tr>
<tr><td>1</td><td>1 300
磨合期</td><td></td><td></td><td></td><td></td><td></td><td colspan="3">测量花纹深度</td></tr>
<tr><td>5</td><td>6 500</td><td></td><td></td><td></td><td></td><td></td><td colspan="3">测量花纹深度</td></tr>
<tr><td>9</td><td>11 700</td><td></td><td></td><td></td><td></td><td></td><td colspan="3">测量花纹深度</td></tr>
<tr><td>13</td><td>16 900</td><td></td><td></td><td></td><td></td><td></td><td colspan="3">测量花纹深度</td></tr>
<tr><td>17</td><td>22 100</td><td></td><td></td><td></td><td></td><td></td><td colspan="3">测量花纹深度</td></tr>
<tr><td>21</td><td>27 300</td><td></td><td></td><td></td><td></td><td></td><td colspan="3">测量花纹深度</td></tr>
<tr><td>25</td><td>32 500</td><td></td><td></td><td></td><td></td><td></td><td colspan="3">测量花纹深度</td></tr>
<tr><td>注意事项</td><td colspan="9"></td></tr>
</table>

B.2 轻型载重汽车轮胎道路磨耗试验车辆换位图

轻型载重汽车轮胎试验换位图见图 B.1～图 B.4。

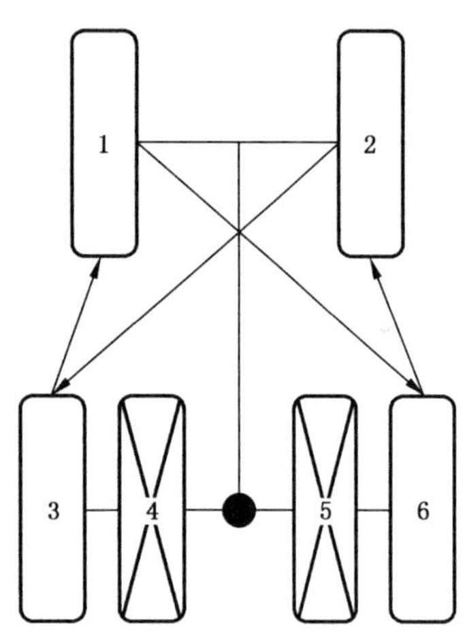

图 B.1 单车试验换位图

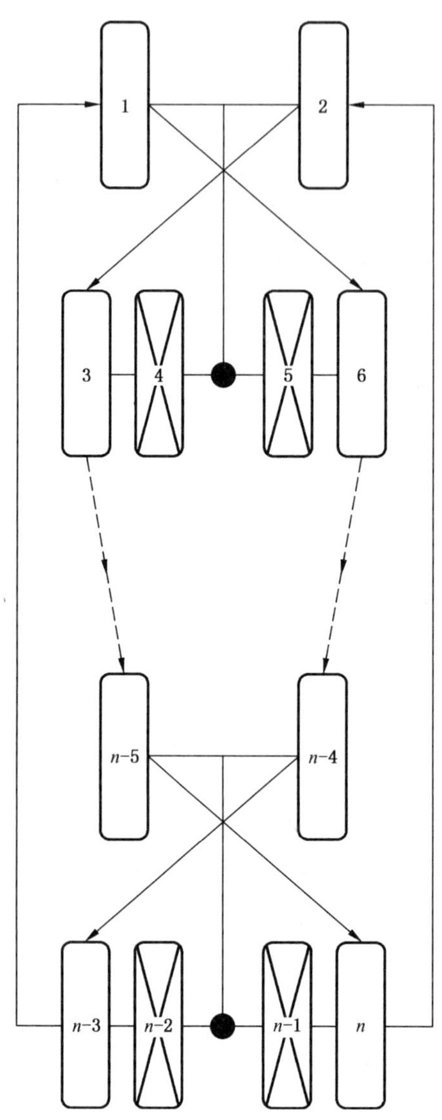

图 B.2 车队队列试验换位图

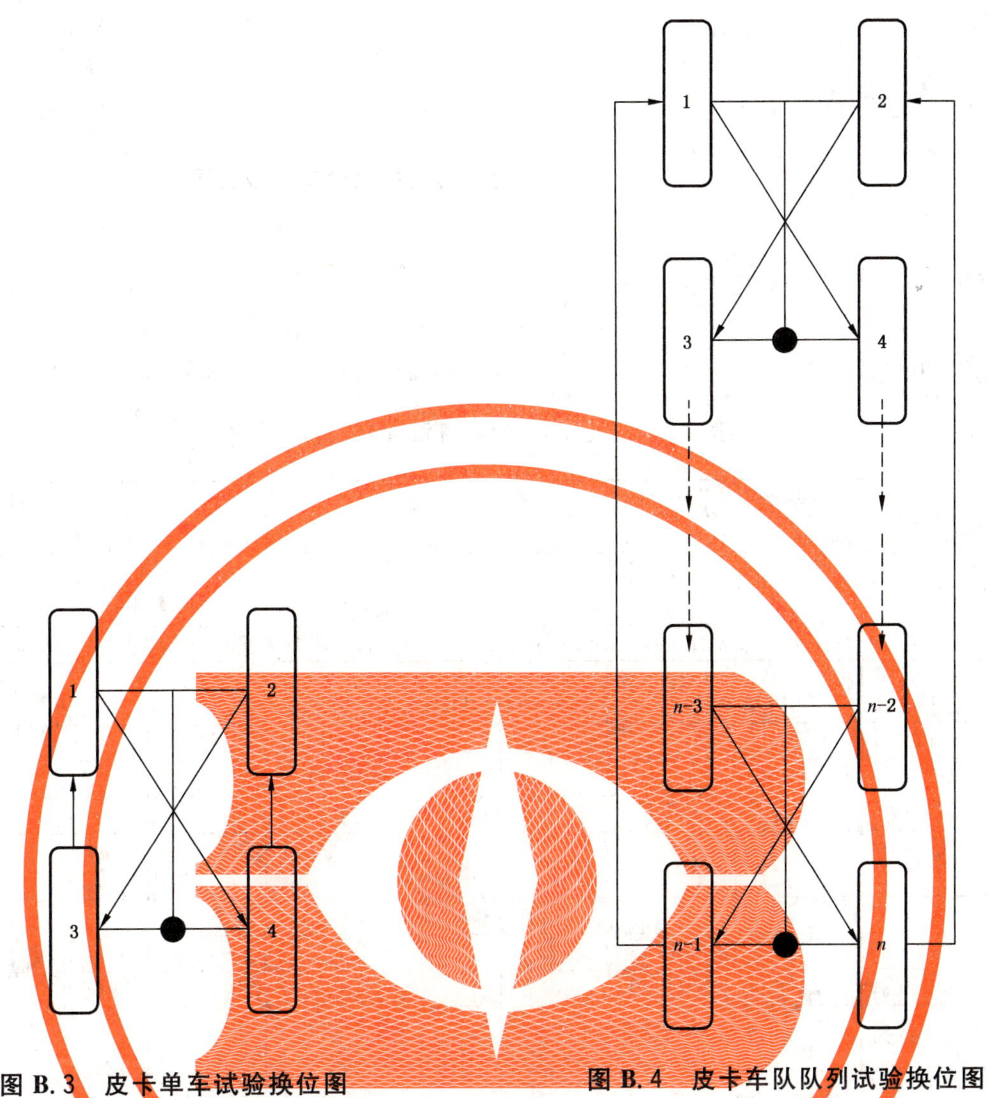

图 B.3 皮卡单车试验换位图

图 B.4 皮卡车队队列试验换位图

附　录　C
（规范性附录）
载重汽车轮胎道路磨耗试验记录表和车辆换位图

C.1　载重汽车轮胎道路磨耗试验记录表

载重汽车轮胎道路磨耗试验记录表及试验车辆参数表分别见表 C.1 和表 C.2。

表 C.1　载重汽车轮胎道路磨耗试验记录表

<table>
<tr><td>轮胎厂牌</td><td></td><td>规格</td><td></td><td>胎号</td><td></td><td>花纹类型</td><td></td><td>轮胎的初始位置</td><td></td></tr>
<tr><td colspan="2" rowspan="2">轮胎轮辋组合体
动平衡</td><td>径向跳动</td><td colspan="7"></td></tr>
<tr><td>侧向跳动</td><td colspan="7"></td></tr>
<tr><td>充气气压</td><td>kPa</td><td>外直径</td><td>mm</td><td>断面宽度</td><td>m</td><td>花纹深度</td><td>mm</td><td>轮胎总质量</td><td>kg</td></tr>
<tr><td>序号</td><td>换位里程/km</td><td>外直径/mm</td><td>断面宽/mm</td><td>花纹深度</td><td>总质量/kg</td><td>轮胎的位置</td><td>磨耗/mm</td><td>动平衡/(g/cm)</td><td>备注</td></tr>
<tr><td>1</td><td>1 300
（磨合期）</td><td></td><td></td><td></td><td></td><td></td><td></td><td></td><td>测量
换位</td></tr>
<tr><td>2</td><td>2 600</td><td></td><td></td><td></td><td></td><td></td><td></td><td></td><td>换位</td></tr>
<tr><td>3</td><td>3 900</td><td></td><td></td><td></td><td></td><td></td><td></td><td></td><td>换位</td></tr>
<tr><td>4</td><td>5 200</td><td></td><td></td><td></td><td></td><td></td><td></td><td></td><td>换位</td></tr>
<tr><td>5</td><td>6 500</td><td></td><td></td><td></td><td></td><td></td><td></td><td></td><td>测量
换位</td></tr>
<tr><td>6</td><td>7 800</td><td></td><td></td><td></td><td></td><td></td><td></td><td></td><td>换位</td></tr>
<tr><td>7</td><td>9 100</td><td></td><td></td><td></td><td></td><td></td><td></td><td></td><td>换位</td></tr>
<tr><td>8</td><td>10 400</td><td></td><td></td><td></td><td></td><td></td><td></td><td></td><td>换位</td></tr>
<tr><td>9</td><td>11 700</td><td></td><td></td><td></td><td></td><td></td><td></td><td></td><td>测量
换位</td></tr>
<tr><td>10</td><td>13 000</td><td></td><td></td><td></td><td></td><td></td><td></td><td></td><td>换位</td></tr>
<tr><td>11</td><td>14 300</td><td></td><td></td><td></td><td></td><td></td><td></td><td></td><td>换位</td></tr>
<tr><td>12</td><td>15 600</td><td></td><td></td><td></td><td></td><td></td><td></td><td></td><td>换位</td></tr>
<tr><td>13</td><td>16 900</td><td></td><td></td><td></td><td></td><td></td><td></td><td></td><td>测量
换位</td></tr>
<tr><td>14</td><td>18 200</td><td></td><td></td><td></td><td></td><td></td><td></td><td></td><td>换位</td></tr>
<tr><td>15</td><td>19 500</td><td></td><td></td><td></td><td></td><td></td><td></td><td></td><td>换位</td></tr>
<tr><td>16</td><td>20 800</td><td></td><td></td><td></td><td></td><td></td><td></td><td></td><td>换位</td></tr>
<tr><td>17</td><td>22 100</td><td></td><td></td><td></td><td></td><td></td><td></td><td></td><td>测量
换位</td></tr>
<tr><td>18</td><td>23 400</td><td></td><td></td><td></td><td></td><td></td><td></td><td></td><td>换位</td></tr>
<tr><td>19</td><td>24 700</td><td></td><td></td><td></td><td></td><td></td><td></td><td></td><td>换位</td></tr>
<tr><td>20</td><td>26 000</td><td></td><td></td><td></td><td></td><td></td><td></td><td></td><td>换位</td></tr>
<tr><td>21</td><td>27 300</td><td></td><td></td><td></td><td></td><td></td><td></td><td></td><td>测量
换位</td></tr>
<tr><td>22</td><td>28 600</td><td></td><td></td><td></td><td></td><td></td><td></td><td></td><td>换位</td></tr>
<tr><td>23</td><td>29 900</td><td></td><td></td><td></td><td></td><td></td><td></td><td></td><td>换位</td></tr>
<tr><td>24</td><td>31 200</td><td></td><td></td><td></td><td></td><td></td><td></td><td></td><td>换位</td></tr>
<tr><td>25</td><td>32 500</td><td></td><td></td><td></td><td></td><td></td><td></td><td></td><td>测量
试验完成</td></tr>
<tr><td colspan="2">备注</td><td colspan="8">双胎内侧轮胎不参与换位，带有拖车的车辆牵引车的转向轮不参与试验。</td></tr>
</table>

表 C.2　载重汽车轮胎道路磨耗试验用车辆参数记录表

汽车厂牌		型号		几轴		左轴距	mm	右轴距	mm
发动机排气量、功率		拖车轴数		空载质量	kg	原始里程	km	生产年份	
轮辋厂牌		轮辋规格		螺孔数量		中心孔直径	mm	偏心距	

序号	换位里程/km	轮胎的位置	左轴距 1～2 mm	左轴距 2～3 mm	左轴距 3～4 mm	右轴距 1～2 mm	右轴距 2～3 mm	右轴距 3～4 mm	备　注
1	1 300 磨合期								测量花纹深度
5	6 500								测量花纹深度
9	11 700								测量花纹深度
13	16 900								测量花纹深度
17	22 100								测量花纹深度
21	27 300								测量花纹深度
25	32 500								测量花纹深度
注意事项	车轴的顺序。								

C.2　载重汽车轮胎道路磨耗试验车辆换位图

载重汽车轮胎试验换位图见图 C.1～图 C.8。

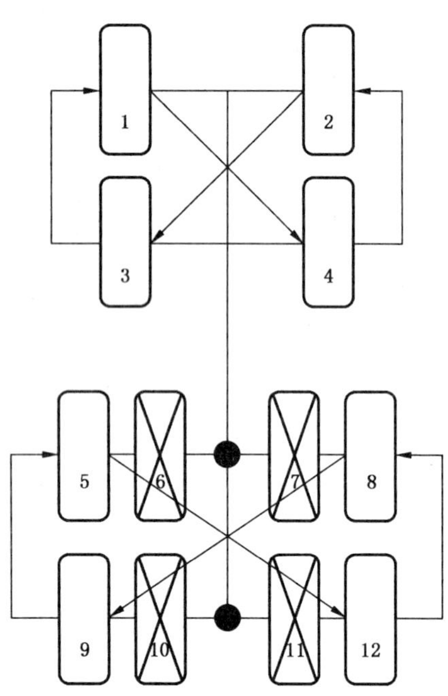

图 C.1 载重汽车单车试验换位图

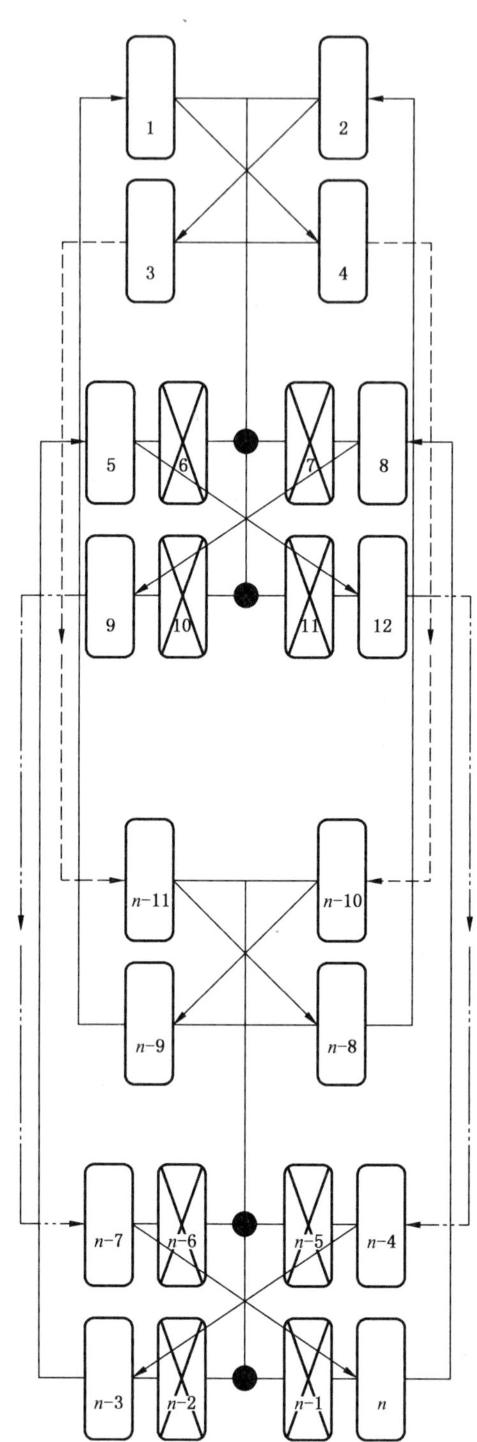

图 C.2 载重汽车车队队列试验换位图

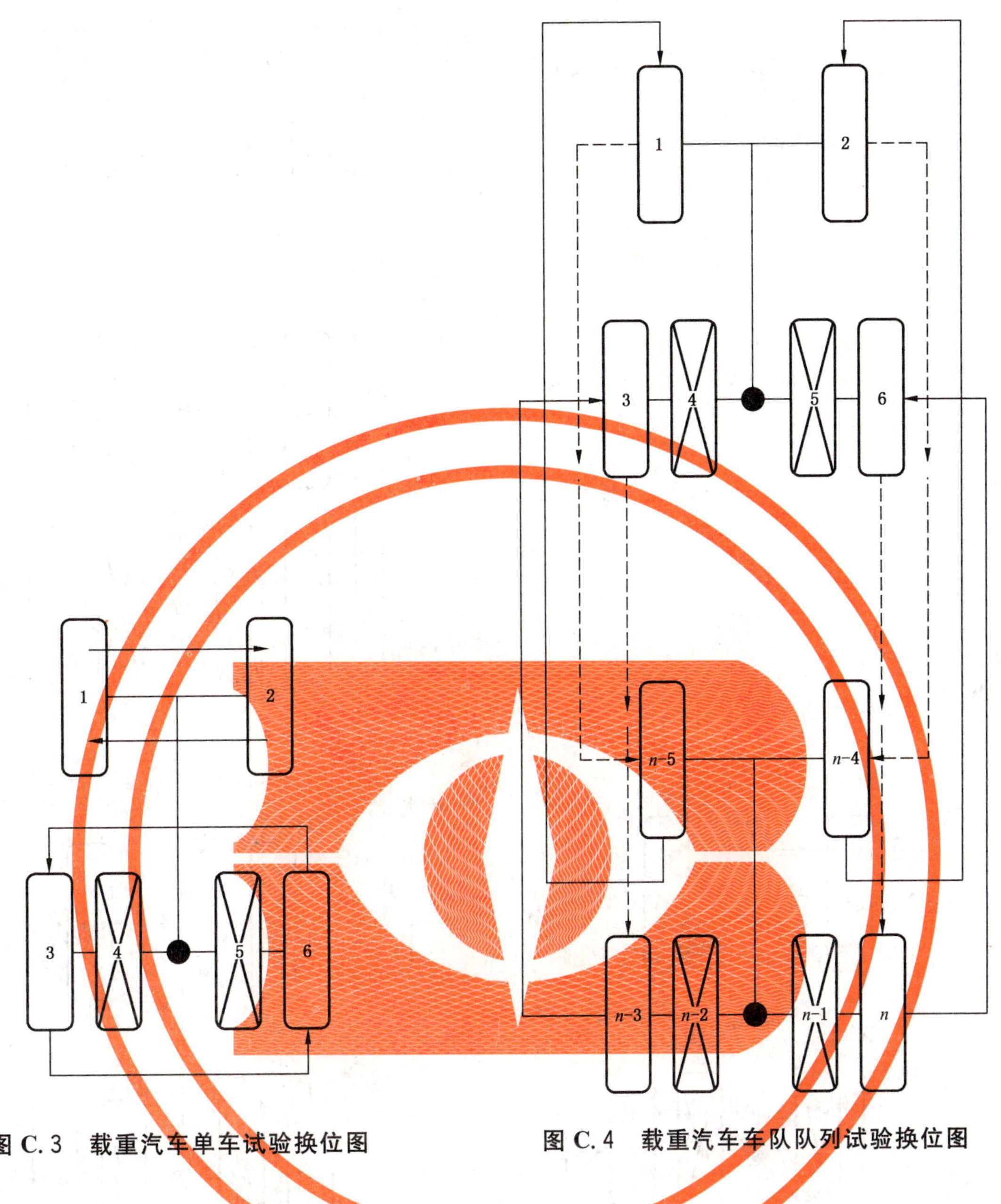

图 C.3　载重汽车单车试验换位图

图 C.4　载重汽车车队队列试验换位图

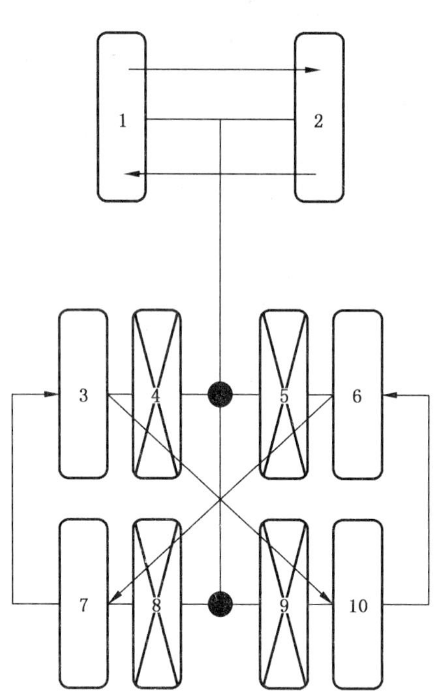

图 C.5　载重汽车单车试验换位图

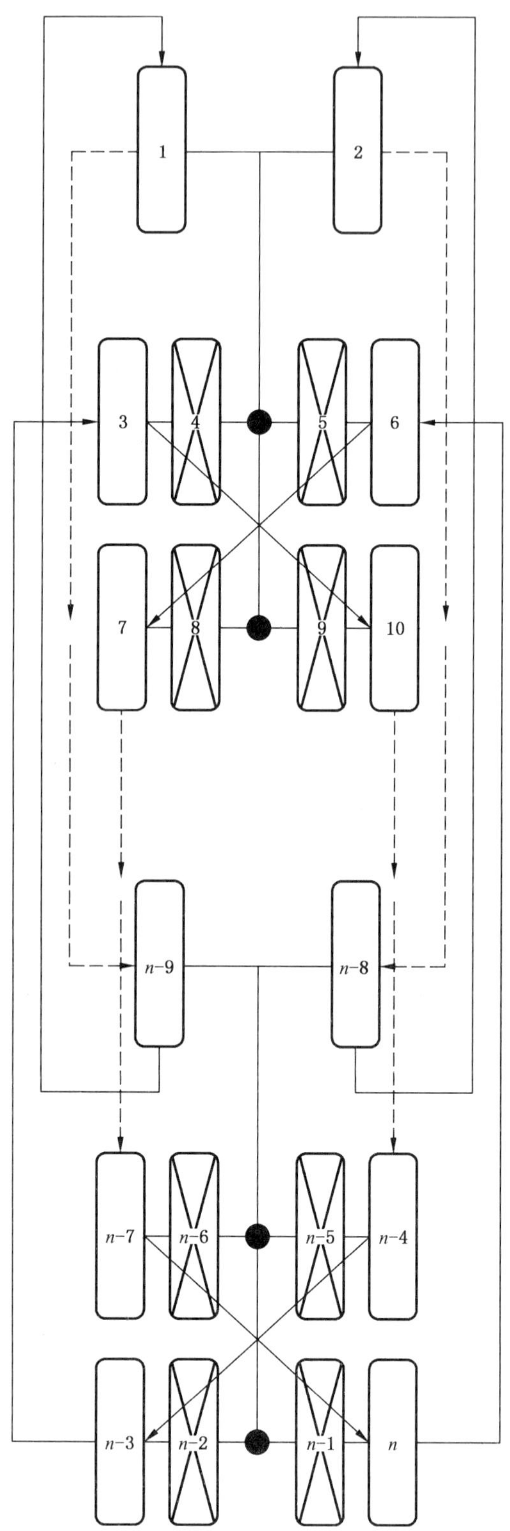

图 C.6　载重汽车车队队列试验换位图

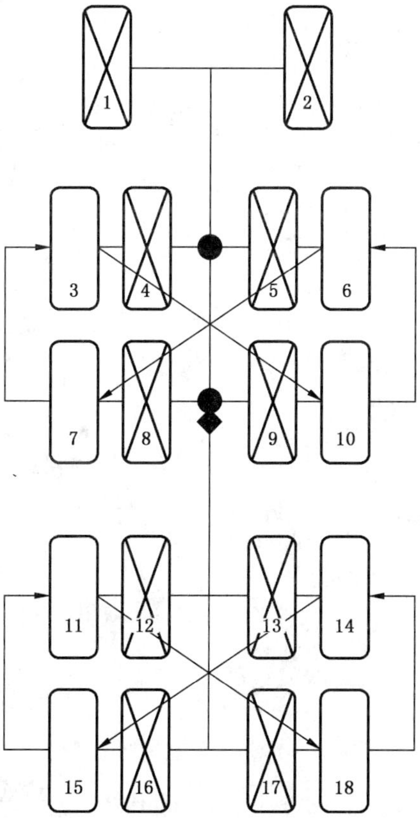

图 C.7　牵引车单车试验换位图

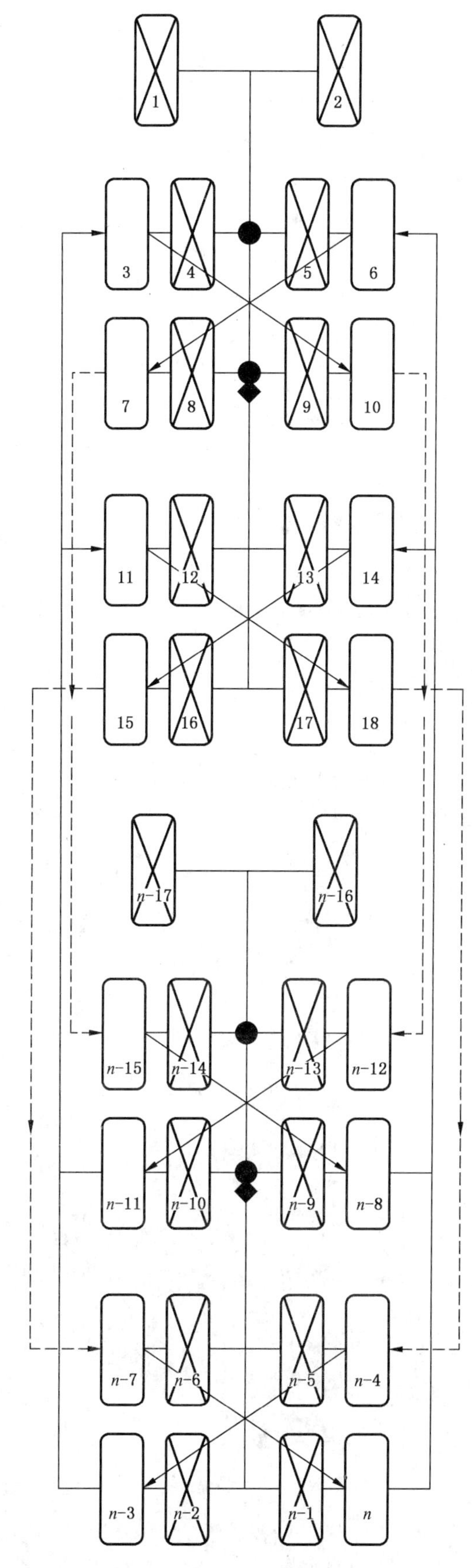

图 C.8　牵引车车队队列试验换位图

ICS 83.160.10
G 41

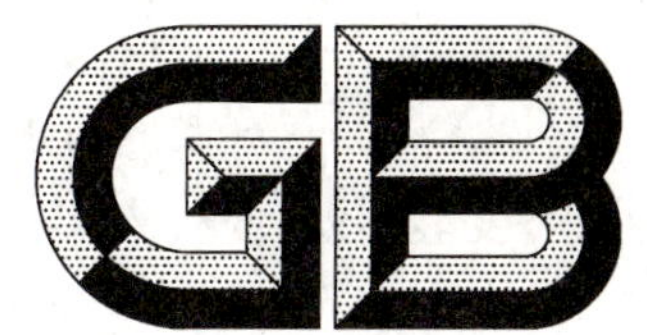

中华人民共和国国家标准

GB/T 29042—2012

汽车轮胎滚动阻力限值

Thresholds of rolling resistance for motor vehicle tyres

2012-12-31 发布 2013-11-01 实施

中华人民共和国国家质量监督检验检疫总局
中国国家标准化管理委员会 发布

前 言

本标准按照 GB/T 1.1—2009 给出的规则起草。

本标准由中国石油和化学工业联合会提出。

本标准由全国轮胎轮辋标准化技术委员会(SAC/TC 19)归口。

本标准负责起草单位:北京橡胶工业研究设计院。

本标准其他主要起草单位:杭州中策橡胶有限公司、双钱集团股份有限公司、广州市华南橡胶轮胎有限公司、山东检验检疫局工业品检测中心、风神轮胎股份有限公司、三角轮胎股份有限公司、山东玲珑轮胎股份有限公司、赛轮股份有限公司、贵州轮胎股份有限公司、北京首创轮胎有限责任公司、朝阳浪马轮胎有限公司、大连固特异轮胎有限公司、普利司通(中国)投资有限公司、米其林(中国)投资有限公司、固铂成山(山东)轮胎有限公司、锦湖轮胎(中国)研发中心、四川海大橡胶集团有限公司、青岛高校测控技术有限公司。

本标准主要起草人:王克先、徐丽红、张建军、苏红斌、罗吉良、刘晓民、李昭、乔玲玲、陈少梅、王玉海、李代强、赵冬梅、于海莉、尹庆叶、傅广平、陆奕、许广成、杨晓春、杨齐、秦军存。

汽车轮胎滚动阻力限值

1 范围

本标准规定了汽车轮胎滚动阻力限值标准用术语和定义、要求、测量方法和检验规则。

本标准适用于新的轿车子午线充气轮胎和新的载重汽车子午线充气轮胎。

本标准不适用于仅供临时使用的备用轮胎、公路型挂车特种专用ST轮胎、轻型载重汽车高通过性轮胎、速度能力80 km/h及其以下的载重汽车轮胎。

2 规范性引用文件

下列文件对于本文件的应用是必不可少的。凡是注日期的引用文件,仅注日期的版本适用于本文件。凡是不注日期的引用文件,其最新版本(包括所有的修改单)适用于本文件。

GB/T 6326 轮胎术语及其定义

GB/T 29040—2012 汽车轮胎滚动阻力试验方法 单点试验和测量结果的相关性

JJF 1059 测量不确定度评定与表示

3 术语和定义

GB/T 6326界定的以及下列术语和定义适用于本文件。

3.1

轮胎滚动阻力 rolling resistance of tyre

轮胎行驶单位距离的能量损失。

3.2

轮胎滚动阻力系数 rolling resistance coefficient of tyre

滚动阻力与轮胎试验负荷的比值。通常用于表示轮胎滚动阻力的大小。

注:滚动阻力的单位为N,轮胎试验负荷的单位为kN。

3.3

基准实验室 reference laboratory

根据比对实验室测试数据确认建立的虚拟实验室。使用规定数量和要求的校正轮胎在通过相关部门认可的多家比对实验室,按照相关要求进行滚动阻力测试,试验结果的平均值作为这个虚拟实验室的试验结果。

3.4

比对实验室 compare laboratory

为了执行校正程序、参与建立基准实验室的实验室。

4 滚动阻力限值要求

轿车轮胎、载重汽车轮胎的滚动阻力系数值应不大于表1的规定。

注1:轮胎滚动阻力测试设备的校准参见附录A。

注2:轮胎基准实验室的建立参见附录B进行。

表 1 轮胎滚动阻力系数限值

<table>
<tr><td colspan="3">轮胎类型</td><td>轮胎滚动阻力系数[a]/(N/kN)</td></tr>
<tr><td colspan="3">轿车轮胎</td><td>11.5</td></tr>
<tr><td rowspan="3">微型、轻型载重汽车轮胎</td><td rowspan="2">单胎负荷指数≤121
(负荷能力≤1 450 kg)</td><td>速度符号≥N</td><td>10.0</td></tr>
<tr><td>速度符号≤M</td><td>7.5</td></tr>
<tr><td colspan="2">单胎负荷指数>121
(负荷能力>1 450 kg)</td><td>7.5</td></tr>
<tr><td colspan="3">载重汽车轮胎</td><td>7.5</td></tr>
<tr><td colspan="4">[a] 雪地轮胎限值可增加 1 N/kN。</td></tr>
</table>

5 测试方法及滚动阻力系数值的确定

5.1 试验方法

轮胎滚动阻力按 GB/T 29040 规定的方法进行试验。

5.2 滚动阻力系数值的确定

将被测试轮胎测试的滚动阻力系数值(用 RRC_X 表示),转换成基准实验室的滚动阻力系数值(用 RRC_{rl} 表示),然后将其与表 1 的规定值进行比较。

注:X 为参与组建基准实验室的比对实验室编号。

6 检验规则

被测试的轮胎应随机抽取,每次抽取 1 条轮胎进行测试。若测试结果不符合表 1 的规定,应再次抽取同规格同花纹的 2 条轮胎进行复试,复试结果若 2 条都符合要求则判断为合格,否则为不合格。

附 录 A
（资料性附录）
轮胎滚动阻力转鼓试验机（测力法）校准规范

A.1 概述

本规范适用于测量轿车轮胎、载重汽车轮胎滚动阻力的转鼓试验机（测力法）（以下简称试验机）的校准。

试验机是用于进行轮胎滚动阻力性能测试的试验设备。

试验机由主机（机架、转鼓）、加载和负荷测控系统、驱动和速度测控系统、轮轴力测量系统等组成。转鼓的钢制表面作为模拟路面，转鼓由电动机驱动，其转速可以调整。轮轴上装有测力传感器来测量轮胎负荷及其滚动阻力。

A.2 计量特性

A.2.1 转鼓

A.2.1.1 转鼓直径：(1 700±17)mm 或(2 000±20)mm。

A.2.1.2 转鼓径向跳动不大于 0.25 mm。

A.2.1.3 转鼓表面：钢制光滑鼓面的粗糙度 Ra 应不大于 6.3 μm。在用有纹理鼓面代替光滑的钢面的情况下，应在试验报告中注明上述事实。而且，鼓面纹理深度应为 180 μm(80 粒度)。

A.2.1.4 转鼓宽度：转鼓表面宽度应大于轮胎行驶面宽度。

A.2.2 侧偏角和外倾角

A.2.2.1 侧偏角最大允许偏差为 1 mrad(约 0.057°)。

A.2.2.2 外倾角最大允许偏差为 2 mrad(约 0.114°)。

A.2.3 试验负荷

A.2.3.1 测量范围：(0.1～60)kN。

A.2.3.2 分度值：0.001 kN。

A.2.3.3 示值最大允许误差：

——测量负荷指数(LI)≤121 轮胎的试验机：±20 N 或±0.5%，取较大者；

——测量负荷指数(LI)>121 轮胎的试验机：±45 N 或±0.5%，取较大者。

A.2.4 轮轴力

A.2.4.1 测量范围：(50～2 000)N。

A.2.4.2 分度值：0.1 N。

A.2.4.3 示值最大允许误差：

——测量负荷指数(LI)≤121 轮胎的试验机：±1.0 N 或±0.5%，取较大者；

——测量负荷指数(LI)>121 轮胎的试验机：±1.5 N 或±0.5%，取较大者。

A.2.5 转鼓速度

A.2.5.1 测量范围:(15～120)km/h。

A.2.5.2 示值最大允许误差:±0.5 km/h。

A.2.5.3 波动度在15 min内不超过1.0%。

A.2.6 动负荷半径

A.2.6.1 测量范围:(100～500)mm。

A.2.6.2 分度值:0.1 mm。

A.2.6.3 示值最大允许误差:±1 mm。

A.2.7 稳定性

用校正轮胎进行三次独立测量,测量结果的标准差应满足:

——测量负荷指数(LI)≤121轮胎的试验机,不大于0.075 N/kN;

——测量负荷指数(LI)>121轮胎的试验机,不大于0.060 N/kN。

否则应按照GB/T 29040—2012中10.6确定最小试验次数。

A.2.8 温度

A.2.8.1 试验温度:(25±5)℃。

A.2.8.2 示值最大允许误差:±0.2 ℃。

A.3 校准条件

A.3.1 环境条件

环境条件应满足如下条件:

a) 温度:(20～30)℃;

b) 相对湿度:≤85%;

c) 工作电源:电压的波动范围不超出额定电压±10%。

A.3.2 标准器及辅助件

A.3.2.1 标准器

标准器应满足如下要求:

a) 标准测力仪2台,测量范围分别为(50～5 000)N和(0.1～60)kN;准确度等级:0.1级;

b) 角度测量仪1个,测量范围:±5°;分度值:0.01°;

c) 转速表,测量范围:(1～1 000)r/min;准确度:0.1%;

d) 游标卡尺1支,测量范围:(0～500) mm;分度值:0.01 mm;

e) 百分表1个,测量范围:(0～10)mm;准确度等级:1级;

f) 秒表1个,分度值:0.01 s;

g) 砝码1套,测量范围:(5～200)kg;准确度等级:M3级;

h) 用于车加工表面的表面粗糙度比较样块1套,*R*a值应包含0.8 μm、1.6 μm、3.2 μm、6.3 μm;

i) 钢卷尺1个,测量范围(0～10)m,分度值:1 mm;

j) 水平仪1个,精度:0.02 mm/m;

k) 标准测温仪,测量范围(0～50)℃,准确度 0.1 ℃。

A.3.2.2 辅助件

辅助件应满足如下要求:

a) 测力仪支架及力传感器支座;

b) 用于稳定性测试的校正轮胎 1 套(含标准轮辋)。

A.4 校准项目和校准方法

A.4.1 转鼓

A.4.1.1 转鼓直径

用钢卷尺分别测量转鼓鼓面中部及两边距离边缘 50 mm 处的周长,取平均值,按式(A.1)计算其直径:

$$D=\frac{L}{\pi} \qquad \cdots\cdots\cdots\cdots(\text{A.1})$$

其中:

D ——转鼓直径,单位为毫米(mm);

L ——转鼓周长测量值,单位为毫米(mm);

π ——圆周率,$\pi=3.14$。

A.4.1.2 转鼓径向跳动

用百分表测量转鼓鼓面中间及两边边缘 150 mm 三处的径向跳动,取最大值为校准结果。

A.4.1.3 转鼓表面粗糙度

对于光滑的钢鼓表面粗糙度,用表面粗糙度比较样块测得的 Ra 应小于 6.3 μm。

注:只对新试验机进行转鼓的校准,使用中的试验机可不进行此项校准。

A.4.2 外倾角和侧偏角

A.4.2.1 外倾角 α

用角度测量仪测量外倾角 α。重复测量 3 次,取算数平均值作为测量结果。

A.4.2.2 侧偏角 β

用水平仪测量侧偏角 β。重复测量 3 次,取算数平均值作为测量结果。

注:只对新试验机进行外倾角和侧偏角的校准,使用中的试验机可不进行此项校准。

A.4.3 试验负荷及轮轴力

A.4.3.1 试验负荷

在水平方向将标准测力仪的传感器装于轮胎支承轴和转鼓校准用支座之间,调整其位置,使其中心线与转鼓轴和轮胎支承轴中心的连线重合。

缓缓加载,在测量范围内取大致均匀分布的 5 点进行测试。当标准测力仪达到所取测量值时,读取试验机相应示值。重复测量 3 次。按式(A.2)计算负荷示值误差。

$$q_i = \frac{\overline{F}_i - F_{0i}}{F_{0i}} \times 100\% \quad (i=1,2,3,4,5) \qquad \cdots\cdots(A.2)$$

式中：

q_i ——第 i 测量点，负荷相对误差，%；

$\overline{F}_i$ ——第 i 测量点，试验机 3 次示值的算术平均值，单位为千牛(kN)；

F_{0i}——第 i 测量点，标准测力仪示值，单位为千牛(kN)。

A.4.3.2 轮轴力

在垂直方向将标准测力仪的传感器装于轮胎支承轴和校准用支架之间，调整其位置，使其中心线与轮鼓鼓面中心线对齐；按顺序将砝码加于支架上，分别读取标准测力仪和试验机所显示的轮轴力。重复测量 3 次。按式(A.3)计算轮轴力示值误差。

$$q_i = \frac{\overline{F}_i - F_{0i}}{F_{0i}} \times 100\% \quad (i=1,2,3,4,5) \qquad \cdots\cdots(A.3)$$

式中：

q_i ——第 i 测量点，试验轮轴力相对误差，%；

$\overline{F}_i$ ——第 i 测量点，试验机 3 次示值的算术平均值，单位为千牛(kN)；

F_{0i} ——第 i 测量点，标准测力仪示值，单位为千牛(kN)。

A.4.4 试验速度

A.4.4.1 转鼓速度误差

用转速表测量转鼓速度。

试验机取 15 km/h、60 km/h、80 km/h、120 km/h 4 个测量点。当试验机转速示值为规定值时，记录转速表的转速值。每个测量点重复测量 3 次，按式(A.4)计算速度值误差：

$$\delta_{v_i} = v_i - 0.06\,\pi \times D \times \overline{n}_i \qquad \cdots\cdots(A.4)$$

式中：

δ_{v_i}——第 i 测量点，速度示值误差($i=1,2,3,4$)；

v_i ——第 i 测量点，试验机速度示值，单位为千米每小时(km/h)；

π ——圆周率，取 $\pi=3.14$；

D ——转鼓直径，单位为米(m)；

$\overline{n}_i$ ——第 i 测量点，转速表测得 3 次转速值的平均值，单位为转每分钟(r/min)。

A.4.4.2 速度波动度

启动转鼓加速至 80 km/h，速度稳定后，观察速度示值变化，每 5 min 记录一次，记录 3 次，按式(A.5)计算速度波动度：

$$b = \frac{v_{max} - v_{min}}{v_0} \times 100\% \qquad \cdots\cdots(A.5)$$

式中：

b ——速度波动度；

v_{max}——试验机 3 次记录示值的最大值，单位为千米每小时(km/h)；

v_{min}——试验机 3 次记录示值的最小值，单位为千米每小时(km/h)；

v_0 ——试验机设定速度，单位为千米每小时(km/h)。

A.4.5 动负荷半径误差

在轮轴距转鼓鼓面约 200 mm～500 mm 范围内取大致均匀分布的 3 点进行检测。用游标卡尺测量轮轴支架滑座在导轨上的移动距离，将其与试验机动负荷半径的变化值进行比对。重复测量3次，取最大差值作为校准结果。

A.4.6 稳定性

使用校正轮胎对试验机进行3次独立的测量，按式(A.6)计算标准差 σ：

$$\sigma=\sqrt{\frac{1}{n-1}\sum_{i=1}^{n}\left[C_{r,i}-\left(\frac{1}{n}\sum_{i=1}^{n}C_{r,i}\right)\right]^{2}} \quad \cdots\cdots(A.6)$$

式中：

i ——取1到 n 的自然数，对应校正轮胎的测量的次数；

n ——轮胎重复测量的次数；

C_r——滚动阻力系数。

基于至少3次测量值，应确保测量单一轮胎时试验机能达到下列 σ 值：

对于轿车轮胎和负荷指数(LI)≤121的载重汽车轮胎，$\sigma \leqslant 0.075$ N/kN；

对于负荷指数(LI)>121的载重汽车轮胎，$\sigma \leqslant 0.060$ N/kN。

如果达不到上述要求的 σ 值，则说明试验机稳定性较差，为了使试验机符合试验要求，在从标定后开始的正式测量中需要增加试验次数到 N 次，求其平均值作为试验报告的数据。根据式(A.7)来确定测量的最少次数 N(小数后数据直接进位为整数值)：

$$N=\left(\frac{\sigma}{x}\right)^{2} \quad \cdots\cdots(A.7)$$

式中：对于轿车、轻型载重汽车和客车轮胎(LI≤121)，$x=0.075$；

对于大型载重卡车和客车轮胎(LI>121)，$x=0.060$。

如果需要连续测量，在连续测量间隙应将轮胎从设备上卸下。

A.4.7 温度误差

将标准测温仪放置在距试验机的测温点0.1 m范围内，分别读取标准测温仪和试验机的温度示值，按式(A.8)计算温度误差：

$$t=T-T_0 \quad \cdots\cdots(A.8)$$

式中：

t ——温度误差，单位为摄氏度(℃)；

T ——试验机显示温度，单位为摄氏度(℃)；

T_0——标准测温仪显示温度，单位为摄氏度(℃)。

A.5 校准结果表述

校准结果在校准证书或报告上反映。校准证书或报告应包括以下内容：

a) 名称，“校准证书”或“校准报告”；

b) 证书或报告的编号，每页及总页数；

c) 送检单位，地址；

d) 试验机名称，规格型号及编号；

e) 校准地点；

f) 校准日期；

g) 校准环境条件；

h) 校准所依据的技术规范；

i） 校准所用测量标准器的溯源性及其有效性说明；

j） 校准机构；

k） 校准结果数据及其测量不确定度说明；

l） 校准证书或校准报告的报告人，审核签发人的签名；

m） 证书或报告的有效期；

n） 未经校准机构书面批准，不得部分复制证书或报告的声明等其他说明。

A.6 复校时间间隔

建议复校时间间隔不超过 12 个月。

A.7 标准证书格式

A.7.1 校准证书应包括 A.5 所列要求的信息。

A.7.2 校准证书背面格式如表 A.1。

表 A.1 校准证书背面格式

<table>
<tr><td colspan="7">校准结果
温度[a]： ℃， 温度误差： ℃</td></tr>
<tr><td>转鼓</td><td>直径/mm</td><td colspan="2"></td><td>径向跳动/mm</td><td colspan="2"></td></tr>
<tr><td>工位</td><td colspan="3">1# 工位</td><td colspan="3">2# 工位</td></tr>
<tr><td>侧偏角/(°)</td><td colspan="3"></td><td colspan="3"></td></tr>
<tr><td>外倾角/(°)</td><td colspan="3"></td><td colspan="3"></td></tr>
<tr><td rowspan="6">负荷/kN</td><td>标准点</td><td>示值</td><td>示值相对误差/%</td><td>标准点</td><td>示值</td><td>示值相对误差/%</td></tr>
<tr><td></td><td></td><td></td><td></td><td></td><td></td></tr>
<tr><td></td><td></td><td></td><td></td><td></td><td></td></tr>
<tr><td></td><td></td><td></td><td></td><td></td><td></td></tr>
<tr><td></td><td></td><td></td><td></td><td></td><td></td></tr>
<tr><td></td><td></td><td></td><td></td><td></td><td></td></tr>
<tr><td rowspan="6">轮轴力/N</td><td>标准点</td><td>示值</td><td>示值相对误差/%</td><td>标准点</td><td>示值</td><td>示值相对误差/%</td></tr>
<tr><td></td><td></td><td></td><td></td><td></td><td></td></tr>
<tr><td></td><td></td><td></td><td></td><td></td><td></td></tr>
<tr><td></td><td></td><td></td><td></td><td></td><td></td></tr>
<tr><td></td><td></td><td></td><td></td><td></td><td></td></tr>
<tr><td></td><td></td><td></td><td></td><td></td><td></td></tr>
<tr><td rowspan="4">动负荷半径/mm</td><td>标准点</td><td>示值</td><td>示值误差</td><td>标准点</td><td>示值</td><td>示值误差</td></tr>
<tr><td></td><td></td><td></td><td></td><td></td><td></td></tr>
<tr><td></td><td></td><td></td><td></td><td></td><td></td></tr>
<tr><td></td><td></td><td></td><td></td><td></td><td></td></tr>
<tr><td rowspan="5">速度/(km/h)</td><td>标准点</td><td>示值</td><td>误差</td><td colspan="3">速度波动度/%</td></tr>
<tr><td></td><td></td><td></td><td colspan="3" rowspan="4"></td></tr>
<tr><td></td><td></td><td></td></tr>
<tr><td></td><td></td><td></td></tr>
<tr><td></td><td></td><td></td></tr>
<tr><td colspan="7">[a] 标准测温仪所测数据。</td></tr>
</table>

A.8 测量不确定度的评定程序

A.8.1 负荷校准测量不确定度评定

A.8.1.1 建立数学模型，列不确定度式

以标准测力仪为基础，试验机显示对应的示值，计算相对误差，校准结果的数学模型见式(A.9)：

$$q_i = \frac{F_1 - F}{F} \times 100\% \qquad \cdots\cdots(A.9)$$

式中：

q_i ——第 i 测量点，负荷相对误差；

F_1——第 i 测量点，试验机示值，单位为千牛顿(kN)；

F ——第 i 测量点，标准测力仪示值，单位为千牛顿(kN)。

由不确定度传播律，见式(A.10)：

$$u^2(\delta) = c_1^2 \times u^2(F_1) + c_2^2 \times u^2(F) \qquad \cdots\cdots(A.10)$$

其中： $c_1 = \frac{\partial\delta}{\partial F_1} = \frac{1}{F}, c_2 = \frac{\partial\delta}{\partial F} = -\frac{F_1}{F^2}$

不确定度式为(A.11)：

$$u^2(\delta) = \left(\frac{1}{F}\right)^2 \times u^2(F_1) + \left(-\frac{F_1}{F^2}\right)^2 \times u^2(F) \qquad \cdots\cdots(A.11)$$

A.8.1.2 不确定度来源

不确定度来源如下：

a) 试验机示值的误差产生的不确定度 u_1；

b) 试验机测量重复性产生的不确定度 u_2；

c) 标准测力仪产生的不确定度 u_3。

A.8.1.3 不确定度分量的评估

a) 试验机示值的误差产生的不确定度 u_1

试验机的负荷示值分辨力为 0.001 kN，以等概率分布(矩形分布)落在宽度为 0.001 kN/2＝0.000 5 kN 的区间。

其不确定度为 $u_1(F_1) = 0.000\ 5/\sqrt{3}(\mathrm{kN}) = 0.000\ 3\ \mathrm{kN}$，自由度 $\nu_1 \to +\infty$。

b) 试验机测量重复性产生的不确定度 u_2

加载负荷为 5 kN，重复测量 9 次，其值为：5.005 kN，5.002 kN，5.005 kN，5.003 kN，5.001 kN，5.001 kN，5.000 kN，5.002 kN，5.002 kN，$\bar{F}$＝5.002 3 kN 测量试验标准差见式(A.12)：

$$s(F_1) = \sqrt{\frac{\sum_{i=1}^{9}(F_{1i} - \bar{F}_1)^2}{9-1}} = \sqrt{\frac{2.401 \times 10^{-5}}{8}}(\mathrm{kN}) = 0.001\ 73(\mathrm{kN}) \qquad \cdots\cdots(A.12)$$

三次平均测量结果重复性标准不确定度为：

$u_2(F_1) = s(F_1)/\sqrt{3} = (0.001\ 73/\sqrt{3})(\mathrm{kN}) = 0.001(\mathrm{kN})$，自由度 $\nu_2 = 8$。

c) 标准测力仪的标准不确定度 u_3

标准测力仪准确度等级为 0.1 级，其极限误差为±0.1%，对 5 kN 可能有±0.005 kN 误差。按均匀分布，其标准不确定度为式(A.13)：

$$u_3(F)=0.005/\sqrt{3}(\mathrm{kN})=0.0029(\mathrm{kN}) \quad \cdots\cdots(A.13)$$

估计其标准不确定度80%可靠，故自由度为式(A.14)：

$$\nu_3=\frac{1}{2}\times\left[\frac{\Delta u(F)}{u(F)}\right]^{-2}=\frac{1}{2}\times\left[\frac{0.20}{1}\right]^{-2}=12 \quad \cdots\cdots(A.14)$$

输出量的标准不确定度分量见表A.2。

表A.2 输出量的标准不确定度分量一览表

序号	输入量的标准不确定度评定			自由度		输出量的标准不确定度分量		
	来源	符号	数值	符号	数值	符号	系数灵敏度 c_1	$\lvert c_i \rvert \times u(x)$
1	试验机示值误差	$u_1(F_1)$	0.000 3 kN	ν_1	$+\infty$	u_1	$1/F=0.2\ \mathrm{kN}^{-1}$	0.006%
2	试验机测量重复性	$u_2(F_1)$	0.001 kN	ν_2	8	u_2	$1/F=0.2\ \mathrm{kN}^{-1}$	0.02%
3	标准测力仪误差	$u_3(F)$	0.002 9 kN	ν_3	12	u_3	$F_1/F^2=0.2\ \mathrm{kN}^{-1}$	0.06%

A.8.1.4 合成标准不确定度的评定

由于标准不确定度分量互不相关，故见式(A.15)：

$$u_c(\delta)=\sqrt{u_1^2+u_2^2+u_3^2}=0.064(\%) \quad \cdots\cdots(A.15)$$

有效自由度为式(A.16)：

$$\nu_{\mathrm{eff}}=\frac{u_c^4(\delta)}{\sum\frac{u_i^4}{\nu_i}}=\frac{(0.064\%)^4}{\frac{(0.006\%)^4}{+\infty}+\frac{(0.02\%)^4}{8}+\frac{(0.06\%)^4}{12}}=12 \quad \cdots\cdots(A.16)$$

A.8.1.5 扩展不确定度评定

按置信概率 $p=0.95$，有效自由度 $\nu_{\mathrm{eff}}=12$，查 t 分布表，得 $k=2.18$。试验机负荷示值校准结果的扩展不确定度 $U_{95}=k\times u_c(\delta)=2.18\times0.064\%=0.14\%$。

A.8.1.6 测量不确定度报告

上述的分析及计算按JJF 1059进行，试验机负荷示值误差校准结果的扩展不确定度为 $U_{95}=0.14\%$，$k=2.18$。

A.8.2 轮轴力校准不确定度评定

A.8.2.1 建立数学模型，列不确定度式

以标准测力仪为基础，试验机显示对应的示值，计算相对误差，校准结果的数学模型为式(A.17)：

$$q_i=\frac{F_1-F}{F}\times100\% \quad \cdots\cdots(A.17)$$

式中：

q_i ——第 i 测量点，轮轴力相对误差；

F_1——第 i 测量点，试验机示值，单位为千牛(kN)；

F ——第 i 测量点，标准测力仪示值，单位为千牛(kN)。

由不确定度传播律：

$$u^2(\delta)=c_1^2\times u^2(F_1)+c_2^2\times u^2(F) \quad \cdots\cdots(A.18)$$

其中：$c_1=\frac{\partial\delta}{\partial F_1}=\frac{1}{F}$，$c_2=\frac{\partial\delta}{\partial F}=-\frac{F_1}{F^2}$

不确定度式为式(A.19)：

$$u^2(\delta)=\left(\frac{1}{F}\right)^2\times u^2(F_1)+\left(-\frac{F_1}{F^2}\right)^2\times u^2(F) \quad \cdots\cdots(A.19)$$

A.8.2.2　不确定度来源

不确定度来源如下：

a)　试验机示值的误差产生的不确定度 u_1；

b)　试验机测量重复性产生的不确定度 u_2；

c)　标准测力仪产生的不确定度 u_3。

A.8.2.3　不确定度分量的评估

不确定度分量的评估情况如下：

a)　试验机示值的误差产生的不确定度 u_1

试验机的负荷示值分辨力为 0.1 N，以等概率分布(矩形分布)落在宽度为 0.1 N/2=0.05 N 的区间。

其不确定度为 $u_1(F_1)=0.05/\sqrt{3}(\mathrm{N})=0.03\ \mathrm{N}$，自由度 $\nu_1\rightarrow+\infty$。

b)　试验机测量重复性产生的不确定度 u_2

加载负荷为 50 N，重复测量 9 次，其值为：50.051 N，50.082 N，50.075 N，50.043 N，50.060 N，50.091 N，50.070 N，50.078 N，50.092 N，$\bar{F}$=50.071 N 测量实验标准差为式(A.20)：

$$s(F_1)=\sqrt{\frac{\sum_{i=1}^{9}(F_{1i}-\bar{F}_1)^2}{9-1}}=\sqrt{\frac{0.002\ 333}{8}}(\mathrm{N})=0.017\ 1(\mathrm{N}) \quad \cdots\cdots(A.20)$$

三次平均测量结果重复性标准不确定度为：

$u_2(F_1)=s(F_1)/\sqrt{3}=0.017\ 1/\sqrt{3}(\mathrm{N})=0.01(\mathrm{N})$，自由度 $\nu_2=8$。

c)　标准测力仪的标准不确定度 u_3

标准测力仪准确度等级为 0.1 级其极限误差为±0.1%，对 50 N 可能有±0.05 N 误差。按均匀分布，其标准不确定度为式(A.21)

$$u_3(F)=(0.05/\sqrt{3})(\mathrm{N})=0.029(\mathrm{N}) \quad \cdots\cdots(A.21)$$

估计其标准不确定度 80%可靠，故自由度为式(A.22)：

$$\nu_3=\frac{1}{2}\times\left[\frac{\Delta u(F)}{u(F)}\right]^{-2}=\frac{1}{2}\times\left[\frac{0.20}{1}\right]^{-2}=12 \quad \cdots\cdots(A.22)$$

输出量的标准不确定度分量见表 A.3。

表 A.3　输出量的标准不确定度分量一览表

序号	输入量的标准不确定度评定			自由度		输出量的标准不确定度分量		
	来源	符号	数值	符号	数值	符号	系数灵敏度 c_1	$\|c_i\|\times u(x)$
1	试验机示值误差	$u_1(F_1)$	0.03 N	ν_1	$+\infty$	u_1	$1/F=0.02\ \mathrm{N}^{-1}$	0.06%
2	试验机测量重复性	$u_2(F_1)$	0.01 N	ν_2	8	u_2	$1/F=0.02\ \mathrm{N}^{-1}$	0.02%
3	标准测力仪误差	$u_3(F)$	0.029 N	ν_3	12	u_3	$F_1/F^2=0.02\ \mathrm{N}^{-1}$	0.06%

A.8.2.4　合成标准不确定度的评定

由于标准不确定度分量互不相关，故

$$u_c(\delta)=\sqrt{u_1^2+u_2^2+u_3^2}=0.087(\%) \quad\text{(A.23)}$$

有效自由度

$$\nu_{eff}=\frac{u_c^4(\delta)}{\sum\frac{u_i^4}{\nu_i}}=\frac{(0.087\%)^4}{\frac{(0.06\%)^4}{+\infty}+\frac{(0.02\%)^4}{8}+\frac{(0.06\%)^4}{12}}=52 \quad\text{(A.24)}$$

A.8.2.5 扩展不确定度评定

按置信概率 $p=0.95$，有效自由度 $\nu_{eff}=52$，查 t 分布表，得 $k=2.00$。试验机负荷示值校准结果的扩展不确定度 $U_{95}=k\times u_c(\delta)=2.00\times0.087\%=0.174\%$。

A.8.2.6 测量不确定度报告

上述的分析及计算按 JJF 1059 进行，试验机负荷示值误差校准结果的扩展不确定度为 $U_{95}=0.174\%$，$k=2$。

A.8.3 速度校准测量不确定度评定

A.8.3.1 建立数学模型，列不确定度式

以标准转速表计数速度为基准，试验机显示对应的示值，计算其最大允许相对误差。标准结果的数学模型为式(A.25)：

$$\delta_v=\frac{v_1-v}{v}\times100\% \quad\text{(A.25)}$$

式中：

δ_v ——试验机示值相对误差，%；

v_1 ——试验机速度示值，单位为千米每小时(km/h)；

v ——标准转速表测量的速度，单位为千米每小时(km/h)。

因为各分量 v，v_1 互不相关，由不确定度传播律为(A.26)：

$$u^2(\delta)=c_1^2\times u^2(v_1)+c_2^2\times u^2(v) \quad\text{(A.26)}$$

其中：$c_1=\frac{\partial\delta}{\partial v_1}=\frac{1}{v}$，$c_2=\frac{\partial\delta}{\partial v}=-\frac{v_1}{v^2}$

A.8.3.2 不确定度来源

不确定度来源如下：

a) 试验机示值的误差产生的不确定度 u_1；

b) 试验机测量重复性产生的不确定度 u_2；

c) 标准转速表产生的不确定度 u_3。

A.8.3.3 不确定度分量的评估

不确定度分量的评估情况如下：

a) 试验机示值的误差的不确定度 u_1

试验机速度示值误差分辨力为 0.1 km/h，以等概率分布(矩阵分布)落在宽度为 0.05 km/h 的区间内。其标准不确定度为 $u_1(v_1)=\frac{0.05(\text{km/h})}{\sqrt{3}}=0.03(\text{km/h})$。自由度 $\nu_1=\infty$。

b) 试验及测量重复性产生的标准不确定度 u_2；

取速度为 80 km/h，重复测量 9 次，其值为：80.15 km/h，80.07 km/h，80.15 km/h，79.90 km/h，

79.95 km/h,79.97 km/h,80.20 km/h,80.15 km/h,$\overline{v_{1i}}$=80.08 km/h,测量实验标准差为式(A.27):

$$s(v_1)=\sqrt{\frac{\sum_{i=1}^{9}(v_1-\overline{v_{1i}})^2}{9-1}}=0.11(\mathrm{km/h}) \quad \cdots\cdots(\mathrm{A.27})$$

三次平均测量结果重复性产生的标准不确定度

$$u_2(v_1)=\frac{0.11(\mathrm{km/h})}{\sqrt{3}}=0.06\ (\mathrm{km/h}) \quad \cdots\cdots(\mathrm{A.28})$$

自由度 $\nu_2=8$。

c) 标准转速表产生的标准不确定度 u_3

标准转速表准确度等级为 0.1 级,其极限误差为±0.1%,对 80 km/h 的速度,其误差为±0.08 km/h。按均匀分布考虑 $u_3(v)=0.08/\sqrt{3}(\mathrm{km/h})=0.046\ (\mathrm{km/h})$,估计其标准不确定度 80%可靠,故其自由度为式(A.29):

$$\nu_3=\frac{1}{2}\times\left[\frac{\Delta u(F)}{u(F)}\right]^{-2}=\frac{1}{2}\times\left[\frac{0.20}{1}\right]^{-2}=12 \quad \cdots\cdots(\mathrm{A.29})$$

输出量的标准不确定度分量见 A.4。

表 A.4 输出量的标准不确定度分量一览表

序号	输入量的标准不确定度评定			自由度		输出量的标准不确定度分量		
	来源	符号	数值	符号	数值	符号	灵敏系数 c_i	$\lvert c_i\rvert \times u(x)$
1	试验机示值误差	$u_1(v_1)$	0.03 km/h	ν_1	$+\infty$	u_1	$1/v=0.0125(\mathrm{km/h})^{-1}$	0.037 5%
2	试验机测量重复性	$u_2(v_1)$	0.06 km/h	ν_2	8	u_2	$1/v=0.0125(\mathrm{km/h})^{-1}$	0.075%
3	标准转速表误差	$u_3(v)$	0.046 km/h	ν_3	12	u_3	$v_1/v^2=0.0125(\mathrm{km/h})^{-1}$	0.057%

A.8.3.4 合成标准不确定度的评定

由于标准不确定度分量互不相关,故见式(A.30):

$$u_c(\delta)=\sqrt{u_1^2+u_2^2+u_3^2}=0.10\% \quad \cdots\cdots(\mathrm{A.30})$$

有效自由度为式(A.31):

$$\nu_{\mathrm{eff}}=\frac{u_c^4(\delta)}{\sum\frac{u_i^4}{\nu_i}}=\frac{(0.10\%)^4}{\frac{(0.0375\%)^4}{+\infty}+\frac{(0.075\%)^4}{8}+\frac{(0.057\%)^4}{12}}=46 \quad \cdots\cdots(\mathrm{A.31})$$

A.8.3.5 扩展不确定度评定

按置信概率 $p=0.95$,有效自由度 $\nu_{\mathrm{eff}}=46$,查 t 分布表,$k=2.00$。试验机速度校准结果的扩展不确定度为 $U_{95}=k\times u_c(\delta)=2.00\times0.10\%=0.20\%$。

A.8.3.6 测量不确定报告

上述的分析及计算按 JJF 1059 进行,试验机速度示值误差校准结果不确定度 $U_{95}=0.20\%$,$k=2$。

附 录 B
（资料性附录）
轮胎基准实验室的建立

轮胎基准实验室依据多家比对实验室的试验数据进行建立。这些比对实验室，应通过国家相应实验室的认可。参加组建基准实验室的比对实验室数量、要求及编号，应有相关部门统一规定并每两年确认一次。比对试验室应按 GB/T 29040 的规定，每月用控制轮胎进行监测，以确保测试设备满足要求。

基准实验室应建立两个。一个用于测试轿车轮胎和单胎负荷指数≤121 的微型、轻型载重汽车轮胎，另一个是用于测量单胎负荷指数＞121 的轻型载重汽车轮胎和载重汽车轮胎。

建立基准实验室用校正轮胎至少为五条，其要求应符合 GB/T 29040 的规定。

利用上述轮胎建立起基准实验室和每一比对实验室的关联性，并对每一比对实验室给出关联系数。关联系数由有关部门每两年发布一次。

ICS 91.040
Q 04

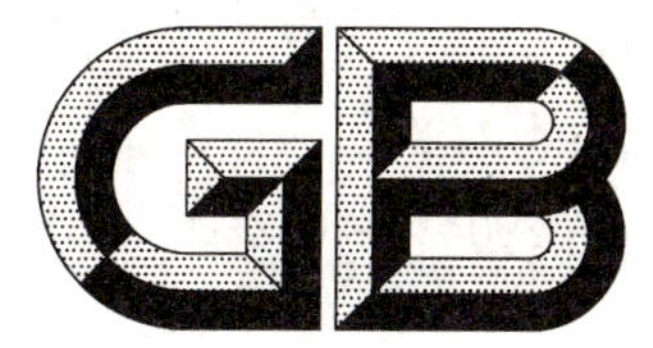

中华人民共和国国家标准

GB/T 29043—2012

建筑幕墙保温性能分级及检测方法

Graduation and test method for thermal insulating properties of curtain walls

2012-12-31 发布 2013-09-01 实施

中华人民共和国国家质量监督检验检疫总局
中国国家标准化管理委员会 发布

前　言

本标准按照GB/T 1.1—2009给出的规则起草。

本标准由中华人民共和国住房和城乡建设部提出。

本标准由全国建筑幕墙门窗标准化技术委员会(SAC/TC 448)归口。

本标准负责起草单位:中国建筑科学研究院。

本标准参加起草单位:上海市建筑科学研究院(集团)有限公司、广东省建筑科学研究院、清华大学建筑学院、中国金属结构协会铝门窗幕墙委员会、浙江省建筑科学研究院、深圳市方大装饰工程有限公司、四川省建筑科学研究院、福建省建筑科学研究院、山东省建筑科学研究院、陕西省建筑科学研究院、苏州罗普斯金铝业股份有限公司、泰诺风保泰(苏州)隔热材料有限公司、海南南光集团有限公司、宝业集团浙江建设产业研究院有限公司、江苏省建筑工程质量检测中心有限公司、嘉特纳(上海)幕墙工程公司、清华大学建筑节能研究中心、北京市可持续发展促进会、中国建筑材料检验认证中心、深圳市罗湖区建设工程质量安全监督站、北京新立基真空玻璃技术有限公司。

本标准主要起草人:刘月莉、杨士超、杨燕萍、曾晓武、黄圻、许国东、林波荣、余亚超、赵岩、赵勇、刘晖、黄夏东、赵青、陈文、李德荣、任普亮、蔡强、董仁文、蒋毅、裴晓文、杨玉忠、潘振、孙立新、祖雅君、党蓓、罗唯克、王积刚、闫鑫、马杨。

建筑幕墙保温性能分级及检测方法

1 范围

本标准规定了建筑幕墙保温性能术语和定义、分级、检测方法及检测报告。

本标准适用于构件式幕墙和单元式幕墙传热系数以及抗结露因子的分级及检测，其他形式幕墙和有保温要求的透光围护结构可参照执行。

2 规范性引用文件

下列文件对于本文件的应用是必不可少的。凡是注日期的引用文件，仅注日期的版本适用于本文件。凡是不注日期的引用文件，其最新版本(包括所有的修改单)适用于本文件。

GB/T 4132 绝热材料及相关术语

GB/T 8484—2008 建筑外门窗保温性能分级及检测方法

GB/T 13475 绝热 稳态传热性质的测定 标定和防护热箱法

GB/T 21086 建筑幕墙

3 术语和定义

GB/T 4132 和 GB/T 21086 界定的以及下列术语和定义适用于本文件。

3.1

幕墙传热系数 thermal transmittance coefficient of curtain wall

表征建筑幕墙保温性能的参数。在稳定传热状态下，幕墙两侧空气温差为1 K，单位时间内通过单位面积的传热量。

3.2

抗结露因子 condensation resistance factor

表征玻璃幕墙阻抗表面结露能力的参数。在稳定传热状态下，幕墙试件玻璃(或幕墙框架)热侧表面温度与冷箱空气平均温度差和热箱空气平均温度与冷箱空气平均温度差的比值。

4 分级

4.1 建筑幕墙传热系数

幕墙传热系数 K 值分为8级，见表1。

表1 建筑幕墙传热系数分级

分　级	1	2	3	4
分级指标值 $K/[W/(m^2 \cdot K)]$	$K \geqslant 5.0$	$5.0 > K \geqslant 4.0$	$4.0 > K \geqslant 3.0$	$3.0 > K \geqslant 2.5$

表 1（续）

分　级	5	6	7	8
分级指标值 $K/[W/(m^2 \cdot K)]$	$2.5>K\geqslant 2.0$	$2.0>K\geqslant 1.5$	$1.5>K\geqslant 1.0$	$K<1.0$

4.2　玻璃幕墙抗结露因子

玻璃幕墙抗结露因子 *CRF* 值分为 8 级，见表 2。

表 2　玻璃幕墙抗结露因子分级

分　级	1	2	3	4
分级指标值 *CRF*	$CRF\leqslant 40$	$40<CRF\leqslant 45$	$45<CRF\leqslant 50$	$50<CRF\leqslant 55$
分　级	5	6	7	8
分级指标值 *CRF*	$55<CRF\leqslant 60$	$60<CRF\leqslant 65$	$65<CRF\leqslant 75$	$CRF>75$

5　检测方法

5.1　原理

5.1.1　传热系数检测

根据稳定传热原理，采用标定热箱法检测建筑幕墙传热系数。

将标定热箱试验装置（以下简称“试验装置”）放置在可控温度的环境中。幕墙试件安装在试验装置的热箱与冷箱之间，其两侧分别模拟建筑物冬季室内空气温度和气流状况以及室外空气温度和气流速度。利用已知热阻的标准试件，通过标定试验（见 GB/T 8484—2008 附录 A）确定试验装置的热箱外壁传热的热流系数（M_1）以及试件框壁传热和迂回热损失产生的热流系数（M_2）。

根据稳定传热状态下测量的各项参数，与经修正的投入热量计算得到建筑幕墙传热系数。

5.1.2　抗结露因子检测

根据稳定传热原理，采用标定热箱法检测玻璃幕墙抗结露因子。

将玻璃幕墙试件安装在可控温度环境的试验装置上。试验装置除模拟 5.1.1 规定的室内、外环境条件外，还应能够控制热箱内空气的相对湿度。在试件两侧各自保持稳定的空气温度、相对湿度、气流速度和热辐射条件下，测量试件玻璃热侧表面温度、试件框架热侧表面温度、热箱空气温度和冷箱空气温度，通过计算得到玻璃幕墙试件的抗结露因子。

5.2　检测装置

5.2.1　检测装置组成

检测装置主要由热箱、冷箱、试件框、除湿系统和环境空间五部分组成，见图 1。

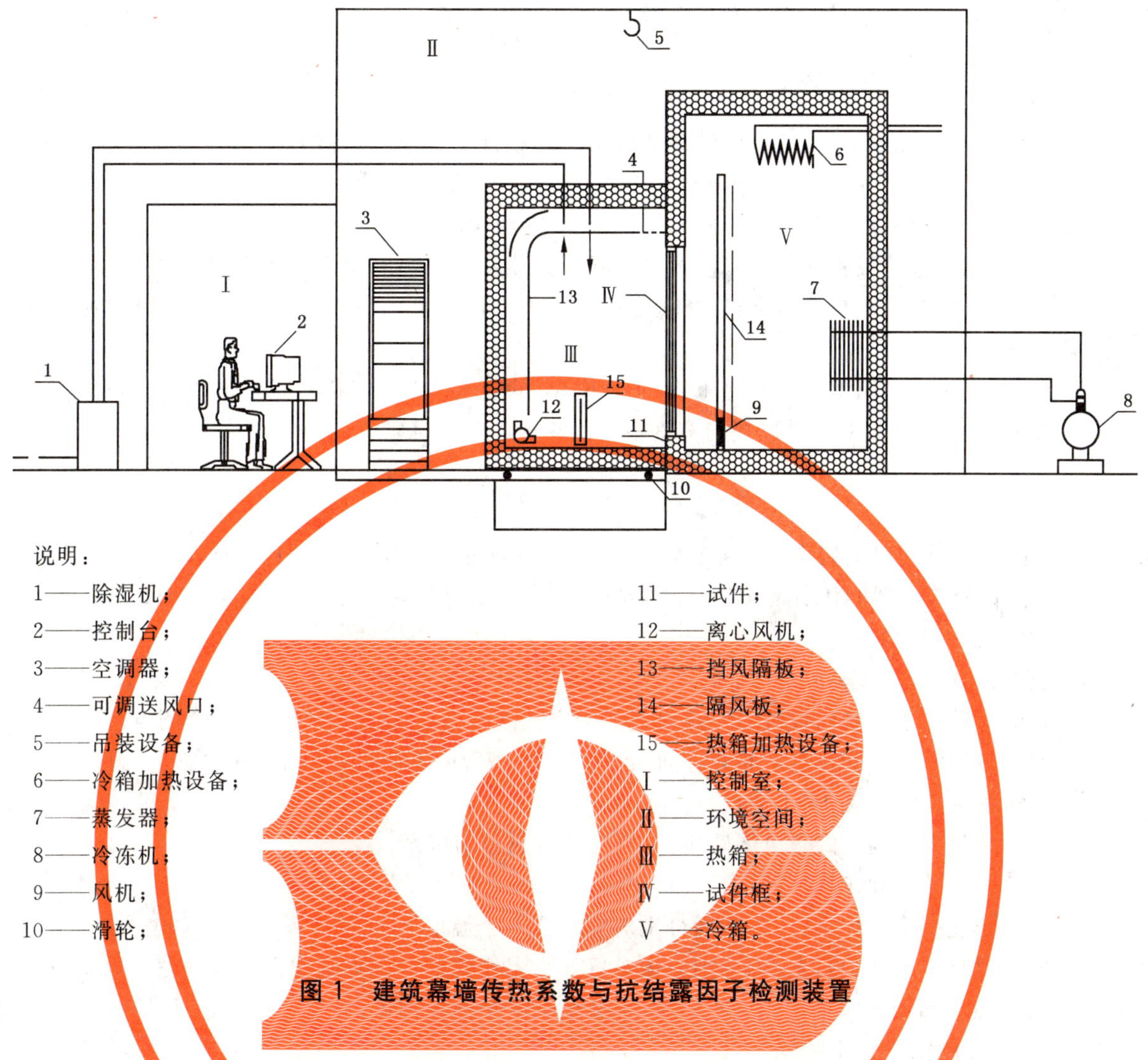

说明：

1——除湿机；
2——控制台；
3——空调器；
4——可调送风口；
5——吊装设备；
6——冷箱加热设备；
7——蒸发器；
8——冷冻机；
9——风机；
10——滑轮；
11——试件；
12——离心风机；
13——挡风隔板；
14——隔风板；
15——热箱加热设备；
Ⅰ——控制室；
Ⅱ——环境空间；
Ⅲ——热箱；
Ⅳ——试件框；
Ⅴ——冷箱。

图1 建筑幕墙传热系数与抗结露因子检测装置

5.2.2 热箱

5.2.2.1 热箱开口尺寸不宜小于 4 600 mm×4 700 mm(宽×高)，进深尺寸不宜小于 1 500 mm。

5.2.2.2 热箱外壁结构所采用的材料要求应符合 GB/T 8484 中相应规定。

5.2.2.3 热箱应可灵活水平移动。

5.2.2.4 加热设备采用交流稳压电源供电，热箱加热功率的计量表精度等级不应低于 0.5 级。

5.2.2.5 送风系统通过可调送风口控制热箱内风速，保证距试件框热侧表面 50 mm 平面平均风速在(0.2±0.1)m/s 范围内。

5.2.2.6 采用除湿系统控制热箱内空气相对湿度。设置湿度计测量热箱内空气相对湿度，湿度计的测量精度为±5%。

5.2.2.7 在抗结露因子检测全过程中，保证热箱内相对湿度不应大于 25%。除湿系统原理应符合 GB/T 8484 中相应规定。

5.2.3 试件框

5.2.3.1 试件框洞口尺寸宜为 3 600 mm×4 200 mm(宽×高)。

5.2.3.2 试件框应采用不吸湿、均质的保温材料制作。其热阻值不应小于7.0 $m^2 \cdot K/W$，密度在 20 kg/m^3～40 kg/m^3 范围内。

5.2.3.3 安装试件的洞口下部平台宽度宜为 300 mm。平台及洞口周边的面板应采用不吸水、导热系数不大于 0.25 W/(m·K)的材料制作。

5.2.4 冷箱

5.2.4.1 冷箱开口外边缘尺寸应与试件框外边缘尺寸相同，进深以能容纳制冷、加热及气流组织设备为宜。

5.2.4.2 冷箱外壁所采用的材料要求同 GB/T 8484 中相应规定。

5.2.4.3 冷箱内设置蒸发器或引入冷空气进行降温。蒸发器下部应设置排水孔或盛水盘。

5.2.4.4 利用隔风板和风机进行强迫对流，形成沿试件表面自上而下的均匀气流，隔风板与试件框冷侧表面距离宜能调节。

5.2.4.5 隔风板采用热阻值不应小于 1.0 m^2·K/W 的复合板制作，隔风板面向试件的表面，其总的半球发射率 ε 值应大于 0.85。隔风板的宽度根据冷箱内净宽度确定。

5.2.5 感温元件

5.2.5.1 采用铜-铜镍热电偶作为温度测量感温元件，其测量不确定度应小于 0.1 K。

5.2.5.2 铜-铜镍热电偶制作所使用的材料和制作要求以及校验规定应符合 GB/T 8484 的规定。

5.2.5.3 热电偶布置

a) 空气温度测点要求：
   1) 热箱内应沿竖向设置三层热电偶作为空气温度测点，每层均匀布置 4 个测点。
   2) 冷箱空气温度测点应布置在符合 GB/T 13475 规定的平面内，与试件安装洞口对应的面积上均匀布置 16 个测点。
   3) 测量空气温度的热电偶感应头，均应进行热辐射屏蔽。

b) 表面温度测点要求：
   1) 热箱每个外壁的内、外表面分别对应布置 8 个温度测点。
   2) 试件框热侧、冷侧表面分别对应布置 8 个温度测点。测点宜根据试件框宽度取中设置。
   3) 热箱和冷箱内分别设置不应少于 12 个和 6 个活动温度测点，以供测量试件热侧和填充板表面温度使用。
   4) 测量表面温度的热电偶感应头应连同不少于 100 mm 长的铜、铜镍引线一起，紧贴在被测表面上。粘贴材料总的半球发射率 ε 值应与被测表面的 ε 值相近。

c) 测量同一温度的热电偶可分别并联。凡是并联的热电偶，各热电偶引线电阻应相等，各点所代表被测的面积应相同。

5.2.6 风速测量

5.2.6.1 采用热球风速仪测量热箱和冷箱内的风速。

5.2.6.2 热箱内风速测点应设在距试件框热侧表面 50 mm 平面、与冷箱空气温度测点相对应的位置。

5.2.6.3 冷箱内风速测点位置与冷箱空气温度测点位置相同。不必每次试验都测定冷箱风速。当风机型号、安装位置、数量及隔风板位置发生变化时，应重新进行测量。

5.2.7 环境空间

5.2.7.1 试验装置应设置在装有空调设备的实验室内，以保证热箱外壁内、外表面加权平均温差小于 1.0 K。

5.2.7.2 实验室围护结构应有良好的保温性能和热稳定性。墙体及屋顶应进行绝热处理，并应避免太阳光直射入室内。

5.2.7.3 热箱外壁与周边壁面之间宜留有不小于 1 000 mm 的空间。

5.2.8 标定

传热系数试验装置应定期进行热流系数的标定，标定试验的相关规定应符合 GB/T 8484 的规定。

5.3 性能试验

5.3.1 传热系数试验

5.3.1.1 试件安装

5.3.1.1.1 试件的尺寸及构造应符合产品设计和组装要求，不应附加任何多余配件或特殊组装工艺。

5.3.1.1.2 试件宽度不宜少于两个标准水平分格，试件高度应包括一个层高，试件组装应和实际工程相符，且代表典型部分的性能。

5.3.1.1.3 试件的安装应符合设计要求，包括典型的接缝和可开启部分，并且试件上可开启部分占试件总面积的比例应与实际工程相符。

5.3.1.1.4 安装时，幕墙试件热侧表面应与试件框热侧表面平齐，且安装方向与实际工程一致。试件的可开启缝应采用透明塑料胶带双面密封。

5.3.1.1.5 构件式幕墙试件安装方法

a) 构件式幕墙的单根边部立柱和单根边部横梁应采用具有一定强度的木料(或其他同类材料)制作，木料的物理性能满足试验要求。

b) 采用螺钉将幕墙板块与木料进行固定，其安装节点见本标准附录 A 中图 A.1。

5.3.1.1.6 单元式幕墙试件安装方法

单元式幕墙的安装节点见图 A.1。

5.3.1.1.7 幕墙试件安装到位后，用保温材料将幕墙试件与箱体洞口间空隙填实，试件与试件洞口周边之间的缝隙宜用聚苯乙烯泡沫塑料条填塞，并密封。

5.3.1.1.8 当试件面积小于试件框洞口面积时，宜用与试件厚度相近、已知热导率 λ 值的聚苯乙烯泡沫塑料板填塞后，密封。并且，在聚苯乙烯泡沫塑料板两侧表面粘贴一定数量的铜-康铜热电偶，测量两表面的平均温差，以计算通过该板的热损失。

5.3.1.1.9 当进行传热系数检测时，宜在试件热侧表面适当部位布置热电偶，作为参考温度点。

5.3.1.2 试验条件

5.3.1.2.1 热箱空气温度设定、温度波幅和相对湿度的要求应符合 GB/T 8484 中相应规定。

5.3.1.2.2 热箱内与试件框热侧表面距离 50 mm 平面内的平均风速为(0.2±0.1)m/s。

5.3.1.2.3 冷箱空气温度设定、温度波幅和气流速度的要求应符合 GB/T 13475 中相应规定。

5.3.1.3 试验步骤

5.3.1.3.1 检查热电偶是否完好。

5.3.1.3.2 启动检测装置，设定热箱、冷箱和环境空气温度。

5.3.1.3.3 监测各控温点温度，使热箱、冷箱和环境空气温度达到设定值。当温度达到设定值后，如果逐时测量得到热箱和冷箱的空气平均温度 t_h 和 t_c 每小时变化的绝对值不大于 0.3 ℃，温差 $\Delta\theta_1$ 和 $\Delta\theta_2$ 每小时变化的绝对值均不大于 0.3 K，且上述温度和温差的变化不是单向变化，则表示传热已达到稳定状态。

5.3.1.3.4 传热过程稳定之后，每隔 30 min 测量 1 次参数 t_h、t_c、$\Delta\theta_1$、$\Delta\theta_2$、$\Delta\theta_3$、Q，共测 6 次。

5.3.1.3.5 测量结束之后，记录热箱内空气相对湿度 φ，试件热侧表面及玻璃夹层结露或结霜状况。

5.3.1.4 数据处理

5.3.1.4.1 取参数 t_h、t_c、$\Delta\theta_1$、$\Delta\theta_2$、$\Delta\theta_3$、Q 6 次测量的平均值。

5.3.1.4.2 幕墙传热系数 $K[W/(m^2 \cdot K)]$按式(1)计算：

$$K=\frac{Q-M_1 \cdot \Delta\theta_1-M_2 \cdot \Delta\theta_2-S \cdot \lambda \cdot \Delta\theta_3+Q_f}{A \cdot \Delta t} \quad \cdots\cdots(1)$$

式中：

Q ——加热设备投入电功率，单位为瓦(W)；

Q_f ——送风机电机发热量(通过标定获得)，单位为瓦(W)；

M_1 ——由标定试验确定的热箱外壁热流系数，单位为瓦每开(W/K)(见 GB/T 8484)；

M_2 ——由标定试验确定的试件框热流系数，单位为瓦每开(W/K)(见 GB/T 8484)；

$\Delta\theta_1$——热箱外壁内、外表面加权平均温度之差，单位为开尔文(K)；

$\Delta\theta_2$——试件框热侧、冷侧表面加权平均温度之差，单位为开尔文(K)；

S ——填充板的面积，单位为平方米(m^2)；

λ ——填充板的热导率，单位为瓦每平方米开$[W/(m^2 \cdot K)]$；

$\Delta\theta_3$——填充板热侧表面与冷侧表面的平均温差，单位为开尔文(K)；

A ——试件面积，单位为平方米(m^2)；

Δt ——热箱空气平均温度 t_h 与冷箱空气平均温度 t_c 之差，单位为开尔文(K)。

$\Delta\theta_1$、$\Delta\theta_2$ 的计算见 GB/T 8484。当试件面积小于试件洞口面积时，式(1)中分子($S \cdot \lambda \cdot \Delta\theta_3$)项为通过聚苯乙烯泡沫塑料填充板的热损失。

5.3.1.5 试验数据表示

幕墙传热系数 K 值取两位有效数字。

5.3.2 抗结露因子检测

5.3.2.1 试件安装

5.3.2.1.1 玻璃幕墙试件安装位置、安装方法应符合 5.3.1.1 的要求。

5.3.2.1.2 应在试件的框架和玻璃热侧表面共布置 20 个热电偶 $t_1, t_2, \cdots, t_{20}$，见附录 B，供计算使用。

5.3.2.2 试验条件

5.3.2.2.1 热箱空气平均温度设定为(20±0.5)℃，温度波动幅度不应超过±0.3 ℃；

5.3.2.2.2 热箱空气相对湿度应小于等于 25%。

5.3.2.2.3 冷箱空气温度设定、温度波幅和气流速度的要求应符合 GB/T 8484 中相应规定。

5.3.2.2.4 试件冷侧总压力与热侧静压力之差在(0±10)Pa 之间。

5.3.2.3 试验步骤

5.3.2.3.1 检查热电偶是否完好。

5.3.2.3.2 启动检测设备和冷、热箱的温度自控系统，设定冷、热箱和环境空气平均温度分别为 −20 ℃、20 ℃和 20 ℃。

5.3.2.3.3 当冷、热箱空气温度达到(−20±0.5)℃和(20±0.5)℃后，每隔 30 min 测量各控温点温度，检查是否稳定。

5.3.2.3.4 当冷、热箱空气温度达到稳定时，启动热箱控湿装置，保证热箱内的最大相对湿度 $\varphi \leqslant 25\%$。

5.3.2.3.5 2 h 后，如果逐时测量得到的热箱和冷箱的空气平均温度 t_h 和 t_c 每小时变化的绝对值与标准条件相比不超过±0.3 ℃，总热量输入变化不超过±2%，则表示抗结露因子检测过程已经处于稳定传热传湿过程。

5.3.2.3.6 抗结露因子检测过程稳定之后，每隔 5 min 测量 1 次参数 t_h、t_c、t_1、t_{12}、…、t_{20}、φ 值，共测 6 次。

5.3.2.3.7 测量结束之后，记录试件热侧表面及玻璃夹层结露、结霜状况。

5.3.2.4 数据处理

5.3.2.4.1 取参数 t_h、t_c、t_1、t_{12}、…、t_{20} 6 次测量的平均值。

5.3.2.4.2 试件抗结露因子 *CRF* 值应按式(3)、(4)计算：

$$CRF_g = \frac{t_g - t_c}{t_h - t_c} \times 100 \quad \cdots\cdots (2)$$

$$CRF_f = \frac{t_f - t_c}{t_h - t_c} \times 100 \quad \cdots\cdots (3)$$

式中：

CRF_g ——试件玻璃的抗结露因子；

CRF_f ——试件框架的抗结露因子；

t_h ——热箱内空气平均温度，单位为摄氏度(℃)；

t_c ——冷箱内空气平均温度，单位为摄氏度(℃)；

t_g ——试件的玻璃热侧表面平均温度，单位为摄氏度(℃)；

t_f ——试件的框架热侧表面平均温度的加权值，单位为摄氏度(℃)。

5.3.2.4.3 试件框架热侧表面平均温度的加权值

试件框架热侧表面平均温度的加权值 t_f 由 14 个规定位置的内表面温度平均值(t_{fp})和 4 个位置不确定的、相对较低的框架温度平均值(t_{fr})计算得到。

t_f 可通过式(4)计算：

$$t_f = t_{fp}(1 - W) + W \cdot t_{fr} \quad \cdots\cdots (4)$$

式中：

W——加权系数，它给出了 t_{fp} 和 t_{fr} 之间的比例关系，其计算式见式(5)：

$$W = \frac{t_{fp} - t_{fr}}{t_{fp} - (t_c + 10)} \times 0.4 \quad \cdots\cdots (5)$$

式中：

t_c ——冷箱的空气平均温度，单位为摄氏度(℃)；

0.4——加权因子。

5.3.2.5 试验数据取值

5.3.2.5.1 抗结露因子是由加权的玻璃幕墙框平均温度(或玻璃的平均温度)分别与冷箱的空气温度和热箱的空气温度进行计算得到，试件抗结露因子 *CRF* 值取 CRF_g 与 CRF_f 中较低值。

5.3.2.5.2 玻璃幕墙抗结露因子 *CRF* 值取 2 位有效数字。

6 检测报告

检测报告应包括下列内容：

a) 委托单位和生产单位。

b) 试件名称、编号、规格，面板、框架和保温材料种类，框架面积与试件面积之比。

c) 检测依据、检测设备、检测项目、检测类别和检测时间，以及报告日期。

d) 试验条件：热箱和冷箱空气平均温度、空气相对湿度和气流速度等。

e） 试验结果：

——传热系数：幕墙试件传热系数 K 值和等级；试件热侧表面温度、结露和结霜情况。

——抗结露因子：玻璃幕墙试件的 CRF 值和等级；试件玻璃（或框架）的抗结露因子 CRF_g（或 CRF_f）值，以及 t_f、t_{fp}，t_{fr}、W、t_g 的值；试件热侧玻璃表面和框架表面的温度、结露情况。

f） 试件图纸（包括立面图和节点图）及其他应说明的事项。

g） 测试人、审核人及批准人签名。

h） 检测单位。

附　录　A
（规范性附录）
试件安装方法

A.1　试件安装要求

A.1.1　采用导热系数小于或等于 0.2 W/(m·K)且具有一定强度的木料或其他同类材料作为幕墙单根边部立柱和单根边部横梁。

A.1.2　使用螺钉将幕墙板块与木料固定。具体安装节点详见图 A.1。

A.1.3　幕墙试件安装就位后，用保温材料将幕墙试件与试件框洞口间空隙填实，并密封。

A.2　试件安装节点索引

幕墙试件立面节点见图 A.1。

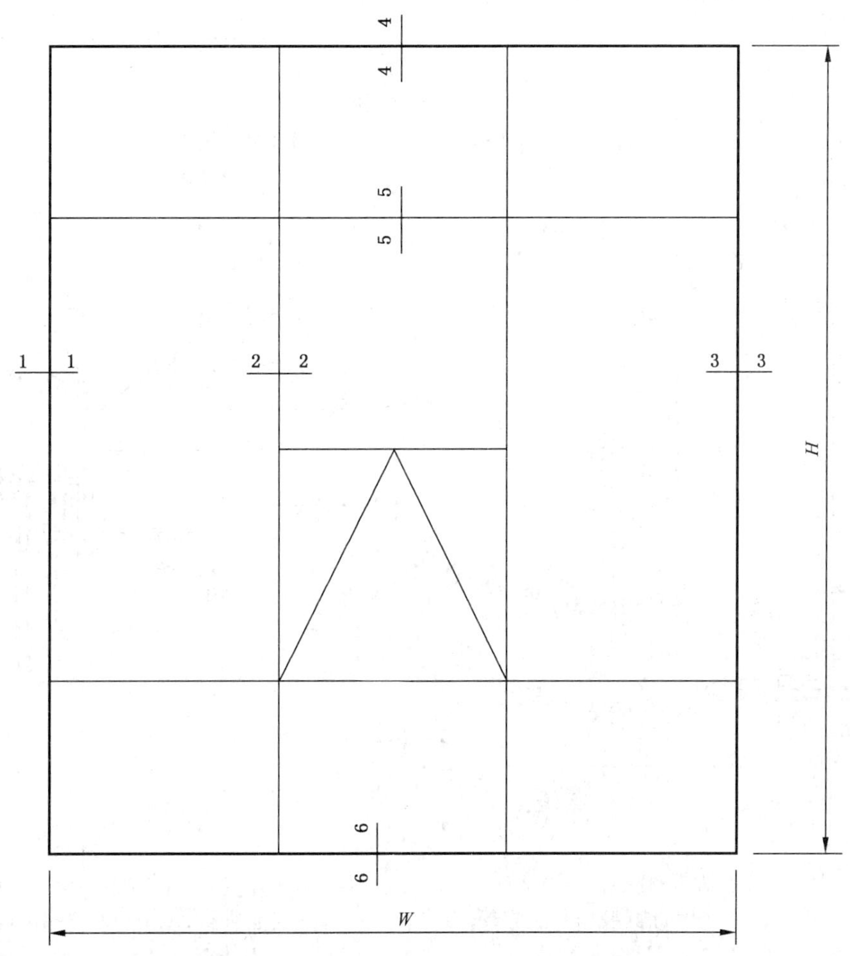

图 A.1　幕墙试件立面节点示意图

A.3 构件式幕墙安装节点

A.3.1 隐框构件式幕墙

隐框构件式幕墙安装节点示意图见图 A.2,具体节点构造以实际工程为准。

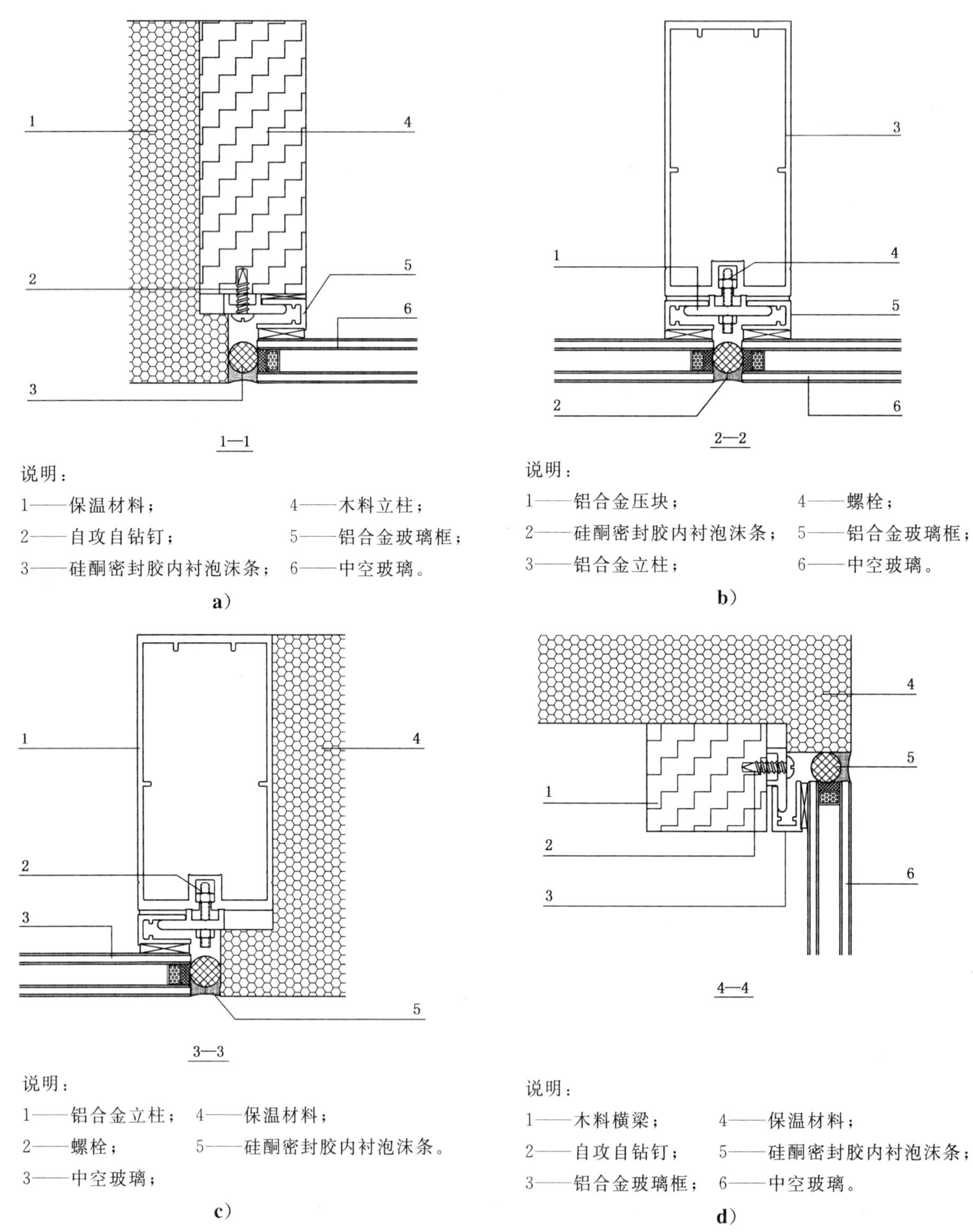

图 A.2 隐框构件式幕墙安装节点示意图

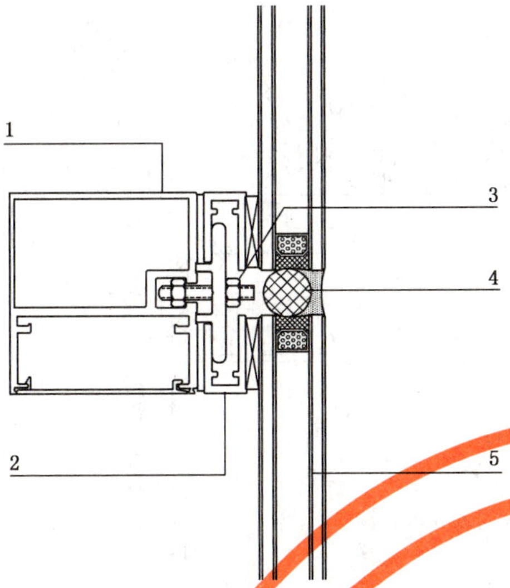

5—5

说明：

1——铝合金横梁；

2——铝合金玻璃框；

3——螺栓；

4——硅酮密封胶内衬泡沫条；

5——中空玻璃。

e)

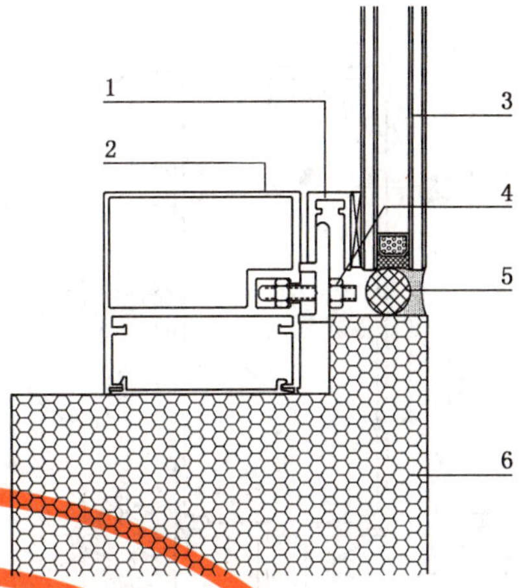

6—6

说明：

1——铝合金玻璃框；

2——铝合金横梁；

3——中空玻璃；

4——螺栓；

5——硅酮密封胶内衬泡沫条；

6——保温材料。

f)

图 A.2（续）

A.3.2 明框构件式幕墙

明框构件式幕墙安装节点示意图见图 A.3，具体节点构造以实际工程为准。

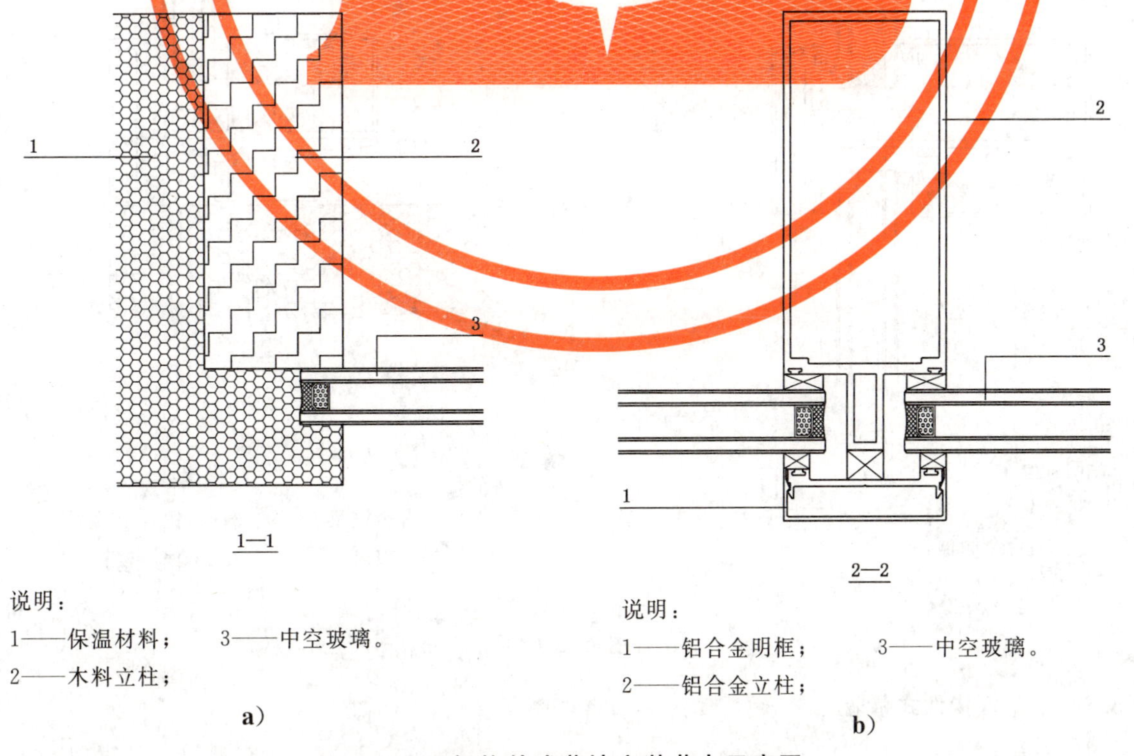

说明：

1——保温材料；

2——木料立柱；

3——中空玻璃。

a)

说明：

1——铝合金明框；

2——铝合金立柱；

3——中空玻璃。

b)

图 A.3 明框构件式幕墙安装节点示意图

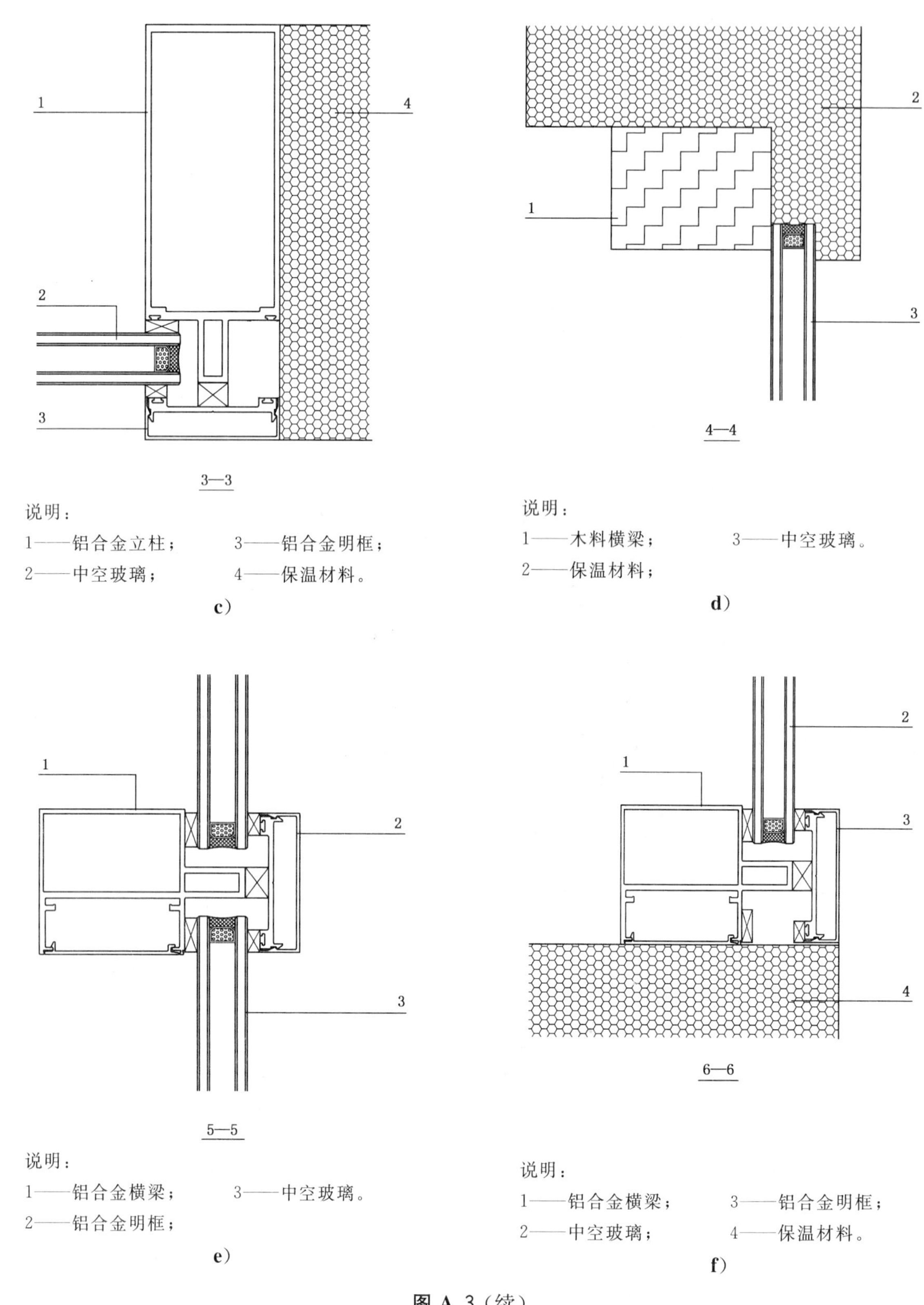

说明：
1——铝合金立柱； 3——铝合金明框；
2——中空玻璃； 4——保温材料。

c)

说明：
1——木料横梁； 3——中空玻璃。
2——保温材料；

d)

说明：
1——铝合金横梁； 3——中空玻璃。
2——铝合金明框；

e)

说明：
1——铝合金横梁； 3——铝合金明框；
2——中空玻璃； 4——保温材料。

f)

图 A.3（续）

A.3.3 半隐框构件式幕墙

半隐框构件式幕墙安装节点可根据实际工程情况，参照 A.3.1 和 A.3.2 执行。

A.4 单元式幕墙安装节点

A.4.1 隐框单元式幕墙

隐框单元式幕墙安装节点示意图见图 A.4，具体节点构造以实际工程为准。

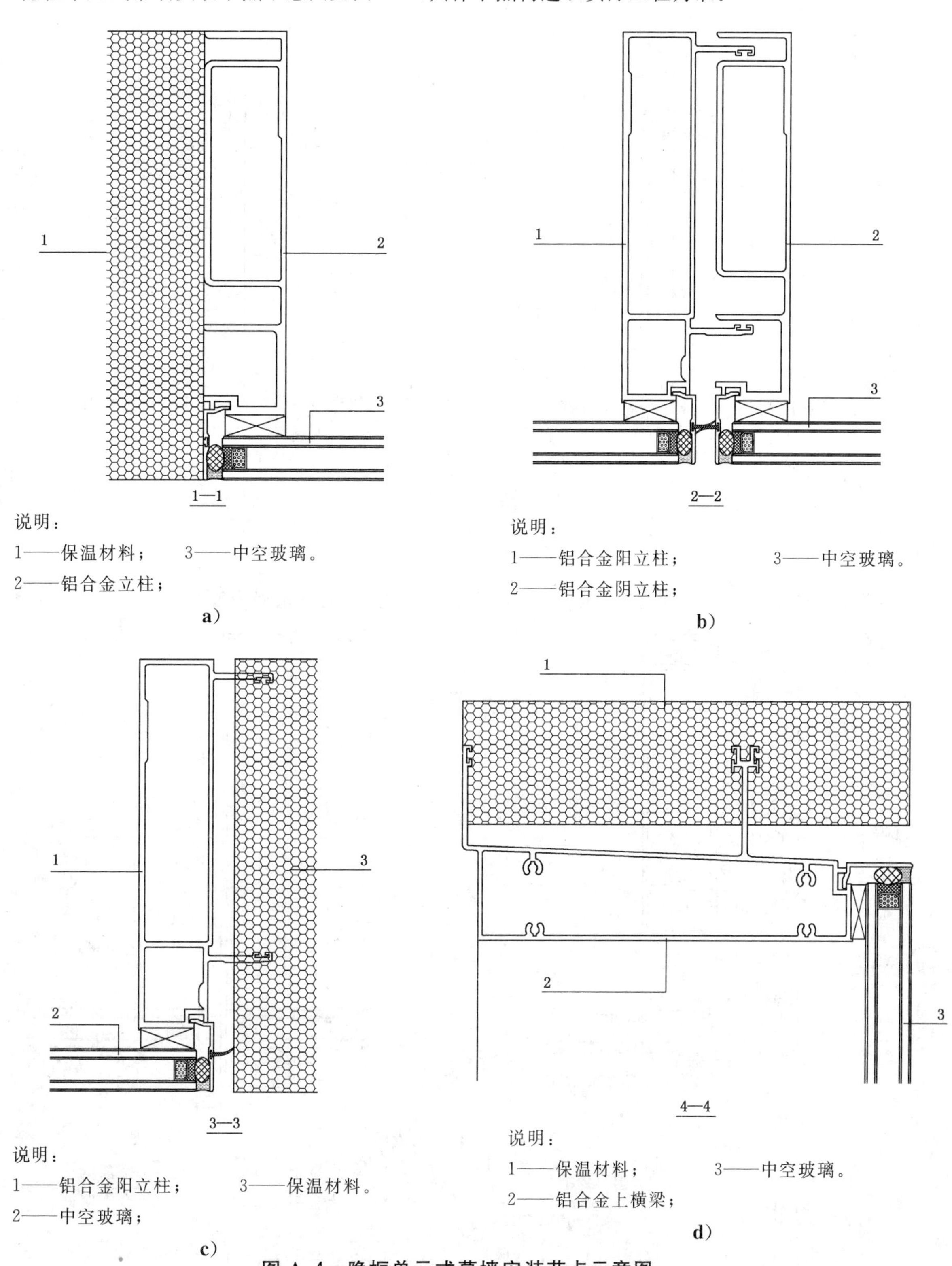

图 A.4 隐框单元式幕墙安装节点示意图

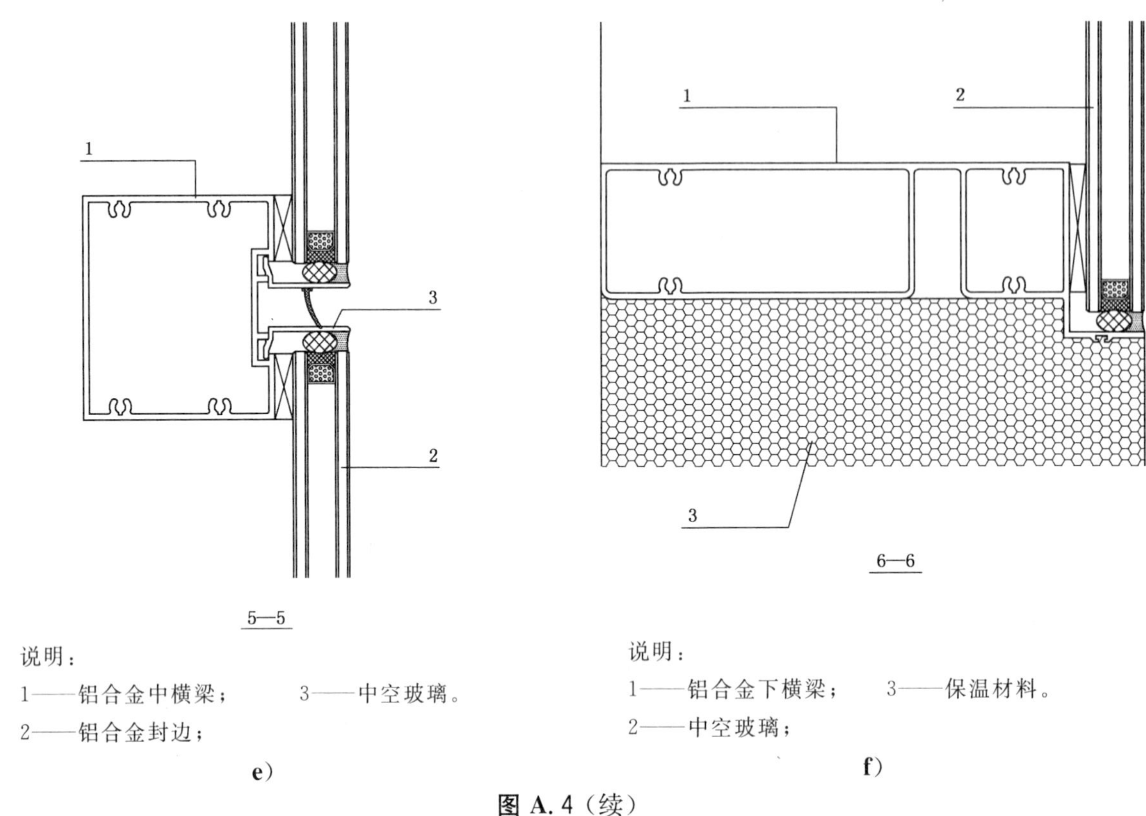

说明：

1——铝合金中横梁；　　3——中空玻璃。

2——铝合金封边；

e)

说明：

1——铝合金下横梁；　　3——保温材料。

2——中空玻璃；

f)

图 A.4（续）

A.4.2 明框单元式幕墙

明框单元式幕墙安装节点示意图见图 A.5，具体节点构造以实际工程为准。

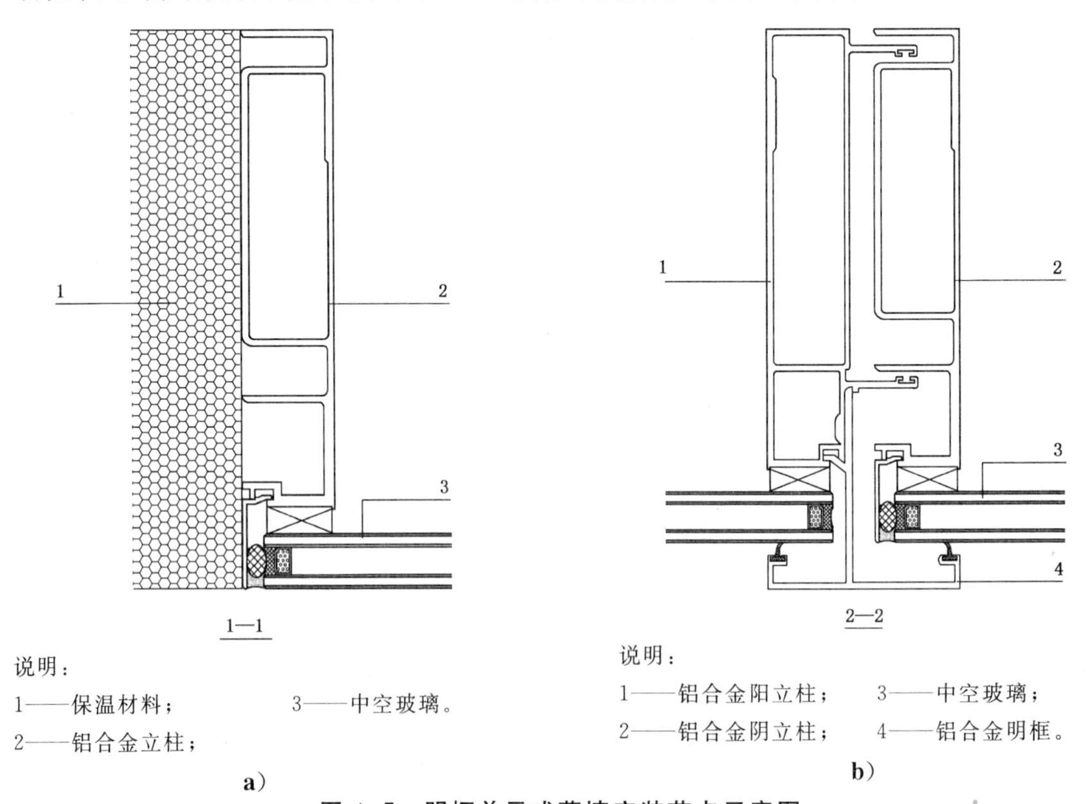

说明：

1——保温材料；　　3——中空玻璃。

2——铝合金立柱；

a)

说明：

1——铝合金阳立柱；　　3——中空玻璃；

2——铝合金阴立柱；　　4——铝合金明框。

b)

图 A.5 明框单元式幕墙安装节点示意图

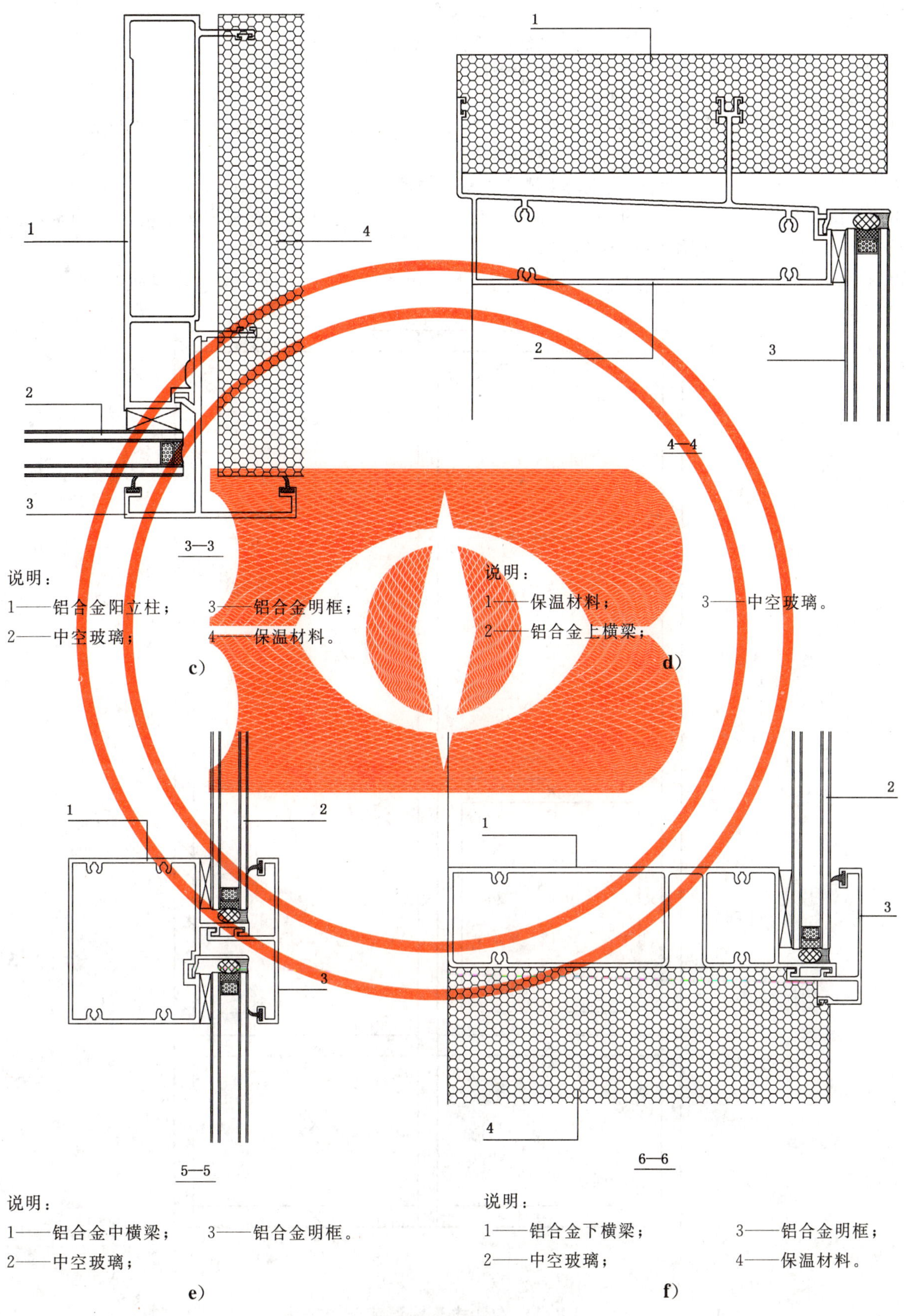

说明：

1——铝合金阳立柱；　3——铝合金明框；

2——中空玻璃；　4——保温材料。

c）

说明：

1——保温材料；　3——中空玻璃。

2——铝合金上横梁；

d）

说明：

1——铝合金中横梁；　3——铝合金明框。

2——中空玻璃；

e）

说明：

1——铝合金下横梁；　3——铝合金明框；

2——中空玻璃；　4——保温材料。

f）

图 A.5（续）

附 录 B
（规范性附录）
抗结露因子试验测点设置

B.1 抗结露因子试验中，玻璃幕墙试件热侧表面共设置20个温度测点。其中，试件的框架热侧表面和玻璃热侧表面分别布置14个温度测点和6个温度测点。

B.2 应根据试件的不同分格，确定温度测点设置的位置(见图B.1和图B.2)。

B.3 试件的固定框和开启扇框架上均应布置温度测点。温度测点布置根据边框的尺寸确定，边框转角处测点宜距上、下边框为150 mm(或300 mm)。

B.4 试件玻璃上温度测点设置应考虑玻璃中心及转角部位。玻璃角部测点宜距边框15 mm。

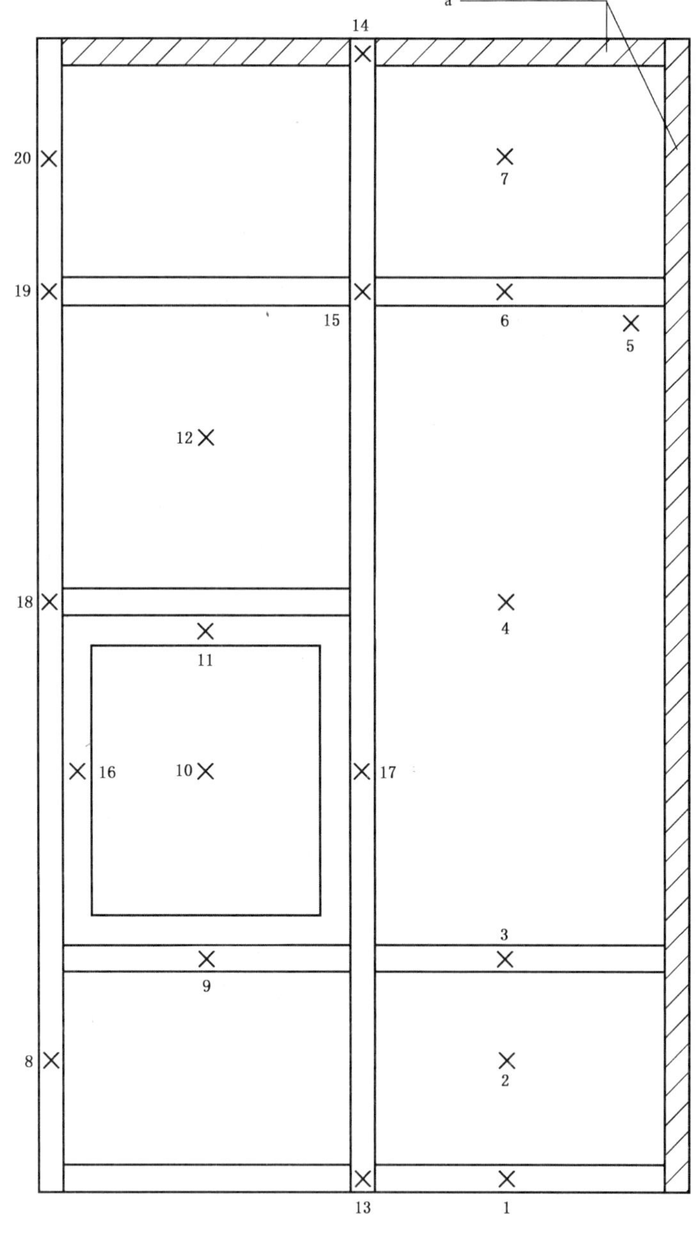

说明：
a——木料及其他同类材料。

图B.1 构件式幕墙温度测点布置

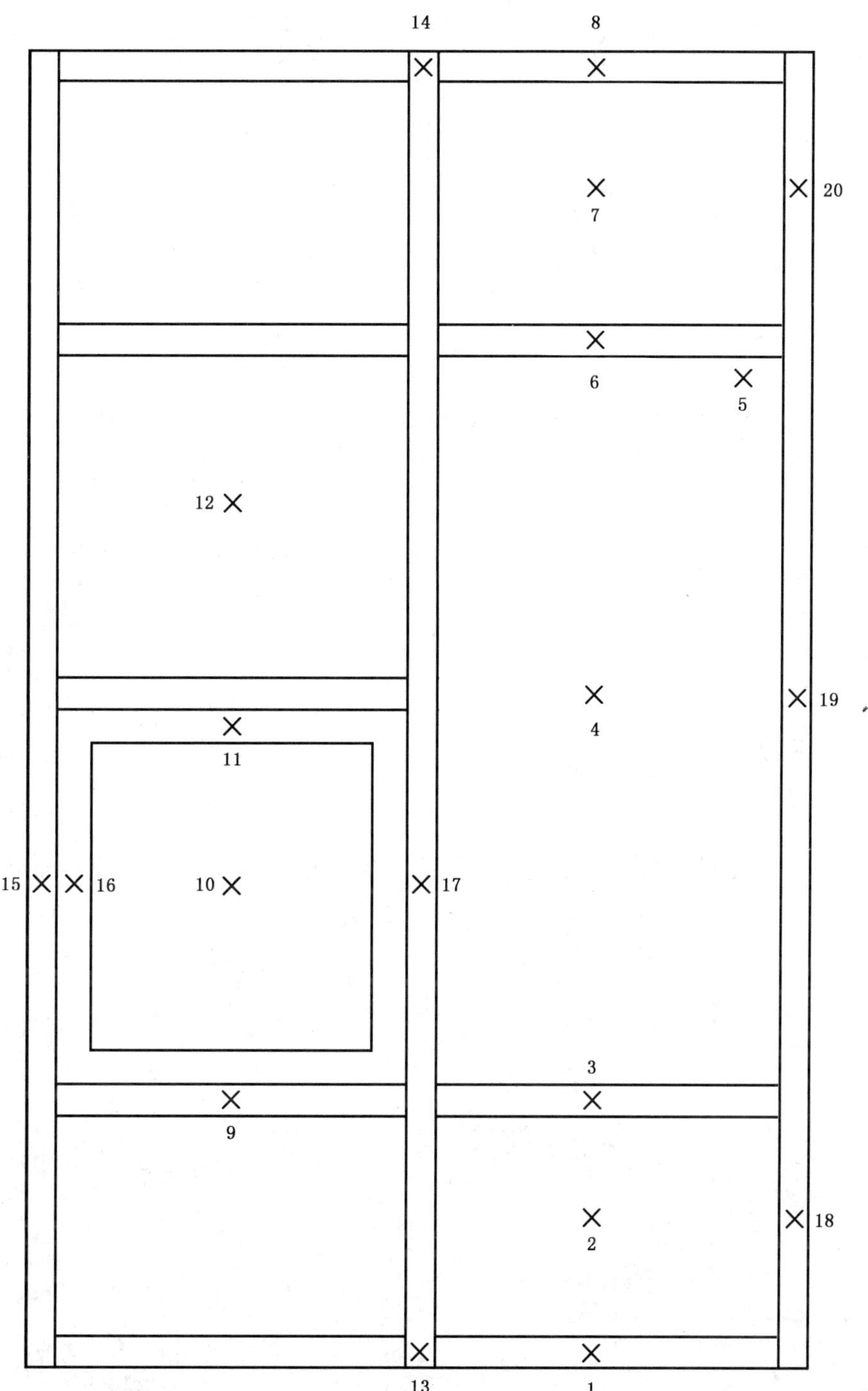

图 B.2 单元式幕墙测点布置

ICS 91.140.01
P 45

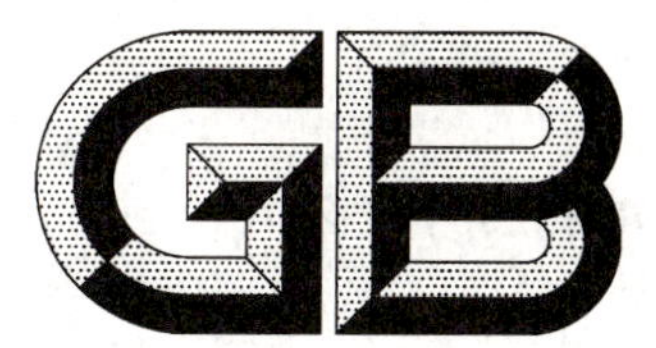

中华人民共和国国家标准

GB/T 29044—2012

采暖空调系统水质

Water quality for heating and air conditioning systems

2012-12-31 发布　　2013-09-01 实施

中华人民共和国国家质量监督检验检疫总局
中国国家标准化管理委员会　发布

前　言

本标准按照 GB/T 1.1—2009 给出的规则起草。

本标准由中华人民共和国住房和城乡建设部提出。

本标准由全国暖通空调及净化设备标准化技术委员会(SAC/TC 143)归口。

本标准起草单位:中国建筑科学研究院、北京科净源科技股份有限公司、北京瑞沃特科技有限公司、中国建筑金属结构协会采暖散热器委员会、仲恺农业工程学院人工环境与控制研究所、吉林省建筑设计院有限责任公司、中国航空规划建设发展有限公司、中国建筑设计研究院机电专业设计研究院、陕西省锅炉压力容器检验所、兰州交通大学、清华大学、广州市重点公共建设项目管理办公室、北京科技大学材料科学与工程学院腐蚀与防护中心、中国疾病预防控制中心环境与健康相关产品安全所、现代设计集团华东建筑设计研究院有限公司、哈尔滨工业大学市政环境工程学院、广州市粤新工程技术有限公司、东莞市科达机电设备有限公司、森德(中国)暖通设备有限公司、北新集团建材股份有限公司、瑞特格(中国)有限公司、宁波宁兴金海水暖器材有限公司、旺达集团有限公司、意乐集团、意莎普·金泰格散热器(北京)有限公司、河南乾丰散热器有限公司、深圳市海川实业股份有限公司、北京中预华腾节能环保科技有限公司。

本标准主要起草人:汪传发、葛敬、黄维、戈秀领、宋为民、肖曰嵘、董重成、俞敖元、丁力行、王峰、宋孝春、马天榜、王三反、邱东、李晓刚、陈西平、辛军哲、杨光、郭大海、惠群、郭占庚、岑国辉、刘晓天、德卢卡、文会通、黄海波、管仲海、王煦茂、王贺、黄永衡、侯颖兵。

采暖空调系统水质

1 范围

本标准规定了采暖空调系统水质的术语和定义、要求及检验方法。

本标准适用于集中空调循环冷却水和循环冷水系统、直接蒸发和间接蒸发的冷却水系统，以及水温不超过95 ℃的集中供暖循环热水系统。

本标准不适用于空调加湿循环水系统。

2 规范性引用文件

下列文件对于本文件的应用是必不可少的。凡是注日期的引用文件，仅注日期的版本适用于本文件。凡不注日期的引用文件，其最新版本(包括所有的修改单)适用于本文件。

GB/T 1576 工业锅炉水质

GB/T 5750.2 生活饮用水标准检验方法 水样的采集与保存

GB/T 6904 工业循环冷却水及锅炉用水中pH的测定

GB/T 6908 锅炉用水和冷却水分析方法 电导率的测定

GB/T 11899 水质 硫酸盐的测定 重量法

GB/T 11911 水质 铁、锰的测定 火焰原子吸收分光光度法

GB/T 11914 水质 化学需氧量的测定 重铬酸盐法

GB/T 12157 工业循环冷却水和锅炉用水中溶解氧的测定

GB/T 13192 水质 有机磷农药的测定 气相色谱法

GB/T 13689 工业循环冷却水和锅炉用水中铜的测定

GB/T 14427 锅炉用水和冷却水分析方法 铁的测定

GB/T 14643.1 工业循环冷却水中菌藻的测定方法 第1部分：黏液形成菌的测定 平皿计数法

GB/T 15451 工业循环冷却水 总碱及酚酞碱度的测定

GB/T 15453 工业循环冷却水和锅炉用水中氯离子的测定

GB/T 15454 工业循环冷却水中钠、铵、钾、镁和钙离子的测定 离子色谱法

GB/T 15893.1 工业循环冷却水中浊度的测定 散射光法

CJ 343 污水排入城镇下水道水质标准

CJJ 34—2010 城镇供热管网设计规范

HJ 536 水质 氨氮的测定 水杨酸分光光度法

HJ 585 水质 游离氯和总氯的测定 *N*,*N*-二乙基-1,4-苯二胺滴定法

HJ 586 水质 游离氯和总氯的测定 *N*,*N*-二乙基-1,4-苯二胺分光光度法

3 术语和定义

下列术语和定义适用于本文件。

3.1

补充水 make-up water

为维持采暖空调循环水系统运行工作压力而补充进系统的水。

3.2

浓缩倍数 cycle of concentration

开式循环冷却水系统的循环水与补充水含盐量的比值。

3.3

集中空调间接供冷开式循环冷却水系统 indirect open circulating cooling water system for central air conditioning

循环冷却水与被冷却介质间接传热且循环冷却水与大气直接接触散热的集中空调循环冷却水系统。

3.4

集中空调间接供冷闭式循环冷却水系统 indirect closed circulating cooling water system for central air conditioning

循环冷却水与被冷却介质间接传热且循环冷却水与冷却介质为间接传热的集中空调循环冷却水系统。

3.5

直接蒸发式循环冷却水系统 circulating water system for direct-evaporative cooling

通过水的蒸发来冷却空气并加湿空气的循环冷却水系统。

3.6

间接蒸发式循环冷却水系统 circulating water system for indirect-evaporative cooling

通过水的蒸发来冷却空气,空气在被冷却时未被加湿的循环冷却水系统。

4 要求

4.1 集中空调间接供冷开式循环冷却水系统

4.1.1 集中空调间接供冷开式循环冷却水系统水质应符合表1的规定。

表1 集中空调间接供冷开式循环冷却水系统水质要求

检测项	单位	补充水	循环水
pH(25 ℃)		6.5~8.5	7.5~9.5
浊度	NTU	≤10	≤20
			≤10 (当换热设备为板式、翅片管式、螺旋板式)
电导率(25 ℃)	μS/cm	≤600	≤2 300
钙硬度(以 $CaCO_3$ 计)	mg/L	≤120	—
总碱度(以 $CaCO_3$ 计)	mg/L	≤200	≤600
钙硬度+总碱度(以 $CaCO_3$ 计)	mg/L	—	≤1 100
Cl^-	mg/L	≤100	≤500
总铁	mg/L	≤0.3	≤1.0
NH_3-N[a]	mg/L	≤5	≤10
游离氯	mg/L	0.05~0.2(管网末梢)	0.05~1.0(循环回水总管处)
COD_{cr}	mg/L	≤30	≤100
异养菌总数	个/mL	—	$\leqslant 1\times10^5$
有机磷(以P计)	mg/L	—	≤0.5

[a] 当补充水水源为地表水、地下水或再生水回用时,应对本指标项进行检测与控制。

4.1.2　当补充水水质超过本标准时，补充水应作相应的水质处理。

4.1.3　集中空调间接供冷开式循环冷却水系统应设置相应的循环水水质控制装置。

4.2　集中空调循环冷水系统

4.2.1　集中空调循环冷水系统水质应符合表2的规定。

表2　集中空调循环冷水系统水质要求

检测项	单位	补充水	循环水
pH(25 ℃)		7.5～9.5	7.5～10
浊度	NTU	≤5	≤10
电导率(25 ℃)	μS/cm	≤600	≤2 000
Cl^-	mg/L	≤250	≤250
总铁	mg/L	≤0.3	≤1.0
钙硬度(以 $CaCO_3$ 计)	mg/L	≤300	≤300
总碱度(以 $CaCO_3$ 计)	mg/L	≤200	≤500
溶解氧	mg/L	—	≤0.1
有机磷(以P计)	mg/L	—	≤0.5

4.2.2　当补充水水质超过本标准时，补充水应作相应的水质处理。

4.2.3　集中空调循环冷水系统应设置相应的循环水水质控制装置。

4.3　集中空调间接供冷闭式循环冷却水系统

4.3.1　集中空调间接供冷闭式循环冷却水系统水质应符合表3的规定。

表3　集中空调间接供冷闭式循环冷却水系统循环水及补充水水质要求

检测项	单位	补充水	循环水
pH(25 ℃)		7.5～9.5	7.5～10
浊度	NTU	≤5	≤10
电导率(25 ℃)	μS/cm	≤600	≤2 000
Cl^-	mg/L	≤250	≤250
总铁	mg/L	≤0.3	≤1.0
钙硬度(以 $CaCO_3$ 计)	mg/L	≤300	≤300
总碱度(以 $CaCO_3$ 计)	mg/L	≤200	≤500
溶解氧	mg/L	—	≤0.1
有机磷(以P计)	mg/L	—	≤0.5

4.3.2　当补充水水质超过本标准时，补充水应作相应的水质处理。

4.3.3　集中空调间接供冷闭式循环冷却水系统应设置相应的循环水水质控制装置。

4.4　蒸发式循环冷却水系统

4.4.1　蒸发式循环冷却水系统水质应符合表4的规定。

表 4 蒸发式循环冷却水系统水质要求

检测项	单位	直接蒸发式		间接蒸发式	
		补充水	循环水	补充水	循环水
pH(25 ℃)		6.5～8.5	7.0～9.5	6.5～8.5	7.0～9.5
浊度	NTU	≤3	≤3	≤3	≤5
电导率(25 ℃)	μS/cm	≤400	≤800	≤400	≤800
钙硬度(以 $CaCO_3$ 计)	mg/L	≤80	≤160	≤100	≤200
总碱度(以 $CaCO_3$ 计)	mg/L	≤150	≤300	≤200	≤400
Cl^-	mg/L	≤100	≤200	≤150	≤300
总铁	mg/L	≤0.3	≤1.0	≤0.3	≤1.0
硫酸根离子(以 SO_4^{2-} 计)	mg/L	≤250	≤500	≤250	≤500
NH_3-N[a]	mg/L	≤0.5	≤1.0	≤5	≤10
COD_{cr}[a]	mg/L	≤3	≤5	≤30	≤60
菌落总数	CFU/mL	≤100	≤100	—	—
异养菌总数	个/mL	—	—	—	$\leq 1\times10^5$
有机磷(以 P 计)	mg/L	—	—	—	≤0.5
[a] 当补充水水源为地表水、地下水或再生水回用时应对本指标项进行检测与控制。					

4.4.2 当补充水水质超过本标准时，补充水应作相应的水质处理。

4.4.3 蒸发式循环冷却水系统应设置相应的循环水水质控制装置。

4.5 采用散热器的集中供暖系统水质

4.5.1 采用散热器的集中供暖系统水质应符合表 5 规定。

表 5 采用散热器的集中供暖系统水质要求

检测项	单位	补充水	循环水	
pH(25 ℃)		7.0～12.0	钢制散热器	9.5～12.0
		8.0～10.0	铜质散热器	8.0～10.0
		6.5～8.5	铝制散热器	6.5～8.5
浊度	NTU	≤3	≤10	
电导率(25 ℃)	μS/cm	≤600	≤800	
Cl^-	mg/L	≤250	钢制散热器	≤250
		≤80(≤40[a])	AISI 304 不锈钢散热器	≤80(≤40[a])
		≤250	AISI 316 不锈钢散热器	≤250
		≤100	铜制散热器	≤100
		≤30	铝制散热器	≤30

表 5（续）

检测项	单位	补充水	循环水
总铁	mg/L	≤0.3	≤1.0
总铜	mg/L	—	≤0.1
钙硬度(以 $CaCO_3$ 计)	mg/L	≤80	≤80
溶解氧	mg/L	—	≤0.1(钢制散热器)
有机磷(以 P 计)	mg/L	—	≤0.5
[a] 当水温大于 80 ℃时，AISI 304 不锈钢材质散热器系统的循环水及补充水的氯离子浓度不宜大于 40 mg/L。			

4.5.2　当补充水水质超过本标准时，补充水应作相应的水质处理。

4.5.3　采用散热器的集中供暖系统应设置相应的循环水水质控制装置。

4.6　采用风机盘管的集中供暖水质

4.6.1　采用风机盘管的集中供暖水质应符合表 6 的规定。

表 6　采用风机盘管的集中供暖水质要求

检测项	单位	补充水	循环水
pH(25 ℃)		7.5～9.5	7.5～10
浊度	NTU	≤5	≤10
电导率(25 ℃)	μS/cm	≤600	≤2 000
Cl^-	mg/L	≤250	≤250
总铁	mg/L	≤0.3	≤1.0
钙硬度(以 $CaCO_3$ 计)	mg/L	≤80	≤80
钙硬度(以 $CaCO_3$ 计)	mg/L	≤300	≤300
总碱度(以 $CaCO_3$ 计)	mg/L	≤200	≤500
溶解氧	mg/L	—	≤0.1
有机磷(以 P 计)	mg/L	—	≤0.5

4.6.2　当补充水水质超过本标准时，补充水应作相应的水质处理。

4.6.3　采用风机盘管的集中供暖水系统应设置相应的循环水水质控制装置。

4.7　集中式直接供暖系统水质

4.7.1　集中式直接供暖系统的循环水水质应符合 GB/T 1576 要求，补充水水质应符合 CJJ 34—2010 中 4.3.1 的要求。

4.7.2　当补充水水质超过本标准时，补充水应作相应的水质处理。

4.7.3　集中式直接供暖系统应设置相应的循环水水质控制装置。

5 检验方法

5.1 取样

5.1.1 取样点的选择

5.1.1.1 集中空调循环冷却水系统取样点宜设置在冷凝器进水端。

5.1.1.2 集中空调循环冷水系统取样点宜设置在蒸发器进水端。

5.1.1.3 采暖循环水系统取样点宜设置在热交换设备进水端。

5.1.1.4 蒸发式循环冷却水系统取样点宜设置在冷却塔集水盘处。

5.1.1.5 补充水取样点宜设置在补充水总管的计量水表后。

5.1.2 取样要求

5.1.2.1 一般检测项目的采样容器可用无色硬质玻璃瓶或聚乙烯塑料瓶，在使用前应将其洗涤干净。玻璃瓶可用洗液浸泡，再用自来水和蒸馏水清洗干净备用；聚乙烯瓶可用10%的盐酸溶液浸泡，再用自来水和蒸馏水洗净。

5.1.2.2 测定溶解氧及生化需氧量应使用专用贮样容器，无机项目的贮样器可选用高密度聚乙烯或硬质玻璃器。

5.1.2.3 采集水样时，应先放水数分钟，使积留在取样水管中的杂质及陈旧水排除，然后取样。

5.1.2.4 取样器的安装和取样点的布置应根据系统工况、水质监督的要求（或试验要求）进行设计、制造、安装和布置，以保证采集的水样有充分代表性。

5.1.2.5 循环水、补充水的取样管及阀门等，应采用不锈钢等耐腐蚀性材料制造。

5.1.2.6 取样前应冲洗有关取样管道，并适当延长冲洗时间。冲洗后应隔1 h～2 h方可取样，以保证采集的水样有充分代表性。

5.2 水质的检测方法

水质的检测方法宜选用表7规定的方法，也可采用ISO方法体系等其他等效检测方法，但应进行适用性检验。

表7 水质检测项目和检测方法

序号	检测项目	检测方法	操作方法
1	pH(25 ℃)	电位法	GB/T 6904
2	钙硬度	离子色谱法	GB/T 15454
3	总碱度	滴定法	GB/T 15451
4	浊度	散射光法	GB/T 15893.1
5	电导率(25 ℃)	电极法	GB/T 6908
6	Cl^-	滴定法	GB/T 15453
7	硫酸根离子	重量法	GB/T 11899
8	总铁	1,10-菲罗啉分光光度法	GB/T 14427
		火焰原子吸收分光光度法	GB/T 11911
9	总铜	二乙基二硫代氨基甲酸钠分光光度法	GB/T 13689

表 7（续）

序号	检测项目	检测方法	操作方法
10	NH_3-N	水杨酸分光光度法	HJ 536
11	游离氯	*N*,*N*-二乙基-1,4-苯二胺滴定法	HJ 585
		N,*N*-二乙基-1,4-苯二胺分光光度法	HJ 586
12	溶解氧	碘量法	GB/T 12157
13	COD_{cr}	重铬酸盐法	GB/T 11914
14	菌落总数	平板菌落计数法	GB/T 5750.2
15	异养菌总数	平皿计数法	GB/T 14643.1
16	有机磷	气相色谱法	GB/T 13192

5.3 采暖空调系统水质合格判定

当采暖空调系统水质的检测项目均符合本标准规定时，可判定该系统的水质合格。若有一个检测项目不符合本标准规定，可判定该系统的水质不合格。

5.4 系统排水

当系统排水直接排入城镇下水道时，如检测的循环水运行水质超过 CJ 343 的规定值，应作深度处理，符合标准后排放。

5.5 检测项目和检测频率

水质检测项目和检测频率可参见附录 A。

附　录　A
（资料性附录）
水质检测项目和检测频率

A.1　水质检测项目和检测频率

采暖空调系统的水质检测项目和检测频率宜符合表 A.1 规定。

表 A.1　水质检测项目和检测频率

<table>
<tr><th>水样类别</th><th>检测项目</th><th>检测频率</th></tr>
<tr><td rowspan="12">补充水</td><td>pH(25 ℃)</td><td rowspan="12">在开机 7 d～10 d 内开始第一次检测，运行时每运行季度检测一次</td></tr>
<tr><td>电导率(25 ℃)</td></tr>
<tr><td>钙硬度</td></tr>
<tr><td>总碱度</td></tr>
<tr><td>Cl^-</td></tr>
<tr><td>浊度</td></tr>
<tr><td>硫酸根离子</td></tr>
<tr><td>总铁</td></tr>
<tr><td>NH_3-N</td></tr>
<tr><td>游离氯</td></tr>
<tr><td>COD_{cr}</td></tr>
<tr><td>菌落总数</td></tr>
<tr><td rowspan="17">循环水</td><td>pH(25 ℃)</td><td rowspan="2">在线实时监测</td></tr>
<tr><td>电导率(25 ℃)</td></tr>
<tr><td>浊度</td><td rowspan="15">在开机 7 d～10 d 内开始第一次检测，运行时每运行月度检测一次</td></tr>
<tr><td>Cl^-</td></tr>
<tr><td>钙硬度</td></tr>
<tr><td>总碱度</td></tr>
<tr><td>硫酸根离子</td></tr>
<tr><td>溶解氧</td></tr>
<tr><td>总铁</td></tr>
<tr><td>总铜</td></tr>
<tr><td>NH_3-N</td></tr>
<tr><td>游离氯</td></tr>
<tr><td>COD_{cr}</td></tr>
<tr><td>菌落总数</td></tr>
<tr><td>异养菌总数</td></tr>
<tr><td>有机磷</td></tr>
</table>

A.2 检验结果

当检验结果超出水质要求时，应立即重复测定，并增加检测频率。水质检验结果连续超标时，应查明原因，采取有效措施，防止系统运行不正常。

ICS 91.140.01
P 46

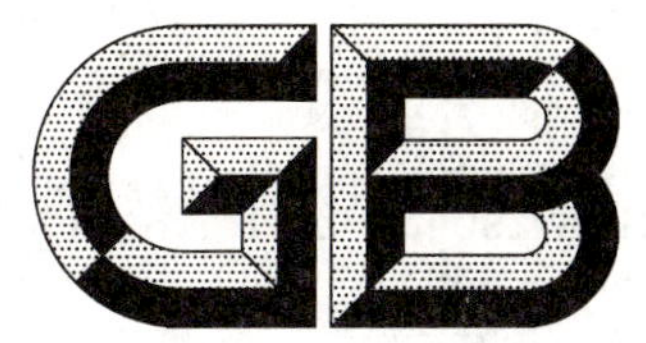

中华人民共和国国家标准

GB/T 29045—2012

预制轻薄型热水辐射供暖板

Thin prefabricated hot water radiant heating board

2012-12-31 发布　　2013-09-01 实施

中华人民共和国国家质量监督检验检疫总局
中国国家标准化管理委员会　发布

前 言

本标准按照 GB/T 1.1—2009 给出的规则起草。

本标准由中华人民共和国住房和城乡建设部提出。

本标准由全国暖通空调及净化设备标准化技术委员会(SAC/TC 143)归口。

本标准负责起草单位:北京市建设工程物资协会管材管件分会。

本标准参加起草单位:北京市建筑设计研究院、中国建筑科学研究院、清华大学、北京化工大学、中国建筑材料监督检验认证中心、国家建筑材料工业建筑五金水暖产品质量监督检验测试中心、河北日泰新型管业有限公司、北京中进管业有限公司、河北宝路科技发展有限公司、浙江华星管业有限公司、天津恒奇圣建筑工程有限公司、积水腾龙(北京)环境科技有限公司、武汉鸿图节能技术有限公司、北京温适宝科技发展有限公司、秦皇岛宏岳塑胶有限公司、湖南新王码环境科技有限公司、清本元国际能源技术发展(北京)有限公司、北京兴辉瑞泰商贸有限公司。

本标准主要起草人:曹越、徐绍宏、黄维、狄洪发、邹仲元、金继宗、王真杰、刘山生、林文、王巍、朱清国、王刚、王勇为、周仲良、李宗奇、宋建国、桂正茂、蒋建达、马君、王勇、许丽、张河。

预制轻薄型热水辐射供暖板

1 范围

本标准规定了预制轻薄型热水辐射供暖板(以下简称供暖板)的术语和定义,分类和型号,材料,要求,试验方法,检验规则,以及标志、包装、运输与贮存等。

本标准适用于安装在建筑地面、墙面和顶面的供暖板;其厚度不超过 13 mm,热媒温度不高于 60 ℃,工作压力不大于 0.6 MPa。

2 规范性引用文件

下列文件对于本文件的应用是必不可少的。凡是注日期的引用文件,仅注日期的版本适用于本文件。凡是不注日期的引用文件,其最新版本(包括所有的修改单)适用于本文件。

GB/T 1220 不锈钢棒

GB/T 2792 压敏胶粘带 180°剥离强度试验方法

GB/T 6342 泡沫塑料与橡胶 线性尺寸的测定

GB/T 8013.3—2007 铝及铝合金阳极氧化膜与有机聚合物膜 第 3 部分:有机聚合物喷涂膜

GB/T 8813 硬质泡沫塑料 压缩性能的测定

GB/T 10798 热塑性塑料管材通用壁厚表

GB/T 10801.1—2002 绝热用模塑聚苯乙烯泡沫塑料

GB/T 13808 铜及铜合金挤制棒

GB/T 18102 浸渍纸层压木质地板

GB 18583 室内装饰装修材料 胶粘剂中有害物质限量

GB/T 18992.2 冷热水用交联聚乙烯(PE-X)管道系统 第 2 部分:管材

GB/T 19473.2 冷热水用聚丁烯(PB)管道系统 第 2 部分:管材

CJ/T 175 冷热水用耐热聚乙烯(PE-RT)管道系统

3 术语和定义

下列术语和定义适用于本文件。

3.1

预制轻薄型热水辐射供暖板 thin prefabricated hot water radiant heating board

由保温基板、支撑龙骨(可选)、塑料加热管、粘接胶层、铝箔层和支路分集水器等组成的一体化供暖用薄板,其结构参见附录 A。

3.2

保温基板 insulating base board

一种带管槽的泡沫塑料板,既起保温作用又作为镶嵌塑料加热管的基层材料。

3.3

支撑龙骨 supporting keel

在供暖板内间隔设置、承担室内地面上荷载的条状构件。

3.4

加热管 heating plastic pipe

镶嵌在保温基板内、内通热水的塑料管。

3.5

铝箔层 aluminum foil

粘贴在已镶嵌塑料加热管和支撑龙骨的保温基板上表面、用于导热均温的铝箔构造。

3.6

支路分集水器 branch manifold

用于连接供暖板中各路供回水管和热源供回水管的分水集水装置。该部件包括主体(内设水流通道)和伸出的管道接头。分为暗装型和明装型,暗装型设置在供暖板成品中,明装型与供暖板分离设置。

3.7

供暖板的总散热量 total heat release of heating board

供暖板向上、下方向散热量的总和。

3.8

热源管 heat source pipe

连接主路分集水器与支路分集水器、用于向供暖板提供热源水的塑料管。

4 分类和型号

4.1 分类

4.1.1 供暖板按保温基板可分为带支撑龙骨型和不带支撑龙骨型。

4.1.2 供暖板按支路分集水器构造可分为暗装型和明装型。

4.1.3 供暖板按供暖板内加热管的材质可分为耐热聚乙烯(PE-RT)管、交联聚乙烯(PE-X)管、聚丁烯(PB)管。

4.1.4 供暖板按铝箔是否防腐可分为普通型和防腐型。

4.2 型号及示例

4.2.1 型号

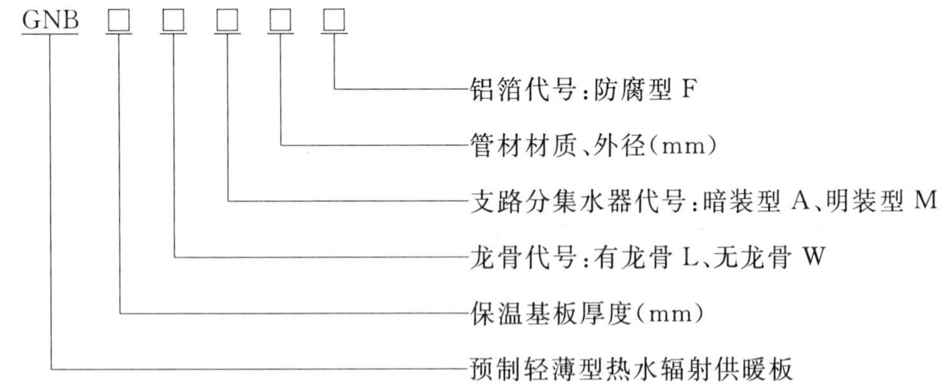

4.2.2 示例

GNB13LA(PERT 8)F:保温基板厚度为 13 mm,带支撑龙骨,支路分集水器为暗装,板内加热管管材为 PE-RT,管材外径为 8 mm,铝箔为防腐型的一种预制薄型辐射供暖板。

5 材料

5.1 除压缩应力外，保温基板的其他性能应符合 GB/T 10801.1—2002 中对Ⅲ类的规定。保温基板可采用表观密度不小于 35 kg/m^3 的聚苯乙烯泡沫塑料制作。

5.2 加热管管材可采用交联聚乙烯管、耐热聚乙烯管、聚丁烯管。交联聚乙烯管性能应符合 GB/T 18992.2的规定。聚丁烯管性能应符合 GB/T 19473.2 的规定。耐热聚乙烯(PE-RT)管性能应符合行业标准 CJ/T 175 的规定。

5.3 加热管管外径不应大于 8 mm，管道壁厚应按 GB/T 10798 规定的管材系列 S 值确定。交联聚乙烯(PE-X)管和耐热聚乙烯(PE-RT)管应按 S 值不大于 2.8 计算；聚丁烯(PB)管应按 S 值不大于 4.0 计算。

5.4 支撑龙骨材质可采用木材或塑木材料等，支撑龙骨不应有翘曲，应满足供暖板承载能力的要求。

5.5 支路分集水器采用黄铜材料时，应符合 GB/T 13808 的规定；采用不锈钢材料时，应符合 GB/T 1220的规定。

5.6 铝箔应采用纯铝制作，经过压延后其厚度不应小于 50 μm，且厚度应均匀。

5.7 防腐型铝箔表面喷涂的有机聚合物膜，应符合 GB/T 8013.3 的规定。

5.8 胶粘剂的环保性能应符合 GB 18583 的规定。

6 要求

6.1 外观和尺寸

6.1.1 供暖板表面应平整无明显凹陷。铝箔粘接应牢固无空鼓，无明显碰伤。支路分集水器应无碰伤。各支路管道与分集水器接口连接应无松动或脱落。

6.1.2 支撑龙骨厚度应略小于供暖板厚度，其厚度差不应大于 1.0 mm；供暖板中支撑龙骨间距不应大于 310 mm。

6.1.3 在一片保温基板中布置供回水加热管时，供水管和回水管间应隔排列，不应交叉和重叠。

6.1.4 支路分集水器的厚度与供暖板应相同，其接头尺寸应与加热管和热源管的管径和壁厚相匹配。

6.1.5 供暖板的标称厚度不应大于 13 mm，与标称厚度相比，不应有负偏差，正偏差不应大于 0.5 mm。

6.1.6 每片供暖板的尺寸与标称尺寸相比，其长宽尺寸正负偏差均不应大于 10 mm。

6.2 供暖板的散热量

6.2.1 在附录 B 的测试工况下，供暖板的总散热量不应低于产品的标称值。

6.2.2 在附录 B 的测试工况下，供暖板向下散热量不应超过总散热量的 25%。

6.3 工作压力

供暖板的工作压力不应低于产品的标称值。

6.4 供暖板的额定水流阻力

6.4.1 在附录 C 的测试工况下，供暖板的额定水流阻力不应大于 30 kPa。

6.4.2 在附录 C 的测试工况下，供暖板的额定水流阻力与产品标称值的偏差不应超过±10%。

6.5 压缩应力

在附录 D 的测试工况下，保温基板在相对形变为 10%时，压缩应力不应小于 200 kPa。

6.6 无支撑龙骨供暖板的地面承载能力

6.6.1 长期承载能力:在附录D的测试工况下,供暖板应能长期承受200 kPa的压缩应力。

6.6.2 短时承载能力:在附录D的测试工况下,供暖板应能短时承受800 kPa的压缩应力。

6.6.3 供暖板的承载能力与产品标称值相比,不应有负偏差。

6.7 耐砂浆腐蚀性能

防腐型铝箔的耐砂浆腐蚀性能按7.7的方法试验,试验后的涂层表面应无脱落或明显被腐蚀痕迹。

6.8 剥离强度

铝箔与保温基板之间的剥离强度不应小于0.7 kN/m。

6.9 支路分集水器

6.9.1 在7.9.1的试验条件下,管接头与加热管的连接应严密不漏水。

6.9.2 支路分集水器内各通路之间水力失调度应在0.9～1.2之间。

7 试验方法

7.1 外观和尺寸

产品的外观和尺寸应采用目测和手动测量的方式检查,供暖板线性尺寸的测量方法应符合GB/T 6342的要求。

7.2 供暖板的散热量

7.2.1 供暖板的总散热量应按附录B的规定进行测定。

7.2.2 供暖板的向下散热量应按附录B的规定进行测定。

7.3 供暖板的工作压力

对供暖板内的水流管道施加1.2倍工作压力的水压并保持压力5 min,供暖板不应有渗水或漏水现象。

7.4 供暖板的水流阻力

供暖板的水流阻力曲线和额定水流阻力应按附录C的规定进行测定。

7.5 保温基板的压缩性能

保温基板的压缩性能按附录D的规定进行试验。

7.6 无支撑龙骨供暖板的地面承载能力试验

无支撑龙骨供暖板的承载能力试验按附录D的规定进行试验。

7.7 防腐型铝箔的耐砂浆性

防腐性铝箔的耐砂浆腐蚀性能试验应按GB/T 8013.3—2007中耐砂浆性试验方法进行,试验后目视检查涂层表面。

7.8 粘接胶的粘接性能

铝箔与保温基板之间的剥离强度测试应按 GB/T 2792 的试验方法进行。

7.9 支路分集水器

7.9.1 供暖板内分集水器管接头与加热管的连接严密性试验应按下列要求，分别进行冷热水循环试验和耐拉拔试验：

a) 冷热水循环试验应按照附录 E 的规定进行；

b) 耐拉拔试验：交联聚乙烯(PE-X)管材应按 GB/T 18992.2、聚丁烯(PB)管材应按 GB/T 19473.2、耐热聚乙烯(PE-RT)管材应按 CJ/T 175 规定的耐拉拔试验要求进行试验，其中耐热聚乙烯(PE-RT)管材按管系列 S2.5 确定轴向拉力。

7.9.2 采用高于被测支路分集水器 1 m 以上的两个容器，将 10 L 水从分集水器热源供水口注入，在各个供水口以量杯接水，从注入开始到各供水口的水流完为止(滴水的间隔超过了 5 s)，然后将各量杯的水量数值与平均值相比，计算水力失调度。此后，再以同样方法试验支路分集水器回水管路之间的水力平衡性能。

8 检验规则

8.1 组批

同一工艺生产的供暖板作为一批，每批数量为 3 000 片，不足 3 000 片按一批计。一次交付可由一批或多批组成，交付时应注明批号，同一交付批号产品为一个交付检验批。

8.2 出厂检验

8.2.1 出厂检验项目按表 1 的规定执行。

8.2.2 产品应经生产厂质量检验部门检验合格，应有产品质量合格证。

表 1 检验规则

序号	检验项目	出厂检验	型式检验	技术要求条款	试验方法条款
1	外观和尺寸	√	√	6.1	7.1
2	供暖板的散热量		√	6.2.1	7.2.1
3	供暖板的向下散热量比例		√	6.2.2	7.2.2
4	供暖板工作压力	√	√	6.3	7.3
5	供暖板的水流阻力		√	6.4	7.4
6	保温基板的压缩应力		√[a]	6.5	7.5
7	无支撑龙骨供暖板的地面承载能力		√	6.6	7.6
8	防腐型铝箔的耐砂浆性		√	6.7	7.7
9	粘接胶的粘接性能		√	6.8	7.8
10	支路分集水器严密性试验		√[a]	6.9.1	7.9.1
11	支路分集水器水力平衡试验		√	6.9.2	7.9.2

[a] 该项目仅在新产品批量投产前或产品的结构、制造工艺、材料等更改对产品性能有影响时进行检测。

8.3 型式检验

8.3.1 凡有下列情况之一时,应进行型式检验:

a) 新产品批量投产前;

b) 产品在设计、工艺、材料上有较大改变时;

c) 停产满一年再次生产时;

d) 正常生产时每两年进行一次;

e) 出厂检验结果与上次型式检验有较大差异时;

f) 国家质量监督部门提出要求时。

8.3.2 型式检验项目应按表1规定项目进行。

8.3.3 检验判定原则

所有型式检验项目合格为型式检验合格。型式检验有一项不合格时,则随机抽取双倍样品,进行该项复检,若仍不合格,则判定该批为不合格批。型式检验不合格,应停止产品出厂,直到型式检验合格为止。

9 标志、包装、运输与贮存

9.1 标志

9.1.1 供暖板铝箔表面应粘贴牢固的标记,标记不得造成供暖板出现损伤。其内容应包括:

a) 产品名称和规格尺寸;

b) 总散热量和向上散热量比例、工作压力、工作温度;

c) 厂名和商标;

d) 生产日期。

9.2 包装

9.2.1 供暖板应按相同规格装入包装箱内并封口,包装方法应保证产品在正常运输中不被损坏。每个包装箱重量不宜超过25 kg,也可根据用户要求协商确定。

9.2.2 外包装上至少应有下列标记:

a) 生产厂名、厂址和商标;

b) 名称及其采用的管材;

c) 产品规格尺寸和数量;

d) 生产日期和产品批号。

9.2.3 包装箱内应附有使用说明书和产品合格证。

9.2.4 产品使用说明书内容:

a) 产品采用的标准名称;

b) 产品名称、规格、特点及用途等;

c) 主要技术性能参数:

- 规格尺寸;
- 加热管的材质、管径和地暖板的加热管回路数;
- 标准测试工况下,供暖板的总散热量和向上散热量比例;
- 标准测试工况下,供暖板的工作压力;
- 标准测试工况下,供暖板的额定水流阻力和水流阻力曲线或局部阻力系数;
- 标准测试工况下,供暖板的地面承载能力;
- 安装说明、使用要求;

● 维护保养、注意事项以及修复问题的处理等。

9.2.5 产品合格证内容：

a) 制造厂名和出厂日期；

b) 产品规格尺寸；

c) 执行标准号；

d) 产品编号、合格证号、检验日期和检验员标记。

9.3 运输

供暖板在装卸和运输时，不得抛掷、暴晒、重压和损伤。

9.4 贮存

供暖板应合理堆放于室内库房，远离热源，防止阳光照射，不得露天存放。

附　录　A
（资料性附录）
供暖板的结构

A.1　供暖板的结构

供暖板的结构示意图见图 A.1 和图 A.2。

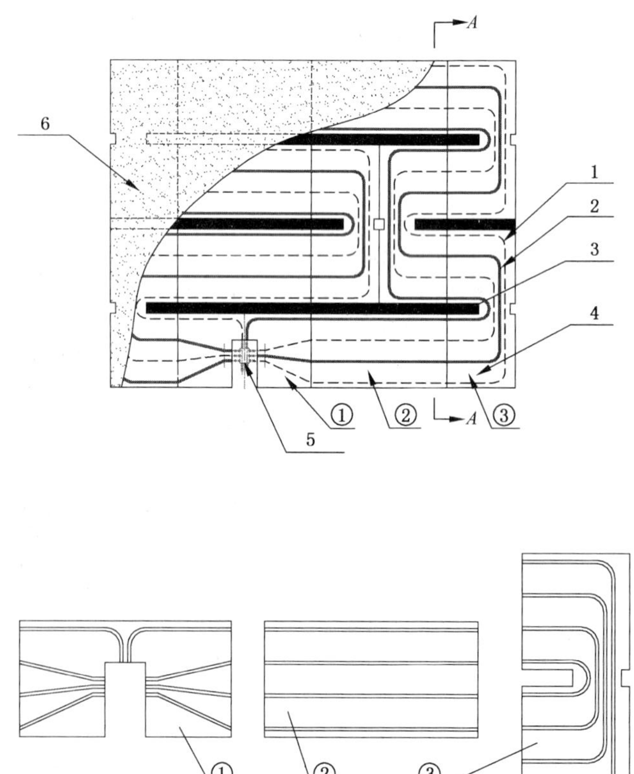

说明：
1——加热管(供水端)；
2——加热管(回水端)；
3——支撑龙骨；
4——保温基板(由基本单元①、②、③组成)；
5——支路分集水器；
6——铝箔。

图 A.1　供暖板平面示意图

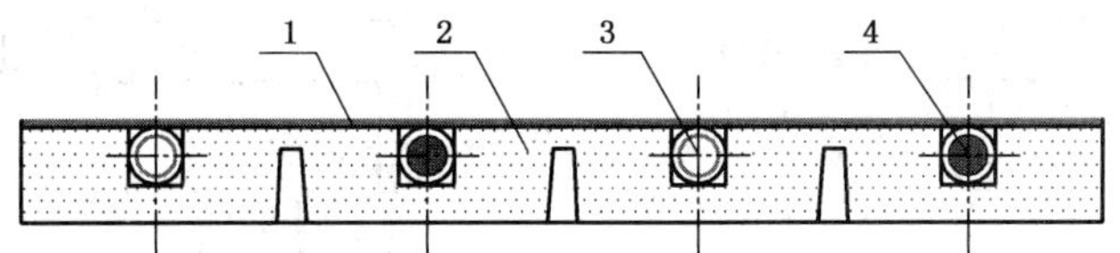

说明：

1——铝箔；

2——保温基板；

3——加热管(供水)；

4——加热管(回水)。

图 A.2 保温基板(基本单元②)的 A-A 剖面示意图

A.2 支路分集水器

支路分集水器的结构示意图见图 A.3 和图 A.4。

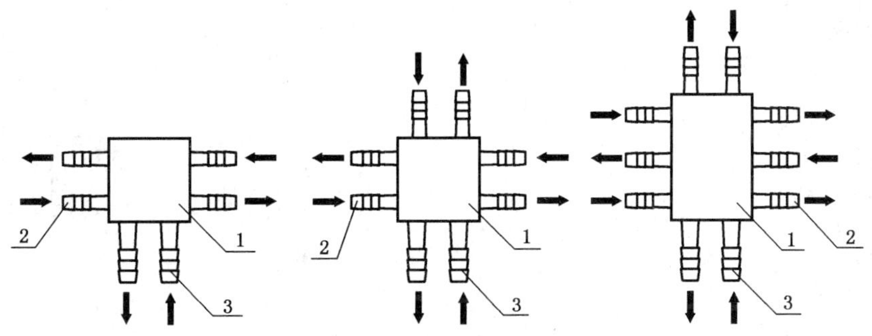

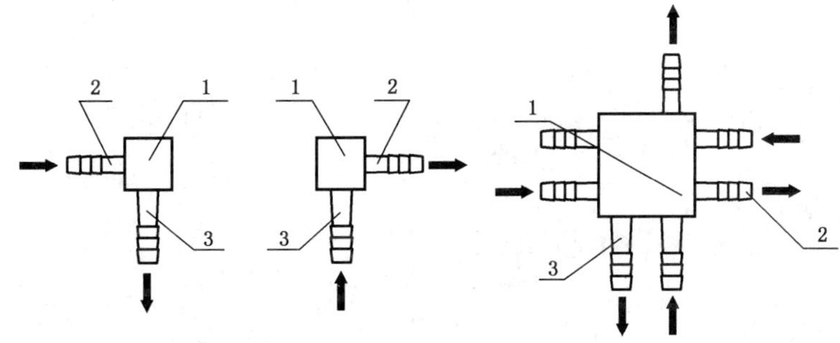

说明：

1——主体；

2——供暖板内加热管接头；

3——热源供回水管接头。

图 A.3 暗装型支路分集水器示意图

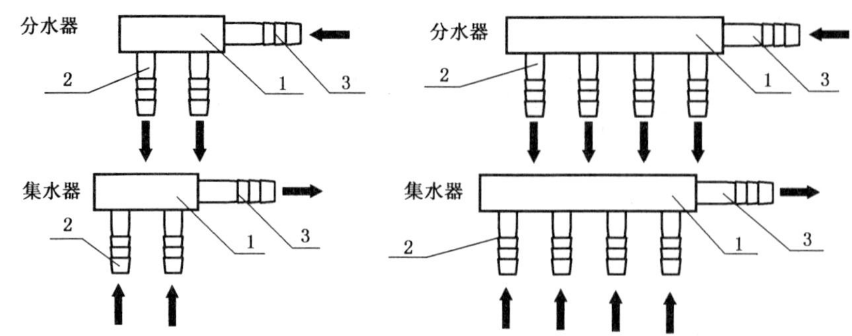

说明：

1——主体；

2——供暖板内加热管接头；

3——热源供回水管接头。

图 A.4 明装型支路分、集水器示意图

附 录 B
（规范性附录）
供暖板散热量的测定方法

B.1 测试系统配置和测试方法

B.1.1 测试目的

利用本测试方法可以测定供暖板的总散热量和供暖板向上散热量占总散热量的比例。

B.1.2 测试装置

测试装置示意图如图 B.1 所示。

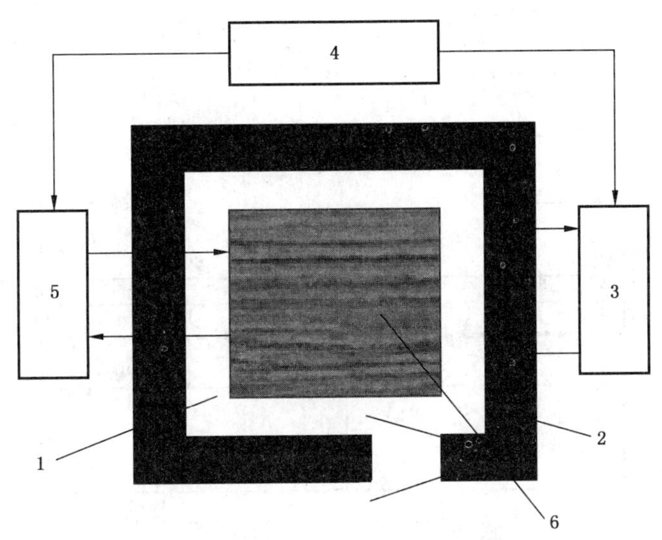

说明：
1——安装供暖板的闭式小室；
2——小室六个壁面外的循环空气夹层；
3——冷却夹层内循环空气夹层循环处理装置；
4——检测和控制的仪表及设备；
5——供给被测试供暖板能量的热媒循环系统；
6——测试样品。

图 B.1 测试装置示意图

B.1.3 闭式小室的要求

B.1.3.1 小室内部的净尺寸为：长度(4.0±0.2)m；宽度(4.0±0.2)m；高度(2.8±0.2)m。

B.1.3.2 小室在测试过程中均应保持气密且小室内壁面不应结露。

B.1.3.3 小室的内表面应涂非金属亚光涂料，其发射率不应小于 0.9。

B.1.3.4 小室采用空气冷却时，其构造应符合下列要求：

a) 小室周围应设夹层，夹层内应维持稳定的温度环境；

b) 夹层外围护层的墙、屋顶和地面总热阻不应小于 1.73 $m^2 \cdot K/W$；

c) 小室门应直接对着夹层外门,夹层外门应气密,并宜具有和夹层墙相同的热阻;

d) 小室的四壁、门、屋顶和地面的热阻偏差应小于20%;

e) 夹层内由可控温的送回风系统形成的循环空气,使小室的六个面得到均匀冷却。夹层的宽度不得小于0.3 m,宜为0.5 m;夹层内冷却空气的平均流速宜为0.1 m/s~0.5 m/s。

B.1.4 供暖板及其铺设

B.1.4.1 供暖板铺设形式应符合下列要求:

a) 供暖板边长为3.0 m~3.2 m,在闭式小室内居中对称铺设;

b) 测试时由下至上分别铺设支架、基础层、供暖板、装饰面层,如图B.2所示。

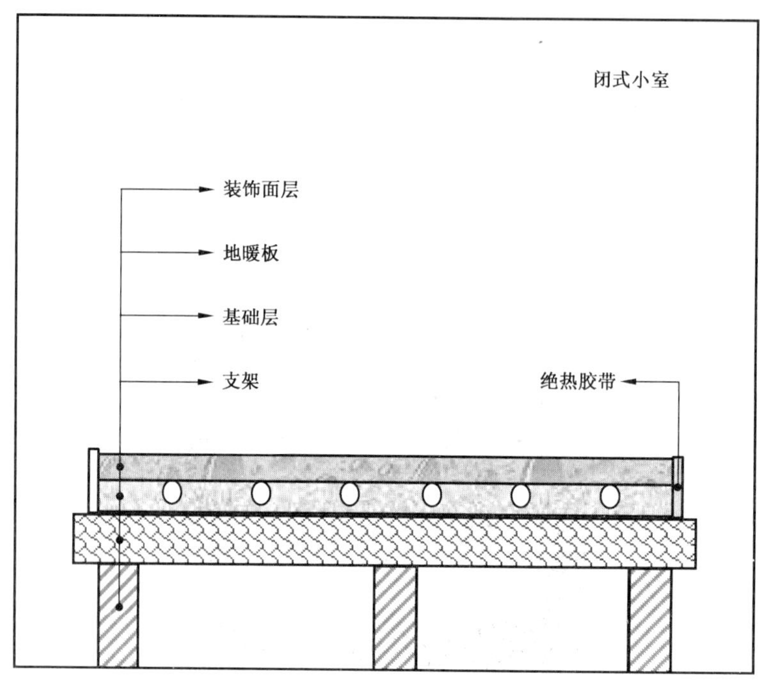

图 B.2 供暖板安装示意图

B.1.4.2 试验材料应符合下列要求:

a) 支架采用木质材料,高度30 cm±2 cm;

b) 基础层应水平放置,材料为3层以上的优等品细木工板,尺寸为3.2 m×3.2 m,含水率6.0%~14.0%,翘曲度不超过1.0 mm/m,其热阻值为0.10 m^2·K/W~0.11 m^2·K/W;

c) 装饰面层为12 mm厚的浸渍纸层压木质地板;

d) 供暖板和绝热胶带由测试委托方提供,绝热胶带在供暖板四周粘紧;

e) 供暖板与基础层、装饰面层应紧密接触;

f) 与基础层相互接触的支架面积不超过基础层面积的3%。

B.1.5 闭式小室内各参数测量

B.1.5.1 空气温度测点应符合下列要求:

a) 在小室的中心轴线上温度测点的布置及其测量误差应符合:

- 基准点空气温度,距地1.5 m,测量误差不应超过±0.1 ℃;
- 其他点温度,距地1.5 m及距顶面0.05 m共两点,测量误差不应超过±0.2 ℃;

b) 在每条距两面相邻墙1.0 m处的垂直线上,离地面0.75 m、1.50 m高的两点(共8个点)宜设置温度测点，测量误差不应超过±0.2 ℃。

B.1.5.2 小室六个内表面的中心点表面温度的测量误差不应超过±0.2 ℃。

B.1.5.3 其他参数的测量应符合下列要求：

a) 小室内空气的相对湿度，测量误差不应超过±5%；

b) 采用空气冷却时夹层内的空气温度，测量误差不应超过±0.5 ℃；

c) 大气压力，测量误差不应超过±0.1 kPa。

B.1.5.4 热媒循环系统参数的测量应符合下列要求：

a) 供暖板进口和出口的水温，测量误差不应超过±0.1 ℃。

b) 水的质量流量宜采用称重法测量。当采用其他方法测量水流量时，该方法应能用称重法验证，测量误差不应超过±0.5%。

B.1.5.5 供暖板向下散热量测量应符合下列要求：

a) 在基础层的下表面紧密粘贴 9 个热流计，布点如图 B.3 所示；

b) 热流计不确定度为 5%。

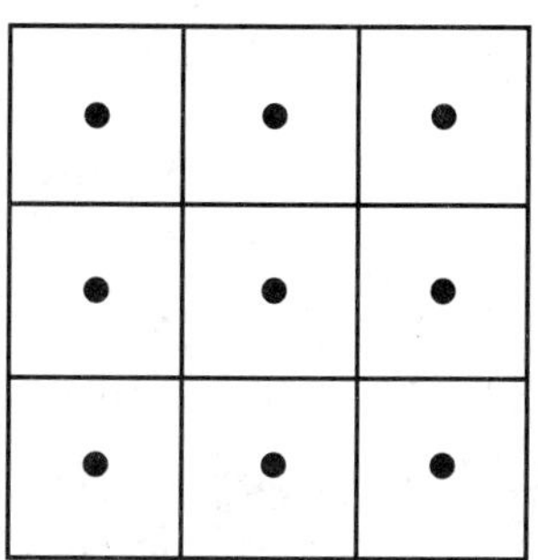

图 B.3 热流计布点仰视图

B.2 测试方法

B.2.1 标准测试工况

B.2.1.1 标准测试工况应为：基准点空气温度 18 ℃，小室大气压力为标准大气压力，供暖板进口水温为 60 ℃，供回水温差为 10 ℃时的测试工况。

B.2.1.2 在标准测试工况下，供暖板的总散热量应通过测量流过供暖板的热媒质量流量（称重法）和供暖板进出口的焓差来确定。

B.2.2 供暖板的总散热量测量和计算

供暖板的总散热量由式（B.1）、式（B.2）计算：

$$Q_t = G_m(h_1 - h_2) \qquad \text{(B.1)}$$

$$G_m = m/\tau \qquad \text{(B.2)}$$

式中：

Q_t ——供暖板的总散热量，W；

G_m ——通过供暖板的水的质量流量，kg/s；

h_1，h_2——供暖板进出口比焓，J/kg，根据测量到的供暖板进出口温度 t_1 和 t_2，通过查 100 kPa 压力下的水的物性参数表得到该比焓；

m ——集水容器中水的质量，kg；

τ ——集水容器收集水的采样时长，s。

B.2.3 供暖板向下散热量的测量和计算

供暖板向下散热量由式(B.3)计算：

$$Q_d = q_d S \qquad \text{(B.3)}$$

式中：

Q_d ——供暖板向下散热量，W；

q_d ——9 个热流计测定的平均热流密度，W/m^2；

S ——供暖板的面积，m^2。

B.2.4 大气压力修正

当测试小室大气压力与标准大气压力 $p=101.3$ kPa 有偏离时，应按式(B.4)、式(B.5)计算散热量：

$$Q_t = Q'_t \times \alpha \qquad \text{(B.4)}$$

$$Q_d = Q'_d \times \alpha \qquad \text{(B.5)}$$

式中：

Q_t ——供暖板总散热量，W；

Q_d ——供暖板向下散热量，W；

Q'_t ——根据式(B.1)测量值计算得出的总散热量，W；

Q'_d ——根据式(B.3)测量值计算得出的向下散热量，W；

α ——标准大气压力条件下的总散热量修正系数。

$$\alpha = 1 + \beta(p_0 - p)/p_0 \qquad \text{(B.6)}$$

式中：

β ——系数，取 0.3；

p ——测试小室的平均大气压力，kPa；

p_0——标准大气压力，101.3 kPa。

B.2.5 供暖板向上的散热量比例

$$R = \frac{Q_t - Q_d}{Q_t} = 1 - \frac{Q_d}{Q_t} \qquad \text{(B.7)}$$

式中：

Q_t——由式(B.1)或式(B.4)计算得到的供暖板总散热量；

Q_d——由式(B.3)或式(B.5)计算得到的供暖板向下散热量。

B.2.6 测试工况

B.2.6.1 供暖板进出口的热水温差为 10 ℃，供水温度分别为 60 ℃、50 ℃和 40 ℃的三种工况下，测试供暖板总散热量和向下散热量。

B.2.6.2 水的质量流量偏差不应大于±2%。

B.2.6.3 不同工况间基准点空气温度应维持在 18 ℃，波动值不超过±1 ℃。

B.2.7 稳态条件

B.2.7.1 应通过自控系统对相关参数进行定时监测，当在至少 30 min 内得到的所有读数(至少 10 组)与平均值的最大偏差小于下列范围时，可以认为达到稳态条件：

a) 热媒循环系统的稳态条件如下：

测试参数	与平均值的最大偏差
流　　量	±1%
温　　度	±0.1 ℃

b) 测试装置环境的稳态条件如下：

测试参数	与平均值的最大偏差
各壁面中心温度	±0.3 ℃
基准点温度	±0.1 ℃

B.2.7.2 在测试过程中热媒循环系统和测试装置环境都应保持稳态条件。

B.2.8 测试时间及记录

在确定热媒管路和测试装置在某一状态下已达到稳定要求后，在等时间间隔上连续进行10次测试，其总时间不得小于0.5 h。要求测量的热媒和小室的数据包括温度、流量、热流密度应予记录。

在证实记录值符合所要求的偏差范围内之后(包括稳态条件)，便可采用平均值计算地暖板的散热量。

B.2.9 测试报告

B.2.9.1 测试实验室应根据本方法规定的测试程序和计算方法出具测试报告。

B.2.9.2 测定报告应包括下列各项：

a) 三种工况下的进出口水温，空气基准点温度，流量，铝箔单位面积重量，总散热量和向上散热量比例；

b) 能反映被测供暖板构造、形状、主要尺寸及特点的照片或简图；

c) 注明被测供暖板制造材料、外形尺寸、连接方式及安装情况；

d) 样品安装中的任何非标准做法；

e) 不符合本方法规定的测试项目及原因；

f) 测试人签章及测试日期。

附 录 C
（规范性附录）
供暖板额定水流阻力和水流阻力曲线的测定方法

C.1 测试方法

在供暖板内通入一定流量、一定温度的水，测定供暖板进出口之间的水流阻力。

C.2 测试装置

C.2.1 水流阻力实验装置如图 C.1 所示：

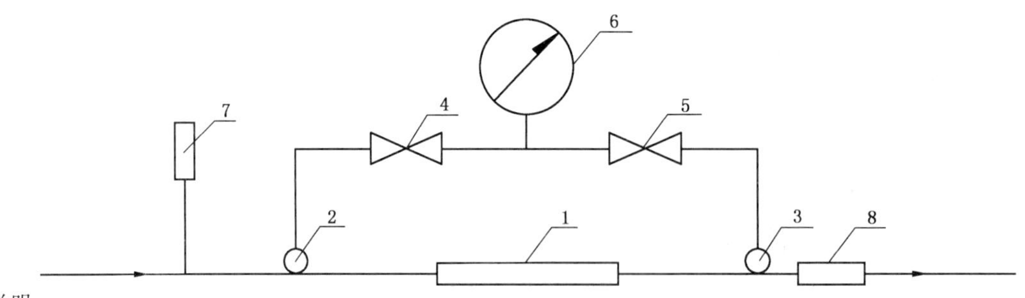

说明：

1——待测供暖板；
2——进口测压点；
3——出口测压点；
4、5——阀门；
6——压差变送器；
7——温度计；
8——流量计。

图 C.1 水流阻力实验装置示意图

C.3 仪表和仪器

C.3.1 压差变送器精度不应低于 1.5 级。
C.3.2 流量计精度不应低于 3 级。

C.4 试验条件

C.4.1 供暖板试样是带有支路分集水器的组装完整供暖板。
C.4.2 试验液体为常温清水。
C.4.3 所有测量均应在流量稳定的情况下进行，当在至少 5 min 内得到的所有读数(至少 3 组，间隔不小于 1 min)与平均值的最大偏差小于±1%，可以认为达到稳态条件。

C.5 测定方法

C.5.1 试验准备:在试验开始前,为了消除试验装置本身存在的压降,应在试验条件下将测压点短接校准试验台压降为0。

C.5.2 校准完毕后,将待测供暖板安装在试验台上,热媒从进口方向流入,两个测压点位置应靠近待测供暖板进、出口位置(管长不小于300 mm),测压孔直径为2 mm～6 mm(管、孔的内表面应光滑)。

C.5.3 额定水流阻力的测试

C.5.3.1 在稳定试验条件下,测出的供暖板在表C.1规定的额定流量下进出口之间的水流阻力。

表 C.1 额定流量

序号	供暖板面积/m^2	加热管回路	额定流量/(L/h·片)
1	9.0～8.1	4	96
2	8.0～7.3	4	80
3	7.2～5.5	4	72
4	5.4～3.6	4	60
5	5.4～3.7	2	48
6	3.6～3.0	2	36
7	<3.0	1	24

C.5.3.2 水流阻力曲线的测试方法:

至少测7点不同流量下的供暖板进出口之间的水流阻力值,从大流量开始逐渐调至小流量,流量变化率为0.005 m^3/h左右,中间点为表C.1规定的额定流量,由各水流阻力值连接绘制成水流阻力曲线。

C.6 试验报告

试验报告应包含如下内容:

a) 产品名称和标记;

b) 产品生产企业名称;

c) 试样数量、编号、尺寸;

d) 试验结果:测试完毕后,给出水流阻力曲线或局部阻力系数;

e) 试验日期。

附 录 D
（规范性附录）
供暖板承载能力和压缩性能的试验方法

D.1 保温基板的压缩性能

D.1.1 保温基板的压缩性能应按 GB/T 8813 的规定试验。

D.1.2 试样的厚度应基材厚度相同，受压面应为(100±1)mm×(100±1)mm 的正四棱柱试样。

D.1.3 试样数量应为 9 个，应分别从 3 块供暖板基材上切取。

D.1.4 试验结果应为 9 个试样的平均值。

D.2 无支撑龙骨供暖板的短时承载能力试验

D.2.1 设备

试验设备应符合 GB/T 8813 的要求。压头直径为 $\phi40$ mm 圆柱体，压头的位置在承压托板的上方中心，压头平面平行于承压托板。承压托板为不会变形的方形钢板，托板的边长应大于受压的供暖板试样。

D.2.2 试样

供暖板试样的表层材料应符合 GB/T 18102 的性能要求，板厚应为 12 mm 的木质地板，试样数量应为 5 个。

D.2.3 测定方法

压头施力位置应位于试样的中心，压头加载预负荷 50 N 并调节形变位移为零点。

试验加荷速度应为 1.5 mm/min，应在试样受压处形变为 1.0 mm 时记录受力值 F。

D.2.4 结果表示

D.2.4.1 地暖板受压处形变 1.0 mm 时的压缩应力 σ(kPa)，应按式(D.1)计算：

$$\sigma = 10^3 \times F/A \qquad \text{(D.1)}$$

式中：

F——使试样受压处形变为 1.0 mm 的力，单位为牛顿(N)；

A——压头截面积，单位为平方毫米(mm^2)。

D.2.4.2 试验结果应取 5 个试样的平均值。

D.3 供暖板 1 000 小时承载能力试验

D.3.1 设备

压头直径为 $\phi40$ mm 圆柱体，承压托板为不会变形的方形钢板，托板的边长应大于受压的供暖板试样。压头的位置应在承压托板上方中心，平行于承压托板平面。

设备要有测量压头位移量的装置，准确度为±0.01 mm。

D.3.2 试样

供暖板试样同 D.2.2,试样数量应为 3 个。

D.3.3 测定方法

压头施力位置为试样的中心,为消除基材和表层材料之间的间隙,加载预负荷 50 N 并调节形变位移为零点。继续加荷 251 N(即压强为 200 kPa),记录供暖板受压的初始形变值。

试验时间 1 000 h(形变量已稳定不变),记录 1 000 h 时受压的形变值,与初始形变值进行比较。比较的形变量差值,不应大于 0.2 mm。

D.3.4 结果表示

按 3 个试样的形变量平均值取值。

D.4 试验报告

试验报告应包含如下内容:

a) 产品名称和标记;
b) 产品生产企业名称;
c) 试样数量、编号、尺寸;
d) 试验结果;
e) 试验日期。

附 录 E
（规范性附录）
支路分集水器冷热水循环试验方法

E.1 原理

管材和支路分集水器按规定要求连接，在规定的压力下承受规定次数的温度交变试验，检查管材、管材与分集水器连接处的破坏、渗漏情况。

E.2 设备

试验设备包括冷热水交替循环装置、水流调节装置、水压调节装置、水温测量控制装置以及必要的支撑设施，且应符合下列要求：

a） 冷水温度应能满足（20±2）℃；

b） 热水温度应能满足（95±2）℃；

c） 水压应能保持在（0.8±0.05）MPa；

d） 冷热水交替应在 1 min 之内完成；

e） 每次循环的时间（min）：30^{+2}_{0}（冷热水各 15^{+1}_{0}）。

E.3 试样的连接与安装

试样的连接与安装应符合下列要求：

a） 取四支路分集水器 2 个串联连接、与分集水器配套的等长管材 4 根，按图 E.1 进行连接；

b） 管材和分集水器连接处以管箍压紧；

c） 使管材处于水平、自由状态。

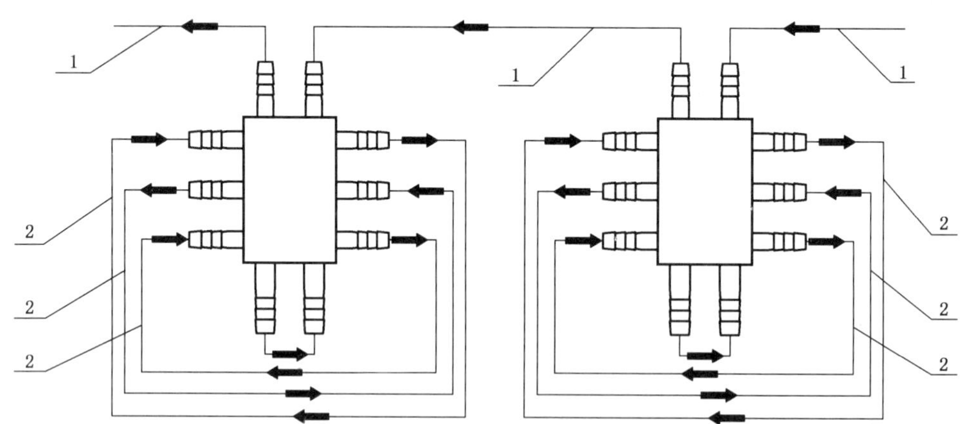

说明：

1——热源管；

2——加热管。

图 E.1 支路分集水器连管示意图

E.4 试验步骤

E.4.1 将试样内充满水并驱除空气，与冷热水循环装置连接。

E.4.2 使(20±2)℃的水在管内流动并保持至少 1 h。

E.4.3 将设备的压力、温度调节到规定值，开始进行冷热水循环试验，依先冷水、后热水循序进行。

E.4.4 五个循环后可拧紧或调节接头以使系统处于不漏水的状态，调节平衡阀使分集水器入口温度与出口温度之差不大于 5 ℃。

E.4.5 继续试验，直至试样破坏、渗漏或达到 5 000 次循环而无破坏，终止试验。

E.5 试验报告

试验报告应包含以下内容：

a) 本标准号；

b) 分集水器的名称、商标或生产商、规格、型号、来源；

c) 管材的名称、材质、商标或生产商、规格、来源；

d) 试验条件；

e) 试验结果，如果试样出现破坏，应记录破坏时间与现象；

f) 如果试样出现渗漏，应记录发生的时间、类型及位置；

g) 试验过程中任何可能影响结果的因素。

ICS 91.140.60
P 40

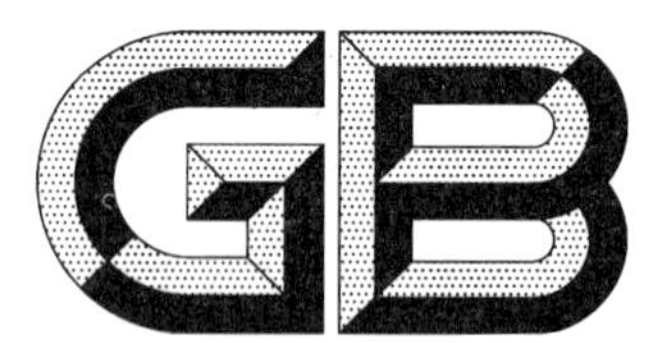

中华人民共和国国家标准

GB/T 29046—2012

城镇供热预制直埋保温管道技术指标检测方法

Test methods of technical specification for pre-insulated directly buried district heating pipes

2012-12-31 发布　　2013-09-01 实施

中华人民共和国国家质量监督检验检疫总局
中国国家标准化管理委员会　发布

前　言

本标准按照GB/T 1.1—2009给出的规则起草。

本标准由中华人民共和国住房和城乡建设部提出。

本标准由全国城镇供热标准化技术委员会(SAC/TC 455)归口。

本标准起草单位:北京市公用事业科学研究所、北京豪特耐管道设备有限公司、城市建设研究院、河北昊天管业股份有限公司、北京市建设工程质量第四检测所、天津市管道工程集团有限公司保温管厂、大连开元管道有限公司、大连益多管道有限公司、天津市宇刚保温建材有限公司、唐山兴邦管道工程设备有限公司、天津津能管业有限公司、河南中科防腐保温工程有限公司、中国中元国际工程公司。

本标准主要起草人:杨金麟、白冬军、杨健、贾丽华、周曰从、张建兴、刘瑾、丛树界、叶连基、闫必行、邱华伟、江彪、于桂霞、郑中胜、牛三冲、张金玲、周抗冰、吴江、胡全喜、冯文亮、高雪、沈旭。

引 言

为使我国预制直埋保温管道产品进一步向着标准化、规范化生产的方向发展，严格控制产品的质量，切实保证管道的长期使用寿命，需要统一预制直埋保温管道产品的各项技术性能指标，并制定相应配套的、先进可操作的检验测试方法标准。

对于热水供热预制直埋保温管道的检测参考了 EN 253:2009《用于区域供热热水管网　由工作钢管、聚氨酯保温层和高密度聚乙烯外护管组成的预制直埋保温管》的性能检测试验方法及其 2003 版的部分性能检测试验方法；热水保温管件、保温接头、保温管道阀门的检测分别参考了 EN 448:2009《用于区域供热热水管网　由工作钢管、聚氨酯保温层和高密度聚乙烯外护管组成的预制直埋保温管件》、EN 489:2009《用于区域供热热水管网　由工作钢管、聚氨酯保温层和高密度聚乙烯外护管组成的预制直埋保温管道接头》、EN 488:2003《用于区域供热热水管网　由工作钢管、聚氨酯保温层和高密度聚乙烯外护管组成的预制直埋保温管道钢制阀门》的检测试验方法；对于蒸汽供热预制直埋保温管道的保温性能检测参考了 ASTM C653:1997(R2007)《低密度纤维毡热阻系数的测定方法》和 ASTM C411:2005《高温绝热材料热面性能试验方法》的检测试验方法。同时也采纳了一些在国内保温管道生产、施工和检测工作实践中认为科学、实用、操作性强的检测试验方法。

城镇供热预制直埋保温管道
技术指标检测方法

1 范围

本标准规定了城镇供热预制直埋保温管道技术指标检测的术语、保温管道外观和结构尺寸检测、保温管道材料性能检测、热水直埋保温管道直管的性能检测、热水供热保温管道接头的性能检测、热水供热保温管道管件的质量检测、热水供热保温管道阀门的性能检测、保温管道报警线性能检测、蒸汽直埋保温管道性能检测、蒸汽直埋保温管道管路附件质量检测、蒸汽直埋保温管道外护管防腐涂层性能检测及主要测试设备、仪表及其准确度、数据处理和测量不确定度分析、检测报告等。

本标准适用于城镇供热预制直埋热水保温管道和城镇供热预制直埋蒸汽保温管道技术指标的检测;供热管道的各类预制直埋管路附件以及直埋管道接口部位技术指标的检测。

2 规范性引用文件

下列文件对于本文件的应用是必不可少的。凡是注日期的引用文件,仅注日期的版本适用于本文件。凡是不注日期的引用文件,其最新版本(包括所有的修改单)适用于本文件。

GB/T 241 金属管 液压试验方法

GB/T 699 优质碳素结构钢

GB/T 700 碳素结构钢

GB/T 1033.1 塑料 非泡沫塑料密度的测定 第1部分:浸渍法、液体比重瓶法和滴定法

GB/T 1447 纤维增强塑料拉伸性能试验方法

GB/T 1449 纤维增强塑料弯曲性能试验方法

GB/T 1463 纤维增强塑料密度和相对密度试验方法

GB/T 1549 纤维玻璃化学分析方法

GB 3087 低中压锅炉用无缝钢管

GB/T 3091 低压流体输送用焊接钢管

GB/T 3682 热塑性塑料熔体质量流动速率和熔体体积流动速率的测定

GB/T 5351 纤维增强热固性塑料管短时水压 失效压力试验方法

GB/T 5464 建筑材料不燃性试验方法

GB/T 5480 矿物棉及其制品试验方法

GB/T 5486 无机硬质绝热制品试验方法

GB/T 6343 泡沫塑料及橡胶 表观密度的测定

GB/T 6671 热塑性塑料管材 纵向回缩率的测定

GB/T 8163 输送流体用无缝钢管

GB/T 8237 纤维增强塑料用液体不饱和聚酯树脂

GB 8624 建筑材料及制品燃烧性能分级

GB/T 8804(所有部分) 热塑性塑料管材 拉伸性能测定

GB/T 8806 塑料管道系统 塑料部件 尺寸的测定

GB/T 8813 硬质泡沫塑料 压缩性能的测定

GB/T 9711　石油天然气工业　管线输送系统用钢管
GB/T 10294　绝热材料稳态热阻及有关特性的测定　防护热板法
GB/T 10295　绝热材料稳态热阻及有关特性的测定　热流计法
GB/T 10296　绝热层稳态传热性质的测定　圆管法
GB/T 10297　非金属固体材料导热系数的测定　热线法
GB/T 10299　保温材料憎水性试验方法
GB/T 10699　硅酸钙绝热制品
GB/T 10799　硬质泡沫塑料　开孔和闭孔体积百分率的测定
GB/T 11835　绝热用岩棉、矿渣棉及其制品
GB/T 13021　聚乙烯管材和管件炭黑含量的测定　热失重法
GB/T 13350　绝热用玻璃棉及其制品
GB/T 13464　物质热稳定性的热分析试验方法
GB/T 13927　工业阀门　压力试验
GB/T 14152　热塑性塑料管材耐外冲击性能试验方法　时针旋转法
GB/T 16400　绝热用硅酸铝棉及其制品
GB/T 17146　建筑材料水蒸气透过性能试验方法
GB/T 17391　聚乙烯管材与管件热稳定性试验方法
GB/T 17393　覆盖奥氏体不锈钢用绝热材料规范
GB/T 17430　绝热材料最高使用温度的评估方法
GB/T 18252　塑料管道系统　用外推法确定热塑性塑料材料以管材形式的长期静压强度
GB/T 18369　玻璃纤维无捻粗纱
GB/T 18370　玻璃纤维无捻粗纱布
GB/T 18475　热塑性塑料压力管材和管件用材料分级和命名　总体使用(设计)系数
GB/T 23257—2009　埋地钢质管道聚乙烯防腐层
GB 50683　现场设备、工业管道焊接工程施工质量验收规范
HG/T 3831　喷涂聚脲防护材料
JB/T 4730　承压设备无损检测
JC/T 618　绝热材料中可溶出氯化物、氟化物、硅酸盐及钠离子的化学分析方法
JC/T 647　泡沫玻璃绝热制品
SY/T 0315　钢质管道单层熔结环氧粉末外涂层技术规范
SY/T 5037　低压流体输送管道用　螺旋缝埋弧焊钢管
SY/T 5257　油气输送用钢制弯管
JJF 1059　测量不确定度评定与表示
ISO 8296　塑料　薄膜和薄板　湿润表面张力的测定(Plastics—Film and sheeting—Determination of wetting tension)
ISO 16770　塑料　聚乙烯环境应力断裂(ESC)的测定　全切口蠕变试验(ENCT)[Plastics—Determination of environmental stress cracking(ESC)of polyethylene—Full-notch creep test(FNCT)]
API SPEC 5L　管线钢管规范(Specification for Line Pipe)

3　术语和定义

下列术语和定义适用于本文件。

3.1

供热管道保温结构表观导热系数　equivalent thermal conductivity of thermal insulation construction for heating pipes

实验室模拟测试时，由供热管道上测定的热流密度、工作钢管表面温度和外护管表面温度计算所得的保温结构等效导热系数。

3.2

老化处理　ageing treatment

按照供热管道预期使用寿命与连续工作绝对温度之间的关系式，使外护管始终处于室温环境，将工作钢管升温至一个高于正常使用的温度，保持恒温至关系式中该温度所对应的时间。

3.3

抗长期蠕变性能测试　test for long term creep resistance

使供热管道工作钢管升温到比正常使用温度高的一定温度点，保持恒定。施加径向作用力，测定保温材料在使用期内的径向位移。

3.4

热面性能测试　hot surface performance test

模拟保温管道设计工况，保温结构热面为最高使用温度，冷面为室温环境。恒温稳定一定时间后，测试保温结构的保温性能，并检测保温结构和材料的状况。

4　保温管道外观和结构尺寸检测

4.1　外护管表面

采用目测检查保温管道外护管表面或防腐层有无凹坑、鼓包、裂纹及挤压变形等缺陷，采用卡尺和钢直尺测量其划痕和变形深度及长度。

4.2　端面垂直度

采用钢直尺和角度尺测量其端面与工作钢管轴线垂直度偏差，检查保温管两端保温结构是否平整。

4.3　保温层厚度

在管道的两个端面上，沿环向均匀分布位置，用钢直尺或深度尺分别测量不少于 4 处的保温层厚度尺寸，计算其算术平均值为保温层厚度。

4.4　管道端面聚氨酯保温层结构

4.4.1　目测检查聚氨酯保温层是否存在挤压变形。用钢直尺和深度尺测量挤压变形量值，并计算变形量占设计保温层厚度的百分数。

4.4.2　检查管端的聚氨酯泡沫与工作钢管及外护管是否紧密粘接。采用塞尺、钢直尺和钢围尺测量聚氨酯泡沫脱层的间隙径向尺寸、轴向深度和环向弧长。

4.5　工作钢管焊接预留段长度

用钢直尺测量工作钢管焊接预留段尺寸。

4.6　轴线偏心距

在管道的两个端面上，目测找到同一直径上的最大和最小保温层厚度位置，采用分度值为 1 mm 的钢直尺，分别测量不少于 4 个直径方向上的保温层厚度。当端面不垂直平整时，采用长钢直尺延伸外护管表面长度，再测量保温层厚度。保温管道外护管与工作钢管的最大轴线偏心距按式(1)计算：

$$C=\frac{h_1-h_2}{2} \quad \cdots\cdots(1)$$

式中：

C——最大轴线偏心距，单位为毫米(mm)；

h_1——保温层的最大厚度，单位为毫米(mm)；

h_2——与测量的 h_1 位于同一直径上的保温层最小厚度，单位为毫米(mm)。

5 保温管道材料性能检测

5.1 工作钢管

5.1.1 工作钢管材质、尺寸和性能的检测按 GB 3087、GB/T 3091、GB/T 8163、GB/T 9711、SY/T 5037、API SPEC 5L 的规定执行。钢管液压测试应按 GB/T 241 的规定执行。

5.1.2 采用分度值为 1 mm 的钢直尺、钢卷尺，精度为 0.02 mm 的游标卡尺测量工作钢管的公称直径、外径及壁厚。

5.1.3 采用目测检查工作钢管的表面质量。

5.2 保温材料

5.2.1 聚氨酯泡沫塑料

5.2.1.1 制备试样的基本要求

聚氨酯泡沫塑料各项性能检测的试样，应在室温(23±2)℃下存放 72 h 后的保温管道上切取，取样点应距管道保温层两端头大于 500 mm 处。取样时应去除紧贴工作钢管和外护管的泡沫皮层，去除皮层厚度分别为 5 mm 和 3 mm。多块试样应在保温层同一环形截面均匀分布的位置上切取。

5.2.1.2 泡孔尺寸

5.2.1.2.1 沿保温层环向均匀分布的 3 个位置上分别切取 1 块试样，每块试样的尺寸为 50 mm×50 mm×t mm，t 为保温层径向最大允许厚度，但不应小于 20 mm。

5.2.1.2.2 用切片器沿每块试样的任意一个切割面切取厚度为 0.1 mm～0.4 mm 的试片。

5.2.1.2.3 将两片 50 mm×50 mm 的载玻片，用胶布沿一边粘接成活页状，上层载波片上贴附 1 张印有 30 mm 长标准刻度的透明塑料膜片。

5.2.1.2.4 分别将 3 块试片夹在两载波片之间，再将载波片置于投影仪或放大 40 倍～100 倍有标准刻度的读数显微镜之下，调节成像清晰度。在 30 mm 直线长度上计数泡孔数目，并以 30 mm 除以泡孔数目，分别求得每块试片上泡孔的平均弦长。然后计算 3 块试片泡孔的平均弦长。当试片长度不足 30 mm，可在最大长度上计数泡孔数目，再将实际最大长度除以数得的泡孔数目，得到泡孔的平均弦长。

5.2.1.2.5 当泡孔结构尺寸在各个方向上明显不均匀时，则应在 3 块试样的 3 个正交方向上各切取试片，求取 9 块试片上泡孔的平均弦长。

5.2.1.2.6 平均泡孔尺寸按式(2)计算，计算结果保留两位有效数字。

$$D=\frac{L}{A} \quad \cdots\cdots(2)$$

式中：

D——泡孔平均尺寸，单位为毫米(mm)；

L——泡孔平均弦长，单位为毫米(mm)；

A——弦长与直径的换算系数，按 0.616 取值。

5.2.1.2.7 采用精度为0.02 mm的游标卡尺或千分尺测量试样尺寸。

5.2.1.3 闭孔率

5.2.1.3.1 泡沫闭孔率的测试应按GB/T 10799的规定执行。

5.2.1.3.2 试样应取3组,每组为2个正立方体或2个圆柱体。正立方体边长为25 mm;圆柱体的直径不应小于28 mm,高为25 mm。

5.2.1.3.3 用干燥的氮气(或氦气)重复清扫仪器样品室、膨胀室和系统不少于2次;隔离膨胀室后,使样品室升压至20 kPa,待气压稳定时,记录升压值;连通膨胀室系统,待气压稳定时,记录降压后的最终气压值。

5.2.1.3.4 根据升、降压的比值和试样室、膨胀室体积,计算出试样体积,并根据与试样几何体积的比值关系,计算出体积开孔率和闭孔率。

5.2.1.3.5 测试仪器设备:采用气体比重仪测试泡沫闭孔率,应校准仪器的试样室体积和膨胀参考体积,精确至100 mm^3;标准压力传感器的测量范围为0 kPa～175 kPa,线性精度为0.1%;尺寸测量采用精度为0.02 mm的游标卡尺或千分尺。

5.2.1.4 空洞、气泡

5.2.1.4.1 在距管道外护管端头1.5 m处起,沿管道轴线方向每间隔100 mm长度,环向切割外护管和泡沫保温层,共切割5刀,形成4个环状切块,切面应垂直于保温管轴线。依次剥开4个环状切块,露出的保温层环形切面应平整完好。

5.2.1.4.2 测量环形切面上的空洞和气泡尺寸。对大于6 mm的空洞和气泡(平面上任意方向测量),应在两个相互垂直方向上测量其尺寸,这两个尺寸的乘积定义为空洞或气泡的面积。小于6 mm的空洞和气泡不做测量。

5.2.1.4.3 计算各个环形切面上的所有被测空洞和气泡面积之和,该面积之和占总环形切面面积的百分率即为测定的空洞、气泡百分率。

5.2.1.4.4 测试仪器设备:分度值1 mm的钢直尺;精度为0.02 mm的游标卡尺。

5.2.1.5 密度

5.2.1.5.1 泡沫密度的测试应按GB/T 6343的规定执行。

5.2.1.5.2 从管道保温层泡沫的中心切取3块试样(不应含有空洞),每块试样的尺寸为30 mm×30 mm×t mm,其中t为保温层径向最大允许厚度,但不应大于30 mm。试样也可按保温层轴线方向取30 mm长的圆柱体,圆柱体直径为保温层径向最大允许厚度,但不应大于30 mm。

5.2.1.5.3 测量试样的尺寸,单位为毫米(mm),计算尺寸的平均值,并计算试样体积;称量试样,单位为克(g);计算表观密度,取平均值,精确至0.1 kg/m^3。

5.2.1.5.4 测试仪器设备:分辨率0.01 g的电子秤或天平;精度为0.02 mm的游标卡尺。

5.2.1.6 压缩强度

5.2.1.6.1 泡沫压缩强度的测试应按GB/T 8813的规定执行。

5.2.1.6.2 从管道保温层泡沫的中心切取5块试样,试样尺寸为30 mm×30 mm×t mm,或直径为30 mm、高度为t的圆柱体。t为保温层径向最大允许厚度,但不应小于20 mm。

5.2.1.6.3 试验机以每分钟压缩试样初始径向厚度10%的速率进行压缩,直到试样厚度变为初始厚度的85%,记录力-位移曲线。

5.2.1.6.4 在试验曲线上找出使试样产生10%相对形变的力,分别计算5块泡沫试样的径向压缩强度,并取平均值。

5.2.1.6.5 测试仪器设备：试验机的量程为 0 kN～20 kN，精度 0.5 级，试验力和变形示值误差为 ±0.5%，移动速度调节范围为 0.01 mm/min～500 mm/min、相对误差±1%；精度为 0.01 mm 的千分尺或精度 0.02 mm 的游标卡尺。

5.2.1.7 吸水率

5.2.1.7.1 从管道保温层泡沫的中心切取 3 块试样，试样尺寸为边长 25 mm 的正立方体；也可沿管道轴向取高度为 25 mm、直径为 25 mm 的圆柱体。试样表面用细砂纸磨光。

5.2.1.7.2 试验室室温保持在(23±2)℃。将试样放入温度设定为 50 ℃的干燥箱中，干燥 24 h。取出试样放入干燥器中自然冷却，待达到室温后称取并记录试样的质量；将试样重新放入干燥箱中干燥4 h，再放入干燥器中冷却到室温后称取、记录质量。如此反复进行烘干、冷却和称重，并对比连续两次称重的结果。当连续两次的称重值相差小于 0.02 g 时，则判定试样达到恒重要求，最后一次称重值为试样吸水前的质量 m_0。

5.2.1.7.3 测量试样线性尺寸，计算试样几何体积 V_0，精确到 10 mm^3。将试样放入盛有蒸馏水的烧杯中，采用不锈钢丝网压住试样，使水位高出试样上表面 50 mm，试样与试样之间不得互相接触，并用短毛刷除去试样表面的气泡。加热蒸馏水，水沸后保持 90 min。取出试样并立即浸入(23±2)℃水的烧杯中保持 1 h。取出试样后，用清洁滤纸轻轻吸去表面水分，立即称重，得到试样吸水后的质量 m_1。

5.2.1.7.4 吸水率按式(3)计算：

$$\eta_0=\frac{m_1-m_0}{V_0\times\rho}\times 100\% \qquad \cdots\cdots(3)$$

式中：

η_0 ——试样吸水率；

m_0——试样吸水前质量，单位为克(g)；

m_1——试样吸水后质量，单位为克(g)；

V_0——试样的原始体积，单位为立方厘米(cm^3)；

ρ ——蒸馏水的密度，单位为克每立方厘米(g/cm^3)。

测试结果为 3 块试样数据的算术平均值，取 3 位有效数值。

5.2.1.7.5 测试仪器设备：温度范围为常温至 300 ℃、控温精度为±0.5 ℃的电热鼓风干燥箱；硅胶干燥器；分辨率为 0.01 g 的电子天平；1 000 mL 烧杯；1 kW 电炉；精度为 0.02 mm 的游标卡尺；分辨率 1 ℃的温度计；计时器。

5.2.1.8 导热系数

5.2.1.8.1 泡沫导热系数的测试可按 GB/T 10294、GB/T 10295、GB/T 10296、GB/T 10297 中的任一种方法，以 GB/T 10294 作为仲裁检测方法。

5.2.1.8.2 导热系数测试仪的精度为±3%～±5%；数显温度计的精度为±0.5 ℃。

5.2.2 泡沫玻璃绝热制品

5.2.2.1 体积密度

5.2.2.1.1 体积密度的测试应按 JC/T 647 规定的试验方法执行。

5.2.2.1.2 制作 3 块试样，每块试样的尺寸不应小于 200 mm×200 mm×25 mm。

5.2.2.1.3 称取试样质量，测量试样几何尺寸，计算体积密度，取 3 块试样体积密度的算术平均值，精确至 1 kg/m^3。

5.2.2.1.4 测试仪器设备：分辨率为 0.1 g 的天平；分度值为 1 mm 的钢直尺；精度为 0.02 mm 的游标卡尺。

5.2.2.2 抗压强度

5.2.2.2.1 抗压强度的测试应按 GB/T 5486 的规定执行。

5.2.2.2.2 制作 5 块试样，每块试样的尺寸为 100 mm×100 mm×40 mm。测试前，试样应在(110±5)℃温度下烘干至恒定质量。试样上下 100 mm×100 mm 的两受压面均匀涂刷乳化或熔化沥青，并覆盖沥青油纸，然后在干燥器中至少干燥 24 h。

5.2.2.2.3 在试验机上以(10±1)mm/min 的速度施加荷载，直至试样破坏，记录荷载-压缩变形曲线。

5.2.2.2.4 确定压缩变形 5%时的荷载为破坏荷载，并按受压面积计算抗压强度。剔除其中 1 块试样偏差较大的测试结果数据，取 4 块试样抗压强度的算术平均值为测试结果。

5.2.2.2.5 测试仪器设备：试验机的要求按 5.2.1.6.5 的规定；温度范围为常温至 300 ℃，控温精度为±0.5 ℃的电热鼓风干燥箱；量程为 2 kg，分辨率为 0.1 g 的天平；分度值为 1 mm 的钢直尺；精度为 0.02 mm 的游标卡尺。

5.2.2.3 抗折强度

5.2.2.3.1 抗折强度的测试应按 GB/T 5486 的规定执行。

5.2.2.3.2 制作 5 块试样，每块试样的尺寸为 250 mm×80 mm×40 mm。测试前，试样应在(110±5)℃温度烘干至恒定质量。在试样的支撑点和施加荷载点位置处，均匀涂刷乳化或熔化沥青，并在涂层上覆盖沥青油纸，然后再在干燥器中至少干燥 24 h。

5.2.2.3.3 试验机支座辊轴与加压辊轴的直径应为(30±5)mm，调整两支座辊轴间距不应小于 200 mm，加压辊轴应位于两支座辊轴正中，且应保持互相平行。试验机以(10±1)mm/min 的速度施加荷载，记录试样的最大破坏荷载。

5.2.2.3.4 按试样尺寸和最大破坏荷载计算抗折强度，剔除其中 1 块试样偏差较大的测试结果数据，以 4 块试样抗折强度的算术平均值作为测试结果。

5.2.2.3.5 测试仪器设备：试验机的要求同 5.2.1.6.5 规定；温度范围为常温至 300 ℃，控温精度为±0.5 ℃ 的电热鼓风干燥箱；分度值为 1 mm 的钢直尺；精度为 0.02 mm 的游标卡尺。

5.2.2.4 体积吸水率

5.2.2.4.1 体积吸水率的测试应按 JC/T 647 规定的试验方法执行。

5.2.2.4.2 制作 3 块试样，每块试样的尺寸为 450 mm×300 mm×50 mm。

5.2.2.4.3 称取试样质量，测量试样几何尺寸。将试样放入盛有(20±5)℃自来水的水箱中，试样各边与水箱壁的距离不应少于 25 mm，浸泡时间为 2 h。

5.2.2.4.4 取出试样并吸干表面水分后，再称取试样质量。按吸水前后的质量差及其几何体积，计算其体积吸水率。以 3 块试样吸水率的算术平均值作为测试结果。

5.2.2.4.5 测试仪器设备：分辨率为 0.1 g 的天平；分度值为 1 mm 的钢直尺；精度为 0.02 mm 的游标卡尺。

5.2.2.5 透湿系数

5.2.2.5.1 透湿系数的测试应按 GB/T 17146 规定的干燥剂法进行。

5.2.2.5.2 制作 3 块试样，每块试样的厚度为 20 mm，长、宽不应小于 80 mm。

5.2.2.5.3 试样密封并夹紧在试样盘上，采用蜡封将试样边缘和不该暴露的部位封闭，测量试样在盘中暴露于水蒸汽的区域面积。试样下面放有干燥剂(无水氯化钙或硅胶)，与试样下表面之间留有6 mm 的间隙。将该试样盘组件放入温度为 23 ℃～32 ℃、相对湿度为(90±2)%的恒温恒湿箱内，使试样暴露面朝上，测定水蒸气通过试样进入干燥剂的速度。

5.2.2.5.4 定时对试样盘组件称重并记录质量、时间和温湿度。用质量变化值对时间作出一条曲线，开始时质量变化较快，逐渐变化速率达到稳定状态，测试曲线趋于直线，直线的斜率即为湿流量。当吸水量超过干燥剂初始质量的一定比例(无水氯化钙为10%、硅胶为4%)之前，结束试验。

5.2.2.5.5 结果计算：

a) 湿流密度按式(4)计算：

$$g=\frac{\Delta m/\Delta t}{A} \qquad (4)$$

式中：

g ——湿流密度，单位为克每平方米秒[g/(m² · s)]；

Δm ——质量变化，单位为克(g)；

Δt ——时间间隔，单位为秒(s)；

$\Delta m/\Delta t$ ——直线斜率即湿流量，单位为克每秒(g /s)；

A ——试样暴露面积，单位为平方米(m²)。

b) 透湿率按式(5)计算：

$$w_p=\frac{g}{\Delta p}=\frac{g}{p_s(R_{H1}-R_{H2})} \qquad (5)$$

式中：

w_p ——透湿率，单位为克每平方米秒帕[g/(m² · s · Pa)]；

Δp ——水蒸气压差，单位为帕(Pa)；

p_s ——试验温度下的饱和水蒸气压(查表)，单位为帕(Pa)；

R_{H1} ——高水蒸气压一侧(恒温恒湿箱内)的相对湿度，%；

R_{H2} ——低水蒸气压一侧(干燥剂处)的相对湿度，%。

c) 透湿系数按式(6)计算：

$$\delta_p=w_p\times L \qquad (6)$$

式中：

δ_p ——透湿系数，单位为克每米秒帕[g/(m · s · Pa)]；

L ——试样厚度，单位为米(m)。

以3块试样透湿系数的算术平均值作为测试结果。

5.2.2.5.6 测试仪器设备：温度范围为0 ℃～150 ℃、相对湿度为30%～98%的恒温恒湿箱；精度为±1 ℃的温度计、精度为±2%的湿度计；分辨率为0.01 g的天平。

5.2.2.6 导热系数

泡沫玻璃材料导热系数的测试方法同5.2.1.8。

5.2.2.7 浸出液的离子含量

5.2.2.7.1 浸出液离子含量的测试应按JC/T 618的规定执行。

5.2.2.7.2 称取20 g试样，磨碎后放入烧杯，加500 mL水搅拌2 min，称量烧杯、试样和水的总质量。煮沸并保持(30±5)min，冷却后加水至原总质量，搅拌均匀，制成浸出液。再以1 000 r /min高速离心3 min，将上层清液约300 mL作为试液。

5.2.2.7.3 浸出液离子含量测定方法：

a) 氯化物测定采用分光光度计法，试剂为硝酸、硝酸铁溶液和硫氰酸汞溶液；氯化物也可采用电位滴定法测定，试剂为乙醇、硝酸、硝酸钾和氯化钾溶液，以银-硫化银电极为测量电极，甘汞电极为参比电极，用硝酸银标准滴定溶液滴定，按电位突跃确定反应终点。

b) 氟化物测定采用分光光度计法，试剂为硝酸锆、依来铬菁 R。

c) 硅酸盐测定采用硅钼黄法，试剂为乙醇、盐酸、钼酸铵和二氧化硅标准溶液，用分光光度计测定硅含量；硅酸盐测定也可采用硅钼蓝法，试剂为乙醇、盐酸、钼酸铵和二氧化硅标准溶液，再用抗坏血酸将试液还原成蓝色，用分光光度计测定硅含量。

d) 钠离子的测定采用原子吸收分光光度计法，试剂为盐酸、钠标准溶液和比对溶液，用原子吸收分光光度计测定钠含量。

5.2.2.7.4 测试仪器设备：分辨率为 0.1 g 的天平；精度为 0.2 mV/格、量程为－500 mV～＋500 mV 的电位计；银-硫化银测量电极；双液接型饱和甘汞参比电极；分度值为 0.02 mL 或 0.01 mL 微量滴定管；波长范围 190 nm～1 100 nm、波长精度±0.5 nm、光度测定范围 0.0%T～125%T 的可见分光光度计；波长范围 190 nm～900 nm、波长精度±0.5 nm、火焰/石墨炉系统原子吸收分光光度计。

5.2.3 绝热用玻璃棉及其制品

5.2.3.1 检测项目

绝热用玻璃棉及其制品性能检测项目应执行 GB/T 13350 的规定。

5.2.3.2 纤维平均直径

5.2.3.2.1 纤维平均直径的测试应按 GB/T 5480 的规定执行，可采用显微镜法或气流仪法测定纤维平均直径，以显微镜法为仲裁方法。

5.2.3.2.2 显微镜法：抽取 1 g 左右的纤维放在一块载玻片上，共计 3 块载玻片，分别用显微镜逐一地测 100 根纤维的平均格数，并换算成纤维平均直径。

5.2.3.2.3 气流仪法：使气流通过定容定量的纤维，利用特定条件下纤维直径与空气流量之间存在的函数关系来计算出纤维的平均直径。纤维试样应经过约 550 ℃、30 min 灼烧，去除粘结剂后缩分。

5.2.3.2.4 测试仪器设备：放大倍数 800 倍以上、分辨率为 0.5 μm 的显微镜；最大量程 200 g、分辨率为 0.01 g 的天平；气流流量范围为 1.0 L/min～6.5 L/min、压差为 1 960 Pa 的气流式纤维测定仪；最高温度为 1 000 ℃，控温精度±10 ℃的高温炉。

5.2.3.3 渣球含量

5.2.3.3.1 渣球含量的测试应按 GB/T 5480 的规定执行。

5.2.3.3.2 制作 3 块试样，每块切取试样的全厚度，质量 11 g 左右。在(500±20)℃的高温炉中灼烧 30 min 以上，除尽粘结剂后称重，精确到 0.01 g。

5.2.3.3.3 试样在压样器中压制后放入量杯内，加入 50 mL 表面活性剂溶液并充分搅拌，再倒入分离装置中加水分离，使纤维分散、悬浮，水流量为 120 mL/min～180 mL/min，分离 10 min；将排出的渣球经 105 ℃～300 ℃烘干不少于 20 min，再用孔径不大于 0.25 mm 的筛分装置进行 15 min 的筛分，然后称量渣球并计算渣球含量。以 3 块试样渣球含量的算术平均值作为测试结果。

5.2.3.3.4 测试仪器设备：内径为 ϕ80 mm、总高度为 380 mm 的分离筒；量程到 200 mL/min 的玻璃转子流量计；最大量程为 200 g，分辨率为 0.01 g 的天平；温度范围为常温至 300 ℃，控温精度为±2 ℃的电热鼓风干燥箱；最高温度为 1 000 ℃、控温精度±10 ℃的高温电炉。

5.2.3.4 含水率

5.2.3.4.1 含水率的测试应按 GB/T 16400 的规定执行。

5.2.3.4.2 称取试样 10 g，精确到 0.1 mg，共 3 份。

5.2.3.4.3 试样在(105±2)℃的干燥箱中反复干燥、称重，直至恒重，按烘干前后的质量变化计算含水率。以 3 份试样含水率的算术平均值作为测试结果。

5.2.3.4.4 测试仪器设备:温度范围为常温至 300 ℃,控温精度为±2 ℃的电热鼓风干燥箱;最大量程为 100 g,分辨率为 0.1 mg 的天平。

5.2.3.5 导热系数

玻璃棉材料导热系数的测试方法同 5.2.1.8。

5.2.3.6 尺寸及密度

5.2.3.6.1 玻璃棉及其制品的尺寸及密度测试应按 GB/T 5480 的规定执行。

5.2.3.6.2 毡的厚度可在翻转或抖动后立即测定。将毡制品平放在玻璃板上,在宽度方向距两边各 100 mm 的平行线上,用钢直尺或钢卷尺测量长度各 1 次,取两次测量结果的算术平均值为长度尺寸;在长度方向距两边各 100 mm 和中间位置的三条平行线上,用钢直尺或钢卷尺测量宽度各 1 次,取三次测量结果的算术平均值为宽度尺寸;用 4 个测点测量厚度:在长度方向距两端各 100 mm 的两条平行线上,分别在正中位置和距宽边 100 mm 位置各取 1 个测点,在宽度的中线上取 1 个测点,再在距宽边 100 mm平行线的中间取 1 个测点,4 个测点应分散均匀分布。将针形厚度计压板轻放到各个厚度测点上,在针插入试样与玻璃板接触 1 min 后读取厚度尺寸,取 4 个测点测量结果的算术平均值为厚度尺寸。然后称出试样的质量,计算试样密度。

5.2.3.6.3 测试仪器设备:最大量程为 5 000 g,分辨率为 1 g 的电子秤;分度值为 1 mm,压板压强 49 Pa,压板尺寸为 200 mm×200 mm 的针形厚度计;分度值为 0.1 mm,压板压强 98 Pa 测厚仪;分度值为 1 mm 钢直尺或钢卷尺;精度为 0.02 mm 游标卡尺。

5.2.3.7 燃烧性能

5.2.3.7.1 燃烧性能的测试应按 GB 8624 规定的不燃材料级别要求,并按 GB/T 5464 规定的不燃性试验方法进行测试。

5.2.3.7.2 制作 5 块圆柱体试样,每块试样的直径 $\phi45^{+0}_{-2}$ mm,高(50±3)mm。当材料厚度小于 50 mm时,试样高度可用叠加该材料的层数来保证。

5.2.3.7.3 试样先放入(60±5)℃的干燥箱中干燥 20 h～24 h,再置于干燥器中冷却至室温,称量并记录其质量。

5.2.3.7.4 稳定加热炉炉温在(750±5)℃至少 10 min,将放有试样的试样架装于炉中,立即启动计时器;当炉内、试样中心和试样表面的 3 支热电偶达到温度平衡,即 10 min 内温度变化不超过 2 ℃时,记录炉内、试样中心和试样表面的温升,记录试样的火焰持续时间,结束试验。将试样及试验后试样破碎或掉落的所有碳化物、灰和残屑一起放在干燥器中冷却至室温,然后称重。

5.2.3.7.5 计算 5 个试样炉内温升、试样中心和表面温升的算术平均值,炉内平均温升 Δt_f 不应超过 50 ℃;计算 5 个试样火焰持续时间的算术平均值,平均火焰持续时间不应超过 20 s;计算 5 个试样质量损失的算术平均值,平均质量损失不应超过原始质量的 50%。

5.2.3.7.6 测试仪器设备:控温精度为±2 ℃的加热炉系统;精度为±1 ℃的测温热电偶;温度范围为常温至 300 ℃,控温精度为±2 ℃的电热鼓风干燥箱;分辨率为 0.1 g 的天平;精度±1 s 的计时仪表。

5.2.3.8 热荷重收缩温度

5.2.3.8.1 热荷重收缩温度的测试应按 GB/T 11835 规定的试验方法进行。

5.2.3.8.2 制作 2 块圆柱体试样,每块试样的直径 $\phi47$ mm～$\phi50$ mm,高 50 mm～80 mm。

5.2.3.8.3 根据玻璃棉毡的种类和密度分级,在 250 ℃～400 ℃范围内选择热荷重收缩温度测试的预定温度点。将试样放入热荷重试验装置的加热容器中,试样上部加荷重板和杆,使压力达到 490 Pa。

以5 ℃/min的升温速率加热，当加热温度升到比预定温度点低约200 ℃时，升温速率降为3 ℃/min，直至试样厚度收缩率超过10%时，停止升温。

5.2.3.8.4 求出试样厚度收缩率为10%时的炉内温度，取2块试样测量结果的算术平均值；记录有无冒烟、颜色变化以及气味等现象。

5.2.3.8.5 测试仪器设备：温度范围为常温至900 ℃，升温速率控制精度为±2 ℃/min，荷重压力精度为±1%～±2%的热荷重试验装置。

5.2.3.9 **腐蚀性**

5.2.3.9.1 玻璃棉及其制品对金属的腐蚀性测试应按GB/T 11835规定的方法进行，测定玻璃棉在高温条件下对金属的相对腐蚀潜力。

5.2.3.9.2 制作30块玻璃棉毡状材料试样，其尺寸为114 mm×38 mm、厚度(25.4±1.6)mm；制作铜、铝、钢金属试板各10块，其尺寸为100 mm×25 mm，铜板厚度(0.8±0.13) mm、铝板厚度(0.6±0.13)mm、钢板厚度(0.5±0.13)mm(均选用型材)；将消毒棉用丙酮进行溶剂提取48 h，真空干燥后备用。

5.2.3.9.3 将3种各5块金属试板分别放入2块玻璃棉试样之间，外边用不锈钢丝网平整包裹固定，制成3组各5个组合试件；用同样方法将其余金属试板分别放入2块消毒棉之间，制成三组各5个对照组合试件，厚度与以上组合试件相近。

5.2.3.9.4 将试件同时垂直悬挂在温度为(49±2)℃、相对湿度为(95±3)%的恒温恒湿箱内。试验时间为：钢板试件(95±2)h；铜和铝板试件(720±5)h。

5.2.3.9.5 试验结束后，以消毒棉中的金属试板为对照样，检验夹入玻璃棉中金属试板的腐蚀程度。

5.2.3.9.6 测试仪器设备：控温精度为±2 ℃、控湿精度为±3% 的恒温恒湿箱。

5.2.3.10 **吸湿率**

5.2.3.10.1 吸湿率的测试应按GB/T 5480的规定方法进行。

5.2.3.10.2 毡状或板状玻璃棉制品试样尺寸应不小于150 mm×150 mm，厚度为制品原始厚度，制作3个试样。用钢直尺和针形厚度计测出试样尺寸。

5.2.3.10.3 试样先在(105±5)℃干燥箱中烘干至恒重，记下重量及烘干温度；再放入干燥箱使试样在不低于60 ℃的环境中达到均匀温度；然后放入温度(50±2)℃、相对湿度(95±3)%的恒温恒湿箱中保持(96±4)h。取出试样后冷却至室温，然后称重。

5.2.3.10.4 按试样尺寸和试验前后的称重记录数据，计算吸湿率。以3块试样吸湿率的算术平均值作为测试结果。

5.2.3.10.5 测试仪器设备：最大量程200 g，分辨率为0.01 g的天平；常温至300 ℃、控温精度±1 ℃的鼓风干燥箱；控温精度±1 ℃、相对湿度精度±3%、箱内置样区无凝露的恒温恒湿箱；分度值为1 mm钢直尺；分度值为1 mm，压板压强49 Pa的针形厚度计。

5.2.3.11 **憎水率**

5.2.3.11.1 憎水率测试应按GB/T 10299规定的方法进行。

5.2.3.11.2 毡状试样尺寸为300 mm×150 mm，厚度为制品的原始厚度。

5.2.3.11.3 试样经(105±5)℃干燥至恒重后称重，用钢直尺和测厚仪测量试样尺寸。

5.2.3.11.4 将试样放置在与水平位置成45°角的试样架上，调整喷头距试样上端75 mm点的高度为150 mm；以1 L/min的稳定水流量喷淋1 h后，用皱纹纸吸干表面水滴，立即称重。

5.2.3.11.5 根据喷淋前后试样质量的变化及尺寸计算憎水率。

5.2.3.11.6 测试仪器设备：憎水率试验仪，其凸圆形喷头上均布19个ϕ0.9 mm的孔，附带玻璃转子流量计的流量范围为 10 L/h～100 L/h，精度为±1%；常温至 300 ℃、控温精度±1 ℃的鼓风干燥箱；分度值为 1 mm 的钢直尺；精度为 0.02 mm 的游标卡尺；分度值为 0.1 mm、压板压强 98 Pa 的测厚仪；分辨率为 0.01 g 的天平。

5.2.3.12 吸水率

5.2.3.12.1 吸水率测试应按 GB/T 5480 的规定执行。

5.2.3.12.2 试样尺寸为 150 mm×150 mm，厚度为制品原始厚度。制作 6 块试样。

5.2.3.12.3 测量试样尺寸后在干燥箱中(105±5)℃干燥至恒重并称重；然后将试样置于常温水面下方 25 mm 处保持 2 h；取出试样，沥干 5 min 并擦去浮水，称取试样的湿重。

5.2.3.12.4 按试样干、湿重及其尺寸，计算吸水率。以 6 块试样吸水率的算术平均值作为测试结果。

5.2.3.12.5 测试仪器设备：量程 200 g，分辨率为 0.1 g 的天平；分度值为 1 mm 的钢直尺；分度值为 0.1 mm、压板压强 98 Pa 的测厚仪；常温至 300 ℃、控温精度±1 ℃的鼓风干燥箱。

5.2.3.13 有机物含量

5.2.3.13.1 有机物含量的测试应按 GB/T 11835 矿物棉及其制品有机物含量试验方法的规定执行。

5.2.3.13.2 称取干燥试样 10 g 以上，放入经过灼烧和称重的蒸发皿或坩埚内，在鼓风干燥箱里 105 ℃～110 ℃烘干至恒重后，置于干燥器中冷却至室温，将试样连同器皿一起称重。

5.2.3.13.3 然后放入马弗炉内，以(500±20)℃灼烧 30 min 以上，再置于干燥器中冷却至室温后一起称重，计算有机物含量。

5.2.3.13.4 测试仪器设备：量程 100 g，分辨率为 0.1 mg 的天平；常温至 300 ℃、控温精度±1 ℃的鼓风干燥箱；最高温度为 1 000 ℃，控温精度±10 ℃的高温炉；干燥器。

5.2.3.14 最高使用温度

5.2.3.14.1 最高使用温度测试应按 GB/T 17430 的规定执行。

5.2.3.14.2 截取一段长度不小于 2.5 m、用玻璃棉制作保温层的保温管道为试样，按圆管法试验方法，使保温结构内层热面温度为最高使用温度，外层为室温，保持恒温 96 h 进行测试。

5.2.3.14.3 试验后，目测检查玻璃棉保温层是否完整，观察外观的变化。检测玻璃棉密度、导热系数的变化。

5.2.3.14.4 测试仪器设备：圆管法热传递测试装置，含控温热源、精度为±0.5 ℃的温度传感器、精度为±4% 的热流传感器；精度为 0.02 mm 的游标卡尺；长度为 1 m 的钢直尺。

5.2.4 绝热用硅酸铝棉

5.2.4.1 体积密度

5.2.4.1.1 硅酸铝棉的体积密度测试应按 GB/T 5480 规定的密度测量桶方法执行。

5.2.4.1.2 将用天平称量的 100 g 试样均匀放入密度测量桶的外桶内，使内桶与棉贴实，5 min 后测量内、外桶高度差。计算体积密度。

5.2.4.1.3 测试仪器设备：最大量程 200 g，分辨率 0.01 g 的天平；密度测量桶：外桶内径 150 mm，内桶外径 149 mm、质量 8.8 kg，内外桶高度均为 150 mm；分度值为 1 mm 钢直尺；精度为 0.02 mm 的游标卡尺。

5.2.4.2 含水率

含水率测试同 5.2.3.4。

5.2.4.3 导热系数

硅酸铝棉的导热系数测试方法同5.2.1.8。

5.2.4.4 吸湿率

吸湿率测试同5.2.3.10,按GB/T 5480的规定执行。

5.2.4.5 燃烧性能测试

燃烧性能测试同5.2.3.7,按GB/T 5464规定的不燃性试验方法执行。

5.2.4.6 浸出液的离子含量

浸出液的离子含量测试同5.2.2.7,按JC/T 618的规定执行。

5.2.5 硅酸钙管壳

5.2.5.1 外观质量

5.2.5.1.1 外观质量检测应按GB/T 10699外观质量试验方法的规定进行检测。测试管壳的尺寸、缺棱缺角、端部垂直度和纵向翘曲度偏差。

5.2.5.1.2 量具工具:分度值为1 mm的钢直尺;分度值为1 mm的钢卷尺;分度值为1 mm的钢直角尺,其中一个臂的长度为500 mm;精度为0.02 mm的游标卡尺;卡钳。

5.2.5.2 密度和质量含湿率

5.2.5.2.1 应按GB/T 10699密度和质量含湿率试验方法的规定进行测试。

5.2.5.2.2 制取3块不小于75 mm×75 mm×原始厚度的试样分别称重,经(110±5)℃烘干至恒重,冷却后称重并测量几何尺寸。

5.2.5.2.3 根据烘干前后的质量和试样几何尺寸,计算试样的密度和质量含湿率。以3块试样密度和质量含湿率的平均值作为测试结果。

5.2.5.2.4 测试仪器设备:常温至300 ℃、控温精度±1 ℃的鼓风干燥箱;最大量程2 000 g、分辨率为1 g的天平;分度值为1 mm的钢直尺;分度值为1 mm的钢卷尺;分度值为1 mm的钢直角尺,其中一个臂的长度等于500 mm;精度为0.02 mm的游标卡尺。

5.2.5.3 线收缩率和裂缝

5.2.5.3.1 线收缩率和裂缝检测应按GB/T 10699匀温灼烧试验方法的规定执行。

5.2.5.3.2 制取3块长、宽约120 mm、厚度不小于25 mm的试样,经(110±5)℃烘干至恒重并冷却至室温;然后在表面长、宽两个方向用刀片分别划出二条相距100 mm的平行线,再划二条分别垂直于平行线的辅助线,测量平行线各与辅助线交点间的距离。

5.2.5.3.3 将试样水平放于高温炉中,按要求以100 ℃/h～150 ℃/h的升温速率升温到650 ℃或1 000 ℃,并在该温度下恒温16 h;冷却至室温后再测量平行线各与辅助线交点间的距离,计算其线收缩率,并用放大镜检查裂缝和翘曲情况。

5.2.5.3.4 测试仪器设备:最高工作温度1 000 ℃、恒温精度±10 ℃、升温速率为100 ℃/h～150 ℃/h的高温炉;常温至300 ℃、控温精度±1 ℃的鼓风干燥箱;精度为0.02 mm的游标卡尺;干燥器;4倍放大镜。

5.2.5.4 导热系数

硅酸钙管壳的导热系数测试方法同 5.2.1.8。

5.2.5.5 抗压强度

5.2.5.5.1 抗压强度测试应按 GB/T 10699 规定的方法执行。

5.2.5.5.2 制取 3 块 100 mm×100 mm、厚度不小于 25 mm 无裂缝的试样。经(110±5)℃烘干至恒重并冷却至室温;测量其长、宽、厚尺寸,计算受压面积。

5.2.5.5.3 在试验机上以 10 mm/min 的速度对试样施加荷载,直至试样破坏。由荷载与变形曲线上变形速度明显增加或变形为 5%时的荷载(取较小值)求得试样破坏时的荷载,计算抗压强度。以 3 块试样抗压强度的平均值作为测试结果。

5.2.5.5.4 测试仪器设备:试验机要求同 5.2.1.6.5 规定;常温至 300 ℃、控温精度±1 ℃的鼓风干燥箱;分度值为 1 mm 的钢直尺;分度值为 1 mm 的钢卷尺;精度为 0.02 mm 的游标卡尺。

5.2.5.6 抗折强度

5.2.5.6.1 抗折强度测试应按 GB/T 10699 规定的方法执行。

5.2.5.6.2 制取 3 块长度约 250 mm～300 mm、宽度为 75 mm～150 mm、厚度不小于 25 mm 的试样,放大镜检查应无裂纹;经(110±5)℃烘干至恒重并冷却至室温,测量每块试样的宽度和厚度。

5.2.5.6.3 在试验机上,试样置于两根间距为 200 mm、直径(30±5)mm、长度不小于 150 mm 的圆形下支承肋上,同样尺寸的上支承肋以 10 mm/min 的下降速度加荷,直至试样压坏,记录最大荷载,计算抗折强度。以 3 块试样的抗折强度算术平均值作为测试结果。

5.2.5.6.4 测试仪器设备:试验机要求同 5.2.1.6.5 规定;常温至 300 ℃、控温精度±1 ℃的鼓风干燥箱;钢直尺和游标卡尺;4 倍放大镜。

5.2.5.7 可溶性氯离子浓度

硅酸钙管壳中的可溶性氯离子浓度测试方法同 5.2.2.7。

5.2.5.8 憎水性

硅酸钙管壳憎水性测试方法同 5.2.3.11,应按 GB/T 10299 的规定执行。试样为无破坏裂纹的管壳,长度为 300 mm,横截面为半环形或扇形,厚度为原始壁厚。

5.2.6 辐射(反射)层材料性能

5.2.6.1 材料辐射率

应采用辐射率测试仪法、红外测温仪和热电偶比较测试法进行材料辐射率测试。

5.2.6.1.1 辐射率测试仪法应符合下列要求:

a) 制取尺寸约为 100 mm×100 mm、厚度为原始厚度的材料试样,采用辐射率测试仪测定试样单位面积辐射的热量与黑体材料在相同温度、相同条件下的辐射热量之比,黑体的辐射率为 1.0。测量结果保留两位有效数字。

b) 辐射率测试仪测量范围:$\varepsilon=0.01\sim0.99$,精度为±1%。

5.2.6.1.2 红外测温仪和热电偶比较测试法应符合下列要求:

a) 制取尺寸约为 100 mm×100 mm、厚度为原始厚度的材料试样,并通过相关传热学资料对被测材料辐射率预先进行查询,得参考值为 ε_0。

b) 设定测试区域环境温度为被测材料的实际使用温度，将试样放置在该使用温度条件下，用红外测温仪对材料测温，并将红外测温仪的输入辐射率设定为 ε_0，记录测得的材料表面温度 T_1。然后使用热电偶对相同温度条件下的试样再次测温，记录测得的表面温度 T_2。

c) 按式(7)计算使用温度下的材料辐射率：

$$\varepsilon'_1=\varepsilon_0\left(\frac{T_1}{T_2}\right)^4 \quad \cdots\cdots(7)$$

式中：

ε'_1——以材料辐射率参考值 ε_0 为依据，用比较测试法测试、计算所得的材料辐射率值；

ε_0——相关资料中查得的辐射率参考值；

T_1——红外测温仪测得的材料表面温度，单位为摄氏度(℃)；

T_2——热电偶测得的材料表面温度，单位为摄氏度(℃)。

再次以材料辐射率参考值 ε_0 为依据，重复上述测试步骤，得材料辐射率 ε''_1。取该两次结果 ε'_1、ε''_1 的算术平均值作为被测材料辐射率的第一次测试结果 ε_1。

d) 重复 b)、c)中的步骤，将每次所得的辐射率值作为参考值，输入红外测温仪重新进行测试和计算，当连续两次结果的差值不大于 2%时，以最后一次的结果作为被测材料的辐射率。

e) 测试仪器设备：红外测温仪，精度±0.2 ℃；热电偶，精度±0.2 ℃。

5.2.6.2 材料耐温平直度

将尺寸为 500 mm×500 mm 的辐射(反射)层材料试样贴附在平板上，放置到常温至 300 ℃、控温精度±1 ℃的鼓风干燥箱里。调温至该材料的最高使用温度，保持恒温不少于 2 h。取出试样检查其平直度，不应出现明显的鼓泡和褶皱。

5.2.7 土壤导热系数

5.2.7.1 现场测试

5.2.7.1.1 测试点应沿供热管道轴线、按设计埋深的管道中心位置选取(对运行中的管道应距管道轴线约 10 m 的管道中心位置选取)，应包含管道沿线不同类型土壤和不同地下水位处的测点，每种类型和水位条件的测点数量不应少于 3 个。在尽量不破坏土壤结构和原始特性的条件下，进行测点布置。

5.2.7.1.2 土壤导热系数按 GB/T 10297 规定的方法测定，测定现场土壤温度条件下的导热系数，土壤温度用数显温度计在测试点附近测量。

5.2.7.2 实验室测试

5.2.7.2.1 测点选取同 5.2.7.1.1。

5.2.7.2.2 在测点位置，保证不破坏土壤结构和特性的条件下，采用圆桶型取样器，取 3 块尺寸为 ϕ150 mm × 150 mm 圆柱体形的完整试样，立即称重后迅速装入塑料密封袋中，放置在阴凉处，避免阳光直射。测定取样处的土壤温度。

5.2.7.2.3 在实验室中，按现场土壤测试温度的条件下，对土壤试样称重。若与现场称重数值比较出现偏差，应采用喷雾方法向试样加入与失去重量相同的水量。待水分渗透均匀后，按 GB/T 10297 方法测定土壤导热系数。

5.2.7.3 测试结果

测试给定温度下的土壤导热系数时，要求温度测试精度为±1 ℃；导热系数测试结果保留至小数点后 3 位有效数字，精确至±0.001 W/(m·K)。

5.2.7.4 测试仪器设备

导热系数仪的精度为±3%～±5%；数显温度计的精度为±0.5 ℃。

5.3 外护管管材

5.3.1 高密度聚乙烯外护管

5.3.1.1 试样

外护管检测试样应从室温(23±2)℃下存放 16 h 后的保温管上切取。

5.3.1.2 表面质量

内外表面质量检测,采用无放大目测,检查内外表面是否有影响其性能的沟槽,是否存在气泡、裂纹、凹陷、杂质、颜色不均等缺陷;管端截面与轴线的垂直度偏差检测同 4.2 的方法。

5.3.1.3 外径和壁厚

5.3.1.3.1 外径和壁厚测试应按 GB/T 8806 的规定执行。

5.3.1.3.2 测试仪器:分度值为 1 mm 的钢直尺;分度值为 0.5 mm～1.0 mm 的钢卷尺(钢围尺);精度为 0.02 mm 游标卡尺;精度为 0.01 mm 的千分尺。

5.3.1.4 管材的分级核定

高密度聚乙烯管材分级核定应根据 PE 管材原料最小要求强度 MRS 的分级规定,查验管道生产企业提供的材料分级检测报告。当出现对材料级别的异议时,应依据 GB/T 18475 和 GB/T 18252 的规定对管材进行长期静液压强度测定,进行分级核定。

5.3.1.5 密度

5.3.1.5.1 密度的测试应按 GB/T 1033.1 规定的浸渍法或滴定法执行。

5.3.1.5.2 浸渍法:将在空气中已称量、悬挂在金属丝上不大于 10 g 的试样浸入浸渍液的容器中再称量,然后按称量的质量和浸渍液密度计算试样的密度。

5.3.1.5.3 滴定法:将薄片试样沉入较低密度的浸渍液中。通过向低密度浸渍液中滴入重浸渍液,直至最重和最轻的试样片都能稳定悬浮在混合液中至少 1 min,用比重瓶法测定混合液的密度来求取被测试样的密度。

5.3.1.5.4 测试仪器设备:分辨率为 0.1 mg 的分析天平;大口径浸渍容器;精度±0.1 ℃温度计;比重瓶;恒温浴。浸渍液和分度值为 0.1 mL 的滴定管。

5.3.1.6 炭黑含量

5.3.1.6.1 炭黑含量的测试应按 GB/T 13021 规定的热失重法执行。

5.3.1.6.2 取 3 份管材试样,每份约 1 g,粉碎后称重。

5.3.1.6.3 管式电炉升温至(550±50)℃,通入经活性铜和乙酸锰脱氧的氮气,流速为 200 mL/min,吹扫约 5 min。然后将放入样品舟中的试样推入管式电炉中心,调节氮气流速为 100 mL/min,使试样在(550±50)℃环境中热解 45 min。再将样品舟移至管式电炉的低温位置,继续保持通气 10 min。取出样品舟,在干燥器中冷却后称重。

5.3.1.6.4 将样品舟置于调节温度至(900±50)℃的马弗炉中进行煅烧,直至炭黑全部消失,再次冷却后称重。

5.3.1.6.5 按式(8)计算炭黑含量:

$$c=\frac{m_2-m_3}{m_1}\times 100 \qquad \cdots\cdots(8)$$

式中：

c ——炭黑含量，%；

m_1——试样质量，单位为克(g)；

m_2——试样连同样品舟在(550±50)℃热解后的质量，单位为克(g)；

m_3——试样连同样品舟在(900±50)℃煅烧后的质量，单位为克(g)。

取 3 份试样炭黑含量的算术平均值为测试结果。

其中的灰分含量按式(9)进行计算：

$$c_1 = \frac{m_3 - m}{m_1} \times 100 \qquad \cdots\cdots(9)$$

式中：

c_1——灰分含量，%；

m——样品舟的质量，单位为克(g)。

取 3 次灰分含量的算术平均值为测试结果。

5.3.1.6.6 测试仪器设备：分辨率 0.1 mg 称重天平；测温精度±1 ℃的温度计；由活性铜和乙酸锰除氧器、管式电炉、马弗炉、40 mL/min～400 mL/min 气体流量计配置而成的炭黑含量测定装置；50 mm～60 mm 长的石英样品舟。

5.3.1.7 炭黑弥散度

5.3.1.7.1 炭黑弥散度测试的试样应在外护管的同一横截面上，沿环向均匀切取，共切取 6 个厚度约为 25 μm、面积约为 15 mm^2 的切片。

5.3.1.7.2 在放大倍数不低于 100 倍的显微镜下，检查切片是否存在炭黑的结块、气泡、空洞和杂质，并测量其尺寸；检查是否存在黑白相间的色差条纹。

5.3.1.7.3 测试仪器设备：薄片刨刀；放大 100 倍显微镜；精度为±0.01 mm 数显游标卡尺。

5.3.1.8 熔体质量流动速率

5.3.1.8.1 外护管材料熔体质量流动速率的测试应按 GB/T 3682 规定执行。

5.3.1.8.2 试样从外护管或 PE 焊料上切取，制成 3 g～6 g 的粉状或薄片状试样。

5.3.1.8.3 试验之前先按选定的试验温度 190 ℃预热测定仪料筒，保持恒温不少于 15 min。然后将试样装入料筒并压实，活塞上加 5 kg 砝码负荷，保持料桶温度 190 ℃不变。

5.3.1.8.4 随着活塞在重力作用下下降，口模下挤出试样细条。当活塞下标线到达料筒顶面时，用切断器切断挤出物，将带有气泡的挤出段丢弃。直到挤出段不出现气泡时，逐一收集按一定时间间隔切下的挤出段，每条挤出段的长度应不短于 10 mm。当活塞上标线到达料筒顶面时，终止切割。

5.3.1.8.5 逐一称量挤出段的质量，偏差超过 15%的挤出段应予去除。计算至少 3 段质量的算术平均值，再按切割的时间间隔，求出熔体质量流动速率的平均值。

5.3.1.8.6 测试仪器设备：熔体流动速率测定仪，料筒内径为(9.55±0.025)mm、口模内径为(2.095±0.005)mm；精度为±0.1 s 的秒表；分辨率为 0.5 mg 的天平。

5.3.1.9 热稳定性

5.3.1.9.1 外护管材料热稳定性的测试应按 GB/T 17391 规定执行。测定试样在高温氧气条件下开始发生自动催化氧化反应的时间(氧化诱导期)来判定聚乙烯管材的热稳定性。

5.3.1.9.2 试样制备时应首先在管道和管件外护管上截取 1 块 20 mm～30 mm 宽的圆环，从圆环上截取 1 个 20 mm 长的弧形段，在弧形段上切取一个直径略小于热分析仪样品皿的圆柱体，最后从圆柱体上切割一个重(15±0.5)mg 的圆片状试样。每组试样数量为 5 个，试样应避免直接暴露在阳光下。

5.3.1.9.3 首先按 GB/T 13464 规定的方法,用高纯度校准物质的相转变温度来校准差热分析仪。再接通氧气和氮气,转换气体切换装置分别调节两种气体的流量,使之均达到(50±5)mL/min,然后切换至氮气。将盛有(15±0.5)mg 试样的开口铝皿置于热分析仪的样品支持架上,以 20 ℃/min 的速率升温至(210±0.1)℃,并使该温度恒定。开始记录热曲线(温度-时间关系曲线)(图 1)。保持恒温5 min 后,迅速切换成氧气。当热曲线上记录到氧化放热达到最大值时终止试验。

5.3.1.9.4 在记录的热曲线图上,标出由氮气切换成氧气时的点 A_1,并在曲线出现明显变化时的最大斜率处画切线,标注此切线与基线延长线的交点为 A_2,该两点间的时间即表示试样热稳定性的氧化诱导期(min)。

取 5 次试验氧化诱导期的算术平均值为试验结果。

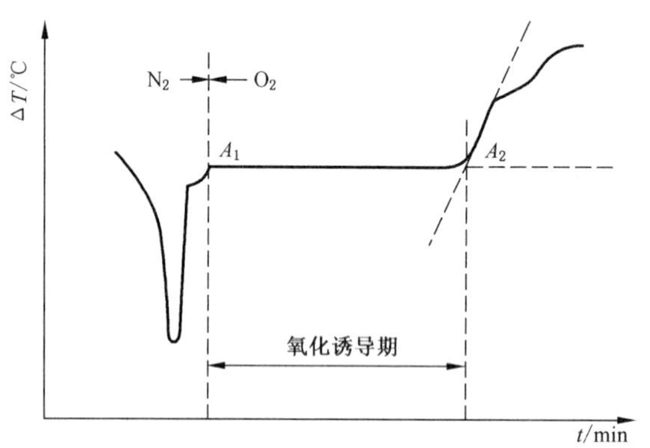

图 1 热曲线图

5.3.1.9.5 测试仪器设备:能连续记录试样温度的同步热分析仪,精度为±0.1 ℃;分辨率为 0.1 mg 的天平;量程为 10 mL/min~100 mL/min、0.5 级气体流量计;氧气和高纯度氮气的供气及气体切换装置。

5.3.1.10 拉伸屈服强度与断裂伸长率

5.3.1.10.1 拉伸屈服强度及断裂伸长率测试应按 GB/T 8804 的规定执行。

5.3.1.10.2 试样样条的纵向应平行于管材的轴线,沿环向均匀分布位置切取,长度约 150 mm。试样数量不得少于 3 个,管材外径大于和等于 450 mm 时,应制取 8 个试样。管材壁厚小于或等于 12 mm 时,可按标准尺寸采用哑铃形裁刀冲制或机械加工方法制样;壁厚大于 12 mm 时,应采用机械加工方法制样。

5.3.1.10.3 在试验机上测试时,应按试样壁厚、类型和制作方法的不同,在 10 mm/min~100 mm/min 范围内分别选取、设定试验速度,进行机械拉伸试验。

5.3.1.10.4 试验机自动显示、记录管材的拉伸屈服强度及断裂伸长率,或按记录的拉力、试样尺寸和变形量计算拉伸屈服强度及断裂伸长率。以多个试样拉伸屈服强度及断裂伸长率的算术平均值为测试结果。

5.3.1.10.5 测试仪器设备:试验机要求同 5.2.1.6.5 规定;精度为 0.01 mm 的数显卡尺。

5.3.1.11 外护管电晕处理后的表面张力

5.3.1.11.1 按照 ISO 8296 规定的方法进行测试。应用表面张力测试笔,将已知表面能量的测试涂料涂画在被测表面上,以判定测试涂料的表面张力与被测材料的表面张力是否一致。

5.3.1.11.2 选择一个能量等级的测试笔在被测表面上涂画约 100 mm 长的线条,然后在 2 s 之内观察涂料的 90%以上边缘是否发生收缩、形成滴状。如果出现收缩,则应更换低一级表面能量的测试笔重画,直至不出现收缩时,表明此测试涂料的表面能量与被测材料的表面能量相对应,即其表面张力一致。相反,如果第一次的画线上未出现收缩,则应更换高一级表面能量的测试笔重画,直至出现收缩时,就可判定前一支测试笔的能级与被测材料的表面能量相一致。采用此种方法测出的材料表面张力误差约为±1 mN/m。

5.3.1.12 纵向回缩率

5.3.1.12.1 纵向回缩率测试应按 GB/T 6671 的规定执行。

5.3.1.12.2 试样为(200±20)mm 长、原始壁厚的管材。

5.3.1.12.3 沿试样长度方向刻画两条间距为 100 mm 的圆周标线,任意一条标线距管材端部的距离不少于 10 mm。然后将试样置于(110±2)℃的鼓风干燥箱中 120 min,测量加热前后试样标线间的距离,求出相对于原始长度的变化百分率。

5.3.1.12.4 测试仪器设备:常温至 300 ℃、控温精度±1 ℃的鼓风干燥箱;测量精度±0.5 ℃的温度计;精度为 0.01 mm 的数显卡尺。

5.3.1.13 外护管外径增大率

5.3.1.13.1 选取一根用作保温管道外护管、并已进行圆整的高密度聚乙烯管材为外径增大率测试试样。

5.3.1.13.2 在管材试样发泡之前,沿轴线方向间隔一定距离选择 3 点位置测量周长。当保温管道完成发泡定型后,在同样位置测量发泡后的周长。

5.3.1.13.3 按式(10)计算外径增大量占原外径的百分比:

$$\nu=\frac{D_1-D_0}{D_0}\times 100 \qquad \cdots\cdots(10)$$

式中:

ν ——外径增大率,%;

D_1——发泡后的外径,单位为毫米(mm);

D_0——发泡前的外径,单位为毫米(mm)。

计算 3 点位置的外径增大率,以其算术平均值为测试结果。

5.3.1.13.4 测试仪器设备:分度值为 0.5 mm~1 mm 的钢卷尺(钢围尺)。

5.3.1.14 耐环境应力开裂

5.3.1.14.1 耐环境应力开裂测试应按 ISO 16770 的规定执行。

5.3.1.14.2 试样制备应符合下列规定:

a) 在外护管同一圆周截面的均匀分布位置沿轴线方向切取试样,管道工作钢管直径小于500 mm 时,切取 4 个试样,当管道工作钢管直径大于等于 500 mm 时,切取 6 个试样。试样的型式可以是图 2 所示的哑铃形;也可以是宽度为 10 mm、具有平行边的长条形,试样厚度为外护管的原始壁厚,试样的长度应能保证在两端夹头之间还具有 4 倍壁厚的距离。切取试样可以采用铣、切或冲的方法。

b) 在试样长度方向的中间,垂直于轴线同一截面的 4 个边上,用刻痕刀具刻制出 4 条相连接的刻痕。该刻痕刀具应设计成能使刻痕底部尖顶的半径不超过 10 μm。试样厚度不同,刻痕的深度也随之变化,一般深度约为 1.6 mm。由于外护管具有弧形表面,刻痕的深度会出现不均,但是每一面上都不得存在无刻痕的现象。

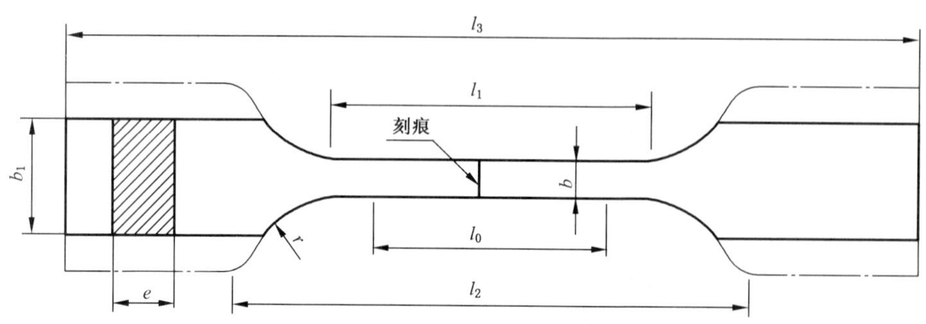

单位为毫米

参考线间距 l_0	校正长度 l_1	总长 l_3	夹具间初始距离 l_2	壁厚 e	半径 r	校正宽度 b	端部宽度 b_1
50±2	60±2	≥150	115±2	外护管原壁厚	60±1	10±0.4	>20

图2 外护管耐环境应力开裂测试试样图

5.3.1.14.3 按下列步骤进行测试：

a) 调制试验装置环境室内的溶液，即在水中加入2.0%表面活性剂(壬酚聚乙二醇醚或仲辛基聚氯乙烯醚[TX-10])。

b) 测量已刻痕试样的实际带状面积，即试样横截面积去除四周刻痕后的实际净面积；将试样安装在夹头上，并保证刻痕部位完全浸入环境溶液中。

c) 施加按式(11)计算的砝码质量，使试样承受(4.0±0.04)MPa的恒定拉伸应力。

$$M=\frac{A_n\times\sigma}{9.81\times R} \qquad \cdots\cdots(11)$$

$$R=\frac{L_2}{L_1}$$

式中：

M ——施加的负载砝码质量，单位为千克(kg)；

A_n ——试样的实际带状面积，单位为平方毫米(mm^2)；

σ ——拉伸应力，单位为兆帕(MPa)；

L_1、L_2——杠杆臂长；

R ——杠杆臂长之比，当负载直接加在试样上时，则$R=1$。

d) 调节溶液温度为(80±1)℃，保持恒温。不断搅拌溶液，防止表面活性剂沉淀。

e) 环境室溶液达到恒温后开始计时，进行4个或6个试样的试验测试。

f) 连续测试300 h，不断检查试样是否发生破坏。期间出现试样破坏时，终止试验。

5.3.1.14.4 测试仪器设备：测试设备应能提供为试样施加轴向应力负载的装置，并能保证试样浸泡在控温的表面活性剂溶液环境中。典型的装置如图3所示。要求施加轴向应力负载的精度为±1%；溶液环境控温精度为±1 ℃；测温仪表的精度为±0.1 ℃；计时仪表精度为±1 min。

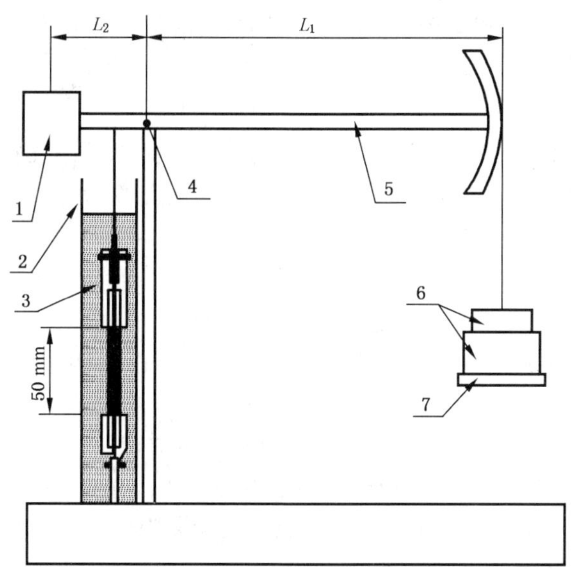

说明：

1 ——平衡重；
2 ——环境室；
3 ——溶液；
4 ——低摩擦铰链滚轴；
5 ——平衡杠杆臂；
6 ——砝码；
7 ——砝码盘；
L_1、L_2——杠杆臂长。

图 3 耐环境应力开裂试验装置示意图

5.3.1.15 长期机械性能

5.3.1.15.1 外护管材料长期机械性能测试的试样尺寸应符合 GB/T 8804 中类型 1 的规定。当外护管直径小于 800 mm 时，切取 6 个试样，当外护管直径大于等于 800 mm 时，切取 12 个试样。试样应均匀分布在外护管的同一截面上，其长度沿外护管轴线方向。

5.3.1.15.2 将试样装卡在恒温浴中的拉伸夹具上，并完全浸入其中的水溶液里。水溶液含有 2.0% 的表面活性剂(壬酚聚乙二醇醚或仲辛基聚氯乙烯醚[TX-10])，通过不断搅拌防止水溶液中表面活性剂沉淀。调节水溶液温度为(80±1)℃，并对试样施加(4.0±0.04)MPa 的恒定拉应力。

5.3.1.15.3 当水溶液温度达到恒定的(80±1)℃时，开始计时。记录试样破坏的时间，计时精确到 ±12 h。试验进行至 2 000 h 时，停止试验。

5.3.1.15.4 测试仪器设备：具有恒温浴和轴向拉伸装置的长期机械性能测试仪，其拉力传感器精度为 ±0.5%；测温仪表的精度为±1 ℃；计时仪表精度为±1 min。

5.3.2 玻璃纤维增强塑料外护管

5.3.2.1 试样

检测试样应从室温(23±2)℃下存放 16 h 后的保温管上切取。

5.3.2.2 表面质量

采用外表面无放大目测方法。外护管颜色应为不饱和聚酯树脂本色或所添加的颜色，检查外护管表面是否有漏胶、纤维外露、气泡、层间脱离、显著性褶皱、色调明显不均等。

5.3.2.3 材料成分

应按 GB/T 18369、GB/T 18370 的规定检测外护管材料中无碱纤维无捻纱、布的主要性能指标，按 GB/T 1549 的规定检测无碱、中碱玻璃纤维无捻粗纱碱金属氧化物含量，按 GB/T 8237 的规定检测不饱和聚酯树脂的主要性能指标。

5.3.2.4 密度

5.3.2.4.1 密度测试应按 GB/T 1463 的规定执行。采用浮力法测定纤维增强塑料外护管材料的密度。

5.3.2.4.2 制取 5 块试样，质量为 1 g～5 g，试样表面应平整光滑。

5.3.2.4.3 采用适当长度的金属丝悬挂试样，金属丝直径小于 0.125 mm。分别称量试样和金属丝的质量，精确到 0.1 mg。将用金属丝悬挂的试样全部浸入量杯内(23±0.5)℃的蒸馏水中，除去试样上的气泡，称量水中的试样质量，精确到 0.1 mg。

5.3.2.4.4 根据每次称量的质量数据和蒸馏水密度计算试样材料的密度。以 5 块试样密度的算术平均值为测试结果。

5.3.2.4.5 测试仪器：分辨率为 0.1 mg 的精密天平；精度为±0.5 ℃的温度计；烧杯或其他容器。

5.3.2.5 拉伸强度

5.3.2.5.1 拉伸强度测试应按 GB/T 1447 的规定执行。

5.3.2.5.2 试样从外护管同一截面上的环向均匀分布位置切取，数量不少于 5 个，玻璃纤维缠绕的外护管应按纤维方向取样。试样型式可为哑铃形或长条形，哑铃形试样长度为 180 mm、标距为(50±0.5)mm、中间平行段宽度为(10±0.2)mm，长条形试样长度为 250 mm、标距为(100±0.5)mm、中间平行段宽度为(25±0.5)mm，试样厚度均为外护管原始厚度。采用机械加工方法制作。

5.3.2.5.3 测量试样工作段任意 3 处的宽度和厚度，其算术平均值为该试样的宽度和厚度。将试样夹持到试验机的夹具上，对准上下夹具与试样的中心线。调整试验机加载速度为 10 mm/min，连续加载直至试样破坏，记录试样的屈服载荷、破坏载荷或最大载荷，以及试样的破坏形式。

5.3.2.5.4 按式(12)计算拉伸强度：

$$\sigma_t = \frac{F}{b \times h} \qquad \cdots\cdots (12)$$

式中：

σ_t——拉伸强度(拉伸屈服应力、拉伸断裂应力)，单位为兆帕(MPa)；

F——屈服载荷、破坏载荷或最大载荷，单位为牛顿(N)；

b——试样的宽度，单位为毫米(mm)；

h——试样的厚度，单位为毫米(mm)。

以 5 个试样拉伸强度的算术平均值作为测试结果。

5.3.2.5.5 测试仪器设备：试验机要求同 5.2.1.6.5 规定；精度为 0.02 mm 的游标卡尺。

5.3.2.6 弯曲强度

5.3.2.6.1 弯曲强度测试应按 GB/T 1449 的规定执行。

5.3.2.6.2 试样从外护管同一截面上的环向均匀分布位置切取，数量不少于 5 个。试样长度不应小于 80 mm，宽度为(15±0.5)mm，厚度为管材原始厚度。

5.3.2.6.3 测量试样中间三分之一长度内任意 3 点位置的宽度和厚度，其算术平均值为该试样的宽度和厚度。试验机的加载上压头圆柱面半径为(5±0.1)mm,支座圆角半径为(2±0.2)mm。以16倍±1倍的试样厚度尺寸为支座跨距,采用无约束支撑,连续加载速度为10 mm/min,测定弯曲强度。对挠度达到1.5倍试样厚度之前呈现破坏的材料,记录最大载荷或破坏载荷;对挠度达到1.5倍试样厚度时仍不呈现破坏的材料,记录该挠度下的载荷。

5.3.2.6.4 按式(13)计算弯曲强度:

$$\sigma_f = \frac{3P \times l}{2b \times h^2} \qquad \cdots\cdots(13)$$

式中:

σ_f——弯曲强度(或挠度为1.5倍试样厚度时的弯曲应力),单位为兆帕(MPa);

P——破坏载荷(或最大载荷,或挠度为1.5倍试样厚度时的载荷),单位为牛顿(N);

l——跨距,单位为毫米(mm);

b——试样的宽度,单位为毫米(mm);

h——试样的厚度,单位为毫米(mm)。

以5个试样弯曲强度的算术平均值作为测试结果。

5.3.2.6.5 测试仪器设备同5.3.2.5.5。

5.3.2.7 渗水性

5.3.2.7.1 渗水性测试应按GB/T 5351的规定执行。

5.3.2.7.2 试样为外护管上截取的管段,当外护管管径D小于或等于150 mm时,管段的试验段长度L应大于或等于$5D$,且不小于300 mm;当外护管管径D大于150 mm时,管段的试验段长度L应大于或等于$3D$,且不小于750 mm。在试验段长度以外,还应在两端分别延长50 mm~100 mm,为密封段长度。

5.3.2.7.3 试样两端加装密封后,浸入常温密封水槽中,水槽加压至0.05 MPa,保持稳压1 h。将取出试样的两端密封拆除,检查有无渗透。

5.3.2.7.4 测试仪器设备:水压试验装置;1级精度压力表。

5.3.2.8 长期机械性能

玻璃纤维增强塑料外护管材料的长期机械性能测试方法同5.3.1.15。

5.3.2.9 外径和壁厚尺寸

玻璃纤维增强塑料外护管外径和壁厚尺寸检测方法同5.3.1.3。

6 热水直埋保温管道直管的性能检测

6.1 管道的保温性能

6.1.1 管道保温结构表观导热系数λ_{50}和保温层材料导热系数λ_i

6.1.1.1 试样制备

6.1.1.1.1 试样应从保温管道产品中间、距离管端大于或等于500 mm、垂直于管道轴线截取。当测试管段的工作钢管直径小于500 mm时,其长度宜为3 m;当工作钢管直径大于或等于500 mm时,其长度不应小于5 m。型式试验时,作导热系数测试的管道试样应采用生产4周~6周以后的管道。

6.1.1.1.2 在管道试样两端距端头大于或等于0.5 m处,应按GB/T 10296的要求,在保温结构上垂直于管道轴线直至工作钢管切割出宽度不大于4 mm的隔热缝,并在缝中填充绝热性能好的纤维棉,阻隔轴向传热。

6.1.1.1.3 在测试管段中间按不同的测试精度要求，选择1个～3个垂直于管段轴线的并列测试截面，两个测试截面的间距应为100 mm～200 mm。测试截面个数按测试精度要求选取，测试精度要求高时，测试截面增至3个。选择并列多个测试截面时，管段上的测试参数取多个截面测试结果的平均值。在每个测试截面上，沿外护管表面的环向布置温度和热流传感器。当工作钢管直径小于或等于500 mm时，分别在每一个截面的顶部、沿环向45°处和225°处各布置温度和热流传感器；当工作钢管直径大于500 mm时，则在每一个截面上沿环向均布8个温度和热流传感器。

6.1.1.1.4 测试段长度的测量精度为±1.0 mm；外护管的平均外直径和工作钢管的外直径测量精度均为±0.5 mm；外护管厚度的测量精度为±0.1 mm。

6.1.1.2 测试步骤

6.1.1.2.1 设定工作钢管内的温度为(80±10)℃，温度控制精度应小于或等于±0.5 ℃。

6.1.1.2.2 管道外护管处于室内环境中，试验室内封闭环境的温度控制为(23±2)℃，试验过程中温度变化不得超过±1 ℃，室内空气平静、无扰动。

6.1.1.2.3 试验运行至少4 h后，观察测试系统传热是否达到稳态。连续3次间隔0.5 h的观测值不超过该3次的平均值，而且不表现为单向增减的趋势，则认为已达到稳态，采集并记录测试数据。工作钢管和外护管表面的温度测量精度为±0.1 ℃；外护管表面的热流测量精度在4% 以内。计算测试截面上热流、温度的算术平均值和各截面的平均值。

6.1.1.3 导热系数计算

6.1.1.3.1 表观导热系数λ_{50}的确定应符合下列规定：

a) 管道保温结构在平均工作温度为50 ℃时的表观导热系数λ_{50}应按式(14)进行计算：

$$\lambda_{50}=\frac{q_{1,\mathrm{av}}\times\ln\dfrac{D_{\mathrm{W}}}{D_{\mathrm{S}}}}{2\times\pi\times(t-t_{\mathrm{W}})} \qquad\cdots\cdots(14)$$

式中：

λ_{50} ——管道保温结构的表观导热系数，单位为瓦每米开尔文[W/(m·K)]；

$q_{1,\mathrm{av}}$——单位长度平均线热流密度，单位为瓦每米(W/m)；

t ——保温结构内表面温度，单位为开尔文(K)；

t_{W} ——保温结构外表面温度，单位为开尔文(K)；

D_{S} ——保温结构内径，单位为米(m)；

D_{W} ——保温结构外径(外护管外径)，单位为米(m)。

b) 管道保温结构的平均表观导热系数，是在(80±10)℃范围内选取3个不同的工作钢管运行温度进行测试，由测得的数据按线性回归的方法计算求得。对于型式试验，要测定3个不同管径、不同管道温度下的平均值来确定其表观导热系数λ_{50}。导热系数值要圆整到0.001 W/(m·K)。

6.1.1.3.2 保温层材料导热系数λ_i的确定应符合下列规定：

a) 计算管道保温结构中保温层材料的导热系数λ_i，应加上外护管热阻的修正项，预先测定外护管的壁厚，计算外护管内径，计及外护管材料的导热系数(高密度聚乙烯的导热系数值宜为0.40 W/(m·K))。工作钢管的热阻可忽略不计。

b) 保温层材料导热系数λ_i按式(15)进行计算：

$$\lambda_i=\frac{\ln\left(\dfrac{D_{\mathrm{C}}}{D_{\mathrm{S}}}\right)}{\dfrac{2\times\pi\times(t_{\mathrm{W}}-t)}{q_{1,\mathrm{av}}}-\dfrac{1}{\lambda_{\mathrm{c}}}\ln\left(\dfrac{D_{\mathrm{W}}}{D_{\mathrm{C}}}\right)} \qquad\cdots\cdots(15)$$

式中：

λ_i ——保温层材料导热系数，单位为瓦每米开尔文[W/(m·K)]；

λ_c ——外护管材料导热系数，单位为瓦每米开尔文[W/(m·K)]；

D_C——外护管内径，单位为米(m)。

6.1.1.4 试验设备

6.1.1.4.1 加热热源：能对工作钢管内提供温度不低于200 ℃的加热介质，温度控制精度应小于或等于±0.5 ℃；

6.1.1.4.2 实验室环境条件可调，环境空气温度控制精度应小于或等于±1 ℃，空气相对湿度变化应小于或等于±5%，环境风速应小于或等于0.5 m/s。

6.1.2 人工加速老化处理后管道的保温性能

6.1.2.1 管道老化处理

6.1.2.1.1 老化处理前的管道试样制备同6.1.1.1。

6.1.2.1.2 老化处理之前，试样管道两端应进行充分密封，以防止气体渗透、扩散。

6.1.2.1.3 老化处理步骤：设定管道工作钢管内的介质温度为(90±1)℃，温度控制精度应小于或等于±0.5 ℃。管道外护管处于室内环境中，室内温度控制为(23±2)℃，试验过程中温度变化不得超过±1 ℃。试验室应确保密闭，防止气体扩散、渗透，以保证保温材料泡孔中的气体成分不发生明显变化。连续运行150天。

6.1.2.2 保温性能测试

老化处理后管道保温性能测试同6.1.1.2。导热系数计算同6.1.1.3。老化处理的试验设备要求同6.1.1.4。

6.2 聚氨酯保温层直埋热水管道的剪切强度

6.2.1 常温下保温管道轴向剪切强度

6.2.1.1 试样制备

试样测试段应是一截长度为保温层厚度2.5倍，且不应短于200 mm的保温管道。在保温结构两端，保留适当长度的工作钢管，以便于试验操作。试样应在距管端部500 mm～1 000 mm处、垂直于管道轴线截取。共制作3段试样。

6.2.1.2 测试步骤

如图4所示，试样处于常温(23±2)℃环境条件下，由试验装置按5 mm/min的速度对工作钢管一端施加轴向力，直至保温结构的结合面破坏分离。记录最大轴向力值，并计算轴向剪切强度。试验可在管道轴线置于垂直方向或水平方向的两种情况下进行，当管道轴线处于垂直方向时，轴向力中应计入工作钢管的重量。

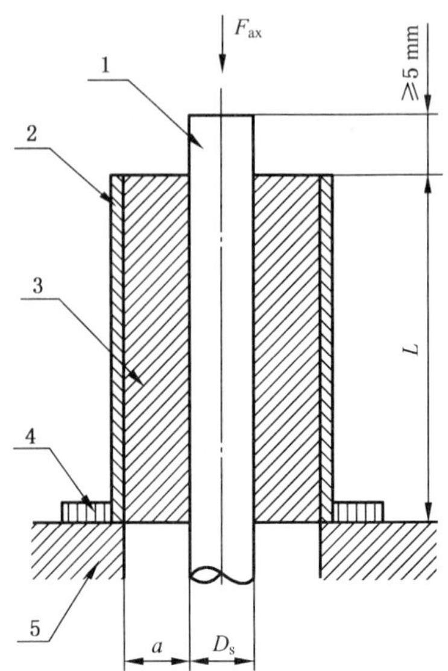

F_{ax}——轴向力；

D_s——工作钢管外径；

a——保温层厚度；

L——试样长度，$L=2.5\times a\geqslant 200$ mm；

1——工作钢管；

2——外护管；

3——保温层；

4——导向环；

5——试验装置底座。

图4 轴向剪切强度测试装置示意图

6.2.1.3 轴向剪切强度计算

轴向剪切强度应按式(16)进行计算：

$$\tau_{ax}=\frac{F_{ax}}{L\times\pi\times D_s} \qquad (16)$$

式中：

τ_{ax}——轴向剪切强度，单位为兆帕(MPa)；

F_{ax}——轴向施加的力，单位为牛(N)；

L——试样的长度，单位为毫米(mm)；

D_s——工作钢管外径，单位为毫米(mm)。

取三个试样分别测试结果的算术平均值作为最终测试结果。

6.2.1.4 测试仪器设备

测试仪器设备为200 kN～1 000 kN压力试验机；精度为±0.5%的测力传感器。

6.2.2 常温下保温管道切向剪切强度

6.2.2.1 试样制备

6.2.2.1.1 试样应为一截长度是工作钢管直径0.75倍的保温管道，且不得小于100 mm。在保温结构两端，保留适当长度的工作钢管，用于固定试样和方便试验操作。试样应在距管端部500 mm～

1 000 mm处、垂直于管道轴线截取。共制作3段试样。

6.2.2.1.2　如图5所示，将工作钢管一端固定在固定支架1上；试样外护管表面被传力夹具3环抱，传力夹具的内环面上具有足够数量直径约为5 mm的半球状突起，突起嵌入外护管表面未被完全钻透的凹孔中，但不应对外护管产生径向压力；传力夹具上对称安装两根杠杆2，每一根杠杆端头与保温管道中心线的距离，即力臂长度a=1 000 mm。

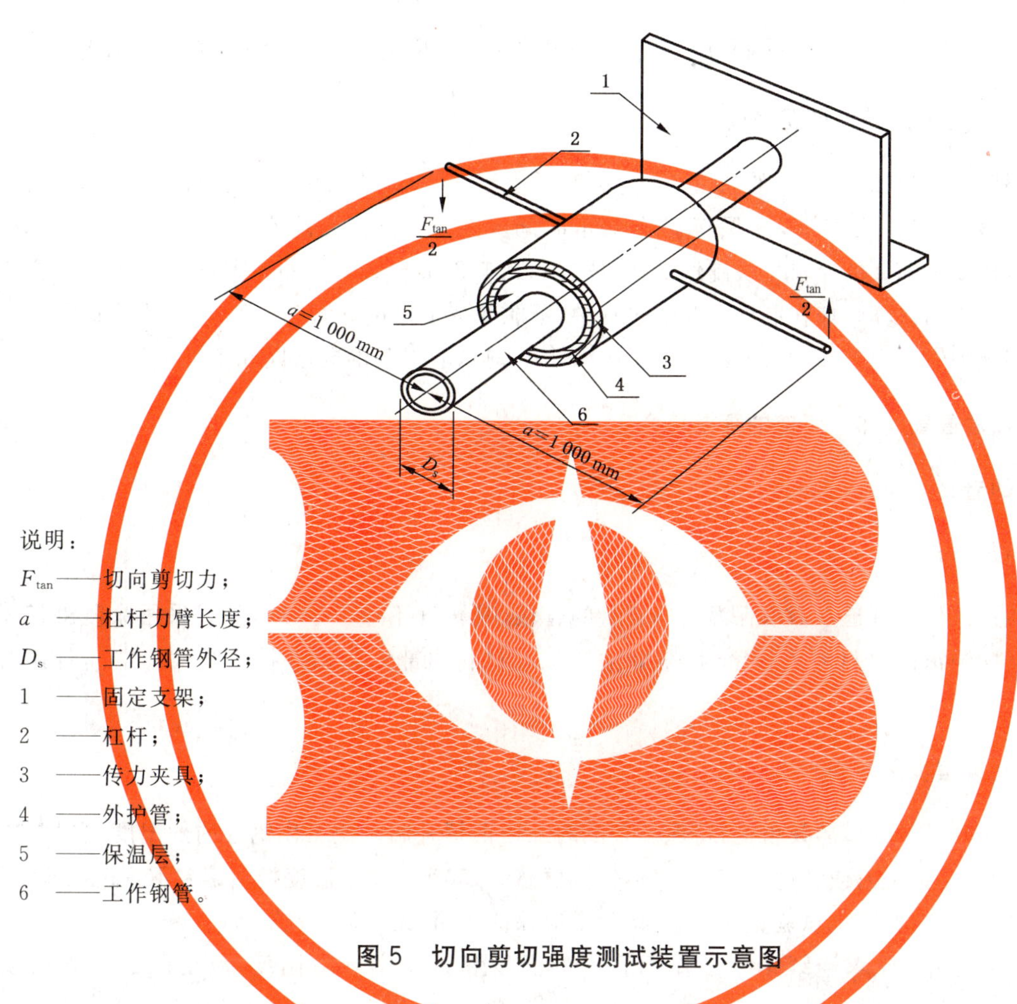

说明：

F_{tan}——切向剪切力；

a——杠杆力臂长度；

D_s——工作钢管外径；

1——固定支架；

2——杠杆；

3——传力夹具；

4——外护管；

5——保温层；

6——工作钢管。

图5　切向剪切强度测试装置示意图

6.2.2.2　测试步骤

试样处于常温(23±2)℃环境条件下，通过两根对称杠杆，试验装置按25 mm/min的速度连续施加切向力，直至保温结构的结合面破坏分离，记录最大切向力值。切向力垂直作用于杠杆上，在每一根杠杆上施加的切向力为$F_{tan}/2$。

6.2.2.3　切向剪切强度计算

切向剪切强度应按式(17)计算：

$$\tau_{tan}=\frac{F_{tan}}{\pi\times D_s\times L\times\frac{D_s}{2}\times\frac{1}{a}} \qquad \cdots\cdots(17)$$

式中：

τ_{tan}——切向剪切强度，单位为兆帕(MPa)；

F_{tan}——切向剪切力，单位为牛(N)；

L ——试样长度,单位为毫米(mm);

D_s ——工作钢管外径,单位为毫米(mm);

a ——每一根杠杆的长度,单位为毫米(mm)。

取三个试样分别测试结果的平均值作为最终测试结果。

6.2.2.4 测试仪器设备

测试仪器设备 200 kN～1 000 kN 压力试验机;精度为±0.5%的测力传感器;专用传力夹具。

6.2.3 140 ℃时管道的轴向剪切强度

试验室环境温度为(23±2)℃的条件下,使长度不小于 3.5 m 被测保温管道的工作钢管升温,在 30 min时间内达到(140±2)℃,并保持温度稳定时间不少于 4 h。然后在离管道端部 500 mm～1 000 mm处,按 6.2.1.1 的要求尽快制作试样,再按 6.2.1.2 和 6.2.1.3 的要求进行 140 ℃时管道的轴向剪切强度测试和计算。如在制样和测试过程中,不能保持工作钢管温度为 140 ℃,则应保证工作钢管开始降温到施加轴向力之前的时间不得超过 30 min。对试验设备的要求同 6.1.1.4 和 6.2.1.4。

6.3 聚氨酯保温层直埋热水管道的预期寿命

6.3.1 管道的老化处理

6.3.1.1 试样制备

从批量生产的保温管道上截取保温结构完整的管段,其长度不应小于 3.5 m。采用涂覆树脂等方法对管段端部的泡沫保温材料进行密封,阻断泡沫保温材料内部气体向外扩散和外部空气向其内部渗透。

6.3.1.2 老化处理步骤

在按 6.1.1.4 要求的试验设备上,将保温管段的工作钢管升温。使工作钢管内的温度达到 160 ℃后,保持恒温时间 3 600 h;或者达到 170 ℃后,保持恒温 1 450 h。要求温度控制偏差不超过 0.5 ℃,外护管始终保持在(23±2)℃的试验室环境中,试验室应保证封闭,无气流扰动。

老化处理过程中,要求连续记录工作钢管内的温度和试验室环境温度,温度测试仪表精度为±0.1 ℃。

6.3.2 老化处理后管道的剪切强度

6.3.2.1 常温条件下的轴向剪切强度

将经过老化处理、并已冷却至室温的管道,去除受氧化不利影响的管端部分材料,在离管道端部 500 mm～1 000 mm 处,按 6.2.1.1 的试样制备方法,截取轴向剪切强度测试的试样管段。试验室环境温度(23±2)℃的条件下,按 6.2.1.2 和 6.2.1.3 的规定进行轴向剪切强度测试和计算。测试仪器设备同 6.2.1.4。

6.3.2.2 140 ℃时管道的轴向剪切强度

将经过老化处理后的管道,按 6.2.3 中的规定,使工作钢管升温,在 30 min 时间内达到(140±2)℃,并保持温度稳定时间不少于 4 h。然后按 6.2.1.1 的要求尽快制作试样,再按 6.2.1.2 和6.2.1.3 的要求进行 140 ℃时管道的轴向剪切强度测试和计算。测试仪器设备同 6.1.1.4 和 6.2.1.4。

6.3.2.3 常温条件下的切向剪切强度

将经过老化处理、并已冷却至室温的管道，去除受氧化不利影响的管端部分材料，在离管道端部500 mm～1 000 mm处，按6.2.2.1的试样制备方法，截取切向剪切强度测试的试样管段。试验室环境温度(23±2)℃的条件下，按6.2.2.2和6.2.2.3的规定进行切向剪切强度的测试和计算。测试仪器设备同6.2.2.4。

6.4 聚氨酯保温层直埋热水管道连续运行温度超过120 ℃的管道预期寿命

6.4.1 测试要求

对于连续运行温度超过120 ℃的直埋保温管道，应测试其在保证30年使用寿命条件下的连续运行最高耐受温度。选择至少于3个不同的老化处理温度，分别进行1 000 h以上的管道老化处理，然后检测老化处理后的管道在140 ℃条件下的切向剪切强度，其结果均应大于或等于管道运行中要求达到的切向剪切强度值(0.13 MPa)。

6.4.2 试验管段制备

从批量生产的保温管道上截取保温结构完整的试验管段，其长度不应小于3.5 m。采用涂覆树脂等方法对管段端部的泡沫保温材料进行密封，阻断泡沫保温材料内部气体向外扩散和外部空气向其内部渗透。

6.4.3 测试步骤

6.4.3.1 选择一个老化处理温度 T_k，在试验装置上使试验管段工作钢管内通入温度为 T_k 的介质，进行老化处理，温度控制精度为±0.5 ℃。管道外护管处于室内环境中，试验室密闭，室内温度控制为(23±2)℃，试验过程中室内温度变化不得超过±1 ℃。在此老化处理温度 T_k 下，实际老化处理时间 L_k 应保证大于或等于1 000 h，否则应重新选择老化处理温度 T_k。试验期间应连续记录工作钢管温度和室内环境温度。

6.4.3.2 对老化处理后的管段，按6.2.3规定的方法，在30 min时间内使工作钢管升温到(140±2)℃，并保持温度稳定时间不少于4 h。然后在离管道端部至少500 mm处，按6.2.2.1的要求尽快制作切向剪切强度测试试样，再按6.2.2.2和6.2.2.3的要求进行140 ℃条件下管道的切向剪切强度测试和计算。

6.4.3.3 共计选择不少于3个不同的老化处理温度点，各个温度点之间的温差应大于或等于3 ℃，其最高温度与最低温度之差应大于或等于10 ℃。分别在各个温度点之下，按照6.4.3.1规定的步骤进行老化处理，按照6.4.3.2规定的步骤进行140 ℃条件下的切向剪切强度测试和计算，老化处理的时间应大于或等于1 000 h。老化试验1 000 h以后，开始在140 ℃条件下，进行切向剪切强度试验，检测的最大时间间隔为7天。

6.4.3.4 每一个老化处理温度(T_k)点之下，测得的管道在140 ℃条件下的切向剪切强度值与老化处理时间(L_k)成线性关系，作出其关系曲线。其中切向剪切强度降至0.13 MPa之前及之后的三次检测应在7天之内完成。通过查看曲线上相邻两个切向剪切强度值大于和小于0.13 MPa的点，采用内插法可得出该保温管道切向剪切强度值等于0.13 MPa时实际应采用的老化处理时间(L_k)，及其所对应的老化处理温度(T_k)。

6.4.4 计算连续运行保温管道的最高耐受温度

6.4.4.1 根据实际应采用的老化处理温度 T_k 和老化处理时间 L_k，按式(18)运用线性回归的方法计算

Arrhenius 关系式中的系数 C 和 D：

$$\ln L_k = \frac{C}{T_k} + D \quad \cdots\cdots(18)$$

式中：

L_k——老化处理温度点 T_k 下的老化处理时间，单位为小时(h)；

T_k——老化处理温度，单位为摄氏度(℃)；

C——回归系数；

D——回归系数。

按式(19)计算相关系数 r：

$$r = \frac{\sum_k [(y_k - \overline{y_k}) \times (x_k - \overline{x_k})]}{\sqrt{\sum_k (y_k - \overline{y_k})^2 \times \sum_k (x_k - \overline{x_k})^2}} \quad \cdots\cdots(19)$$

式中：

x_k——老化处理温度的倒数，$x_k = \frac{1}{T_k}$，单位为℃$^{-1}$；

y_k——老化处理时间的自然对数 $y_k = \ln L_k$；

$\overline{x_k}$、$\overline{y_k}$——x_k 和 y_k 的平均值。

当相关系数 r 小于 0.98 时，所测数据无效，应扩大取样范围、重新选择老化处理温度点进行测试。

6.4.4.2 保温管道的计算连续运行最高耐受温度，即按式(20)计算在保证连续运行寿命 30 年条件下保温管道的最高耐受温度：

$$\text{CCOT} = \frac{C}{\ln 262\ 800 - D} \quad \cdots\cdots(20)$$

式中：

CCOT——30 年使用寿命条件下的连续运行温度值，单位为摄氏度(℃)。

6.4.5 测试仪器设备

测试仪器设备同 6.1.1.4 和 6.2.2.4。

6.5 直埋热水保温管道抗冲击性能

6.5.1 管道抗冲击性能的测试应按照 GB/T 14152 的规定执行。

6.5.2 测试的试样应从批量生产的保温管道上截取，其长度不应小于 1.5 m。在试样上画出等距离的标线。

6.5.3 测试之前先将试样置于(−20±1)℃的温度环境下，时间应不少于 3 h。然后在 10 s 之内将试样从低温环境处理设备中移出，调整冲击试验机的落锤高度为 2 m，落锤质量为 3.0 kg，在标线范围内完成抗冲击性能测试。

6.5.4 抗冲击性能测试后，目测检查管道外护管上是否出现裂纹等缺陷。

6.5.5 测试仪器设备：低温范围达到−30 ℃的低温箱；冲击试验机，落锤质量 3.0 kg，其半球形冲击面直径为 25 mm。

6.6 140 ℃时的直埋热水保温管道抗长期蠕变性能

6.6.1 试样制备

6.6.1.1 试样应从正规生产的保温管道中间部分截取，抗蠕变性能测试的试样管段，要求其工作钢管外径为 60 mm，外护管外径为 125 mm，保温层材料是聚氨酯硬质泡沫塑料。共制备 3 段试样。

6.6.1.2 如图6，试样包括一个测试段 A 和两个位于测试段两端的隔热段 B。测试段 A 的长度为 100 mm，隔热段 B 的长度各为 50 mm，在测试段与隔热段之间还要切割出宽度小于 4 mm 的两个隔热切口。该两个切口应贯穿外护管和保温层直达工作钢管表面、对称地垂直于工作钢管轴线。

6.6.2 测试步骤

6.6.2.1 用试样两端外伸的一段工作钢管直接将试样支撑，在测试段 A 的长度上设有施加径向力的挂具，见图6。

单位为毫米

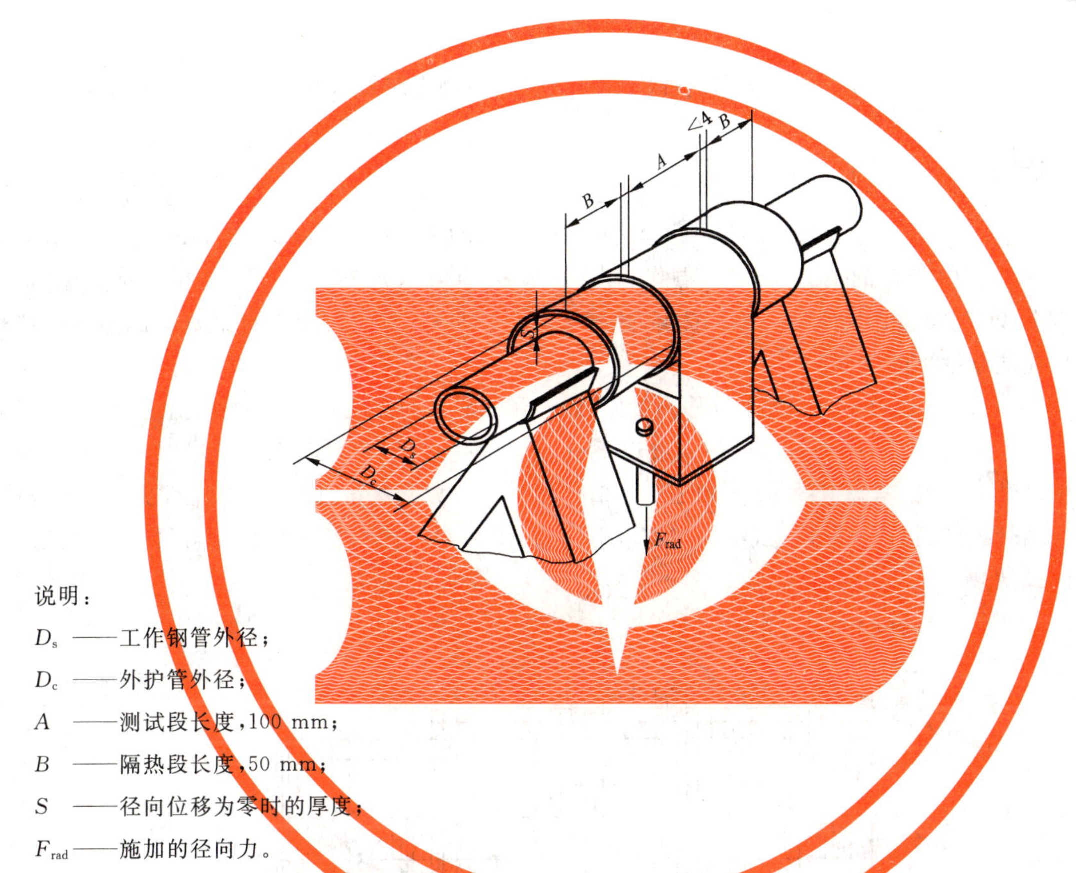

说明：

D_s ——工作钢管外径；

D_c ——外护管外径；

A ——测试段长度，100 mm；

B ——隔热段长度，50 mm；

S ——径向位移为零时的厚度；

F_{rad}——施加的径向力。

图6 长期抗蠕变性能测试的试样和加载装置示意图

6.6.2.2 试样置于温度为(23±2)℃的环境中，测量聚氨酯泡沫塑料保温层的厚度 S。

6.6.2.3 对试样工作钢管加热，升温到(140±2)℃后，保持温度恒定不变。周围环境温度也保持(23±2)℃不变，进行抗蠕变性能测试。

6.6.2.4 工作钢管恒温时间达到 500 h 时，采用在挂具下方吊挂砝码的方法施加径向作用力 F_{rad}。砝码及挂具的重量定为(1.5±0.01)kN。该作用力负载应是恒定的，施加时要求无冲击和震动。

6.6.2.5 如图7所示，在测试段外护管顶部的中间位置，设置位移量测试仪表，沿作用力方向测量保温材料的径向位移 ΔS。在施加径向作用力之前，加热周期达到 500 h 时，测试仪表显示的径向位移量 $\Delta S=0$。

6.6.2.6 保持工作钢管温度不变的条件下，分别在施加作用力 F_{rad} 后达到 100 h 和 1 000 h 的时刻，记录径向位移量 ΔS_{100} 和 $\Delta S_{1\,000}$。

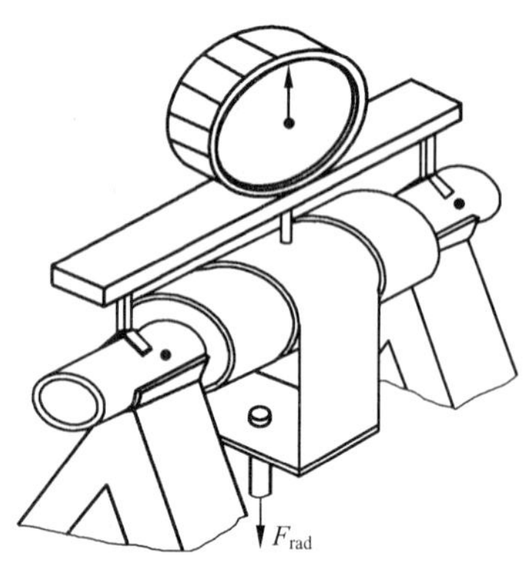

图7 长期抗蠕变性能测试径向位移测定装置示意图

6.6.3 测试结果

6.6.3.1 创建一张双对数坐标图，横轴坐标为时间(h)，纵轴坐标为径向位移 ΔS(mm)。在双对数坐标图上，以6.6.2.5中测定的 $\Delta S=0$ 坐标点作为起点，将横轴坐标为30年、纵轴坐标径向位移 $\Delta S=20$ mm的坐标交点 ΔS_{30y} 作为终点，在两点之间连成直线，见图8。该直线用于对聚氨酯保温层材料长期抗蠕变性能测试结果的判定。

6.6.3.2 将6.6.2.6测试记录的两次位移测量值 ΔS_{100} 和 $\Delta S_{1\,000}$ 标示在该双对数坐标图上。若测得的 ΔS_{100} 和 $\Delta S_{1\,000}$ 值落于该直线上，或落于该直线以下的区域，则判定该聚氨酯泡沫保温层材料的长期抗蠕变性能测试结果合格；若测得的 ΔS_{100} 和 $\Delta S_{1\,000}$ 值位于该直线以上区域，则其长期抗蠕变性能不合格。

相同保温管道产品三个试样测试结果的算术平均值，用来判定该聚氨酯泡沫保温层材料的长期抗蠕变性能测试结果。

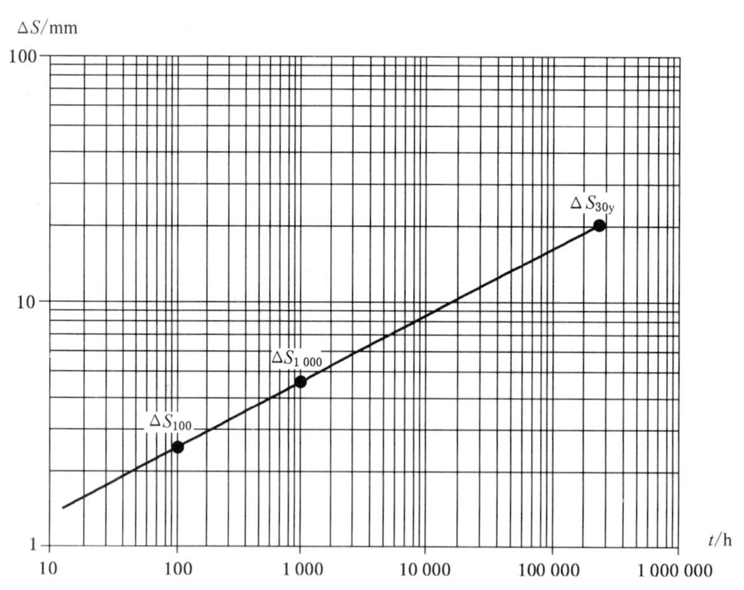

图8 长期抗蠕变性能测试径向蠕变量坐标图

6.6.4 测试仪器设备

加热及室温控制同6.1.1.4；1.5 kN砝码及砝码挂具；精度为±0.1%的百分表。

7 热水保温管道接头的性能检测

7.1 管道接头承受土壤应力条件下的性能(砂箱试验)

7.1.1 试样制备

管道对接接头承受土壤应力条件下的性能测试试样为一条中间具有完整保温结构接头的管段,其长度不应小于 2.5 m。型式试验时,需取 3 个试样。

7.1.2 测试步骤

7.1.2.1 将试样埋在砂箱的砂层中,测量填砂高度,计算砂和压板重量,模拟 1 m 埋深时管道表面承受的垂直土壤应力为 18 kN/m^2。

7.1.2.2 测试之前,先使工作钢管内介质加温至(120±2)℃,保持恒温 24 h。然后降至室温,开始试验测试。

7.1.2.3 启动推拉动力装置,调节推进速度为 10 mm/min,后退速度为 50 mm/min,位移量是 75 mm。

7.1.2.4 连续不停顿地往复推拉各 100 次,完成试验测试。

7.1.3 测试结果

7.1.3.1 目测检查管道接头处保温结构是否出现撕裂或破损。

7.1.3.2 目测检查未发现问题时,进行水密封性测试,并应符合下列规定:

7.1.3.2.1 将接头试件浸入密闭的水箱中,水温(23±2)℃,使水着色并增压至 30 kPa,保持恒压 24 h;

7.1.3.2.2 取出试件,切开接头部分,检查是否有水渗入接头内部。

7.1.4 测试仪器设备

7.1.4.1 试验采用的砂箱最小尺寸如图 9 所示,测试接头管段埋于砂箱中,顶部配备刚性压板以模拟土壤应力。

7.1.4.2 采用室温状态下干燥的自然砂,其含湿量不超过 0.5%,粒度分布要求如图 10 所示。

7.1.4.3 往复运动的动力装置与工作钢管连接,可调节推拉测试管段前进和后退的速度。

7.1.4.4 加热装置要求同 6.1.1.4.1。

单位为毫米

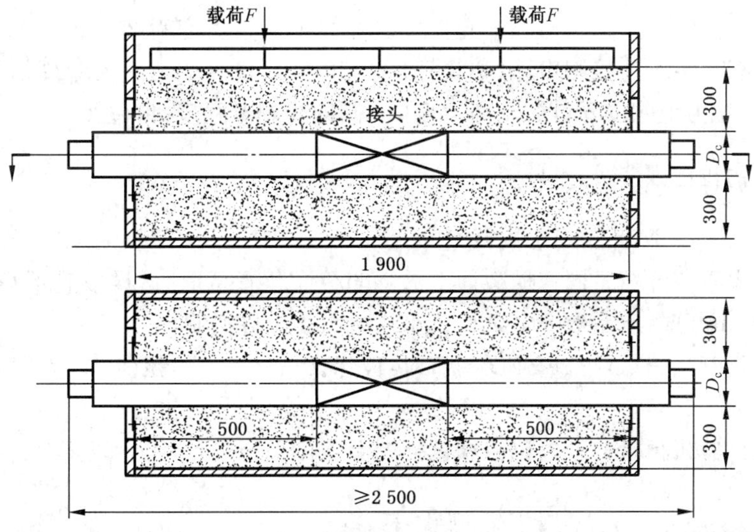

图 9 砂箱最小尺寸图

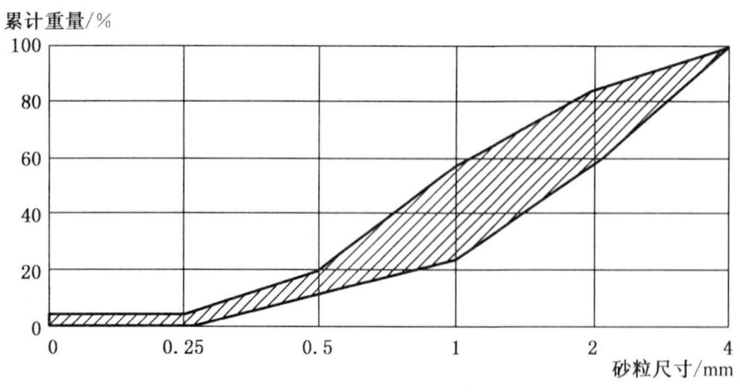

图 10 标准砂质量图

7.2 接头气密性

7.2.1 接头外护管结构制作完成后，在其表面钻孔安装充气接头。

7.2.2 外护管结构上的温度降至 40 ℃以下时，经接头充入空气或氮气，充气压力为 0.02 MPa，稳定压力 2 min 后，在接头连接部位涂刷肥皂水，进行接头气密性检查。

7.2.3 接头气密性测试和发泡之后，应及时堵塞开孔，严格密封。

7.3 接头保温层聚氨酯泡沫性能

7.3.1 接头保温层聚氨酯泡沫性能测试试样应从室温下储存不少于 72 h 的管道接头上切取。

7.3.2 接头保温层聚氨酯泡沫的型式试验应进行空洞和气泡百分率检测、泡孔尺寸检测、泡沫压缩强度测试、泡沫密度测试、泡沫闭孔率测试、泡沫吸水率测试、泡沫导热系数测试。测试按 5.2.1 聚氨酯保温管道直管对聚氨酯泡沫性能的方法进行。

7.4 热缩式高密度聚乙烯外护管接头的外观和剥离强度

7.4.1 外观

目测检查热缩带边缘有无均匀的热熔胶溢出，有无过烧、鼓包、翘边和漏烤现象。

7.4.2 热缩带剥离强度

当热缩带自然冷却至常温后，在与外护管搭接缝处撬出一条宽度为 20 mm～30 mm 的开口，用同宽度的夹子夹住热缩带，夹子连接测力计(弹簧秤)，以 50 mm/min 的速率沿圆周切线方向均匀拉开热缩带。将测量记录的拉力值除以开口的剥离宽度(cm)，即为剥离强度，单位按 N/cm。

7.5 热熔焊式接头的拉剪强度

7.5.1 测试方法应按 GB/T 8804 规定执行。

7.5.2 试样应从保温管道外护管同一横截面上的均匀分布位置截取，试样数量不得少于 3 个，外护管外径大于和等于 450 mm 时，应制取 8 个试样。采用机械加工方法制样。

7.5.3 热熔焊式外护管接头试样拉剪强度测试时，应保证试样不发生扭曲，试验机宜采用如图 11 所示的对中式夹头。

7.5.4 拉剪强度按试验机记录的最大拉力和试样结合面的面积进行计算，以多个试样拉剪强度的算术平均值为测试结果。

7.5.5 测试仪器设备：同 5.2.1.6.5。

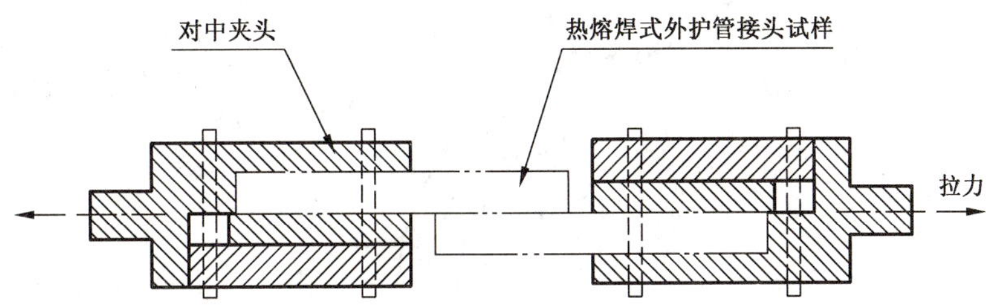

图 11 拉剪强度测试的对中夹头示意图

8 热水保温管道管件的质量检测

8.1 钢制管件

8.1.1 材质、尺寸公差及性能

钢制管件的材质、尺寸公差及性能的检测应按 GB/T 699 或 GB/T 700 的规定执行。

8.1.2 公称直径与壁厚

8.1.2.1 钢制管件的公称直径与壁厚的检测应按 SY/T 5257 的规定执行。

8.1.2.2 将钢制管件外弧中心的表面清除干净，直径在钢制管件弯曲部分采用卡钳或精度 1 mm 的卡尺测量；壁厚在管件外弧中心采用精度不大于 0.2 mm 超声波测厚仪至少测量 5 次，取其平均值。

8.1.3 表面质量

钢制管件外观的表面质量采用目测和量尺进行检测。

8.1.4 弯曲部分褶皱的凹凸高度

8.1.4.1 弯曲部分褶皱的检测应按 SY/T 5257 的规定执行。

8.1.4.2 目测检查弯头与弯管的弯曲部分是否有褶皱及波浪形起伏。在目测波浪形起伏凹点与凸点偏差最大处，用卡尺和钢直尺检测凹点与凸点距弯头和弯管表面的最大高度。

8.1.5 弯曲部分椭圆度

8.1.5.1 弯曲部分椭圆度的检测应按 SY/T 5257 的规定执行。

8.1.5.2 在弯曲部分始端、中间、终端，每一截面处用卡钳或精度 1 mm 卡尺至少均匀取 4 点检测。椭圆度按式(21)进行计算：

$$O=\frac{2(d_{max}-d_{min})}{d_{max}+d_{min}}\times 100\% \qquad (21)$$

式中：

O ——椭圆度；

d_{max}——弯曲部分截面的最大管外径，单位为毫米(mm)；

d_{min}——弯曲部分截面的最小管外径，单位为毫米(mm)。

8.1.6 弯头的弯曲半径

8.1.6.1 弯头的弯曲半径的检测应按 SY/T 5257 的规定执行。

8.1.6.2 找出两端直管段的中心线，量出直管段长度，找出两端直管段与弯曲部分中心线上的交点，过交点作两条垂直于直管段的垂线，两垂线交于 B 点(如图 12)，再用分度值 1 mm 钢直尺测量弯头弯曲半径。

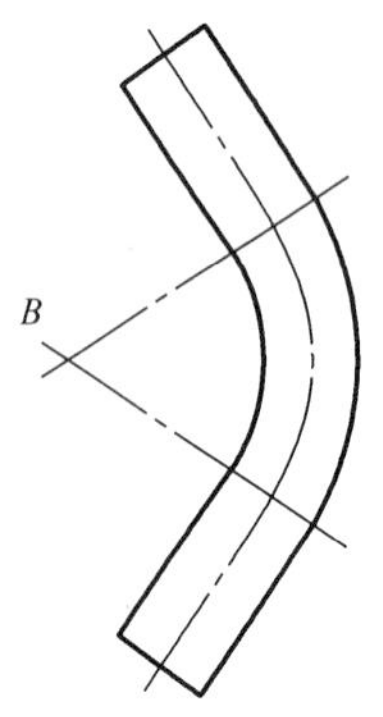

图 12 弯头的弯曲半径测量示意图

8.1.6.3 仪器设备：直角尺、2 000 mm 钢直尺、卡钳、平台。

8.1.7 管端椭圆度及直管段长度

8.1.7.1 管端椭圆度及直管段尺寸的检测应按 SY/T 5257 的规定执行。

8.1.7.2 在弯头与弯管的直管段管端 200 mm 长度范围内，分别选取一个截面用卡钳或精度 1 mm 卡尺至少均匀取 4 点测量其外径，椭圆度计算同 8.1.5。用精度 1 mm 钢直尺或钢卷尺测量直管段长度。

8.1.8 弯曲角度偏差

8.1.8.1 弯曲角度偏差的检测应按 SY/T 5257 的规定执行。

8.1.8.2 将弯管放在平台上，然后用直角尺在弯管两端的直管段上分别找出 N 点（$N \geqslant 6$）投影到平台上（如图 13）。将弯管从平台上拿走，按照这些点找出两端直管段的中心线，交于 A 点，再用精度为 1°的角度尺测量出弯曲角度 α。

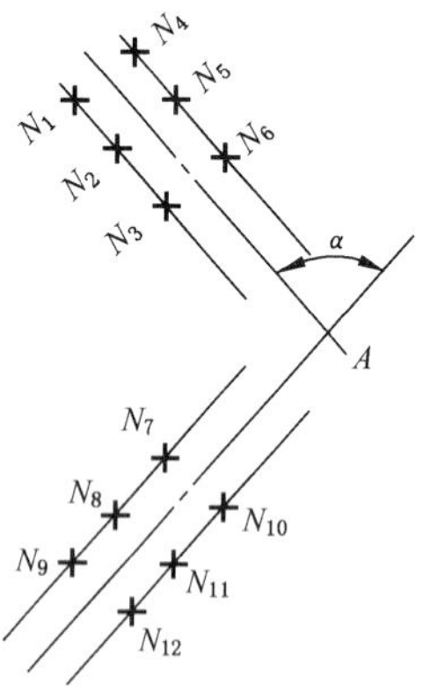

图 13 弯曲角度偏差测量示意图

8.1.8.3 仪器设备：角度尺、平台、2 000 mm 钢直尺、直角尺。

8.1.9 三通支管与主管角度偏差

8.1.9.1 三通支管与主管之间允许角度偏差检测应按 SY/T 5257 的规定执行。

8.1.9.2 按8.1.6.2的方法找出三通支管与主管段中心线，用精度为1°角度尺测量三通支管与主管之间的角度。

8.1.9.3 仪器设备：直角尺、2 000 mm钢直尺、角度尺、平台。

8.1.10 焊缝质量

8.1.10.1 焊缝外观质量检查按GB 50683的规定执行。

8.1.10.1 射线和超声波探伤按JB/T 4730的规定执行。

8.1.11 密封性

8.1.11.1 水密性测试应符合下列规定：

8.1.11.1.1 使用洁净水，试验压力为1.3倍管件设计压力，保压10 min应无渗漏。

8.1.11.1.2 测试仪器设备：管件端封夹具；水压试验装置、计时器。

8.1.11.2 气密性试验应符合下列规定：

8.1.11.2.1 管件两端封闭，一端安装充气接头。

8.1.11.2.2 经充气接头向管件内部充入空气，气压为0.02 MPa，保持压力30 s。

8.1.11.2.3 管件的焊缝处涂刷肥皂水，或将管件置于水中，检查管件应无渗漏。

8.1.11.2.4 测试仪器设备：管件端封夹具、气压试验装置、计时器。

8.2 保温层

8.2.1 材料性能

管件保温层材料的性能检测按5.2.1～5.2.5的规定执行。

8.2.2 最小保温层厚度

剥离外护管后，用精度1 mm探针在管件弯曲部分背弧侧中心截面处，沿环向均布取3点测量保温层厚度；或在该截面的剖面上均布3点位置，用精度为0.02 mm卡尺测量保温层厚度。取测量值的最小值作为测量结果。

8.3 外护管

8.3.1 材料性能

管件保温结构中高密度聚乙烯外护管材料性能检测按5.3.1的规定执行。

8.3.2 外径增大率

高密度聚乙烯外护管外径增大率检测按5.3.1.13的规定执行。

8.3.3 最小弯曲角度

8.3.3.1 外护管焊缝最小弯曲角度测试试样应在焊缝位置沿外护管轴线方向切取。对于对接焊缝，要在一条焊缝上按均匀分布位置切取5个试样；对于挤出焊缝，要在一条焊缝上按均匀分布位置切取6个试样。

试样尺寸和弯曲试验装置尺寸按外护管壁厚e的范围确定，见表1。

表 1　试样尺寸和弯曲试验装置尺寸

单位为毫米

外护管壁厚 e	试样尺寸		试验装置尺寸	
	宽度 b	长度 l_t	支辊间距 l_s	弯曲压头直径 d
$3<e\leqslant5$	15	150	80	8
$5<e\leqslant10$	20	200	90	8
$10<e\leqslant16$	30	200	100	12

8.3.3.2　最小弯曲角度测试步骤应符合下列规定：

a）测试前应清除试样受压一侧的焊珠，修平试样边缘。

b）如图 14 所示，将试样置于两个直径 50 mm 的平行支辊上，支辊的间距尺寸 l_s 和弯曲压头直径 d 按表 1 要求。对于对接焊缝，5 个试样的内表面都向上，与压头接触；对于挤出焊缝，3 个试样内表面向上，另 3 个试样外表面向上。

c）在压力试验机上，缓慢向压头施加均匀压力，同时采用万能角度尺测量试样焊缝两边部分的夹角 α，直至达到按图 15 所示与壁厚对应的最小弯曲角时为止。

d）检查试样弯曲到最小弯曲角后焊缝及其周边是否出现裂纹。

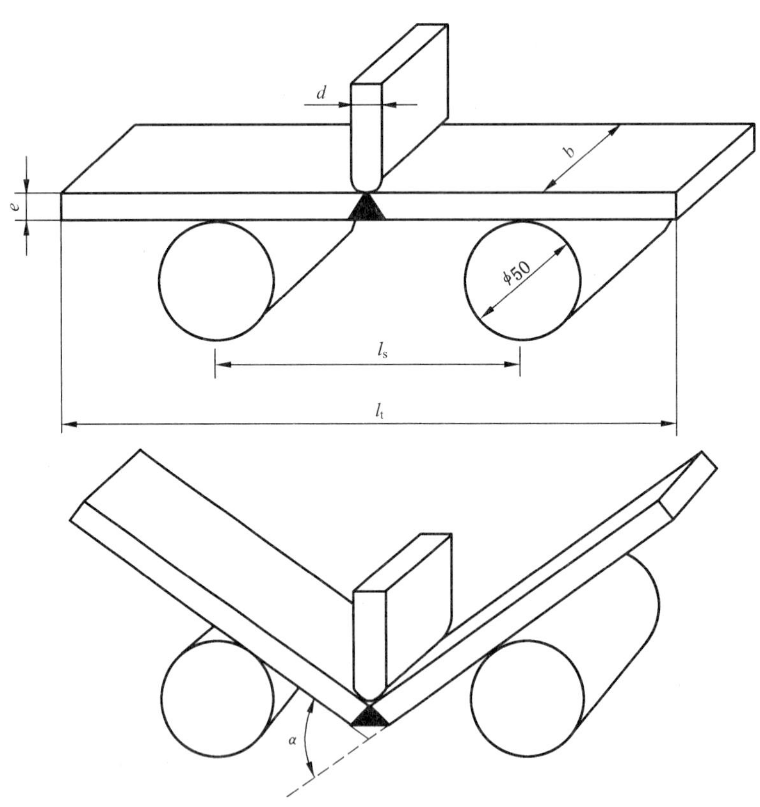

图 14　外护管焊缝的弯曲试验装置示意图

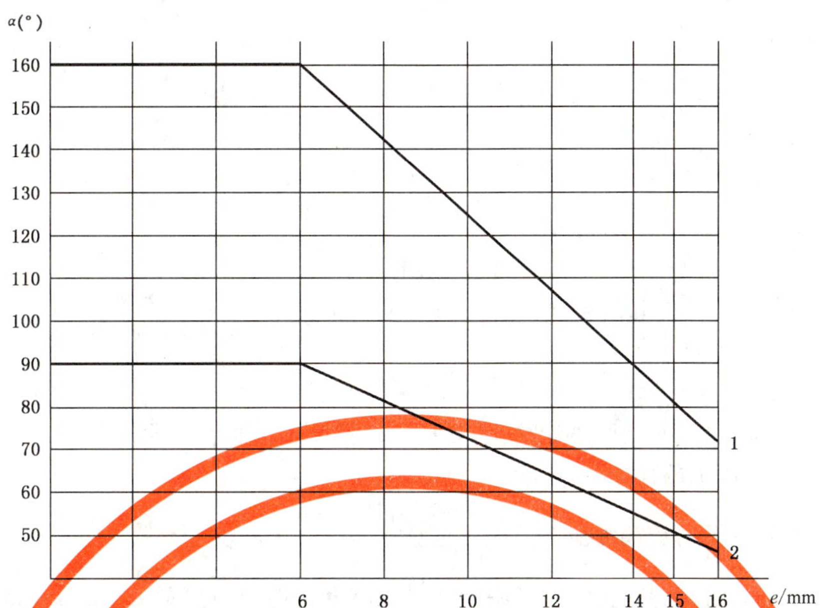

说明：

1——对接焊缝；

2——挤出焊缝。

图 15 最小弯曲角度图

8.4 保温管件的轴向偏心距、钢制管件与外护管间的角度偏差和主要结构尺寸偏差

8.4.1 轴向偏心距检测时，应测量管件端头保温结构垂直截面同一直径上的保温层最大厚度 h_1 和最小厚度 h_2 值，然后按式(1)进行计算。

8.4.2 角度偏差检测宜在管件垂直地面静止情况下，分别用数显角度水平尺沿钢管轴线方向和沿外护管轴线方向读数，求出角度偏差。

8.4.3 主要结构尺寸偏差采用钢直尺、卡尺、钢围尺、数显角度水平尺、平台等量具检测保温管件的各结构尺寸，计算尺寸偏差。

8.5 焊接聚乙烯外护管的密封性

聚乙烯外护管焊接后，目测检查全部焊缝质量。发泡之后，焊接外护管表面(除端口外)不得有聚氨酯泡沫塑料溢出。

9 热水保温管道阀门的性能检测

9.1 阀门承压能力

阀门承压能力检测应按 GB/T 13927 规定的压力试验执行。

9.2 阀门承受轴向应力条件下的性能

9.2.1 受轴向应力阀门

对安装在非预应力系统中的阀门，应进行承受轴向应力条件下的性能测试。

9.2.2 轴向力计算

作用在阀门上的轴向力按式(22)、式(23)计算：

$$F_t = \sigma_{yt} \times A_s \qquad (22)$$

$$F_c = \sigma_{yc} \times A_s \qquad (23)$$

式中：

F_t ——轴向拉伸力，单位为牛(N)；

F_c ——轴向压缩力，单位为牛(N)；

σ_{yt} ——拉伸应力，单位为兆帕(MPa)，取 163 MPa；

σ_{yc} ——压缩应力，单位为兆帕(MPa)，取 144 MPa；

A_s ——工作钢管管壁的横截面积，单位为平方毫米(mm^2)。

9.2.3 阀门试样

按型式试验的要求，在具有相同设计结构原理的阀门系列中，选择一台有代表性的、平均规格尺寸的阀门进行轴向应力条件下的性能测试。

9.2.4 轴向应力条件下阀门负载性能

9.2.4.1 未施加轴向力时，阀门壳体、阀杆密封性和阀座密封性的测试应按 GB/T 13927 的规定执行。

9.2.4.2 阀门施加轴向压缩力时应按下列步骤进行负载试验：

a) 阀门处于开启状态，两端施加按 9.2.2 计算的轴向压缩力，使阀内充满(140±2)℃的试验介质，增压至阀门冷态最大允许工作压力(CWP)，开始负载试验。

b) 负载试验共进行 14 天，每天测量和记录 1 次轴向压缩力、试验介质温度和压力、阀门开关的力矩值。

9.2.4.3 负载试验以后，卸载轴向压缩力，阀内充满(140±2)℃的试验介质，再进行阀座的严密性测试。

9.2.4.4 阀门施加轴向拉伸力时应按下列步骤进行负载试验：

a) 阀门处于开启状态，两端施加按 9.2.2 计算的轴向拉伸力，使阀内充满环境温度的试验介质，增压至阀门冷态最大允许工作压力(CWP)，开始负载试验。

b) 负载试验共进行 14 天，每天测量和记录 1 次轴向拉伸力、试验介质压力、阀门开关的力矩值。

9.2.4.5 保持阀门的轴向拉伸力进行阀座的严密性测试。

9.2.4.6 轴向拉伸力卸载后，再进行阀门壳体和阀杆的密封性测试。

9.2.5 测试仪器设备

9.2.5.1 阀门轴向力采用液压试验机产生，按不同阀门口径，选择的试验机最大拉、压力不应小于 1 000 kN，并配备阀门端口密封压板。施加拉力时，阀门端口需焊接封闭的拉力板。

9.2.5.2 高温高压热水机，热水温度(140±2)℃；热水流量 12 L/min；水压 2.5 MPa。

9.2.5.3 测量试验介质压力、温度和泄漏率的仪表应符合 GB/T 13927 中的规定。阀门开关扭矩采用精度为±0.5%FS 的扭矩传感器或扭矩扳手测量。轴向力宜按试验机液压和工作缸径面积进行计算，也可采用精度为±1%FS 的测力传感器测量。

9.3 阀门组件保温结构外护管和保温层材料性能

阀门保温结构中保温层和外护管材料的性能检测同 5.2.1 和 5.3.1 中直管材料的检测方法。

10 保温管道报警线性能检测

10.1 报警线端头外观与尺寸

目测检查保温管道产品的报警线外露端头部分是否损坏，其长度是否比工作钢管外露部分长 20 mm。

10.2 报警线导通性能

采用如图16的回路对报警线进行导通性能测试，电源电压应小于或等于24 VDC，回路短路电流应小于100 mA。连通报警线两端时，有声光显示表明其导通性合格。

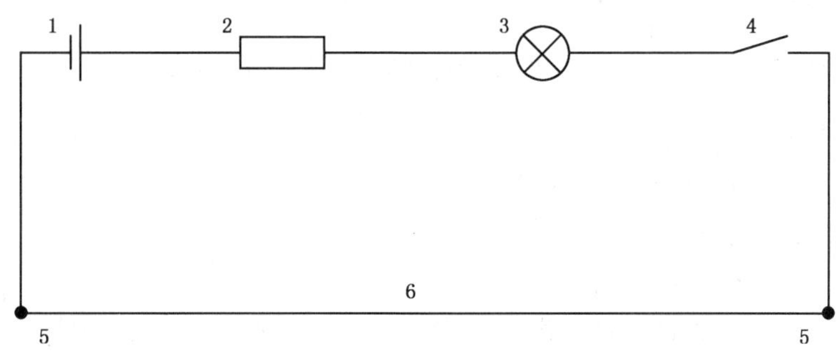

说明：

1——直流电源；

2——电阻器；

3——光或声显示器；

4——开关；

5——接点；

6——报警线。

图16 报警线导通性能测试示意图

10.3 报警线绝缘性能

采用1 000 VDC的兆欧表进行报警线绝缘性能测试，测试时间为1 min。报警线与工作钢管之间以及报警线与管道中其他导体之间的绝缘电阻不应小于500 MΩ。

11 蒸汽直埋保温管道性能检测

11.1 保温管道保温结构热面性能

11.1.1 测试方法

11.1.1.1 保温管道保温结构热面性能的测试应按GB/T 17430的规定执行。

11.1.1.2 管道试样的制备(不设试样管道端头的隔热缝)、测试截面的确定、温度和热流传感器的设置，均与6.1.1.1中热水保温管道保温性能测试中的要求和方法相同。

11.1.1.3 设定保温结构热表面温度为管道的最高使用温度，将工作钢管内通入该温度的介质，管道外护管处于室温环境，开始试验测试。当测试系统达到要求的温度并稳定后，保持恒温96 h。恒温期间每间隔12 h，测量记录1次温度和热流参数。然后停止热源供热，将整个装置冷却到室温。

11.1.1.4 测试仪器设备：热源温度为350 ℃，其余仪器设备同6.1.1.4的规定。

11.1.2 保温性能参数计算

按保温管道的结构参数、实测温度和热流参数的平均值，计算管道保温结构在工作温度状态下的表观导热系数 λ_p、计算保温层材料的导热系数 λ_i。计算方法和公式同6.1.1.3的规定。

11.1.3 保温结构尺寸和质量

检查经热面性能测试并冷却后的保温结构。检查保温材料是否出现开裂和裂缝的数量，测量裂逢长度、宽度和深度。观察保温材料是否出现分层，观察管道下部有无保温层材料脱落现象。用钢直尺沿管长方向放置，再测量保温层中部的最大翘曲尺寸。

11.2 蒸汽直埋保温管道抗压强度和工作钢管轴向移动性能（砂箱试验）

11.2.1 采用砂箱试验对蒸汽直埋保温管道的抗压强度和轴向移动性能进行测试。

11.2.2 试样管段应从批量生产的蒸汽直埋管道上截取，其长度不应小于2.5 m，对具有滑动支架的蒸汽管道应至少保有2个滑动支架。

11.2.3 测试分为空载试验和加载试验。

11.2.3.1 空载试验时，将管道试样置于砂箱中，使其裸露在砂层之上，将外护管与箱体固定。然后以10 mm/min的速度往复推拉工作钢管，使其轴向位移量为100 mm，进行空载试验。连续往复推拉各3次，检查工作钢管移动是否有卡涩现象，用测力传感器测定每次推拉力的大小，计算该6次推拉力的平均值。

11.2.3.2 加载试验时，将管道试样埋入砂中，计算填砂层高度和压板加载共同产生的管道试样表面平均载荷，使其达到0.08 MPa。然后以10 mm/min的速度往复推拉工作钢管，轴向位移量为100 mm，进行加载试验。连续往复推拉各3次，记录每次推拉力的大小，并计算该6次推拉力的平均值。

11.2.4 结果计算。

计算空载平均推拉力与加载平均推拉力的比值，其结果不应小于0.8。

11.2.5 测试仪器设备。

对试验设备砂箱和往复移动动力装置的要求同7.1.4中的规定；推、拉力的测定采用精度应为±1%的测力传感器。

11.3 蒸汽直埋保温管道抗冲击性能

11.3.1 玻璃纤维增强塑料外护管蒸汽直埋保温管道整体抗冲击性能的测试应按6.5热水直埋保温管道抗冲击性能测试方法执行。

11.3.2 钢制外护管蒸汽直埋保温管道抗冲击性能测试是对其外防腐层抗冲击性能的测试。应根据实际的防腐层材料，按13.1.5中的规定进行抗冲击性能的测试。

12 蒸汽直埋保温管道管路附件的质量检测

12.1 管路附件的外观和尺寸偏差

检测方法按8.1中对热水直埋保温管道管件的该项目检测方法执行。

12.2 管路附件中保温层材料

根据保温层使用的材料按5.2中对该类材料规定的检测项目进行检测。

12.3 管路附件外护管的密封性

管路附件外护管的密封性测试宜采用气体压力试验。将端口密封后，向管路附件内部施加0.2 MPa压力，稳压30 min。试压期间用肥皂水等检漏。

12.4 管路附件的抗冲击性能

抗冲击性能检测应按 11.3 的规定执行。

13 蒸汽直埋保温管道外护管防腐涂层性能检测

13.1 聚乙烯防腐层

13.1.1 性能

聚乙烯防腐层性能检测应按 GB/T 23257—2009 的规定执行。挤压聚乙烯防腐层分为底层为胶粘剂、外层为聚乙烯的二层结构和底层为环氧粉末涂料、中间层为胶粘剂、外层为聚乙烯的三层结构。

13.1.2 外观

采用目测检查,检查表面是否平滑,无暗泡、麻点、皱折和裂纹,色泽是否均匀。

13.1.3 厚度

防腐层的厚度应采用磁性测厚仪进行测量。每根管沿顶面等间距测量 3 次,然后把管旋转 3 次,每次旋转 90°,每次旋转后再沿顶面等间距测量 3 次。记录 12 个防腐层厚度数据,得出平均值、最小值和最大值。

13.1.4 漏点

防腐层的漏点应采用电火花检漏仪进行检测。按照防腐层厚度,计算和确定检漏电压峰值。当防腐层厚度 T_C 小于 1 mm 时,检漏电压 V 为 $3\,294\sqrt{T_C}$;当 T_C 大于或等于 1 mm 时,检漏电压 V 为 $7\,843\sqrt{T_C}$。调整检漏仪电压检查漏点。检漏时,探头移动速度不应大于 0.3 m/s。

13.1.5 抗冲击强度

13.1.5.1 从防腐管上截取尺寸为 350 mm×170 mm×δ(管道壁厚,mm)的试样一组 5 块,其中 350 mm 为沿管道轴向长度。

13.1.5.2 对试样先进行 25 kV 的电火花检漏,并对无漏点的试样距各边缘大于 38 mm 范围内用磁性测厚仪测量 4 点的防腐层厚度,计算其平均厚度。

13.1.5.3 用测得的防腐层厚度乘以 8 J,作为试验冲击能,并据此调整冲击试验机,对每块试样距边缘不小于 30 mm 的点进行冲击,相邻冲击点之间的距离也不应小于 30 mm,5 块试样共冲击 30 次。

13.1.5.4 对冲击后的试样进行 25 kV 的电火花检漏,不出现漏点时表明该防腐层抗冲击强度大于 8 J 倍的防腐层厚度。

13.1.6 粘结力

13.1.6.1 防腐层的粘结力大小是通过测定其剥离强度来进行检验的。

13.1.6.2 将管道防腐层沿环向划开 20 mm～30 mm 宽、长度大于 100 mm 的长条,深度直至外护钢管表面。撬起一端用测力计(弹簧秤)以 10 mm/min 的速率与管壁成 90°匀速拉开,如图 17 所示。记录拉开时测力计的数值。测试时的温度宜为(20±5)℃,用表面温度计监测防腐层外表面温度。

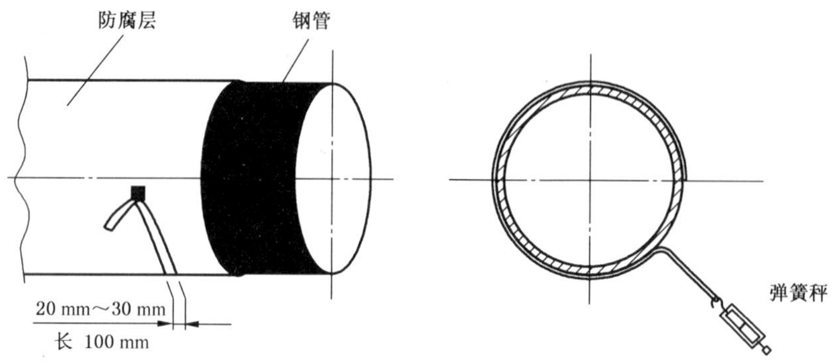

图 17 剥离强度测试示意图

13.1.6.3 将测量记录的拉力值除以防腐层的剥离宽度(cm)，即为剥离强度，单位为 N/cm。以 3 次测定数据的平均值为测定结果。

13.2 熔结环氧粉末外涂层

13.2.1 性能

熔结环氧粉末外涂层性能检测应按 SY/T 0315 的规定执行。

13.2.2 外观

涂层外观应进行目测检查，检查表面是否平整、色泽均匀、无气泡、无开裂及缩孔。

13.2.3 厚度

涂层厚度检测采用磁性测厚仪，检测方法按 13.1.3 的规定。

13.2.4 漏点

漏点检测应采用电火花检漏仪，在涂层完全固化且温度低于 100 ℃的状态下进行漏点检测，检测电压应根据涂层的最小厚度(μm)数值确定，以 5 V/μm 进行计算。

13.2.5 附着力

13.2.5.1 从防腐管上截取尺寸为 100 mm×100 mm×δ(管道壁厚，mm)的试件 3 块。烘箱内烧杯中的新鲜水已预热到(75±3)℃，将试件浸泡在烧杯中，保持该温度至少 24 h 不变。然后取出试件，在试件温热的条件下，用小刀在涂层上划出一个 30 mm×15 mm 的长方形，划透涂层直至钢管表面。

13.2.5.2 待试件冷却到(23±2)℃后，将刀尖插入长方形任一角的涂层下面，以水平方向的力撬剥涂层，直至涂层剥完或明显难以剥离。

13.2.5.3 按下列标准评定涂层附着力等级：明显不能被剥离的涂层为 1 级；被剥离小于或等于 50%的涂层为 2 级；被剥离大于 50%的涂层为 3 级；容易被剥离成条状或大块碎屑的涂层为 4 级；整片被剥离的涂层为 5 级。

13.2.6 抗冲击性能

13.2.6.1 从防腐管上截取尺寸为 200 mm×25 mm×δ(管道壁厚，mm)的试件 3 块，其中 200 mm 为沿管道轴线方向。

13.2.6.2 将试件放入(−30±3)℃的冷冻箱内保持不少于 1 h。

13.2.6.3 冷冻箱中取出试件放在冲击试验机上，与半径为 40 mm、硬度为(55±5)HRC 的弧面砧块对正，以 1 kg 落锤、16 mm 直径的冲头、调整冲击试验机的冲击能至少为 5 J，在取出试件后的 30 s 之内冲击试件 3 次，各个冲击点间相距至少 50 mm。

13.2.6.4 将试件升温到(20±5)℃，使用电火花检漏仪调整电压为 5 000 V 进行检漏。

13.3 玻璃钢防腐层

13.3.1 防腐层外观表面质量的检测按 5.3.2.2 的规定执行。

13.3.2 防腐层材料的检测按 5.3.2.3 的规定执行。

13.3.3 防腐层厚度应采用磁性测厚仪检测，检测方法按 13.1.3 的规定执行。

13.3.4 防腐层漏点检测应采用电火花检漏仪，检测方法按 13.1.4 的规定执行。

13.3.5 防腐层抗冲击性能的测试按 6.5 的规定执行。

13.4 聚脲外防腐层

13.4.1 性能

聚脲外防腐层性能测试应按 HG/T 3831 的规定执行。

13.4.2 外观

采用目测检查防腐层外观。检查防腐层是否连续，是否无漏涂、无流痕、无气泡和无皱褶。

13.4.3 厚度

防腐层厚度应采用磁性测厚仪检测，检测方法按 13.1.3 的规定执行。

13.4.4 漏点

防腐层漏点检测应采用电火花检漏仪，检漏电压按防腐层厚度 μm 数值确定，以 5 V/μm 进行计算，检漏仪探头以 0.15 m/s～0.3 m/s 的速度移动。

13.4.5 抗冲击性能

13.4.5.1 冲击试验机的重锤质量为 1.36 kg，半球形锤头直径为 15.9 mm，1.52 m 长的下落导管附有分度值为 2.5 mm 的标尺。

13.4.5.2 在有代表性的防腐层管段上截取试件 7 块，其尺寸为 410 mm×50 mm×δ(管道壁厚，mm)，其中 410 mm 为沿管道轴线方向。测试前试件应在(23±2)℃室温下放置 24 h。

13.4.5.3 在(23±2)℃条件下进行测试。对无漏点的试件首先选择一个足以使防腐层破损的高度进行冲击，电火花检漏确认破损后，降低 50% 的冲击高度，再在新区域进行冲击，直至用此方法反复降低高度进行冲击而不出现破损时为止。在不出现破损的前一个高度重做试验，如果出现破损，则降低一个高度增量；如果没有破损，就增加一个高度增量。相邻冲击点的高度增量保持不变，完成 20 个相继的冲击。

13.4.5.4 冲击强度按式(24)进行计算：

$$M=9.81\times10^{5}\left[h_0+d\left(\frac{A}{N}\pm\frac{1}{2}\right)\right]W \qquad \cdots\cdots(24)$$

式中：

M ——冲击强度的平均值，单位为焦(J)；

h_0 ——发生次数较少的最低冲击高度，单位为厘米(cm)；

d ——冲击高度增量，单位为厘米(cm)；

N ——20 次冲击中发生或不发生破损的总次数中，取少者为 N 值；

A ——N 值中，高于 h_0 值的增量个数与该高度发生次数乘积的和；

W ——锤重，单位为克(g)。

式中的±号选取：当 N 值为发生破损的总次数时，取负号；当 N 值为不发生破损的总次数时，取正号。

13.4.6 剥离强度

防腐层剥离强度的测试按 13.1.6 的规定执行。

14 主要检测设备、仪表及其准确度

按测试项目要求选择测试设备、仪表，其准确度范围应符合表 2 的规定。

表 2 测试用设备、仪表及其准确度

测试项目	测试设备、仪表	测量单位	准确度范围
尺寸测量	钢直尺、钢卷尺	mm	±0.5～±1.0
	游标卡尺	mm	±0.01～±0.02
	千分尺	mm	±0.01
	针形厚度计	mm	±0.1～±1.0
	塞尺	mm	±0.05
垂直度、角度偏差	角度水平尺	度	±0.2～±1.0
泡孔尺寸	读数显微镜	放大倍数	40～100
纤维直径	800 倍显微镜	μm	±0.5
	气体流量计	L/min	±1.0%
材料质量	天平	g	±0.000 1～±1.0
液体温度	温度计	℃	±0.1～±0.5
土壤温度	地温温度计	℃	±0.5～±1.0
表面温度	热电偶、热电阻	℃	±0.1～±0.5
	表面温度计	℃	
	红外测温仪	℃	
液体压力	压力表	MPa 级	0.4 级～1.6 级
液体流量	流量计	L/min	±0.5%～±1.5%
液压强度试验	液压试验装置	MPa	0.4 级～1.0 级
泡沫闭孔率	闭孔率测试仪	标准压力传感器 kPa	±0.1%
		气体比重仪体积校准 mm^3	±50～±100
热流密度	热流计	W/m^2	±4%～±6%
材料导热系数	导热系数测试仪	W/(m·K)	±3%～±5%
材料辐射率 ε	辐射率测量仪	ε 精度	±1.0%
	红外测温仪	℃	±0.1～±0.5

表 2（续）

测试项目	测试设备、仪表	测量单位	准确度范围
有机物含量	高温马弗炉	℃	±2～±5
	称重天平	mg	±0.1
渣球含量	分离装置	r/min	±10
	称重天平	g	±0.01
材料机械性能测试	环境应力开裂试验仪	应力 MPa	±1%
	长期机械性能测试仪	温度℃	±1.0
材料浸出液离子含量	电位计	mV/格	±0.2
	微量滴定管	mL	±0.01～±0.02
	光度计	nm	±0.5
材料机械力学性能	材料试验机	力 N	±0.5%
		变形 mm	±0.5%
		横梁速度 mm/min	±1%
聚乙烯炭黑含量	炭黑含量测定仪	高温炉温度 ℃	±1
	称重天平	mg	±0.1
聚乙烯氧化诱导时间	同步热分析仪	热量 mW	±0.1%
		温度℃	±0.1
		气体流量 L/min	±0.5%
	称重天平	mg	±0.1
聚乙烯电晕后表面张力	表面张力测试笔	mN/m	±1
报警线绝缘性能	1 000 V 兆欧表	MΩ	0.1～1
聚乙烯熔融速率	熔体质量流动速率仪	温度℃	±1.0
	称重天平	mg	±0.1
热荷重收缩温度	常温至 900 ℃热荷重测试装置	升温速率℃/min	±2～±3
		负荷 kPa	±1%～±2%
材料憎水率	憎水试验装置	流量 L/min	±1%
	称重天平	g	±0.01
材料不燃性	1 000 ℃加热炉	续燃、阻燃时间 s	±1
		测温热电偶℃	±1
材料透湿性等	恒温恒湿箱	温度℃	±0.5～±1.0
		相对湿度%	±3～±5
	称重天平	g	±0.01
抗冲击性能	0～2 000 mm 冲击试验机	高度定位 mm	±1～±2
		落锤质量 g	±2～±5
材料烘干	常温至 300 ℃鼓风干燥箱	℃	±0.5～±1.0

表 2（续）

测试项目	测试设备、仪表	测量单位	准确度范围
材料干燥	硅胶干燥器	绿色硅胶	—
阀门轴向负载试验	1 000 kN 压力试验机	压力 MPa 级	1
	试验介质	温度℃	±1
	力传感器	轴向力 kN	±1%
	扭矩仪	扭矩 Nm	±0.5%
管道保温性能	圆管法热传递测试装置	热源温度 ℃	±0.5～±1.0
		热流 W/m^2	±4%
		界面温度 ℃	±0.1～±0.5
冲击试验	−30 ℃低温冷冻箱	℃	±1.0
管道土壤应力、抗压强度和轴向位移试验	砂箱试验装置	位移 mm	±1.0
	工作钢管温度	℃	±1.0
防腐层厚度	20 μm～6 mm 磁性测厚仪	mm	±0.001
防腐层漏点	0.5 kV～25 kV 电火花检漏仪	kV	±5%
防腐层剥离强度	500 N 弹簧秤	N	±10

15 数据处理和测量不确定度分析

15.1 采集的可疑数据应剔出，并标明原因。

15.2 同一测试参数所测数据应按算术平均值的方法计算。

15.3 对出现的测试误差应进行误差来源分析，改进测试方法，调整测试仪器，必要时进行重复测试，确定重复性误差。

15.4 测试结果应按 JJF 1059 的规定做出测量不确定度分析，按照 A 类和 B 类评定方法计算合成不确定度，并给出扩展不确定度评定。

16 检测报告

16.1 检测报告应包括以下内容：

a) 检测任务书及检测项目概况；

b) 检测方案，检测主要参数，主要测试仪器设备及其精度；

c) 检测日期，检测工作安排及主要技术措施；

d) 检测单位、人员及职责；

e) 检测数据处理，计算公式，测量不确定度分析；

f) 检测结果分析评定及建议。

16.2 原始记录、数据处理资料及检测报告应存档。

ICS 91.140.60
P 40

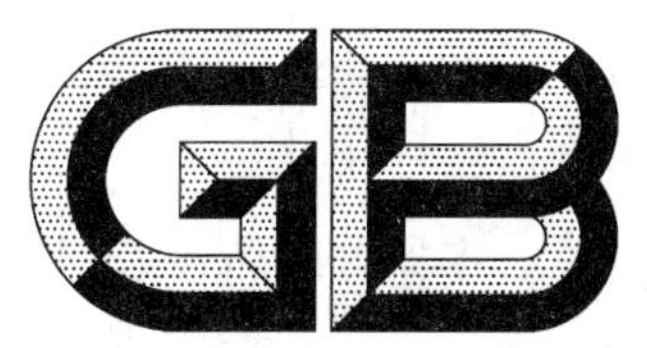

中华人民共和国国家标准

GB/T 29047—2012

高密度聚乙烯外护管硬质聚氨酯泡沫塑料预制直埋保温管及管件

Prefabricated directly buried insulating pipes and fittings with polyurethane [PUR] foamed-plastics and high density polyethylene [PE] casing pipes

2012-12-31 发布　　2013-09-01 实施

中华人民共和国国家质量监督检验检疫总局
中国国家标准化管理委员会　发布

前　言

本标准按照GB/T 1.1—2009给出的规则起草。

本标准由中华人民共和国住房和城乡建设部提出。

本标准由全国城镇供热标准化技术委员会(SAC/TC 455)归口。

本标准起草单位:北京豪特耐管道设备有限公司、城市建设研究院、北京市建设工程质量第四检测所、天津市管道工程集团有限公司保温管厂、河北昊天管业股份有限公司、大连益多管道有限公司、天津市宇刚保温建材有限公司、唐山兴邦管道工程设备有限公司、大连开元管道有限公司。

本标准主要起草人:杨帆、贾丽华、杨健、白冬军、周曰从、叶勇、郑中胜、叶连基、闫必行、邱华伟、丛树界、周抗冰。

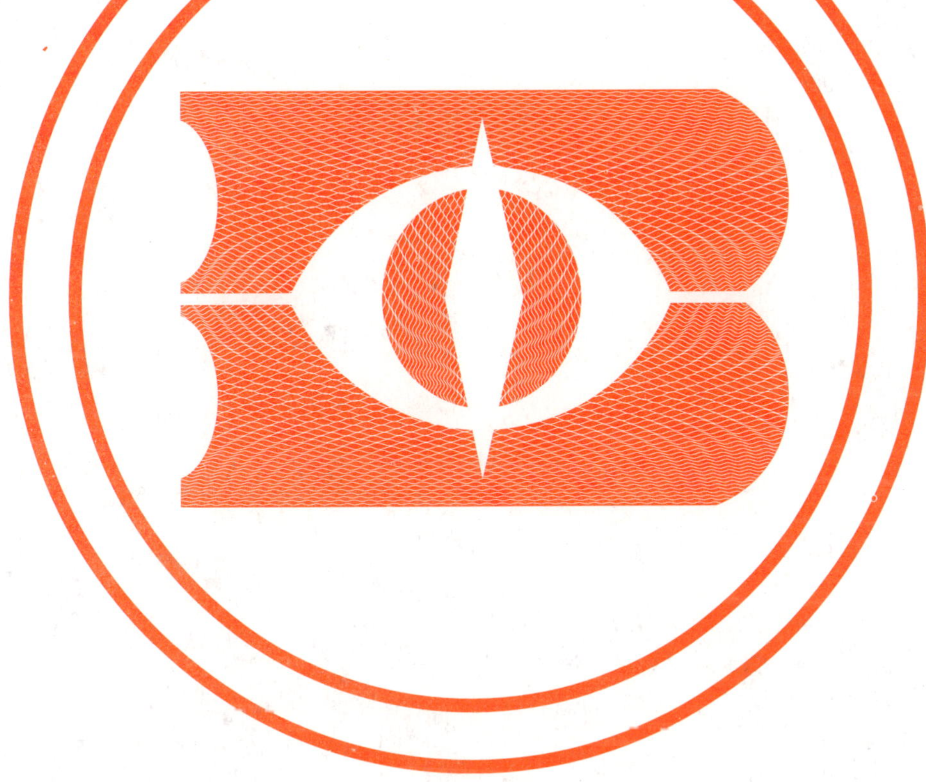

引 言

本标准针对我国集中供热行业的国情，参考了 EN 253《用于区域供热热水管网—由工作钢管、聚氨酯保温层和高密度聚乙烯外护管组成的预制直埋保温管》、EN 448《用于区域供热热水管网—由工作钢管、聚氨酯保温层和高密度聚乙烯外护管组成的预制直埋保温管件》及 EN 489《用于区域供热热水管网—由工作钢管、聚氨酯保温层和高密度聚乙烯外护管组成的预制直埋保温管道接头》的 2003 版及 2009 版。

本标准包含直埋保温管、直埋保温管件及直埋保温接头三部分内容。本标准中针对直埋保温管在生产及现场施工过程中比较薄弱的保温管件及保温接头的相关性能提出更明确、更具体的规定。

高密度聚乙烯外护管硬质聚氨酯泡沫塑料预制直埋保温管及管件

1 范围

本标准规定了由高密度聚乙烯外护管(以下简称外护管)、硬质聚氨酯泡沫塑料保温层(以下简称保温层)、工作钢管或钢制管件组成的预制直埋保温管(以下简称保温管)及其保温管件和保温接头的产品结构、要求、试验方法、检验规则及标识、运输与贮存等。

本标准适用于输送介质温度(长期运行温度)不高于120 ℃,偶然峰值温度不高于140 ℃的预制直埋保温管、保温管件及保温接头的制造与检验。

2 规范性引用文件

下列文件对于本文件的应用是必不可少的。凡是注日期的引用文件,仅注日期的版本适用于本文件。凡是不注日期的引用文件,其最新版本(包括所有的修改单)适用于本文件。

GB/T 8163 输送流体用无缝钢管

GB/T 8923.1 涂装前钢材表面锈蚀等级和除锈等级

GB/T 9711 石油天然气工业 管线输送系统用钢管

GB/T 12459 钢制对焊无缝管件

GB/T 13401 钢板制对焊管件

GB/T 18475—2001 热塑性塑料压力管材和管件用材料分级和命名 总体使用(设计)系数

GB/T 29046—2012 城镇供热预制直埋保温管道技术指标检测方法

GB 50236—2011 现场设备、工业管道焊接工程施工规范

CJJ 28 城镇供热管网工程施工及验收规范

CJJ/T 81 城镇直埋供热管道工程技术规程

JB 4708 承压设备焊接工艺评定

JB/T 4730 承压设备无损检测

SY/T 5257 油气输送用钢制弯管

TSG Z6002 特种设备焊接操作人员考核细则

API SPEC 5L 管线钢管规范(Specification for line pipe)

3 术语和定义

下列术语和定义适用于本文件。

3.1

三位一体式结构 bonded insulation structure

工作钢管(或钢制管件)和外护管通过保温层紧密地粘接在一起,形成的一体式保温管(或保温管件)结构。

3.2

钢制管件 steel fitting

钢制异径管、三通、弯头、弯管和固定节等管道部件。

3.3

弯曲角度　bend angle

弯头或弯管圆弧段对应的圆心角。

3.4

推制无缝弯头　heat-extruded elbow

采用无缝钢管管段加热后经芯模顶推制作的弯头。

3.5

压制对焊弯头　forge-welded bend

由钢板压制成型后纵向焊接而成的弯头。

3.6

压制对焊弯管　forge-welded elbow

由钢板压制成型后纵向焊接而成的弯曲半径大于或等于2.5倍公称直径的弯管。

3.7

热煨弯管　heat baked bend

由钢管加热煨制成型的弯曲半径大于或等于2.5倍公称直径的弯管。

3.8

焊接三通　welded T-branch

用钢管支管直接焊接在主管开孔上制成的三通。

3.9

冷拔三通　extruded T-branch

在常温下，对管道内腔施加液压，拔出分支管圆口而制成的三通。

3.10

热缩带式接头　joint with sleeve

由高密度聚乙烯外护层、热缩带及保温层组成的接头结构形式。

3.11

电熔焊式接头　electric fusion weld joint

由电熔焊式带状套筒及保温层组成的接头结构形式。电熔焊式带状套筒由高密度聚乙烯外护层及嵌在其中的电热熔丝组成。

3.12

拉剪强度　tensile and shear strength of weld area in electric fusion weld joint

外护管电熔焊式接头焊接区域受到拉伸、剪切和剥离三种作用力下的抗拉伸和抗剪切的强度。

3.13

剥离强度　peel strength

单位宽度的防腐层从基材表面剥离所需的力。

3.14

计算连续运行温度　calculated continuous operating temperature

CCOT

通过假定一个温度和寿命之间的阿列纽斯(Arrhenius)关系，计算出保证30年预期使用寿命下的连续运行温度。

3.15

热寿命　thermal life

在CCOT试验过程中，保温管连续运行于选定的老化试验温度下，其切向剪切强度降低到0.13 MPa(140 ℃)时所用的时间。

3.16

蠕变性能　creep behavior

外护管和聚氨酯泡沫塑料在温度和应力作用下缓慢而渐进性的应变。

3.17

预期寿命　expected life

根据阿列纽斯(Arrhenius)方程,保温管在实际连续运行温度条件下所对应的工作时间。

4　产品结构

4.1　保温管或保温管件应由工作钢管或钢制管件、保温层和外护管紧密结合的三位一体式结构,保温层内可有支架和报警线。

4.2　产品结构见图1。

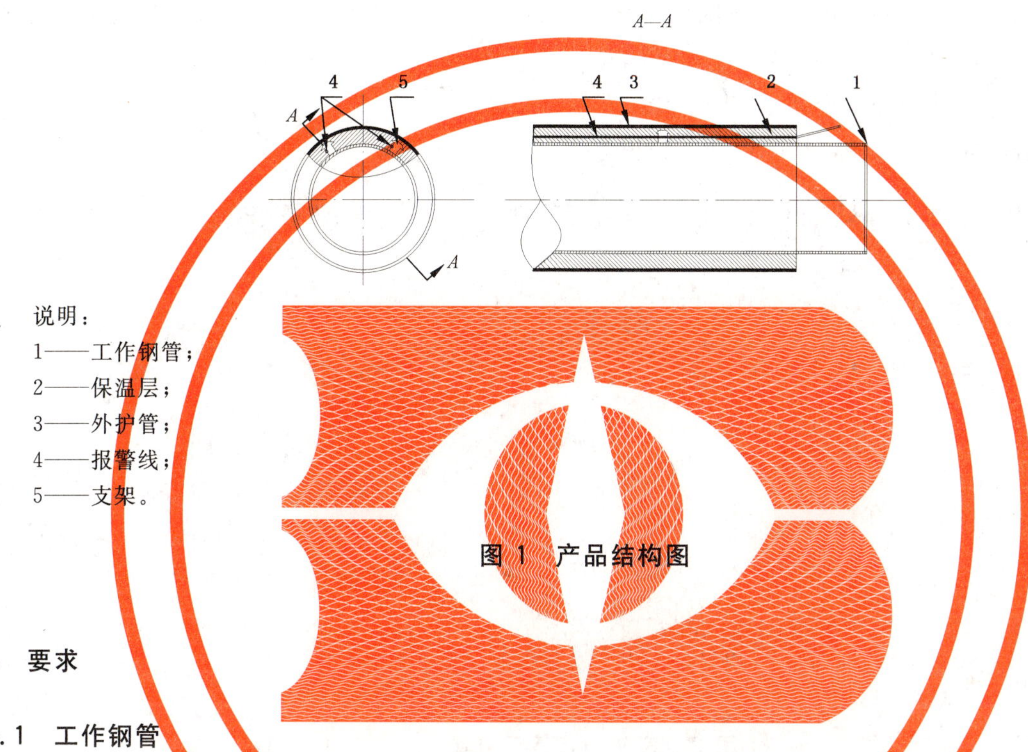

说明:
1——工作钢管;
2——保温层;
3——外护管;
4——报警线;
5——支架。

图1　产品结构图

5　要求

5.1　工作钢管

5.1.1　工作钢管的尺寸公差及性能应符合GB/T 9711或GB/T 8163或API SPEC 5L的规定。

5.1.2　工作钢管的材质、公称直径、外径及壁厚应符合设计要求,单根钢管不应有环焊缝。

5.1.3　工作钢管外观应符合下列要求:

a)　工作钢管表面锈蚀等级应符合GB/T 8923.1中的A、B、C级的规定;

b)　发泡前工作钢管表面应进行预处理,去除铁锈、轧钢鳞片、油脂、灰尘、漆、水分或其他沾染物,工作钢管外表面除锈等级应符合GB/T 8923.1中Sa 2½的规定。

5.2　钢制管件

5.2.1　材料

5.2.1.1　材质、尺寸公差及性能

钢制管件的材质、尺寸公差及性能应符合GB/T 13401、GB/T 12459和SY/T 5257的规定。

5.2.1.2　公称直径与壁厚

钢制管件的公称直径与壁厚应符合下列规定:

a)　公称直径应与工作钢管一致;

b) 壁厚应符合设计的规定，且不应低于工作钢管的壁厚。

5.2.1.3 外观

钢制管件的外观应符合下列规定：

a) 钢制管件表面锈蚀等级应符合 GB/T 8923.1 中的 A、B、C 级的规定；

b) 钢制管件表面应光滑，当有结疤、划痕及重皮等缺陷时应进行修磨，修磨处应圆滑过渡，并进行渗透或磁粉探伤，修磨后的壁厚应符合 5.2.1.2 的规定；

c) 钢制管件发泡前应对其表面进行预处理，去除铁锈、轧钢鳞片、油脂、灰尘、漆、水分或其他沾染物；

d) 钢制管件管端 200 mm 长度范围内，由工作钢管椭圆造成的外径公差不应超过规定外径的 ±1%，且不应大于公称壁厚；

e) 钢制管件表面应有永久性的产品标识。

5.2.2 弯头与弯管

弯头可采用推制无缝弯头、压制对焊弯头；弯管可采用压制对焊弯管、热煨弯管，弯头与弯管的形式见图 2。

a) 弯管　　　　b) 弯头

说明：

A——直管段长度。

图 2 弯头与弯管示意图

5.2.2.1 弯曲部分外观

弯头与弯管的弯曲部分外表面不应有褶皱，可有波浪型起伏，凹点与凸点距弯头或弯管表面的最大高度不应超过弯头与弯管公称壁厚的 25%。

5.2.2.2 弯曲部分最小壁厚

弯头与弯管弯曲部分任意一点的实际最小壁厚应分别符合 GB/T 13401、GB/T 12459 和 SY/T 5257的规定。

5.2.2.3 弯曲部分椭圆度

弯头与弯管的弯曲部分椭圆度不应超过 6%，椭圆度应按式(1)计算：

$$O = \frac{2(d_{max} - d_{min})}{d_{max} + d_{min}} \times 100\% \quad \cdots\cdots(1)$$

式中：

O ——椭圆度；

d_{max}——弯曲部分截面的最大管外径，单位为毫米(mm)；

d_{min}——弯曲部分截面的最小管外径，单位为毫米（mm）。

5.2.2.4 弯头的弯曲半径

弯头的弯曲半径不应小于1.5倍的公称直径。

5.2.2.5 直管段长度

弯头和弯管两端的直管段长度应满足焊接的要求，且不应小于400mm，直管段示意图见图2。

5.2.2.6 弯曲角度偏差

弯头与弯管的弯曲角度与设计的弯曲角度之差应符合表1的规定。弯曲角度示意图见图3。

表1 弯头及弯管的弯曲角度偏差

公称直径 DN	允许偏差/(°)
≤200	±2.0
>200	±1.0

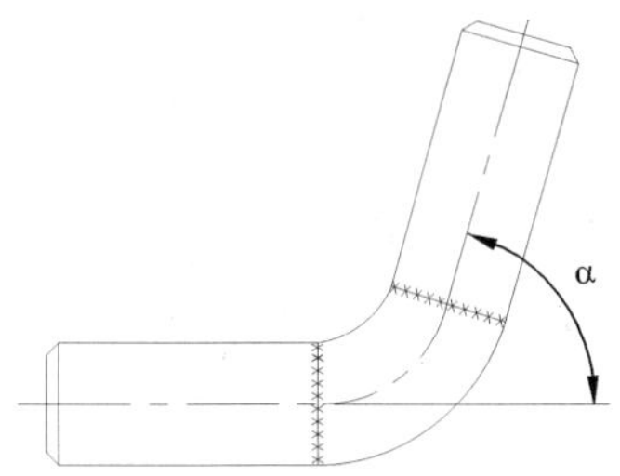

图3 弯曲角度示意图

5.2.3 三通

三通的形式见图4。

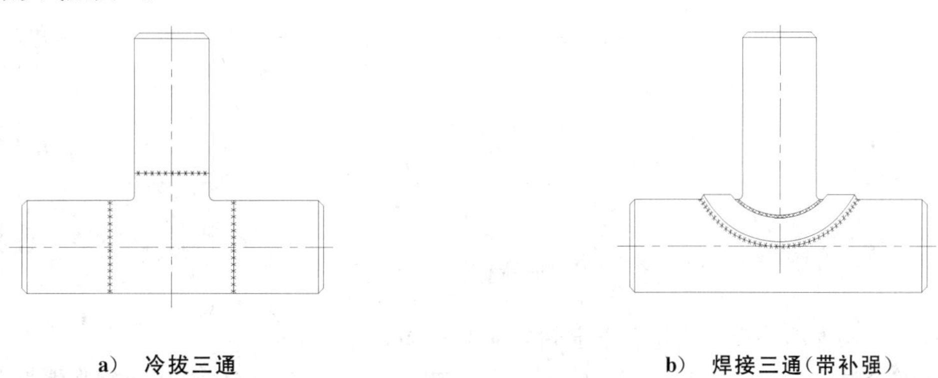

a) 冷拔三通　　b) 焊接三通(带补强)

图4 三通示意图

5.2.3.1 冷拔三通

冷拔三通主管和支管的壁厚应按设计提出的径向和轴向荷载要求确定。

5.2.3.2 焊接三通

焊接三通主管和支管的壁厚应按设计提出的径向和轴向荷载要求确定。焊接三通主管上马鞍型接口焊缝外围应焊接披肩式补强板,补强板的厚度及尺寸应按设计提出的径向和轴向荷载要求确定。

5.2.3.3 三通支管与主管角度偏差

支管应与主管垂直,允许角度偏差为±2.0°。

5.2.4 异径管

异径管应符合 GB/T 12459 或 GB/T 13401 的规定,并应符合设计提出的径向和轴向荷载要求。异径管的形式见图 5。

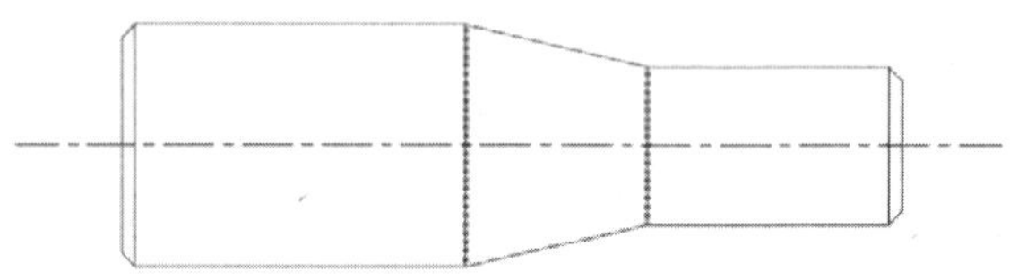

图 5 异径管示意图

5.2.5 固定节

固定节的形式见图 6。

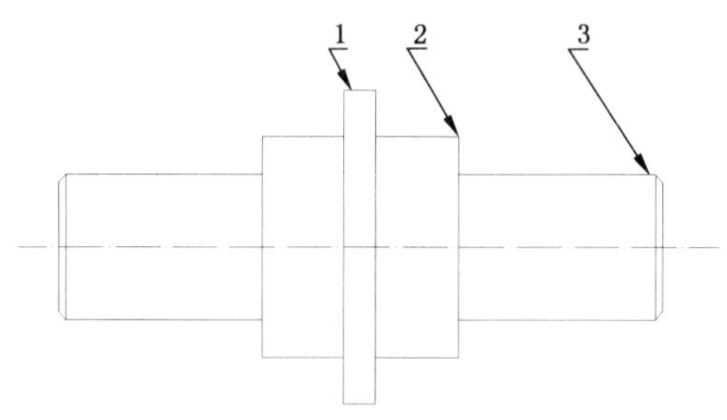

说明:

1——支撑板;

2——钢裙套;

3——工作钢管。

图 6 固定节示意图

5.2.5.1 固定节整体结构设计应符合管道轴向推力要求。

5.2.5.2 钢裙套与外护管之间配合间隙应小于或等于 3 mm,两者之间应使用热缩带密封。

5.2.5.3 钢裙套长度应保证其运行使用时与热缩带接触处的温度不超过 50 ℃。

5.2.6 焊接

5.2.6.1 焊接工艺应按 JB 4708 进行焊接工艺评定后确定。焊工应持有符合 TSG Z 6002 规定的有效资格证书。

5.2.6.2 钢制管件的焊接应采用氩弧焊打底配以 CO_2 气体保护焊或电弧焊盖面。焊缝处的机械性能不应低于工作钢管母材的性能。当管件的壁厚大于或等于 5.6 mm 时,应至少焊两遍。

5.2.6.3 焊接坡口尺寸及型式应符合下列规定:

a) 钢制管件的坡口处理应按 GB 50236 的规定执行。

b) 三通支管的焊接预处理见图 7。

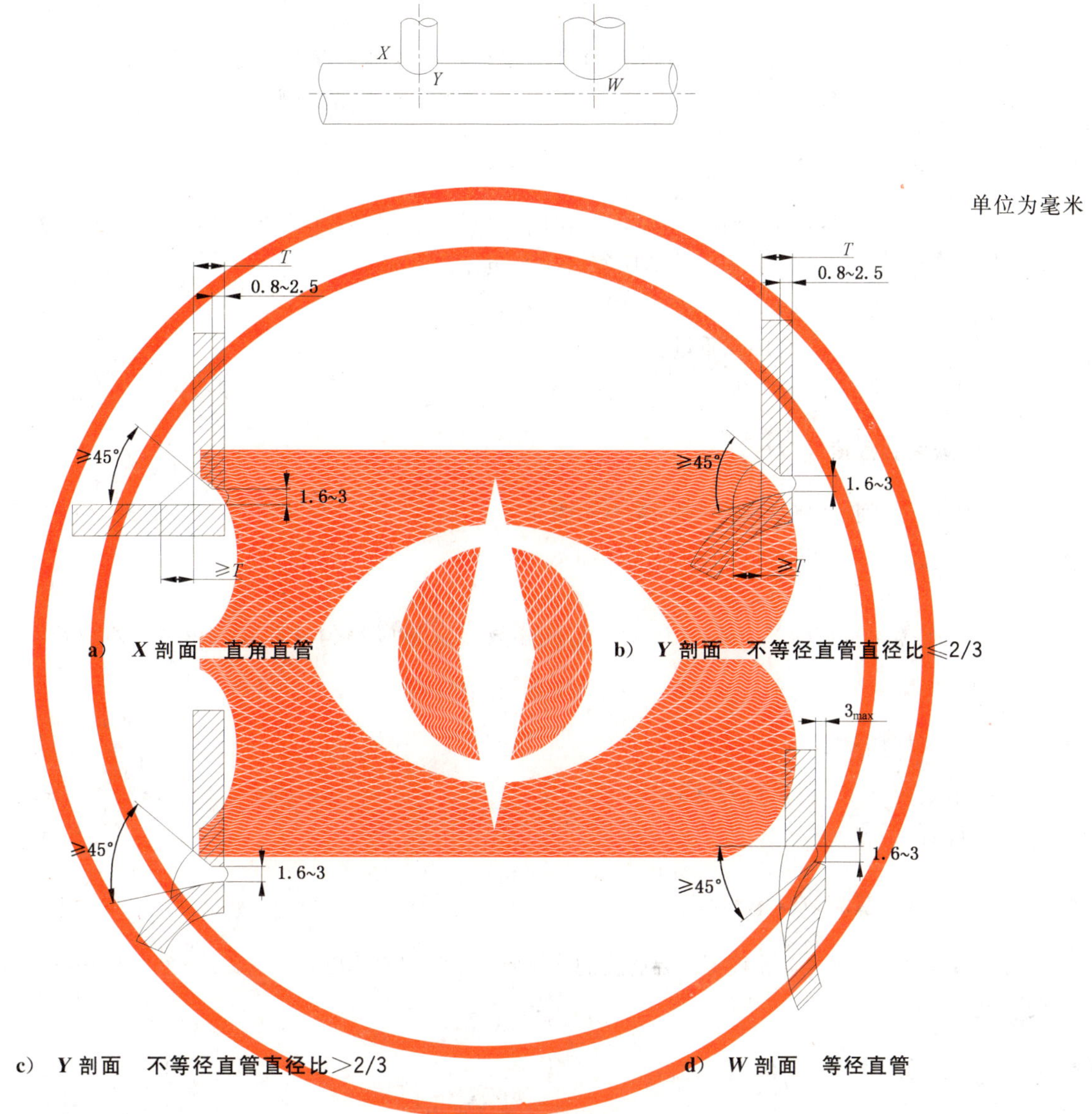

图 7 三通支管焊接预处理图

5.2.6.4 焊缝质量应符合下列规定:

a) 外观检查:焊缝的外观质量不应低于 GB 50236—2011 规定的Ⅱ级质量。

b) 无损检测:钢制管件的焊缝可选用射线探伤或超声波探伤。无损检测的抽检比例应符合表 12 的规定。所检钢制管件的焊缝全长应进行 100%射线探伤或 100%超声波探伤。当采用超声波探伤时,还应采用射线探伤进行复验,复验比例不应小于焊缝全长的 20%;

c) 射线和超声波探伤应按 JB/T 4730 的规定执行,射线探伤不应低于Ⅱ级质量,超声波探伤不应低于Ⅰ级质量;

d) 对于公称壁厚小于或等于 6.0 mm 的焊接三通,其角焊缝无法进行射线或超声波探伤时,可采用水压试验及着色探伤进行替代,着色探伤不应低于Ⅰ级质量。

5.2.6.5 焊接质量检验合格后，应对管件进行密封性试验，管件不得有损坏和泄漏。密封性试验可采用水密性试验或气密性试验。

5.3 外护管

5.3.1 原材料

外护管应使用高密度聚乙烯树脂制造，用于外护管挤出的高密度聚乙烯树脂应按GB/T 18475—2001的规定进行分级，高密度聚乙烯树脂应采用 PE80 级或更高级别的原料。

5.3.1.1 密度

聚乙烯树脂的密度应大于 935 kg/m^3。树脂中应添加外护管生产及使用所需要的抗氧剂、紫外线稳定剂、碳黑等添加剂。所添加的碳黑应符合下列要求：

a) 碳黑密度：1 500 kg/m^3～2 000 kg/m^3；

b) 甲苯萃取量：≤0.1%(质量分数)；

c) 平均颗粒尺寸：0.010 μm～0.025 μm。

5.3.1.2 碳黑弥散度

碳黑结块、气泡、空洞或杂质的尺寸不应大于 100 μm。

5.3.1.3 碳黑含量

外护管碳黑含量应为 2.5%±0.5%(质量分数)，碳黑应均匀分布于母材中，外护管不应有色差条纹。

5.3.1.4 回用料

可使用不超过 15%(质量分数)的回用料，但回用料应是制造商本厂管道生产过程中产生的干净、未降解的材料。

5.3.1.5 熔体质量流动速率

外护管及其焊接所用高密度聚乙烯树脂的熔体质量流动速率(MFR)应为0.2 g/10 min～1.4 g/10 min(试验条件 5 kg，190 ℃)。

5.3.1.6 热稳定性

外护管原材料在 210 ℃下的氧化诱导时间不应少于 20 min。

5.3.1.7 长期机械性能

外护管原材料的长期机械性能应符合表 2 的规定，以试样发生脆断失效的时间作为测试时间的判定依据。当 1 个试样在 165 h 的测试模式下的失效时间小于 165 h 时，应使用 1 000 h 的参数重新测试。

表 2 高密度聚乙烯原材料的长期机械性能

轴向应力/MPa	最短破坏时间/h	测试温度/℃
4.6	165	80
4.0	1 000	80

5.3.2 外护管管材

5.3.2.1 外观

外护管外观应符合下列规定：

a) 外护管应为黑色，其内外表面目测不应有影响其性能的沟槽，不应有气泡、裂纹、凹陷、杂质、颜色不均等缺陷；

b) 外护管两端应切割平整，并与外护管轴线垂直，角度误差不应大于 2.5°。

5.3.2.2 密度

外护的管的密度应大于 940 kg/m³。

5.3.2.3 拉伸屈服强度与断裂伸长率

外护管任意位置的拉伸屈服强度不应小于 19 MPa、断裂伸长率不应小于 350%。取样数量应符合表 3 的规定。

表 3 外护管取样数量

单位为个

外径/mm	$75 \leqslant D_c \leqslant 250$	$250 < D_c \leqslant 450$	$450 < D_c \leqslant 800$	$800 < D_c \leqslant 1\ 200$	$1\ 200 < D_c \leqslant 1\ 700$
样条数	3	5	8	10	12

5.3.2.4 纵向回缩率

外护管任意管段的纵向回缩率不应大于 3%，管材表面不应出现裂纹、空洞、气泡等缺陷。

5.3.2.5 耐环境应力开裂

外护管耐环境应力开裂的失效时间不应小于 300 h。

5.3.2.6 长期机械性能

外护管的长期机械性能应符合表 4 的规定。

表 4 外护管长期机械性能

拉应力/MPa	最短破坏时间/h	试验温度/℃
4	2 000	80

5.3.2.7 外径和壁厚

外护管的外径和壁厚应符合下列规定：

a) 外护管外径和最小壁厚应符合表 5 的规定；

表 5 外护管外径和最小壁厚

单位为毫米

外径(D_c)	最小壁厚(e_{min})
$75 \leqslant D_c \leqslant 160$	3.0
200	3.2

表 5（续） 单位为毫米

外径(D_c)	最小壁厚(e_{min})
225	3.5
250	3.9
315	4.9
$365 \leqslant D_c \leqslant 400$	6.3
$420 \leqslant D_c \leqslant 450$	7.0
500	7.8
$560 \leqslant D_c \leqslant 600$	8.8
$630 \leqslant D_c \leqslant 655$	9.8
760	11.5
850	12.0
$960 \leqslant D_c \leqslant 1\ 200$	14.0
$1\ 300 \leqslant D_c \leqslant 1400$	15.0
$1\ 500 \leqslant D_c \leqslant 1\ 700$	16.0
注：可按设计要求，选用其他外径的外护管，其最小壁厚应用内插法确定。	

b) 发泡前，外护管外径公差应符合下列规定：

平均外径 D_{cm} 与外径 D_c 之差($D_{cm}-D_c$)应为正值，表示为 $+x/0$，x 应按式(2)确定：

$$0 < x \leqslant 0.009 \times D_c \qquad \cdots\cdots (2)$$

计算结果圆整到 0.1 mm，小数点后第二位大于零时进一位。

注：平均外径(D_{cm})是指外护管管材或管件插口端任意横断面的外圆周长除以 π(圆周率)并向大圆整到 0.1 mm 得到的值，单位为毫米(mm)。

c) 发泡前，外护管壁厚公差应符合下列规定：

公称壁厚 e_{nom} 应大于或等于最小壁厚 e_{min}；任何一点的壁厚 e_i 与公称壁厚之差(e_i-e_{nom})应为正值，表示为$+y/0$，y 应按式(3)和式(4)确定：

当 $e_{nom} \leqslant 7.0$ mm 时：

$$y = 0.1 \times e_{nom} + 0.2 \qquad \cdots\cdots (3)$$

当 $e_{nom} > 7.0$ mm 时：

$$y = 0.15 \times e_{nom} \qquad \cdots\cdots (4)$$

计算结果圆整到 0.1 mm，小数点后第二位大于零时进一位。

5.4 保温层

5.4.1 保温层材料

保温层应采用硬质聚氨酯泡沫塑料。

5.4.2 泡孔尺寸

聚氨酯泡沫塑料应无污斑、无收缩分层开裂现象。泡孔应均匀细密，泡孔平均尺寸不应大于0.5 mm。

5.4.3 空洞、气泡

聚氨酯泡沫塑料应均匀地充满工作钢管与外护管间的环形空间。任意保温层截面上空洞和气泡的面积总和占整个截面积的百分比不应大于5%，且单个空洞的任意方向尺寸不应超过同一位置实际保温层厚度的1/3。

5.4.4 密度

保温层任意位置的聚氨酯泡沫塑料密度不应小于60 kg/m^3。

5.4.5 压缩强度

聚氨酯泡沫塑料径向压缩强度或径向相对形变为10%时的压缩应力不应小于0.3 MPa。

5.4.6 吸水率

聚氨酯泡沫塑料吸水率不应大于10%。

5.4.7 闭孔率

聚氨酯泡沫塑料的闭孔率不应小于88%。

5.4.8 导热系数

未进行老化的聚氨酯泡沫塑料在50 ℃状态下的导热系数λ_{50}不应大于0.033[W/(m·K)]。

5.4.9 保温层厚度

保温层厚度应符合设计规定，并应保证运行时外护管表面温度不大于50 ℃。

5.5 保温管

5.5.1 管端垂直度

保温管管端的外护管宜与聚氨酯泡沫塑料保温层平齐，且与工作钢管的轴线垂直，角度误差应小于2.5°。

5.5.2 挤压变形及划痕

保温层受挤压变形时，其径向变形量不应超过其设计保温层厚度的15%。外护管划痕深度不应超过外护管最小壁厚的10%，且不应超过1mm。

5.5.3 管端焊接预留段长度

工作钢管两端应留出150 mm～250 mm无保温层的焊接预留段，两端预留段长度之差不应大于40 mm。

5.5.4 外护管外径增大率

保温管发泡前后，外护管任意位置同一截面的外径增大率不应大于2%。

5.5.5 轴线偏心距

保温管任意位置外护管轴线与工作钢管轴线间的最大轴线偏心距应符合表6的规定。

表 6　外护管轴线与工作钢管轴线间的最大轴线偏心距　　单位为毫米

外护管外径	最大轴线偏心距
$75 \leqslant D_c \leqslant 160$	3.0
$160 < D_c \leqslant 400$	5.0
$400 < D_c \leqslant 630$	8.0
$630 < D_c \leqslant 800$	10.0
$800 < D_c \leqslant 1\ 400$	14.0
$1\ 400 < D_c \leqslant 1\ 700$	18.0

5.5.6　预期寿命与长期耐温性

5.5.6.1　保温管的预期寿命与长期耐温性应符合下列规定：

a)　在正常使用条件下，保温管在 120 ℃的连续运行温度下的预期寿命应大于或等于 30 年，保温管在 115 ℃的连续运行温度下的预期寿命应至少为 50 年，在低于 115 ℃的连续运行温度下的预期寿命应高于 50 年。实际连续工作条件与预期寿命按附录 A 的规定执行。工作在不同温度下，聚氨酯泡沫塑料最短预期寿命的计算按附录 B 的规定执行。

b)　连续运行温度介于 120 ℃与 140 ℃之间时，保温管的预期寿命及耐温性应符合附录 C 的规定。

5.5.6.2　保温管的剪切强度应符合下列规定：

a)　老化试验前和老化试验后保温管的剪切强度应符合表 7 的规定；

表 7　老化试验前和老化试验后保温管的剪切强度要求

试验温度/℃	最小轴向剪切强度/MPa	最小切向剪切强度/MPa
23±2	0.12	0.20
140±2	0.08	—

b)　老化试验条件应符合表 8 的规定。

表 8　老化试验条件

工作钢管温度/℃	热老化试验时间/h
160	3 600
170	1 450

c)　老化试验前的剪切强度应按表 10 选择 23 ℃及 140 ℃条件下的轴向剪切强度，或按表 10 选择 23 ℃条件下的切向剪切强度；

d)　老化试验后的剪切强度应按表 10 的要求执行。

5.5.7　抗冲击性

在－20 ℃条件下，用 3.0 kg 落锤从 2 m 高处落下对外护管进行冲击，外护管不应有可见裂纹。

5.5.8 蠕变性能

100 h下的蠕变量 ΔS100 不应超过 2.5 mm,30 年的蠕变量不应超过 20 mm。

5.5.9 报警线

保温管中的报警线应连续不断开,且不得与工作钢管短接,报警线与报警线、报警线与工作钢管之间的电阻值不应小于 500 MΩ,报警线材料及安装应符合 CJJ/T 81 的规定。

5.6 保温管件

5.6.1 管端垂直度

保温管件管端的外护管宜与聚氨酯泡沫塑料保温层平齐,且与工作钢管的轴线垂直,角度误差应小于 2.5°。

5.6.2 挤压变形及划痕

保温层受挤压变形时,其径向变形量不应超过其设计保温层厚度的 15%。外护管划痕深度不应超过外护管最小壁厚的 10%,且不应超过 1 mm。

5.6.3 管端焊接预留段长度

工作钢管两端应留出 150 mm～250 mm 无保温层的焊接预留段,两端预留段长度之差不应大于 40 mm。

5.6.4 外护管外径增大率

保温管件发泡前后,外护管任意位置同一截面的外径增大率不应大于 2%。

5.6.5 钢制管件与外护管角度偏差

在距保温管件保温端部 100 mm 长度内,钢制管件的中心线和外护管中心线之间的角度偏差不应超过 2°。

5.6.6 轴线偏心距

保温管件任意位置外护管轴线与工作钢管轴线间的最大轴线偏心距应符合表 6 的规定。

5.6.7 最小保温层厚度

保温弯头与保温弯管上任何一点的保温层厚度不应小于设计保温层厚度的 50%,且任意点的保温层厚度不应小于 15 mm。

5.6.8 外护管焊接

5.6.8.1 熔体质量流动速率差值应符合下列规定:

a) 端面熔融焊接:两段焊接外护管的熔体质量流动速率的差值不应大于 0.5 g/10 min(试验条件为 5 kg,190 ℃)。

b) 挤出焊接:焊接粒料与焊接外护管之间的熔体质量流动速率的差值不应大于 0.5 g/10 min(试验条件为 5 kg,190 ℃)。

5.6.8.2 弯头与弯管的外护管管段之间的角度和最小长度应符合下列规定:

a） 弯头与弯管外护管的相邻两个外护管段之间的最大角度 α 不应超过 45°，见图 8。弯头与弯管的外护管管段之间的角度与焊接分段应以符合 5.6.7 规定的最小保温层厚度来确定；

b） 弯头与弯管靠近焊接预留段处的外护管段的最小长度不应小于 200 mm，见图 8。

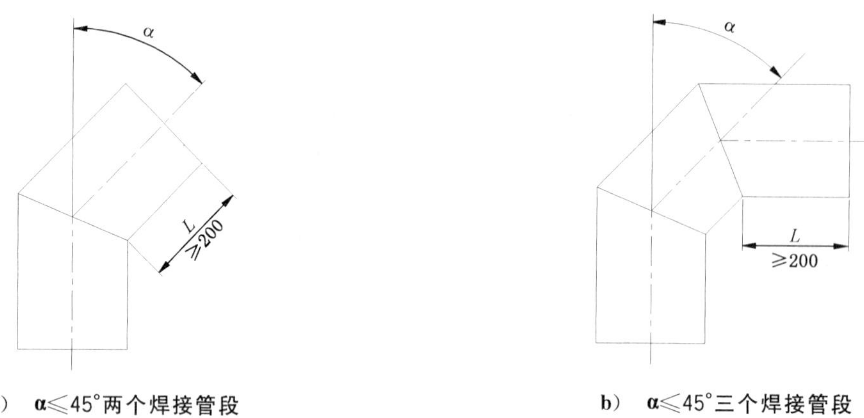

a） α≤45°两个焊接管段　　b） α≤45°三个焊接管段

图 8　弯头与弯管外护管的相邻两个外护管段之间的最大角度

5.6.8.3　外护管焊接宜采用端面熔融焊接，对于无法采用端面熔融焊接的部分可采用挤出焊接。聚乙烯焊接设备、焊接工艺要求参见附录 D。

5.6.8.4　外护管端面熔融焊接应符合下列规定：

a） 两条对接焊缝的融合点处形成凹槽的底部应高于外护管表面；

b） 在整个焊缝长度上，端口内外表面的对接错口不应超过外护管壁厚的 20%，对于特殊配件，如马鞍口处，在整个焊缝长度上任意点内外表面的径向错位量不应超过壁厚的 30%。当外护管壁厚不等时，其焊缝错位量应按照较小的壁厚计算；

c） 两条对接焊缝应均匀并有大致相同的外观及壁厚；

d） 在整个焊缝长度上两条熔融焊道应有大致相同的形状和尺寸，且两焊道的总宽度应是 0.6 倍～1.2 倍的外护管壁厚，若壁厚小于 6 mm，则为 2 倍壁厚；

e） 整条焊缝上的两条熔融焊道应是弧形光滑的，不能有焊瘤、裂纹、凹坑等。

5.6.8.5　外护管挤出焊接应符合下列规定：

a） 挤出焊料的性能应符合 5.3 和 5.6.8.1 的规定；

b） 挤出焊料应填满整个焊缝处的 V 形坡口，不应有裂纹、咬边、未焊满及深度超过 1mm 的划痕等表面缺陷；

c） 对于任何破坏性检验，在焊缝的任何方向上，焊肉与外壳之间都不应有可见的不粘性区域；

d） 焊缝表面应是类似半圆形的光滑凸起，而且应高于外护管表面，高度为外护管壁厚的10%～40%；

e） 挤出焊料形成的焊缝应覆盖 V 形焊口外护管边缘至少 2 mm；

f） 挤出焊缝的起始点和终止点搭接处应去除多余的焊料，且表面不应留有划痕；

g） 根部高出内表面的高度应小于壁厚的 20%；

h） 局部凹坑和空洞不应超出外护管壁厚的 15%；

i） 在圆周焊口上任何一点，两个端口的径向错位量不应超过壁厚的 30%。对于不同壁厚的外护管焊缝错位量应按较小的壁厚计算。

5.6.8.6　焊缝最小弯曲角度应根据图 9 确定，图 9 中 e 为表 4 中的外护管最小壁厚。试验中最小弯曲角度达到之前，焊缝不得出现裂纹。

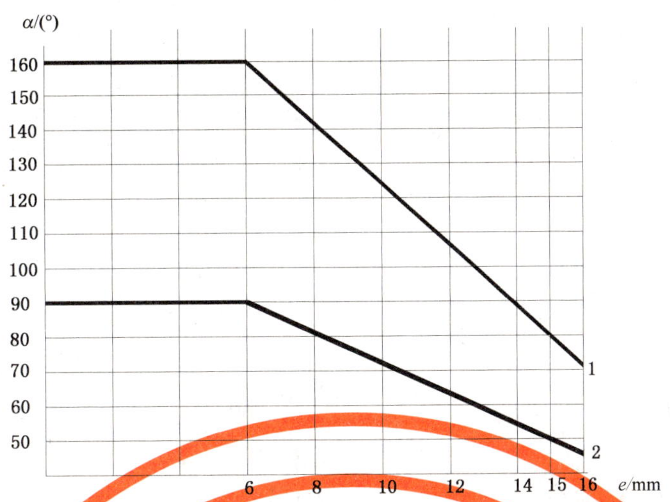

说明：

1——端面熔融焊缝；

2——挤出焊缝。

图 9　最小弯曲角度

5.6.8.7　焊接外护管的密封性：焊接外护管应进行100%的密封性检查，焊接外护管在发泡之后，管件外部（端口除外）不应有泡沫溢出，否则该焊接外护管应予以更换。

5.6.9　保温固定节

5.6.9.1　保温固定节的外护管与钢裙套的搭接处应采用热缩带密封。

5.6.9.2　保温固定节宜先发泡后收缩。

5.6.9.3　外观：热缩带收缩后边缘应有均匀的热熔胶溢出，不应出现过烧、鼓包、翘边或局部漏烤等现象，封端盖片应胶结严密。

5.6.9.4　热缩带的剥离强度在20 ℃±5 ℃下不应小于60 N/cm。

5.6.10　报警线

保温管件中的报警线应连续不断开，且不得与工作钢管短接，报警线与报警线、报警线与工作钢管之间的电阻值不应小于500 MΩ，报警线材料及安装应符合CJJ/T 81的规定。

5.6.11　主要尺寸允许偏差

保温管件主要尺寸允许偏差应符合表9和图10的规定。

表 9　保温管件主要尺寸允许偏差

单位为毫米

管道公称直径 DN	主要尺寸允许偏差	
	H	*L*
≤300	±10	±20
>300	±25	±50

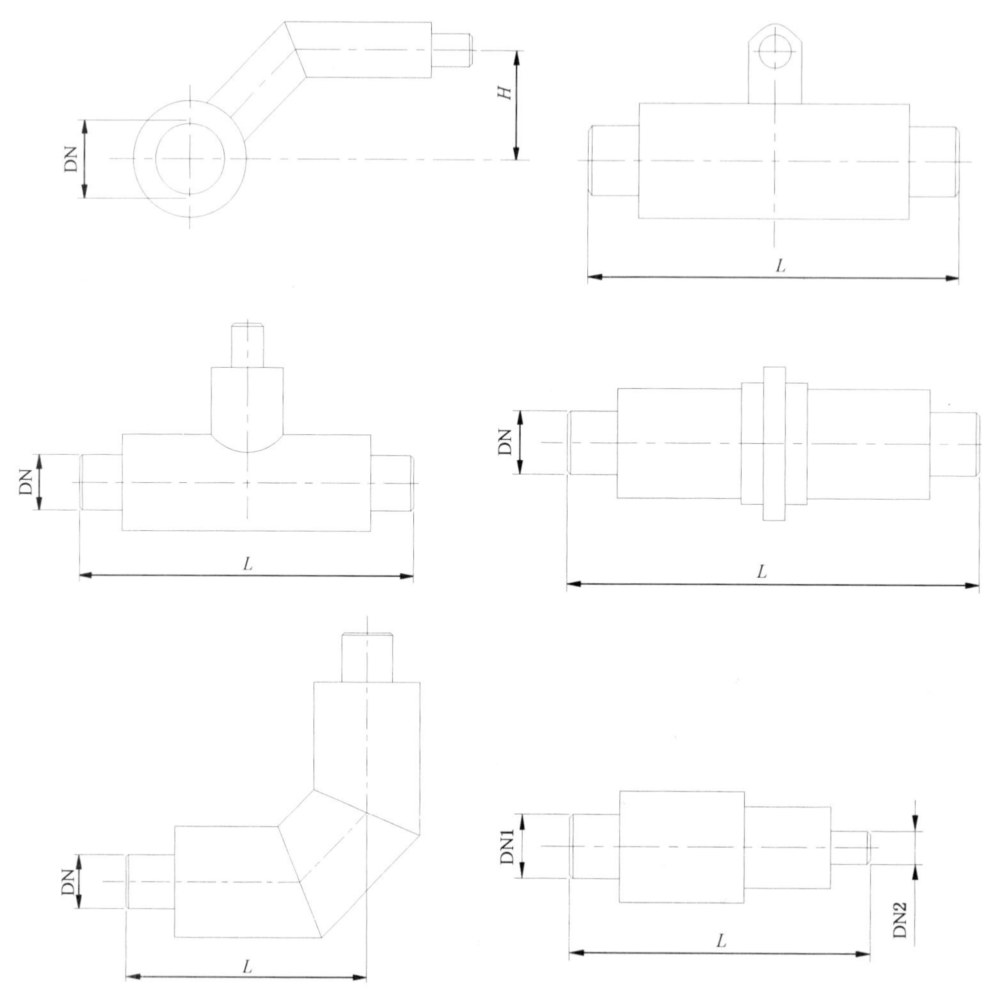

图 10 保温管件主要尺寸允许偏差示意图

5.7 保温接头

5.7.1 保温接头性能

5.7.1.1 保温接头处保温层的材料及性能应符合 5.4 的规定。

5.7.1.2 保温接头外护层材料及性能应符合 5.3 的规定。热熔接头的外护层与保温管外护管的熔体质量流动速率的差值不应大于 0.5 g/10 min(试验条件为 5 kg,190 ℃)。

5.7.1.3 保温接头应能整体承受管道运动时产生的剪切力和弯矩。

5.7.1.4 保温接头应能整体承受由于温度和温度变化带来的影响。

5.7.1.5 耐土壤应力性能:保温接头应进行土壤应力砂箱试验,循环往返 100 次以上应无破坏、无渗漏。

5.7.1.6 热缩带式接头所用热缩带的剥离强度不应小于 60 N/cm,收缩后应能将管道外护管和接头外护层搭接处密封;热缩带收缩后,边缘处的热熔胶应均匀溢出,不应出现过烧、鼓包、翘边或局部漏烤等现象。封端盖片及发泡孔盖片应粘结严密。

5.7.1.7 电熔焊式接头应采用专用可控温塑料焊接设备,焊接后搭接熔合区试样在室温下的拉剪强度不应低于外护管母材的强度,且断裂点应位于熔焊区之外。

5.7.1.8 密封性:保温接头应密封,不得渗水。现场所有的保温接头外护层都应做气密性试验。保温接头的气密性试验应采用空气或其他类气体。试验应在接头冷却到 40 ℃以下后进行。试验压力应为 0.02 MPa,保压 2 min 后,密封处涂上肥皂水,不应有气泡产生。

5.7.2 保温接头形式

当工作钢管管径小于或等于 DN 200 时,宜采用热缩带式接头;当大于等于 DN 250,且小于或等于 DN 450 时,可采用热缩带式接头或电熔焊式接头;当大于等于 DN 500 时,宜采用电熔焊式接头。根据现场工况条件或设计要求可以选择双密封接头。当采用双密封接头时,其中的每种接头密封形式和双密封组合形式都应符合 5.7.1 的相关规定。

5.7.3 保温接头安装

5.7.3.1 保温接头安装应符合 CJJ 28 的规定。

5.7.3.2 接头处的表面清理应符合下列规定:

a) 接头处工作钢管表面应进行清理,去除铁锈、轧钢鳞片、油脂、灰尘、漆、水分或其他沾染物;
b) 管端潮湿的聚氨酯泡沫塑料应清除;
c) 接头外护层内表面应干燥无污物;
d) 管道外护管表面与接头外护层搭接处应干净、干燥,应对搭接处表面进行打磨处理。

5.7.3.3 接头处报警系统的安装应符合 CJJ/T 81 的规定。

5.7.3.4 保温接头发泡应符合下列规定:

a) 保温接头应使用机器发泡;
b) 接头发泡时应采取排气措施,聚氨酯泡沫塑料应充满整个接头,接头处的保温层与保温管的保温层之间不得产生空隙;
c) 发泡后发泡孔处应有少量泡沫溢出;
d) 保温接头气密性检验及发泡后,应对外护管开孔处及时进行密封处理。

6 试验方法

本标准的检测方法按照 GB/T 29046—2012 的规定执行,检测要求应符合表 10 的规定。

表 10 检测条款对照表

检验项目			与 GB/T 29046—2012 对应的试验条款
工作钢管		材质、尺寸公差及性能	5.1.1
		公称直径、外径及壁厚	5.1.2
		外观	5.1.3
钢制管件	材料	材质、尺寸公差及性能	8.1.1
		公称直径与壁厚	8.1.2
		外观	8.1.3
	弯头与弯管	弯曲部分外观	8.1.4
		弯曲部分最小壁厚	8.1.2
		弯曲部分椭圆度	8.1.5
		弯头的弯曲半径	8.1.6
		直管段长度	8.1.7
		弯曲角度偏差	8.1.8
	三通支管与主管角度偏差		8.1.9
	焊缝质量[a]		8.1.10
	密封性		8.1.11

表 10（续）

<table>
<tr><th colspan="3">检验项目</th><th>与 GB/T 29046—2012 对应的试验条款</th></tr>
<tr><td rowspan="13">外护管</td><td rowspan="6">原材料</td><td>密度</td><td>5.3.1.5</td></tr>
<tr><td>碳黑弥散度</td><td>5.3.1.7</td></tr>
<tr><td>碳黑含量</td><td>5.3.1.6</td></tr>
<tr><td>熔体质量流动速率</td><td>5.3.1.8</td></tr>
<tr><td>热稳定性</td><td>5.3.1.9</td></tr>
<tr><td>长期机械性能</td><td>5.3.1.15</td></tr>
<tr><td rowspan="7">外护管管材</td><td>外观</td><td>5.3.1.2</td></tr>
<tr><td>密度</td><td>5.3.1.5</td></tr>
<tr><td>拉伸屈服强度与断裂伸长率</td><td>5.3.1.10</td></tr>
<tr><td>纵向回缩率</td><td>5.3.1.12</td></tr>
<tr><td>耐环境应力开裂</td><td>5.3.1.14</td></tr>
<tr><td>长期机械性能</td><td>5.3.1.15</td></tr>
<tr><td>外径和壁厚</td><td>5.3.1.3</td></tr>
<tr><td rowspan="8">保温层</td><td colspan="2">泡孔尺寸</td><td>5.2.1.2</td></tr>
<tr><td colspan="2">空洞、气泡</td><td>5.2.1.4</td></tr>
<tr><td colspan="2">密度</td><td>5.2.1.5</td></tr>
<tr><td colspan="2">压缩强度</td><td>5.2.1.6</td></tr>
<tr><td colspan="2">吸水率</td><td>5.2.1.7</td></tr>
<tr><td colspan="2">闭孔率</td><td>5.2.1.3</td></tr>
<tr><td colspan="2">导热系数</td><td>5.2.1.8</td></tr>
<tr><td colspan="2">保温层厚度</td><td>4.3</td></tr>
<tr><td rowspan="10">保温管</td><td colspan="2">管端垂直度</td><td>4.2</td></tr>
<tr><td colspan="2">挤压变形及划痕</td><td>4.1</td></tr>
<tr><td colspan="2">管端焊接预留段长度</td><td>4.5</td></tr>
<tr><td colspan="2">外护管外径增大率</td><td>5.3.1.13</td></tr>
<tr><td colspan="2">轴线偏心距</td><td>4.6</td></tr>
<tr><td rowspan="2">预期寿命与长期耐温性</td><td>老化前剪切强度</td><td>6.2</td></tr>
<tr><td>老化后剪切强度</td><td>6.3 和 6.4</td></tr>
<tr><td colspan="2">抗冲击性</td><td>6.5</td></tr>
<tr><td colspan="2">蠕变性能</td><td>6.6</td></tr>
<tr><td colspan="2">报警线</td><td>10</td></tr>
<tr><td rowspan="14">保温管件</td><td colspan="2">管端垂直度</td><td>4.2</td></tr>
<tr><td colspan="2">挤压变形及划痕</td><td>4.4.1</td></tr>
<tr><td colspan="2">管端焊接预留段长度</td><td>4.5</td></tr>
<tr><td colspan="2">外护管外径增大率</td><td>5.3.1.13</td></tr>
<tr><td colspan="2">钢制管件与外护管角度偏差</td><td>8.4.2</td></tr>
<tr><td colspan="2">轴线偏心距</td><td>8.4.1</td></tr>
<tr><td colspan="2">最小保温层厚度</td><td>8.2.2</td></tr>
<tr><td rowspan="3">外护管焊接</td><td>熔体质量流动速率差值</td><td>5.3.1.8</td></tr>
<tr><td>焊缝最小弯曲角度</td><td>8.3.3</td></tr>
<tr><td>焊接外护管的密封性</td><td>8.5</td></tr>
<tr><td rowspan="2">保温固定节</td><td>外观</td><td>7.4.1</td></tr>
<tr><td>热缩带剥离强度</td><td>7.4.2</td></tr>
<tr><td colspan="2">报警线</td><td>10</td></tr>
<tr><td colspan="2">主要尺寸允许偏差</td><td>8.4.3</td></tr>
</table>

表 10（续）

检验项目		与 GB/T 29046—2012 对应的试验条款
保温接头	保温层材料和性能	7.3
	外护层材料和性能	5.3.1
	耐土壤应力性能	7.1
	热缩带剥离强度	7.4.2
	拉剪强度	7.5
	密封性	7.2
[a] 射线探伤或超声波探伤抽检应在每年的生产过程中均匀分期进行。		

7 检验规则

7.1 检验分类

产品检验分为出厂检验和型式检验。

7.2 出厂检验

7.2.1 产品应经制造厂质量检验部门检验，合格后方可出厂，出厂时应附检验合格报告。

7.2.2 出厂检验分为全部检验和抽样检验，检验项目应符合表 11 的规定。

表 11 检验项目表

检验项目			出厂检验		型式检验			执行条款
			全部检验	抽样检验	保温管	保温管件	保温接头	技术要求
工作钢管		材质、尺寸公差及性能	—	√	—	—	—	5.1.1
		公称直径、外径及壁厚	—	√	—	—	—	5.1.2
		外观	—	√	—	—	—	5.1.3
钢制管件	材料	材质、尺寸公差及性能	—	√	—	—	—	5.2.1.1
		公称直径与壁厚	√	—	—	—	—	5.2.1.2
		外观	√	—	—	—	—	5.2.1.3
	弯头与弯管	弯曲部分外观	√	—	—	—	—	5.2.2.1
		弯曲部分最小壁厚	√	—	—	—	—	5.2.2.2
		弯曲部分椭圆度	—	√	—	—	—	5.2.2.3
		弯头的弯曲半径	√	—	—	—	—	5.2.2.4
		直管段长度	√	—	—	—	—	5.2.2.5
		弯曲角度偏差	√	—	—	—	—	5.2.2.6
	三通支管与主管角度偏差		√	—	—	—	—	5.2.3.3
	焊缝质量		—	√	—	—	—	5.2.6.4
	密封性		√	—	—	—	—	5.2.6.5

表 11（续）

检验项目			出厂检验		型式检验			执行条款
			全部检验	抽样检验	保温管	保温管件	保温接头	技术要求
外护管	原材料	密度	—	√	√	√	√	5.3.1.1
		碳黑弥散度	—	√	√	√	√	5.3.1.2
		碳黑含量	—	√	√	√	√	5.3.1.3
		熔体质量流动速率	—	√	√	√	√	5.3.1.5
		热稳定性	—	√	√	√	√	5.3.1.6
		长期机械性能	—	—	√	√	√	5.3.1.7
	外护管管材	外观	√	—	√	√	√	5.3.2.1
		密度	—	√	√	√	√	5.3.2.2
		拉伸屈服强度与断裂伸长率	—	√	√	√	√	5.3.2.3
		纵向回缩率	—	—	√	√	√	5.3.2.4
		耐环境应力开裂	—	√	√	√	√	5.3.2.5
		长期机械性能	—	—	√	√	√	5.3.2.6
		外径和壁厚	—	√	√	√	√	5.3.2.7
保温层		泡孔尺寸	—	√	√	√	√	5.4.2
		空洞、气泡	—	√	√	√	√	5.4.3
		密度	—	√	√	√	√	5.4.4
		压缩强度	—	√	√	√	√	5.4.5
		吸水率	—	√	√	√	√	5.4.6
		闭孔率	—	√	√	√	√	5.4.7
		导热系数	—	√	√	√	√	5.4.8
		保温层厚度	√	—	√	√	√	5.4.9
保温管		管端垂直度	√	—	√	√	—	5.5.1
		挤压变形及划痕	√	—	√	√	—	5.5.2
		管端焊接预留段长度	√	—	√	√	—	5.5.3
		外护管外径增大率	—	√	√	√	—	5.5.4
		轴线偏心距	√	—	√	√	—	5.5.5
	预期寿命与长期耐温性	老化前剪切强度	—	√	—	—	—	5.5.6.2
		老化后剪切强度	—	—	√	—	—	5.5.6.2
		抗冲击性	—	—	√	√	√	5.5.7
		蠕变性能	—	—	√	—	—	5.5.8
		报警线	√	—	√	√	√	5.5.9

表 11（续）

<table>
<tr><td colspan="3" rowspan="2">检验项目</td><td colspan="2">出厂检验</td><td colspan="3">型式检验</td><td>执行条款</td></tr>
<tr><td>全部检验</td><td>抽样检验</td><td>保温管</td><td>保温管件</td><td>保温接头</td><td>技术要求</td></tr>
<tr><td rowspan="14">保温管件</td><td colspan="2">管端垂直度</td><td>√</td><td>—</td><td>√</td><td>√</td><td>—</td><td>5.6.1</td></tr>
<tr><td colspan="2">挤压变形及划痕</td><td>√</td><td>—</td><td>√</td><td>√</td><td>—</td><td>5.6.2</td></tr>
<tr><td colspan="2">管端焊接预留段长度</td><td>√</td><td>—</td><td>√</td><td>√</td><td>—</td><td>5.6.3</td></tr>
<tr><td colspan="2">外护管外径增大率</td><td>—</td><td>√</td><td>√</td><td>√</td><td>—</td><td>5.6.4</td></tr>
<tr><td colspan="2">钢制管件与外护管角度偏差</td><td>—</td><td>√</td><td>—</td><td>√</td><td>—</td><td>5.6.5</td></tr>
<tr><td colspan="2">轴线偏心距</td><td>√</td><td>—</td><td>√</td><td>√</td><td>—</td><td>5.6.6</td></tr>
<tr><td colspan="2">最小保温层厚度</td><td>—</td><td>√</td><td>—</td><td>√</td><td>—</td><td>5.6.7</td></tr>
<tr><td rowspan="3">外护管焊接</td><td>熔体质量流动速率差值</td><td>—</td><td>√</td><td>√</td><td>√</td><td>√</td><td>5.6.8.1</td></tr>
<tr><td>焊缝最小弯曲角度</td><td>—</td><td>—</td><td>—</td><td>√</td><td>—</td><td>5.6.8.6</td></tr>
<tr><td>焊接外护管的密封性</td><td>√</td><td>—</td><td>—</td><td>√</td><td>—</td><td>5.6.8.7</td></tr>
<tr><td rowspan="2">保温固定节</td><td>外观</td><td>√</td><td>—</td><td>—</td><td>√</td><td>—</td><td>5.6.9.3</td></tr>
<tr><td>热缩带剥离强度</td><td>—</td><td>√</td><td>—</td><td>√</td><td>—</td><td>5.6.9.4</td></tr>
<tr><td colspan="2">报警线</td><td>√</td><td>—</td><td>√</td><td>√</td><td>√</td><td>5.6.10</td></tr>
<tr><td colspan="2">主要尺寸允许偏差</td><td>—</td><td>√</td><td>—</td><td>√</td><td>—</td><td>5.6.11</td></tr>
<tr><td rowspan="6">保温接头</td><td colspan="2">保温层材料和性能</td><td>—</td><td>√</td><td>—</td><td>—</td><td>√</td><td>5.7.1.1</td></tr>
<tr><td colspan="2">外护层材料和性能</td><td>—</td><td>√</td><td>—</td><td>—</td><td>√</td><td>5.7.1.2</td></tr>
<tr><td colspan="2">耐土壤应力性能</td><td>—</td><td>—</td><td>—</td><td>—</td><td>√</td><td>5.7.1.5</td></tr>
<tr><td colspan="2">热缩带剥离强度</td><td>—</td><td>√</td><td>—</td><td>—</td><td>√</td><td>5.7.1.6</td></tr>
<tr><td colspan="2">拉剪强度</td><td>—</td><td>√</td><td>—</td><td>—</td><td>√</td><td>5.7.1.7</td></tr>
<tr><td colspan="2">密封性</td><td>√</td><td>—</td><td>—</td><td>—</td><td>√</td><td>5.7.1.8</td></tr>
<tr><td colspan="9">注："√"为检测项目，"—"为非检测项目。</td></tr>
</table>

7.2.3 全部检验

要求全部检验的项目应对所有产品逐件进行检验。

7.2.4 抽样检验

7.2.4.1 保温管抽样检验应按每台发泡设备生产的保温管每季度抽检 1 次，每次抽检 1 根，每季度累计生产量达到 60 km 时，应增加 1 次检验。检验应均布于全年的生产过程中，抽检项目应按表 11 的规定执行。

7.2.4.2 保温管件抽样检验应符合下列规定：

a) 每台发泡设备生产的保温管件应每季度抽检 1 次，每次抽检 1 件，每季度累计生产量达到 2 000件时，应增加 1 次检验，抽检项目应按表 11 的规定执行；

b) 管件钢焊缝无损检测抽检比例应符合表 12 的规定。

表 12 管件钢焊缝无损检测抽检比例

公称外径	射线探伤比例	超声波探伤比例
DN<300	5%	20%
300≤DN<600	15%	50%
DN≥600	100%	—

7.2.4.3 保温接头抽样检验应按每 500 个接头抽检 1 次，每次抽检 1 个，抽检项目应按表 11 的规定执行。

7.2.4.4 保温接头抽样检验合格判定应符合下列规定：

a) 当出现不合格样本时，应加抽 1 件，仍不合格，则视为该批次不合格。复验结果作为最终判定依据；

b) 不合格批次未经剔除不合格品时，不应再次提交检验。

7.3 型式检验

7.3.1 凡有下列情况之一者，应进行型式检验：

a) 新产品的试制、定型鉴定或老产品转厂生产时；

b) 正常生产时，每两年或不到两年，但当保温管累计产量达到 600 km、保温管件累计产量达到 15 000件时；

c) 正式生产后，如主要生产设备、工艺及材料的牌号及配方等有较大改变，可能影响产品性能时；

d) 产品停产 1 年后，恢复生产时；

e) 出厂检验结果与上次型式检验有较大差异时；

f) 国家质量监督机构提出进行型式检验的要求时。

7.3.2 型式检验项目应符合表 11 的规定。

7.3.3 型式检验抽样应符合下列规定：

a) 对于 7.3.1 中规定的 a)、b)、c)、d)四种情况的型式检验取样范围仅代表 a)、b)、c)、d)四种状况下所生产的规格，每一选定规格仅代表向下 0.5 倍直径，向上 2 倍直径的范围；

b) 对于 7.3.1 中规定的 e)、f)两种状况的型式检验取样范围应代表生产厂区的所有规格，每一选定规格仅代表向下 0.5 倍直径，向上 2 倍直径的范围；

c) 每种选定的规格抽取 1 件。

7.3.4 型式检验任何 1 项指标不合格时，应在同批产品中加倍抽样，复检其不合格项目，若仍不合格，则该批产品为不合格。

8 标识、运输与贮存

8.1 标识

8.1.1 保温管或保温管件可用任何不损伤外护管性能的方法进行标识，标识应能经受住运输、贮存和使用环境的影响。

8.1.2 外护管的标识内容如下：

a) 外护管原材料商品名称及代号；

b) 外护管外径尺寸和壁厚；

c) 生产日期；

d) 厂商标志。

8.1.3 保温管/保温管件的标识内容如下：

a) 壁厚；

b) 钢材材质；

c) 生产者标志；

d) 产品标准代号；

e) 发泡日期或生产批号。

8.2 运输

保温管/保温管件应采用吊带或其他不伤及保温管/保温管件的方法吊装，严禁用吊钩直接吊装管端。在装卸过程中严禁碰撞、抛摔和在地面直接拖拉滚动。长途运输过程中，保温管/保温管件应固定牢靠，不应损伤外护管及保温层。

8.3 贮存

8.3.1 保温管/保温管件堆放场地应符合下列规定：

a) 地面应平整、无碎石等坚硬杂物；

b) 地面应有足够的承载能力，保证堆放后不发生塌陷和倾倒事故；

c) 堆放场地应挖排水沟，场地内不允许积水；

d) 堆放场地应设置管托，以防保温层受雨水浸泡；

e) 保温管/保温管件的贮存应采取措施，避免滑落，必须保证产品安全和人身安全；

f) 保温管/保温管件的两端应有管端防护端帽。

8.3.2 保温管/保温管件不应受烈日照射、雨淋和浸泡，露天存放时应用蓬布遮盖。堆放处应远离热源和火源。在环境温度低于−20 ℃时，不宜露天存放。

附 录 A
（规范性附录）
实际连续工作条件与加速老化试验条件

采用阿列纽斯(Arrhenius)方程(该方程建立了保温管预期寿命的对数与持续工作绝对温度的倒数关系式)和高温老化试验数据，反推出在实际工作温度下预期寿命值。活化能值采用150 kJ/(mol·K)。

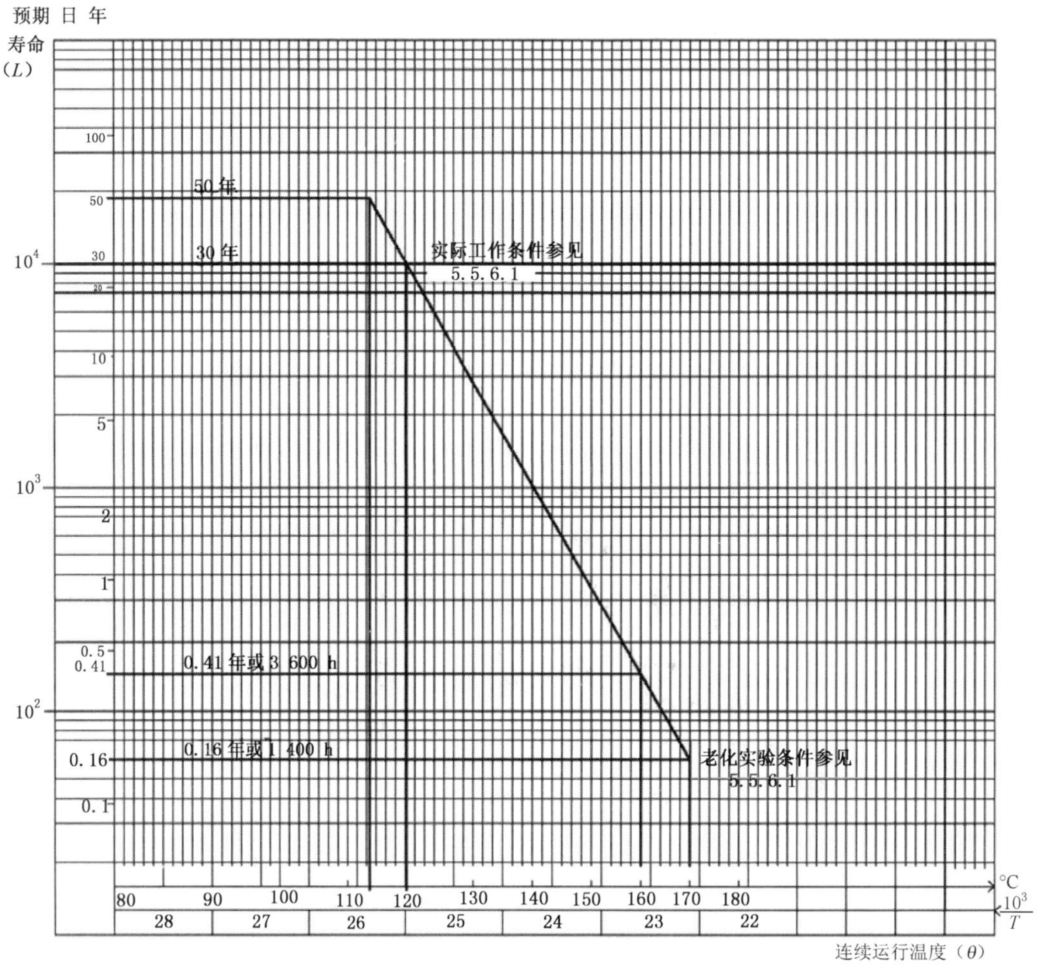

图 A.1 连续运行温度 θ 之下的预期寿命与5.5.6.1要求的温度之下的加速老化试验之间的关系

阿列纽斯(Arrhenius)方程可用图A.1表示，从图中可得出满足30年最短预期寿命要求，应进行160 ℃，3 600 h或170 ℃，1 450 h的老化试验。

如果热水管网设计最短寿命为30年，最高持续工作温度不是120 ℃，则测试温度或测试时间应加以修改。

a) 当测试时间为3 600 h，则测试温度按式(A.1)计算：

$$\theta' = \frac{1}{(\theta + 273)^{-1} - 2.38 \times 10^{-4}} - 273 \qquad \text{(A.1)}$$

式中：

θ'——测试温度，单位为摄氏度(℃)；

θ——设计30年连续工作温度，单位为摄氏度(℃)。

b) 当测试温度为 160 ℃,则测试时间按式(A.2)计算:

$$T = e^{(54.097 - \frac{18\,041.86}{\theta + 273})} \quad \cdots\cdots\cdots (A.2)$$

式中:

T ——测试时间,单位为小时(h);

θ ——设计 30 年连续工作温度,单位为摄氏度(℃)。

附　录　B
(规范性附录)
工作在不同温度下的聚氨酯泡沫塑料最短预期寿命的计算

热水管网的寿命将取决于聚氨酯泡沫塑料及其成分、工作钢管、外护管和管网设计与运行中周期性温度变化引起的各种机械应力。

式(B.1)仅适用于图A.1所示的正常运行温度范围内温度有缓慢或偶然变化(如:满足供热的季节性要求)的管网中直管段的寿命计算,而未考虑机械应力。

设定每年的运行温度循环波动是相同的,其预期寿命则可按式(B.1)计算:

$$L=\left(\frac{t_1}{L_1}+\frac{t_2}{L_2}+\cdots+\frac{t_n}{L_n}\right)^{-1} \qquad \text{(B.1)}$$

L_1、L_2 从图A.1所示阿列纽斯(Arrhenius)图中选取。

式中:

L ——系统的预期寿命,单位为年;

L_1——持续运行温度为 θ_1 时的系统预期寿命,单位为年;

L_2——持续运行温度为 θ_2 时的系统预期寿命,单位为年;

L_n——持续运行温度为 θ_n 时的系统预期寿命,单位为年;

t_1 ——一年中系统以温度 θ_1 运行的时间比例;

t_2 ——一年中系统以温度 θ_2 运行的时间比例;

t_n ——一年中系统以温度 θ_n 运行的时间比例。

附 录 C
（规范性附录）
长期连续运行温度介于 120 ℃～140 ℃之间的保温管的要求及试验

C.1 一般要求

连续运行温度介于 120 ℃～140 ℃之间的直埋保温管，其性能除应符合 5.5 所有的性能要求外，还应进行耐温性试验并计算其在保证 30 年寿命下所能耐受的最高连续运行温度（即 CCOT），并应保证此温度高于其实际长期运行温度。

保温管的寿命除了受热应力的影响外，还会受到氧化、机械过程、产品质量、施工质量及管网运行的影响。本附录中连续运行温度的计算只考虑了热应力的影响。

C.2 老化和剪切强度试验要求

热寿命是指聚氨酯泡沫塑料在选定的热老化试验温度下进行试验，并在 140 ℃条件下测定其切向剪切强度，当该值下降到 0.13 MPa 时所用的时间。老化试验应选择不少于三个温度点进行，试验所选择的每一个老化试验温度，应保证试样至少有 1 000 h 以上的热寿命。基于保温管在三个不同温度下切向剪切强度的检测和阿列纽斯（Arrhenius）方程关系式，计算出其所能耐受的连续运行温度（CCOT）。

所选的各个温度点之间的差值不应小于 3 K，且最高老化试验温度和最低老化试验温度之差不应小于 10 K。试验期间应控制并记录工作钢管的温度，整个试验过程中偏离设定的温度值不应超过 0.5 K。老化试验过程中，保温管端口的保温层应进行充分的密封处理，以防止气体扩散。

注：用于热寿命定义的切向剪切强度值 0.13 MPa 高于管网运行中所需的剪切强度，所以管道的实际使用寿命将超过热寿命值。

切向剪切强度检测应在介质温度 140 ℃，距工作钢管端头不小于 500 mm 的位置进行。切向剪切强度降到 0.13 MPa 之前及之后的 3 次检测中，每两次检测的时间间隔应不大于 7 天。

C.3 长期连续运行耐受最高温度的计算

C.3.1 确定在不同老化试验温度下的热寿命

对于每个老化试验温度 T_k，保温管的切向剪切强度值与老化试验时间成线性关系。计算并做出切向剪切强度值与老化试验时间的关系曲线，在曲线上找出切向剪切强度 0.13 MPa 附近的两个检测时间点，通过内插法确定切向剪切强度为 0.13 MPa 时的具体老化试验时间，即该聚氨酯泡沫塑料材料的热寿命 L_k。

C.3.2 采用阿列纽斯（Arrhenius）关系式

由实测的热寿命值 L_k 和相应的热老化试验温度 T_k，通过线性回归的方法计算阿列纽斯（Arrhenius）关系式（C.1）中的系数 C 和 D。

$$\ln L_k = \frac{C}{T_k} + D \qquad \text{(C.1)}$$

式中：

L_k ——老化试验温度 T_k 下的热寿命，单位为小时(h)；

T_k ——老化试验温度，单位为开尔文(K)；

C ——回归系数；

D ——回归系数。

当相关系数 r 小于 0.98 时，所测数据无效，应扩大取样范围或重做试验。相关系数 r 应按式(C.2)计算：

$$r=\frac{\sum_{k}[(y_k-\overline{y_k})\times(x_k-\overline{x_k})]}{\sqrt{\sum_{k}(y_k-\overline{y_k})^2\times\sum_{k}(x_k-\overline{x_k})^2}} \quad \cdots\cdots(\text{C.2})$$

式中：

$x_k=1/T_k$

$y_k=\ln(L_k)$

r ——为相关系数；

$\overline{x_k}$ ——为 x_k 平均值；

$\overline{y_k}$ ——为 y_k 的平均值。

C.3.3 长期连续运行耐受最高温度的计算

30 年(262 800 h)预期寿命的连续运行耐受最高温度应按式(C.3)计算：

$$CCOT=\frac{C}{\ln 262\ 800-D} \quad \cdots\cdots(\text{C.3})$$

式中：

$CCOT$——30 年预期寿命下的计算连续运行温度，单位为开尔文(K)。

C.4 测试报告

30 年预期寿命下的计算连续运行温度报告中应包括保温层聚氨酯泡沫塑料的密度、泡孔尺寸、闭孔率及发泡剂种类。

附 录 D
(资料性附录)
外护管焊接指南

D.1 一般要求

D.1.1 对于外护管件的对接焊口,宜采用端面熔融焊接工艺。

D.1.2 挤出焊接工艺适用于马鞍型焊缝、搭接焊缝、纵向和环向焊缝。

D.1.3 热风焊接工艺仅适用于不宜采用端面熔融焊接和挤出焊接工艺的特殊情况。

D.1.4 定期校准焊接设备上的计量仪表。

D.1.5 具有用于设备和生产工艺操作的作业指导书。

D.1.6 操作者具有相应的操作资质,厂内有其培训考核的合格记录。

D.2 对工位、机器设备和被焊管段的要求

D.2.1 工位干净、无灰土、无油、不潮湿、无风,光线充足以保证焊工进行焊接作业并能监测整个焊接工艺和对焊缝进行外观检查。

D.2.2 定期维护机器设备,以确保正常的生产工艺。

D.2.3 通过焊缝试样检验以确定机器设备的功能是否正常。

D.2.4 焊接工作开始之前,清洁加热元件和焊接卡具,并检查其表面的损伤程度。

D.2.5 加热元件的表面涂有聚四氟乙烯(PTFE)或类似产品的涂层,挤出焊靴采用聚四氟乙烯(PTFE)或类似产品制作。

D.2.6 焊接前,已备完料的塑料管管段进行表面和端口边的清理。

D.2.7 塑料管管段与机器周围环境的温差不超过 5 ℃。

D.3 端面熔融焊接

D.3.1 设备

D.3.1.1 加热元件(热板)的工作面应平整,平行度偏差符合表 D.1 的规定。

表 D.1 热板平面平行度允许偏差

外护管外径 D_c/mm	平面平行度允许偏差/mm
$D_c<250$	≤0.2
$250\leqslant D_c\leqslant 500$	≤0.4
$D_c>500$	≤0.8

D.3.1.2 加热板的温度为自动控制,焊接过程中温度偏差应符合表 D.2 的规定,热板两面温差不应大于 5 ℃。

表 D.2 允许最大温度偏差

外护管外径 D_c/mm	温度偏差/℃
D_c<380	±5
380≤D_c≤650	±8
D_c>650	±10

D.3.1.3 焊接设备的卡具和导向工具具备足够的耐挤压性能，以保证焊接设备在焊接加压的过程中产生的焊接表面的平行误差不能超过表 D.3 的规定。

表 D.3 焊接表面的平行误差的最大值

外护管外径 D_c/mm	焊接表面的平行误差最大值/mm
D_c≤355	0.5
355<D_c≤630	1.0
630<D_c≤800	1.3
800<D_c≤1 400	1.5
1 400<D_c≤1 700	1.8

D.3.2 焊接工艺

D.3.2.1 在熔化压力 0.01 MPa 下，固定在夹具上的两个管段的端口平面最大平行误差不应大于 1.0 mm，当管径不小于 630 mm 时，其最大误差不应超过 1.3 mm。

D.3.2.2 焊接步骤

D.3.2.2.1 在 0.15 MPa 的压力下加热，直到焊接表面与加热板完全接触。

D.3.2.2.2 按照规定的时间，在 0.01 MPa 的压力下加热。

D.3.2.2.3 将被夹持的塑料件卸压、移走加热板的时间及焊接表面加压对接在一起的时间应尽可能短。

D.3.2.2.4 在 1 s～15 s(根据壁厚而定)内焊接压力加至 0.15 MPa。

D.3.2.3 在保压而不受其他外力的情况下自然冷却至小于 70 ℃。焊接后焊缝均不允许强制冷却，焊缝在受重压之前要完全冷却。

D.4 挤出焊接

D.4.1 焊接工艺

D.4.1.1 焊接设备在两个管段的焊缝接口及附近区域连贯预热。

D.4.1.2 焊接填料符合 5.3.1 的规定。

D.4.1.3 焊接时管段坡口面上的熔深不小于 0.5 mm。

D.4.1.4 通过具有足够焊接压力的焊靴将合格均匀的塑性焊接材料挤压到 V 形焊接区，焊靴形状应与焊缝形式相适应，见图 D.1 和表 D.4。

D.4.1.5 焊缝搭接处使用合适的带有聚四氟乙烯(PTFE)或类似材料涂层的手动工具压至光滑。

D.4.1.6 焊接后焊缝均不应强制冷却，焊缝在受重压之前完全自然冷却。

表 D.4 焊靴的最小尺寸

单位为毫米

壁厚	长度	
	L_A	L_N
e≤15	≥35	10
15<e≤20	≥45	15
20<e≤30	≥55	20
注：L_A——压脚长度；L_N——突出长度。		

图 D.1 焊靴的最小尺寸图

D.4.1.7 表 D.4 焊靴尺寸适用于不超过 200 mm/min 的焊接速度，对于较高的焊接速度需要用较长的压脚。

D.5 焊缝的破坏性试验

D.5.1 标准试样

试样的尺寸见图 D.2，取样应与焊缝平面成 90°，沿环向均匀取样，取样数量符合表 D.5 的规定，样条的宽度大于塑料管壁厚。

表 D.5 塑料焊取样数量

单位为个

外径/mm	75≤D_c≤250	250<D_c≤450	450<D_c≤800	800<D_c≤1 200	1 200<D_c≤1 700
样条数	3	5	8	10	12

D.5.2 试验按表 10 的规定进行，当试样的断裂面位于焊接区内或焊接区的根部时，为不合格试样，当断裂面位于焊接区外，则为合格试样，见图 D.3。

单位为毫米

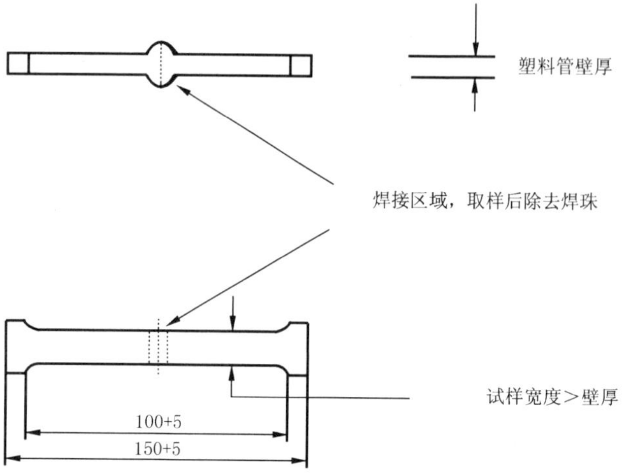

图 D.2 拉伸实验试样尺寸图

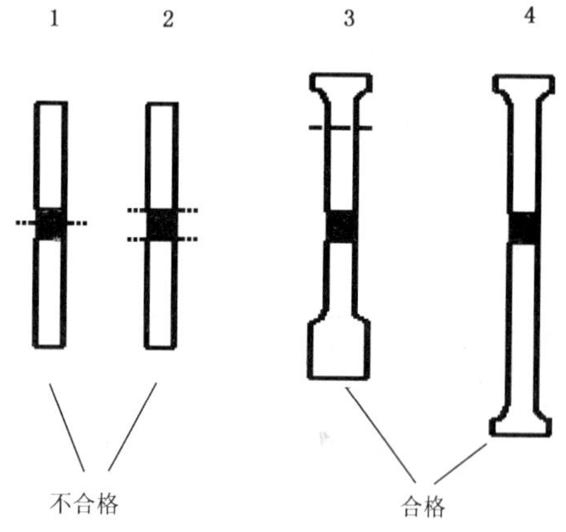

图示：

■ 焊接区

--- 断裂线

图 D.3 合格的拉伸试样图

参 考 文 献

［1］ EN 253 District heating pipes—Pre-insulated bonded pipe systems for directly buried hot water networks—Pipe assembly of steel service pipe，polyurethane thermal insulation and outer casing of polyethylene

［2］ EN 448 District heating pipes-pre-insulated bonded pipe systems for directly buried hot water networks-joint assembly for steel service pipes polyurethane thermal insulation and outer casing of polyethylene

［3］ EN 489 District heating pipes-pre-insulated bonded pipe systems for directly buried hot water networks-joint assembly for steel service pipes polyurethane thermal insulation and outer casing of polyethylene

［4］ EN 14419 District heating pipes—Pre-insulated bonded pipe systems for directly buried hot water networks—Surveillance systems

---

ICS 91.060.50
P 32

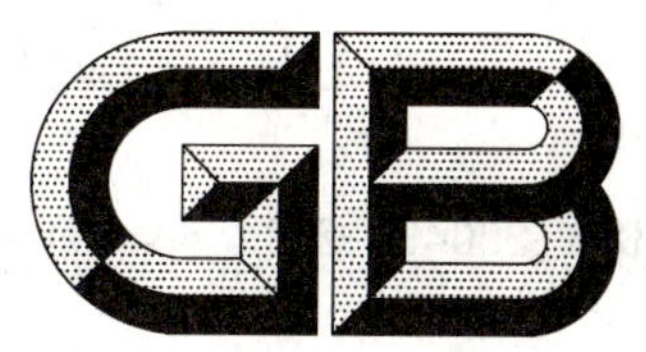

中华人民共和国国家标准

GB/T 29048—2012

窗的启闭力试验方法

Operating forces-Test method-windows

2012-12-31 发布 2013-09-01 实施

中华人民共和国国家质量监督检验检疫总局
中国国家标准化管理委员会 发布

前　言

本标准按照 GB/T 1.1—2009 给出的规则起草。

本标准对 EN 12046-1:2003《Operationing-Test method-Part 1:Windows》采用翻译法进行编写。

本标准由中华人民共和国住房和城乡建设部提出。

本标准由全国建筑幕墙门窗标准化技术委员会(SAC/TC 448)归口。

本标准负责起草单位:广东省建筑科学研究院。

本标准参加起草单位:中国建筑科学研究院、上海建科检验有限公司、广东坚朗五金制品股份有限公司、深圳市新山幕墙技术咨询有限公司、福建省南平铝业有限公司、国家建筑材料工业建筑五金水暖产品质量监督检验测试中心、中国建筑材料检验认证中心、广州铝质装饰工程有限公司、广东合和建筑五金制品有限公司、中山盛兴股份有限公司、北京嘉寓门窗幕墙股份有限公司、威卢克斯(中国)有限公司、武汉鸿和岗科技有限公司。

本标准主要起草人:张士翔、肖丹玲、石民祥、王洪涛、徐勤、杜万明、窦铁波、谢光宇、邓贵智、刘海波、吴晓强、刘学林、姜清海、范旭辉、郭成林、李井冈。

窗的启闭力试验方法

1 范围

本标准规定了窗的五金配件锁紧力和松开力以及推拉窗扇或平开窗扇启闭力的试验方法。

本标准适用于各种材料制作且为手动操作的窗的启闭力试验。

2 规范性引用文件

下列文件对于本文件的应用是必不可少的。凡是注日期的引用文件,仅注日期的版本适用于本文件。凡是不注日期的引用文件,其最新版本(包括所有的修改单)适用于本文件。

GB/T 5823 建筑门窗术语

3 术语和定义

GB/T 5823 中界定的以及下列术语和定义适用于本文件。

3.1

直线运动 linear motion

在启闭力的作用下,推拉窗扇、平开窗扇或五金配件在直线上产生的运动;也包含半径远大于弧长时的弧线运动。

3.2

旋转运动 rotary motion

通常指五金配件,在力矩的作用下,沿着圆形路径产生的运动,例如,钥匙柄的转动;也适用于某一推拉窗扇或平开窗扇。

4 试验原理

测量以下动作所需要的最小静态力或力矩:

——松开或锁紧五金配件(锁或执手);

——推拉窗扇、平开窗扇初始开启;

——推拉窗扇、平开窗扇完全关闭。

5 试验设备

5.1 试验台架

5.1.1 应包括具有足够刚度[1)]的钢框架,其辅助框架可调节,以安装不同尺寸规格的试件。

5.1.2 应包括稳定地施加力和/或力矩的设备,精度应在±5%以内,且无震动。

1) 具有足够刚度的钢框架,是指向杆件任何部位施加 1 kN 垂直于长度方向的作用力时,刚度满足任一杆件中点挠度均不超过其支撑间距 1/500 的体系。

5.1.3 该设备还应包括下列二者之一：

——砝码滑轮装置(见图1、图2)；

——能均匀地施加所需力或力矩的装置(除弹簧机构以外)，精度为0.1 mm的数字测量仪或其他类似仪器，以及记录设备(见图3、图4)。

以上两种情况下，试验设备均不应对试验结果产生影响。

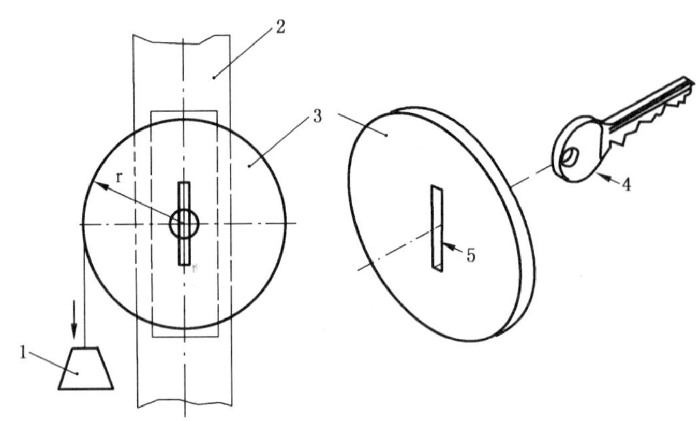

说明：

1——砝码；

2——扇梃；

3——滑轮；

4——钥匙柄；

5——嵌入钥匙柄的长孔。

图1 向钥匙加载的砝码滑轮装置

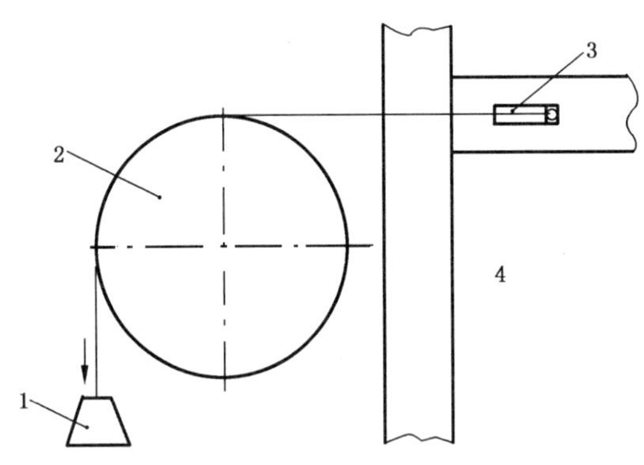

说明：

1——砝码；

2——滑轮；

3——锁；

4——窗。

图2 向锁加载的砝码滑轮装置

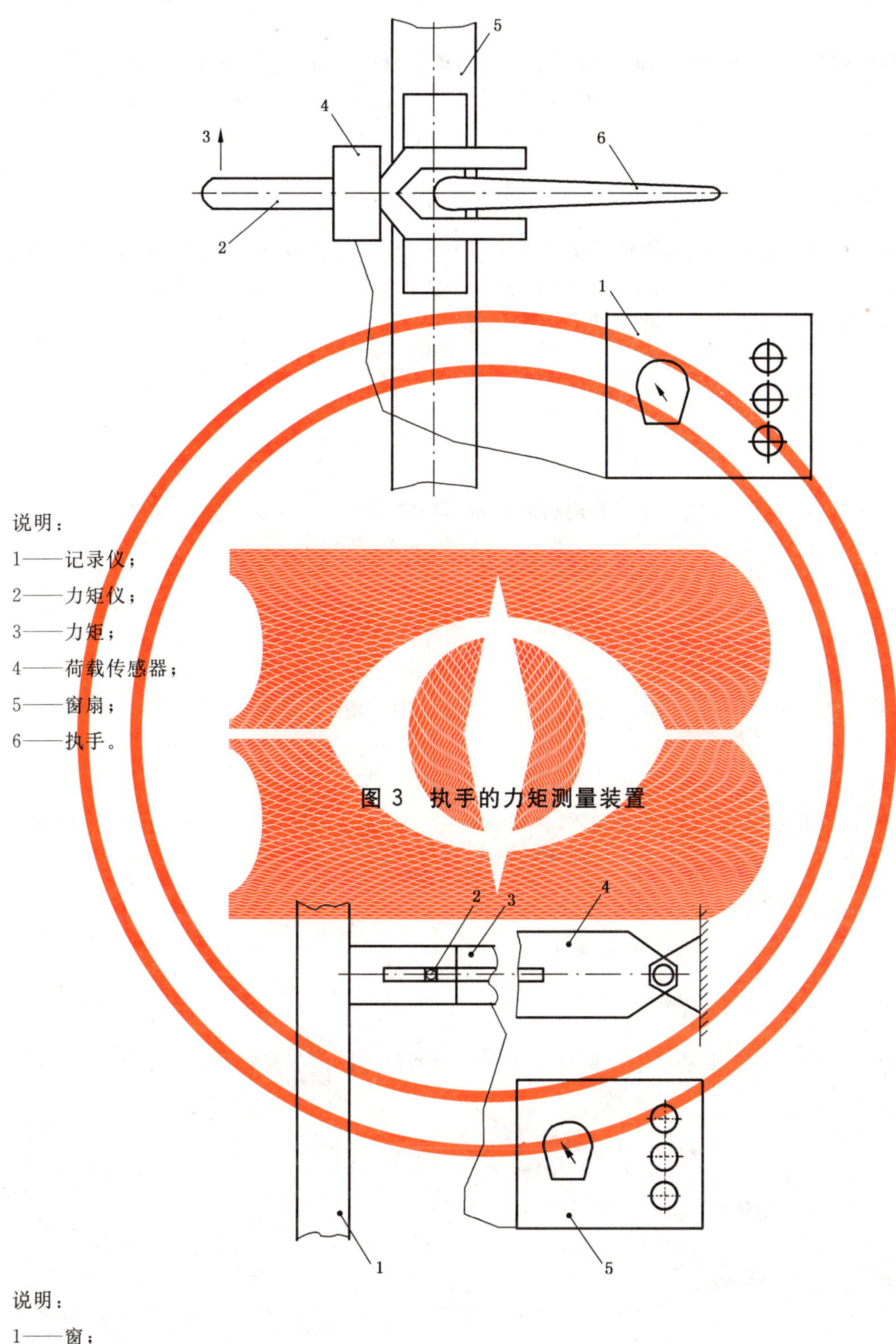

说明：

1——记录仪；

2——力矩仪；

3——力矩；

4——荷载传感器；

5——窗扇；

6——执手。

图 3　执手的力矩测量装置

说明：

1——窗；

2——锁；

3——传感器；

4——驱动压力缸；

5——记录仪。

图 4　锁的驱动装置

5.2 直线运动装置

配有荷载传感器以及测量仪和记录仪的一个直线驱动装置(液压缸或其他设备),其应能稳定地施加所需的最大荷载。也可采用砝码滑轮装置,装置应能始终与窗扇的运动方向保持共一直线,最大偏差不超过±5°。

5.3 旋转运动装置

5.3.1 旋转运动装置应包括能测量操作启闭装置所需力矩的力矩仪。装置应配有与五金配件(执手或钥匙)相连接的附件,以便在试验过程中保持作用力的正确方向。也可采用砝码滑轮装置。

5.3.2 旋转运动装置应包括测量仪和记录仪。

5.3.3 测量仪与试件的连接不应对试件性能产生影响,同时还应避免对试件造成局部损坏。

6 试件

试件应能达到所有操作的要求,并应能按制造商的产品使用说明安装在试验台架上。

7 试件的调节和准备

7.1 调节

试件应在温度10 ℃～30 ℃、相对湿度25%～75%的无损环境中存放和试验。

7.2 安装

去除试件上所有的运输垫块、支撑、包装和保护膜。

试件应安装平正,且不应因安装而产生显著的扭曲变形。

8 试验

8.1 试验顺序

8.1.1 应在确认试件窗扇关闭、相关五金配件处于完全锁紧位置后按下列顺序开始试验(见图5)。

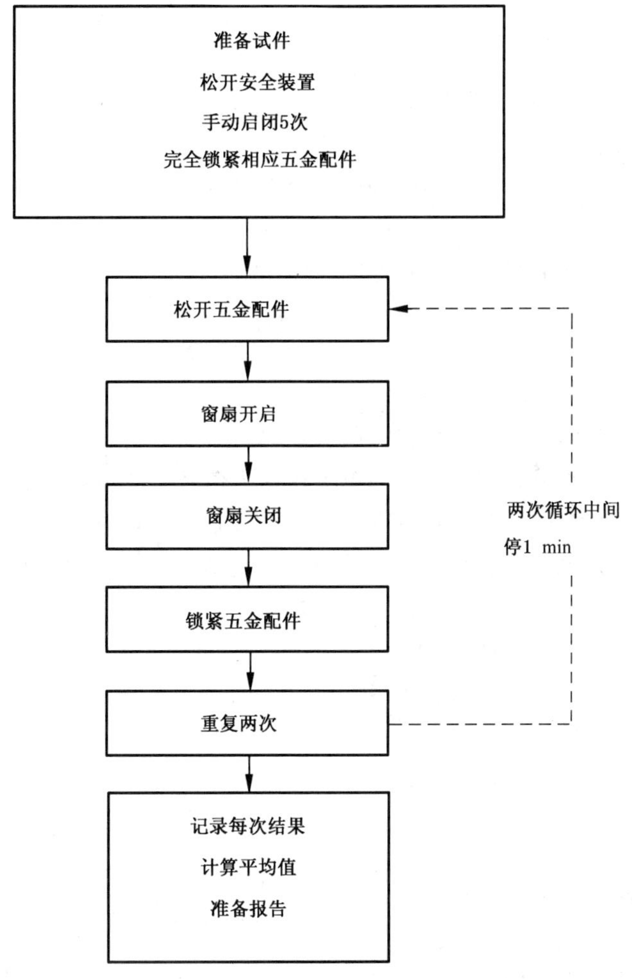

图 5 试验顺序

8.1.2 任何安全装置均不应对试验结果产生影响。试件应该按照其接收时的状态进行试验，将试件可开启部分手动启闭 5 次后应立即进行试验。施加力或力矩时应避免对试件造成局部损坏。

8.1.3 施加和测量操作力或力矩的试验应按下列步骤进行：

a) 将锁闭的五金配件松开；

b) 开启窗扇(位移 100 mm)；

c) 关闭窗扇至锁闭五金配件进行锁闭操作所需的初始位置；

d) 完全锁紧锁闭五金配件。

重复步骤 a)～d)两次，结果取三次的平均值。

每两次试验间应将窗扇保持开启约 1 min 以使密封条完全松弛。

8.2 加载速率

应在 2 s～4 s 内达到最大荷载。

8.3 五金配件的开启

沿开启五金配件的方向施加一个力或力矩使五金配件松开，记录结果。

8.4 窗扇启闭力的测量

分别测定窗扇在开启或关闭方向运行 100 mm 所需的最小力，记录结果。

8.5 锁闭五金配件的完全关闭

根据试件使用的五金配件类型，采用第5章所述设备，按下列步骤施加力或力矩：

a) 安装直线/旋转机械装置，使其沿锁闭方向运动；

b) 在窗扇上施加一个最小作用力使得锁闭五金配件能够进行锁闭操作，在锁紧过程中所施加的作用力保持不变；

c) 施加一个足够锁紧五金配件的力或力矩，测量并记录其值。

9 结果表示

作用力保留三位有效数字，力矩保留两位有效数字。

采用直线运动装置或砝码滑轮装置得到的单个作用力值及平均值，单位为牛顿(N)。

作用于窗扇的、使得锁闭五金配件能够进行锁闭操作的作用力，单位为牛顿(N)。

作用于五金配件上的力(单个值和平均值)的单位为牛顿(N)，而力矩(单个值和平均值)单位为牛顿米(N·m)。

10 试验报告

试验报告至少应包含下列内容：

a) 试验依据：本标准；

b) 试验室的名称；

c) 生产单位和委托单位的名称；

d) 试验日期和报告日期；

e) 试件及试验设备的详细描述：

   1) 类型；

   2) 图示及说明；

   3) 材料；

   4) 五金配件的描述；

f) 试验结果；

g) 试验前后试件情况的观测。

ICS 91.060.50
P 32

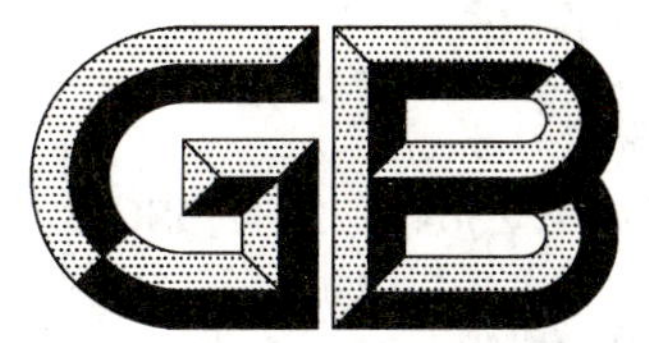

中华人民共和国国家标准

GB/T 29049—2012/ISO 8275:1985

整樘门 垂直荷载试验

Doorsets—Vertical load test

(ISO 8275:1985,IDT)

2012-12-31 发布　　2013-09-01 实施

中华人民共和国国家质量监督检验检疫总局
中国国家标准化管理委员会　发布

前　言

本标准按照GB/T 1.1—2009给出的规则起草。

本标准使用翻译法等同采用ISO 8275:1985《整樘门　垂直荷载试验》,为便于使用,本标准做了下列编辑性修改:

——删除了ISO 8275:1985的前言;

——"本国际标准"一词改为"本标准"。

本标准由中华人民共和国住房和城乡建设部提出。

本标准由全国建筑幕墙门窗标准化技术委员会(SAC/TC 448)归口。

本标准负责起草单位:广东省建筑科学研究院。

本标准参加起草单位:中国建筑科学研究院、国家建筑材料工业建筑五金水暖产品质量监督检验测试中心、上海建科检验有限公司、深圳市新山幕墙技术咨询有限公司、广州铝质装饰工程有限公司、广东坚朗五金制品股份有限公司、广东合和建筑五金制品有限公司、中山盛兴股份有限公司、广东创高幕墙门窗工程有限公司、重庆嘉寓门窗幕墙工程有限公司、武汉鸿和岗科技有限公司。

本标准主要起草人:王新祥、王元光、李炯、石民祥、王洪涛、邓贵智、徐勤、包毅、黎宁、李保军、刘学林、姜清海、池汛、周晓阳、李井冈。

整樘门　垂直荷载试验

1　范围

本标准规定了整樘门在开启条件下，在门扇上施加垂直荷载所产生变形的测量方法。

本标准适用于在正常使用状态下由各种材料制成的带竖向铰链的整樘门的垂直荷载试验。正常使用状态是指整樘门按照制造商根据实际使用状态提出的建议进行设计和安装，并满足本标准所规定的试验条件。

2　规范性引用文件

下列文件对于本文件的应用是必不可少的。凡是注日期的引用文件，仅注日期的版本适用于本文件。凡是不注日期的引用文件，其最新版本(包括所有的修改单)适用于本文件。

GB/T 5823　建筑门窗术语

3　术语和定义

GB/T 5823 界定的门的术语和定义适用于本文件。

4　试验原理

在门扇顶部指定的位置施加一垂直静荷载，测定门扇在竖直平面内的变形。

5　试验装置

安装试件的支撑装置应具有足够的刚度，能承受试验荷载而不会出现可能造成试件框、扇结合部位的损坏，或对试件产生弯曲应力的变形。如果安装条件已知，在可行的情况下，试件应模拟安装条件进行安装。

6　试验步骤

将门扇开启至 45°或 90°并在门扇下角部位门扇装锁侧边缘处安装变形测量装置，并记录初始读数，精确到 0.1 mm(见图 1)。

在门扇装锁侧边上角顶部距边缘 50 mm 处施加垂直静载 F，荷载应根据相应性能标准确定或与门的预定用途相适应。在加载位置(见图 1)保持荷载 15 min。加载结束时，记录变形测量装置的读数，卸载 3 min 时再次记录读数。

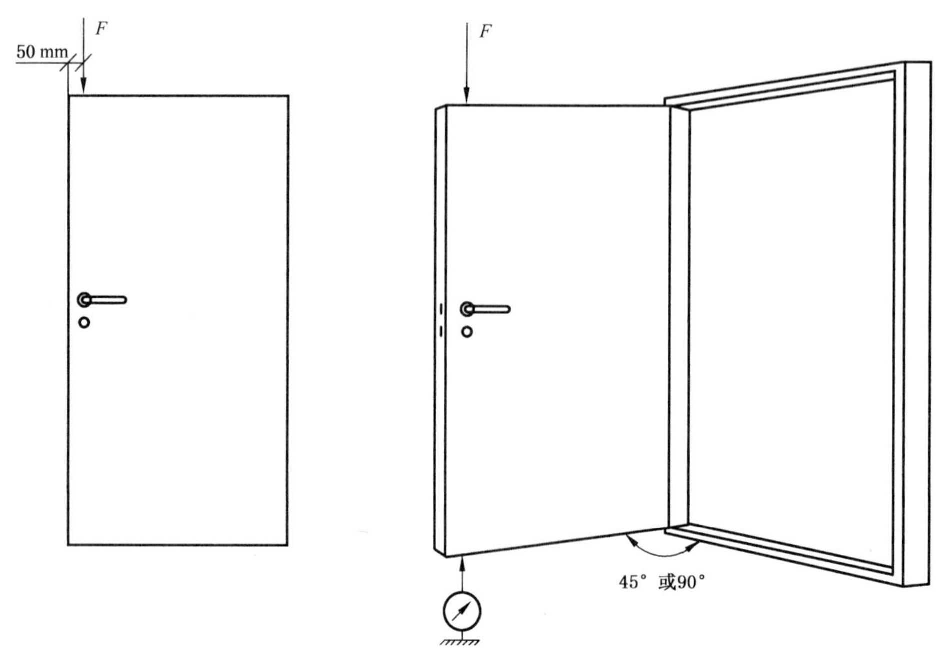

图 1　整樘门　垂直荷载试验示意图

7　结果表达

7.1　记录门扇加载 15 min 时在垂直平面内的变形量。

7.2　记录门扇卸载 3 min 时在垂直平面内的残余变形量。

8　试验报告

试验报告应包括下列内容：

a)　有关整樘门的类型、尺寸、质量、形式和构造等细节；

b)　所用五金配件的类型和门扇的安装方法；

c)　试验荷载 F，单位为牛顿(N)；

d)　门扇的开启角度，为 45°或 90°；

e)　加载时和卸载后的垂直变形量；

f)　试验过程中出现的任何损坏情况。

ICS 93.080.20
Q 20

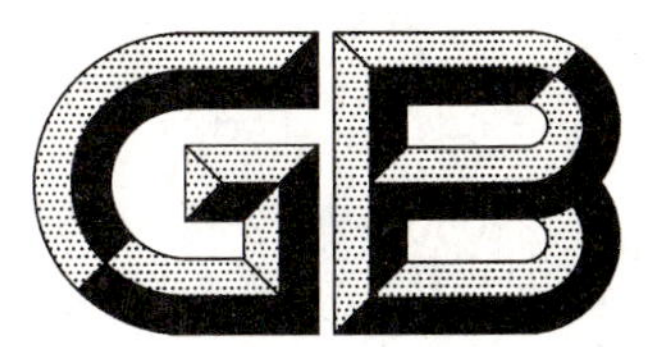

中华人民共和国国家标准

GB/T 29050—2012

道路用抗车辙剂沥青混凝土

Anti-rutting agent asphalt concrete for road engineering

2012-12-31 发布　　2013-09-01 实施

中华人民共和国国家质量监督检验检疫总局
中国国家标准化管理委员会 发布

前　言

本标准按照 GB/T 1.1—2009 给出的规则起草。

本标准由中华人民共和国住房和城乡建设部提出。

本标准由全国混凝土标准化技术委员会(SAC/TC 458)归口。

本标准起草单位:深圳市海川实业股份有限公司、云南省公路开发投资有限责任公司、长安大学、云南省公路科学技术研究院、河源海川科技有限公司。

本标准主要起草人:何唯平、徐世国、谢凤禹、杨强、郝培文、张贤康、田卫群、张杨、高云龙。

道路用抗车辙剂沥青混凝土

1 范围

本标准规定了道路用抗车辙剂沥青混凝土的术语和定义、要求、试验方法、检验规则和运输。

本标准适用于掺加抗车辙剂的道路用沥青混凝土的检验和使用。

2 规范性引用文件

下列文件对于本文件的应用是必不可少的。凡是注日期的引用文件，仅注日期的版本适用于本文件。凡是不注日期的引用文件，其最新版本(包括所有的修改单)适用于本文件。

GB/T 1033.1 塑料 非泡沫塑料密度的测定 第1部分：浸渍法、液体比重瓶法和滴定法

GB/T 1034 塑料 吸水性的测定

GB/T 3682 热塑性塑料熔体质量流动速率和熔体体积流动速率的测定

JTG E20—2011 公路工程沥青及沥青混合料试验规程

JTG F40—2004 公路沥青路面施工技术规范

3 术语和定义

下列术语和定义适用于本文件。

3.1

沥青混凝土抗车辙剂 asphalt concrete anti-rutting agent

经过一定工艺合成的高分子聚合物，用以提高沥青混凝土抗车辙性能的外掺改性剂。

3.2

熔体质量流动速率 melt mass-flow rate (MFR)

沥青混凝土抗车辙剂在一定温度和压力下，熔体在10 min内通过标准毛细管的重量值。

3.3

动稳定度 dynamic stability

按规定条件进行沥青混凝土车辙试验时，试件变形进入稳定期后，每产生1 mm轮辙变形试验轮所行走的次数。

3.4

残留稳定度 residual stability

沥青混凝土试件在一定温度的水中浸泡一定时间后的马歇尔稳定度与未浸水的标准马歇尔稳定度之比。

3.5

冻融劈裂残留强度比 freeze-thaw splitting tensile strength ratio

在规定条件下对沥青混凝土试件进行冻融循环，然后进行劈裂强度试验，试件在受冻融前后的劈裂强度比。

4 要求

4.1 沥青混凝土抗车辙剂性能指标

沥青混凝土抗车辙剂应符合表1的规定。

表1 抗车辙剂性能指标要求

检测项目	单　位	指　标
密度	g/cm³	0.9～1.1
熔体质量流动速率 (190 ℃,2.16 kg)	g/10 min	≥0.3
吸水率	%	≤0.5

4.2 道路用抗车辙剂沥青混凝土性能指标

4.2.1 道路用抗车辙剂沥青混凝土的马歇尔试验应符合表2的规定。

表2 马歇尔试验要求

<table>
<tr><td colspan="2" rowspan="3">试　验　指　标</td><td rowspan="3">单位</td><td colspan="4">高速公路、一级公路、城市道路</td></tr>
<tr><td colspan="2">夏炎热区</td><td colspan="2">夏热区及夏凉区</td></tr>
<tr><td>中轻交通</td><td>重载交通</td><td>中轻交通</td><td>重载交通</td></tr>
<tr><td colspan="2">击实次数(双面)</td><td>次</td><td colspan="4">75</td></tr>
<tr><td colspan="2">试件直径</td><td>mm</td><td colspan="4">101.6 mm×63.5 mm</td></tr>
<tr><td rowspan="2">空隙率 VV</td><td>深约 90 mm 以内</td><td>%</td><td>3～5</td><td>4～6</td><td>2～4</td><td>3～5</td></tr>
<tr><td>深约 90 mm 以下</td><td>%</td><td colspan="2">3～6</td><td>2～4</td><td>3～6</td></tr>
<tr><td colspan="2">稳定度 MS</td><td>kN</td><td colspan="4">≥8</td></tr>
<tr><td colspan="2">流值 FL</td><td>mm</td><td>2～4</td><td>1.5～4</td><td>2～4.5</td><td>2～4</td></tr>
</table>

4.2.2 道路用抗车辙剂沥青混凝土的车辙试验动稳定度应符合表3的规定。

表3 动稳定度要求

<table>
<tr><td>气候条件与技术指标</td><td colspan="9">相应于下列气候分区所要求的动稳定度(次/mm)</td></tr>
<tr><td rowspan="3">七月平均最高气温(℃)及气候分区</td><td colspan="4">>30</td><td colspan="4">20～30</td><td><20</td></tr>
<tr><td colspan="4">夏炎热区</td><td colspan="4">夏热区</td><td>夏凉区</td></tr>
<tr><td>1-1</td><td>1-2</td><td>1-3</td><td>1-4</td><td>2-1</td><td>2-2</td><td>2-3</td><td>2-4</td><td>3-2</td></tr>
<tr><td>抗车辙剂沥青混凝土</td><td colspan="2">≥4 000</td><td colspan="2">≥4 800</td><td>≥3 200</td><td colspan="3">≥4 000</td><td>≥3 200</td></tr>
</table>

4.2.3 道路用抗车辙剂沥青混凝土的水稳定性应符合表4的规定。

表 4 水稳定性要求

气候条件与技术指标	相应于下列气候分区的技术要求			
年降雨量(mm)及气候分区	＞1 000	500～1 000	250～500	＜250
	潮湿区	湿润区	半干区	干旱区
浸水马歇尔试验残留稳定度(%)	≥85		≥80	
冻融劈裂试验残留强度比(%)	≥80		≥75	

4.2.4 道路用抗车辙剂沥青混凝土低温弯曲试验破坏应变应符合表 5 的规定。

表 5 低温弯曲试验破坏应变(με)要求

气候条件与技术指标		相应于下列气候分区的技术要求						
年极端最低气温(℃)及气候分区		＜−37.0		−21.5～−37.0			−9.0～−21.5	
		冬严寒区		冬寒区			冬冷区	
		1-1	2-1	1-2	2-2	3-2	1-3	2-3
破坏应变(με),(−10 ℃,50 mm/min)	抗车辙剂沥青混凝土	≥2 600		≥2 300			≥2 000	

4.2.5 在特殊情况下,如炎热地区、桥面铺装、重载交通或长大纵坡的上坡路段、厂矿专用道路,宜提高动稳定度的要求。

4.2.6 车辙试验不得采用二次加热的混合料。试件成型时,应检验其密度是否符合试验规程的要求。

4.2.7 表 2 及其表 3、表 4、表 5 中气候分区应符合 JTG F40—2004 中附录 A 的规定。

5 试验方法

5.1 抗车辙剂性能试验方法

5.1.1 密度

抗车辙剂密度的检测应符合 GB/T 1033.1 的规定。

5.1.2 熔体质量流动速率

抗车辙剂熔体质量流动速率的检测应符合 GB/T 3682 的规定。

5.1.3 吸水率

抗车辙剂吸水率的检测应符合 GB/T 1034 的规定。

5.2 道路用抗车辙剂沥青混凝土性能试验方法

5.2.1 空隙率

道路用抗车辙剂沥青混凝土空隙率的检测应符合 JTG F40—2004 中附录 B 的规定。

5.2.2 稳定度、流值

道路用抗车辙剂沥青混凝土稳定度、流值的检测应符合 JTG E20—2011 中 T 0709 的规定。

5.2.3 动稳定度

道路用抗车辙剂沥青混凝土动稳定度的检测应符合 JTG E20—2011 中 T 0719 的规定。

5.2.4 水稳定性

道路用抗车辙剂沥青混凝土水稳定性的检测应符合 JTG E20—2011 中 T 0709 和 T 0729 的规定。

5.2.5 低温弯曲试验破坏应变

道路用抗车辙剂沥青混凝土低温弯曲试验破坏应变的检测应符合 JTG E20—2011 中 T 0715 的规定。

6 检验规则

6.1 出厂检验

出厂检验项目为：抗车辙剂沥青混凝土的马歇尔空隙率、密度、马歇尔稳定度、流值、动稳定度、浸水马歇尔试验残留稳定度以及冻融劈裂残留强度比。

6.2 型式检验

6.2.1 型式检验项目为：标准配合比条件下的抗车辙剂沥青混凝土的马歇尔空隙率、密度、马歇尔稳定度、流值、动稳定度、浸水马歇尔试验残留稳定度以及冻融劈裂残留强度比、低温弯曲试验破坏应变（对于表 5 中所要求的气候分区）。

6.2.2 首次进行道路用抗车辙剂沥青混凝土生产以及在生产过程中出现下列情形之一时，应进行型式检验：

a) 生产抗车辙剂沥青混合料所用的原材料（抗车辙剂、集料、填料和沥青）来源、种类或者规格发生变化时；

b) 拌和设备出现故障或重新校准后；

c) 抗车辙沥青混凝土路面质量出现明显变化时；

d) 质量监督机构提出要求时。

6.3 取样与组批

6.3.1 取样

6.3.1.1 抗车辙剂沥青混凝土的检验应在出厂或施工现场进行，用于出厂检验的试样应在拌和厂/站采取，用于施工现场检验的试样应在施工现场采取。

6.3.1.2 试样的采取过程与方法应符合 JTG E20—2011 中 T 0701 的规定。

6.3.1.3 检验的取样试验工作应由生产单位和使用单位分别独立进行；当供需单方或双方不具备试验条件时，供需双方可协商确定委托第三方检验，受委托方应为供需双方均认可且有试验资质的单位。

6.3.2 组批

6.3.2.1 抗车辙剂沥青混合料按批进行抽样和检测。

6.3.2.2 同一工程，相同原材料、相同配合比和生产工艺所生产的抗车辙剂沥青混合料 3 000 t 为一批，不足 3 000 t 时仍视为一批。

6.4 合格判定

6.4.1 初验

当抗车辙剂沥青混凝土样品的性能符合4.2的规定时，判定该批产品为合格；当试验结果有一项不符合时，则判定该批产品为不合格。

6.4.2 复验

对初验不合格产品可利用原留样或重新取样进行复验，当复验结果符合4.1～4.2的规定时，则判定该批产品为合格；当复验结果有一项不符合时，则判定该批产品为不合格。

7 运输

道路用抗车辙剂沥青混合料的运输应符合JTG F40—2004中5.5对改性热拌沥青混合料的规定。

ICS 93.080.20
Q 20

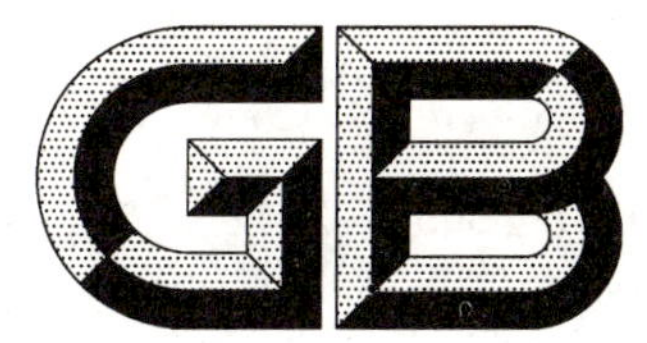

中华人民共和国国家标准

GB/T 29051—2012

道路用阻燃沥青混凝土

Concrete of flame retardant asphalt for road engineering

2012-12-31 发布　　2013-09-01 实施

中华人民共和国国家质量监督检验检疫总局
中国国家标准化管理委员会　发布

前　言

本标准按照GB/T 1.1—2009给出的规则起草。

本标准由中华人民共和国住房和城乡建设部提出。

本标准由全国混凝土标准化技术委员会(SAC/TC 458)归口。

本标准起草单位:深圳市海川实业股份有限公司、云南省公路开发投资有限责任公司、云南省公路科学技术研究院、安徽省交通规划设计研究院、河源海川科技有限公司。

本标准主要起草人:何唯平、徐世国、谢凤禹、杨强、张贤康、田卫群、陈修和、李明、董江峰。

道路用阻燃沥青混凝土

1 范围

本标准规定了道路用阻燃沥青混凝土的术语和定义、符号、分类、要求、试验方法、检验规则和运输。

本标准适用于掺加沥青阻燃剂的阻燃沥青混凝土的检验和使用。

2 规范性引用文件

下列文件对于本文件的应用是必不可少的。凡是注日期的引用文件，仅注日期的版本适用于本文件。凡是不注日期的引用文件，其最新版本(包括所有的修改单)适用于本文件。

GB/T 8627 建筑材料燃烧或分解的烟密度试验方法

NB/SH/T 0815 沥青燃烧性能测定 氧指数法

JTG F40—2004 公路沥青路面施工技术规范

JTG E20—2011 公路工程沥青及沥青混合料试验规程

3 术语和定义、符号

3.1 术语和定义

下列术语和定义适用于本文件。

3.1.1

沥青阻燃剂 flame retardant for asphalt

由单一或多种阻燃材料经过一定工艺生产的对沥青具有阻燃作用的复合物。

3.1.2

阻燃沥青 flame retardant asphalt

添加一定量的沥青阻燃剂的具有阻燃特性的沥青。

3.1.3

阻燃沥青混凝土 concrete of flame retardant asphalt

采用沥青阻燃剂或阻燃沥青，经过一定工艺热拌而成的且达到规定阻燃性能的沥青混凝土。

3.1.4

氧指数 oxygen index

在规定的试验条件下，阻燃沥青试样在氧氮混合气体中刚好能保持燃烧状态所需的最低氧浓度。

3.1.5

烟密度等级 smoke density rating

在规定的试验条件下，对阻燃沥青试样进行燃烧，光吸收曲线与其下方坐标轴所围面积占整个曲线图面积的百分比。

3.1.6

动稳定度 dynamic stability

按规定条件进行沥青混凝土车辙试验时,试件变形进入稳定期后,每产生1 mm轮辙变形试验轮所行走的次数。

3.1.7

残留稳定度 residual stability

沥青混凝土试件在一定温度的水中浸泡一定时间后的马歇尔稳定度与未浸水的标准马歇尔稳定度之比。

3.1.8

冻融劈裂残留强度比 freeze-thaw splitting tensile strength ratio

在规定条件下对沥青混凝土试件进行冻融循环,然后进行劈裂强度试验,试件受冻融前后的劈裂强度比。

3.2 符号

OI ——氧指数。

SDR ——烟密度等级。

4 分类

道路用阻燃沥青混凝土按照生产时采用的沥青种类的不同分为阻燃普通沥青混凝土和阻燃改性沥青混凝土两类。

5 要求

5.1 道路用阻燃沥青燃烧性能要求

5.1.1 道路用阻燃沥青燃烧性能的指标要求应符合表1的规定。

表1 阻燃沥青燃烧性能要求

项目	单位	要求
氧指数(OI)	%	≥23
烟密度等级(SDR)	—	≤75

5.1.2 烟密度等级(SDR)为长大隧道、重要通道或安全级别要求高的特殊工程所要求的项目,对于一般工程不作要求。

5.2 道路用阻燃沥青混凝土路用性能要求

5.2.1 动稳定度

道路用阻燃沥青混凝土动稳定度应符合表2的规定。

表 2　动稳定度要求

<table>
<tr><td colspan="3">气候条件与指标</td><td colspan="9">相应于下列气候分区所要求的动稳定度/(次/mm)</td></tr>
<tr><td colspan="3" rowspan="3">7 月平均最高气温(℃)及气候分区</td><td colspan="4">>30</td><td colspan="4">20～30</td><td><20</td></tr>
<tr><td colspan="4">夏炎热区</td><td colspan="4">夏热区</td><td>夏凉区</td></tr>
<tr><td>1-1</td><td>1-2</td><td>1-3</td><td>1-4</td><td>2-1</td><td>2-2</td><td>2-3</td><td>2-4</td><td>3-2</td></tr>
<tr><td rowspan="3">动稳定度/
(次/mm)
(60 ℃,0.7 MPa)</td><td colspan="2">阻燃普通沥青混凝土</td><td colspan="2">≥800</td><td colspan="2">≥1 000</td><td>≥600</td><td colspan="3">≥800</td><td>≥600</td></tr>
<tr><td rowspan="2">阻燃改性沥青混凝土</td><td>AC</td><td colspan="2">≥2 400</td><td colspan="2">≥2 800</td><td>≥2 000</td><td colspan="3">≥2 400</td><td>≥1 800</td></tr>
<tr><td>SMA</td><td colspan="9">≥3 000</td></tr>
</table>

5.2.2　水稳定性

道路用阻燃沥青混凝土的水稳定性应符合表 3 的规定。

表 3　水稳定性要求

<table>
<tr><td colspan="3">气候条件与指标</td><td colspan="4">相应于下列气候分区的要求/%</td></tr>
<tr><td colspan="3" rowspan="2">年降雨量(mm)及气候分区</td><td>>1 000</td><td>500～1 000</td><td>250～500</td><td><250</td></tr>
<tr><td>潮湿区</td><td>湿润区</td><td>半干区</td><td>干旱区</td></tr>
<tr><td rowspan="3">浸水马歇尔试验残留稳定度/%</td><td colspan="2">阻燃普通沥青混凝土</td><td colspan="2">≥80</td><td colspan="2">≥75</td></tr>
<tr><td rowspan="2">阻燃改性沥青混凝土</td><td>AC</td><td colspan="2">≥85</td><td colspan="2">≥80</td></tr>
<tr><td>SMA</td><td colspan="4">≥80</td></tr>
<tr><td rowspan="3">冻融劈裂试验的残留强度比/%</td><td colspan="2">阻燃普通沥青混凝土</td><td colspan="2">≥75</td><td colspan="2">≥70</td></tr>
<tr><td rowspan="2">阻燃改性沥青混凝土</td><td>AC</td><td colspan="2">≥80</td><td colspan="2">≥75</td></tr>
<tr><td>SMA</td><td colspan="4">≥80</td></tr>
</table>

5.2.3　低温弯曲试验破坏应变

道路用阻燃沥青混凝土低温弯曲试验破坏应变应符合表 4 的规定。

表 4　低温弯曲试验破坏应变(με)要求

<table>
<tr><td colspan="2">气候条件与指标</td><td colspan="7">相应于下列气候分区所要求的破坏应变</td></tr>
<tr><td colspan="2" rowspan="3">年极端最低气温(℃)及气候分区</td><td colspan="2"><−37.0</td><td colspan="3">−21.5～−37.0</td><td colspan="2">−9.0～−21.5</td></tr>
<tr><td colspan="2">冬严寒区</td><td colspan="3">冬寒区</td><td colspan="2">冬冷区</td></tr>
<tr><td>1-1</td><td>2-1</td><td>1-2</td><td>2-2</td><td>3-2</td><td>1-3</td><td>2-3</td></tr>
<tr><td rowspan="2">弯曲破坏应变(με),
(−10 ℃,50 mm/min)</td><td>阻燃普通沥青混凝土</td><td colspan="2">≥2 600</td><td colspan="3">≥2 300</td><td colspan="2">≥2 000</td></tr>
<tr><td>阻燃改性沥青混凝土</td><td colspan="2">≥3 000</td><td colspan="3">≥2 800</td><td colspan="2">≥2 500</td></tr>
</table>

5.2.4　车辙试验不得采用二次加热的混合料。试件成型时，应检验其密度是否符合试验规程的要求。

5.2.5　表 2 及表 3、表 4 中的气候分区应符合 JTG F40—2004 附录 A 的规定。

6 试验方法

6.1 道路用阻燃沥青燃烧性能试验方法

阻燃沥青燃烧性能，包括氧指数和烟密度等级（对于有要求的特殊工程）的检验，可通过工程实际使用的阻燃剂与沥青或改性沥青按生产掺入比例所制备的阻燃沥青试件按下述试验方法进行：

a） 氧指数的检测方法应符合 NB/SH/T 0815 的规定；

b） 烟密度等级的检测方法应符合 GB/T 8627 的规定。

6.2 道路用阻燃沥青混凝土路用性能试验方法

阻燃沥青混凝土路用性能的检验按下述试验方法进行。

6.2.1 动稳定度

动稳定度的检测方法应符合 JTG E20—2011 中 T 0719 的规定。

6.2.2 浸水马歇尔试验残留稳定度

浸水马歇尔试验残留稳定度的检测方法应符合 JTG E20—2011 中 T 0709 的规定。

6.2.3 冻融劈裂试验残留强度比

冻融劈裂试验残留强度比的检测方法应符合 JTG E20—2011 中 T 0729 的规定。

6.2.4 低温弯曲试验破坏应变

低温弯曲试验破坏应变的检测方法应符合 JTG E20—2011 中 T 0715 的规定。

7 检验规则

7.1 出厂检验

出厂检验项目为：阻燃沥青的氧指数，道路用阻燃沥青混凝土的马歇尔空隙率、密度、马歇尔稳定度、流值、动稳定度、浸水马歇尔试验残留稳定度以及冻融劈裂试验残留强度比。

7.2 型式检验

7.2.1 型式检验项目为：阻燃沥青氧指数和烟密度等级（对于有要求的特殊工程），阻燃沥青混凝土的马歇尔空隙率、密度、马歇尔稳定度、流值、动稳定度、浸水马歇尔试验残留稳定度、冻融劈裂试验残留强度比以及低温弯曲试验破坏应变（对于表 4 中所要求的气候分区）。

7.2.2 首次进行道路用阻燃沥青混凝土生产以及在生产过程中出现下列情形之一时，应进行型式检验：

a） 生产阻燃沥青混合料所用的原材料（阻燃剂、集料、填料和沥青）来源、种类或者规格发生变化时；

b） 拌和设备出现故障或重新校准后；

c） 阻燃沥青混凝土路面质量出现明显变化时；

d） 质量监督机构提出要求时。

7.3 取样

7.3.1 道路用阻燃沥青混凝土的检验应在出厂或施工现场进行，用于出厂检验的试样应在拌和厂/站采取，用于施工现场检验的试样应在施工现场采取。

7.3.2 阻燃沥青混凝土试样的采取过程应符合 JTG E20—2011 中 T 0701 的规定。

7.3.3 道路用阻燃沥青和阻燃沥青混凝土的取样试验工作应由生产单位和使用单位分别独立进行；当供需单方或双方不具备试验条件时，供需双方可协商确定委托第三方检验，受委托方应为供需双方均认可且有试验资质的单位。

7.4 组批

同一工程，相同原材料、相同配合比和生产工艺生产的阻燃沥青混合料每 3 000 t 为一批，不足 3 000 t 时仍视为一批，进行路用性能项目的检验。

7.5 合格判定

7.5.1 初验

当阻燃沥青和阻燃沥青混凝土样品的性能分别符合本标准 5.1～5.2 的规定时，判定该批产品为合格，当试验结果有一项不符合时，则判定该批产品为不合格。

7.5.2 复验

对初验不合格产品可利用原留样或重新取样进行复验。当复验结果符合本标准 5.1～5.2 的规定时，则判定该批产品为合格。当复验结果有一项不符合，则判定该批产品为不合格。

8 运输

道路用阻燃沥青混合料的运输应符合 JTG F40—2004 中 5.5 对热拌沥青混合料的规定。

ICS 13.060.25
Z 50

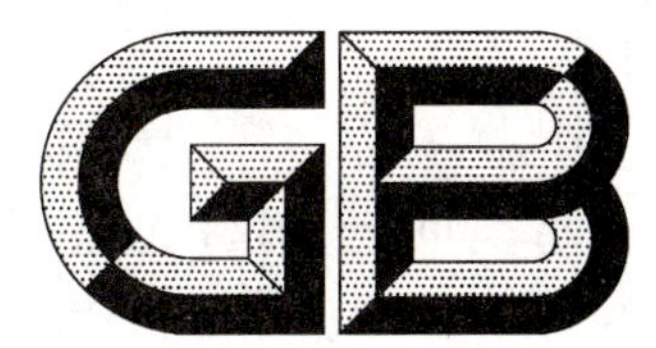

中华人民共和国国家标准

GB/T 29052—2012

工业蒸汽锅炉节水降耗技术导则

Guide for techniques of water and energy saving in industrial steam boiler system

2012-12-31 发布　　2013-07-01 实施

中华人民共和国国家质量监督检验检疫总局
中国国家标准化管理委员会　发布

前　言

本标准按照 GB/T 1.1—2009 给出的规则起草。

本标准由全国锅炉压力容器标准化技术委员会(SAC/TC 262)和全国工业节水标准化技术委员会(SAC/TC 442)归口。

本标准负责起草单位:中国锅炉水处理协会。

本标准参加起草单位:中国特种设备检测研究院、广州市特种承压设备检测研究院、北京化工大学、宁波市特种设备检验研究院、江苏省特种设备安全监督检验研究院无锡分院、广东省特种设备行业协会、上海热交换系统节能工程技术研究中心。

本标准的主要起草人:王骄凌、杨麟、魏刚、周英、邓宏康、王婷、许振达、金栋、葛红花。

本标准为首次发布。

工业蒸汽锅炉节水降耗技术导则

1 范围

本标准规定了工业蒸汽锅炉水汽系统节水降耗的设计、安装调试、使用管理和效果评价的技术要求。

本标准适用于额定出口蒸汽压力小于3.8 MPa,以水为介质的固定式蒸汽锅炉及其水汽系统。

2 规范性引用文件

下列文件对于本文件的应用是必不可少的。凡是注日期的引用文件,仅注日期的版本适用于本文件。凡是不注日期的引用文件,其最新版本(包括所有的修改单)适用于本文件。

GB/T 1576 工业锅炉水质

DL/T 5190.4 电力建设施工及验收技术规范 第4部分:电厂化学

HG/T 3523 冷却水化学处理标准腐蚀试片技术条件

JB/T 2932 水处理设备技术条件

3 术语和定义

下列术语和定义适用于本文件。

3.1

回水 back water

锅炉产生的蒸汽经过热交换或做功后返回到回水回收系统中的水。

3.2

回水率 rate of back water

一定时间内累计回水量占锅炉累计蒸发量的百分率。

3.3

回水回收利用率 utilization rate of recovered back water

一定时间内锅炉累计回水回用量占累计回水量的百分率。

3.4

结垢速率 fouling rate

锅炉受热面每年增加垢的厚度,以mm/a计。

3.5

挥发性碱 volatile alkali

对水汽系统金属具有保护作用的挥发性碱性物质。

3.6

成膜胺 film forming amine

能在金属表面上均匀地形成一层憎水性保护膜的胺。

3.7

表面式加热方式 surface heating modes

蒸汽与被加热介质严密隔绝,通过金属表面传热进行加热的方式。

3.8

汽水损失率　percentage of steam and water loss

一定时间内汽水累计非正常损失量与锅炉累计蒸发量之比。

注：非正常损失指跑、冒、滴、漏和因回水水质不合格不能回收的汽水损失。

4　总则

4.1　在保证锅炉安全可靠和满足供热需求的前提下，应提高回水回收利用率，降低排污率，减少汽水损失，促进工业蒸汽锅炉节水降耗。

4.2　工业蒸汽锅炉房及水汽系统设计时，一般应考虑回水回收系统的设计。无回水回收系统的在用工业蒸汽锅炉，蒸汽冷凝水有回用价值的，应增设回水回收系统。

4.3　应通过适当的水处理方法，防止水汽系统腐蚀，确保回水水质符合本标准的要求。

4.4　锅炉排污率应根据锅炉水质监测结果合理控制。在确保锅炉水质符合 GB/T 1576 的前提下，降低排污率。

4.5　锅炉使用单位应加强运行管理，切实做好锅炉水处理和水质监测工作，减缓锅炉结垢速率和金属腐蚀速率，减少水汽系统的跑、冒、滴、漏，降低汽水损失率。

4.6　工业蒸汽锅炉节水降耗技术应结合锅炉及水汽系统具体情况选用水处理设备和药剂。对于新技术、新工艺、新药剂、新设备应积极、慎重地使用。

5　设计要求

5.1　工业蒸汽锅炉房及水汽系统节水降耗设计，应结合系统特点，合理选择水处理工艺，做到技术先进、安全适用、节约能源和水资源、保护环境、改善劳动条件、提高经济效益，并便于安装、操作和维修。

5.2　新建、扩建和改建的工业蒸汽锅炉供热系统，在设计时，根据用户的实际情况，除了必须采用混合式加热的，一般应选择表面式加热方式；被加热介质不会对回水造成污染的，宜采用闭式回水装置。

5.3　回水回收系统材质的选用，应根据被加热介质的腐蚀、冲击、沉积等因素，以及材质的耐腐蚀性、机械性能和回水回收系统结构等进行技术经济综合比较确定，保证系统在采取正确维护、加药处理措施条件下不出现严重腐蚀和泄漏。

5.4　设计的回水回收利用率宜大于 90%，水处理工艺应使回水水质符合表 1 的规定，并保证给水水质符合 GB/T 1576 的要求 。

表 1　回水水质

pH		总铁 mg/L		总铜 mg/L		总铝 mg/L		油 mg/L
有铜、铝系统	无铜、铝系统	标准值	期望值	标准值	期望值	标准值	期望值	标准值
7.0～9.5	7.0～10.0	≤0.30	≤0.10	≤0.10	≤0.050	≤0.30	≤0.10	≤2.0
注：当回水可能受到污染时，根据污染介质增加必要的检测项目。								

5.4.1　系统中不含有铜或铝材质的，不测定总铜或者总铝的含量；

5.4.2　回水占给水的百分率大于 50%时，回水总铁含量应符合表 1 的要求；回水占给水的百分率不大于 50%时，回水总铁含量应符合 GB/T 1576 的回水水质要求。

5.5　为了防止二氧化碳、氧等对热交换设备和回水系统金属的腐蚀，锅炉或回水系统应有可靠的加药设施。如果加药处理影响被加热介质的应用，则应采取其他必要的处理措施，除去回水中的结垢性物质和腐蚀性物质。

5.6 加药设施应符合以下要求。

5.6.1 加药装置应满足锅炉不同运行工况的回水水质调节处理的需要。

5.6.2 采用挥发性碱处理，宜选用自动加药装置，加药箱宜设水封，防止药剂挥发和影响作业人员健康。加药泵宜采用切换方式与给水泵连动。

5.6.3 采用成膜胺处理时，如需现场配制药剂，配药箱应设置加热和搅拌装置，出口宜设过滤装置。

5.6.4 药液计量箱的设置应能满足锅炉连续运行的要求，其贮存量不宜小于 8 h 运行的需要或其他的需求。

5.6.5 加药泵出口管道上应装设压力表和稳压装置。

5.6.6 加药点宜设置在给水泵进口或出口管道上。成膜胺若加入到蒸汽管道或分汽缸内，应有保证药剂与蒸汽均匀混合的措施，且药液配制用水宜采用回水。

5.6.7 加药装置的布置应便于操作，加药设备周围应通风良好，并有围堰和冲洗设施。

5.6.8 药品仓库的大小，应根据药品消耗量，药品的特性、包装、供应和运输条件等因素确定，宜按贮存 15 d～30 d 的消耗量设计。药品仓库内应有相应的防水、防腐、通风、除尘、采暖和冲洗措施。

5.7 回水系统的取样装置和腐蚀速率监测装置按以下要求设置。

5.7.1 回水回收系统的起始端和末端应设置取样冷却装置，取样装置应能保证水样流量为 500 mL/min～700 mL/min，水样温度≤40 ℃。取样管材质宜采用不锈钢。

5.7.2 热交换器的末端应设置腐蚀速率监测装置(装置示意图参见附录 A 中图 A.1)。

5.8 水汽系统应设置下列仪表，或采取其他测量方法以满足节水降耗效果评价的需要：

a) 锅炉补给水管道流量表；
b) 锅炉给水总管的流量、温度、压力、pH 和电导率等测量仪表；
c) 蒸汽输出总管的流量、温度和压力等测量仪表；
d) 回水总管的流量、温度、压力、pH 和电导率等测量仪表。

流量表应有瞬间流量和累积流量指示。

5.9 给水除氧不应采用解析除氧的方式。

6 安装、调试

6.1 回水回收系统的安装施工，应当符合设计和制造厂的有关技术文件要求，也可参照 DL/T 5190.4 中的有关规定执行。

6.2 加药装置、计量泵、过滤设备、回水泵、管道、阀门等应安装正确，无泄漏。回水管道和回水箱应采取必要的保温措施。

6.3 回水回收系统安装完毕后，应按照设计要求或参照 JB/T 2932 等标准进行水压试验，并达到合格要求。

6.4 回水回收系统投入运行前，应按下列要求进行调试。

6.4.1 用回水冲洗加药装置进行系统冲洗，直至出水澄清。

6.4.2 将药品和水按配制比例加入配药箱中，充分搅拌使药液混合均匀。同时，按要求调整加药量。

6.4.3 加药泵试运转时，要求泵的出力及扬程达到设计要求。

6.4.4 除铁、除油等过滤设备运行正常可靠，设备出力和过滤后的水质符合设计要求。

6.4.5 定期取回水回收系统起始端和末端的水样进行测定，其水质应符合表 1 的规定。

7 使用管理

7.1 锅炉使用单位应结合本单位实际情况做好加药或过滤处理工作，确保回水水质符合表 1 的规定；给水和锅水符合 GB/T 1576 的规定，并及时记录加药种类、数量和时间。

7.2 每半年测定一次回水回收系统金属腐蚀速率。测定方法一般采用试片失重法，将腐蚀试片挂入热交换器末端的监测装置中，调整装置内的回水流速与系统的流速相近，每半年取出腐蚀指示片，测定腐蚀速率，按式(6)计算，其值应符合表2的规定。当腐蚀速率超过0.10 mm/a时，应查明原因，及时处理。

7.3 当回水受到污染时，应分析污染物对水汽系统腐蚀、结垢的影响程度，如果对水汽系统不会构成危害，可继续回收利用。

7.4 当回水水质超过表1的规定范围时，如果与补给水混合后，给水水质符合GB/T 1576规定的，允许回收使用，但要加强对不合格指标的监测，防止水质突然恶化对锅炉造成危害；控制回水与补给水混合比例，以保证给水水质合格为原则；若因回水水质不合格而无法回收利用时，应查明原因，并采取相应的处理措施。

7.5 药剂的选用应根据水汽系统材质、蒸汽用途和使用条件，按以下要求合理选择。

7.5.1 药剂中不应含有会对锅炉造成侵害的物质，在使用条件下，不应分解出腐蚀、结垢性等有害物质。

7.5.2 采用挥发性碱处理时，应选用具有合适的汽液分配系数、具有较好热稳定性的药剂。

7.5.3 采用成膜胺处理时，应选用在使用温度下热分解产物不会对水汽系统金属造成腐蚀危害的药剂。生成的保护膜应完整、致密、牢固、耐冲蚀。

7.5.4 锅内加药处理的阻垢剂不宜含有碳酸钠和碳酸氢钠，以避免二氧化碳对蒸汽系统金属的腐蚀。

7.6 锅炉及回水回收系统停(备)用期间应进行防锈蚀保护工作，以保证锅炉启动运行8 h内回水水质达到表1规定的要求。

8 节水降耗效果评价

8.1 每月应统计和计算补给水率、排污率、回水率、回水回收利用率和汽水损失率，计算公式如下：

a) 补给水率按式(1)计算，

$$\eta_B = \frac{Q_B}{Q_Z} \times 100\% \qquad \cdots\cdots(1)$$

式中：

η_B——补给水率，%；

Q_B——累积补给水量，单位为吨(t)；

Q_Z——累积蒸发量，单位为吨(t)。

b) 排污率按式(2)计算，

$$P = \frac{Cl_G^-}{Cl_L^- - Cl_G^-} \times 100\% \qquad \cdots\cdots(2)$$

式中：

P ——锅炉排污率，%；

Cl_G^-——给水氯离子含量，单位为毫克每升(mg/L)；

Cl_L^-——锅水氯离子含量，单位为毫克每升(mg/L)。

c) 回水率按式(3)计算，

$$\eta_H = \frac{Q_H}{Q_Z} \times 100\% \qquad \cdots\cdots(3)$$

式中：

η_H ——回水率，%；

Q_H ——累积回水量，单位为吨(t)；

Q_Z ——累积蒸发量，单位为吨(t)。

d) 回水回收利用率按式(4)计算，

$$\eta_{HY}=\frac{Q_{HY}}{Q_H}\times 100\% \qquad \cdots\cdots(4)$$

式中：

η_{HY} ——回水回收利用率，%；

Q_{HY} ——累积回水回用量，单位为吨(t)；

Q_H ——累积回水量，单位为吨(t)。

e) 汽水损失率按式(5)计算，

$$\eta_Q=\frac{Q_B-Q_S}{Q_Z}\times 100\%-P \qquad \cdots\cdots(5)$$

式中：

η_Q——汽水损失率，%；

Q_B——累积补给水量，单位为吨(t)；

Q_S——累积设计正常用水、用汽损失量，单位为吨(t)；

P——锅炉排污率，%；

Q_Z——累积蒸发量，单位为吨(t)。

8.2 定期统计回水水质合格率，检测锅炉的结垢速率和金属腐蚀速率。金属腐蚀速率按式(6)计算。

$$v_h=\frac{(m_1-m_2)\times 8.76}{S\cdot t\cdot \rho} \qquad \cdots\cdots(6)$$

式中：

v_h ——以腐蚀深度表示的金属腐蚀速率，单位为毫米每年(mm/a)；

m_1 ——腐蚀指示片腐蚀前的质量，单位为克(g)；

m_2 ——腐蚀指示片腐蚀后的质量，单位为克(g)；

S ——腐蚀指示片总表面积，单位为平方米(m^2)；

t ——腐蚀指示片在系统内挂放时间，单位为小时(h)；

ρ ——金属密度，单位为克每立方厘米(g/cm^3)。

8.3 节水降耗单项评定分为Ⅰ级、Ⅱ级和Ⅲ级，考核项目及指标见表2。

表2 工业蒸汽锅炉单项节水降耗指标

考核项目	Ⅰ级	Ⅱ级	Ⅲ级
回水水质合格率 %	≥90	80～89	70～79
回水回收利用率 %	≥90	80～89	70～79
回水率 %	≥80	60～79	40～59
汽水损失率 %	≤3	>3,≤5	>5,≤10
排污率 %	≤1	>1,≤3	>3,≤5
结垢速率 mm/a	≤0.5		
回水回收系统金属腐蚀速率 mm/a	≤0.10		

8.4 节水降耗的综合效果按以下要求评定，分为一级、二级、三级和四级，三级为达到节水降耗运行的基本要求。

8.4.1 根据表2各单项指标，采用百分制对工业蒸汽锅炉节水降耗进行综合评定。其中，回水水质合格率占20分，回水回收利用率占25分，回水率占5分，汽水损失率占5分，排污率占5分，结垢速率占20分，金属腐蚀速率占20分，其中达到表2规定的Ⅰ级指标按100%计分，Ⅱ级按90%计分，Ⅲ级按80%计分，低于Ⅲ级计0分。总分四舍五入至整数。

8.4.2 综合评定级别按表3的规定。

表3 工业蒸汽锅炉节水降耗综合评定级别

综合评定总分	95～100	85～94	70～84	<70
节水降耗级别	一级	二级	三级	四级

附 录 A
(资料性附录)
腐蚀速率监测

A.1 腐蚀速率监测装置示意图

腐蚀速率监测装置示意图见图 A.1。

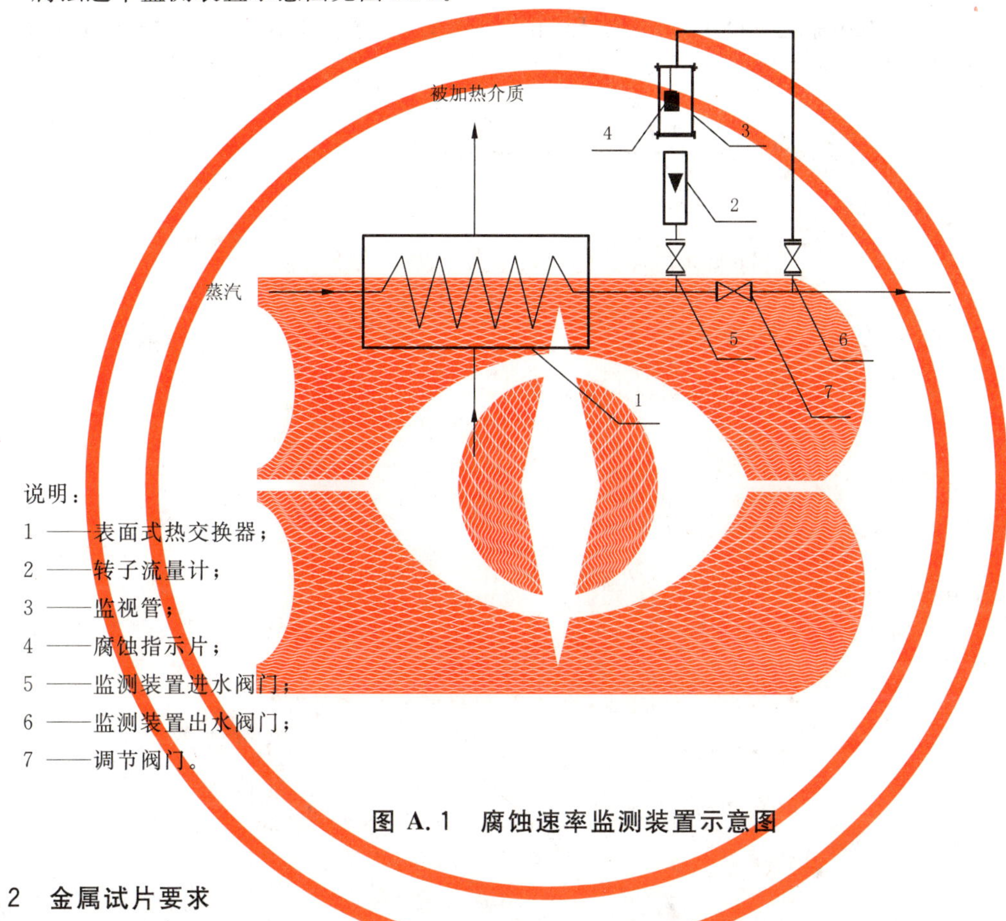

说明:
1 ——表面式热交换器;
2 ——转子流量计;
3 ——监视管;
4 ——腐蚀指示片;
5 ——监测装置进水阀门;
6 ——监测装置出水阀门;
7 ——调节阀门。

图 A.1 腐蚀速率监测装置示意图

A.2 金属试片要求

A.2.1 金属试片的材质与热交换器使用的金属材料相同。

A.2.2 金属试片的形状尺寸、加工误差、光洁度、外观要求应符合 HG/T 3523 的规定。

A.2.3 金属试片在试验前用水冲洗干净(注意擦洗金属试片挂孔内污物)后擦干,立即用丙酮或者无水乙醇浸泡 1 min~2 min,取出后置于干净滤纸上,冷风吹干,用滤纸包好,放置在干燥器中,干燥至恒重,称量精确至 0.2 mg。

A.2.4 用游标卡尺准确测量试片的表面尺寸,计算总表面积,精确至 0.1 mm^2。

A.3 腐蚀速率监测

A.3.1 悬挂金属腐蚀试片。关闭监测装置进水阀和监测装置出水阀,回水回收系统调节阀保持全开状态。拆开监视管法兰,将已经称重的金属试片用耐高温尼龙线穿过试片挂孔,悬挂于监视管内,均匀拧紧监视管上、下法兰，并保证不泄漏。

A.3.2 计算监视管流量。根据蒸汽在热交换器的流速，计算监视管的流量，其流量应保证监视管的流速与热交换器的流速相同。

A.3.3 投入腐蚀速率监测装置运行。打开监视管进、出水阀门，并使之保持全开状态，缓慢关小监测装置调节阀，观测转子流量计流量，当流量计的流量达到计算流量时，保持调节阀的开度不变。记录监测装置运行时间。

A.3.4 测定腐蚀速率。监测装置运行一段时间后，关闭监测装置进水阀和监测装置出水阀，回水回收系统调节阀保持全开状态。拆开监视管法兰，取出金属腐蚀指示片，立即用水冲洗，放入用氨水调节 pH 为 9～10 的水中浸泡 1 min～2 min。取出并将金属试片表面腐蚀产物清理干净。再放入无水乙醇中浸泡 1 min～2 min 后，取出用滤纸擦干，冷风吹干，用滤纸包好，放置在干燥器中，干燥至恒重，称量精确至 0.2 mg。计算金属腐蚀速率。

ICS 01.040.13
C 70

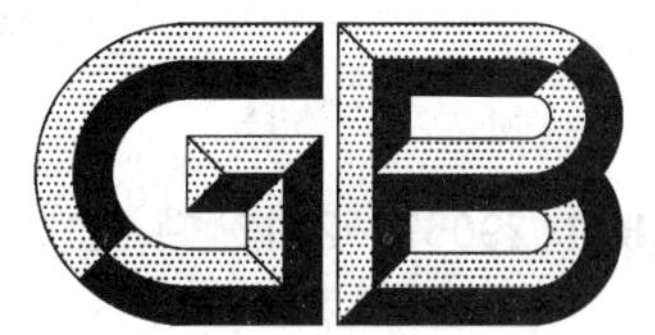

中华人民共和国国家标准

GB/T 29053—2012

防尘防毒基本术语

Basic terminology of dust and poison control

2012-12-31 发布 2013-10-01 实施

中华人民共和国国家质量监督检验检疫总局
中国国家标准化管理委员会 发布

前　言

本标准按照 GB/T 1.1—2009 给出的规则起草。

本标准由国家安全生产监督管理总局提出。

本标准由全国安全生产标准化技术委员会(SAC/TC 288)归口。

本标准起草单位:首都经济贸易大学、中钢集团马鞍山矿山研究院、北京市疾病预防控制中心。

本标准主要起草人:姜亢、郭金峰、赵容、郭建中、王勇毅、王希、方金铭、潘罗敏。

防尘防毒基本术语

1 范围

本标准规定了防尘防毒的基本术语和相关定义。

本标准适用于防尘防毒的工程设计、管理、研究与教学等相关领域。

2 基础术语

2.1

粉尘 dust

能够较长时间悬浮于空气中的固体微粒。

2.2

纤维性粉尘 fibrous dust

天然或人工合成的纤维状微细丝粉尘。

2.3

游离二氧化硅 free silica

free silicon dioxide

单独以晶体状态存在的二氧化硅。

2.4

气溶胶 aerosol

以大小为 10^{-3} cm～10^{-7} cm 的液体或固体小颗粒为分散相，分散在气体介质中的溶胶物质，如烟或雾。

2.5

总粉尘 total dust

检测技术上为用总粉尘采样器按标准方法在呼吸带采集并测得的所有粉尘。

2.6

烟 fume

直径小于 0.1 μm 的固体微粒分散在空气中的气溶胶。

2.7

飞灰 fly ash

随燃料燃烧产生的烟气所排出的分散较细的灰。

2.8

烟尘 smoke

高温分解或燃烧时所产生的、其粒径范围一般为 0.01 μm～1 μm 的可见气溶胶。

2.9

雾 mist

防尘防毒技术上是指工艺中由液体微滴分散在空气中冷却、凝结而形成，以及由液体喷散形成的气溶胶状物。

2.10

无机粉尘 inorganic dust

包括矿物性粉尘、金属性粉尘及人工无机性粉尘等的总称。

2.11

有机粉尘　organic dust

包括动物性粉尘、植物性粉尘及人工有机性粉尘等粉尘的总称。

2.12

混合性粉尘　mixed-dust

两种类型或两种类型以上粉尘的混合物。

2.13

可见粉尘　visible dust

肉眼可见的粉尘，粒径大于 10 μm。

2.14

显微粉尘　micro dust

在光学显微镜下可以分辨的粉尘，粒径为 0.25 μm～10 μm。

2.15

超显微粉尘　ultra-micro dust

在超倍显微镜或电子显微镜下才能分辨的粉尘，粒径小于 0.25μm。

2.16

呼吸性粉尘　respirable dust

能进入人体的细支气管到达肺泡的粉尘微粒。

2.17

粒径　particle size

粒子的直径或粒子的大小。

2.18

空气动力学直径　aerodynamic diameter

将实际的粉尘颗粒粒径换成具有相同空气动力学特性的等效直径。

2.19

中位径　median diameter

颗粒物集合中，小于它和大于它的颗粒各占 50％时的粉尘粒径，分质量中位径和数量中位径。

2.20

分散度　dispersity

颗粒物集合中，各种粒径范围的粒子质量或粒子个数分别占粒子总质量或总粒数的百分率。

2.21

粉尘磨损性　dust wear resistance

粉尘在流动过程中对器壁或管壁造成磨损的性质。

2.22

堆积密度　bulk density

apparent density; volume density

包括粉尘颗粒之间及其内部的空隙，松散状态下单位体积粉尘所具有的质量。

2.23

真密度　actual density

density of dust particle

排除粉尘颗粒之间及其内部的空隙后，密实状态下单位体积粉尘所具有的质量。

2.24

安息角　angle of rest

angle of repose

一定性状的粉尘能自然堆积在水平面上而不下滑时所形成的圆锥体的最大锥底角。

2.25

滑动角　angle of slide

将粉尘置于光滑的平板上，使该板倾斜到粉尘沿直线下滑时的角度。

2.26

附着性　adhesion

尘粒与物质的贴附性质。

2.27

润湿性　wettability

粉尘粒子能否与水或其他液体相互附着或附着难易程度的性质。

2.28

比电阻　resistivity

specific resistance

表示物质电阻特性的物理量，粉尘的比电阻在数值上等于单位面积粉尘在单位厚度上的电阻值。

2.29

水硬性　hydraulicity

某些粉尘吸水后变成而易硬结的性质。

2.30

沉降速度　settling velocity

静止空气中的尘粒在重力作用下降落时所达到的恒定速度。

2.31

悬浮速度　suspended velocity

使尘粒处于悬浮状态时的最小上升气流速度。

2.32

尘源　dust source

生产过程中工作场所或工艺设备产生并发散粉尘的位置。

2.33

尘化作用　pulvation action

在自然力或机械力作用下，使粉尘或雾滴从静止状态变为悬浮于空气状态的现象。

2.34

二次扬尘　reentrainment of dust

沉积于设备和围护结构表面上的粉尘，在尘化作用下重新悬浮于空气中的现象。

2.35

除尘　dust removal

dust separation；dust control

捕集、分离含尘气流中的粉尘等固体粒子的过程。

2.36

有害气体　harmful gas and vapor

对人的生命健康和生态环境有破坏作用的气体或蒸气。

2.37

有害物质　harmful substance

能使人引起疾病或健康状况下降、对生态环境有破坏作用的物质。

2.38

有害物质浓度　concentration of harmful substance

单位体积空气中有害物质的含量。

注：包括质量浓度、体积浓度、计数浓度等。

2.39

质量浓度　mass concentration

单位体积空气混合物中所含有害物质的质量。

2.40

体积浓度　volumetric concentration

单位体积空气混合物中所含有害气体的毫升数。

2.41

计数浓度　number concentration

particle number concentration

单位体积空气与其他物质的混合物中所含颗粒状物质的颗粒个数，一般用于纤维尘的度量。

2.42

尘肺　pneumoconiosis

作业人员在职业活动中长期吸入生产性粉尘，使其在肺内潴留而引起的、以肺组织弥漫性纤维化为主要表现的全身性疾病。

2.43

毒物　toxicant

在一定条件下，较小剂量可造成机体功能性或器质性损害的外源性化学物质。

2.44

生产性毒物　industrial toxicology

在生产过程中所使用或产生的、进入人体后能引起有害作用的物质。

2.45

中毒　poisoning

有毒物质进入体内，影响机体的生理功能并导致组织器官急性或慢性健康损害的状态。

2.46

急性中毒　acute intoxication

大量毒物在短时间内通过皮肤、黏膜、呼吸道及消化道等途径进入人体，使机体受损并发生功能障碍的疾病状态。

2.47

慢性中毒　chronic intoxication

毒物在不引起急性中毒的剂量条件下，长期反复进入机体所引起的机体在生理、生化及病理学方面的改变，出现异常临床症状和体征的疾病状态。

2.48

刺激性气体　irritant gas

对眼、呼吸道黏膜和皮肤具有刺激作用的气体。

2.49

窒息 asphyxia

机体由于急性缺氧而导致的晕倒甚至死亡的现象。窒息分为内窒息和外窒息，生产环境中的严重缺氧可导致外窒息，吸入窒息性气体导致的窒息为内窒息。

2.50

窒息性气体 asphyxiating gas

侵入机体并直接影响机体氧的供给、摄取、运输和利用，导致机体发生缺氧损害的气体。

2.51

剂量 dose

某对象所接受的、能引起一定作用或效应的物质的量。

2.52

致死剂量 lethal dose (concentration); LD (LC)

一定条件下，化学物质导致一定百分率生物体死亡的剂量(浓度)。

2.53

半数致死剂量 median lethal dose (concentration); LD_{50} (LC_{50})

一定条件下，引起受试对象发生死亡概率为50%的化学物质的剂量(浓度)。

2.54

最低致死剂量 minimum lethal dose; MLD

化学毒物引起受试对象中的个别成员出现死亡的剂量。

2.55

阈剂量 threshold dose

化学物质引起受试对象中的少数个体出现某种最轻微的异常改变所需要的最低剂量。

2.56

密闭 confined

对有害物质散发源进行封闭，抑制其外逸或发散的措施。

2.57

吸收剂 absorbent

能将与其接触的液体或气体介质中的部分物质结合并吸收的液体物质。

2.58

吸收质 absorbate

存在于介质中能被吸收剂吸收的物质。

2.59

吸附剂 adsorbent

能将与其接触的液体或气体介质中的部分物质吸附的固体物质。

2.60

吸附质 adsorbate

存在于介质中能被吸附剂吸附的物质。

2.61

职业危害因素 occupational hazard factor

在职业活动中产生的可直接危害劳动者身体健康的因素。

注：按其性质分为物理性危害因素、化学性危险因素和生物性危害因素。

2.62

时间加权平均容许浓度 permissible concentration-time weighted average ;PC-TWA

以时间为权数规定的 8 h 工作日、40 h 工作周的平均容许接触浓度。

2.63

短时间接触容许浓度 permissible concentration-short term exposure limit ;PC-STEL

按标准方法检测，符合 PC-TWA 数值的前提下容许短时间(15 min)接触的浓度。

2.64

最高容许浓度 maximum allowable concentration ;MAC

一种有毒物质在工作地点、一个工作日内任何时间均不应超过的浓度。

2.65

超限倍数 excursion limits

对未制定 PC-STEL 的化学有害因素，在符合 8 h 时间加权平均容许浓度的情况下，任何一次短时间(15 min)接触的浓度均不应超过的 PC-TWA 的倍数值。

3 通风术语

3.1 通风方式

3.1.1

通风 ventilation

采用自然或机械方法，对某一空间进行空气置换，以形成卫生、安全或适宜的空气环境。

3.1.2

工业通风 industrial ventilation

针对生产过程中产生的余热、余湿、粉尘和有害气体等进行控制和治理而进行的通风。

3.1.3

自然通风 natural ventilation

利用室内外空气温差、密度差及风压的作用实现室内外空气置换的通风方式。

3.1.4

机械通风 mechanical ventilation

forced ventilation

利用机械实现室内外空气置换的通风方式。

3.1.5

机械通风系统 mechanical ventilating system

由通风机和通风管网等组成、为实现室内外空气置换的装置。

3.1.6

全面通风 general ventilation

entirely ventilation; general air change

用清洁空气对整个空间进行空气置换的通风方式。

3.1.7

局部通风 local ventilation

对空间内的部分区域采取的通风方式。

3.1.8

全面排风 general exhaust ventilation ;GEV

从整个空间排出余热、余湿、粉尘和有害物质的通风方式。

3.1.9

有组织通风　organized ventilation

以自然或机械方法将室外新鲜空气送入室内，将室内污染空气排出室外的通风方式。

3.1.10

局部送风　local relief

将一定容积的空气，以一定的速度送至指定地点或区域的通风方式。

3.1.11

局部排风　local exhaust ventilation ;LEV

在散发有害物质的局部空间设置排风罩捕集有害物质并将其排至室外的通风方式。

3.1.12

槽边通风　rim ventilation

slot exhaust on edges of tanks

利用在槽边设置的排风罩排除槽内液面散发的有害物质的空气置换方式。

3.1.13

事故通风　emergency ventilation

排除或稀释空间内发生事故时突然散发的大量有害物质、有爆炸危险的气体或蒸气的通风方式。

3.1.14

事故通风系统　emergency ventilation system

空间内发生事故时的机械通风系统。

注：包括事故送风系统和事故排风系统。

3.1.15

诱导通风　inductive ventilation

利用空气射流的引射作用进行通风的方式。

3.2　通风技术

3.2.1

通风量　ventilation rate

单位时间内进入系统或从系统排出的风量。

3.2.2

进风量　supply air rate

单位时间内进入某空间的风量。

3.2.3

排风量　exhaust air rate

单位时间内从某空间排出的风量。

3.2.4

换气次数　air changes

ventilation rate

单位时间内室内空气的更换次数，以通风量与空间容积的比值计算。

3.2.5

热压　thermal pressure

thermal buoyancy; stack effect pressure

由于温差引起的室内外或管内外空气柱的重力差。

3.2.6

风压　wind pressure

风流经建筑物时，在建筑物周围形成的静压与稳定气流静压的差值。

3.2.7

正压区　zone of positive pressure

风吹向建筑物时，由于撞击作用而使建筑物周围静压高于稳定气流区静压的区域。

3.2.8

负压区　zone of negative pressure

风流经建筑物时，由于气流在屋顶、侧墙和背风侧产生局部涡流，而使上述部位附近静压低于稳定气流区静压的区域。

3.2.9

风量平衡　air balance

采取措施使送风量与排风量相等的过程。

3.2.10

热平衡　heat balance

通风时，为保持室温达到设计要求，通过计算和采取相应措施，使进入室内的热量与从室内排出的热量相等。

3.2.11

罩口风速　hood face velocity

罩口处有效断面上的平均风速。

3.2.12

控制点　capture point

有害物质散发直到耗尽最初能量，散发速度降低到环境中无规则气流速度大小时的位置。

3.2.13

控制距离　capture distance

控制点到罩口中心的距离。

3.2.14

控制风速　capture velocity

将控制点处的有害物质吸入罩内所需的最小风速。

3.2.15

气流组织　air distribution

对室内空气的流动形态和分布进行合理组织，合理布置送、排风口的位置，以较小的通风量实现良好的通风效果。

3.2.16

射流　jet

从通风孔口向相对静止的周围空气射出的气流。

3.3　通风设备与装置

3.3.1

通风设备　ventilation equipment

ventilation facilities

为实现通风所需要的各种设备与部件的统称。

注：常用通风设备包括通风机、除尘器、空气净化器、空气换热器以及各类通风系统的部件。

3.3.2

通风部件　components

通风与空调系统中用于连接系统部件，引导或阻隔气流的各类部件。

注：常用通风部件包括各类风帽、风口、排风罩、风管、阀门、检查孔、弯头、三通、变径管、来回管、导流板和法兰。

3.3.3

通风管道 ventilation duct

输送空气和空气混合物的各种风管和风道的统称。

3.3.4

风管 air duct

薄钢板、铝板、硬聚氯乙烯板或玻璃钢等材料制成的通风管道。

3.3.5

风道 air channel

由砖、混凝土、石膏板等建筑材料制成的通风管道。

3.3.6

柔性接头 flexible joint

通风机进、出口与刚性风管连接的可变性短管,常用橡胶、帆布等材料制作。

3.3.7

集合管 air manifold

汇集各种并联支、干管的横截面较大的直管段。

3.3.8

风帽 ventilator

排风时置于垂直或水平管道末端的避风设备。

3.3.9

阀门 valve

使配管和设备内的介质(液体、气体、粉末)流动或停止,并能控制其流量的装置。

3.3.10

风口 air inlet

装在通风管道侧面或支管末端用于送风、排风或回风的孔口或装置的统称。

3.3.11

吸风口 exhaust inlet

用以将室内空气引入排风或回风系统中的风口。

3.3.12

排风口 exhaust outlet

将排风系统中的空气及其混合物排到室外大气的风口。

3.3.13

送风口 Inlet port

用于向室内送入经过处理的空气的风口。

3.3.14

清扫孔 cleanout hole

用于清除通风除尘系统管道内积尘的密封可拆装孔口。

3.3.15

检查门 access door

装在空气处理室侧壁上,用于检修设备的密闭门。

3.3.16

测孔 sampling hole

用于检测设备及通风管道内空气及其混合物的各种参数,但平时须加以密封的孔口。

3.3.17

排风罩 hood

设置在有害物质散发源处，捕集和控制有害物质的通风部件。

3.3.18

密闭罩 enclosed hood

将有害物质散发源全部密闭在一定空间内，抑制其发散的遮挡结构的总称。

3.3.19

局部密闭罩 partial enclosure

仅将工艺设备放散有害物质的部分加以密闭的遮挡结构。

3.3.20

整体密闭罩 integral enclosure

将放散有害物质的工艺设备大部分或全部密闭起来的遮挡结构。

3.3.21

外部吸气罩 capturing hood

依靠罩口的抽吸作用，在控制点形成一定的风速，以排除受控范围内有害物质的局部排风罩。

3.3.22

接受式排风罩 receiving hood

利用生产过程中含有害气体的气流的自身运动，接受须排除有害物质的局部排风罩。

3.3.23

吹吸式排风罩 push-pull hood

利用吹吸气流的联合作用控制有害物质扩散并将其排除的局部排风罩。

3.3.24

排风柜 laboratory hood

一种三面围挡、一面敞开或装有操作拉门的柜式排风罩。

3.3.25

伞形罩 canopy hood

装在有害物散发源上方的呈伞状的局部排风罩。

3.3.26

侧吸罩 lateral hood（side hood）

设置在有害物散发源侧面的局部排风罩。

3.3.27

槽边排风罩 rim exhaust

沿槽边设置，用以收集槽内液面散发的有害物质，吸风口呈平口或条缝式的局部排风罩。

3.3.28

通风机 fan

将机械能转变为气体的势能和动能，用于输送空气及物料的动力机械。

注：按气体流动的方向，通风机可分为离心式、轴流式、贯流式等类型。

3.3.29

离心式通风机 centrifugal fan

空气沿轴向流入叶轮，并沿垂直轴向流出叶轮的通风机。

3.3.30

轴流式通风机 axial-flow fan

空气沿叶轮轴向进入并离开的通风机。

3.3.31

贯流式通风机 cross-flow fan

空气以垂直于叶轮轴的方向由机壳一侧的叶轮边缘进入并在机壳另一侧流出的通风机。

3.3.32

导流板 guide vane

装于通风管道内的一个或多个叶片，使气流分成多股平行气流，从而减少阻力的配件。

4 防尘术语

4.1 防尘技术

4.1.1

通风除尘 ventilation and dust control

利用通风的方法排出并净化被粉尘污染的空气。

4.1.2

机械除尘 mechanical dust removal

借助机械设备去除含尘气体中粉尘的过程。

4.1.3

过滤除尘 porous layer dust collection

利用多孔介质的过滤作用捕集含尘气体中粉尘的技术。

4.1.4

静电除尘 electrostatic precipitation

含尘气流进入装置，利用高压放电而使气体在装置内电离，其中的粉尘荷电后向收尘极板移动从而去除含尘气体中粉尘的技术。

4.1.5

湿法除尘 wet dust collection

水力除尘、蒸汽除尘和喷雾降尘等除尘方式的统称。

4.1.6

湿式作业 wet method operating

将物料加湿、抑制粉尘发散的操作方式。

4.1.7

联合除尘 mechanical and hydraulic combined dust removal

两种或两种以上除尘方法相结合的除尘方式。

4.1.8

除尘系统 dust removing system

由局部排风罩、风管、阀门、通风机和除尘器、风帽等组成的，用以捕集粉尘、输送和净化含尘气流和净化空气的机械排风系统。

4.1.9

就地式除尘系统 spot-type dust removal system

将除尘设备直接安装在产尘设备上捕集和回收粉尘的除尘系统。

4.1.10

分散式除尘系统 distributed dust removal system

将由一个或数个同一工艺流程中的产尘点作为一个系统，在产尘点分别设置独立的除尘设备的除尘系统。

4.1.11

集中式除尘系统　centralized dust removal system

将多个产尘点、整个车间甚至全厂的产尘点全部集中为一个系统，系统中的除尘设备放置在专门的除尘室内的除尘系统。

4.1.12

真空清扫　vacuum cleaning

利用风机或真空泵的吸力将粉尘吸进吸尘装置，经除尘器净化后排出的过程。

4.1.13

处理风量　air volume

标准状态下，单位时间内通过除尘器的含尘气体量。

4.1.14

除尘器阻力　working resistance

气体通过除尘器的压力损失，即除尘器进口断面与出口断面的气流平均全压之差。

4.1.15

除尘效率　collection efficiency

单位时间内，除尘器捕集到的粉尘质量占进入除尘器的粉尘质量的百分数。

4.1.16

穿透率　penetration

在同一时间内，排出除尘器的粉尘量与进入除尘器的总粉尘量的百分比。

4.1.17

漏风率　air leakage ratio

漏入或漏出除尘器的风量与入口风量(均折算为标准状态风量)的比率。

4.1.18

分级效率　grade collection efficiency

除尘器对某一粒径(或粒径范围)粉尘的去除效率。

4.1.19

含尘浓度　dust concentration

单位体积气体中含有的粉尘质量。

4.1.20

排放浓度　emission concentration

排放气体单位体积中所含有害物质的质量。

4.1.21

过滤风速　filtration velocity

含尘气流通过滤料有效面积的平均速度。

4.1.22

气布比　air-to-cloth ratio

比负荷

单位面积滤料所通过的空气量。

4.1.23

过滤面积　filtration area

起滤尘作用的滤料有效面积。

4.1.24

过滤器初阻力　initial resistance of filter

额定风量下，过滤器没有积尘时的阻力。

4.1.25

过滤器终阻力　final resistance of filter

额定风量下，过滤器的容尘量达到足够大而需要清洗或更换滤料时的阻力。

4.1.26

容尘量　dust capacity

过滤器达到终阻力值时所能容纳的粉尘量。

4.1.27

电场风速　precipitator gas velocity

气体流经电场的平均速度，即电除尘器单位时间内处理的气体量和电场流通面积的比值。

4.1.28

粉尘驱进速度　dust drift velocity

荷电粉尘在电场力作用下向阳极板表面运动的速度。

4.1.29

清灰　dust cleaning

利用机械或空气动力等方法去除过滤介质上所粘附的粉尘层，恢复介质过滤或清除粉尘能力的过程。

4.1.30

连续除灰　continuous dust dislodging

用螺旋输送机或气力输送等装置，将除尘器灰斗中的粉尘连续排除的除灰方式。

4.2　除尘设备

4.2.1

除尘器　dust collector

dust separator

从含尘气体中分离、捕集粉尘的装置或设备。

4.2.2

惯性除尘器　inertial dust collector

使含尘气体与物体撞击或急剧地改变气流运动方向，从而利用惯性力分离并捕集粉尘的除尘装置。

4.2.3

重力沉降室（除尘器）　gravity dust collector

粉尘在重力作用下沉降而被分离出来的一种惯性除尘装置。

4.2.4

离心式除尘器　centrifugal dust collector

利用含尘气体的旋转流动，使粉尘在离心力的作用下沿径向移动而被分离出来的除尘装置。

4.2.5

过滤式除尘器　porous layer dust collector

利用多孔介质的过滤作用捕集含尘气体中粉尘的除尘设备；包括袋式除尘器、颗粒层除尘装置等。

4.2.6

袋式除尘器　bag filter

利用由过滤介质制成的袋状或筒状过滤元件来捕集含尘气体中粉尘的除尘装置。

4.2.7

湿式除尘器　wet dust collector

wet scrubber

利用液体的洗涤作用将粉尘从含尘气体中分离出来的除尘装置。

4.2.8

冲激式除尘器　impact dust scrubber

利用含尘气体冲击液体，激起雾滴，使粉尘被液体、液滴捕集的湿式除尘装置。

4.2.9

文丘里除尘器　Venturi scrubber

含尘气体经过喉管形成高速湍流，使液滴雾化并易于与粉尘碰撞、凝聚后被捕集的湿式除尘装置。

4.2.10

旋风水膜除尘器　cyclone scrubber

在筒体内壁形成一层流体水膜，含尘气流中粉尘靠离心作用甩向筒壁被水膜所捕集的湿式除尘装置。

4.2.11

泡沫除尘器　bubbling scrubber

依靠含尘气体流经筛板产生的泡沫捕集粉尘的湿式除尘装置。

4.2.12

洗涤过滤式除尘器　filtering scrubber

利用不断被液体冲洗的过滤介质捕集含尘气体中粉尘的湿式除尘装置。

4.2.13

电除尘器　electrostatic precipitator

利用高压电场将空气电离，使粉尘荷电，通过荷电粉尘向极性相反的电极运动，把粉尘从含尘气体中分离出来的除尘装置。

4.2.14

除尘机组　dust collecting unit

由吸尘罩、管道、风机、除尘器及配件等组合为一体的除尘装置。

4.2.15

复合除尘器　complex of dust collector

利用两种或两种以上不同除尘机理将组件综合在一起组成的除尘器。

注：如电-旋风除尘器、喷雾-冲激除尘器、干-湿一体除尘器、电-袋复合除尘器等。

4.2.16

滤料　filter media

对空气中微粒具有过滤作用的材料。

注：常用的有合成或天然纤维、玻璃纤维、金属丝或多孔材料等做成的滤纸、滤布、滤网等。

5　防毒术语

5.1　防毒技术

5.1.1

气体吸收　absorption of gas and vapor

利用液体吸收剂清除气体中有害组分的方法。

5.1.2

气体吸附　adsorption of gas and vapor

利用固体吸附剂清除气体中有害组分的方法。

5.1.3

解吸　desorption

吸收和吸附的逆过程；通过与气体吸附或吸收相反的过程，将被吸附或被吸收的气体或溶质从吸附剂或吸收剂中释放出来的方法。

5.1.4

直接燃烧净化　direct incineration

以有害废气为燃料，参与燃烧并将含有害废气的空气净化的方法。

5.1.5

热力燃烧净化　thermal oxidation

在使用辅助燃料的前提下，将可燃的有害气体的温度提高到反应温度，使其进行氧化分解的燃烧净化方法。

5.1.6

催化燃烧净化　catalytic combustion

利用催化剂使废气中的可燃物质能在较低温度下被氧化分解的燃烧净化方法。

5.1.7

气体冷凝　condensation of vapor

通过冷却使有害蒸气凝结并从气体中分离出来的方法。

5.1.8

吸收速率　absorption rate

吸收过程中，单位时间通过单位相际传质面积所传递的物质量。

5.2　净化设备

5.2.1

吸收装置　absorption equipment

采用适当的液体吸收剂清除混合气体中某种有害组分的设备。

5.2.2

吸附装置　adsorption equipment

采用固体吸附剂从气体中脱除臭气、溶剂和其他低浓度有害气体的设备。

5.2.3

燃烧炉　combustion furnace

用于废气燃烧净化的设备。

5.2.4

燃烧器　combustor

用于燃烧辅助燃料产生高温燃气的装置。

5.2.5

燃烧室　combustion chamber

用于使废气和高温燃气混合、驻留并充分反应的设备空间。

5.2.6

填料　filler

吸收装置中的用于分散气体和液体，形成和扩展传质面积的固体构件。

5.2.7

冷凝器 condenser

用于对蒸汽进行冷凝的净化分离装置。

5.2.8

表面冷凝器 surface condenser

将被冷凝物质和冷却剂用一传热的间壁隔开,通过传热面进行热交换的装置。

5.2.9

接触冷凝器 contact condenser

冷、热流体直接接触换热,并实现冷凝的装置。

5.2.10

填料塔 packed tower

筒体内装有固体填料,吸收剂自塔顶向下喷淋于填料上,气体沿填料间隙上升,通过气液接触使有害物质被吸收的净化设备。

5.2.11

筛板塔 sieve-plate column

筒体内设有筛板,气体自下而上穿过筛板上的液层,通过气体的鼓泡使有害物质被吸收的净化设备。

索 引

汉语拼音索引

T

W

X

Y

Z

英文对应词索引

ICS 29.045
H 82

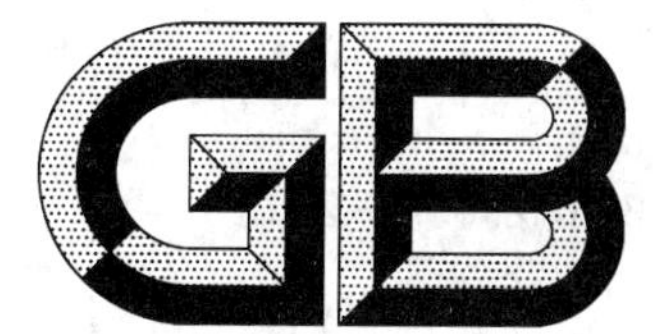

中华人民共和国国家标准

GB/T 29054—2012

太阳能级铸造多晶硅块

Solar-grade casting multi-crystalline silicon brick

2012-12-31 发布

2013-10-01 实施

中华人民共和国国家质量监督检验检疫总局
中国国家标准化管理委员会 发布

前　言

本标准按照 GB/T 1.1—2009 给出的规则起草。

本标准由全国半导体设备和材料标准化技术委员会材料分技术委员会(SAC/TC 203/SC 2)归口。

本标准起草单位:江西赛维 LDK 太阳能高科技有限公司、宁波晶元太阳能有限公司、西安隆基硅材料股份有限公司、江苏协鑫硅材料科技发展有限公司、无锡尚德太阳能电力有限公司。

本标准主要起草人:万跃鹏、唐骏、薛抗美、张群社、孙世龙、游达、朱华英、金虹、刘林艳、段育红。

太阳能级铸造多晶硅块

1 范围

本标准规定了太阳能级铸造多晶硅块的产品分类、技术要求、试验方法、检测规则以及标志、包装、运输、贮存等。

本标准适用于利用铸造技术制备多晶硅片的多晶硅块。

2 规范性引用文件

下列文件对于本文件的应用是必不可少的。凡是注日期的引用文件,仅注日期的版本适用于本文件。凡是不注日期的引用文件,其最新版本(包括所有的修改单)适用于本文件。

GB/T 1550 非本征半导体材料导电类型测试方法

GB/T 1551 硅单晶电阻率测定方法

GB/T 1553 硅和锗体内少数载流子寿命测定 光电导衰减法

GB/T 1557 硅晶体中间隙氧含量的红外吸收测量方法

GB/T 1558 硅中代位碳原子含量红外吸收测量方法

GB/T 6616 半导体硅片电阻率及硅薄膜薄层电阻测试方法 非接触涡流法

GB/T 14264 半导体材料术语

SEMI PV1-0709 利用高质量分辨率辉光放电质谱测量光伏级硅中微量元素的方法

3 术语和定义

GB/T 14264 界定的以及下列术语和定义适用于本文件。

3.1

硅块 silicon brick

一种块状半导体,通常为尺寸均匀的长方体,由多晶硅锭或单晶硅棒切割而成。

4 分类

产品按外形尺寸(长×宽)分为 125 mm×125 mm 和 156 mm×156 mm,且有效高度应≥100 mm,或由供需双方协商。

5 要求

5.1 外观质量

5.1.1 在有效高度内无目视可见裂纹、崩边、缺口。

5.1.2 红外探伤检测结果不可出现尺寸大于 5 mm 的阴影;每块多晶硅块需测量四个侧面。

5.1.3 侧面粗糙度 $Ra \leqslant 0.2\ \mu m$。

5.1.4 相邻两面的垂直度为 90°±0.25°,如图 1 所示。

5.1.5 倒角尺寸为1.5 mm±0.5 mm,倒角角度为45°±10°,如图1所示。

5.1.6 外形尺寸(长×宽)偏差±0.5 mm。

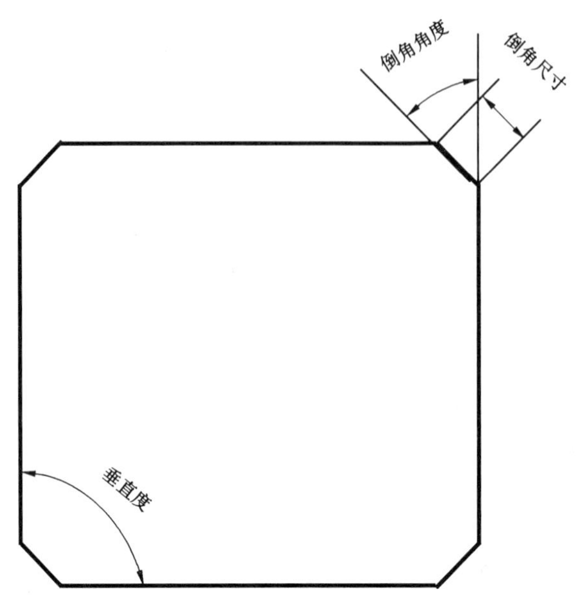

图1 多晶硅块垂直度、倒角尺寸和倒角角度的定义

5.2 性能

性能要求具体见表1,表1中未列出的规格要求由供需双方协商。

表1

项　　目	要　　求
电阻率/(Ω·cm)	0.5～3.0
导电类型	P型
少数载流子寿命/μs	≥1
间隙氧浓度/(atoms/cm^3)	≤8×10^{17}
代位碳浓度/(atoms/cm^3)	≤5×10^{17}
基体金属杂质浓度/10^{-6}(ppmw)	Fe、Cr、Ni、Cu、Zn TMI(Total metal impurities)金属杂质总含量:≤2
硼浓度/ppmw	≤0.4

6 试验方法

6.1 外观:用目测检查。

6.2 电阻率:按GB/T 1551或GB/T 6616进行;应尽量避免在晶界处测量,选择大晶粒范围内测量,并选取电阻率测量平均值,其具体测量方法由供需双方协商。

6.3 导电类型:按GB/T 1550进行。

6.4 少数载流子寿命:按GB/T 1553进行。

6.5 间隙氧浓度：按 GB/T 1557 进行。

6.6 代位碳浓度：按 GB/T 1558 进行。

6.7 红外探伤检测方法：将太阳能级铸造多晶硅块置于(400～3 000)nm 红外光源下，通过摄像机观察成像效果。

6.8 金属杂质和硼含量：选取太阳能级铸造多晶硅块中直径为(20～40)mm，厚度为(5～20)mm 的多晶硅，利用 GDMS 测量硼元素和金属杂质含量的操作，其具体操作方法可参考 SEMI PV1-0709。

6.9 侧面粗糙度：用表面粗糙度测试仪测得，测试点在所试表面随机获得。测试要求测量硅块的相邻两侧面，两端面不用测量。

6.10 外形尺寸：用游标卡尺或相应精度的量具进行。

6.11 相邻两边的垂直度：用万能角尺或相应精度的量具进行。

7 检验规则

7.1 检验和验收

7.1.1 产品应由供方技术(质量)监督部门进行检验，保证产品质量符合本标准的规定，并填写产品质量保证书。

7.1.2 需方可对收到的产品按本标准(或订货合同)的规定进行检验，若检验结果与本标准(或订货合同)的规定不符时，应在收到产品之日起一个月内向供方提出，由供需双方协商解决。

7.2 组批

多晶硅块以批的形式提交验收，应由相同规格多晶硅块组成。

7.3 检验项目及取样

多晶硅块应进行红外探伤、导电类型、电阻率、少数载流子寿命、外形尺寸及硅块外观等项目的检验。

7.4 抽样

每批产品随机抽取 20%的试样做导电类型、电阻率、少数载流子寿命检验，如要求按照其他方案进行，由供需双方商定。

7.5 检验结果的判定

红外探伤、外形尺寸及硅块外观检验若有 1 项不合格，则该块多晶硅块为不合格。除去不合格的多晶硅块后，余下的多晶硅块进行导电类型，电阻率和少数载流子寿命检测，若有 1 项不合格，则重复试验，重复试验仍不合格，则判该批产品不合格。

8 标志、包装、运输和贮存

8.1 标志、包装

8.1.1 使用防震材料包装，然后将经过包装的多晶硅块装入包装箱内，并装满填充物，防止多晶硅块松动，特殊包装由供需双方协商。

8.1.2 包装箱外侧应有“小心轻放”、“防潮”、“易碎”、“防腐”等标识，并标明：

a) 需方名称，地点；

b） 产品名称及规格；

c） 产品件数及重量(毛重/净重)；

d） 供方名称。

8.2 运输、贮存

8.2.1 产品在运输过程中应轻装轻卸，勿挤压，并采取防震、防潮措施。

8.2.2 产品应贮存在清洁、干燥的环境中。

8.3 质量保证书

每批产品应有质量证明书，写明：

a） 供方名称；

b） 产品名称及规格；

c） 产品批号；

d） 产品净重及多晶块数；

e） 各项参数检验结果和检验部门的印记；

f） 本标准编号；

g） 出厂日期。

9 订货单(或合同)内容

订购本标准所列产品的订货单(或合同)应包括下列内容：

a） 产品名称；

b） 规格；

c） 重量；

d） 本标准编号；

e） 其他。

ICS 29.045
H 82

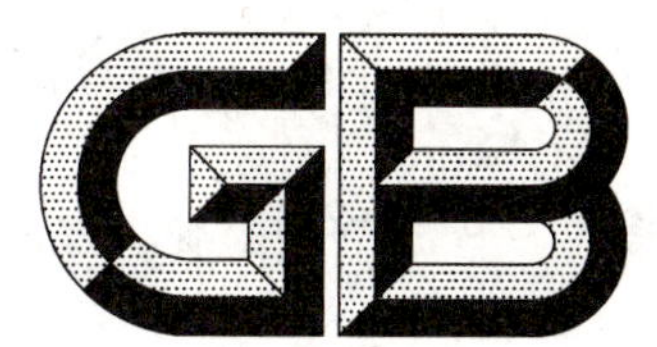

中华人民共和国国家标准

GB/T 29055—2012

太阳电池用多晶硅片

Multi-crystalline silicon wafer for solar cell

2012-12-31 发布　　　　2013-10-01 实施

中华人民共和国国家质量监督检验检疫总局
中国国家标准化管理委员会　发布

前 言

本标准按照 GB/T 1.1—2009 给出的规则起草。

本标准由全国半导体设备和材料标准化技术委员会材料分技术委员会(SAC/TC 203/SC 2)归口。

本标准起草单位:江西赛维 LDK 太阳能高科技有限公司、宁波晶元太阳能有限公司、无锡尚德太阳能电力有限公司。

本标准主要起草人:万跃鹏、唐骏、孙世龙、游达、朱华英、刘林艳、段育红。

太阳电池用多晶硅片

1 范围

本标准规定了太阳电池用多晶硅片的术语定义、符号及缩略语、产品分类、技术要求、试验方法、检测规则以及标志、包装、运输、贮存等。

本标准适用于铸锭多晶切片垂直于长晶方向生产的太阳电池用多晶硅片。

2 规范性引用文件

下列文件对于本文件的应用是必不可少的。凡是注日期的引用文件，仅注日期的版本适用于本文件。凡是不注日期的引用文件，其最新版本(包括所有的修改单)适用于本文件。

GB/T 1550 非本征半导体材料导电类型测试方法

GB/T 1551 硅单晶电阻率测定方法

GB/T 2828.1 计数抽样检验程序 第1部分：按接收质量限(AQL)检索的逐批检验抽样计划

GB/T 6616 半导体硅片电阻率及硅薄膜薄层电阻测试方法 非接触涡流法

GB/T 6618 硅片厚度和总厚度变化测试方法

GB/T 6619 硅片弯曲度测试方法

GB/T 14264 半导体材料术语

GB/T 29054 太阳能级铸造多晶硅块

SEMI MF1535 用微波反射非接触光电导衰减方法测试硅晶片载流子复合寿命的方法

3 术语和定义

GB/T 14264 界定的以及下列术语和定义适用于本文件。

3.1

密集线痕 dense saw mark

硅块切割时，在硅片表面留下的密集型划痕。

4 外形尺寸分类

太阳电池用多晶硅片的规格系列见表1，在表1中未列出的尺寸规格要求由供需双方协商。

表1 太阳电池用多晶硅片规格系列

外形尺寸/mm	125×125	156×156
硅片厚度/μm	160	
	180	
	200	
	220	

5 要求

5.1 表面质量

5.1.1 硅片外观要求表面洁净，无沾污、色斑、目视裂纹、孔洞等目视缺陷。

5.1.2 硅片表面允许有深度＜0.5 mm，长度＜1.0 mm 的崩边缺陷整片≤2 处，不允许“V”型缺角的崩边缺陷。

5.1.3 硅片允许有深度＜0.3 mm 的边缘缺陷，并且边缘缺陷的单边累积长度应≤10 mm。

5.1.4 硅片表面允许存在长度 10 mm 的范围内晶粒的数量≤10 个。

5.2 尺寸规格

太阳电池用多晶硅片的尺寸偏差应符合表 2 的要求，如用户有特殊要求时，由供需双方协商。

表 2 太阳电池用多晶硅片尺寸偏差要求

项目	偏差要求
外形尺寸/mm	±0.5
倒角尺寸/mm	1.5±0.5
硅片厚度 T/μm	± 20
TTV(总厚度变化)/μm	≤40
弯曲度/μm	≤75
相邻两边的垂直度 /(°)	90°±0.25°
单条线痕 Ry 值 /μm	≤15
密集型线痕数/条	当 Ry≤10 μm 时无总数量限制；当 Ry＞10 μm 时硅片线痕数量应≤ 10 条

5.3 性能

5.3.1 电阻率：范围为(0.5～3.0)Ω·cm，或由供需双方协商。

5.3.2 导电类型：P 型或由供需双方协商。

5.3.3 间隙氧浓度：间隙氧浓度应小于 8×10^{17} atoms/cm^3，或由供需双方协商。

5.3.4 代位碳浓度：代位碳含量应小于 5×10^{17} atoms/cm^3，或由供需双方协商。

5.3.5 少子寿命：平均少子寿命应大于 1 μs，或由供需双方协商。

6 试验方法

6.1 表面质量：在 430 lx～650 lx 光强度的荧光灯或乳白灯下目视进行。

6.2 外形尺寸：用游标卡尺或相应精度的量具进行。

6.3 厚度测量及 TTV 测量按 GB/T 6618 进行。

6.4 弯曲度检验按 GB/T 6619 进行，或由供需双方协商。

6.5 相邻两边的垂直度：用万能角尺或相应精度的量具进行。

6.6 线痕深度取单条线痕最大处用表面粗糙度测试仪在垂直线痕左右 5 mm 范围内测量该线痕的极

差值（Ry），当存在多条线痕时应进行多次测量取最大值。

6.7　电阻率检验按 GB/T 1551 或 GB/T 6616 进行。

6.8　导电类型检验按 GB/T 1550 进行。

6.9　间隙氧浓度的检验参考 GB/T 29054 中太阳能级铸造多晶硅块的间隙氧含量的测量结果。

6.10　代位碳浓度的检验参考 GB/T 29054 中太阳能级铸造多晶硅块的代位碳含量的测量结果。

6.11　少子寿命的检验参考太阳能级铸造多晶硅块少子寿命的测量结果或 SEMI MF1535 中太阳能级铸造多晶硅片的载流子复合寿命的测量结果。

7　检验规则

7.1　检验和验收

7.1.1　产品应由供方技术（质量）监督部门进行检验，保证产品质量符合本标准的规定，并填写产品质量保证书。

7.1.2　需方可对收到的产品按本标准（或订货合同）进行检验，若检验结果与本标准（或订货合同）的规定不符时，应在收到产品之日起三个月内向供方提出，由供需双方协商解决。

7.2　组批

每批应由相同尺寸和相同电阻率范围硅片组成。

7.3　检验项目

硅片检验的项目有：导电类型、电阻率范围、表面质量、外形和几何尺寸等。

7.4　抽样及检验结果的判定

硅片抽样按 GB/T 2828.1 正常检查一次抽样方案进行，具体的抽样项目、检查水平和合格质量水平如表 3 所示，或由供需双方商定。

表 3　检测项目、检查水平和合格质量水平

序号	检验项目		检查水平	合格质量水平(AQL)
1	外形尺寸		Ⅱ	1.0
2	倒角尺寸		Ⅱ	1.0
3	硅片厚度		Ⅱ	1.0
4	总厚度变化		Ⅱ	1.0
5	弯曲度		Ⅱ	1.0
6	线痕深度		Ⅱ	1.0
7	相邻两边的垂直度		Ⅱ	1.0
8	导电类型		S-2	0.01
9	电阻率范围		S-2	0.01
10	硅片外观及表面质量	崩边/缺口	Ⅱ	1.0
		硅片边缘	Ⅱ	2.5
		表面质量	Ⅱ	1.5
		累计	—	2.5

8 标志、包装、运输和贮存

8.1 标志、包装

8.1.1 产品封装于相应规格包装盒及包装箱内，并在包装盒、箱内填满具有减震作用的填充物，防止硅片和包装盒松动。特殊包装由供需双方协商。

8.1.2 包装箱外应标有“小心轻放”、“防腐”、“防潮”字样或标志，并注明：

a) 需方名称，地点；
b) 产品名称及规格；
c) 产品毛重、净重；
d) 产品件数；
e) 供方名称。

8.2 运输、贮存

8.2.1 产品在运输过程中应轻装轻卸，严禁抛掷，勿挤压，且应采取防震、防潮措施。

8.2.2 产品应贮存在清洁、干燥的环境中。

8.3 质量保证书

每批产品应有质量证明书，写明：

a) 供方名称；
b) 产品名称及规格；
c) 产品批号；
d) 产品片数；
e) 各项参数检验结果和检验部门的印记；
f) 本标准编号；
g) 出厂日期。

9 订货单(或合同)内容

订购本标准所列产品的订货单(或合同)应包括下列内容：

a) 外形和尺寸；
b) 型号；
c) 数量；
d) 本标准编号；
e) 其他。

ICS 31.030
L 90

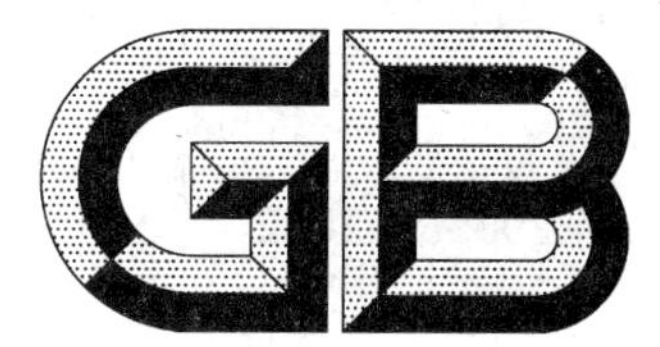

中华人民共和国国家标准

GB/T 29056—2012

硅外延用三氯氢硅化学分析方法 硼、铝、磷、钒、铬、锰、铁、钴、镍、铜、钼、砷和锑量的测定 电感耦合等离子体质谱法

Trichlorosilane for silicon epitaxy—Determination of boron, aluminium, phosphorus, vanadium, chrome, manganese, iron, cobalt, nickel, copper, arsenic, molybdenum and antimony content—Inductively coupled plasma mass spectrometric method

2012-12-31 发布　　　　2013-10-01 实施

中华人民共和国国家质量监督检验检疫总局
中国国家标准化管理委员会　发布

前　言

本标准按照 GB/T 1.1—2009 给出的规则起草。

本标准由全国半导体设备和材料标准化技术委员会(SAC/TC 203)提出并归口。

本标准起草单位:南京中锗科技股份有限公司、南京大学现代分析中心、南京大学国家 863 计划新材料 MO 源研究开发中心。

本标准主要起草人:郑华荣、刘新军、龚磊荣、张莉萍、黄和明、陈逸君、虞磊。

硅外延用三氯氢硅化学分析方法 硼、铝、磷、钒、铬、锰、铁、钴、镍、铜、钼、砷和锑量的测定 电感耦合等离子体质谱法

警告——使用本标准的人员应有正规实验室工作的实践经验。本标准并未指出所有可能的安全问题。使用者有责任采取适当的安全和健康措施，并保证符合国家有关法规规定的条件。

1 范围

本标准规定了用电感耦合等离子体质谱仪(ICP-MS)测定硅外延用三氯氢硅($SiHCl_3$)中硼、铝、磷、钒、铬、锰、铁、钴、镍、铜、钼、砷、锑等痕量元素含量的方法。

本标准适用于硅外延用三氯氢硅($SiHCl_3$)中硼、铝、磷、钒、铬、锰、铁、钴、镍、铜、钼、砷、锑等含量的测定。各元素测定范围见表1。

表1

元　素	测定范围(质量分数 w)/%
B	0.000 000 001～0.000 002
Al	0.000 000 001～0.000 002
P	0.000 000 001～0.000 000 2
V	0.000 000 000 5～0.000 002
Cr	0.000 000 001～0.000 002
Mn	0.000 000 001～0.000 002
Fe	0.000 000 001～0.000 002
Co	0.000 000 000 5～0.000 000 2
Ni	0.000 000 001～0.000 002
Cu	0.000 000 001～0.000 002
Mo	0.000 000 000 5～0.000 000 2
As	0.000 000 001～0.000 002
Sb	0.000 000 001～0.000 002

2 方法提要

乙腈能与一些金属氯化物生成稳定络合物。于三氯氢硅中加入乙腈，在常温下，用氮气载带挥发分离基体，残留的 SiO_2 用氢氟酸溶解转化为 SiF_4 挥发除去。再用 1%HNO_3 溶解残渣，溶液用 ICP-MS 测定。

3 试剂

3.1 乙腈:分析纯,经石英蒸馏器于81.0 ℃蒸馏两次提纯,每升乙腈弃去最初馏分(50～60)mL和末馏分(60～70)mL,取中间馏分保存于石英容器中。

3.2 氢氟酸:超纯试剂(Ultra pure,ρ=1.13 g/mL)。

3.3 甘露醇:准确称取5 g优级纯甘露醇溶于500 g超纯水中配制成1%水溶液保存在聚乙烯瓶中。

3.4 超纯水:电阻率为18.2 MΩ·cm。

3.5 硝酸:超纯试剂(Ultra pure,ρ=1.40 g/mL)。

3.6 混合标准贮存溶液:含B、Al、P、V、Cr、Mn、Fe、Co、Ni、Cu、Mo、As、Sb等元素,浓度为10 μg/mL。

3.7 钇标准贮存溶液:10 μg/mL。

3.8 钇标准溶液:10 ng/mL。移取100 μL钇标准贮存溶液(3.7)于100 mL容量瓶中,加入2 mL HNO_3,用超纯水稀释至刻度。

3.9 氮气:纯度≥99.999%。

4 仪器及设备

电感耦合等离子体质谱仪。

5 分析步骤

5.1 安全措施

三氯氢硅遇明火强烈燃烧,受高热分解产生有毒的氯化物气体,与氧化剂发生反应,有燃烧危险,极易挥发,在空气中发烟,遇水和水蒸气能产生热和有毒的腐蚀性烟雾。在三氯氢硅取样及样品处理过程中,要禁止明火,禁止高热,禁止与空气及水等物质的接触。

5.2 试料

量取30 mL试样。

5.3 测定数量

独立地进行三份试样的测定,取其平均值。

5.4 空白试验

随同试样做空白试验。

5.5 测定

于洁净干燥的铂金坩埚中加入1 mL乙腈(3.1),量取30 mL试样,并注入铂金坩埚中,将坩埚放入石墨蒸发器中,通入氮气(3.9)(流量0.8 L/min)形成流动的氮气环境,使三氯氢硅常温下缓慢地挥发除尽,取下熏蒸器盖,在坩埚内加入0.1 mL 1%的甘露醇溶液和1 mL氢氟酸(3.2),调温至110 ℃～120 ℃,直至SiO_2完全溶解并蒸干,冷却取出坩埚,在每个坩埚内加入1 mL HNO_3(1∶99)充分摇动,使残渣完全溶解,溶液待测。

按仪器工作条件,与标准溶液同时测定试液中各杂质元素的质量浓度,其中内标钇(Y)标准溶液(3.8)通过三通管在线加入。

5.6 工作曲线的绘制

分别移取 0 μL、20 μL、50 μL、100 μL 混合标准溶液(3.6)置于 4 个洁净的 100 mL 的聚乙烯容量瓶中,加入 2 mL 的硝酸(3.5),用去离子水稀释至刻度,此标准系列中含 B、Al、P、V、Cr、Mn、Fe、Co、Ni、Cu、As、Mo、Sb 浓度各为 0 ng/mL、2.0 ng/mL、5.0 ng/mL、10.0 ng/mL。按要求设置仪器条件(5.8),待仪器稳定后测定工作曲线。

5.7 ICP-MS 测定条件

5.7.1 具体测量参数见附录 A。

5.7.2 测定各元素含量时选取的同位素见表 2。

表 2

测定同位素	内标同位素
^{11}B、^{27}Al、$^{47}Ti(PO)$、^{51}V、^{52}Cr、^{55}Mn、^{56}Fe、^{59}Co、^{60}Ni、^{65}Cu、^{75}As、^{95}Mo、^{121}Sb	^{89}Y

5.8 注意事项

5.8.1 制样室及仪器室均为洁净室,其洁净度(每立方米 0.5 μm 的颗粒个数)至少需达千级标准。且温度需保持恒定(25 ℃左右)。

5.8.2 铂金坩埚在每次使用前进行净化处理。具体方法:用 10% MOS 级盐酸溶液煮沸 10 min 后用去离子水洗净,重复两次,烘干后备用。

6 结果计算

6.1 按拟定条件进行 ICP-MS 测定,计算机自动测量,以待测元素的 ICPS 对其浓度 c 绘制工作曲线,同时计算出空白及试料溶液中待测元素的含量。

6.2 按式(1)计算待测元素的质量分数:

$$W_{(x\%)}=\frac{(m_2-m_1)\cdot V_1\times 10^{-9}}{\rho\cdot V_2}\times 100\% \qquad \cdots\cdots(1)$$

式中:

$W_{(x\%)}$——分别为硼、铝、磷、矾、铬、锰、铁、钴、镍、铜、钼、砷、锑的质量分数,以质量百分数表示(%);

m_1 ——工作曲线上查得空白试验的杂质元素的浓度,单位为纳克每毫升(ng/mL);

m_2 ——工作曲线上查得试料中杂质元素的浓度,单位为纳克每毫升(ng/mL);

V_1 ——测定溶液的体积,单位为毫升(mL);

V_2 ——量取试样的体积,单位为毫升(mL);

ρ ——三氯氢硅的密度,单位为克每毫升(g/mL)。

所有样品需进行三次平行试验,最终结果取平行样品测量结果的算术平均值。

7 精密度

7.1 重复性

在重复性条件下获得两次独立的测量结果,以下给出平均值范围内,这两个测量结果的绝对差值不超过重复性限(r),超过重复性限(r)的情况不超过5%,重复性限(r)按表3数据采用线性内插法求得。

表3

W_B/%	0.000 000 001	0.000 000 01	0.000 000 1	0.000 001
r/%	0.000 000 001	0.000 000 005	0.000 000 02	0.000 000 16
W_{Al}/%	0.000 000 001	0.000 000 01	0.000 000 1	0.000 001
r/%	0.000 000 000 8	0.000 000 004	0.000 000 03	0.000 000 18
W_P/%	0.000 000 001	0.000 000 01	0.000 000 1	0.000 001
r/%	0.000 000 001	0.000 000 005	0.000 000 03	0.000 000 20
W_V/%	0.000 000 000 5	0.000 000 01	0.000 000 1	0.000 001
r/%	0.000 000 000 4	0.000 000 004	0.000 000 02	0.000 000 16
W_{Cr}/%	0.000 000 001	0.000 000 01	0.000 000 1	0.000 001
r/%	0.000 000 000 9	0.000 000 006	0.000 000 02	0.000 000 12
W_{Mn}/%	0.000 000 001	0.000 000 01	0.000 000 1	0.000 001
r/%	0.000 000 000 7	0.000 000 006	0.000 000 03	0.000 000 16
W_{Fe}/%	0.000 000 001	0.000 000 01	0.000 000 1	0.000 001
r/%	0.000 000 000 9	0.000 000 005	0.000 000 03	0.000 000 23
W_{Co}/%	0.000 000 000 5	0.000 000 01	0.000 000 1	0.000 001
r/%	0.000 000 000 4	0.000 000 006	0.000 000 03	0.000 000 13
W_{Ni}/%	0.000 000 001	0.000 000 01	0.000 000 1	0.000 001
r/%	0.000 000 000 8	0.000 000 006	0.000 000 03	0.000 000 14
W_{Cu}/%	0.000 000 001	0.000 000 01	0.000 000 1	0.000 001
r/%	0.000 000 000 8	0.000 000 006	0.000 000 02	0.000 000 22
W_{As}/%	0.000 000 001	0.000 000 01	0.000 000 1	0.000 001
r/%	0.000 000 000 9	0.000 000 008	0.000 000 03	0.000 000 20
W_{Mo}/%	0.000 000 000 5	0.000 000 01	0.000 000 1	0.000 001
r/%	0.000 000 000 4	0.000 000 005	0.000 000 02	0.000 000 11
W_{Sb}/%	0.000 000 001	0.000 000 01	0.000 000 1	0.000 001
r/%	0.000 000 000 7	0.000 000 004	0.000 000 02	0.000 000 13
注:重复性(r)为$2.8S_r$,S_r为重复性标准差。表中每一种同位素拥有上下两行数据,上行为同位素不同浓度下服从正态分布的随机变量均值,下行为相对应的重复性限。				

7.2 再现性

在再现性条件下获得两次独立的测量结果,以下给出平均值范围内,这两个测量结果的绝对差值不超过再现性限(R),超过再现性限(R)的情况不超过5%,再现性限(R)按表4数据采用线性内插法求得。

表 4

W_B/%	0.000 000 001	0.000 000 01	0.000 000 1	0.000 001
R/%	0.000 000 001 4	0.000 000 006	0.000 000 02	0.000 000 18
W_{Al}/%	0.000 000 001	0.000 000 01	0.000 000 1	0.000 001
R/%	0.000 000 001	0.000 000 005	0.000 000 03	0.000 000 20
W_P/%	0.000 000 001	0.000 000 01	0.000 000 1	0.000 001
R/%	0.000 000 001 5	0.000 000 007	0.000 000 03	0.000 000 20
W_V/%	0.000 000 000 5	0.000 000 01	0.000 000 1	0.000 001
R/%	0.000 000 000 5	0.000 000 006	0.000 000 02	0.000 000 20
W_{Cr}/%	0.000 000 001	0.000 000 01	0.000 000 1	0.000 001
R/%	0.000 000 001	0.000 000 007	0.000 000 03	0.000 000 16
W_{Mn}/%	0.000 000 001	0.000 000 01	0.000 000 1	0.000 001
R/%	0.000 000 000 8	0.000 000 008	0.000 000 03	0.000 000 18
W_{Fe}/%	0.000 000 001	0.000 000 01	0.000 000 1	0.000 001
R/%	0.000 000 001	0.000 000 006	0.000 000 03	0.000 000 23
W_{Co}/%	0.000 000 000 5	0.000 000 01	0.000 000 1	0.000 001
R/%	0.000 000 000 5	0.000 000 006	0.000 000 04	0.000 000 15
W_{Ni}/%	0.000 000 001	0.000 000 01	0.000 000 1	0.000 001
R/%	0.000 000 000 9	0.000 000 006	0.000 000 03	0.000 000 17
W_{Cu}/%	0.000 000 001	0.000 000 01	0.000 000 1	0.000 001
R/%	0.000 000 000 9	0.000 000 006	0.000 000 03	0.000 000 22
W_{As}/%	0.000 000 001	0.000 000 01	0.000 000 1	0.000 001
R/%	0.000 000 001	0.000 000 008	0.000 000 04	0.000 000 20
W_{Mo}/%	0.000 000 000 5	0.000 000 01	0.000 000 1	0.000 001
R%	0.000 000 000 5	0.000 000 005	0.000 000 03	0.000 000 18
W_{Sb}/%	0.000 000 001	0.000 000 01	0.000 000 1	0.000 001
R/%	0.000 000 000 9	0.000 000 006	0.000 000 03	0.000 000 19

注：再现性(R)为 $2.8S_R$，S_R 为再现性标准差。表中每一种同位素拥有上下两行数据，上行为同位素不同浓度下服从正态分布的随机变量均值，下行为相对应的再现性限。

8 质量保证与控制

检验时，应用控制样品对过程进行校核。当过程失效时应找出原因，纠正错误后，重新进行校核。

9 试验报告

报告至少应包含以下内容：

a) 样品名称；
b) 送样单位；
c) 检测日期和报告日期；
d) 检测单位和检测人员名称；
e) 检测结果；
f) 仪器品牌及型号。

附 录 A
（资料性附录）
电感耦合等离子体质谱仪测定条件

A.1 电感耦合等离子体质谱仪参数

RF 功率 1 200 W 和 500 W； 雾化器气流量 0.90 L/min；
冷却气流量 13.0 L/min； 辅助气流量 0.70 L/min；
分析真空度 6.0×10^{-7} mbar； 脉冲电压 1 900 V；
模拟电压 3 000 V。

A.2 使用的接口规格

镍截取锥孔径 0.7 mm；
镍采样锥孔径 1.1 mm；

A.3 测量方式

元素扫描方式，跳峰测量。

ICS 29.045
H 80

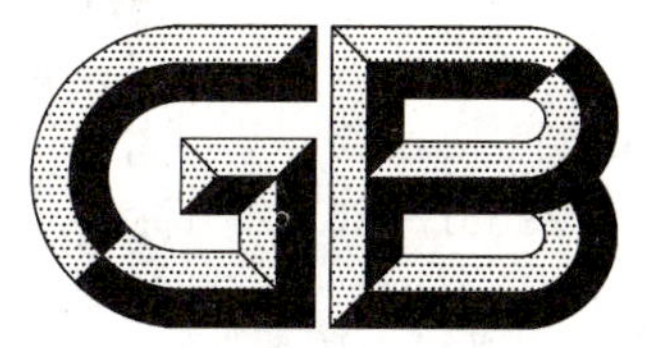

中华人民共和国国家标准

GB/T 29057—2012

用区熔拉晶法和光谱分析法评价多晶硅棒的规程

Practice for evaluation of polocrystalline silicon rods by float-zone crystal growth and spectroscopy

(SEMI MF1723-1104,MOD)

2012-12-31 发布　　2013-10-01 实施

中华人民共和国国家质量监督检验检疫总局
中国国家标准化管理委员会　发布

前　言

本标准按照 GB/T 1.1—2009 给出的规则起草。

本标准修改采用国际标准 SEMI MF1723-1104《用区熔拉晶法和光谱分析法评价多晶硅棒的规程》。为方便比较，资料性附录 A 中列出了本标准章条和对应的国际标准章条的对照一览表。

本标准在采用 SEMI MF1723-1104 时进行了修改。这些技术差异用垂直单线标识在它们所涉及的条款的页边空白处。主要技术差异如下：

——在“规范性引用文件”中，凡我国已有国家标准的，均用相应的国家标准代替 SEMI MF1723-1104 中的“引用文件”。

——增加规范性引用文件 GB/T 1553《硅和锗体内少数载流子寿命测定　光电导衰减法》。

——将 6.2 中“…ISO 14644-1 中规定的 ISO 5 级…”改为“…GB 50073 中规定的 5 级…”。

——将 7.2.1 中“…ISO 14644-1 中规定的 ISO 6 级…”改为“…GB 50073 中规定的 6 级…”。

——将 7.3.1 中“…ISO 14644-1 中规定的 ISO 6 级…”改为“…GB 50073 中规定的 6 级…”。

——将 7.3.1 中“…1×10^{-6} torr…”改为“…1.3×10^{-4} Pa…”。

——将 8.1 中“硝酸(HNO_3)——符合 SEMI C35 2 级”改为“硝酸(HNO_3)——符合 GB/T 626 优级纯”。

——将 8.2 中“氢氟酸(HF)——符合 SEMI C28 2 级”改为“氢氟酸(HF)——符合 GB/T 620 优级纯”。

——将 8.4 中“去离子水——纯度等于或优于 ASTM D5127 中的 E-2 级”改为“去离子水——纯度等于或优于 GB/T 11446.1 中的 EW-2 级”。

——将 8.5 中“高纯氩气——符合 SEMI C3.42”改为“高纯氩气——符合 GB/T 4842 优等品”。

——增加 12.5.2.4“按照 GB/T 1553 检测晶棒体内少数载流子寿命。”

——将 12.6.1 中“…根据 SEMI MF1391 分析碳含量…”改为“…根据 GB/T 1558 分析碳含量…”。

——将 12.6.3.3 中“…按测试方法 SEMI MF1391…”改为“…按测试方法 GB/T 1558…”。

——将 13.3.5.1 中“…见 SEMI MF723…”改为“…见 GB/T 13389…”。

——将 14.1 中“…在 SEMI MF1391 中…”改为“…在 GB/T 1558 中…”。

本标准由全国半导体设备和材料标准化技术委员会(SAC/TC 203)提出并归口。

本标准起草单位：四川新光硅业科技有限责任公司、乐山乐电天威硅业科技有限责任公司、天威四川硅业有限责任公司。

本标准主要起草人：梁洪、刘畅、陈自强、张新、蓝志、张华端、瞿芬芬。

用区熔拉晶法和光谱分析法评价多晶硅棒的规程

1 目的

1.1 本标准采用区熔拉晶法和光谱分析法来测量多晶硅棒中的施主、受主杂质浓度。测得的施主、受主杂质浓度可以用来计算按一定的目标电阻率生长单晶硅棒所需要的掺杂量，也可以用来推算非掺杂硅棒的电阻率。

1.2 多晶硅中施主、受主杂质的浓度及碳浓度可以用来判定多晶硅材料是否满足要求。

1.3 多晶硅中的杂质浓度可以用来监测多晶硅生产原料的纯度、生产工艺以及产品的合格性。

1.4 本标准描述了分析多晶硅中施主、受主及碳元素所采用的取样和区熔拉晶制样工艺。

2 范围

2.1 本标准包括多晶硅棒取样、将样品区熔拉制成单晶以及通过光谱分析法对拉制好的单晶硅棒进行分析以确定多晶硅中痕量杂质的程序。这些痕量杂质包括施主杂质（通常是磷或砷，或二者兼有）、受主杂质（通常是硼或铝，或二者兼有）及碳杂质。

2.2 本标准中适用的杂质浓度测定范围：施主和受主杂质为（0.002～100）ppba（十亿分之一原子比），碳杂质为（0.02～15）ppma（百万分之一原子比）。样品中的这些杂质是通过低温红外光谱法或光致发光光谱法分析的。

2.3 本标准仅适用于评价在硅芯上沉积生长的多晶硅棒。

3 局限性

3.1 有裂缝、高应力或深度枝状生长的多晶硅棒在取样过程中容易碎裂，不宜用来制备样芯。

3.2 钻取的样芯应通过清洗去除油脂或加工带来的沾污。表面有裂缝或空隙的多晶硅样芯不易清洗，其裂缝或空隙中的杂质很难被完全腐蚀清除；同时，腐蚀残渣也可能留在样芯裂缝中造成污染。

3.3 腐蚀用的器皿、酸及去离子水中的杂质都会对分析的准确性、重复性产生影响，因此应严格控制酸和去离子水的纯度。空气、墙壁、地板和家具也可能造成污染，因此应在洁净室中进行腐蚀和区熔。其他如酸的混合比例、酸腐蚀温度、酸腐蚀剥离的速率、腐蚀冲洗次数以及暴露时间等都可能产生杂质干扰，应加以控制；所有与腐蚀后的样芯接触的材料和容器都可能沾污，应在使用前清洗；手套和其他用来包裹腐蚀后样芯的材料应检测和监控。

3.4 区熔炉的炉壁、预热器、线圈和密封圈等都是常见的污染源，应保持洁净。

3.5 区熔过程的任何波动都会影响易挥发杂质在气相、液相和固相中的分布，从而改变测试结果。样芯直径、熔区尺寸、拉速、密封圈纯度与炉膛条件的变化都可能改变有效分凝系数或蒸发速率，使晶体中的杂质含量发生变化。

3.6 每种施主或受主元素以及碳元素都有其特定的分凝系数，拉制几支30倍熔区长度的晶体，可以测出和公开发表的数值一致的有效分凝系数。只能从晶棒上与分凝系数对应的平衡位置处切取硅片，从其他部分切取的硅片不能准确代表多晶硅中的杂质含量。如果单晶不能拉制到足够长度，就不能获得轴向浓度分布曲线的平坦区；在此情况下，可从晶棒上切取硅样片，并根据重复测量监控棒得到的有效分凝系数来修正测量结果。

3.7 样芯区熔后可能不是单晶，晶棒中过多的晶体缺陷会对光致发光或红外光谱造成较大的干扰，而难以准确分析，极端情况，甚至不能得到可接受的光谱。

4 规范性引用文件

下列文件对于本文件的应用是必不可少的。凡是注日期的引用文件，仅注日期的版本适用于本文件。凡是不注日期的引用文件，其最新版本(包括所有的修改单)适用于本文件。

GB/T 620 化学试剂 氢氟酸(GB/T 620—2011,ISO 6353-3:1987,NEQ)

GB/T 626 化学试剂 硝酸(GB/T 626—2006,ISO 6353-2:1983,NEQ)

GB/T 1550 非本征半导体材料导电类型测试方法

GB/T 1551 硅单晶电阻率测定方法(GB/T 1551—2009,SEMI MF84-1105、SEMI MF397-1106,MOD)

GB/T 1553 硅和锗体内少数载流子寿命测定 光电导衰减法

GB/T 1554 硅晶体完整性化学择优腐蚀检验方法

GB/T 1555 半导体单晶晶向测定方法

GB/T 1558 硅中代位碳原子含量红外吸收测量方法(GB/T 1558—2009,SEMI MF1391-0704,MOD)

GB/T 4842 氩

GB/T 11446.1 电子级水

GB/T 13389 掺硼掺磷硅单晶电阻率与掺杂剂浓度换算规程

GB/T 14264 半导体材料术语

GB/T 24574 硅单晶中的Ⅲ-Ⅴ族杂质光致发光测试方法(GB/T 24574—2009,SEMI MF1389-0704,MOD)

GB/T 24581 低温傅立叶变换红外光谱法测量硅单晶中Ⅲ、Ⅴ族杂质含量的测试方法(GB/T 24581—2009, SEMI MF1630-0704,MOD)

GB 50073 洁净厂房设计规范

5 术语和定义

GB/T 14264 界定的以及下列术语和定义适用于本文件。

5.1

监控棒 control rod

从多晶硅棒均匀沉积层上取得的用以监测样芯制备、酸腐蚀槽和区熔工艺洁净度的多晶硅圆柱体。经重复测试确定其硼、磷和碳的含量值。

5.2

样芯 core

使用空心金刚石钻头从多晶硅棒上钻取的用于制样分析的多晶硅圆柱体。

5.3

沉积层(生长层) deposition layer(growth layer)

环绕硅芯并延伸到多晶硅棒外表层的多晶硅层。

5.4

硅芯 filament,slim rod

装配成U形，作为供多晶硅沉积的基体或籽晶的小直径硅棒。

6 方法概述

6.1 按照规定的方案从多晶硅棒上选取一个或多个样芯用于多晶硅的分析检测。在多晶硅棒两端平行或垂直于硅芯钻取样芯。两种取样方式的制样过程和区熔工艺相同,但其数据计算和碳含量的分析不同。

6.2 检查样芯是否损伤,给样芯编号以便腐蚀和区熔。样芯用酸液腐蚀,冲洗干净后装入区熔炉准备拉制单晶。(为了避免表面沾污,样芯腐蚀后,要尽快进行区熔。研究表明,在 GB 50073 中规定的 5 级洁净室里,样芯在 36 h 后会出现表面沾污。因此,任何一个实验室都应确定最长的保存时间及有关处理包装程序;如果超过最长的保存时间,样芯应重新腐蚀。为延长保存周期,样芯可以用适当的清洁材料包裹并密封,并在使用前一直贮存在洁净的环境中。)

6.3 把监控棒和样芯一起腐蚀和区熔,以监测制样和悬浮区熔过程造成的污染干扰。

6.4 在氩气氛下,采用一次区熔将样芯拉制成单晶。检查拉制单晶棒的晶体完整性、直径和长度。

6.5 根据施主、受主和碳杂质元素各自不同的分凝系数,确定其在单晶棒上的取样位置。

6.6 在单晶棒上的取样位置处切取样片,并按照 GB/T 1558、GB/T 24574 或 GB/T 24581 所述的光谱技术进行制样和分析。

7 设备

7.1 制备样芯的设备

7.1.1 钻床——具备水冷功能。

7.1.2 金刚石样芯钻——取平行样芯的钻头尺寸应能钻出直径约为 20 mm 且长度不小于 100 mm 的多晶硅平行样芯;取垂直样芯的钻头长度应能完全钻穿晶棒直径;制备籽晶可用直径为 3 mm 或 5 mm 的钻头。

7.2 腐蚀设备

7.2.1 腐蚀柜——具备酸雾排放功能,包括酸腐蚀槽、去离子水漂洗装置和样芯烘干装置。腐蚀柜应放在 GB 50073 中规定的 6 级洁净室中以避免外界污染。

7.2.2 石英舟或其他耐酸材料(如聚四氟乙烯)——用于在腐蚀、冲洗和干燥过程中容纳一定直径和长度的多晶硅棒。

7.3 悬浮区熔晶体生长设备

7.3.1 区熔炉——具备惰性气体氛围,具有保证规定直径和长度的晶体生长的水冷炉膛。安放在 GB 50073 中规定的 6 级或更好的洁净室内。装置可以有相对于线圈的垂直运动,但不能有明显的水平运动。垂直运动可由螺杆、缆索或液压装置来完成。此外,有一根支持样芯的轴和一根支持籽晶的轴,至少有一根轴能相对于另一根轴作垂直位移,籽晶轴应能绕其轴旋转以避免熔区中热量和溶质的不平衡。在熔区冷凝时,样品卡头和籽晶卡头应能相对于转轴自由转动,卡头由能减少对硅沾污的钼、钽、钨或石英制成。线圈设计和电源控制应能在晶体生长的整个过程中保持熔区的稳定且完全融透。设备中所用的材料应能在工作条件下承受不超过 1.3×10^{-4} Pa 的气压。预热器直径应与样芯直径相当,由钽或其他能减少对硅污染的材料制成。

7.3.2 刻度尺——用于准确测量晶棒长度和标记晶棒切割的位置,精确到毫米。

7.3.3 钢丝刷——用于清洁区熔炉内室,用不锈钢制成,其手柄长度应能达到整个炉膛。

7.3.4 真空吸尘器——适合洁净室使用,带有灵活的软管和窄吸嘴。

7.3.5 洁净室用品——手套、衣服、口罩、头罩、抹布和其他洁净室用品。

7.3.6 圆片锯——用于从晶棒上切取大约 2 mm 厚的样片。

8 试剂

8.1 硝酸(HNO_3)——符合 GB/T 626 优级纯。

8.2 氢氟酸(HF)——符合 GB/T 620 优级纯。

8.3 混合酸腐蚀剂——HNO_3 ∶ HF 通常在 4 ∶ 1 到 8 ∶ 1 之间。

8.4 去离子水——纯度等于或优于 GB/T 11446.1 中的 EW-2 级。

8.5 高纯氩气——符合 GB/T 4842 优等品。

9 危害

9.1 操作人员应具有制造技术、酸处理操作和单晶炉操作的相关知识,熟悉实验室操作规程。

9.2 本标准使用混合酸腐蚀剂腐蚀多晶硅表面,具有较大的危险性,氢氟酸溶液尤其危险。应在腐蚀柜里进行腐蚀。操作人员任何时候都要极其小心,应严格遵守使用这些酸的有关规定,采取特殊预防措施,熟练掌握急救方法。任何不熟悉特殊预防措施和急救方法的人不得使用这些酸。

9.3 单晶炉使用射频(RF)功率器(发生器和线圈)为熔硅提供能量,温度约为 1 400 ℃,操作人员应经过电气、压力容器、RF 电场和热部件的操作培训。

9.4 熔区中的熔融硅发出强光,操作人员可能在强光下操作数小时,所以应使用眼睛防护装置。

10 取样、制样

10.1 样芯应能反映多晶硅棒生长过程的特征,并能代表被取样的多晶硅棒。

10.2 为满足不同的取样方案,可在多晶硅棒的不同位置取一系列样芯,取样位置涵盖硅棒的两端。有两种典型的取样方法,平行于硅芯取样和垂直于硅芯取样,如图 1、图 2 所示。平行取样详见 10.2.1,垂直取样详见 10.2.2。

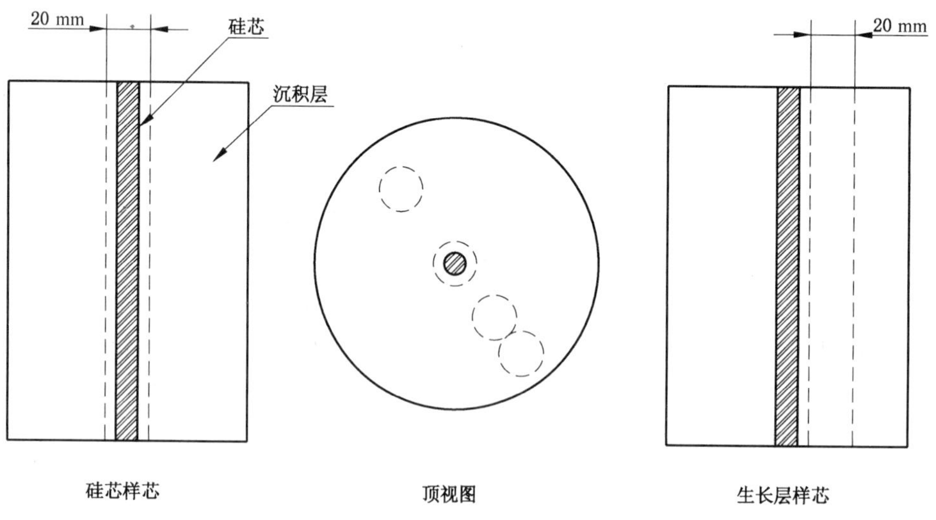

图 1 平行样芯的取样位置

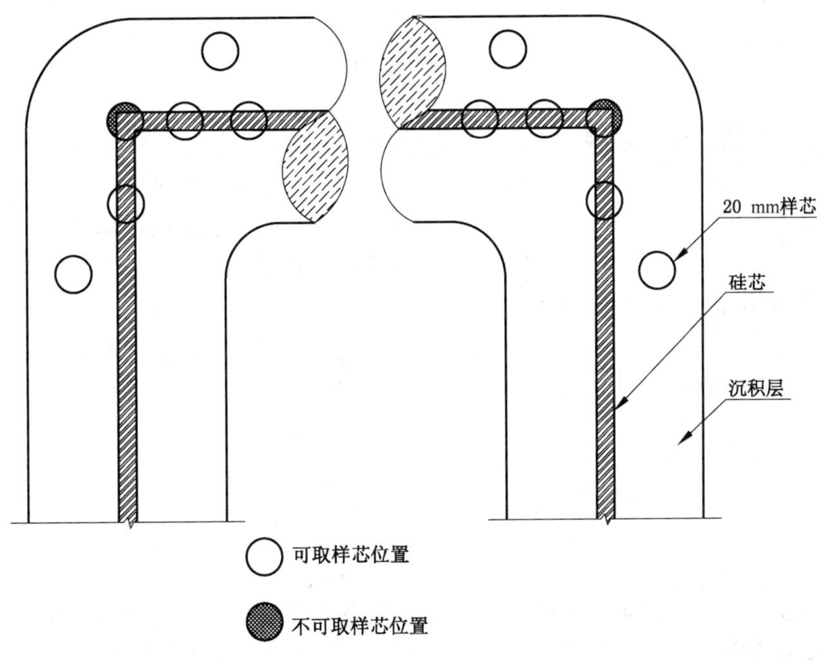

图 2 垂直样芯的取样位置

10.2.1 平行样芯——如图 1 所示，平行于硅芯方向钻取的长度不小于 100 mm、直径为 20 mm 的样芯。计算多晶硅棒杂质总含量需要钻取两种不同的样芯，即硅芯样芯和生长层样芯。

10.2.1.1 平行硅芯样芯——包括硅芯的样芯。代表硅芯和硅芯上的初始沉积层，对样芯进行区熔、分析，并结合生长层样芯的数据计算多晶硅棒中的总体杂质含量。

10.2.1.2 平行生长层样芯——不包括硅芯，只包括生长层的样芯。代表沉积在硅芯上的多晶硅质量。对这些样芯进行区熔、分析，结合硅芯样芯数据计算多晶硅棒中的总体杂质含量。

10.2.1.3 平行样芯取样位置

10.2.1.3.1 径向位置——沿多晶硅棒直径方向取样，用以检测沉积层的径向均匀性。由于多晶硅棒外表面可能不平或有裂缝，不能在距硅棒表面 5 mm 范围内取样。

10.2.1.3.2 轴向位置——对于 U 型多晶硅棒，通常在横梁部分或在长棒上距任一端 50 mm 范围内取样。也可以在任意位置取样，以检查沉积层的轴向均匀性。

10.2.2 垂直样芯——如图 2 所示，沿着多晶硅棒直径方向钻取的 20 mm 直径的样芯。其长度和多晶硅棒直径相同，所取的样芯要包括硅芯和沉积层的所有部分。为了准确计算各个生长层中的杂质，垂直样芯至少有一端包括表层。如果硅棒直径小于 60 mm，将不能拉制出准确分析所需要的足够熔区长度的单晶棒；在这种情况下，应取平行硅芯样芯来分析。

10.2.2.1 垂直于生长层的样芯——如图 2 所示，没有与硅芯相交的样芯。可以进行区熔和分析，以确定沉积层中的杂质含量。为了确定整个多晶硅棒中的总体杂质含量，应单独分析硅芯，然后结合生长层的结果进行分析。用平行样芯的公式来计算(见 13.2)。

10.2.2.2 垂直取样位置——对于整个 U 型多晶硅，一般在横梁部位取样或在长棒两端 50 mm 内取样。除了因为应力不能在 U 型硅棒的弯曲部分取样外，可以在任意位置取样以检测轴向沉积的均匀性。

10.3 硅芯分析——如果不能制取平行或垂直的硅芯样芯，可单独分析硅芯，然后与生长层的分析结果相结合评价。如果硅芯是单晶或接近单晶，可以使用 GB/T 1558、GB/T 24574 或 GB/T 24581 所述的光谱技术进行切片、制样和分析。

11 参照样

11.1 使用多晶硅监控棒监测样芯制备、酸腐蚀槽和区熔工艺的洁净度。从具有均匀沉积层的多晶硅棒上钻取多个直径为 20 mm、长度为 100 mm 的沉积层样芯。选用杂质含量较低的监控棒(如施主/受主含量约 0.01 ppba(十亿分之一原子比),碳含量约 0.05 ppma(百万分之一原子比),预先测量来自干扰源的痕量杂质。反复测试,分别得出施主、受主杂质及碳杂质的浓度值。定期对监控棒加以腐蚀、区熔和分析,以监测样品制备、腐蚀和区熔工艺的洁净度。

11.2 把监控棒的施主、受主和碳含量值绘制成控制图表。建立统计规律以确定当前的测定值是否在控制范围内。如果这些值超过统计范围,则应校正并重新分析。

12 步骤

12.1 籽晶制备

12.1.1 采用钻芯或切割工艺制备圆形或矩形籽晶。制备籽晶的材料为无位错、施主和受主含量小于 0.05 ppba(十亿分之一原子比)、碳含量小于 0.1 ppma(百万分之一原子比)的高纯度区熔单晶。

12.1.2 选用直径 3 mm 到 5 mm 的高纯度单晶籽晶作为区熔晶体生长的晶源。籽晶晶向为<111>,晶偏小于 0.5°。

12.1.3 采用与制备样芯相同的设备和步骤来清洗、酸腐蚀、漂洗和干燥籽晶。为避免污染,籽晶腐蚀后应在 36 h 以内使用,或以能避免沾污的方式贮存。

12.2 样芯腐蚀

12.2.1 所有操作均应在腐蚀洁净室或区熔洁净室中进行。操作人员应穿戴洁净室专用洁净服,包括手套、帽子和面罩。

12.2.2 配制新的混合酸腐蚀剂并充满酸腐蚀槽。在适当的温度和水流条件下,把样芯放入清洁的腐蚀槽内进行腐蚀、漂洗、干燥。用 HNO_3/HF 混合酸腐蚀剂,至少腐蚀两次,使样芯表面除去不少于 100 μm 的厚度,以消除取芯引起的污染。也可使用其他混合酸腐蚀剂,但应进行评价和控制,以确保其有效并避免杂质沾污。

12.2.3 腐蚀清洗后,样芯应尽快区熔,以减少被沾污的可能。如果样芯超过了保存期,应重新腐蚀。为了延长保存期,样芯应用适当的干净材料密封,并贮存在洁净室。

12.3 设备准备

12.3.1 清洁取样钻,避免样芯沾污。

12.3.2 清洗腐蚀柜,检查冲洗用的去离子水的纯度、温度、有机碳总量和电阻率。

12.3.3 清洁区熔炉炉膛,用不锈钢丝刷子刷炉壁使硅沉积物变松,并用真空吸尘器除去松弛的颗粒,用浸泡过高纯溶剂的专用抹布擦抹炉壁、预热器和线圈。检查冷却水水流、水温,检查线圈和预热器连接,检查轴、线圈引线、炉门密封等。

12.3.4 定期清洗线圈及连接部件,定期更换密封圈。清洗后,应用氩气吹洗干燥和抽真空,并将炉膛和预热器烘干处理至少 15 min。

12.4 晶棒生长

12.4.1 把样芯和籽晶装入区熔炉炉膛,悬挂于炉膛中心位置,并对准垂直旋转轴。

12.4.2 通过一系列抽真空和氩气吹洗循环处理除去炉膛内的空气。在炉膛中充满氩气并在整个晶体生长过程中继续通氩气,保持炉室内氩气为正压。

12.4.3 把样芯朝向籽晶的一端放入线圈,将预热器靠近该端,调节预热器功率,使样芯和预热器产生初始耦合;同时加热至样芯开始发光,约为 600 ℃~700 ℃。移开预热器,使样芯靠近线圈开口处,通过控制线圈的功率,建立熔区。

12.4.4 在籽晶端建立小熔区后,垂直移动籽晶直到与熔区接触为止。回退籽晶形成一个圆锥形熔融区,确认籽晶已经熔入,然后开始缩颈形成无位错的晶体。

12.4.5 调整熔区顶部和底部的移动和旋转速率来完成缩颈,检查三条棱线以确保晶体是单晶。调节移动速度和功率以形成晶棒的最终直径。调节移动速度和旋转速度,生长无位错单晶。

12.4.6 当获得所需长度的单晶时,从熔体内拉出晶棒,要确保晶棒和熔体是在未凝固时分离。分离后,停止轴的移动和旋转,关掉电源,冷却。

12.5 晶棒评价

12.5.1 目测检查:目测检查晶棒的直径均匀性、生长面线和颜色的连续一致性,以确定晶棒是否为无位错单晶棒、是否存在因漏气而产生的氧化物沉积。

12.5.2 结构和电学检查

12.5.2.1 按照 GB/T 1555 抽样检查晶向,以验证目测检查的结果。

12.5.2.2 按照 GB/T 1554 抽样检查晶体的完整性,以验证目测检查的结果。

12.5.2.3 按照 GB/T 1551 测出沿晶棒长度方向的电阻率分布曲线,并用来分析施主和受主杂质的分布均匀性。电阻率沿晶棒长度方向的变化应与在各个点测得的净施主/受主含量相一致。分布曲线上的突然变化表明在该点存在沾污或样品沉积层不均匀。

12.5.2.4 按照 GB/T 1553 检测晶棒体内少数载流子寿命。

12.6 晶棒取样分析

12.6.1 单晶棒经晶体完整性、外观、均匀性检查并判定为合格后,选择施主、受主样片和碳样片的取样点。在选定的位置切取硅片,然后依据 GB/T 24574 或 GB/T 24581 分析施主和受主浓度,依据 GB/T 1558 分析碳含量。从单晶棒上切取大约 2 mm 厚的样片并按照所采用的分析方法制备样片。根据样芯类型,按照 12.6.2 和 12.6.3 中的步骤来确定晶棒的取样方案。

12.6.2 平行样芯(见 10.2.1)——单晶棒直径约 10 mm,长度约 200 mm。根据各杂质的特定分凝系数选择取样点,这些点应可以代表 90%以上的杂质浓度。

12.6.2.1 分凝效应——在晶体生长过程中,晶体从熔体中结晶,由于分凝,固相中的杂质浓度和液相中的杂质浓度不同。不同杂质具有不同的分凝系数 K_0,定义见式(1):

$$K_0=\frac{C_s}{C_l} \qquad \cdots\cdots(1)$$

式中:

K_0——平衡分凝系数;

C_s——固相中的杂质浓度,单位为原子每立方厘米(atoms/cm³);

C_l——液相中的杂质浓度,单位为原子每立方厘米(atoms/cm³)。

12.6.2.2 对较高的凝固速度,杂质原子受到前进熔体的排斥,其速度超过杂质原子扩散进入熔体的速度,杂质原子聚集在靠近界面的熔体层,形成杂质浓度梯度。不能用平衡分凝系数来进行计算,因为它只适用于以很低的生长速度进行凝固的情况。该浓度梯度取决于生长速度、熔体流和掺杂剂的扩散行为。有效分凝系数 K_{eff} 定义见式(2):

$$K_{eff}=\frac{K_0}{K_0+(1-K_0)\exp(-V\delta/D)} \qquad \cdots\cdots(2)$$

式中：

K_{eff}——有效分凝系数；

K_0 ——平衡分凝系数；

V ——生长速度，单位为厘米每秒(cm/s)；

δ ——扩散层厚度，单位为厘米(cm)；

D ——熔体中杂质扩散系数，单位为平方厘米每秒(cm^2/s)。

12.6.2.3 通过测量掺杂曲线来确定杂质沿晶棒长度方向的浓度分布。如图3所示，熔区长度取决于样品直径、线圈设计和拉晶速度。熔区长度确定后，只有在方法或装置发生变化时才需重测。测量每一种杂质的掺杂曲线，从而确定在晶棒上的切割位置，以便提供准确的杂质含量。选择的取样点应能够代表90%以上的杂质浓度。在图3中，测得的熔区长度为15 mm。对于一种杂质，如果掺杂曲线表明曲线的平坦部分位于12倍熔区长度处(12×15mm=180 mm)，则从距晶棒最初凝固端12倍熔区长度处取样。

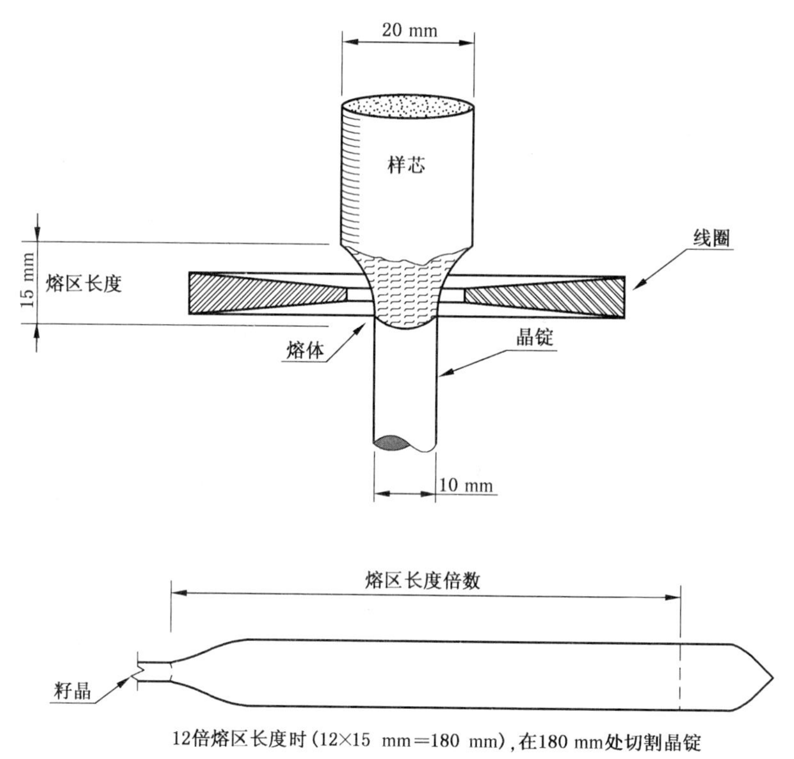

图3 熔区长度测量和晶棒取样位置

12.6.2.4 晶棒掺杂分布曲线——杂质的有效分凝系数会因区熔炉类型、线圈设计、拉晶速度、晶棒与样芯直径不同而变化。可通过测量实际的分凝曲线来确定各区熔炉的参数和工艺。例如，为了确定碳的分布曲线，可沿长度方向将晶棒切成硅片，测量每个硅片的碳含量，然后绘制浓度与熔区长度的分布曲线。为准确得到碳含量，所生长的晶棒长度要达到轴向浓度分布曲线出现平坦部分所需的熔区倍数的长度。图4是碳的轴向掺杂分布曲线，从图中可以看出，以熔区长度为15 mm的区熔方式把直径为20 mm的样芯拉制成10 mm直径的晶棒，有效分凝系数为0.175。在此例中，生长的晶棒达到12倍熔区长度，这就确保了最大量的碳熔入晶体。在12倍熔区长度处切片分析测试碳含量，可得到具有重复性的碳含量值，能准确反映多晶硅中的碳含量。

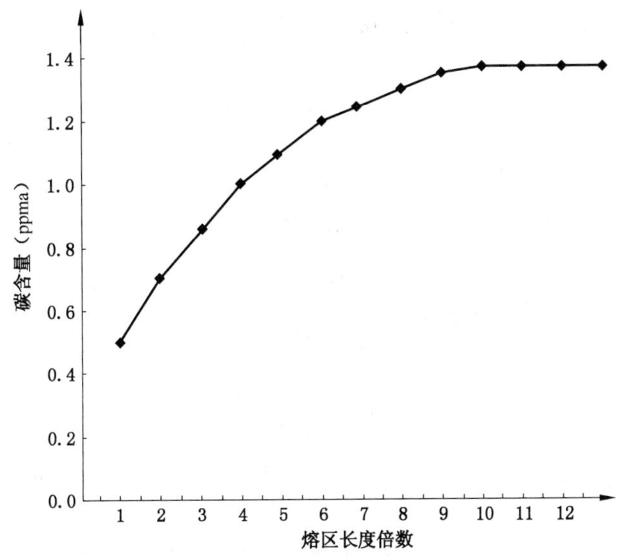

图 4　碳的轴向掺杂分布曲线

12.6.2.5　切片位置——在一定的区熔条件下，一旦建立了每个元素的浓度梯度，其取样规则就建立了。硼具有较高的分凝系数，其曲线相对平坦。在 6 倍熔区长度处切片，所测得数值与 12 倍熔区长度处切片的值几乎相同。如果一个值明显高于另一个值，则说明可能发生了沾污，应重新取样分析。磷的分凝系数较小，6 倍熔区长度处与 12 倍熔区长度处测得的值不同。中点的值应比端点约低 10%～15%；否则，表明有沾污，应重新取样分析。碳具有非常低的分凝系数，在 6 倍熔区长度和 12 倍熔区长度处数值变化很大；否则，表明有沾污，应重新取样分析。碳含量值在晶棒最长处切片测报。

12.6.3　垂直取样——对垂直样芯(见 10.2.2)而言，单晶直径约为 14 mm，其长度视多晶硅棒直径而定，约为 100 mm。对这类晶棒，由于碳的分凝系数小，测定施主/受主浓度的取样和测定碳的取样不同，取样选点方法如下：

12.6.3.1　电阻率分布曲线——按照 GB/T 1551 的测试方法以 10 mm 的间隔绘制晶棒电阻率分布曲线来确定施主/受主杂质沿晶棒长度的分布。同时按照 GB/T 1550 的测试方法以 10 mm 间隔绘制晶棒导电类型分布曲线。受 12.6.2.1 中所讨论的分凝效应、硅芯本身的纯度以及第 3 章中所讨论的干扰因素的影响，在不同的实验室中绘制的电阻率曲线不尽相同。在反复测试监控棒和样芯后建立典型的电阻率/导电类型曲线。电阻率曲线上突变点表明该处有污染或沉积层不均匀。

12.6.3.2　切片位置——根据电阻率/导电类型分布曲线建立每种元素的取样规则。单晶棒的长度与多晶硅棒的直径有关，在硅芯和多晶硅棒外层之间中点的对应处切取样片。按照 GB/T 24574 或 GB/T 24581 来测试施主/受主浓度。对多晶硅棒的横截面，这些浓度代表 R/2 处的值。如果电阻率/导电类型曲线和标准曲线明显不同，可在其他位置切片，以确定每种杂质的分布情况。浓度明显变化表明该处有污染，应重新分析。

12.6.3.3　碳分析——由于不能在长度较短的单晶棒得到准确的碳浓度值，因此应在经过退火的多晶硅片上进行分析。取第二个垂直样芯，在约 1 360 ℃退火处理 2 h，按 GB/T 1558 的测试方法切两块 2 mm 厚的硅片作碳分析。在代表生长层中点的位置取一个样，在代表硅芯位置的点取另一个样。如果需要也可在其他位置取样用于测量径向分布。

13　计算

13.1　通过测量取得样品的施主、受主杂质和碳杂质浓度，再按式(3)计算多晶硅棒中这些杂质的总体浓度。

13.2 平行样芯(见10.2.1)——在采用硅芯掺杂或硅芯与沉积层成分不同的情况下,用式(3)计算多晶硅棒中各种杂质的总体浓度:

$$C_{\mathrm{TRP}} = \frac{(A_f \times C_f) + (A_t - A_f) C_{\mathrm{D.L.}}}{A_t} \qquad \cdots\cdots (3)$$

式中:

C_{TRP}——多晶硅棒中杂质的总体浓度,施主和受主单位为十亿分之一原子比(ppba),碳元素的单位为百万分之一原子比(ppma);

A_f ——硅芯面积,单位为平方厘米(cm^2);

C_f ——硅芯的杂质浓度,施主和受主单位为十亿分之一原子比(ppba),碳元素的单位为百万分之一原子比(ppma);

A_t ——硅棒面积,单位为平方厘米(cm^2);

$C_{\mathrm{D.L.}}$——沉积层的杂质浓度,施主和受主单位为十亿分之一原子比(ppba),碳元素的单位为百万分之一原子比(ppma)。

上述计算假定沉积层沿多晶硅棒径向均匀分布。可以通过在整个沉积层钻取足够多样品来验证该假设。

13.3 垂直样芯(见10.2.2)——当生长的单晶棒如12.6.3的描述时,按式(3)计算来确定多晶硅棒中杂质的总体浓度。

13.3.1 如图5所示,单晶棒长度与多晶硅棒横截面大小有关,熔区长度与截面积有关。硼分凝系数较大,可以假设硼在整个横截面上均匀分布。磷的分凝系数较小,沿横截面各熔区磷的浓度值应根据分凝系数来进行修正。可以通过对特定样品直径、线圈设计和拉速下的监控棒的重复测量来确定磷元素的有效分凝系数。

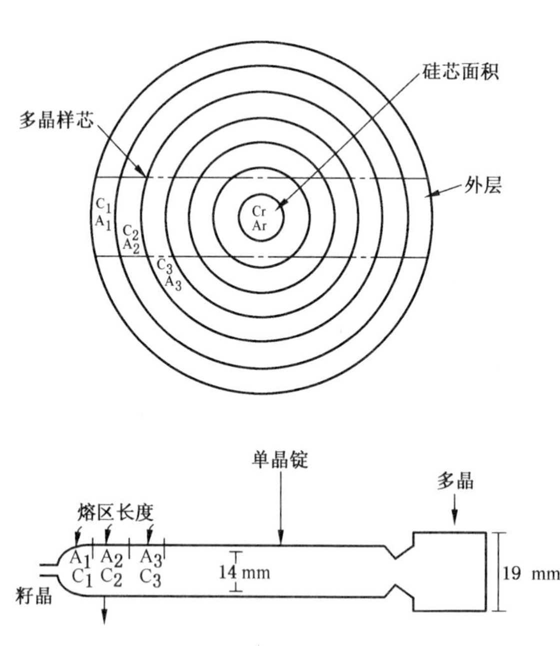

图5 多晶棒横截面

13.3.2 用硼的光谱测量值(见GB/T 24574或GB/T 24581),在不考虑分凝系数修正的情况下可以通过式(4)计算多晶硅棒中硼杂质的总体含量:

$$C_{\mathrm{VAC}} = \frac{A_1 C_1 + A_1 C_2 + \cdots + A_f C_f}{A_1 + A_2 + \cdots + A_f} \qquad \cdots\cdots (4)$$

式中：

C_{VAC} ——平均体积浓度，施主和受主单位为十亿分之一原子比(ppba)，碳元素的单位为百万分之一原子比(ppma)；

A_1、A_2、A_f ——多晶硅棒横截面的相应面积(见图5)，单位为平方厘米(cm^2)；

C_1、C_2、C_f ——对应面积处的杂质浓度，施主和受主单位为十亿分之一原子比(ppba)，碳元素的单位为百万分之一原子比(ppma)；如有必要，根据分凝系数进行修正。

13.3.3 用光致发光(GB/T 24574)或低温红外(GB/T 24581)的方法测量砷和铝的含量，如果超出检测范围，应根据实际的分凝系数进行修正。然后，根据多晶硅棒各个位置修正后的浓度值，通过式(4)来计算多晶硅棒中杂质的总体浓度。

13.3.4 使用光谱方法对硅芯与最外层之间的中点位置进行测量，可以得到总体的磷含量。

13.3.5 用式(5)计算12.6.3.1中测得的电阻率曲线图上中各个点的磷浓度：

$$C_P = \frac{85}{\rho} + C_B + C_{Al} - C_{As} \qquad \cdots\cdots(5)$$

式中：

C_P ——测量点的磷浓度计算值，单位为十亿分之一原子比(ppba)；

ρ ——测量点的电阻率测量值，单位为欧姆厘米(Ω·cm)；

C_B ——测量点的硼浓度测量值，单位为十亿分之一原子比(ppba)；

C_{Al} ——测量点的铝浓度测量值，单位为十亿分之一原子比(ppba)；

C_{As} ——测量点的砷浓度测量值，单位为十亿分之一原子比(ppba)。

上式中假定磷在(100～5 000)Ω·cm电阻率范围内的转换因子近似于85，见GB/T 13389。用光致发光或低温红外获得硼、砷、铝的浓度值(见13.3.2和13.3.3)。用这些数值和电阻率来计算磷含量值，并通过式(4)计算得出磷元素的体平均值。

13.3.6 碳的计算——按12.6.3.3中描述的方法以及13.2中描述的步骤计算碳含量。

14 精度和偏差

14.1 在第11章中，讨论了使用监控棒监测样品制备、腐蚀过程及区熔过程的杂质干扰。表1中的数据是用从同一炉多晶硅棒中钻取的15支样芯、经过近一年的重复性测试实验得出的。所有样品都是使用新配制的混合酸腐蚀剂，按相同的步骤腐蚀。硼和磷含量用低温红外光谱法测量，碳含量用常温红外光谱法测量。在GB/T 24581中硼、磷的测试误差为±10%(*R*1*S*)；在GB/T 1558中碳的测试误差为±12.5%(*R*1*S*)。

表1 重复性测试实验结果

测量元素	碳/ppma	磷/ppba	硼/ppba
平均值	0.11	1.70	0.11
标准偏差(*S*)	0.01	0.16	0.01
相对误差(*R*1*S*)/%	9.97	9.34	9.60

14.2 为了比较不同实验室的样品制备、腐蚀工艺和区熔工艺，将一支多晶硅棒切成三段，分别送三个不同的实验室，按照本标准规定的步骤，在各自的实验室进行样品制备、腐蚀、区熔，然后用低温红外光谱法测量。测试数据见表2。

表 2 不同实验室测试数据比较

测量元素	磷/ppba	硼/ppba
实验室 A	0.21	0.02
实验室 B	0.24	0.02
实验室 C	0.21	0.06

15 关键词

区熔单晶生长、光谱分析、多晶硅、多晶硅评价、杂质、污染、单晶硅、分凝系数。

附　录　A
（资料性附录）
本标准章条号与 SEMI MF1723-1104 章条编号对照

表 A.1　本标准章条号与 SEMI MF1723-1104 章条编号对照

本标准章条编号	对应的 SEMI MF1723-1104 章条编号
1	1
2	2
3	3
4	4
5	5
6	6
7	7
8	8
9	9
10	10
11	11
12	12
13	13
14	14
15	15